Patrick Kornprobst

**CATIA V5-6 für Einsteiger**

**Bleiben Sie auf dem Laufenden!**

Hanser Newsletter informieren Sie regelmäßig über neue Bücher und Termine aus den verschiedenen Bereichen der Technik. Profitieren Sie auch von Gewinnspielen und exklusiven Leseproben. Gleich anmelden unter

**www.hanser-fachbuch.de/newsletter**

Patrick Kornprobst

# CATIA V5-6 für Einsteiger

Volumenkörper, Baugruppen und Zeichnungen

2. aktualisierte Auflage

HANSER

Der Autor:

*Patrick Kornprobst*, München

Alle in diesem Buch enthaltenen Informationen wurden nach bestem Wissen zusammengestellt und mit Sorgfalt getestet. Dennoch sind Fehler nicht ganz auszuschließen. Aus diesem Grund sind die im vorliegenden Buch enthaltenen Informationen mit keiner Verpflichtung oder Garantie irgendeiner Art verbunden. Autor und Verlag übernehmen infolgedessen keine Verantwortung und werden keine daraus folgende oder sonstige Haftung übernehmen, die auf irgendeine Weise aus der Benutzung dieser Informationen – oder Teilen davon – entsteht, auch nicht für die Verletzung von Patentrechten, die daraus resultieren können.

Ebenso wenig übernehmen Autor und Verlag die Gewähr dafür, dass die beschriebenen Verfahren usw. frei von Schutzrechten Dritter sind. Die Wiedergabe von Gebrauchsnamen, Handelsnamen, Warenbezeichnungen usw. in diesem Werk berechtigt also auch ohne besondere Kennzeichnung nicht zu der Annahme, dass solche Namen im Sinne der Warenzeichen- und Markenschutz-Gesetzgebung als frei zu betrachten wären und daher von jedermann benützt werden dürften.

Bibliografische Information der deutschen Nationalbibliothek:

Die Deutsche Nationalbibliothek verzeichnet diese Publikation in der Deutschen Nationalbibliografie; detaillierte bibliografische Daten sind im Internet unter http://dnb.d-nb.de abrufbar.

Dieses Werk ist urheberrechtlich geschützt.

Alle Rechte, auch die der Übersetzung, des Nachdruckes und der Vervielfältigung des Buches, oder Teilen daraus, vorbehalten. Kein Teil des Werkes darf ohne schriftliche Genehmigung des Verlages in irgendeiner Form (Fotokopie, Mikrofilm oder ein anderes Verfahren), auch nicht für Zwecke der Unterrichtsgestaltung, reproduziert oder unter Verwendung elektronischer Systeme verarbeitet, vervielfältigt oder verbreitet - werden.

ISBN 978-3-446-45532-0
E-Book-ISBN 978-3-446-45614-3

© 2019 Carl Hanser Verlag München
Lektorat: Julia Stepp
Umschlagkonzept: Marc Müller-Bremer, www.rebranding.de, München
Umschlagrealisation: Stephan Rönigk
Herstellung und Satz: le-tex publishing services, Leipzig
Druck und Bindung: CPI books GmbH, Ulm
Printed in Germany
www.hanser-fachbuch.de

# Inhalt

Vorwort .................................................................................................. IX

## 1 Einführung ........................................................................................ 1

1.1 Zum Aufbau dieses Buches .................................................................. 4
1.2 CATIA V5-6 – erste Grundlagen ............................................................ 8
1.3 Part Design – die Erstellung von Einzelteilen ......................................... 9

## 2 Einstieg in CATIA V5-6 .................................................................... 13

2.1 Erste Schritte ....................................................................................... 13
    2.1.1 Programm aufrufen und Modell laden ............................................ 13
    2.1.2 Die Benutzeroberfläche ................................................................. 16
    2.1.3 Bauteil am Bildschirm bewegen ..................................................... 18
    2.1.4 Grafische Darstellung des 3D-Modells am Bildschirm .................... 22
    2.1.5 Speichern und Schließen einer Datei ............................................. 22
    2.1.6 Shortcuts (Tastenkombinationen) .................................................. 23
2.2 Programmeinstellungen anpassen ........................................................ 24
2.3 Verhalten bei Fehlern ........................................................................... 29

## 3 Sketcher-Grundlagen (2D-Skizzierer) ............................................ 33

3.1 Eine neue Datei öffnen ......................................................................... 33
3.2 2D-Konturen erstellen .......................................................................... 36
3.3 Constraints setzen ............................................................................... 47
    3.3.1 Die Funktion Constraint ................................................................. 47
    3.3.2 Die Funktion »Constraints Defined in a Dialog Box« ...................... 50
    3.3.3 Formstabiles Rechteck .................................................................. 50

| | | |
|---|---|---|
| 3.4 | **2D-Konturen bearbeiten** | 53 |
| | 3.4.1 Corners und Chamfers | 53 |
| | 3.4.2 Relimitations | 57 |
| 3.5 | **Stabile und änderungsfreundliche 2D-Konstruktionen** | 62 |
| | 3.5.1 Standard Element/Construction Element | 62 |
| | 3.5.2 Geometrische Stabilität | 62 |
| | 3.5.3 Formstabilität | 63 |
| 3.6 | **Iso-Constrained Sketches** | 63 |
| | 3.6.1 Eindeutig rekonstruierbare Sketches | 64 |
| | 3.6.2 Sketch Analysis | 66 |
| 3.7 | **Signalfarben (Diagnosefarben)** | 66 |
| | 3.7.1 Visualization | 67 |
| | 3.7.2 Signalfarben im Sketcher | 67 |
| 3.8 | **Smart Pick** | 69 |
| 3.9 | **Regeln für den Sketcher** | 72 |
| | 3.9.1 Verwendbare Profile | 72 |
| | 3.9.2 Kantenverrundungen und Formverrundungen | 75 |
| | 3.9.3 Single Domain Sketches | 76 |
| | 3.9.4 Konstruktionsplan »Stabile Sketches erzeugen« | 77 |
| | 3.9.5 Signalfarben im Sketcher | 77 |

## 4  Part Design-Grundlagen (Teilekonstruktion)  79

| | | |
|---|---|---|
| 4.1 | **Der Strukturbaum** | 79 |
| | 4.1.1 Symbole im Strukturbaum | 80 |
| | 4.1.2 Editieren eines Volumenmodells | 81 |
| | 4.1.3 Löschen von Strukturbaumeinträgen bzw. Teilgeometrien | 81 |
| | 4.1.4 Eindeutigkeit der Bezeichnungen | 82 |
| 4.2 | **Funktionsleisten im Part Design anordnen** | 84 |
| 4.3 | **3D-Konstruktion in der Praxis** | 84 |
| | 4.3.1 Übung Bracket | 85 |
| | 4.3.2 Objektorientierung – intelligente 3D-Modelle | 109 |
| | 4.3.3 Übung Hook | 118 |
| | 4.3.4 Übung Lochblech | 125 |
| | 4.3.5 Übung Reference Elements (Punkte, Linien und Ebenen im Raum) | 129 |
| | 4.3.6 Übung Tub | 135 |
| | 4.3.7 Übung Frame | 142 |
| | 4.3.8 Übung Adapter | 152 |
| | 4.3.9 Startmodell erstellen: Lokale Achsensysteme | 157 |
| | 4.3.10 Übung Ring | 161 |
| | 4.3.11 Übung Shade | 167 |

## 5 Part Design (Teilekonstruktion) für Fortgeschrittene ....... 173

- 5.1 Aufbau von Parts mit Steuergeometrien ................................................... 173
- 5.2 Boolean Operations ................................................................................... 179
  - 5.2.1 Grundlagen ................................................................................... 179
  - 5.2.2 Übung Basic Boolean Operations ................................................. 180
- 5.3 Link Management im Part Design ............................................................. 186
  - 5.3.1 Internal Links ................................................................................ 186
  - 5.3.2 External Links ............................................................................... 198
  - 5.3.3 Zusammenfassung der Link-Symbole in CATParts ...................... 217
- 5.4 Power Copies ............................................................................................. 219
  - 5.4.1 Übung Relief Groove (Freistich) ................................................... 220
- 5.5 Parametrik, Formelvergabe und Knowledgeware ..................................... 228
  - 5.5.1 Programmeinstellungen für die Parametrik ................................. 229
  - 5.5.2 Übung Lid (Deckel) ....................................................................... 230
  - 5.5.3 Übung Bevelled Washer (Scheibe abgesenkt) ............................. 244
  - 5.5.4 Übung Dice ................................................................................... 262
  - 5.5.5 Übung Exhaust Manifold .............................................................. 263

## 6 Assembly Design-Grundlagen (Baugruppenkonstruktion) ....... 299

- 6.1 Modularer Aufbau von CATIA V5-6 ........................................................... 299
- 6.2 Öffnen einer neuen Arbeitsumgebung ..................................................... 302
- 6.3 Laden einer bereits existierenden Datei ................................................... 304
- 6.4 Navigation im Modellbereich .................................................................... 304
  - 6.4.1 Benutzeroberfläche ...................................................................... 305
  - 6.4.2 Blickpunkt verändern (Absolutbewegungen) ............................... 306
  - 6.4.3 Relativbewegungen von Komponenten ....................................... 306
- 6.5 Wie Baugruppen erzeugt werden ............................................................. 312
  - 6.5.1 Topologischer Aufbau einer Baugruppe ...................................... 314
  - 6.5.2 Symbole im Strukturbaum und ihre Bedeutung .......................... 315
- 6.6 Signalfarben im Bauraum ......................................................................... 316
- 6.7 Verwendbare Einzelteile für den Zusammenbau ..................................... 317
- 6.8 Zusammenbau bereits zur Verfügung stehender Einzelteile ................... 317
  - 6.8.1 Übung Bauelemente ..................................................................... 318
- 6.9 Übersicht der Constraints für den Zusammenbau ................................... 339
  - 6.9.1 Übung Cylinder Radial Engine (Sternmotor) ................................ 343

## 7 Assembly Design (Baugruppenkonstruktion) für Fortgeschrittene ............ 361

- 7.1 Voreinstellungen .................................................. 361
- 7.2 Umgang mit großen Baugruppen – Design Mode und Visualization Mode .................................................. 363
- 7.3 Dateitypen einer Baugruppe .................................................. 365
- 7.4 Darstellung von Teilen im 3D-Raum .................................................. 367
- 7.5 Link Management im Assembly Design .................................................. 368
  - 7.5.1 Design in Context .................................................. 368
  - 7.5.2 Linktypen .................................................. 368
  - 7.5.3 Symbolik im Strukturbaum .................................................. 369
  - 7.5.4 Links identifizieren .................................................. 370
  - 7.5.5 Datenverwaltung: Desk Command (Schreibtisch) .................................................. 370
  - 7.5.6 CCP Links in der Anwendung .................................................. 371
  - 7.5.7 Import Links in der Anwendung .................................................. 372
  - 7.5.8 Gängige Methoden für das Link Management .................................................. 373
- 7.6 CATDUA .................................................. 374
- 7.7 Save Management (Sicherungsverwaltung) .................................................. 375

## 8 Drafting (Zeichnungserstellung) .................................................. 377

- 8.1 Zeichnungsableitung (Generative Drafting) .................................................. 378
  - 8.1.1 Voreinstellungen zur Zeichnungsableitung .................................................. 378
  - 8.1.2 Standards .................................................. 379
  - 8.1.3 Benutzeroberfläche im Drafting (Zeichnungserstellung) .................................................. 380
  - 8.1.4 Übung Winkel .................................................. 383
  - 8.1.5 Signalfarben in der Zeichnungsumgebung .................................................. 401
  - 8.1.6 Übung Kurbelzapfen Abtrieb .................................................. 402
- 8.2 Interaktive Zeichnungserstellung .................................................. 405
- 8.3 Ableitung von Baugruppen .................................................. 406

## Index .................................................. 409

# Vorwort

Während meiner Lehrtätigkeit im Bereich rechnerintegrierte Produktentwicklung (CAD mit CATIA V5-6) und meiner langjährigen Arbeit als CAD-Methodenentwickler in einschlägigen Firmen des In- und Auslandes entstanden kontinuierlich verbesserte Schulungsunterlagen, die sich in ihrem didaktischen Aufbau und Inhalt bewährt haben. Das positive Feedback von Studierenden sowie Anwendern in der Produktentwicklung und Konstruktion hat mich zu dem Entschluss geführt, diese Unterlagen in Buchform zu veröffentlichen.

Sie finden eine Fülle an Fachbüchern zum Thema 3D-Konstruktion mit CATIA V5-6 im Buchhandel und im Netz. Dabei wird allerdings nur unzureichend auf die Möglichkeit eingegangen, Funktionalitäten zu üben und deren richtige Anwendung ohne Vorkenntnisse zu verstehen. Diesem Missstand soll das vorliegende Buch entgegenwirken.

Das Besondere an diesem Buch ist sein duales Lernkonzept. Es kombiniert text- und webbasierte Inhalte miteinander und schafft so ein multimediales Lernerlebnis. Konkret bedeutet dies, dass Sie mit Kauf des Buches Zugang zur Lernplattform www.elearningcamp.com/hanser erhalten, die wertvolles Begleitmaterial, wie z. B. interaktive Videotutorials, enthält.

Die Kombination von Print- und E-Learning wird in meinen Vorlesungen an der Hochschule München sehr erfolgreich eingesetzt. Die Studenten sind begeistert und die Lernerfolge hervorragend.

Kombination von Print- und E-Learning

Um sowohl den Ansprüchen von Anfängern als auch Fortgeschrittenen gerecht zu werden, steigt der Schwierigkeitsgrad der Konstruktionsübungen in diesem Buch Schritt für Schritt – bis hin zu einem Level, das auch fortgeschrittene CAD-Techniken mit CATIA V5-6 vermittelt. Studenten der ersten Hochschulsemester werden sich insbesondere mit den Themen Sketcher-Grundlagen (Kapitel 3), Part Design-Grundlagen (Kapitel 4), Assembly Design-Grundlagen (Kapitel 6) und Drafting Parts bzw. Assemblies (Kapitel 8) auseinandersetzen müssen. Höhere Semester und Konstrukteure im Job werden auch die Vertiefung der Grundlagen im Part Design und Assembly Design (Kapitel 5 und 7) benötigen, um den Anforderungen der Industrie zu genügen.

Im täglichen Umgang mit Studenten und Schulungsteilnehmern zeigte sich, dass großes Interesse an einem praxisorientierten Grundlagenbuch besteht. Auch Konstrukteure in Betrieben haben oftmals Bedarf an einem Buch, das sie schnell und gezielt bei einem Umstieg von anderen CAD-Systemen auf CATIA V5-6 unterstützt. Ein Verständnis für vielseitige Anwendungsmöglichkeiten ergibt sich nicht nur durch komplizierte Erklärungen in Textform, sondern anhand von gezielten Übungen und Erläuterungen an den richtigen Stellen im Laufe des Konstruktionsprozesses. An dieser Philosophie halte ich seit Jahren fest und konnte sehr gute Erfolge und positive Resonanz bei den Schulungsteilnehmern feststellen.

Die Grundfunktionen zum 3D-CAD sind meist schnell erklärt und erscheinen anfänglich logisch und eindeutig. In der Praxis erweist sich die Theorie jedoch bald als wesentlich komplexer, und man muss sich mit viel Aufwand um Problemlösungen bemühen. Der anspruchsvollen Thematik der dreidimensionalen Modellierung sollten Sie mit professionellem, strukturiertem Arbeiten schon von Beginn an begegnen. Nur dann können Sie das Potenzial des Programms voll ausschöpfen. Meine diesbezüglichen Erfahrungen möchte ich Ihnen in diesem Buch vermitteln.

Das Buch wurde auf Basis der Programmversion CATIA V5-6 R26 erstellt. Bestehende Methoden werden mit jedem neuen Release lediglich ergänzt, aber nicht verändert. Daher kann dieses Buch auch ohne Probleme mit einem höheren oder auch niedrigeren Softwarestand verwendet werden. Das Übungsmaterial unter *www.elearningcamp.com/hanser* wird stets auf den aktuellsten Stand gebracht.

Mit diesem Buch sind Sie also langfristig hervorragend gerüstet für eine erfolgreiche Karriere als 3D CAD-Profi. Ich wünsche Ihnen viel Spaß beim Entdecken beeindruckender Möglichkeiten der virtuellen Konstruktion und Entwicklung am Computer.

An dieser Stelle möchte ich mich noch beim Carl Hanser Verlag bedanken, der mir die Möglichkeit gegeben hat, mein neuartiges Kursprogramm in Form dieses Buches zu veröffentlichen. Insbesondere meine Lektorin Julia Stepp hat mich stets sehr gut unterstützt und große Geduld bewiesen.

Besonderer Dank gebührt auch meinen Kollegen und Freunden Peter Kesch, Balázs Neustadtl, Thomas Leitermann, Walter Appel, Dr. Gerald Pöschl und Roman Grodon. Durch ihre Unterstützung war es mir überhaupt erst möglich, dieses Werk zu verfassen.

Wichtige Unterstützung leisteten auch die Studenten der Hochschule München, die mir mit der Modellierung einiger Übungsbeispiele viel Arbeit abgenommen haben. Ein großes Lob an euch!

Ganz besonders möchte ich meinen geschätzten Kollegen Sven Ausmeier, mit dem ich eng in Projekten zusammenarbeite, dankend erwähnen. Von ihm stammt die Idee und ein großer Teil der Umsetzung des Beispiels in Abschnitt 5.5.5, das die CATSkript-Programmierung und intelligente Modellgestaltung behandelt. Auch das darauffolgende Übungsbeispiel, das auf der E-Learning-Plattform zur Verfügung steht, trägt seine Handschrift. Unsere Zusammenarbeit im Bereich Methodenentwicklung, Produktion und Visualisierung liefert mir immer wieder wertvolle Inspiration und macht mir große Freude. Diese Praxisnähe kann ich hervorragend in meine Schulungskonzepte einfließen lassen.

München, Oktober 2018                                                          *Patrick Kornprobst*

# 1 Einführung

Das Akronym *CAD* steht für *Computer Aided Design* und bedeutet rechnergestützte Konstruktion, also die Erzeugung von virtuellen, zweidimensionalen und dreidimensionalen Objekten am Computer. Die Anwendungen dafür sind sehr vielseitig. So kommt CAD in nahezu allen Entwicklungsbereichen zur Anwendung, so zum Beispiel in der Luftfahrtindustrie, im Automobilbau, im Schiffsbau, in der Medizintechnik, der Konsumgüterindustrie und vielen anderen Bereichen. Im Grunde wird heute nahezu jedes Produkt, das Sie in Ihrem Umfeld sehen, in seiner Entwicklungsphase zuerst virtuell erzeugt. Die heutigen Möglichkeiten der flexiblen und schnellen Anpassungsfähigkeit von 3D-Modellen machen die virtuelle Konstruktion, Animation und Analyse am Computer so attraktiv.

Was ist CAD?

CATIA steht für **Computer Aided Three-Dimensional Interactive Application** und ist ein CAD-Softwarepaket, das von der französischen Firma Dassault Systèmes Anfang der 80er-Jahre entwickelt wurde. Die aktuell gebräuchlichste Version ist CATIA V5-6 (Version 5-6), die eine Weiterentwicklung der Vorgängerversion CATIA V5 (Version 5) ist. Die in 2008 vorgestellte Version 6 (also CATIA V6) konnte sich bislang noch nicht durchsetzen. Es ist fraglich, ob sich das in absehbarer Zukunft ändert. Sie können sich also getrost auf das Erlernen von CATIA V5-6 konzentrieren. Die Methoden aus CATIA V5 sind komplett auf V6 übertragbar. Der Umstieg von V5 auf V6, sollte das einmal nötig sein, ist sehr einfach, da die Oberfläche für die Konstruktion nahezu identisch ist und sich die CAD-Methoden praktisch überhaupt nicht ändern.

CATIA-Versionen

Ihnen ist sicher schon aufgefallen, dass hinter dem Akronym CATIA V5 meist noch weitere Kürzel stehen. R21 bedeutet beispielsweise Release 21. Stellen Sie sich die verschiedenen Releases von CATIA V5 als eine Art Facelift für die CAD-Anwendung vor. Welches Release in einem Betrieb verwendet wird, hängt von firmenspezifischen, strategischen Entscheidungen ab. Mit dem Folgeprodukt CATIA V5-6 wurden die Releasestände einfach weiter hochgezählt. Die in 2018 und 2019 gebräuchlichste Version ist weiterhin CATIA V5-6 R26.

CATIA V5- und CATIA V5-6-Releases

Dassault Systèmes führt bei der Herausgabe neuer Releases im Grunde nur kleinere Veränderungen am Programm durch. Dabei werden in der Regel überschaubare Anpassungen oder Erweiterungen in den Funktionen und Optionen oder der Benutzeroberfläche durchgeführt.

Derartige Veränderungen innerhalb der Releasestände werden Sie erst bei näherer Betrachtung feststellen können. Für erfahrene Konstrukteure sind diese zusätzlichen Optionen häufig auch intuitiv anwendbar.

An den grundlegenden Konstruktionsmethoden und Herangehensweisen der Anwendung von CATIA V5 ändert sich also praktisch nichts, egal ob Sie mit CATIA V5 R19 oder einer aktuelleren Version CATIA V5-6 R26 arbeiten. Bemerkbar machen sich höhere Releases insbesondere bei der Umsetzung tiefergreifender Konstruktionsmethoden wie zum Beispiel bei Methoden für Faserverbundwerkstoffe (im Composite Part Design).

*Hotfix*

Hotfixes hingegen sollen, wie der Name schon sagt, einzelne, kleinere Softwarefehler beheben. Sie werden in Betrieben nur bei dringendem und schnellem Handlungsbedarf installiert. Angaben zum installierten Hotfix werden meist nicht in der Softwarebeschreibung einer verwendeten CATIA-Version erwähnt.

*CATIA V5-6 dominiert den Markt.*

Die anfängliche »Spielerei«, Modelle dreidimensional auf dem PC darzustellen, hat sich im Laufe der Jahre zu einer effektiven Möglichkeit weiterentwickelt, Informationen in digitaler Form in die Produktentwicklung zu integrieren. Viele Schritte des **PLM** (Product Lifecycle Management) können heute mit Rechnern beschleunigt und verbessert werden, wodurch die rechnerintegrierte Produktentwicklung aus der Prozesskette kaum mehr wegzudenken ist. CATIA V5 (bzw. CATIA V5-6) bietet seit seiner Einführung 1999 die Möglichkeit, die Entstehungsgeschichte eines Produktes von der Konzeptphase bis hin zur Fertigung virtuell zu simulieren, zu analysieren und zu überwachen.

*Möglichkeiten mit CATIA V5-6*

Die Erstellung von dreidimensionalen Objekten mit CATIA V5-6 erscheint im ersten Moment verhältnismäßig einfach und mit wenig Übung erlernbar. Die dazu notwendigen Funktionalitäten sind in der Regel schnell verstanden und ermöglichen schon bald die Gestaltung eines augenscheinlich zufriedenstellenden Volumenmodells. Dies führt zu dem weit verbreiteten Irrtum, Volumenmodellierung mit CATIA V5-6 könne man sich problemlos ohne gezielte Anleitung selbst beibringen. Ergebnis sind schließlich instabile Modelle, die nur sehr eingeschränkt Verwendung finden. Gerade in der Industrie sind derartige Datensätze praktisch unbrauchbar. Das Niveau Ihres Ausbildungsgrades steht also in direktem Zusammenhang mit der Qualität Ihrer Ausbildung. Spätestens wenn nachträgliches Editieren Ihrer Modelle Fehlermeldungen hervorbringt oder gewünschte Operationen vom Programm nicht angenommen werden, stoßen Sie ohne professionelle Ausbildung an Ihre Grenzen.

CATIA V5-6 bietet Möglichkeiten, Objekte in Prozessketten zu integrieren, wie es kaum ein anderes CAD-Programm vermag. Nur mit den richtigen Vorgehensweisen (Konstruktionsmethoden) lässt sich ein Modell ohne Schwierigkeiten erstellen und zu jeder Zeit beliebig abändern. Genau das vermittelt Ihnen dieses Buch. Sie erlernen das stabile Konstruieren mit CATIA V5-6 und vermeiden dadurch nervenaufreibende Nacharbeiten.

**Bild 1.1**  Beispiele für verhältnismäßig anspruchsvolle Parts (Einzelteile), die mit den richtigen Konstruktionsmethoden schnell und einfach modellierbar sind

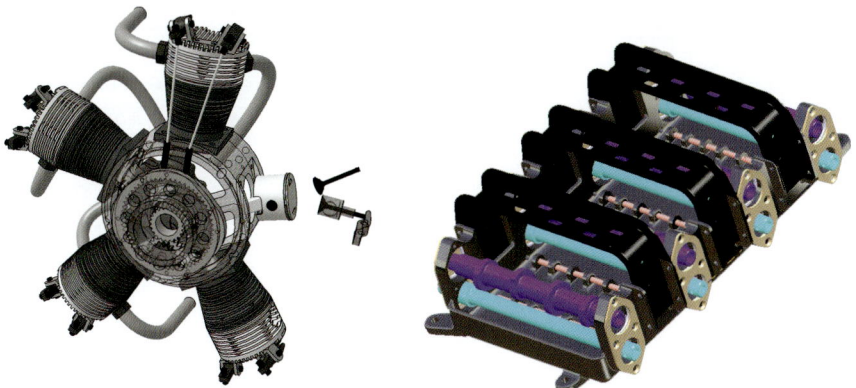

**Bild 1.2**  Auch komplexe Assemblies (Baugruppen) können Sie mit den richtigen Konstruktionsmethoden anpassungsfähig und übersichtlich modellieren.

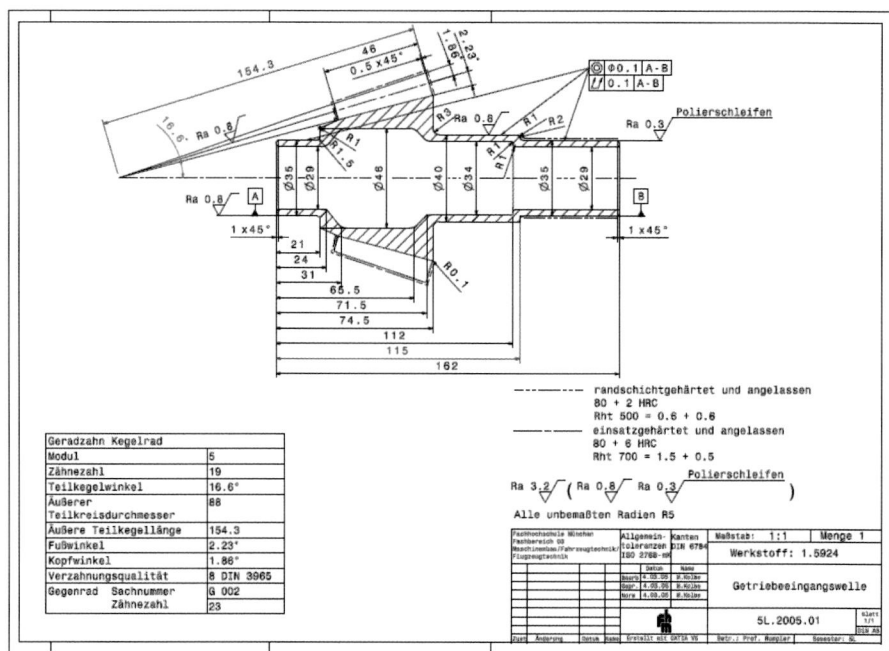

**Bild 1.3** Aus Einzelteilen und Baugruppen können Sie technische Zeichnungen ableiten.

## 1.1 Zum Aufbau dieses Buches

An wen sich dieses Buch richtet

Dieses Buch richtet sich in erster Linie an Studenten, Studierende und Konstrukteure, die die dreidimensionale Konstruktion mit CATIA V5-6 erlernen wollen. Erfahrung mit anderen 3D-CAD-Systemen beschleunigt sicher den Lernprozess, ist aber nicht notwendig, um Ihre CATIA V5-6-Fähigkeiten mit diesem Buch auf ein hohes Level zu bringen.

Auch erfahrene Anwender werden neue Konstruktionsmethoden kennenlernen, die es ihnen ermöglichen, bisherige Schwierigkeiten mit der dreidimensionalen Konstruktion hinter sich zu lassen.

Wie das Buch durchgearbeitet werden sollte

Gerade beim CAD sind Sie auf einen fundierten Erfahrungsschatz angewiesen, um schnell und effektiv arbeiten zu können. Aus diesem Grund enthält dieses Buch zahlreiche Übungen unterschiedlichen Schwierigkeitsgrades. Es ist anzuraten, dass Sie das Buch chronologisch durcharbeiten. In jedem Kapitel erkläre ich die Theorie anhand von praxisrelevanten Übungsbeispielen.

 Unter http://downloads.hanser.de finden Sie alle Beispielmodelle zu den Übungen.

**Die Lernplattform** *www.elearningcamp.com/hanser*

Diesem Buch liegt ein duales Lernkonzept zugrunde. Es kombiniert text- und webbasierte Inhalte miteinander und schafft so ein multimediales Lernerlebnis. Konkret bedeutet dies, dass Sie mit Kauf des Buches Zugang zur Lernplattform *www.elearningcamp.com/hanser* erhalten, die u. a. folgendes Begleitmaterial enthält:

- zusätzliches Übungsmaterial für alle Schwierigkeitsstufen
- interaktive Videotutorials
- Lernzielkontrollen und Abschlusszertifikate

Eine Registrierung auf *www.elearningcamp.com/hanser* ist nicht zwingend erforderlich. Nicht registrierte Benutzer haben Zugang zu den im Buch verwendeten Beispielen und einer limitierten Auswahl an frei zugänglichen Lerneinheiten.

Nach kostenfreier Registrierung können Sie auf den vollen Funktionsumfang der interaktiven Videofunktionalitäten im »Cockpit« sowie weitere freie Inhalte zugreifen. Sie erhalten Zugang zu zusätzlichen Expertentipps, zu einer integrierten Lernzielkontrolle und anderen lernunterstützenden Features. Ihre Registrierungsdaten werden nicht an Dritte weitergegeben.

Immer dann, wenn zu einem Abschnitt interaktive Online-Übungen verfügbar sind, wird dies durch folgenden Hinweiskasten signalisiert:

**Übung Nr. X: Titel**

Quick Access Code: *abc*

Um das Lernvideo aufzurufen, geben Sie in Ihrem Webbrowser die URL der Lernplattform ein: *www.elearningcamp.com/hanser*

Nun geben Sie den jeweiligen **Quick Access Code** der Übung ein und bestätigen Ihre Eingabe. Daraufhin startet das Video. Eine Registrierung ist hierfür nicht erforderlich.

*Interaktive Online-Übungen*

Nach dem Durcharbeiten der Übungen in diesem Buch sollten Sie in der Lage sein, Ihre Aufgaben zur Erzeugung von Volumenmodellen logisch zu strukturieren, zügig zu erledigen und optimal für weitere Verwendungen vorzubereiten. Ein **mathematisch stabiles und optimal anpassungsfähiges Modell** sollte immer Ziel Ihrer Konstruktion sein. Mit diesem Buch und den online angebotenen Tutorials wird effizientes Konstruieren unter Verwendung einer sinnvollen und stabilen Konstruktionsmethodik geübt. Anhand einer Vielzahl praxisrelevanter Übungen unterschiedlichen Schwierigkeitsgrades wird auf häufig auftretende Stolpersteine eingegangen. Dies ermöglicht eine schnelle und einfache Umsetzung von Erfahrungen im Umgang mit CATIA V5-6 in die tägliche Praxis.

*Lernen Sie, CATIA V5 optimal zu nutzen.*

| | |
|---|---|
| Übung macht den Meister. | Durch die Fülle an zusätzlichen Übungsbeispielen auf *www.elearningcamp.com/hanser* können Funktionen von mehreren Seiten betrachtet werden. Auf lange Sicht werden nicht nur Grundlagen gefestigt und ein Verständnis für die richtige Volumenmodellierung geschaffen, auch schwierige Konstruktionsaufgaben können nach Bewältigung der Buchinhalte ohne große Probleme selbstständig gelöst werden. Die Übungen sind so konzipiert, dass mehrere Beispiele zu allen wichtigen Funktionen im CAD mit CATIA V5-6 genau erläutert werden. Die Modellierung in CATIA V5-6 wird häufig von Beginn an falsch angegangen. Dies hat ein Ausbremsen der Möglichkeiten des Programms zur Folge. Studenten verlieren den Spaß an der Arbeit, und Konstrukteure haben Schwierigkeiten, Problemstellungen selbstständig zu bearbeiten. |
| Nicht vorschnell das Handtuch werfen | Besonders als Konstruktionsneuling ist der Einstieg die größte Hürde. Bei der 3D-Modellierung mit CATIA V5-6 muss gleich von Beginn an eine Vielzahl an Informationen verarbeitet werden, und man kann sich kaum jede Kleinigkeit merken. Der Schlüssel zum Erfolg ist, am Ball zu bleiben und nicht vorschnell das Handtuch zu werfen. Wichtige Funktionen werden mehrfach wiederholt. Die ersten Übungen werden etwas zeitaufwendiger sein als spätere, da man sich erst an eine gewisse Konstruktionsmethodik gewöhnen muss. Sind die Grundlagen erst in Fleisch und Blut übergegangen, können Sie auch vermeintlich komplizierte Bauteile schnell und strukturiert modellieren. Sie werden sehen, dass die 3D-Modellierung mit CATIA V5-6 großen Spaß machen kann. |
| Neue Themen werden ausführlich beschrieben. | Neue Modellierungsschritte, Funktionen und Methoden werden mit Funktionsnamen im Text und Bildern der verwendeten Icons in der Randleiste genau beschrieben. Nach und nach halte ich Sie an, bereits ausführlich behandelte Konstruktionsschritte selbstständig zu erledigen. Die Einzelschritte der Konstruktionen werden dann nur noch knapp ausformuliert. Dies soll Ihnen einen optimalen Lerneffekt bieten. Die übersichtliche Strukturierung der Übungsbeispiele wird Ihnen die Möglichkeit geben, Ihr individuelles Tempo vorzulegen. Die chronologische Reihenfolge der Übungen sollte jedoch eingehalten werden, um keine Erklärungen zu verwendeten Funktionen zu übergehen. Wenn Sie einzelne Übungen dennoch überspringen möchten, sollten Sie zumindest die in die Beispiele eingearbeiteten, hervorgehobenen Hinweise und Tipps durcharbeiten. Auf diese Weise gehen Ihnen keine wichtigen Informationen verloren. |
| Eigene Notizen machen | Ich empfehle in meinen Lehrveranstaltungen, eigene Notizen in die Schulungsunterlagen zu machen. Scheuen Sie sich also nicht, an für Sie geeignete Stellen kleine Vermerke zu machen. Dies erleichtert den Lernprozess und gibt Ihnen die Möglichkeit, an für Sie wichtige Stellen schnell zurückzublättern. Handschriftliche Bemerkungen können eine hervorragende Erinnerungsstütze sein. |
| Struktur der Übungsbeispiele | Die Übungsbeispiele in diesem Buch sind alle ähnlich aufgebaut, um einen hohen Wiedererkennungswert und damit maximalen Lerneffekt zu gewährleisten. Sie werden Schritt für Schritt an alle relevanten Funktionen und verschiedene Arbeitsmethoden herangeführt. Zur Beschreibung der Parameter eines zu modellierenden Werkstücks wird häufig eine technische Zeichnung abgebildet. Sie ist Grundlage der zu erzeugenden Volumengeometrie. Aufgrund der eingeschränkten Darstellungsmöglichkeiten sind die technischen Zeichnungen in diesem Buch nicht zwingend Iso-konform. |
| Konstruktionsabsicht | Die Konstruktionsabsicht gibt Aufschluss über die Weiterverwendung des Volumenmodells. Sollen einzelne Teilgeometrien besonders änderungsfreundlich sein, muss dies |

schon vor Beginn der Modellierung in einem Konstruktionsplan berücksichtigt werden. Er legt die wichtigsten Gestaltungsmerkmale (Aufteilung in Teilgeometrien und Abhängigkeitsstrukturen) fest und definiert die Aufbaulogik (Funktionsauswahl und Funktionsabfolge). Auf diese Weise wird eine systematische und strukturierte Modellierung unterstützt. Dabei sind Fragestellungen, wie und wo das Volumenmodell benötigt wird, oft hilfreich. (Muss es in der Grundgeometrie veränderlich sein; bei welchen Teilgeometrien sind Änderungen zu erwarten; wird eine schnelle Erzeugung von Variationen gewünscht; wie wird das Bauteil gefertigt usw.)

Bei der Konstruktionsbeschreibung zu einigen Übungen wird großen Wert auf eine sinnvolle Konstruktionsmethode gelegt, die bei jedem Beispiel wiederkehrt und eingehalten werden sollte. Ziel ist ein stabiles, anpassungsfähiges, parametrisierbares und überschaubares Modell. Schon von der ersten Aktion an können gravierende Fehler gemacht werden, welche die Verwendbarkeit des Modells stark einschränken. Auf diese Fehler wird hingewiesen, und ein oder mehrere sinnvolle Lösungswege werden vorgeschlagen.

*Konstruktionsbeschreibung*

>  **Expertentipp: Titel**
>
> Gezielte Expertentipps begleiten jedes Beispiel, um nicht an »Kleinigkeiten« hängen zu bleiben. Sie sind an geeigneten Stellen im Laufe des Konstruktionsprozesses eingestreut und stehen stets in dem hier verwendeten Hinweiskasten.

**1. Diese Aufzählung kennzeichnet einen neuen Bearbeitungsschritt.**

*Arbeitsschritte*

Die **fett** formatierten Aufzählungen (mit chronologischer Nummerierung) trennen die verschiedenen Bearbeitungsschritte in den Übungsbeispielen voneinander ab. Sie werden an dieser Stelle aufgefordert, die im anschließenden Absatz beschriebenen Aktionen selbst am PC durchzuführen. Zusätzliche Bildsymbole in der Randleiste helfen, die Modellierungsschritte nachzuvollziehen.

In vielen Fachbüchern zu CATIA V5 werden die Bezeichnungen der Funktionalitäten des Programms ausschließlich auf Englisch gewählt. Gerade als Konstruktionsneuling verschwendet man auf diese Weise aber unnötige Energie auf die richtige Interpretation bzw. Übersetzung der Funktionen. Kreativ ist man nur in seiner Muttersprache, und Kreativität ist ein nicht unwesentlicher Bestandteil der modernen 3D-Modellierung am PC. Aus diesem Grund sind die Namen zu angewandten Funktionen in diesem Buch auf Englisch und in Klammern auch auf Deutsch bezeichnet. Sie sollten sich als Konstrukteur auf lange Sicht (im Zuge der Globalisierung) insbesondere an die englischen Begriffe gewöhnen.

*Funktionsnamen auf Englisch (und Deutsch)*

In CATIA V5-6 können die Funktionen zu den jeweiligen Arbeitsschritten häufig an verschiedenen Stellen aufgerufen werden (z. B. über die Menüleiste, über Icons in Funktionsgruppen, im Kontextmenü oder über Hotkeys). In diesem Buch werden möglichst übersichtliche Wege aufgezeigt, um den sicheren und zügigen Umgang mit dem Programm zu trainieren.

*Funktionsaufruf an verschiedenen Stellen*

Am Ende der meisten Online-Übungsaufgaben auf *www.elearningcamp.com/hanser* finden Sie kleine Lernzielkontrollen, die Sie so oft durchmachen können, wie Sie möchten.

*Lernzielkontrollen*

Diese kleinen Tests sollen das Lernen erleichtern und auflockern. Prüfungsergebnisse bekommen Sie stets in Echtzeit, sodass Sie schnell feststellen können, ob Sie alles verstanden haben.

## ■ 1.2 CATIA V5-6 – erste Grundlagen

PLM mit CATIA V5-6

**CAE** (*engl.* Computer Aided Engineering) mit CATIA V5-6 bietet die Möglichkeit, neben der Erzeugung volumenbehafteter Objekte, Abläufe zu simulieren (z. B. **DMU**-Simulationen, *engl.* Digital Mock-Up), zu analysieren (z. B. über **FEM**, Finite-Elemente-Methode; oder **CFD**, *engl.* Computational Fluid Dynamics) und aufgrund einer gemeinsamen Datenbasis zu fertigen (**CAM**, *engl.* Computer Aided Manufacturing). Damit können wesentliche Komponenten des Produktlebenszyklusmanagements (**PLM**, *engl.* Product Lifecycle Management) in einem Modulpaket realisiert werden.

Der Einsatz von CATIA V5-6

Beim CAD mit CATIA V5-6 erstellen Sie in der Regel zunächst dreidimensionale, virtuelle Modelle (sogenannte Solids) an Ihrem Computer. Diese können dann als Komponenten von beliebig komplexen Baugruppen verwendet werden. Daraus leiten Sie technische Zeichnungen (also 2D-Zeichnungsunterlagen) ab. Mit diesen Datensätzen führen Sie am Computer Tests durch, bevor Ihre Entwicklungslösungen tatsächlich physikalisch hergestellt und zusammengebaut werden. Mit CATIA V5 erzeugen Sie also hochkomplexe, dennoch aber sehr flexible 3D-Modelle. Man spricht hier von parametrisch assoziativer Konstruktion. In den Übungen und Online-Tutorials dieses Buches werden Sie Schritt für Schritt vom Anfänger zum Profi im 3D-CAD ausgebildet, ohne dass Sie Vorkenntnisse mitbringen müssen.

Modularer Aufbau von CATIA V5-6

Damit dies sinnvoll möglich ist, muss eine Vielzahl an Funktionen bereitgestellt werden. Es würde keinen Sinn machen, alle diese Funktionalitäten auf eine einzige Benutzeroberfläche zu packen. Man müsste sich in einem Chaos von Hunderten an Funktionen zurechtfinden. Aus diesem Grund wurden Arbeitsumgebungen, sog. Module, geschaffen, in denen Funktionsgruppen sinnvoll zusammengefasst sind. Die Basis einer CAE-Anwendung ist die Volumenmodellierung zur Erzeugung, Ergänzung und Änderung von 3D-Objekten. Diese Modelle können für weitere Produktionsschritte im PLM weiterverwendet werden.

Die richtige Arbeitsumgebung

Vergewissern Sie sich vor jeder Neukonstruktion oder Bearbeitung von Bauteilen bzw. Baugruppen, dass Sie sich in der dafür vorgesehenen Modulumgebung befinden. Dies lässt sich sehr einfach überprüfen. Jedes Modul erhält ein eigenes Symbol (in der Regel) oben im rechten Symbolleisten-Bereich in CATIA V5-6. Die Tabelle zeigt einige Beispiele.

| Produktionsschritt | Modul (Arbeitsumgebung) in CATIA V5-6 | Symbol |
|---|---|---|
| Volumenmodellierung | Part Design (Teilekonstruktion) | |
| 2D-Zeichnungsableitung | Drafting (2D-Zeichnungserstellung) | |
| Baugruppenerstellung | Assembly Design (Baugruppenkonstruktion) | |
| Kinematische Simulation | DMU Kinematics | |
| FEM-Analysen | Generative Structural Analysis | |
| Flächenkonstruktionen | Generative Shape Design (Flächenerzeugung) | |
| Papierlose Fertigung (Fertigungsanweisungen im 3D) | Functional Tolerancing and Annotations | |
| u. v. m. | | |

Zwischen den Modulen kann (mit den richtigen Vorbereitungen) beliebig hin und her gewechselt werden. Von Release zu Release kommen weitere, teilweise hochspezifische Arbeitsumgebungen hinzu, sodass CATIA V5-6 mittlerweile zu einem Programm mit weit über 100 Arbeitsumgebungen erweitert wurde. Passt ein Wechsel nicht zur aktuell geöffneten Datei, wird ein leeres Dokument in der angewählten Arbeitsumgebung bereitgestellt.

## ■ 1.3 Part Design – die Erstellung von Einzelteilen

Wie schon mehrfach erwähnt, dient das Part Design (Teilekonstruktion) bei CATIA V5-6 dazu, beliebig komplexe Einzelteile virtuell auf dem Computer zu erzeugen. Diese können für weitere Untersuchungen oder zum Zusammenbau mit anderen Komponenten weiterverwendet werden. Dabei wirken die einzeln erzeugten Modelle nach außen hin als maschinenbaulich kleinste Einheit.

Teilgeometrien bilden eine topologische Einheit.

Bei Betrachtung von komplexen Bauteilen herrscht häufig erst einmal Ratlosigkeit, wie man ans Ziel kommen soll. Mit ein wenig Erfahrung erkennt man aber, dass sich auch noch so komplexe Einzelteile, beim Herunterbrechen in simple, kleine Teilschritte, häufig sehr einfach erstellen lassen. Komplexe Gesamtgeometrien entstehen also über die Zusammenstückelung von simplen »Bausteinen« und dessen Nachbearbeitung. Die erste Teilgeometrie jedes Bauteils wird als **Grundgeometrie** (oder **Basisgeometrie**) bezeichnet. Das Modell wächst dann durch das schrittweise Anfügen weiterer Bausteine bis hin zum fertigen Produkt an. Dabei werden die Anschlussgeometrien von CATIA immer topologisch zum bereits vorhandenen Volumen hinzugefügt. Man spricht von **monolithischer Erweiterung**, da die Teilgeometrien miteinander verschmelzen und zu einer Einheit werden. Voraussetzung für ein stabiles Ergebnis ist die sinnvolle Unterteilung und schrittweise Modellierung bis hin zum gewünschten Ergebnis. Dies wird spätestens beim Bearbeiten der Übungsbeispiele deutlich werden.

Vom 2D ins 3D

Grundsätzlich arbeiten nahezu alle 3D-CAD-Programme nach demselben Prinzip. Basierend auf zweidimensionalen Elementen oder Elementverbänden wie Skizzen, Linien im Raum, Punkten und Flächen, wird in die dritte Dimension projiziert. Im einfachsten Fall wird ein geschlossener Linienzug als Grundlage für die 3D-Geometrie auf einer Skizzierebene erstellt – vergleichbar mit Papier und Bleistift auf einer Reißbrettunterlage (Bild 1.4).

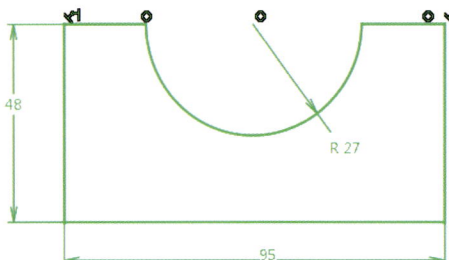

**Bild 1.4** Einfachster Fall: 2D-Skizze als Grundlage für 3D-Geometrie

Kanonische Körper: Die häufigsten Teilgeometrien

Die häufigsten Fälle der Definition von 3D-Geometrie sind in Bild 1.5 bis Bild 1.7 dargestellt.

Positivgeometrie

Grundsätzlich können Sie zwischen drei Möglichkeiten zur Erzeugung von positiven bzw. negativen kanonischen Körpern unterscheiden.

Durch »Verziehen« im Raum erzeugen Sie Volumengeometrie (Bild 1.5).

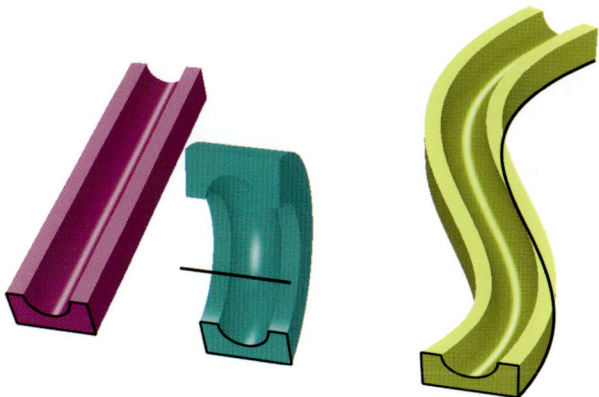

**Bild 1.5** Von links nach rechts: Geradliniges Verziehen einer 2D-Skizze entlang eines Vektors über die Funktion Pad (Block), Rotation einer 2D-Skizze um eine Achse über die Funktion Shaft (Welle) und Verziehen einer 2D-Skizze entlang einer Führungskurve über die Funktion Rib (Rippe)

Natürlich gibt es diese Grundfunktionen auch in ihrer Variante als Negativgeometrie (Bild 1.6).

Negativgeometrie

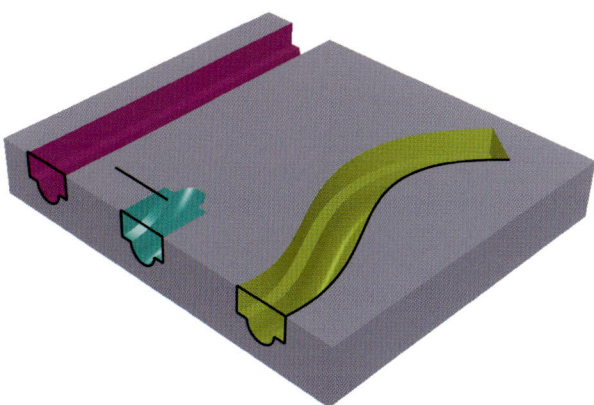

**Bild 1.6** Über Pocket, Groove und Slot wird Material entfernt.

Nach Konstruktion der Grundgeometrie und den »groben« Teilgeometrien werden weitere Details am Volumenkörper angebracht (Bild 1.7). Für eine wieder erkennbare Zuordnung sollten Sie derartige Nachbearbeitungen wenn möglich direkt nach der Erzeugung der entsprechenden Teilgeometrien anbringen. Dazu und zu weiteren Bearbeitungsfunktionen aber später mehr.

Detaillierung

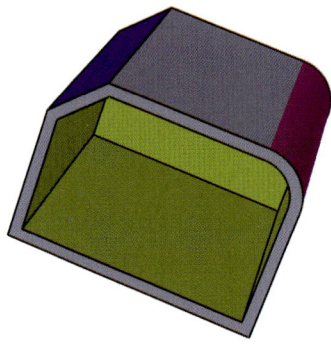

**Bild 1.7** Die hier abgebildeten Edge Fillets (Verrundungen), Chamfers (Fasen) oder Shells (Schalenelemente) sind ein paar Beispiele zur Detaillierung eines Modells.

Ziel der objektorientierten 3D-Modellierung sollte immer ein **mathematisch stabiles, anpassungsfähiges und damit benutzerfreundliches Volumenmodell** sein. Nur dann haben Sie ein brauchbares Modell zur Integration in weitere Prozessketten. Sauber strukturierte Modelle können für weitere Analysen und Simulationen verwendet werden, ohne dass man damit rechnen muss, Probleme zu bekommen.

*www.elearningcamp.com/hanser*

**Übung 1: Wie Volumenmodelle entstehen**

Quick Access Code: ae1

# 2 Einstieg in CATIA V5-6

In diesem Kapitel erhalten Sie einen grundlegenden Einstieg in CATIA V5-6. Sie lernen Sie die Benutzeroberfläche von CATIA V5-6 kennen, erfahren wie Sie Programmeinstellungen anpassen und wie Sie sich bei Fehlern verhalten.

## ■ 2.1 Erste Schritte

### 2.1.1 Programm aufrufen und Modell laden

Starten Sie als Allererstes das Programm CATIA V5-6. Einmal gestartet, werden wir uns ein CAD-Modell ins Programm hochladen und uns die Benutzeroberfläche genauer ansehen. Wir wollen uns zunächst einmal eine einheitliche Oberfläche schaffen. So können Sie den Übungen später besser folgen.

**1. Automatisch geöffnete Funktionsleisten/Datei schließen**

Schließen Sie nach dem Programmstart die frei beweglichen Funktionsleisten. Schließen Sie auch die automatisch bereitgestellte, leere Datei (Bild 2.1).

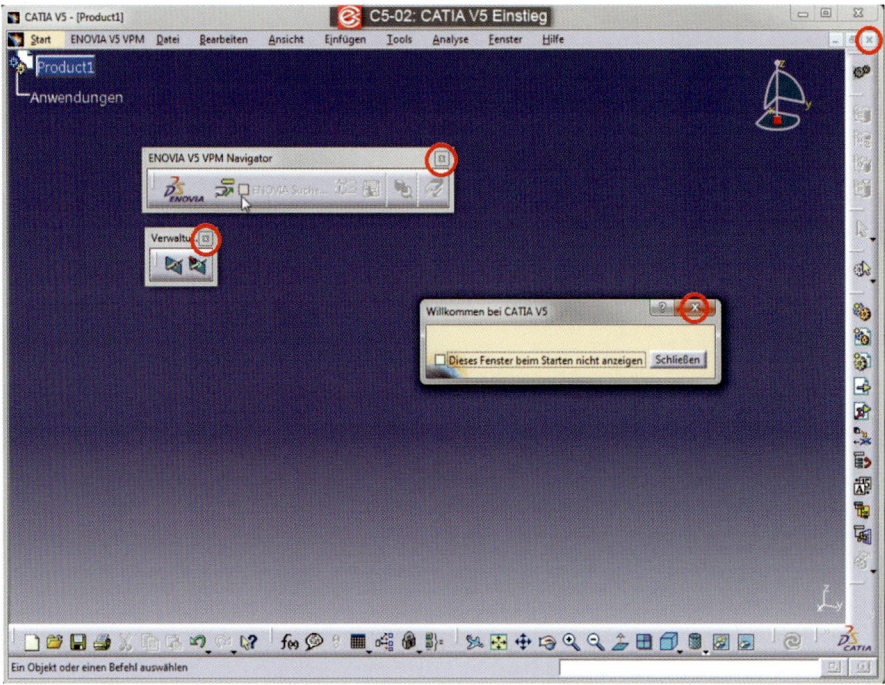

**Bild 2.1** Darstellung des Startbildschirms bei Standardeinstellungen

**2. Umgebungssprache einstellen**

Im nächsten Schritt wollen wir die Umgebungssprache auf Englisch umstellen. Nachdem die meisten international operierenden Firmen mit der englischen Programmoberfläche in CATIA V5-6 arbeiten, macht es auch für die Übungen in diesem Buch und im Internet Sinn, auf die englische Benutzeroberfläche umzuschalten. Sie werden sich schnell an die Begrifflichkeiten gewöhnen. Um den Lernprozess für die englische Terminologie zu beschleunigen, sind die deutschen Übersetzungen stets in Klammern hinter dem englischen Begriff aufgeführt.

Gehen Sie dazu auf das Menü **TOOLS > CUSTOMIZE (TOOLS > ANPASSEN)**. Es öffnet sich das Dialogfenster **CUSTOMISE (ANPASSEN)**. Klicken Sie auf den Reiter **OPTIONS (OPTIONEN)** ganz rechts im Dialogfenster und wählen für die Sprache der Benutzeroberfläche den Eintrag **ENGLISCH** aus (Bild 2.2).

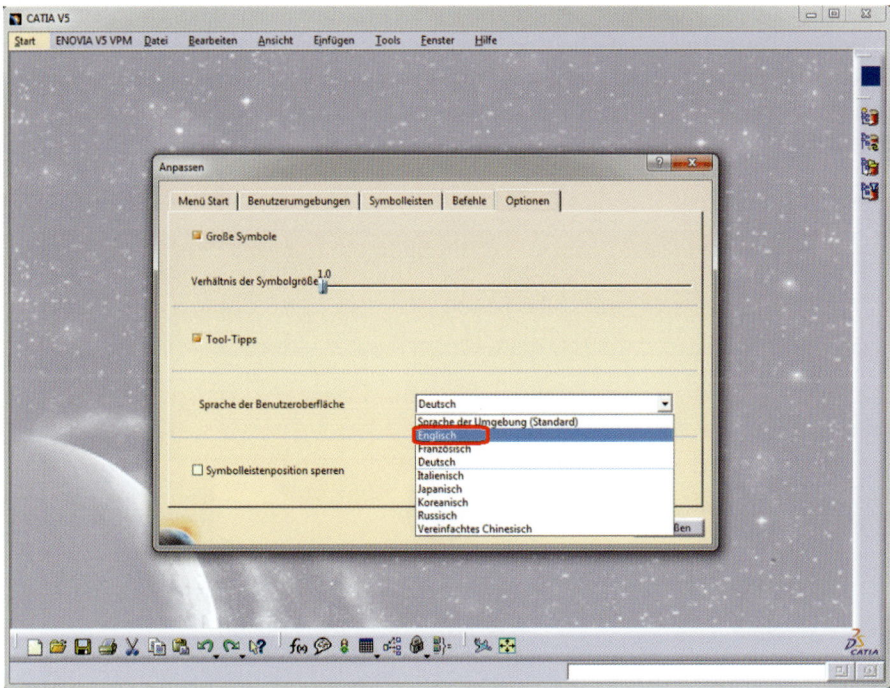

**Bild 2.2**  Umstellen der Umgebungssprache

Eine Warnmeldung weist Sie darauf hin, dass die Umstellung der Sprache einen Neustart von CATIA V5-6 verlangt (Bild 2.3).

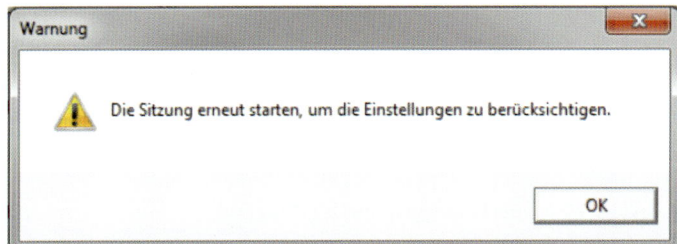

**Bild 2.3**  Warnmeldung zum Neustart des Programms nach Sprachumstellung

Bestätigen Sie die Meldung mit *OK* und schließen das Dialogfenster. Beim Neustart von CATIA V5-6 wird die Sprachänderung für die Benutzeroberfläche übernommen.

### 3. CATIA V5-6-Modell laden

Laden Sie nun ein fertiges 3D-Bauteil hoch, damit wir uns die Benutzeroberfläche von CATIA V5-6 genauer ansehen können. Das Öffnen bereits vorhandener CAD-Datensätze erfolgt hier genauso, wie Sie es aus anderen Windows-Applikationen kennen.

Sollten Sie kein CATIA V5-6 -Modell zur Hand haben, das Sie öffnen können, biete ich Ihnen unter *www.elearningcamp.com/hanser* eine Datei zum Downloaden an.

Gehen Sie auf die Funktion *Open (Öffnen)* in der Funktionsleiste links unten auf Ihrem Bildschirm. Nach Anwahl des Befehls öffnet sich der Dateibrowser und Sie können eine bereits existierende CATIA-Datei in das Programm hochladen. Eine gleichwertige Alternative wäre, dass Sie das entsprechende Dokument per *Drag and Drop* in CATIA V5-6 übertragen (Bild 2.4).

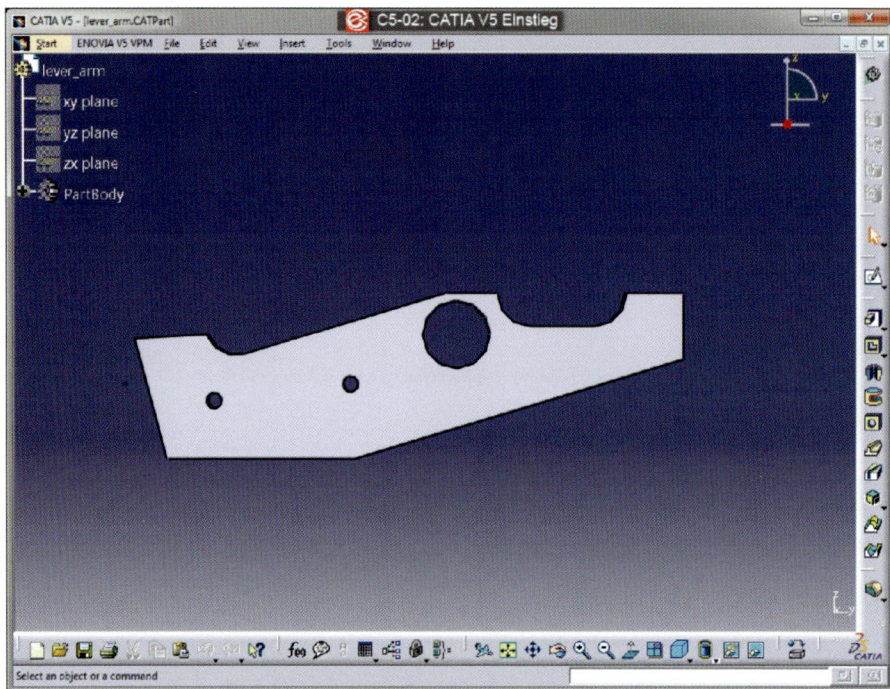

**Bild 2.4**  Beispielmodell zur Betrachtung der Benutzeroberfläche

### 2.1.2 Die Benutzeroberfläche

Sehen wir uns jetzt die CATIA V5-6-Oberfläche genauer an (Bild 2.5).

| | |
|---|---|
| Menüleiste | Im oberen Bereich wird ähnlich wie bei anderen Windows-Applikationen eine Menüleiste abgebildet. |
| Kompass | Ein Kompass im rechten oberen Bildschirmrand dient Ihnen vorerst nur zur Orientierung im Raum. Möglichkeiten, den Kompass für Bearbeitungsschritte anzuwenden, werden wir in späteren Übungen kennenlernen. |
| Modulspezifische Bearbeitungsfunktionen | Modulspezifische Befehle finden Sie in der rechten Funktionsleiste. Das sind in der Regel Funktionen zur Bearbeitung der geladenen Datensätze. Abhängig von der Arbeitsumgebung, bietet CATIA V5-6 die entsprechenden Werkzeuge für den jeweiligen Entwicklungsschritt an. |

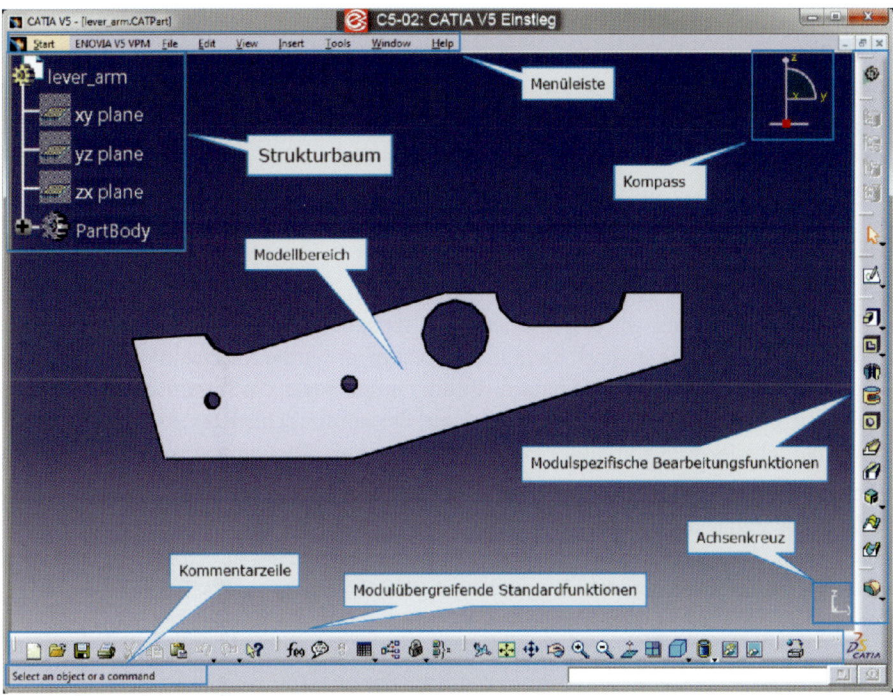

**Bild 2.5** Aufbau der CATIA V5-6-Benutzeroberfläche

Nachdem Sie ein Einzelteil, also ein *Part*, hochgeladen haben, wird auch die entsprechende Arbeitsumgebung, das *Part Design (Teilekonstruktion)*, geöffnet dargestellt. Das erkennen Sie an dem dafür typischen Modulsymbol im rechten oberen Bildschirmrand.

Die Positionen der Funktionsleisten können individuell vom Benutzer verändert werden. Daher kann die Anordnung der Icons auf der Bildschirmoberfläche von Arbeitsplatz zu Arbeitsplatz variieren. Um die mühselige Suche von Funktionen oder Funktionsgruppen zu erleichtern, werden wir die für die Konstruktion relevanten Funktionsgruppen später in den Übungsbeispielen übersichtlich im Modellbereich anordnen.

Das Raumachsensystem im rechten unteren Bildschirmrand dient Ihnen ebenfalls zur Orientierung im dreidimensionalen Raum.    Achsenkreuz

Modulübergreifende Standardfunktionen finden Sie in der unteren Funktionsleiste. Hier sind Funktionen abgelegt, die in mehreren verschiedenen Arbeitsumgebungen angeboten werden.    Modulübergreifende Standardfunktionen

In der Kommentarzeile gibt CATIA V5-6 Rückmeldung über die vom Programm erwartete Eingabe.    Kommentarzeile

Im blauen Modellbereich ist ein Einzelteil geladen.    Modellbereich

Der Strukturbaum, der im Modellbereich angezeigt wird, erweitert sich im Laufe einer Konstruktion fortwährend. Dabei werden alle Konstruktionsschritte, die explizite Geometrie oder Regeln hervorbringen, in chronologischer Abfolge eingeschrieben und abgespeichert. Mit dem Strukturbaum werden wir uns später noch sehr intensiv befassen.    Strukturbaum

### 2.1.3 Bauteil am Bildschirm bewegen

#### 2.1.3.1 Funktionsgruppe View

Funktionsgruppe View (Ansicht)

Grundsätzlich gibt es mehrere Möglichkeiten, ein Bauteil im Modellbereich von CATIA V5-6 dreidimensional zu bewegen. Sehen wir uns zuerst einmal die Funktionen in der Standardleiste an. Die entsprechende Gruppe nennt sich *View (Ansicht)*. Die hier angebotenen Funktionen sind (bis auf eine Ausnahme) sehr einfach in der Handhabe und erklären sich teilweise von selbst.

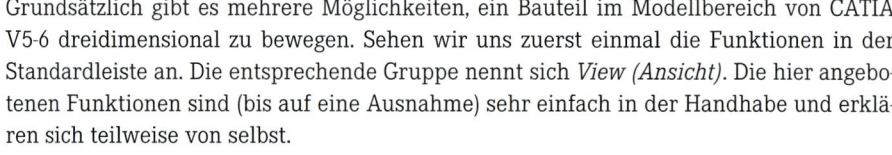 Fly Mode

Die Ausnahme nenne ich gleich zu Beginn. Die Funktion *Fly Mode (Modus ›Fliegen‹)* ist in ihrer Handhabung sehr gewöhnungsbedürftig. Ist sie aktiv, kann das Fliegen im Raum und durch ein Bauteil simuliert werden. Heutzutage ist für die Konstruktion am Rechner eine sogenannte Space Mouse Standard, die ein Fliegen durch die Szene stark vereinfacht. Probieren Sie den Flugmodus gerne einmal aus. Sie werden schnell feststellen, dass es für den Laien schwierig ist, mit dieser Funktion umzugehen. Aber versuchen Sie es selbst.

Klicken Sie dazu zunächst auf die Funktion *Fly Mode (Modus ›Fliegen‹)*. Wie Sie sehen, ändern sich einige der Symbole in der Funktionsgruppe. Mit den Funktionen *Turn Head, Fly Through, Accelerate und Decelerate (Blickwinkel ändern, Fliegen, Schneller* und *Langsamer)* steuern Sie das simulierte Flugverhalten (Bild 2.6).

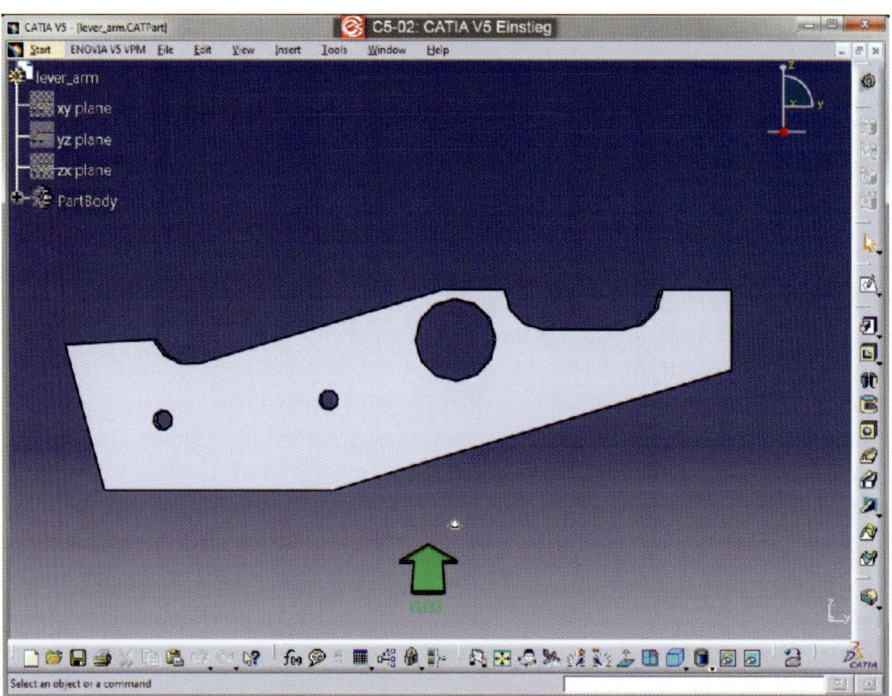

**Bild 2.6** Fly Mode (Modus ›Fliegen‹)

Sie starten Ihren Flug, indem Sie die mittlere Maustaste gedrückt halten und mit der rechten oder linken Maustaste kurz antippen. Achten Sie nach Ihren Flugübungen darauf, dass Sie den Flugmodus durch Klicken auf die Funktion *Examine Mode (Modus ›Prüfen‹)* wieder deaktivieren.

Über die Funktion *Fit All In (Alles einpassen)* wird das Modell mit all seinen Geometrieelementen bildschirmfüllend angezeigt.

 Fit All In

Mit aktiver Funktion *Pan (Schwenken)* – sie wird orange markiert – können Sie das Modell mit gedrückter linker Maustaste parallel zur Ansicht bewegen.

 Pan

Mit aktiver Funktion *Rotate (Drehen)* – sie wird orange markiert – können Sie das Modell mit gedrückter linker Maustaste um ein Drehzentrum rotieren. Wie Sie das Drehzentrum definieren können, sehen wir uns bei der Maustastenbelegung an, also in einem der nächsten Schritte.

 Rotate

Die Funktion *Zoom In (Vergrößern)* vergrößert in Intervallen den aktuellen Bildschirminhalt.

 Zoom In

Die Funktion *Zoom Out (Verkleinern)* verkleinert in Intervallen den aktuellen Bildschirminhalt.

 Zoom Out

Durch Anwahl der Funktion *Normal View (Senkrechte Ansicht)* wird das Bauteil in eine Ansicht gedreht, die senkrecht zu der gewählten Ebene liegt. Selektieren Sie mit aktiver Funktion die gewünschte Oberfläche am Bauteil.

 Normal View

Die aktive Funktion *Create Multi View (Mehrfachansicht erzeugen)* unterteilt den Bildschirm in vier gleich große Bereiche. In jedem dieser Fenster wird das aktuelle Bauteil angezeigt und kann unabhängig von den anderen Darstellungen in seiner Ansicht verändert werden (Bild 2.7).

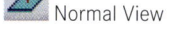 Create Multi View

Die Modellierung kann in jedem der vier Fenster fortgesetzt werden, ohne dass sich die Perspektive der drei anderen Darstellungen verändert. Geometrische Veränderungen am Modell werden allerdings sofort in alle Fenster aufgenommen. Sie betrachten also stets dasselbe Bauteil aus vier verschiedenen Perspektiven.

Deaktivieren Sie die Funktion *Create Multi View (Mehrfachansicht erzeugen)* wieder.

Die Funktionen der Unterfunktionsgruppe *Quick View (Schnellansicht)* schwenken das Modell in die angewählte Standardansicht.

Klicken Sie sich zur Übung durch die verschiedenen Möglichkeiten. Die letzte Funktion *Named View (Benannte Ansichten)* lassen Sie dabei bitte aus. Diese werden wir zu einem späteren Zeitpunkt besprechen.

Quick View

 **Expertentipp: Parallele und perspektivische Ansicht**

Über die Menüleiste können Sie zwischen einer parallelen und einer perspektivischen Ansicht (mit Fluchtpunkt) auf Ihr 3D-Modell hin und her wechseln. Für die Konstruktion sollten Sie die parallele Ansicht bevorzugen. Häufig wirken Bilder für Präsentationen aber im perspektivischen Modus realistischer und optisch ansprechender. Den Umschalter finden Sie unter VIEW > RENDER STYLE > PERSPECTIVE/PARALLEL (ANSICHT > WIEDERGABEMODUS > PERSPEKTIVE/PARALLEL).

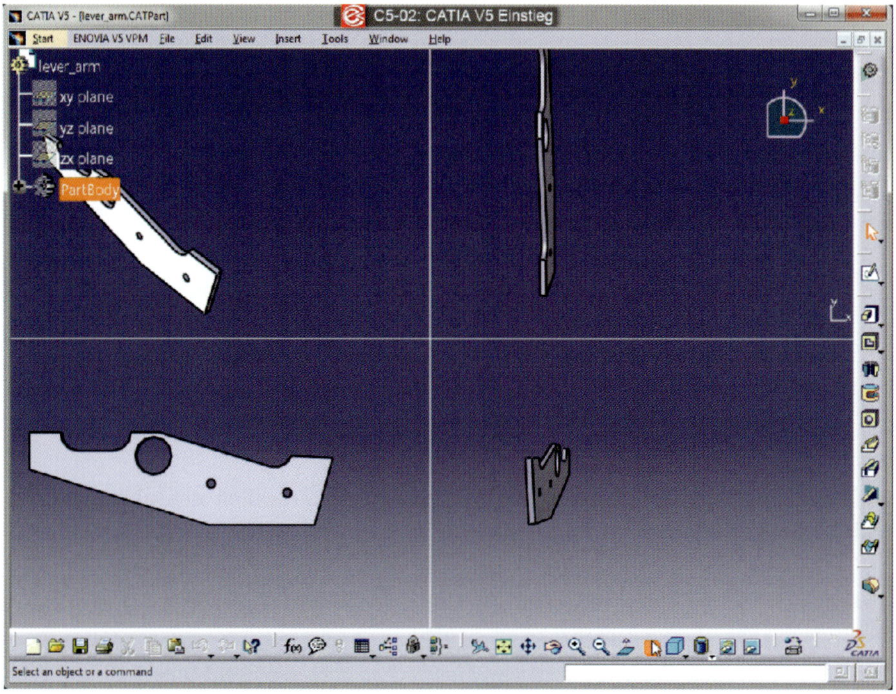

**Bild 2.7** Create Multi View (Mehrfachansicht erzeugen)

### 2.1.3.2 Maustastenbelegung

Wie Sie vielleicht schon bemerkt haben, ist die Verwendung der Funktionen der Gruppe *View (Ansicht)* zum Teil eher umständlich und zeitraubend. In der täglichen Praxis findet das Bewegen von Modellen im Raum vorwiegend über eine Maustastenbelegung statt. Diese ist in CATIA V5-6 sehr gut gelöst. Sehen wir uns einmal die verschiedenen Maustastenkombinationen genauer an (Tabelle 2.1).

Selektieren/Aktivieren — Geometrieelemente, die Sie mit der linken Maustaste anklicken, werden markiert. In der Regel werden sie dann auch in oranger Farbe hervorgehoben. Ein Klick in den freien Raum deaktiviert die Selektion von Geometrie wieder. Auch Funktionen, die Sie mit der linken Maustaste anklicken, werden in der Regel orange hervorgehoben und signalisieren damit, dass sie aktiv sind. Das haben Sie ja vorhin schon kennengelernt. Erneutes Anklicken der markierten Funktion deaktiviert sie wieder.

Orange ist in CATIA V5 also die Signalfarbe für markierte Elemente. In späteren Übungen werden Sie noch weitere Farben mit Signalwirkung kennenlernen.

Pan — Mit gedrückter mittlerer Maustaste können Sie das Modell parallel zum Bildschirm bewegen. Das Bauteil wandert proportional zur Mausbewegung mit. Diese Maustastenbelegung entspricht der Verwendung der Funktion *Pan* aus der Funktionsgruppe *View (Ansicht)*.

**Tabelle 2.1** Maustastenbelegungen

| Selektieren/Aktivieren | | Linke Taste einmal drücken; markierte Objekte werden orange |
|---|---|---|
| Verschieben | | Mittlere Taste gedrückt halten (Modell bewegt sich proportional zur Mausbewegung) |
| Zentrieren/Festlegen des Drehzentrums | | Mit mittlerer Taste einmal kurz auf den zu zentrierenden Punkt am Körper klicken |
| Drehen | | Mittlere Taste, dann rechte/linke Taste drücken und beide halten (Modell bewegt sich proportional zur Mausbewegung) |
| Zoom | | Mittlere Taste drücken und halten, rechte oder linke Taste einmal kurz drücken (Vergrößerung/Verkleinerung proportional zur vertikalen Mausbewegung) |
| Kontextmenü | | Rechte Taste (Zusatzeigenschaften von Objekten) |

Ein kurzer Klick mit der mittleren Maustaste zentriert den angewählten Punkt auf dem Bildschirm. Außerdem wird damit gleichzeitig das Drehzentrum für die Funktion *Rotate (Rotieren)* festgelegt.

*Zentrieren/Festlegen des Drehzentrums*

**Expertentipp: Drehzentrum festlegen**
Zum Festlegen eines Drehzentrums sollten Sie einen Punkt an vorhandener Geometrie im Modellbereich wählen. Sonst lässt sich das Modell über die Funktion *Rotate (Rotieren)* nur schwer kontrolliert bewegen.

Halten Sie die mittlere Maustaste und anschließend die rechte (oder linke) Maustaste gedrückt, so können Sie das Bauteil im Raum rotieren lassen. Das Drehzentrum können Sie, wie vorhin beschrieben, vorab festlegen. Diese Maustastenbelegung entspricht der Verwendung der Funktion *Rotate (Rotieren)* aus der Funktionsgruppe *View (Ansicht)*.

*Rotate*

Halten Sie die mittlere Maustaste gedrückt und tippen die rechte oder linke Maustaste an, können Sie das Bauteil im Raum zoomen. Das Modell bewegt sich proportional zur Mausbewegung auf Sie zu oder von Ihnen weg. Diese Maustastenbelegung entspricht der Verwendung der Funktionen *Zoom In* und *Zoom Out* aus der Funktionsgruppe *View (Ansicht)*.

*Zoom*

Über Anwahl mit der rechten Maustaste rufen Sie das Kontextmenü zum gewählten Objekt aus. Mit dem Kontextmenü werden wir uns später noch ausführlich beschäftigen.

*Kontextmenü*

Wenn Sie das Rad an Ihrer Maus betätigen (falls vorhanden), bewegt sich der Strukturbaum nach oben bzw. nach unten.

*Mausrad*

Nehmen Sie sich ein paar Minuten Zeit, um sich mit der Maustastenbelegung vertraut zu machen. Nach wenigen Übungen werden Sie sich an das System gewöhnt haben und gar nicht mehr darüber nachdenken.

### 2.1.4 Grafische Darstellung des 3D-Modells am Bildschirm

View Mode

Über die Funktionen der Unterfunktionsgruppe *View Mode (Anzeigemodus)* verändern Sie die grafische Darstellung des Modells am Bildschirm. Klicken Sie sich auch hier durch die Möglichkeiten.

Für die Option *Shading with Material (Schattierung mit Material)* müssten wir dem 3D-Modell vorab Material zuweisen. Diese Option werden wir im Laufe der Übungen noch näher kennenlernen. Bei Aufruf der Funktion *Customize View (Ansichtsparameter anpassen)* öffnet sich ein Dialogfenster, in dem Sie Ihre Ansichtsparameter selbst festlegen können.

Für die optimale Darstellung Ihres Modells auf dem Bildschirm und einen guten Einstieg empfehle ich, die Option *Shading with Edges without Smooth Edges (Schattierung mit Kanten ohne stumpfe Kanten)* zu verwenden.

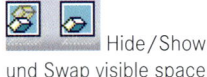
Hide/Show und Swap visible space

Die beiden Funktionen *Hide/Show (Verdecken/Anzeigen)* und *Swap visible space (Sichtbaren Raum umschalten)* werden wir uns zu einem späteren Zeitpunkt näher ansehen. Um sie zu verstehen, müssen wir uns erst noch ein paar Grundlagen erarbeiten.

### 2.1.5 Speichern und Schließen einer Datei

Save

Über die Funktion *Save (Speichern)* speichern Sie die Datei (bzw. den aktuellen Bildschirminhalt) ab. Abspeichern können Sie aber auch über die Menüleiste FILE > SAVE (DATEI > SICHERN).

**Expertentipp: CATIA V5-6 ist über seine Releasestände hinweg leider nur aufwärtskompatibel**

Sie können Daten in einem niedrigeren Release erstellen und trotzdem in höheren Releases öffnen und bearbeiten. Daten, die in höheren Releases gespeichert wurden, lassen sich aber nicht mehr in niedrigeren Releases bearbeiten.

**Beispiel:** Sie erstellen ein CAD-Modell mit CATIA V5 R20 und speichern es. Wenn Sie versuchen, das Modell dann mit R19 zu öffnen, kann CATIA die Informationen nicht sauber verarbeiten und bringt eine Fehlermeldung. Das Modell lässt sich gar nicht erst öffnen.

Save as...

Mit der Funktion *Save as... (Sichern unter...)* öffnen Sie den Dateibrowser. Hier können Sie Ort und Namen der zu speichernden Datei explizit bestimmen.

> **Übung 2: Erste Schritte**
> Quick Access Code: xp3
>
> www.elearningcamp.com/hanser

### 2.1.6 Shortcuts (Tastenkombinationen)

Bestimmte Tastenkombinationen (sogenannte Shortcuts) sind mit Funktionen hinterlegt, die das Programm erkennt und die Modellierung beschleunigen können. Einige davon dienen auch dazu, das Modell am Bildschirm zu bewegen.

Sehen Sie sich die hier aufgelisteten Shortcuts an. Einige davon werden Sie erst im Laufe der Übungsbeispiele im *Part Design (Teilekonstruktion)* verstehen. Die Shortcuts zum Bewegen des Bauteils im Raum können Sie allerdings jetzt schon verwenden (Tabelle 2.2).

**Tabelle 2.2** Nützliche Shortcuts in CATIA V5-6

| Taste | Tasten | Funktion |
|---|---|---|
| Esc | Esc | Abbruch/Deaktivieren einer Funktion |
| F1 | F1 | Hilfe |
| F3 | F3 | Strukturbaum einblenden/ausblenden |
| Del (Entf) | Del | Markiertes Element löschen |
| Shift + F1 | Shift F1 | Kontexthilfe für Funktionen mit Link zur Online-Dokumentation |
| Shift + F3 | Shift F3 | Strukturbaum aktivieren/deaktivieren |
| Shift + Pfeil nach links | Shift ← | Nach links rotieren |
| Shift + Pfeil nach rechts | Shift → | Nach rechts rotieren |
| Shift + Pfeil nach oben | Shift ↑ | Nach oben rotieren |
| Shift + Pfeil nach unten | Shift ↓ | Nach unten rotieren |
| Ctrl (Strg) + Pfeil nach links | Ctrl ← | Nach links verschieben |
| Ctrl (Strg) + Pfeil nach rechts | Ctrl → | Nach rechts verschieben |
| Ctrl (Strg) + Pfeil nach oben | Ctrl ↑ | Nach oben verschieben |
| Ctrl (Strg) + Pfeil nach unten | Ctrl ↓ | Nach unten verschieben |

**Tabelle 2.2** Nützliche Shortcuts in CATIA V5-6 *(Fortsetzung)*

| Shortcut | Taste | Funktion |
|---|---|---|
| Ctrl (Strg) + Page Up (Bild nach oben) | Ctrl PgUp | Vergrößert in Intervallen |
| Ctrl (Strg) + Page Down (Bild nach unten) | Ctrl PgDn | Verkleinert in Intervallen |
| Ctrl (Strg) + N | Ctrl N | Neues Dokument |
| Ctrl (Strg) + O | Ctrl O | Dokument öffnen |
| Ctrl (Strg) + S | Ctrl S | Dokument sichern |
| Ctrl (Strg) + P | Ctrl P | Dokument drucken |
| Ctrl (Strg) + Z | Ctrl Z | Rückgängig |
| Alt + Enter | Alt Enter | Aufruf der Eigenschaften |
| Shift | Shift | Intelligente Auswahl ausschalten (im Skizzierer) |
| Ctrl (Strg) | Ctrl | Bedingung festhalten (im Skizzierer) |
| Alt + Mausklick | Alt RMT | Aufruf der Lupe zur gezielten Auswahl von geometrischen Elementen |
| Shift + MM | Shift MMT (Fangrahmen) | Heranzoomen eines gezielten Bereichs, ausgewählt über einen Fangrahmen |

## ■ 2.2 Programmeinstellungen anpassen

CATIA V5-6 ist eine durchaus komplexe Software-Anwendung. Daher werden wir uns in diesem Abschnitt eine einheitliche Oberfläche einstellen. So können Sie den späteren Übungen besser folgen. Auch das Programmverhalten wollen wir für einen optimalen Einstieg in den Übungen zum *Sketcher (Skizzierer)* und dem *Part Design (Teilekonstruktion)* gezielt anpassen. Die folgenden Einstellungen werden Ihnen den Start mit CATIA V5-6 erleichtern. Mit Fortschreiten der Konstruktionsübungen werden wir weitere Anpassungen vornehmen. Selbstverständlich werden diese dann ausführlich erklärt.

## (1) Tools > Options

Die Darstellung der Benutzeroberfläche und das Programmverhalten von CATIA V5-6 wird mitunter über das Menü **TOOLS > OPTIONS (TOOLS > OPTIONEN)** verwaltet. Gehen Sie dazu auf das eben genannte Menü. Seien Sie dabei etwas geduldig. Es kann ein paar Sekunden dauern, bis CATIA V5-6 das Fenster für die Programmeinstellungen öffnet (Bild 2.8).

Tools > Options

>  **Expertentipp: Programmeinstellungen bleiben bestehen**
>
> Einstellungen zum Programmverhalten unter **TOOLS > OPTIONS (TOOLS > OPTIONEN)** und **TOOLS > CUSTOMIZE (TOOLS > ANPASSEN)** – oder auch die Positionen Ihrer Funktionsleisten – bleiben über Ihre Arbeitssitzung hinaus bestehen. Sie müssen diese Einstellungen also nicht jedes Mal bei Neustart von CATIA V5-6 vornehmen. Sie werden automatisch in Ihrem Benutzerprofil gespeichert.

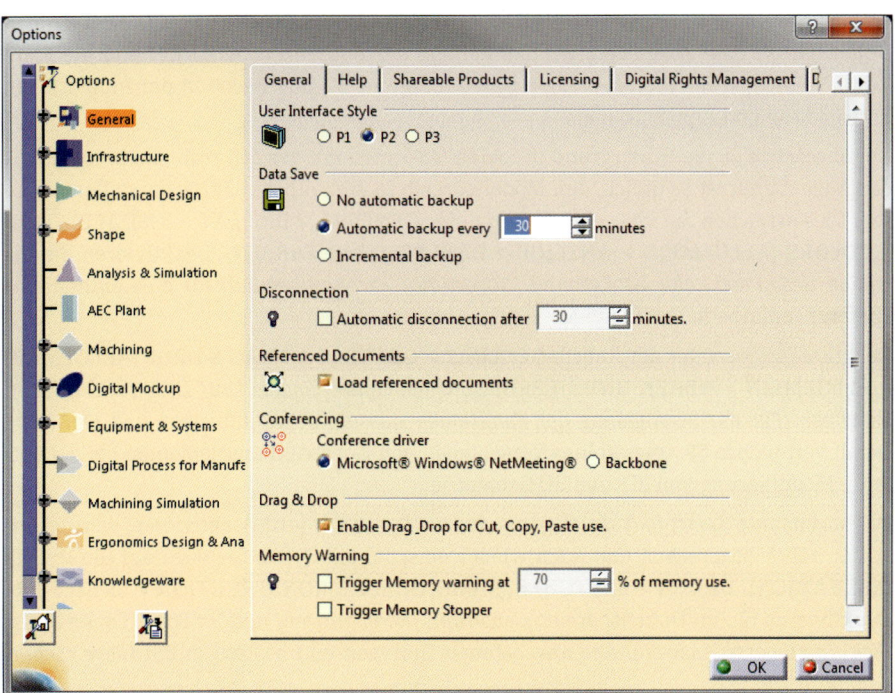

**Bild 2.8** TOOLS > OPTIONS: Einstellungen zum Programmverhalten

Über die Knoten des Übersichtsbaumes auf der linken Seite des Optionsfensters können Sie die verschiedenen Rubriken aufklappen. Die Inhalte der Rubriken sind, ähnlich wie die Module in CATIA V5-6, thematisch zusammengefasst. Die Einträge können Sie auswählen und dann rechts über verschiedene Optionen anpassen.

**Warnung:** Bitte verändern Sie in diesem Dialogfenster nur dann Einstellungen, wenn Sie sich über deren Auswirkungen im Klaren sind. Andernfalls verstellen Sie sich Ihre Programmstandards möglicherweise derart, dass Sie nicht mehr anständig mit CATIA V5-6 arbeiten können. Sollte Ihnen das einmal passieren, können Sie die Standards wieder auf Werkseinstellungen zurücksetzen. Um die Einstellungen unter **TOOLS > OPTIONS** (**TOOLS > OPTIONEN**) auf Werkseinstellungen zurückzusetzen, gehen Sie auf die Funktion *Reset parameters values to default ones (Setzt die Parameterwerte auf die Standardwerte zurück)*. Das Dialogfenster *Reset (Zurücksetzen)* öffnet sich. Wählen Sie die Option *for all the tabpages (für alle Registerseiten)* aus und bestätigen mit *Yes (Ja)*. Sämtliche Anpassungen in den Options sind nun auf Werkseinstellungen zurückgesetzt.

Verändern wir nun gezielt ein paar Einstellungen.

User Interface Style

Wählen Sie unter der Rubrik **GENERAL > GENERAL (ALLGEMEIN > ALLGEMEIN)** den Optionspunkt *User Interface Style (Darstellung der Bildschirmoberfläche)* und die Plattform *P2*. Dies ist für die bevorzugte Darstellung der 3D-Oberfläche in der industriellen Entwicklung und Konstruktion.

Graduated color background

Der abgesetzte, blaue Hintergrund in CATIA V5-6 wird mit der Zeit recht anstrengend für das Auge. Daher ist es üblich, den Modellbereich in einheitlicher Farbe darstellen zu lassen. Dies erreichen Sie über eine Option unter **GENERAL > DISPLAY > VISUALIZATION > COLORS (ALLGEMEIN > ANZEIGE > DARSTELLUNG FARBEN)**. Deaktivieren Sie die Option *Graduated color background (Abgestufter Farbhintergrund)* für eine einheitliche Hintergrundfarbe in CATIA V5-6.

Drag and Drop

Deaktivieren Sie unter der Rubrik **GENERAL > GENERAL > DRAG & DROP (ALLGEMEIN > ALLGEMEIN > ZIEHEN UND ÜBERGEBEN)** die Option *Enable Drag Drop for Cut, Copy, Paste use (Für die Verwendung der Funktionen Ausschneiden, Kopierren und Einfügen)*. Damit verhindern Sie ungewolltes Verschieben von Konstruktionselementen bei der späteren Modellierung von 2D- und 3D-Geometrie.

Smart Pick

Das sogenannte *Smart Pick (Intelligente Auswahl)*, das wir jetzt deaktivieren, werden wir später näher besprechen und auch wieder einschalten. Gehen Sie dazu auf die Rubrik **MECHANICAL DESIGN > SKETCHER (MECHANISCHE KONSTRUKTION > SKETCHER)**. Deaktivieren Sie im Optionsbereich *Constraint (Bedingungen)* mit der Schaltfläche *Smart Pick (Intelligente Auswahl)* alle angebotenen Optionen und bestätigen mit *Close (Schließen)* (Bild 2.9).

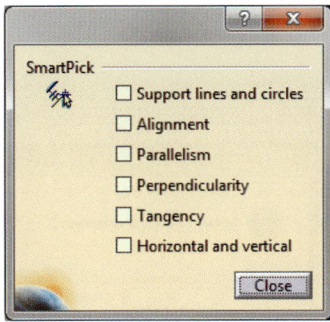

**Bild 2.9** Alle SmartPick-Optionen deaktivieren

Zu guter Letzt wollen wir das sogenannte *Hybrid Design (Hybridkonstruktion)* deaktivieren. Was es damit auf sich hat, werden wir erst in späteren Tutorials lernen. Gehen Sie dazu auf die Rubrik **INFRASTRUCTURE > PART INFRASTRUCTURE > PART DOCUMENT** (**INFRASTRUKTUR > TEILEINFRASTRUKTUR > TEILEDOKUMENT**). Deaktivieren Sie im Optionspunkt *Hybrid Design (Hybridkonstruktion)* die Einstellung *Enable hybrid Design inside part bodies and bodies (Hybridkonstruktion in Hauptkörpern und Körpern ermöglichen)* und bestätigen Ihre Eingaben mit *OK*.

Hybrid Design

Optional können Sie gerne auch die Größendarstellung der Achsensysteme in CATIA V5-6 auf Ihre Bedürfnisse einstellen. Standardmäßig ist der Wert 10 mm eingestellt. Gehen Sie dazu wieder unter den **TOOLS > OPTIONS** (**TOOLS > OPTIONEN**) auf die Rubrik **INFRASTRUCTURE > PART INFRASTRUCTURE > DISPLAY** (**INFRASTRUKTUR > TEILEINFRASTRUKTUR > ANZEIGE**). Stellen Sie sich über den Schieberegler unter *Display (Anzeige)* in *Geometry Area (Im Geometriebereich anzeigen)* unter *Axis system display size (in mm) (Größe der Anzeige des Achsensystems (in mm))* die gewünschte Darstellungsgröße ein. Mit *OK* werden Ihre Einstellungen übernommen.

Axis system display size

## (2) Tools > Customize

Auch unter **TOOLS > CUSTOMIZE** (**TOOLS > ANPASSEN**) können Sie ein paar Einstellungen zum Programmverhalten und zur Darstellung in CATIA V5-6 vornehmen. Einige der Anpassungen im Dialogfenster *Customize (Anpassen)* werden wir uns später noch einmal genauer ansehen. Auch hier möchte ich sichergehen, dass Sie dieselbe Darstellung und gleiches Programmverhalten bekommen, wie in den späteren Übungen beschrieben.

Tools > Customize

Gehen Sie dazu im Menü **TOOLS > CUSTOMIZE** (**TOOLS > ANPASSEN**) auf das Register *Toolbars (Symbolleisten)* und betätigen die Schaltfläche *Restore all contents (Alle Inhalte wieder herstellen)*. Ein sich öffnendes Fenster, das noch einmal nachfragt, ob alle Inhalte der Symbolleisten in CATIA V5-6 wieder hergestellt werden sollen, bestätigen Sie mit *OK* (Bild 2.10).

Restore Contents

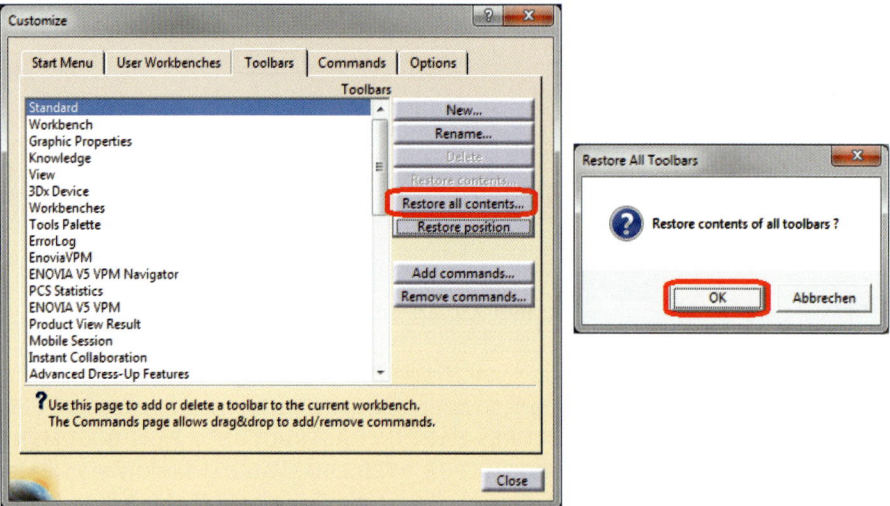

**Bild 2.10**  Inhalte der Symbolleisten wiederherstellen

Restore Position

Um alle Funktionsleisten in CATIA V5-6 in ihre Positionen laut Werkseinstellungen zu bringen, betätigen Sie die Schaltfläche **RESTORE POSITION** (**POSITION WIEDERHERSTELLEN**). Das sich öffnende Fenster bestätigen Sie wieder mit *OK* (Bild 2.11).

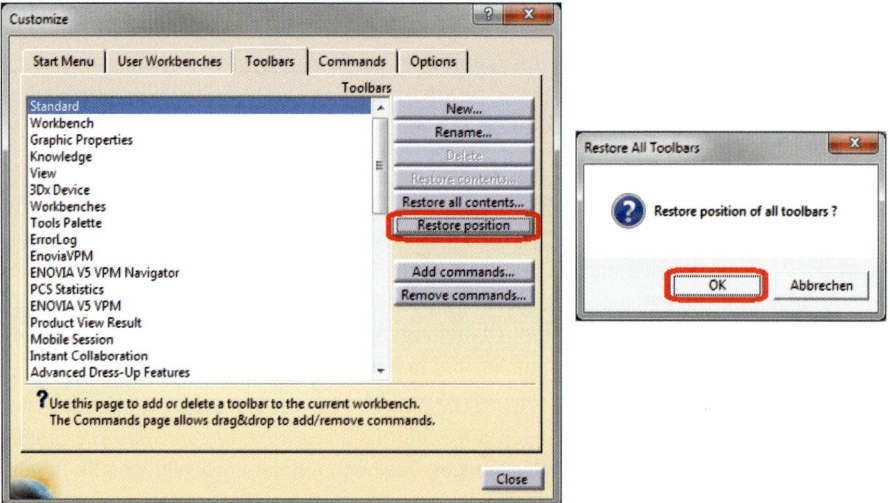

**Bild 2.11**  Positionen der Symbolleisten wiederherstellen

**Expertentipp: Eigenartiges Programmverhalten**

Es kann immer wieder mal vorkommen, dass CATIA V5-6 nicht so reagiert, wie Sie es sich vorstellen. Funktionsleisten verschwinden oder werden plötzlich anders angeordnet als bisher. Oder das Programm legt ein augenscheinlich unerklärliches Verhalten an den Tag bis hin zum Programmabsturz. Eine Möglichkeit wäre dann, die vorhin beschriebenen Einstellungen zu überprüfen und mühselig erneut zu setzen. Das geht allerdings auch schneller. Dazu müssen Sie lediglich den Speicherort Ihres CATIA-Benutzerprofils kennen und darauf zugreifen dürfen. Mit Erstellen einer Sicherheitskopie Ihrer persönlichen Einstellungen können Sie diese zu jeder Zeit schnell und unkompliziert wieder herstellen. Ein entsprechendes Übungsbeispiel dazu finden Sie unter www.elearningcamp.com/hanser.

**Übung 3: Einstellungen anpassen**
Quick Access Code: i1f

*www.elearningcamp. com/hanser*

## 2.3 Verhalten bei Fehlern

Wie Sie mittlerweile schon mehrfach gehört haben, ist CATIA V5-6 eine sehr komplexe Software. Daher verwundert es nicht, dass gerade beim Einstieg ins CAD häufig Fehler in der Anwendung gemacht werden. Lassen Sie sich dadurch nicht verunsichern. In diesem Abschnitt werde ich auf häufige Stolpersteine beim Erlernen von CATIA V5-6 eingehen und einige Lösungen anbieten.

Aller Anfang ist schwer. Es wäre eher ungewöhnlich, wenn Sie beim Erlernen von CATIA V5-6 fehlerfrei durch alle Themen kommen. Vielmehr wird es immer wieder passieren, dass Sie in Sackgassen geraten und nicht mehr weiterkommen.

Nachdem die Konstruktion mit CATIA V5-6 sehr viele Möglichkeiten bietet, erfordert es akribisches und konzentriertes Arbeiten vom Anwender. Dass dabei mal Fehler passieren, ist nur logisch. In gewisser Hinsicht ist das beim Üben sogar hilfreich. Hier ist der Weg das Ziel.

Während des Lernprozesses haben Sie Zeit, Lösungen für Fehler zu suchen und zu finden. Das baut einen Erfahrungsschatz auf, der für die Umsetzung des Gelernten in die tägliche Praxis von unschätzbarem Wert ist. Zu wissen, wie etwas nicht funktioniert, ist häufig sehr hilfreich.

Besonders als Konstruktionsneuling ist der Einstieg die größte Hürde. Der Schlüssel zum Erfolg ist, am Ball zu bleiben und nicht vorschnell das Handtuch zu werfen. Wichtige Funktionen werden mehrfach wiederholt. Die ersten Übungen werden etwas zeitaufwendiger sein als spätere, da Sie sich erst an eine gewisse Konstruktionsmethodik gewöhnen müssen. Sind die Grundlagen erst in Fleisch und Blut übergegangen, können auch vermeintlich komplizierte Bauteile schnell und strukturiert modelliert werden. Lassen Sie sich also nicht frustrieren. Sie werden sehen, dass die 3D-Modellierung mit CATIA V5-6 großen Spaß macht.

Sehen wir uns also einmal ein paar Möglichkeiten an, auftretende Fehler während der Konstruktion in CATIA V5-6 zu beheben.

### (1) Die Arbeitsumgebung überprüfen

Ein sehr häufig auftretender Fehler ist, dass Sie sich beim Erlernen der Grundlagen in der falschen Arbeitsumgebung (also dem falschen Modul) befinden. Vergewissern Sie sich also, insbesondere vor jeder Neukonstruktion von Bauteilen, dass Sie in der dafür vorgesehenen Modulumgebung sind. Dies lässt sich sehr einfach überprüfen. Jedes Modul erhält ein eigenes Symbol, in der Regel im rechten, oberen Symbolleisten-Bereich. Hier einige Beispiele:

 Part Design

- Das Symbol für die Einzelteilkonstruktion, also das *Part Design (Teilekonstruktion)*, ist ein einzelnes Zahnrad.

 Sketcher

- Das Symbol für die 2D-Skizzieroberfläche, den *Sketcher (Skizzierer)*, sind Fadenkreuz und Stift, die über einem Zahnrad liegen.

 Assembly Design

- Und schließlich gibt es noch das Symbol für die Baugruppenkonstruktion, das *Assembly Design (Baugruppenkonstruktion)*, mit zwei ineinandergreifenden Zahnrädern.

Auch wenn in den Symbolleisten andere Funktionen angeboten werden, als Sie es erwarten, ist das ein Indiz für die falsche Arbeitsumgebung. Den Wechsel zwischen Modulen und weitere Module werden wir uns in den Übungen näher ansehen.

### (2) Bei Sackgassen Arbeitsschritte widerrufen

Wenn Sie im Laufe der Konstruktion in eine Sackgasse geraten, hilft es Ihnen häufig, den letzten Arbeitsschritt über die Funktion *Undo (Wiederrufen)* zu widerrufen. Diesen Vorgang können Sie mehrfach wiederholen. Bearbeitungsschritte einzeln widerrufen, können Sie alternativ auch über den Shortcut **STRG+ Z**. Über die Funktion *Undo with history (Über das Protokoll wiederrufen)* erhalten Sie eine Liste mit Bearbeitungsschritten, die Sie wiederrufen können.

### (3) Fangen Sie neu an, wenn Sie nicht weiterkommen

Sollten Sie Fehler in der Konstruktion durch Widerrufen der Teilschritte nicht zufriedenstellend beheben können, wird die Fehlersuche häufig umständlich und zeitraubend. In diesem Fall macht es tatsächlich Sinn, die Übung von Neuem zu beginnen. Auf spezielle, themenbezogene Fehlerquellen werden wir an geeigneten Stellen in den Übungen eingehen.

## (4) Unerwartetes Programmverhalten durch Neustart beheben

Weil CATIA V5 so komplex ist, kann es durchaus sein, dass sich im Hintergrund unbemerkt kleine Fehler ansammeln. Das kann dazu führen, dass CATIA V5-6 einige Berechnungsprozesse nicht mehr korrekt ausführt und ein unerklärliches Programmverhalten an den Tag legt. In seltenen Fällen kann es sogar zum Programmabsturz kommen. Hier hilft es, den aktuellen Stand der Arbeit abzuspeichern und CATIA zu schließen. Durch Neustart des Programms und Öffnen der gespeicherten Datei werden Fehler damit häufig beseitigt.

## (5) Bei unerwarteten Darstellungen der Oberfläche CATIA-Settings zurücksetzen

Eine weitere Technik der Fehlerbehebung haben Sie im letzten Abschnitt schon kennengelernt. Sollten Sie Abweichungen im Programmverhalten gegenüber den Beschreibungen in den Tutorials feststellen, überprüfen Sie am besten immer Ihre Programmstandards. Gegebenenfalls setzen Sie Ihre *CATSettings* wie vorhin beschrieben zurück.

## (6) Expertentipps und Zusatzübungen ansehen bzw. nachmachen

Nicht jeder lernt gleich schnell und möchte gleich intensiv einsteigen. Gerade das ist aber der große Vorteil dieses Werks, das erst die Theorie erklärt und diese dann anhand von Praxisbeispielen leichter verständlich macht. Die Übungen im Buch werden durch zusätzliche Online-Übungen unter *www.elearningcamp.com/hanser* ergänzt. So können Sie Ihr eigenes Tempo vorlegen und genau da nachhaken, wo Sie Schwierigkeiten haben. Sie kommen schneller und effektiver auf ein hohes Level. Selbstverständlich werden in den Online-Tutorials zahlreiche Tipps und Tricks angeboten und häufig wiederholt.

**Expertentipp: Erkennen von Fehlerquellen**

Sollten Sie im Laufe der Konstruktion mit CATIA V5-6 auf Fehler stoßen, empfehle ich folgendes Verhalten zur Lösungsfindung. Am besten gehen Sie in dieser Reihenfolge vor:

1. Arbeitsumgebung prüfen: Sind Sie im richtigen Modul?
2. Letzte Bearbeitungsschritte durch *Undo* wiederrufen
3. Übung von Neuem beginnen
4. Zwischenstand speichern, CATIA V5 schließen und neu starten
5. CATSettings zurücksetzen
6. Expertentipps und Übungen aufmerksam durchgehen

**Übung 4: Verhalten bei Fehlern**
Quick Access Code: 5t2

*www.elearningcamp.com/hanser*

# 3 Sketcher-Grundlagen (2D-Skizzierer)

Um dreidimensionale Körper erstellen zu können, wird in den meisten Fällen zunächst eine zweidimensionale Körperkontur als Grundlage benötigt. Diese kann anschließend im Raum zu einem prismatischen Körper aufgespannt werden.

CATIA V5-6 stellt mit der Modulumgebung *Sketcher (Skizzierer)* eine Oberfläche zur Erzeugung von zweidimensionalen Elementen zur Verfügung. Gerade beim Einstieg in die 3D-Modellierung besteht die Hauptschwierigkeit darin, sich erst einmal im Zweidimensionalen zurechtzufinden. Hier können schon die ersten gravierenden Fehler gemacht werden, welche die Verwendbarkeit eines CAD-Modells stark einschränken.

In diesem Kapitel werden wir uns also Möglichkeiten ansehen, zweidimensionale Konturen in CATIA V5-6 zu erstellen. Diese Skizzen dienen uns dann später als Grundlage zur Erzeugung von dreidimensionalen Körpern.

## ■ 3.1 Eine neue Datei öffnen

Nach dem Hochfahren des Programms CATIA V5-6 öffnet sich ein Dialogfenster *Welcome to CATIA V5 (Willkommen bei CATIA V5)*. Dieses Fenster können Sie einfach mit *OK* schließen. Mit diesem Dialog werden wir uns erst später näher beschäftigen (Bild 3.1).

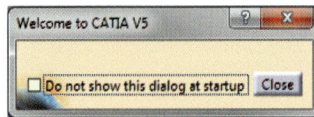

**Bild 3.1** Welcome to CATIA V5

Je nach Einstellungen unter den Standards stellt das Programm automatisch eine leere Datei im *Assembly Design (Baugruppenkonstruktion)* bereit, erkennbar am entsprechenden Zeichen oben im rechten Symbolleisten-Bereich (Bild 3.2).

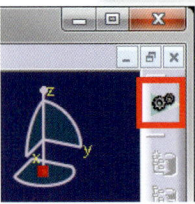

**Bild 3.2**  Modulumgebung Assembly Design

Dass wir hier in der falschen Arbeitsumgebung sind, wird auch durch den Bauteilnamen im Strukturbaum erkennbar (**Product1** als Hinweis auf eine Datei zur Baugruppenerzeugung, siehe Bild 3.3).

**Bild 3.3**  Strukturbaum im Assembly Design (Baugruppenkonstruktion)

Da Sie aber mit der Erzeugung von Einzelteilen den besten Einstieg in CATIA V5-6 haben, werden auch die Werkzeuge des *Part Designs (Teilekonstruktion)* benötigt.

Schließen Sie dazu die vom Programm bereitgestellte Datei (falls vorhanden) und rufen über **START > MECHANICAL DESIGN > PART DESIGN (START > MECHANISCHE KONSTRUKTION > PART DESIGN)** die Arbeitsumgebung *Part Design (Teilekonstruktion)* auf. Automatisch wird ein leeres Dokument zur Erzeugung von Einzelteilen bereitgestellt (Bild 3.4).

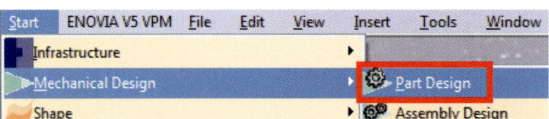

**Bild 3.4**  Neues Teil im Part Design (Teilekonstruktion) öffnen

 New

Alternativ können Sie eine neue Datei auch über die Funktion *New (Neu)* aus der Funktionsgruppe *Standard (Standard)* aufrufen. Die Auswahl *Part* und die Bestätigung mit *OK* definieren die gewünschte Arbeitsumgebung (Bild 3.5).

**Bild 3.5**  Dialogfenster New (Neu)

3.1 Eine neue Datei öffnen **35**

In beiden Fällen öffnet sich ein Dialogfenster *New Part (Neues Teil)*, in dem Sie den Bauteilnamen der neuen Datei schon vorab festlegen können. Wählen Sie für Ihre erste Übung die Bezeichnung **first_sketch**. Achten Sie im Dialogfenster *New Part* insbesondere darauf, dass die Option *Enable hybrid design (Hybridkonstruktion ermöglichen)* deaktiviert ist. Auch die restlichen Punkte lassen Sie vorerst deaktiviert. Was es mit diesen Optionen auf sich hat, werden wir uns später näher ansehen. Bestätigen Sie Ihre Eingaben mit *OK*. Der gewählte Bauteilname wird im Strukturbaum an oberster Stelle angezeigt (Bild 3.6).

New Part

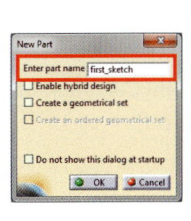
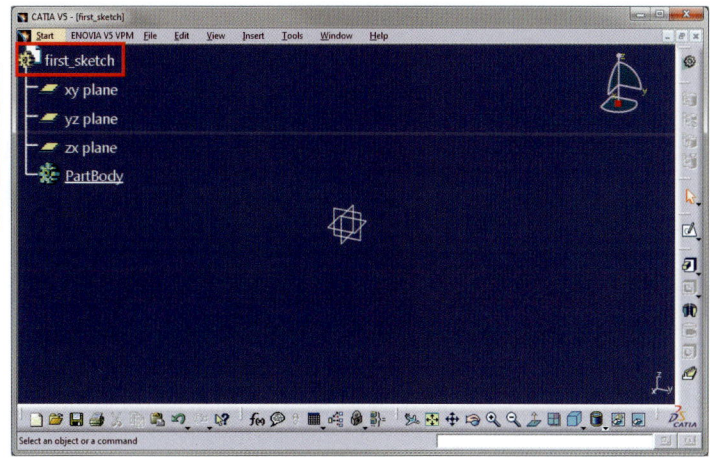

**Bild 3.6**  Arbeitsumgebung Part Design (Teilekonstruktion)

 **Expertentipp: Bauteilname definieren**

Wird bei Neuaufruf eines leeren Dokumentes im Part Design (Teilekonstruktion) die Möglichkeit, den Bauteilnamen vorab festzulegen, nicht angeboten, so können Sie dies unter **TOOLS > OPTIONS> INFRASTRUCTURE > PRODUCT STRUCTURE > PRODUCT STRUCTURE > PART NUMBER > MANUAL INPUT (TOOLS > OPTIONEN > INFRASTRUKTUR > PRODUKTSTRUKTUR > PRODUKTSTRUKTUR > TEILENUMMER > MANUELLE EINGABE)** einstellen. Sonst kann der Bauteilname (als hierarchisch höchste Instanz) jederzeit auch im Strukturbaum über das Kontextmenü mit Rechtsklick auf den Bauteilnamen und über den Weg **PROPERTIES > PRODUCT > PART NUMBER (EIGENSCHAFTEN > PRODUKT > TEILENUMMER)** neu gewählt werden.

 **Expertentipp: Benutzereingaben**

In Anlehnung an die Informationstechnik sollten Sie ein paar Richtlinien bei der Wahl von eigenen Bezeichnungen berücksichtigen. Andernfalls können Dateien in ihrer Weiterverwendbarkeit bei der Einbindung in weitere Prozessketten, bei der Einbindung in Quelltexte zur Makroprogrammierung oder zum Datenaustausch unbrauchbar werden. Darüber hinaus ergibt sich dadurch ein optisch geordnetes Gesamtbild im Strukturbaum:

- Verzichten Sie auf Leerzeichen (Leerzeichen können Sie durch Unterstrich oder Bindestrich ersetzen).
- Verwenden Sie keine Sonderzeichen (%, §, $, %, ß …).
- Vermeiden Sie Umlaute (Ä, Ö, Ü, ä, ö, ü).

Auf diese Weise öffnen Sie also ein leeres Dokument zur Erzeugung von *Parts (Einzelteilen)*.

File > Save

Speichern Sie vorher die geöffnete Datei an einem beliebigen Ort auf Ihrem Computer ab. Das erreichen Sie über die Menüleiste mit **FILE > SAVE (DATEI > SICHERN)**.

 Save

Alternativ können Sie auch die Funktion *Save (Sichern)* aus der Funktionsgruppe *Standard (Standard)* verwenden.

 **Expertentipp: Gleiche Bezeichnung für Teilenummer im Strukturbaum und Dateiname**

Grundsätzlich sollten Sie eine einheitliche Bezeichnung für den Namen Ihres Dokumentes im Browser und der Teilenummer in CATIA V5-6 wählen (also der höchsten Stelle im Strukturbaum).

## ■ 3.2 2D-Konturen erstellen

In der Modulumgebung *Part Design (Teilekonstruktion)* ist auch der untergeordnete Arbeitsbereich *Sketcher (Skizzierer)* integriert. Standardmäßig ist beim Öffnen eines Dokumentes der 3D-Raum zu sehen.

 Sketch

**1. In das Modul Sketcher wechseln:** Um in das integrierte 2D-Modul zu gelangen, klicken Sie zuerst auf die dafür vorgesehene Funktion *Sketch (Skizze)*. Die Schaltfläche wird orange hervorgehoben, als Zeichen dafür, dass sie aktiviert wurde. Wiederholtes Klicken auf die Schaltfläche deaktiviert bzw. aktiviert die hinterlegte Funktion wieder.

**2. Ebene auswählen:** Mit aktiver Funktion wählen Sie anschließend die Ebene aus, auf der die Skizze abgelegt werden soll (z. B. die xy-plane). Dabei spielt es keine Rolle, ob Sie eine der Ebenen im Modellbereich oder im Strukturbaum anwählen. Beides führt zum selben Ziel (Bild 3.7).

## 3.2 2D-Konturen erstellen

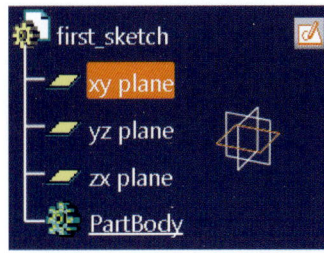

**Bild 3.7** Support (Stützebene) für Sketch (Skizze) wählen

CATIA V5-6 wechselt in die 2D-Arbeitsumgebung. Die Bildschirmoberfläche und die Symbolleisten ändern sich, was im Modellbereich durch die Andeutung eines Gitternetzes und durch ein gelbes Achsenkreuz im Ursprung des Hauptebenensystems der Datei sichtbar wird. Im rechten oberen Symbolleisten-Bereich sollte jetzt auch das Zeichen für die Sketch-Umgebung erscheinen. Auf welcher Skizzierebene Sie sich gerade befinden, erkennen Sie durch die Betrachtung des Kompasses im rechten oberen Modellbereich oder des Achsensystems im rechten unteren Modellbereich. In Bild 3.8 wurde die xy-plane (xy-Ebene) als Stützelement für die Sketch ausgewählt.

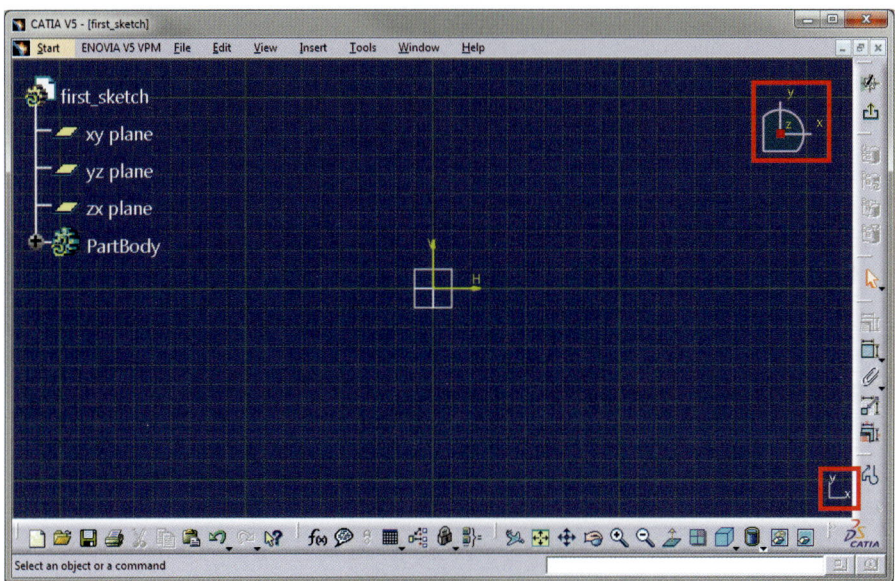

**Bild 3.8** Sketch (Skizzen) – Oberfläche

**3. Umgebung verlassen:** Über die Funktion *Exit Workbench (Umgebung verlassen)* im rechten, oberen Symbolleisten-Bereich wechseln Sie wieder in den 3D-Raum zurück (Bild 3.9). Nachdem Sie in der *Sketch (Skizze)* noch keine Geometrie erzeugt hatten, wird im Strukturbaum in diesem Fall auch kein Eintrag dafür angelegt.

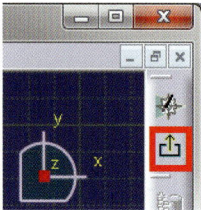

**Bild 3.9**  Sketch (Skizze) verlassen

Wechseln Sie also wieder in den *Sketcher (Skizzierer)* mit der xy-plane als Stützelement.

**4. »Sketch.n« als Strukturbaumeintrag:** Klappen Sie den Strukturbaum an dem Pluszeichen neben dem Eintrag *PartBody (Hauptkörper)* auf (Bild 3.10).

**Bild 3.10**  Aufgeklappter Strukturbaum

CATIA V5-6 nummeriert die Strukturbaumeinträge in ihren Instanzen chronologisch durch. Daher kann es sein, dass bei Ihnen die Sketch nicht mit der Instanz ».1«, sondern mit einer anderen Zahl im Strukturbaum erscheint. Das spielt aber weiter keine Rolle. Auch den Eintrag *Sketch.1* können Sie weiter aufklappen. Hier werden die Geometrieelemente, die Sie in der Skizze erzeugen, chronologisch eingeschrieben. Behalten Sie den Strukturbaum also immer im Auge.

**5. Übersichtliche Anordnung der Funktionsgruppen:** Schließen Sie die »schwimmenden« Funktionsleisten *ENOVIA V5 VPM Navigator* und *User Selection Filter (Benutzerauswahlfilter)*, falls diese auf Ihrem Bildschirm erscheinen sollte. Sie irritiert anfangs nur und wir werden sie für den Einstieg bei der Skizzenerstellung nicht benötigen (Bild 3.11).

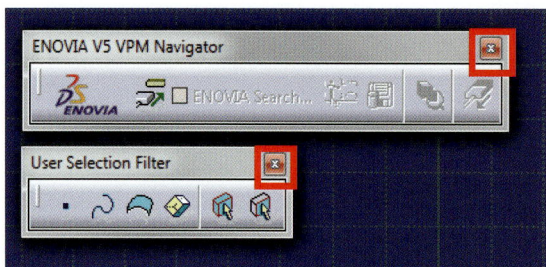

**Bild 3.11**  Für den Einstieg nicht relevante Funktionsleisten

Schließen Sie bitte **nicht** die *Sketch Tools (Skizziertools)*. Sie sind sehr wichtig für die Konstruktion im *Sketcher (Skizzierer)* und Sie werden die darin angebotenen Funktionen häufig verwenden müssen.

Um die Suche nach den Funktionen in den Übungsbeispielen zu erleichtern, sollten Sie die wichtigsten Funktionsgruppen für einen guten Einstieg übersichtlich im Modellbereich anordnen. Auf diese Weise wird die Sinnhaftigkeit der Gruppierung der Werkzeuge zur Skizzenerstellung erst deutlich, was Ihren Lernprozess beschleunigen wird.

Ordnen Sie also die Funktionsgruppen *Profile (Profil)*, *Operation (Operation)*, *Constraint (Bedingung)* und *Tools (Tools)* wie in Bild 3.12 dargestellt an. In der zweiten Zeile legen Sie die *Sketch Tools (Skizziertools)* ab. Warum die *Sketch Tools (Skizziertools)* in der zweiten Zeile stehen sollten, werden Sie gleich sehen. Ein kleiner Hinweis zur Orientierung: Die Funktionsgruppen *Profile (Profil)*, *Operation (Operation)* und *Constraint (Bedingung)* werden Sie im rechten Symbolleisten-Bereich finden, die Gruppe *Tools (Tools)* sehen Sie im unteren Symbolleisten-Bereich.

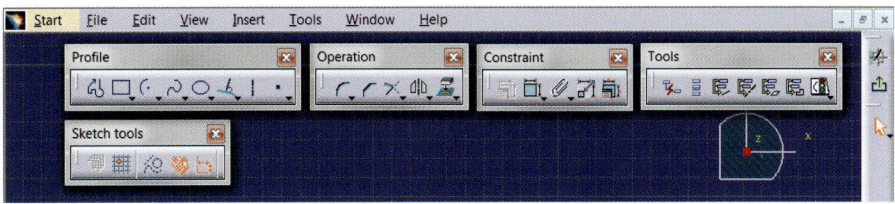

**Bild 3.12** Anordnung der Funktionsleisten im Sketcher (Skizzierer)

Um die Orientierung der Funktionsgruppen zu verändern, fassen Sie den grauen Abgrenzungsbalken der betroffenen Symbolleiste mit gedrückt gehaltener linker Maustaste an und bewegen die Symbolleiste in den Modellbereich. Mit Drücken der Shift-Taste ändert sich die Orientierung von vertikal in horizontal (bzw. umgekehrt). Das Loslassen der Maustaste setzt die Leiste ab (Bild 3.13).

⌃Shift Orientierung der Symbolleisten ändern

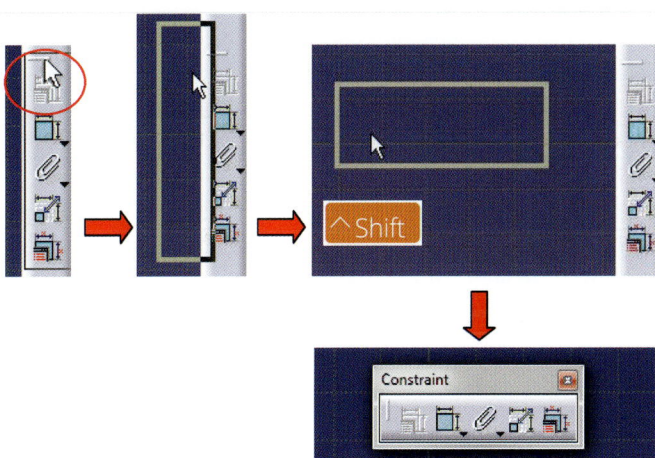

**Bild 3.13** Orientierung der Symbolleisten ändern

>  **Expertentipp: Fehlende Funktionsgruppen finden**
>
> Sollten einzelne Funktionsgruppen fehlen, können Sie diese über die Menüleiste ergänzen. Gehen Sie dazu auf **VIEW > TOOLBARS (ANSICHT > FUNKTIONSLEISTEN)**. CATIA V5-6 liefert Ihnen eine Auflistung der aktiven Funktionsgruppen. Dieselbe Liste bekommen Sie alternativ auch über einen Rechtsklick in den Symbolleistenbereich. Eine Funktionsgruppe ist dann aktiv, wenn sie mit einem Häkchen versehen ist.

Sollten Funktionsgruppen trotz Aktivierung nicht im Symbolleistenbereich auftauchen, so liegen diese häufig im rechten unteren Bildschirmrand versteckt. Deutlich wird dies durch einen grauen Balken und zwei angedeutete kleine Pfeilspitzen. Durch Anwahl des Balkens können Sie die Funktionsgruppen wieder in den Arbeitsbereich ziehen (Bild 3.14).

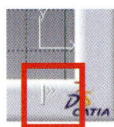

**Bild 3.14** Verdeckte Funktionsleisten

Sollten dennoch nicht alle Funktionsgruppen auffindbar sein, kann das unter Umständen am Programm liegen. Hier hilft es, die Positionen der Symbolleisten auf Werkseinstellungen zurückzusetzen und dann neu anzuordnen.

**6. Sketchoberfläche anpassen:** In den *Sketch Tools (Skizziertools)* und in der Funktionsleiste *Visualization (Darstellung)* können Sie mitunter Einstellungen zur Sketchoberfläche vornehmen (Bild 3.15).

 Snap to point

Die aktive Schaltfläche *Snap to point (An Punkt anlegen)* lässt ein Absetzen von Punkten nur an den Ecken des Gitterkreuzes zu. Diese Funktion sollte für die folgenden Konstruktionsbeispiele **inaktiv** bleiben.

 Grid

Über die Funktion *Grid (Gitter)* zum Beispiel wird das im Modellbereich angedeutete Gitternetz ein- bzw. ausgeschaltet. Zur besseren Übersicht ist ein eingeschaltetes Gitternetz gerade beim Einstieg sinnvoll. Achten Sie also darauf, dass die Funktion **aktiv** ist. Die Kantenlänge der Raster beträgt bei Standardeinstellungen in CATIA V5-6 **10 mm**.

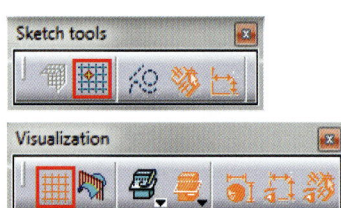

**Bild 3.15** Anpassung der Sketchoberfläche

**Expertentipp: Einstellungen in den Sketch Tools**

Die Funktionen rechts in den *Sketch Tools (Skizziertools) Construction/ Standard Element (Konstruktionselement/Standardelment)*, *Geometrical Constraints (Geometrische Bedingungen)* und *Dimensional Constraints (Bemaßungsbedingungen)* ignorieren Sie vorerst. Wir werden sie später noch brauchen und genauer betrachten. Achten Sie für den Moment einfach darauf, dass *Construction/Standard Element (Konstruktionselement/ Standardelement)* **inaktiv** ist und die beiden Funktionen *Geometrical Constraints (Geometrische Bedingungen)* und *Dimensional Constraints (Bemaßungsbedingungen)* **permanent aktiv (!)** sind.

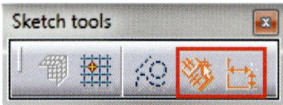

**7. 2D-Profile zeichnen:** Im Grunde genommen stehen Ihnen im *Sketcher (Skizzierer)* analoge Hilfsmittel zur Verfügung, genau wie beim Zeichnen mit Papier und Bleistift. Linienzüge können beliebig erzeugt, manipuliert und auch wieder gelöscht werden. Sehen wir uns nun einige wichtige Möglichkeiten zur Erzeugung von zweidimensionalen Konturen an.

Die Funktionsgruppe *Profile (Profil)* stellt verschiedene Möglichkeiten zur Erzeugung von Punkten und Linienzügen zur Verfügung (Bild 3.16).

**Bild 3.16** Funktionsleiste Profile (Profile)

Je nach Anwahl einer Funktion zur Geometrieerzeugung erweitern sich *Sketch Tools (Skizziertools)*. Diese lassen, abhängig von der aktiven Funktion zur Profilerzeugung, weitere Feineinstellungen zu. Das ist auch der Grund, warum wir diese Funktionsgruppe in der zweiten Zeile angeordnet haben. Nach Aktivierung der Funktion *Profile (Profil)* (sie wird orange hinterlegt) erweitern sich die *Sketch Tools (Skizziertools)* wie in Bild 3.17 dargestellt.

 Profile

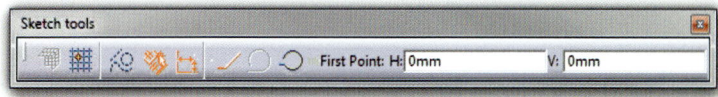

**Bild 3.17** Erweiterung der Sketch Tools (Skizziertools)

Für den ersten Punkt werden die horizontale *(H:)* und vertikale *(V:)* Position gegenüber dem gelben Fadenkreuz im Modellbereich angezeigt. Nach Absetzen des ersten Punktes werden außerdem die Länge *(L:)* der zu erzeugenden Linie und der Winkel *(A:)* gegenüber dem Hauptachsensystem dynamisch, abhängig von der Mauszeigerposition, angezeigt (Bild 3.18).

**Bild 3.18** Dynamische Anpassung der Sketch Tools (Skizziertools)

Das Absetzen eines zweiten Punktes legt den ersten Abschnitt des Profils fest. Auf diese Weise können Sie beliebig viele Linienzüge aneinanderreihen. Die Art der Profilabschnitte steuern Sie über die Funktionen *Line (Linie)*, *Tangent Arc (Tangentialbogen)* oder *Three point Arc (Dreipunktbogen*, siehe Bild 3.19).

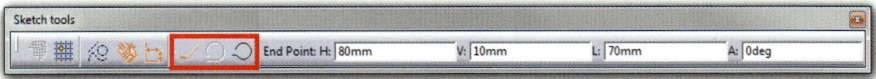

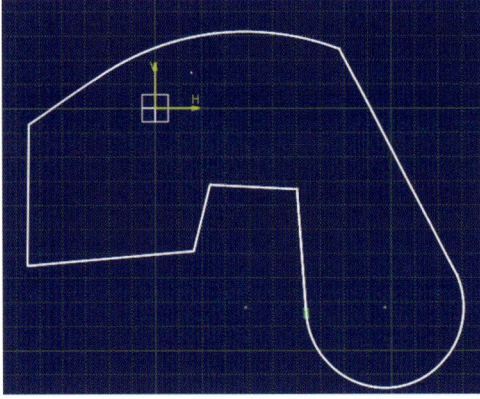

**Bild 3.19** Steuerung der Profilabschnitte für die Funktion Profile (Profil)

Die Funktion *Profile (Profil)* wird automatisch deaktiviert, sobald Sie das Profil schließen. Statt der Funktion wird nun die gesamte Profilkontur orange markiert. Zum vorzeitigen Beenden der Funktion können Sie den letzten Punkt des Profils mit Doppelklick im Raum absetzen oder die *Esc-Taste* zweimal drücken.

Wie schon in den Grundlagen beschrieben, werden alle signifikanten Elemente, die Sie erzeugen, in chronologischer Reihenfolge in den Strukturbaum eingetragen. Behalten Sie bei Ihren Aktionen den Strukturbaum immer im Auge. Er hilft Ihnen, sich in der Konstruktion zurechtzufinden.

**8. Geometrieelemente löschen:** Erzeugte Geometrieelemente können Sie einzeln oder im Verbund durch Anwahl (angewählte Elemente werden orange) und Drücken der *Delete (Entfernen)*-Taste löschen. Klappen Sie die jeweiligen Unterordner, die zu Ihrer Skizze gehören, auf. Dort werden Sie jedes im Laufe Ihrer Modellierung erzeugte Element wiederfinden. Nachdem die Einträge im Strukturbaum direkt mit den Elementen im Modellbereich verknüpft sind, spielt es vorerst keine Rolle, ob Sie sie im Modellbereich oder im Strukturbaum anwählen (Bild 3.20).

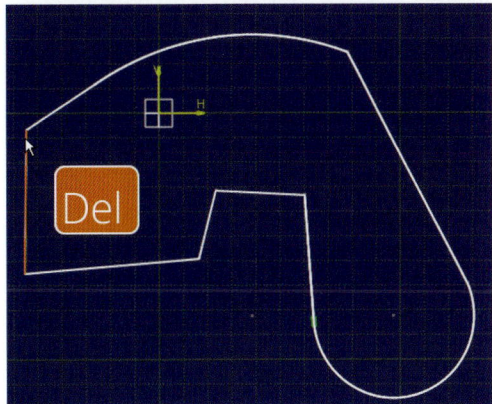

**Bild 3.20** Elemente löschen

Die einzigen Elemente, die Sie hier nicht löschen können, sind die gelb eingefärbten, absoluten Achsen des Hauptkoordinatensystems.

 **Expertentipp: Mehrfachselektionen**
Mit gedrückt gehaltener Strg-Taste können Sie mehrere Geometrieelemente gleichzeitig in die Auswahl nehmen. Sie werden in der Regel in oranger Farbe hervorgehoben.

Nehmen Sie sich mit diesem Wissen ein paar Minuten Zeit und erzeugen beliebige Profilzüge.

 **Übung 5: Profilzüge zeichnen**
Quick Access Code: 5rt

www.elearningcamp.com/hanser

**9. Predefined Profiles:** In der Unterfunktionsgruppe *Predefined Profile (Profilvorgabe)* werden vorgefertigte Profilgeometrien angeboten (Bild 3.21).

**Bild 3.21** Unterfunktionsgruppe Predefined Profile (Profilvorgabe)

Durch geometrische Zwangsbedingungen wie zum Beispiel Parallelität, Rechtwinkligkeit, Kongruenz oder Tangentenstetigkeit werden die Profile in ihrer Form gehalten. Diese sogenannten *Geometrical Constraints (Geometrische Bedingungen)* werden in grüner Farbe dargestellt. Wir werden die gezielte Erzeugung solcher Zwangsbedingungen in Abschnitt 3.3 ausführlich behandeln. Die zur exakten geometrischen Definition notwendigen Geometriebedingungen werden hier vom Programm also automatisch erzeugt (Bild 3.22).

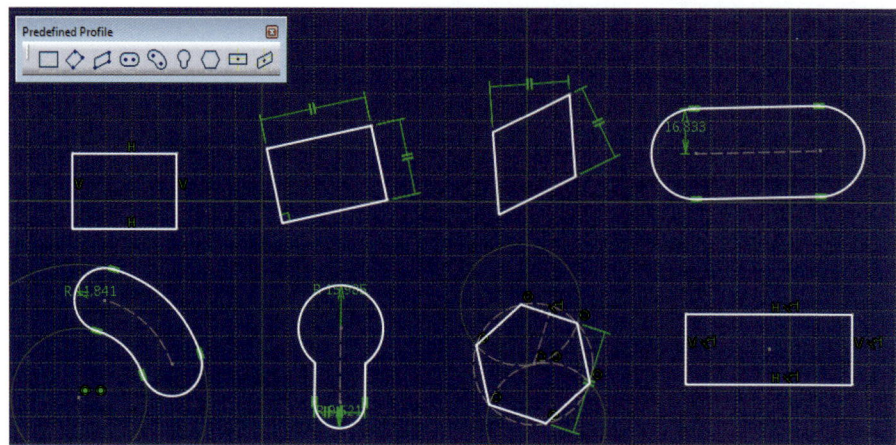

**Bild 3.22** Automatisch erzeugte Constraints (Bedingungen) der Predefined Profiles (Profilvorgaben)

Die Funktionen der *Predefined Profiles (Profilvorgaben)* sind im Grunde sehr einfach und selbsterklärend. Wenn Sie die *Sketch Tools (Skizziertools)* zur Kontrolle von Längen, Radien oder Winkeln im Auge behalten, werden Sie keine Schwierigkeiten haben, die in Bild 3.22 und Bild 3.23 dargestellten Konturen eigenständig zu erzeugen.

>  **Expertentipp: Kommentarzeile**
>
> Sollten Sie bei der Anwendung einer beliebigen Funktion nicht wissen, welche Eingabe Sie tätigen müssen, so lohnt sich ein Blick auf die Kommentarzeile im linken unteren Bildschirmrand. Hier gibt das Programm an, welche Referenz oder Eingabe als Nächstes erwartet wird.

Wir werden einige der *Predefined Profiles (Profilvorgaben)* in späteren Übungen noch mehrfach aufgreifen und vertiefen. Nehmen Sie sich ein paar Minuten Zeit und sehen sich die verschiedenen Möglichkeiten der Geometrieerzeugung an.

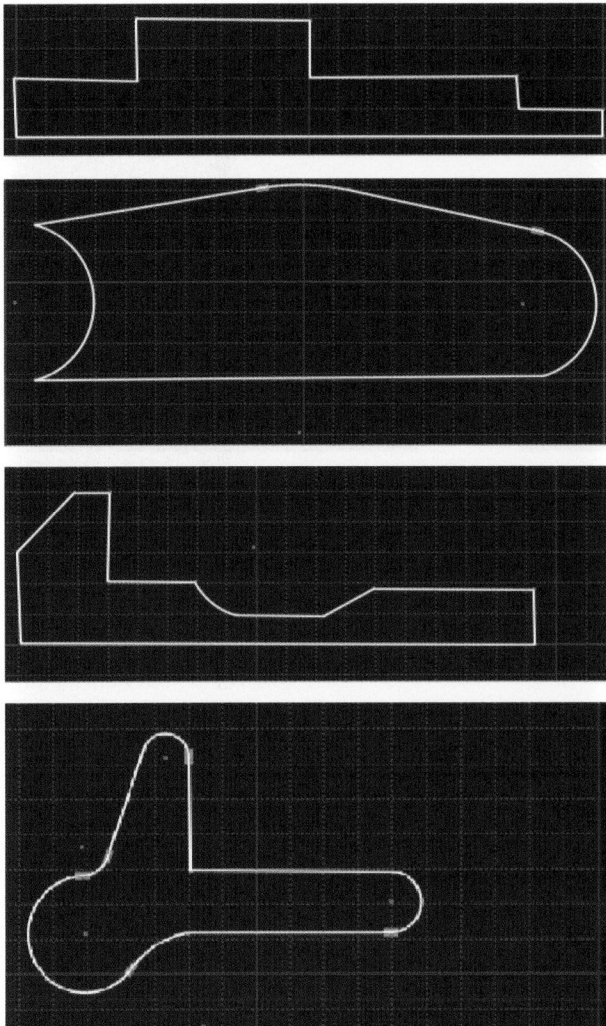

**Bild 3.23** Weitere Konturen zur Übung (achten Sie auf die ungefähr maßstabsgetreue Zeichnung der geschlossenen Linienzüge)

**10. Eltern-Kind-Abhängigkeit:** Zum Markieren von mehreren Elementen im Modellbereich können Sie einen Fangrahmen über mehrere Elemente ziehen. Dabei werden alle Elemente, die vollständig im Fangrahmen sind, selektiert. Die so angewählten Elemente erscheinen orange. Beim Löschen von Objekten (Elterngeometrie) verschwinden dann aber auch die davon abhängigen Elemente (Kinder). Man spricht von einer Eltern-Kind-Abhängigkeit. Das Kind kann nicht ohne seine Eltern existieren. Eine explizite Auswahl von Elementen ist daher häufig der sicherere Weg, Objekte gezielt zu markieren. Eine Mehrfachselektion von Elementen mit gedrückter *Strg-Taste* ist hier durchaus möglich. Dabei können Sie die Elemente entweder im Modellbereich oder dessen Eintrag im Strukturbaum anwählen und zum Beispiel löschen.

Eine Linie ist zum Beispiel ist durch die lineare Verbindung von zwei Punkten definiert. Wird ein Punkt gelöscht, so verschwinden auch die davon abhängigen Linien. In Bild 3.24 wird der Eckpunkt eines ausgerichteten Rechtecks entfernt. Beachten Sie, wie hier nach dem Löschen des Zwischenpunktes die angrenzenden Linien ebenfalls verschwinden. Durch Fehlen eines Referenzpunktes sind diese nicht mehr definiert.

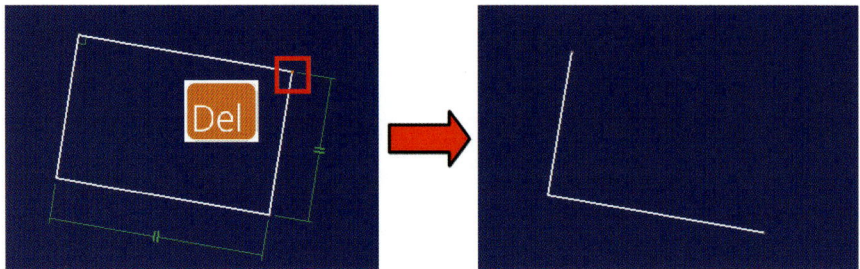

**Bild 3.24** Eltern-Kind Abhängigkeit: Eine Linie wird durch die direkte Verbindung zweier Punkte miteinander definiert.

 Nachdem das Programm bei der Vergabe der Bezeichnungen die Geometrieelemente chronologisch nach ihrer Erzeugung durchnummeriert, sind die Zahlen zur Instanziierung in Ihrem Beispiel möglicherweise andere.

www.elearningcamp.com/hanser

 **Übung 6: Circle, Line, Point**
Quick Access Code: clp

**11. Skizzengeometrie manipulieren:** Wenn Sie versuchen, die Profile im Raum als Ganzes zu bewegen, indem Sie eines seiner Elemente (Punkte oder Linien) mit der linken Maustaste anfassen und im Raum verschieben, werden Sie feststellen, dass die Formgebung nicht bestehen bleibt. Stattdessen verändern sich die teilnehmenden Einzelelemente in Länge und/oder Position relativ zur gesamten Kontur. Ohne Zwangsbedingungen, also die Einschränkung von Freiheitsgraden, ist keine Formstabilität möglich.

Bisher haben Sie geometrische Zwangsbedingungen nur über die *Predefined Profiles (Profilvorgabe)* kennengelernt. Hier können Sie Punkte oder Linien anfassen und hin und her bewegen. Die Profile sind nur unter Berücksichtigung der (in grüner Farbe dargestellten) geometrischen Einschränkungen manipulierbar.

Natürlich können Sie ein ganzes Profil markieren (durch Mehrfachselektion oder Ziehen eines Fangrahmens um die gesamte Kontur) und damit alle selektierten Elemente gleichzeitig auf der Sketchoberfläche bewegen.

Sie haben jetzt schon einige wichtige Funktionen für die Definition von 2D-Konturen kennengelernt. Die übrigen Funktionen zur Profilerzeugung werden wir uns im Laufe der Übungen noch erarbeiten und genauer betrachten. Für den Anfang reichen Ihnen die bislang vorgestellten Funktionen völlig aus.

## 3.3 Constraints setzen

Die bislang erzeugten Profile können ohne Weiteres durch Anfassen mit der linken Maustaste im Raum verschoben werden. Dabei verändern sich auch angrenzende Elemente in ihren Dimensionen oder Positionen. Die erzeugten Geometrien sind nicht formstabil. Dies wird durch ihre weiße oder leicht gräuliche Farbe verdeutlicht. Sie signalisieren, dass noch Freiheitsgrade existieren. Sie können sowohl Linienzüge als auch Zwischenpunkte im Raum anfassen und hin und her bewegen.

### 3.3.1 Die Funktion Constraint

Mit aktiver Funktion *Constraint (Bedingung)* erzeugen Sie in erster Linie maßliche Bedingungen über die sogenannte »intelligente Auswahl«. Dabei erkennt das Programm automatisch, je nach Auswahlreihenfolge von Elementen, welche Art von Einschränkung der Anwender setzen möchte (Bild 3.25).  Constraint

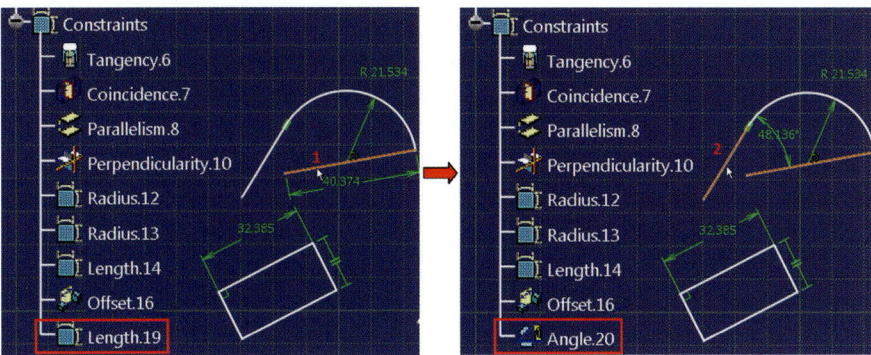

**Bild 3.25** Die Anwahl einer Linie schlägt ein Längenmaß vor. Mit Anwahl einer zweiten (nicht parallel liegenden) Linie wird eine Winkelbemaßung vorgeschlagen.

Die Bestätigung einer *Constraint (Bedingung)* erfolgt durch Absetzen der Bedingung im Raum. Wählen Sie also beliebige Objekte Ihrer Skizze an, und legen Sie deren Maße fest (Bild 3.26).

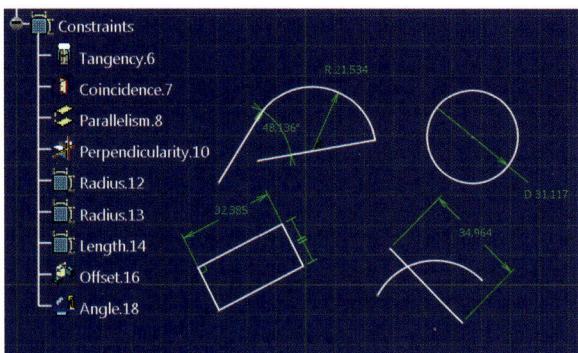

**Bild 3.26** Verschiedene maßliche Bedingungen in einer Sketch (Skizze) werden auch im Strukturbaum gelistet.

Hier folgen ein paar Beispiele:
- *Length (Länge)*, eine Längenbemaßung einer Linie
- *Distance* (oder *Offset*) *(Offset)*, eine Abstandsbemaßung zwischen zwei parallel liegenden Linien
- *Angle (Winkel)*, eine Winkelbemaßung zwischen zwei nicht parallel liegenden Linien
- *Radius (Radius)*, eine Radiusbemaßung für verrundete Kanten
- *Diameter (Durchmesser)*, eine Durchmesserbemaßung für Kreise oder Kreissegmente

Nach Absetzen eines Maßes im Raum wird es zusammen mit seinem Wert in grüner Farbe angezeigt. Diese Zwangsbedingungen verhindern, dass Elemente durch Anfassen und Verziehen mit der linken Maustaste in ihren Dimensionen verändert werden können. Sie sind damit genau in Abmessung und/oder relativer Position festgelegt.

Maße editieren

Die grün dargestellten Maße können Sie durch Anfassen mit der linken Maustaste auf der Sketchoberfläche verschieben. Veränderungen für die vermaßten Objekte sind jetzt nur noch durch Aufrufen einer Eingabemaske mit Doppelklick auf die Zwangsbedingungen möglich. Bei Werteeingaben in Dialogfenstern müssen Sie die Dimension (mm) nicht eintippen. Es reicht, den Wert einzugeben. Bei Standardeinstellungen in CATIA V5-6 interpretiert das Programm den Wert als Millimetereingabe bzw. Gradangaben für Winkelbedingungen (Bild 3.27).

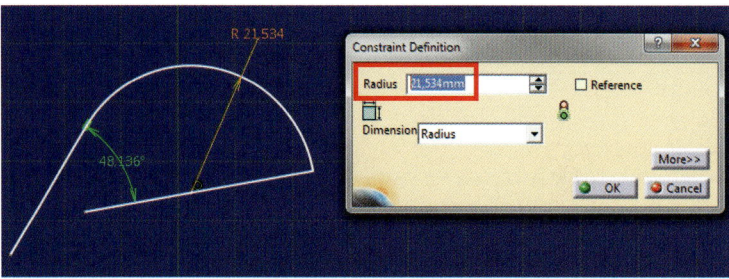

**Bild 3.27** Constraints (Zwangsbedingungen) können nur noch gezielt (mit Doppelklick auf das zu verändernde Maß) editiert werden.

Mit der Funktion *Constraint (Bedingung)* können Sie auch geometrische Zwangsbedingungen (sogenannte *Geometrical Constraints*) definieren. Dies erreichen Sie, indem Sie nach Anwahl mehrerer Rererenzelemente das Kontextmenü aufrufen, bevor Sie ein Maß absetzen. Bild 3.28 zeigt ein paar Beispiele:

Kontextmenü: Geometrische Zwangsbedingungen definieren

- *Coincidence: Kongruenz* bzw. *Deckungsgleichheit* zwischen zwei Elementen (ggf. in deren Verlängerung)
- *Concentricity: Konzentrizität* zwischen Kreisen oder Kreissegmenten
- *Tangency: Tangentenstetigkeit*
- *Parallelism: Parallelität* zwischen zwei Linien
- *Perpendicular: Rechtwinkligkeit* zwischen zwei Linien

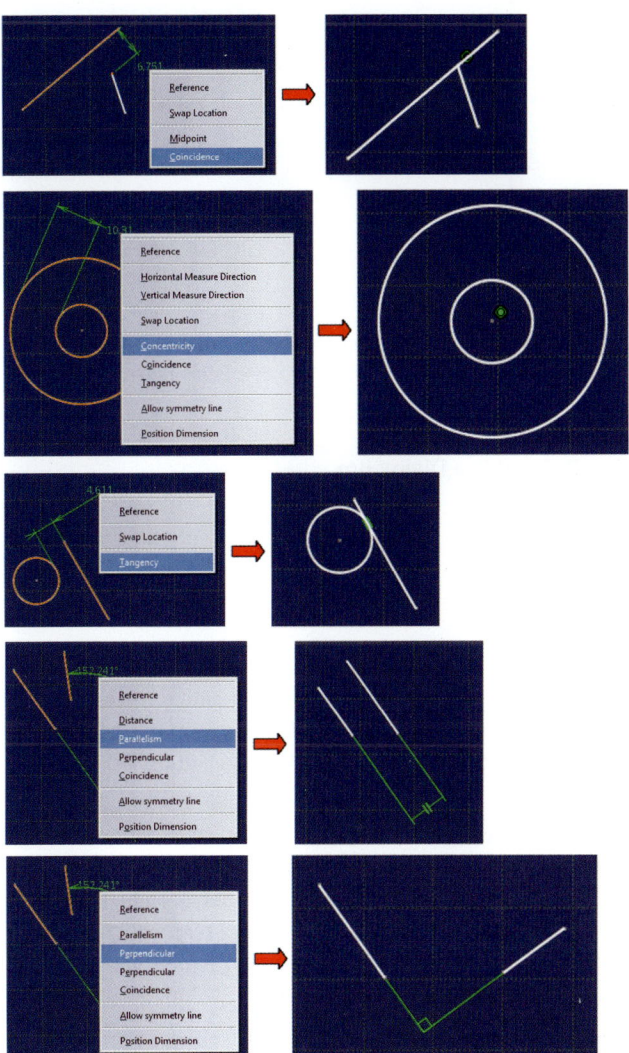

**Bild 3.28** Beispiele für Geometrical Constraints (Geometrische Bedingungen)

### 3.3.2 Die Funktion »Constraints Defined in a Dialog Box«

Die Vergabe von weiteren Bedingungen wird über die Funktion *Constraints Defined in Dialog Box (Im Dialogfenster definierte Bedingungen)* ermöglicht. Dabei müssen Sie vorab die Elemente selektieren, die über eine geometrische Bedingung miteinander verknüpft werden sollen. Entsprechend der Vorauswahl sind verschiedene Zwangsbedingungen anwählbar. Bild 3.29 zeigt die angebotenen Optionen.

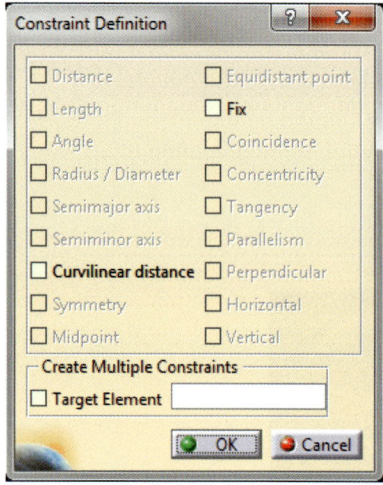

**Bild 3.29** Constraints Defined in Dialog Box (Im Dialogfenster definierte Bedingungen)

www.elearningcamp.com/hanser

**Übung 7: Constraints Defined in a Dialog Box**
Quick Access Code: ka9

### 3.3.3 Formstabiles Rechteck

Wie Sie in Abschnitt 3.2 schon gelernt haben, liefert CATIA V5-6 einige häufig vorkommende Profilzüge mit den *Predefined Profiles (Profilvorgabe)*. Diese werden über Zwangsbedingungen, die das Programm automatisch setzt, in ihrer Form gehalten.

Sehen wir uns das noch einmal genauer an. Hier ein Beispiel für eine Kontur, die als einfache Grundform sehr häufig vorkommt: Bei der Erzeugung eines ausgerichteten Rechtecks, also eines *Oriented Rectangle*, werden die Einschränkungen zur geometrischen Stabilität automatisch von CATIA V5-6 erzeugt. Ein Rechteck ist in seiner Geometrie über die Parallelität zwischen den gegenüberliegenden Kanten und einem rechten Winkel definiert. Die vom Programm erzeugten geometrischen Bedingungen halten die Kontur in ihrer Rechteckform (Bild 3.30).

 Oriented Rectangle

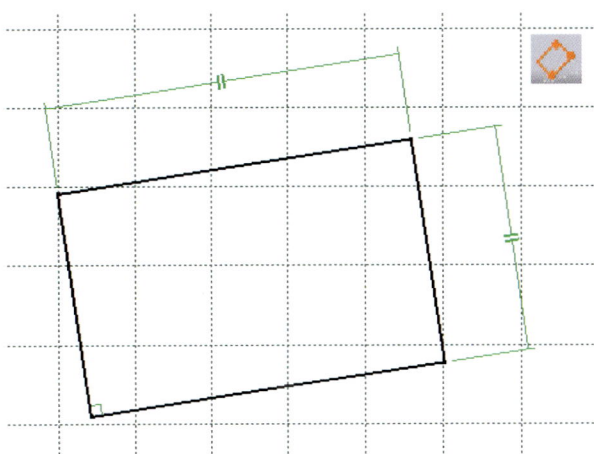

**Bild 3.30** Ausgerichtetes Rechteck: Ein rechter Winkel, jeweils zwei gegenüberliegende, parallele Körperkanten

Diese Zwangsbedingungen können Sie natürlich auch gezielt selbst setzen. Löschen Sie dazu den rechten Winkel und die zwei Parallelitäten (entweder durch Anwahl der Strukturbaumeinträge oder der Elemente im Modellbereich) und setzen die geometrischen Bedingungen »händisch« über die Funktion *Constraint (Bedingung)* oder *Constraints Defined in Dialog Box (Im Dialogfenster definierte Bedingungen)* (siehe Bild 3.31).

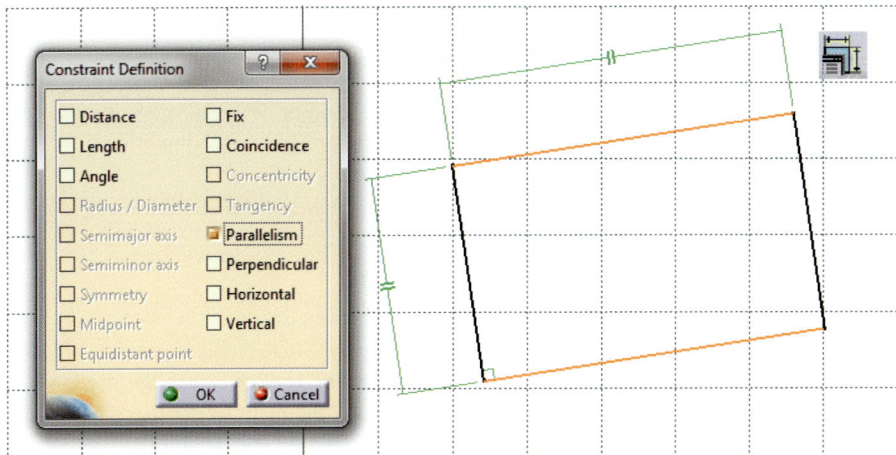

**Bild 3.31** Bedingungen (Constraints) »händisch« setzen

Zur Formstabilität fehlen neben der Parallelität der jeweils gegenüberliegenden Kanten noch die exakte Länge und Breite des Rechtecks. Die Vergabe von **Abstandsbemaßungen** zweier gegenüberliegenden Kanten definiert dabei **automatisch** sowohl deren Parallelität als auch die Länge der dazwischenliegenden Kanten. In CATIA V5-6 zeigt sich das dadurch, dass bei der Erzeugung eines Abstandsmaßes eine bestehende Parallelität in die Bedingung integriert wird. Deutlich wird das aber oft nur über eine **interaktive Prüfung** und im Strukturbaum, indem eine bestehende *Constraint Parallelism (Parallelität)* in die *Constraint Offset (Offset)* integriert wird (Bild 3.32).

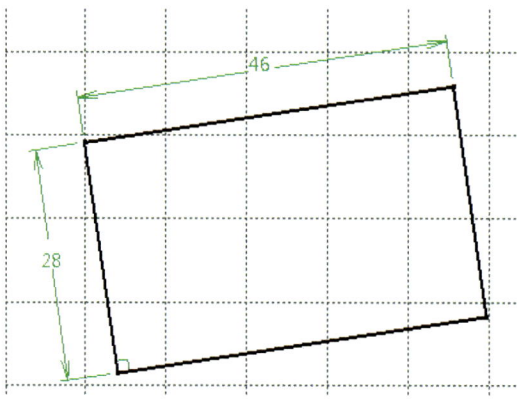

**Bild 3.32** Formstabiles Rechteck

> **Expertentipp: Interaktive Prüfung**
>
> Durch Anfassen von Punkten oder Linien mit der linken Maustaste und Verziehen im Raum lässt sich die Formstabilität von Profilzügen sehr gut überprüfen. Je nachdem, wie sich die Konturen verändern, erkennen Sie, an welcher Stelle Constraints, also Zwangsbedingungen oder geometrische Definitionen, fehlen. In der Regel sollte Ihr Ziel stets ein in sich selbst, also vom Koordinatensystem unabhängiges, formstabiles Profil sein. Veränderungen in der Geometrie können dann nur noch über das Editieren in den Eingabemasken der *Dimensional Constraints (Maßliche Bedingungen)* oder durch Änderungen in den *Geometrical Constraints (Geometrische Bedingungen)* vorgenommen werden. Diese Prüfung auf Formstabilität wird als interaktive Prüfung bezeichnet.

> **Expertentipp: Zwischendurch abspeichern**
>
> Zwischen den Teilschritten der Modellierung sollten Sie immer wieder abspeichern. Dabei merkt sich CATIA V5-6 genau die Stelle, an der Sie aufgehört haben. Gerade als Einsteiger werden immer wieder Fehler bei der Konstruktion gemacht, was völlig normal ist und Sie nicht weiter frustrieren sollte. Allerdings kommt das Programm mit einem ständigen Korrigieren von Teilschritten, beispielsweise über die Funktion *Undo (Wiederrufen)*, häufig nicht zurecht. CATIA V5-6 stürzt ab, oder Funktionen lassen sich nicht so bedienen, wie sie es eigentlich müssten. Mit Speichern, Schließen und erneutem Aufrufen der Datei können diese Fehler in den meisten Fällen behoben werden.

**Übung 8: Formstabile Profile**
Quick Access Code: 66f

*www.elearningcamp.com/hanser*

**Übung 9: Predefined Profiles formstabil bekommen**
Quick Access Code: xz7

*www.elearningcamp.com/hanser*

## ■ 3.4 2D-Konturen bearbeiten

Wie in den letzten Abschnitten ausführlich beschrieben, stehen Ihnen im Sketcher analoge Hilfsmittel zur Verfügung, so wie beim Zeichnen mit Papier und Bleistift. Linienzüge können beliebig erzeugt, manipuliert und auch wieder gelöscht werden. Positionen, Längen oder Abstände von Elementen werden über *Constraints (Bedingungen)* genau definiert. Über die Funktionen der Gruppierung *Operation (Operation)* können Sie schon vorhandene Profilkonturen nachträglich editieren bzw. nachbearbeiten (Bild 3.33).

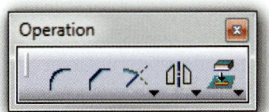

**Bild 3.33**  Funktionsleiste Operation (Operationen)

### 3.4.1 Corners und Chamfers

Zur Erzeugung einer *Corner (Ecke)* klicken Sie zuerst auf die entsprechende Funktion in der Symbolleiste. Als Referenzelemente können Sie entweder die zwei Linien, die gegeneinander verrundet werden sollen, nacheinander selektieren oder deren Zwischenpunkt. Absetzen der *Corner* im Raum beendet die Funktion. CATIA V5-6 erzeugt dabei automatisch die *Radius Constraint (Radius Bedingung)* und die tangentenstetigen Übergänge für die Verrundung als *Tangency Constraint (Tangentialbedingung)*.

 Corner

Auch für eine *Corner (Ecke)* können Sie die *Sketch Tools (Skizziertools)* für weitere Feineinstellungen nutzen. Sie können unterscheiden zwischen:

- *Trim all elements (Alle Elemente trimmen):* Alle selektierten Elemente werden editiert (Bild 3.34).

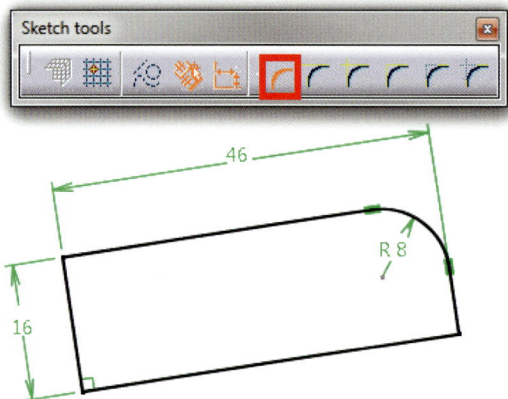

**Bild 3.34** Trim all elements

- *Trim first element (Erstes Element trimmen):* Nur das zuerst markierte Element wird editiert (Bild 3.35).

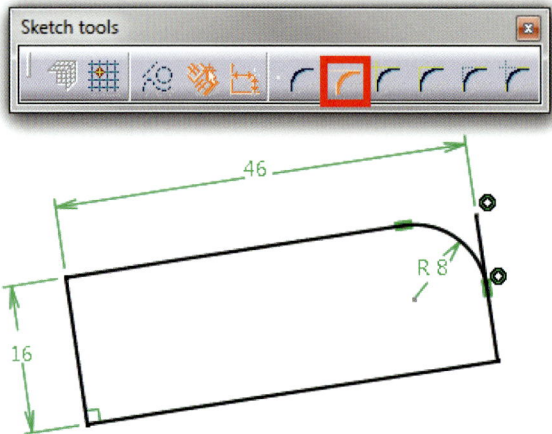

**Bild 3.35** Trim first element

- *No Trim (Keine Trimmung)*: Die angewählten Kanten werden nur als Referenz verwendet und nicht verändert (Bild 3.36).

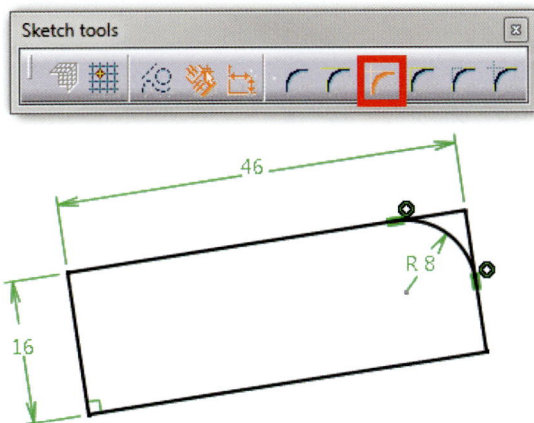

**Bild 3.36** No Trim

- *Standard Lines Trim (Trimmung mit Standardlinien)*: Die angewählten Kanten werden getrimmt und als *Standard Elements (Standardelemente)* dargestellt (Bild 3.37).

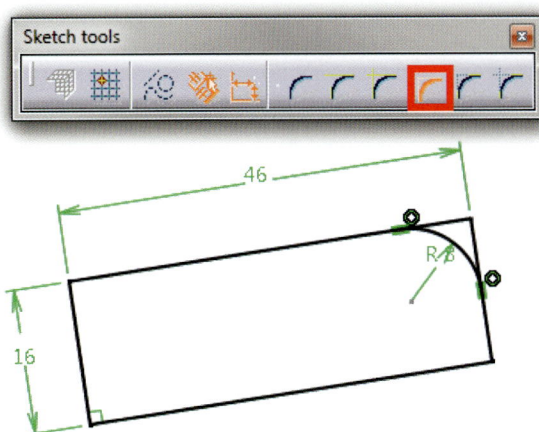

**Bild 3.37** Standard Lines Trim

- *Construction Lines Trim (Trimmung mit Konstruktionslinien)*: Die angewählten Kanten werden getrimmt und als *Construction Elements (Konstruktionselemente)* dargestellt (Bild 3.38).

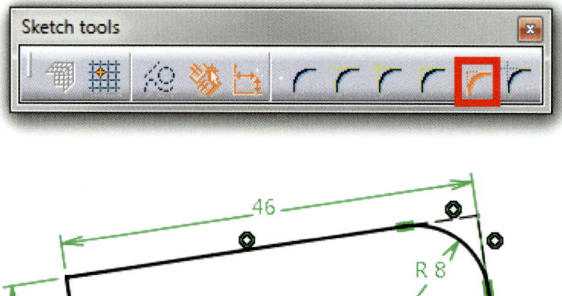

**Bild 3.38** Construction Lines Trim

- *Construction Lines No Trim (Keine Trimmung mit Konstruktionslinien)*: Die angewählten Kanten werden nicht getrimmt und die Verrundungen als zusätzliche *Construction Elements (Konstruktionselemente)* dargestellt (Bild 3.39).

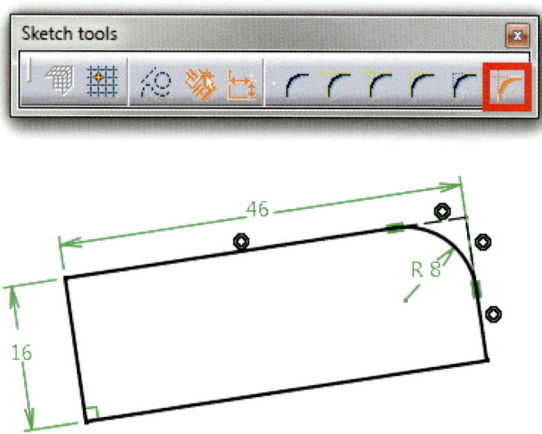

**Bild 3.39** Construction Lines No Trim

Die Funktion *Chamfer (Fase)*, also das Anbringen von Fasen, funktioniert analog.

## 3.4.2 Relimitations

In der Unterfunktionsgruppe *Relimitations (Begrenzungen)* stehen Ihnen Funktionen zur Verfügung, die Linienabschnitte verlängern, verkürzen und aufbrechen können.

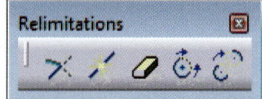

### Trim

Über die Funktion *Trim (Trimmen)* können Sie Linien und Bögen, die sich (in ihrer Verlängerung) kreuzen und zu lang bzw. zu kurz sind, auf gewünschte Länge bringen. Je nachdem, ob Sie in den *Sketch Tools (Skizziertools) Trim First element (Erstes Element trimmen)* oder *Trim all elements (Alle Elemente trimmen)* aktiviert haben, wird nur das erste oder alle beiden selektierten Elemente werden verändert. Beachten Sie dabei, dass stets die angewählte Seite der Linie beibehalten wird (Bild 3.40).

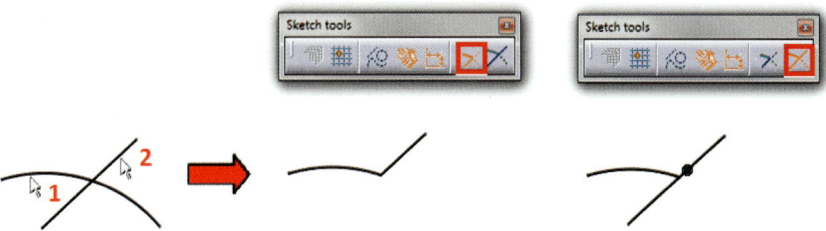

**Bild 3.40**  Trim all elements und Trim first element

### Break

Über die Funktion *Break (Aufbrechen)* können Sie Linienzüge an ausgewählten Punkten teilen. Dabei können Sie die Stellen zum Aufbrechen entweder direkt anwählen oder überschneidende Elemente definieren (Bild 3.41).

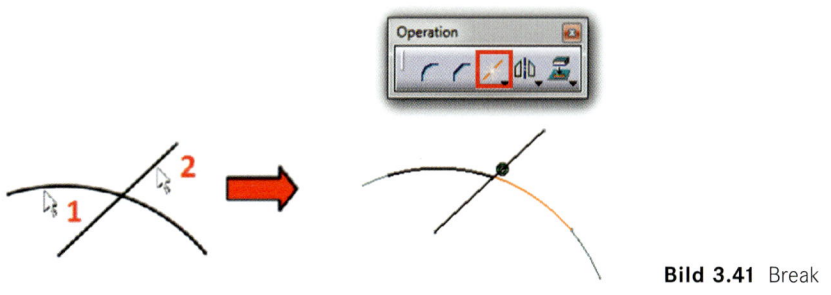

**Bild 3.41**  Break

 **Übung 10: 2D-Konturen nachbearbeiten 1**
Quick Access Code: kb1

*www.elearningcamp.com/hanser*

*www.elearningcamp.
com/hanser*

 **Übung 11: 2D-Konturen nachbearbeiten 2**
Quick Access Code: bk2

### Quick Trim

Linienzüge, die Sie anklicken, werden mit aktiver Schaltfläche *Quick Trim (Schnelles Trimmen)* bis hin zum Schnitt mit anderen Linienelementen ausradiert. Behalten Sie auch hier wieder die *Sketch Tools (Skizziertools)* im Auge. Mit *Break and Rubber In (Brechen und innen löschen)* löschen Sie die innen liegende Kontur bis hin zum Begrenzungselement. Mit *Break and Rubber Out (Brechen und außen löschen)* löschen Sie die außen liegende Kontur bis hin zum Begrenzungselement. Mit *Break and Keep (Brechen und Beibehalten)* brechen Sie die Kontur bis hin zum Begrenzungselement auf, ohne etwas zu löschen.

> **Expertentipp: Mehrfachverwendung von Funktionen**
> Mit Doppelklick auf die Funktion können Sie sie mehrfach hintereinander anwenden. Zum Deaktivieren der Funktion drücken Sie zweimal **ESC** oder klicken erneut auf die aktivierte Schaltfläche.

*www.elearningcamp.
com/hanser*

 **Übung 12: 2DKonturen nachbearbeiten 3**
Quick Access Code: kk3

### Close und Complement

Über die Funktionen *Close (Bogen schließen)* und *Complement (Ergänzen)* ergänzen Sie Kreissegmente zu einem Vollkreis bzw. erzeugen dessen Gegenstücke (Bild 3.42).

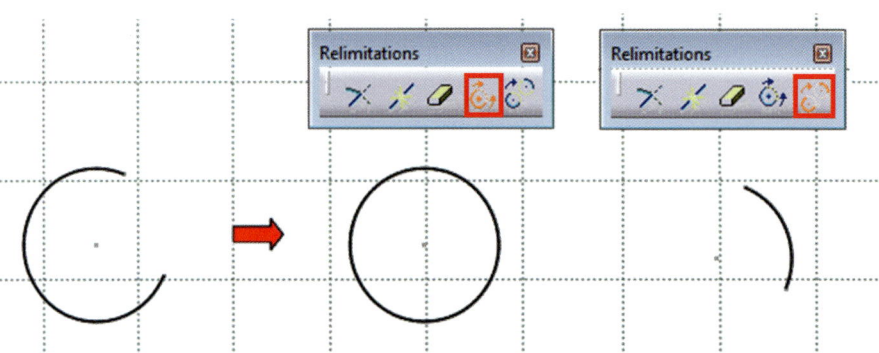

**Bild 3.42** Close und Complement

**Übung 13: 2D-Konturen nachbearbeiten 4**
Quick Access Code: hu8

www.elearningcamp.com/hanser

## Transformation (Umwandlung)

Mit den Operationen der Unterfunktionsgruppe *Transformation (Umwandlung)* können Sie Elemente spiegeln, vervielfältigen, drehen, skalieren und transformieren (3.43).

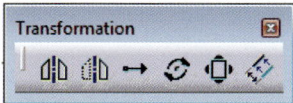

**Bild 3.43** Funktionsleiste Transformation

 **Übung 14: 2D-Konturen nachbearbeiten 5**
Quick Access Code: tio

www.elearningcamp.com/hanser

## Mirror und Symmetry

**Vorsicht:** Beim Spiegeln von Elementen im Skizzierer ist die Auswahlreihenfolge der Referenzen zu beachten. Sinnigerweise wählen Sie **zuerst die zu spiegelnden Elemente** (Mehrfachselektion von Elementen über **Strg-Taste** ist hier also möglich), übergeben sie der Funktion und selektieren **zuletzt die Spiegelungsachse**. Die Funktion *Symmetry (Synnetrie)* funktioniert analog. Dabei wird die Ursprungsgeometrie allerdings gelöscht. Übrig bleibt die gespiegelte Ergebnisgeometrie (Bild 3.44).

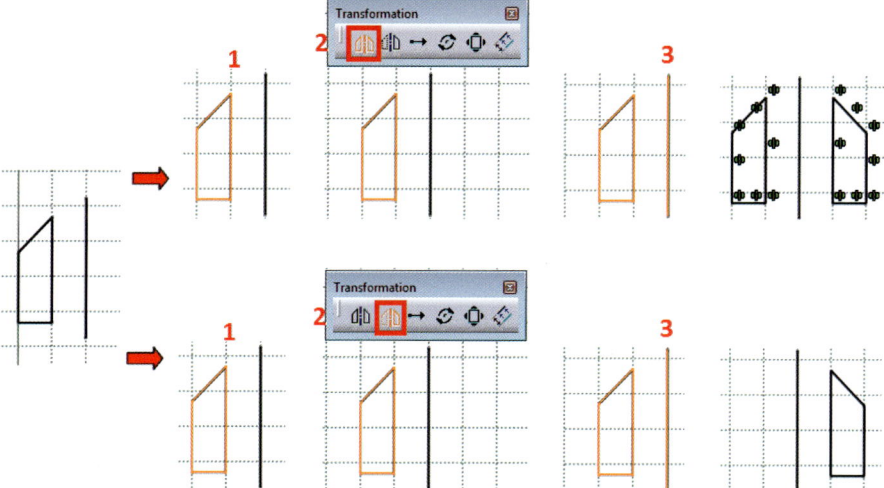

**Bild 3.44** Mirror und Symmetry

*www.elearningcamp.
com/hanser*

  **Übung 15: 2D-Konturen nachbearbeiten 6**
Quick Access Code: f56

### Translation, Rotation und Scale

Für die Funktionen *Translation (Verschieben)*, *Rotation (Drehen)* und *Scale (Maßstab)* haben Sie in einem Dialogfenster ähnliche Einstellungsmöglichkeiten für Umwandlungen einer Referenzgeometrie (Bild 3.45).

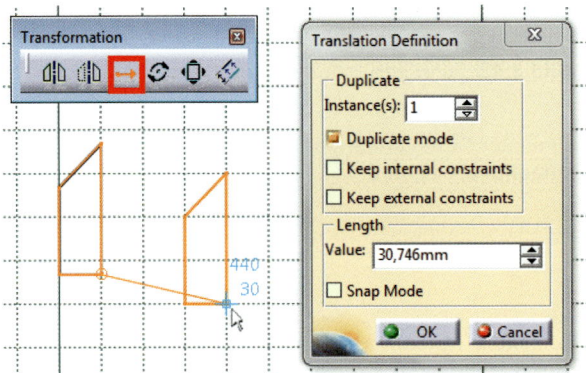

**Bild 3.45** Translation

*www.elearningcamp.
com/hanser*

  **Übung 16: 2D-Konturen nachbearbeiten 7**
Quick Access Code: as8

### Offset

Bei der Funktion *Offset (Offset)* können Sie insbesondere den Fortführungstyp in den *Sketch Tools (Skizziertools)* definieren. Je nachdem, ob Sie *No Propagation (Keine Fortführung)*, *Tangent Propagation (Tangentialfortführung)* oder *Point Propagation (Punktfortführung)* wählen, findet CATIA V5-6 einen entsprechenden Linienzug an der gewählten 2D-Kontur (Bild 3.46).

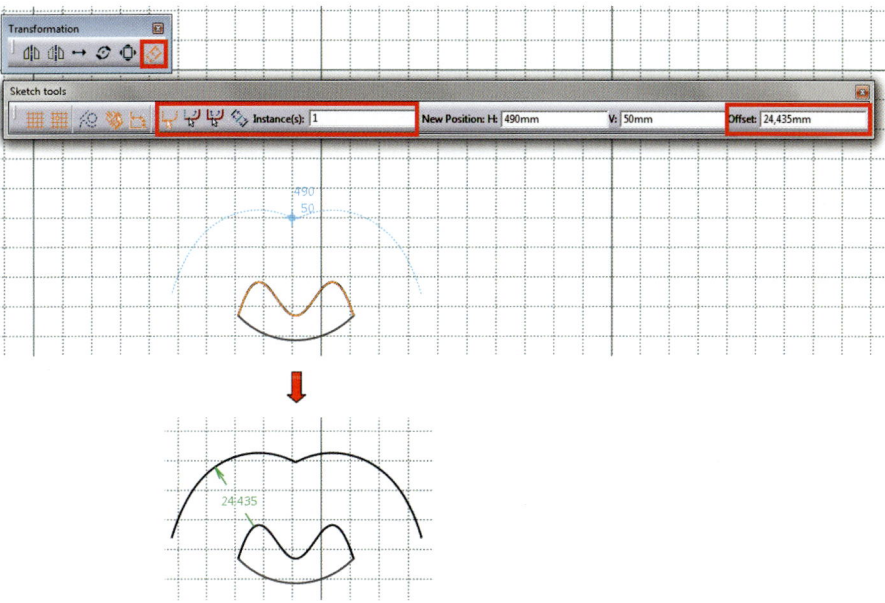

**Bild 3.46**  Offset

 **Übung 17: 2D-Konturen nachbearbeiten 8**
Quick Access Code: ji7

*www.elearningcamp.com/hanser*

## Projecting 3D Geometry

Im Sketcher können Sie Punkte, Linien und Flächen von schon vorhandener, dreidimensionaler Geometrie senkrecht auf die aktuelle Skizzenebene projizieren. Diese Elemente bleiben assoziativ zu ihrem Ursprung (und erscheinen gelb). Wir werden uns mit diesen Funktionen im Laufe der Übungen des Part Designs (Kapitel 4 und 5) noch näher beschäftigen. Um sie zu verstehen, müssen wir uns erst noch ein paar weitere Grundlagen erarbeiten.

## 3.5 Stabile und änderungsfreundliche 2D-Konstruktionen

### 3.5.1 Standard Element/Construction Element

Wie Ihnen sicher schon aufgefallen ist, werden einige Linien mit geringerer Strichstärke leicht gräulich und gestrichelt dargestellt. Auch Anfangs- und Endpunkte von Linien sind standardmäßig grau. Solche Punkte, Profilzüge oder Linien sind sogenannte Konstruktionselemente. Sie unterstützen bei der geometrischen Definition der eigentlichen Sketch-Kontur. Diese wiederum besteht aus Standardelementen, die in weißer Farbe dargestellt werden (Bild 3.47).

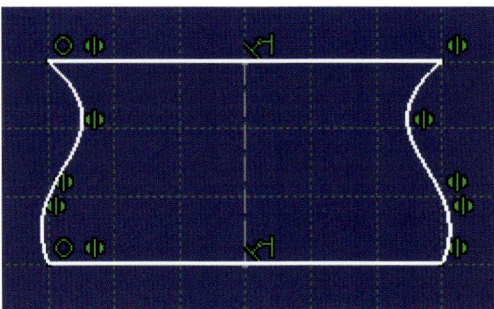

**Bild 3.47** Construction Elements grau gestrichelt und Standard Elements durchgängig weiß

Als Umschalter zwischen Konstruktionselement und Standardelement dient die Funktion *Construction Element/Standard Element (Konstruktionselement/Standardelement)* in den *Sketch Tools (Skizziertools)* (Bild 3.48).

**Bild 3.48** Umschalter Construction Element (Funktion aktiv)/Standard Element (Funktion inaktiv)

Wir werden die Anwendung von *Construction Elements (Konstruktionselement)* in den Übungen zu den Part-Design-Grundlagen (Kapitel 4) noch häufig besprechen und weiter vertiefen.

### 3.5.2 Geometrische Stabilität

Als geometrisch stabil werden Objekte bezeichnet, die durch geometrische Bedingungen wie Rechtwinkligkeit, Parallelität, Kongruenz usw. in ihrer Form gehalten werden. Lediglich die Dimensionen, also die Größenverhältnisse wie Längen, Abstände, Radien oder Winkel, sind **noch nicht** festgelegt (Bild 3.49).

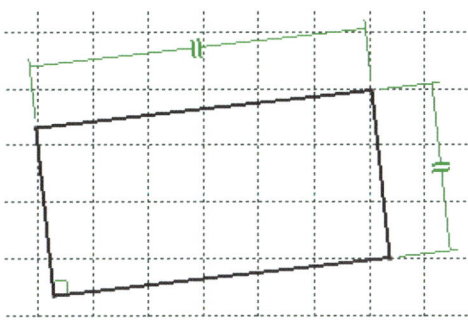

**Bild 3.49**  Geometrisch stabiles Rechteck

### 3.5.3 Formstabilität

Bei Formstabilität hingegen lassen sich Objekte weder in den Abmaßen noch in der Geometrie verändern. Elemente des Objekts können mit der linken Maustaste angefasst und als Ganzes auf der Bildschirmoberfläche verschoben werden, ohne dass sie sich verformen oder in den Größenverhältnissen ändern. Die Kontur ist **formstabil** (Bild 3.50).

**Bild 3.50**  Formstabiles Rechteck

 **Übung 18: 26 Beispiele zu »formstabilen Sketches«**
Quick Access Code: bp9

*www.elearningcamp.com/hanser*

## 3.6 Iso-Constrained Sketches

In den vorangegangenen Abschnitten haben Sie gelernt, formstabile *Sketches (Skizzen)* zu erstellen. Für eine optimale Stabilität und Verwendbarkeit für die spätere Erzeugung von Volumengeometrie müssen Sie auch dafür sorgen, dass Ihr Profil eine eindeutige Lage im Raum besitzt.

### 3.6.1 Eindeutig rekonstruierbare Sketches

*Iso-Constrained Skteches (Iso-bestimmte Elemente)* sind in ihrer Form und Lage genau definiert und haben keine Freiheitsgrade. Sie werden im Modellbereich in grüner Farbe dargestellt. Eine exakte Definition der Lage erreichen Sie für formstabile Konturen über ein Abstandsmaß einer beliebigen Linie Ihres Profilzuges gegenüber der horizontalen Achse und ein Abstandsmaß zwischen einem Punkt des Profilzuges und der vertikalen Achse des Hauptkoordinatensystems (Bild 3.51).

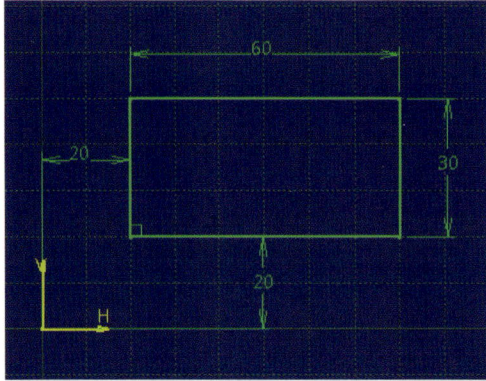

**Bild 3.51** Iso-Constrained Skizzengeometrie

Üblicherweise werden Skizzen möglichst achsnah positioniert. Die Position ist abhängig von der relativen Größe des Profils.

Ist Ihr Profil eindeutig rekonstruierbar in Form und Lage definiert, färbt es sich komplett grün. Über die Funktion *Sketch Solving Status (Skizzenauflösungsstatus)* können Sie den gesamten Skizzeninhalt auf Iso-Bestimmtheit überprüfen. CATIA V5-6 gibt Ihnen bei Anwahl der Funktion Rückmeldung über den Zustand der Sketch (Bild 3.52).

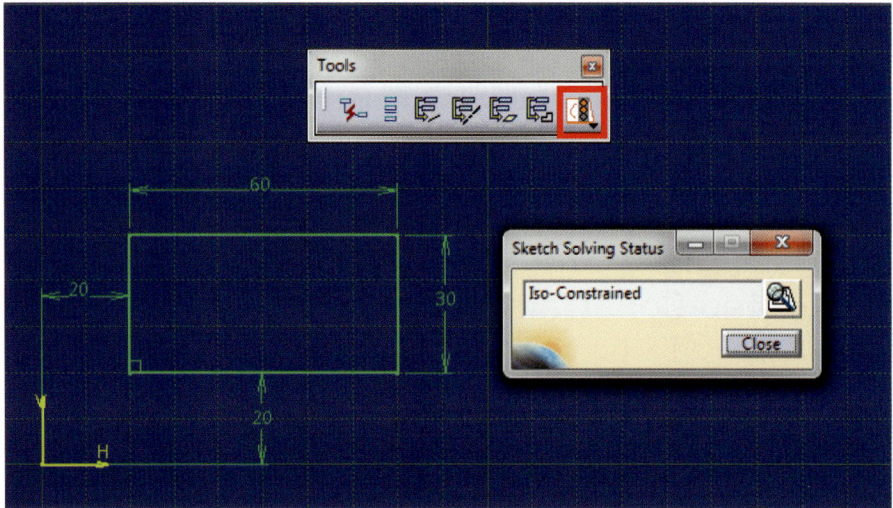

**Bild 3.52** Sketch Solving Status: Iso-Constrained

Achten Sie in Ihren Konstruktionen stets darauf, dass Sie Iso-bestimmte Skizzen erzeugen. Kommt über den *Sketch Solving Status (Skizzenauflösungsstatus)* die Rückmeldung *Under-Constrained (Unterbestimmt)*, fehlen Ihnen Bedingungen zur eindeutigen Definition der *Sketch (Skizze)* (Bild 3.53).

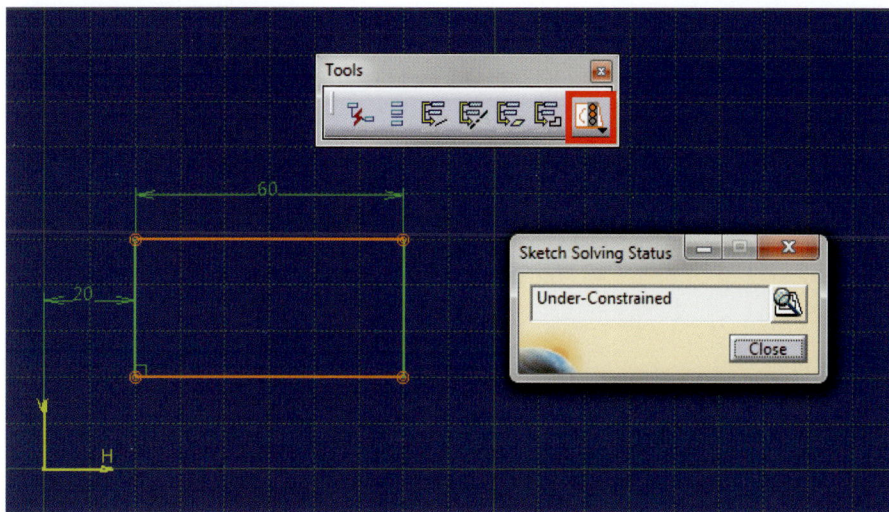

**Bild 3.53**  Sketch Solving Status: Under-Constrained

Bringt der *Sketch Solving Status (Skizzenauflösungsstatus)* die Meldung *Over-Constrained (Überbestimmt)*, ist Ihre Skizze überbestimmt und Sie müssen mehrfach vergebene Bedingungen löschen oder in Referenzmaße umwandeln (Bild 3.54).

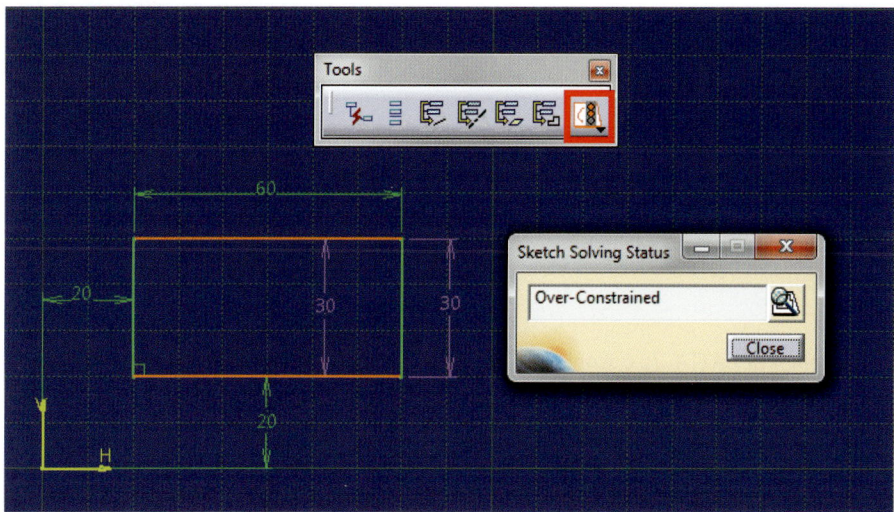

**Bild 3.54**  Sketch Solving Status: Over-Constrained

### 3.6.2 Sketch Analysis

Über eine Lupenfunktion können Sie nach den unterbestimmten und überbestimmten Elementen der Sketch suchen (Bild 3.55).

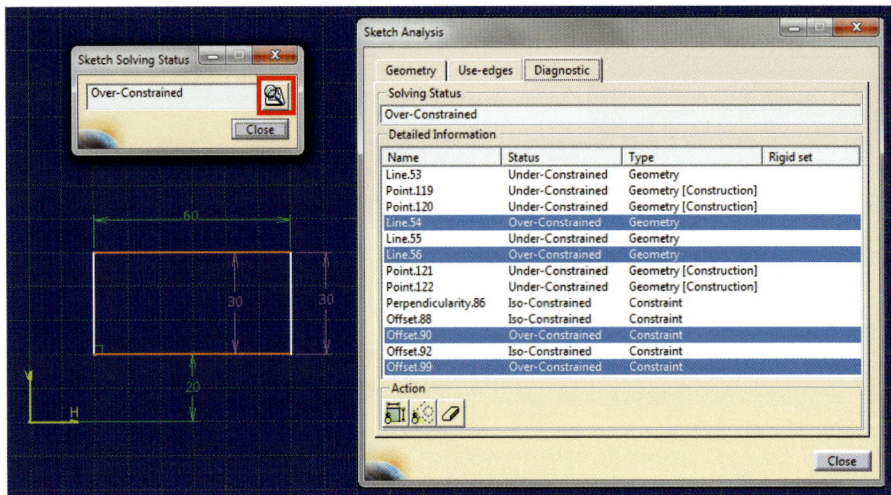

**Bild 3.55** Sketch Analysis

Sollten bei der Anbindung ans Koordinatensystem noch Sketchelemente weiß oder grau dargestellt werden, ist das ein Zeichen dafür, dass Bedingungen fehlen. Sie haben dann kein Iso-bestimmtes Profil gezeichnet.

www.elearningcamp.com/hanser

 **Übung 19: Beispiele zu »Iso-Constrained Sketches«**
Quick Access Code: sr5

## 3.7 Signalfarben (Diagnosefarben)

Dass Farben in CATIA V5-6 wohl eine Rolle spielen, haben Sie mit den Erfahrungen, die Sie in den letzten Abschnitten sammeln konnten, sicher geahnt. Im Sketcher wird die Farbe Grün für unveränderliche bzw. mathematisch exakt definierte Elemente verwendet. Weiße oder gräuliche Geometrieelemente besitzen noch Freiheitsgrade und lassen sich durch Anfassen mit der Maus auf der Sketchoberfläche manipulieren. Violette Elemente deuten eine Überbestimmung der Sketch an. Es gibt aber noch weitere Diagnosefarben, die den Zustand eines Elementes signalisieren.

### 3.7.1 Visualization

Die Funktionsgruppe *Visualization (Darstellung)* regelt Darstellungen von Geometrieelementen auf der Sketchoberfläche (Bild 3.56).

**Bild 3.56** Visualization

Die Funktionen *Dimensional Constraints (Bemaßungsbedingungen)* und *Geometrical Constraints (Geometrische Bedingungen)* regeln, ob maßliche bzw. geometrische Zwangsbedingungen für den Anwender sichtbar sein sollen oder nicht. Aktive Funktionen (sie sind orange hinterlegt) bedeuten, dass die entsprechenden *Dimensional* bzw. *Geometrical Constraints* im Modellbereich angezeigt werden. In Bild 3.57 sind ein formstabiles Schlüssellochprofil und ein formstabiles Sechskantprofil dargestellt.

**Bild 3.57** Anzeige von Dimensional- und Geometrical Constraints

Lassen Sie sich aber nicht täuschen! Selbst wenn die Funktionen deaktiviert sind, bleiben die vergebenen *Constraints* gültig und schränken die Freiheitsgrade der Profile ein. Sie sind nur nicht sichtbar. Dies wird auch durch eine interaktive Prüfung der formstabilen Profile schnell deutlich. **Achten Sie stets darauf, dass diese beiden Funktionen aktiv, also orange, hinterlegt sind** (Bild 3.57).

### 3.7.2 Signalfarben im Sketcher

Damit Signalfarben im Sketcher von CATIA V5-6 angezeigt werden, muss die Funktion *Diagnostics (Diagnose)* permanent aktiv (also orange hinterlegt) sein. Die Farbe von Elementen gibt dann Aufschluss über deren aktuellen Zustand. Dies sind die wichtigsten Farbzuordnungen:

**Weiße Geometrieelemente** haben **Freiheitsgrade** und lassen sich durch Anfassen mit der linken Maustaste und Verziehen im Raum manipulieren. Sie sind damit instabil, weil nicht exakt rekonstruierbar. Derartige *Standard Elements (Standardelemente)* werden als *Under-Constrained*, also unterbestimmt, bezeichnet. — Weiß

*Construction Elements (Konstruktionselemente)* mit Freiheitsgraden sind **grau** eingefärbt. — Grau

**Grün** eingefärbte Geometrieelemente besitzen **keine Freiheitsgrade**, sind also in Form und Lage exakt rekonstruierbar definiert. Sie lassen sich durch Anfassen mit der linken Maustaste und Verziehen im Raum nicht manipulieren. Sie sind *Iso-Constrained (Isobestimmt)*. — Grün

| | |
|---|---|
| Orange | **Orange** ist in CATIA V5-6 die Farbe für **selektierte Objekte**. Dabei werden markierte Strukturbaumeinträge, markierte Elemente im Modellbereich und aktivierte Funktionen orange eingefärbt. |
| Violett | In CATIA V5-6 sind *Over-Constrained Sketches (Überbestimmte Skizzen)* nicht zulässig. Das Programm hebt Geometrieelemente, die mit mehr *Constraints* eingeschränkt werden als zur Iso-Bestimmtheit notwendig, **violett** heraus. |
| Rot | Sketch-Elemente sind **inkonsistent**, wenn sie mit den aktuell gesetzten *Constraints* nicht sinnvoll berechnet und angepasst werden können. Der *Sketch Solving Status (Skizzenauflösungsstatus)* zeigt Inkonsistenz an. Im Strukturbaum wird diese Veränderung mit einem Wirbel an der geänderten *Radius Constraint (Radius Bedingung)* angedeutet. CATIA V5-6 läuft an dieser Stelle auf einen Aktualisierungsfehler und Folgeelemente können nicht korrekt berechnet werden. |
| Inkonsistente und Überbestimmte Skizzen sind unzulässig. | Wenn Sie die *Sketch (Skizze)* mit inkonsistenten Elementen verlassen, bringt Ihnen das Programm eine Fehlermeldung. Inkonsistente Sketches sind ebenso unzulässig wie *Over-Constrained Sketches (Überbestimmte Skizzen)*. Im Strukturbaum wird das durch einen gelben Punkt mit einem schwarzen Ausrufezeichen verdeutlicht. |

> **Expertentipp: Inkonsistente Elemente im Sketch Solving Status**
>
> Konstruktionselemente, die inkonsistent sind, werden über den *Sketch Solving Status (Skizzenauflösungsstatus)* mit zwei konzentrischen Kreisen in der Farbe Zyan hervorgehoben.

| | |
|---|---|
| Weinrot | Diejenigen Elemente, die das Programm nicht berechnet, zum Beispiel weil das Programm auf inkonsistente Elemente in der Sketch trifft, werden **weinrot** eingefärbt. Im *Sketch Solving Status (Skizzenauflösungsstatus)* werden diese Elemente als *Not Changed (Nicht geändert)* angezeigt. |
| Gelb | **Gelbe Geometrieelemente** in einer *Sketch (Skizze)* bekommen Sie durch senkrechte Projektion von vorhandener 3D-Geometrie auf die Sketchoberfläche. Derartige projizierte Elemente sind assoziativ zur Ursprungsgeometrie und besitzen daher keine Freiheitsgrade. Sie sind Iso-bestimmt. Derartige Projektionen werden wir in den Part-Design-Grundlagen (Kapitel 4) ausführlich besprechen. |
| Blau | CATIA V5-6 macht bei der Erzeugung von Skizzengeometrie über das sogenannte *Smart Pick (Intelligente Auswahl)* Vorschläge für *Geometrical Constraints (Beometrische Bedingung)*. Voraussetzung dafür ist, dass dieses Programmverhalten in den **TOOLS > OPTIONS** (**TOOLS > OPTIONEN**) eingeschaltet ist. *Smart Pick*-Vorschläge *(Intelligente Auswahl)* werden wir in Abschnitt 3.8 ausführlich behandeln. |

**Zusammenfassung**

| Farbe | Einfärbung | Bedeutung |
|---|---|---|
| Weiß | Punkte und Linienzüge | Standardelemente mit Freiheitsgraden |
| Grau | Punkte, Linienzüge und Bedingungen | Konstruktionselemente mit Freiheitsgraden |
| Grün | Punkte, Linienzüge und Bedingungen | Eindeutig definierte Elemente |
| Orange | Punkte, Linienzüge und Bedingungen | Selektierte Elemente |
| Violett | Punkte, Linienzüge und Bedingungen | Überbestimmte Elemente |
| Rot | Punkte, Linienzüge und Bedingungen | Inkonsistente Elemente/Selektierte 3D Körperkanten |
| Braun | Punkte, Linienzüge und Bedingungen | Unaufgelöste Elemente |
| Gelb | Punkte und Linienzüge | Projizierte Elemente (ohne Freiheitsgrad) |
| Blau | Geometrische Bedingungen | Smart Pick Vorschläge (Intelligente Auswahl) |

**Übung 20: Signalfarben in Sketches**
Quick Access Code: g2z

*www.elearningcamp.com/hanser*

## 3.8 Smart Pick

Bisher haben Sie *Geometrical Constraints (Geometrische Bediungung)* über automatisch gesetzte Zwangsbedingungen in den *Predefined Profiles (Profilvorgabe)* kennengelernt. Es gibt noch eine weitere Möglichkeit, geometrische Zusammenhänge vom Programm erkennen zu lassen und zu setzen. In diesem Abschnitt sehen wir uns das sogenannte *Smart Pick (Intelligente Auswahl)* an.

Dazu müssen wir das *Smart Pick* erst in den Programmeinstellungen aktivieren.

Gehen Sie dazu unter **TOOLS > OPTIONS > MECHANICAL DESIGN > SKETCHER (TOOLS > OPTIONEN > MECHANISCHE KONSTRUKTION > SKIZZIERER)** auf das Optionsfeld *Constraint (Bedingungen)*.

Klicken Sie auf die Schaltfläche *Smart Pick (Intelligente Auswahl)* und aktivieren alle Optionen außer *Horizontal (Horizontal)* und *Vertical (Vertikal)*. Bestätigen Sie Ihre Eingaben mit *Close (Schließen)* und *OK* (Bild 3.58).

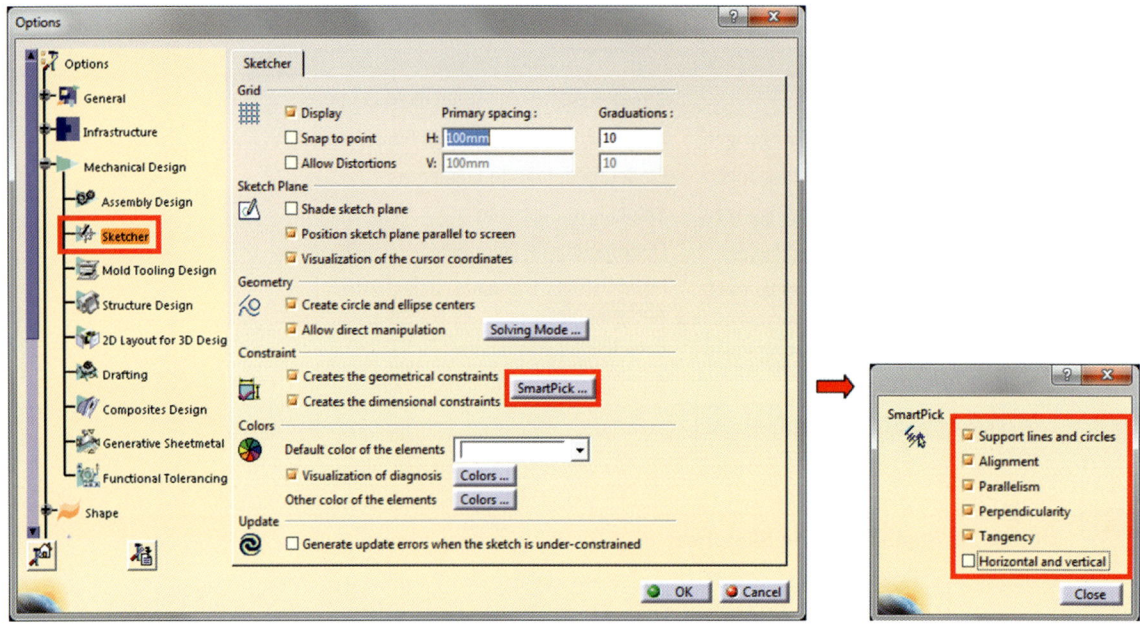

**Bild 3.58** Smart Pick-Einstellungen

> **Expertentipp: H und V**
>
> Die geometrischen Bedingungen *Horizontal (Horizontal)* und *Vertical (Vertikal)* stellen einen Bezug zum Hauptkoordinatensystem von CATIA V5-6 her. Sie sollten die Formgebung Ihrer Profile allerdings stets in sich selbst definieren und nicht in Abhängigkeit zu einem Koordinatensystem. Vermeiden Sie also die Vergabe von geometrischen Bedingungen H und V.
>
>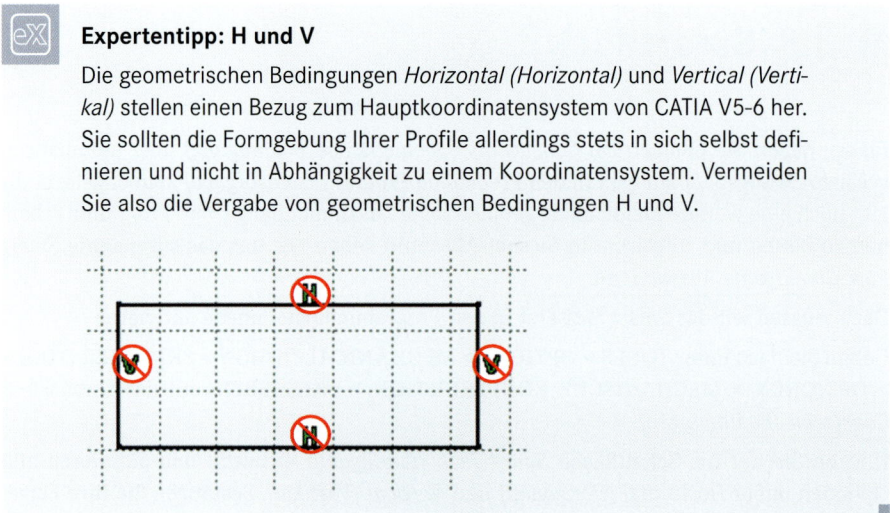

CATIA V5-6 erkennt jetzt mögliche geometrische Zusammenhänge zwischen Elementen im *Sketcher (Skizzierer)* und schlägt sie in blauer Farbe vor. Werden diese durch Absetzen von Punkten auf der Oberfläche angenommen, setzt das Programm die dementsprechende *Geometrical Constraint (Geometrische Bedingung)*. Bild 3.59 zeigt ein paar Beispiele.

- *Perpendicularity (Rechtwinkligkeit)*
- *Parallelism (Parallelität)*
- *Coincidence (Kongruenz)*
- *Tangency (Tangentenstetigkeit)*
- *Midpoint (Mittelpunkt)*
- *Coincidence (Kongruenz* in Verlängerung einer Linie)

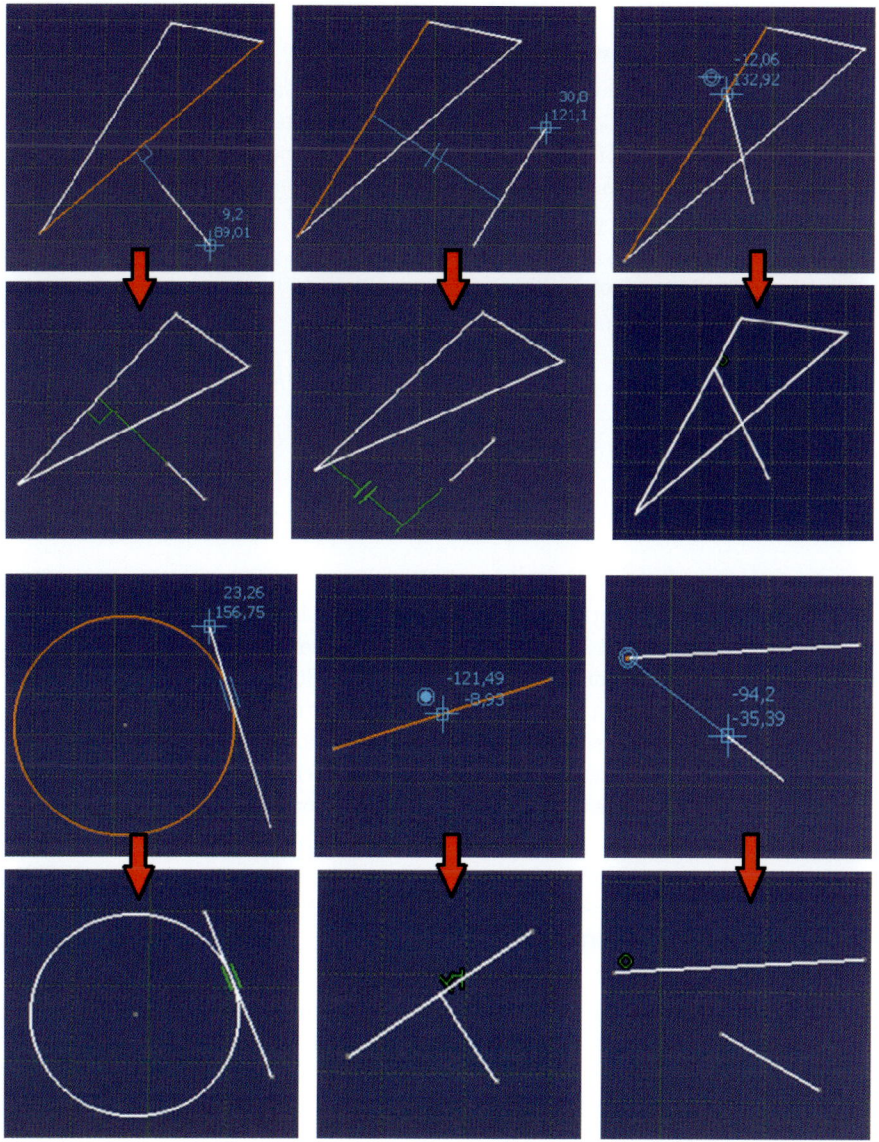

**Bild 3.59** Smart Pick-Vorschläge

**Expertentipp: Smart Pick und Strg- bzw. Shift-Taste**

Eine zuletzt vorgeschlagene Smart Pick-Bedingung können Sie mit gedrückter **Strg-Taste** festhalten.

Mit gedrückter **Shift-Taste** werden von CATIA V5-6 keine Geometrievorschläge in Form von *Smart Pick (Intelligenter Auswahl)* gemacht.

**Expertentipp: Ungewollte Constraints**

Achten Sie stets darauf, dass Sie den Überblick über von CATIA V5-6 automatisch vergebene *Constraints (Bedingungen)* behalten. Bleibt ein ungewolltes Setzen von *Constraints (Bedingungen)* unbemerkt, kann das Ihre Konstruktion beeinträchtigen und erschweren.

www.elearningcamp.com/hanser

**Übung 21: Smart Pick**
Quick Access Code: f4r

## ■ 3.9 Regeln für den Sketcher

Mit ein wenig Konstruktionserfahrung werden Sie schnell feststellen, dass die Schwierigkeit der 3D-Konstruktion im Grunde nicht im Dreidimensionalen liegt. Der richtige Umgang mit der zweidimensionalen Oberfläche ist gerade für einen Einsteiger wesentlich anspruchsvoller. Es lohnt sich also, dass Sie sich intensiv mit dem *Sketcher (Skizzierer)* auseinandersetzen. Für eine sinnvolle Konstruktionsmethodik sollten Sie allerdings ein paar Regeln beherzigen. In diesem Abschnitt beschreibe ich ein paar wichtige Konstruktionsrichtlinien, die Ihnen die Arbeit bei der Erstellung von zweidimensionalen Elementen erleichtern werden.

### 3.9.1 Verwendbare Profile

Nicht alle Profile, die Sie im *Sketcher (Skizzierer)* zeichnen, sind zur Erzeugung von 3D-Geometrie geeignet. Grundsätzlich werden alle *Standard Elements (Standardelemente)* einer Sketch als Profilgeometrie interpretiert. Sie sind als Einheit für Funktionen im 3D verfügbar. Die *Standard Elements* einer *Sketch (Skizze)* dürfen sich dabei nicht überschneiden oder verzweigen; sonst kann CATIA V5-6 die Konstruktionsabsicht nicht erkennen und kein eindeutiges Ergebnis als 3D-Geometrie erzeugen.

Grundsätzlich können Sie nur geschlossene Profile zur Ausprägung im 3D bringen. Abhängig von der verwendeten Funktion allerdings interpretiert CATIA V5-6 auch vermeintlich offene Konturen als geschlossen. So verlangt das Programm bei der Erzeugung eines Pads in der Regel einen geschlossenen Linienzug. Für einen Drehkörper, also eine Shaft, reicht ein Linienzug, der mit der Drehachse ein geschlossenes Profil bildet. Bei der Erzeugung von Pockets können bereits bestehende Körperkanten zur Definition eines geschlossenen Profils herangezogen werden. Im Folgenden gebe ich Ihnen ein paar Beispiele.

Im einfachsten Fall wird ein geschlossenes Profil mit der Funktion *Pad (Block)* oder *Pocket (Tasche)* zur Ausprägung gebracht (Bild 3.60).

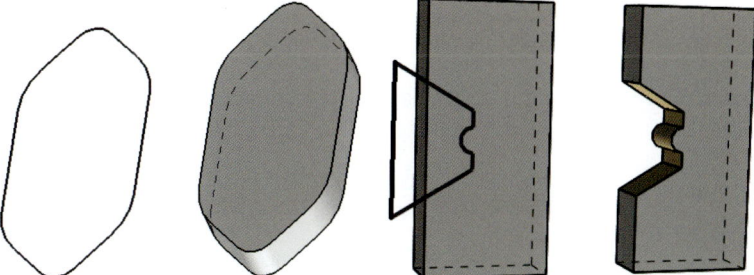

**Bild 3.60** Ausprägung bzw. Ausschnitt über lineares Verziehen eines geschlossenen Profils

Einen mit der Drehachse »geschlossenen« Profilzug können Sie für eine *Shaft (Welle)* oder *Groove (Nut)* verwenden. Ein geschlossener Profilzug mit außen liegender Drehachse kann für die Funktionen *Shaft* und *Groove* genutzt werden (Bild 3.61).

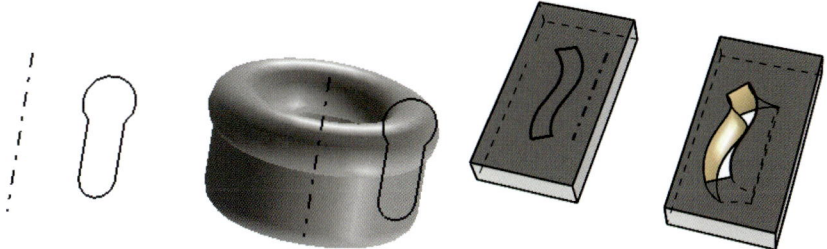

**Bild 3.61** Ausprägung bzw. Ausschnitt über Rotation eines geschlossenen Profils

Sich schneidende Profilzüge sind zur Erzeugung von 3D-Geometrie unbrauchbar. Dasselbe gilt für sich verzweigende Profilzüge (Bild 3.62).

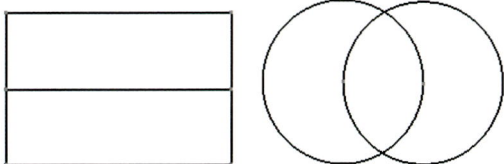

**Bild 3.62** Beispiele für zur Erzeugung von Volumengeometrie unbrauchbare Skizzenkonturen

Offene Profilzüge sind, von ein paar Sonderfällen abgesehen, auch nicht zur Erzeugung von 3D-Geometrie geeignet (Bild 3.63).

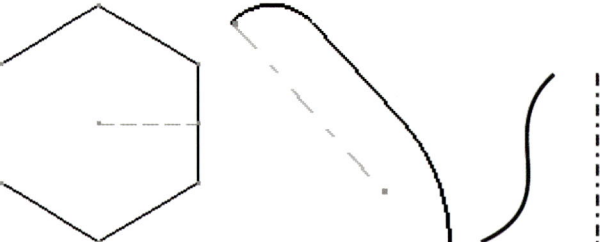

**Bild 3.63** Beispiele für offene Profilzüge

Ein mit vorhandener 3D-Körperkontur »geschlossenes« Profil können Sie für die Funktionen *Pocket (Tasche)*, *Groove (Nut)* oder *Stiffener (Versteifung)* verwenden (Bild 3.64).

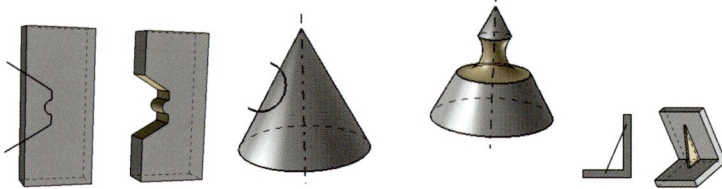

**Bild 3.64** Beispiele für verwendbare offene Profilzüge, die Volumengeometrie durchdringen

Offene, planare Profilzüge können Sie dann verwenden, wenn sie als Basisgeometrie für Schalenelemente mit konstanter Wandstärke herangezogen werden. Die Interpretation als »geschlossenes« Profil übernimmt dann die konstante Wandstärke zu einer zweidimensionalen Kontur. Dieser Sonderfall kann auf die Funktionen *Pad (Block)*, *Pocket (Tasche)*, *Shaft (Welle)*, *Groove (Welle)*, *Rib (Rippe)* und *Slot (Rille)* angewandt werden (Bild 3.65).

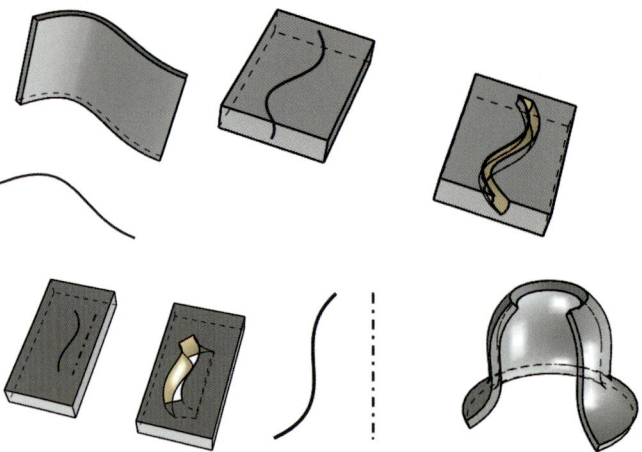

**Bild 3.65** Beispiele für verwendbare offene Profilzüge zur Ausprägung mit Wandstärke

## 3.9.2 Kantenverrundungen und Formverrundungen

Ein Leitsatz, den Sie in Ihrer Konstruktionslaufbahn mit CATIA V5-6 sicherlich noch häufiger hören werden, ist, dass eine Skizze so einfach wie möglich bzw. so komplex wie nötig gestaltet werden sollte. Versuchen Sie also gedanklich, komplexe Körper in einzelne, einfache Bearbeitungsschritte zu zerlegen, um das Bauteil Schritt für Schritt aufzubauen. Diese Denkweise gilt auch für die Gestaltung von *Sketches (Skizzen)*.

Im Bezug auf Kantenverrundungen bedeutet das, dass Sie diese nicht im Sketcher, sondern später im Dreidimensionalen anbringen sollten. Der Grund dafür ist, dass bei der Erzeugung einer Kantenverrundung im Sketcher unnötig viele Geometrieelemente erzeugt werden. Mit den sogenannten *Edge Fillets (Kantenverrundungen)* im 3D-Raum werden wir uns bei den Part-Design Grundlagen (Kapitel 4) noch intensiv beschäftigen (Bild 3.66).

Kantenverrundungen

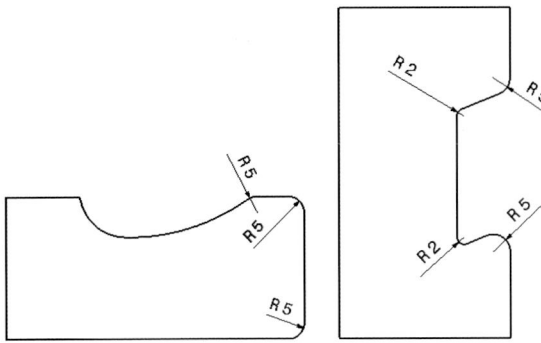

**Bild 3.66** Beispiele für Kantenverrundungen

Formverrundungen allerdings dürfen und müssen Sie häufig in Sketches definieren. Mit ein wenig Konstruktionserfahrung werden Sie lernen, den Unterschied zwischen Kantenverrundungen und Formverrundungen zu verstehen und für Ihre Sketches umzusetzen. In Bild 3.67 führe ich ein paar Beispiele zur Unterscheidung von Kantenverrundungen und Formverrundungen auf.

Formverrundungen

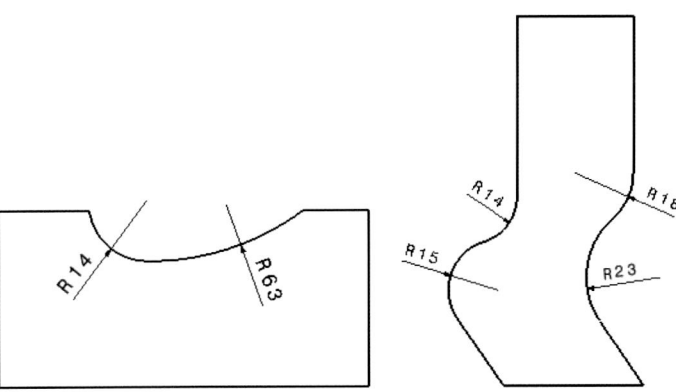

**Bild 3.67** Beispiele für Formverrundungen (funktionale Radien)

Der Sinn einer Kantenverrundung, also eines mechanischen Radius, liegt darin, scharfkantige Ecken zu entfernen. Derartige Radien werden im 3D angebracht.

Formverrundungen hingegen werden als Teil der Profilkontur interpretiert. Derartige funktionale Radien können im Sketcher definiert werden.

### 3.9.3 Single Domain Sketches

Für eine gute Konstruktionsmethodik sollten Sie auf in sich verschachtelte Profile verzichten. Damit machen Sie die Skizzen nur wieder unnötig komplex. Darüber hinaus werden auf diese Weise zu viele, separate Konstruktionsschritte zusammengefasst. Das wiederum verringert die Editierbarkeit und damit die Stabilität von 3D-Bauteilen (Bild 3.68).

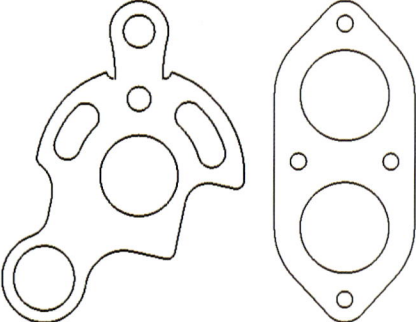

**Bild 3.68** Beispiele für Multi-Domain Sketches

Man spricht hier von **Multi-Domain Sketches**. Das bedeutet, dass mehrere in sich geschlossene oder zusammenhängende Profilzüge in einer *Sketch (Skizze)* abgebildet werden. Verwenden Sie daher als Grundlage für die Erzeugung von Volumengeometrie stets **Single-Domain Sketches**, also Skizzen mit nur einer zusammenhängenden (meist geschlossenen) Profilkontur (Bild 3.69).

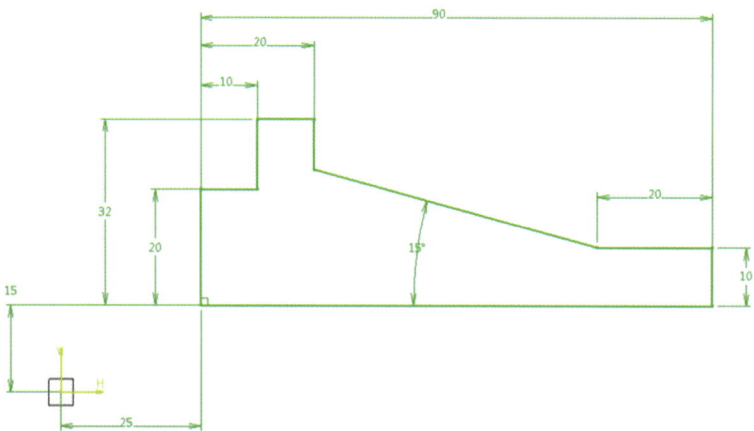

**Bild 3.69** Beispiel für eine Single-Domain Sketch

Bei *Single-Domain Sketches* definiert jeweils ein geschlossener Linienzug von *Standard Elements (Standardelementen)* das Profil im *Sketcher (Skizzierer)*.

Bei *Multi-Domain Sketches* existieren mehrere (ineinander verschachtelte) geschlossene Linienzüge in einer *Sketch (Skizze)*. **Dies sollten Sie vermeiden**.

### 3.9.4 Konstruktionsplan »Stabile Sketches erzeugen«

Halten Sie sich gerade beim Erlernen von CATIA V5-6 an eine sinnvolle, wiederkehrende Konstruktionsmethodik. Der folgende Konstruktionsplan soll Ihnen als Richtlinie für die Erzeugung von *Sketches (Skizzen)* dienen:

1. Rufen Sie zuerst den *Sketcher (Skizzierer)* auf und wählen eine der Hauptebenen (bzw. das lokale Achsensystem) als Stützelement.
2. Schieben Sie nun das Achsenkreuz in den linken unteren Bildschirmrand und beginnen die Konstruktion im »freien Raum«.
3. Zeichnen Sie die Profilzüge ungefähr maßstäblich.
4. Schaffen Sie mithilfe von *Geometrical* und *Dimensional Constraints (Bemaßungsbedingungen)* Formstabilität. Verzichten Sie dabei auf die Vergabe der Bedingungen $H$, $V$ und *Fix*. Die interaktive Prüfung hilft, um fehlende Zwangsbedingungen zu identifizieren.
5. Binden Sie die Sketch an das Hauptkoordinatensystem für eine *Iso-Constrained Sketch (Iso-Bestimmte Skizze)*.
6. Prüfen Sie die *Sketch (Skizze)* auf Iso-Bestimmtheit.

### 3.9.5 Signalfarben im Sketcher

Signalfarben haben insbesondere im *Sketcher (Skizzierer)* einen besonders hohen Stellenwert. Sie sollen dem Anwender Aufschluss über den jeweiligen Zustand von Elementen oder Elementverbänden geben. In den späteren Übungsbeispielen (Kapitel 4) wird auf die Möglichkeit eingegangen, die Farbe von Geometrieobjekten zu verändern. Vermeiden Sie dabei aber unbedingt die Vergabe von Signalfarben (siehe Abschnitt 3.7).

Gratulation! Mittlerweile können Sie 2D-Geometrien im *Sketcher (Skizzierer)* erzeugen, *Constraints (Bedingungen)* setzen und Profilzüge gezielt bearbeiten. Die schwierigste Hürde ist also geschafft. Sie sind damit hervorragend für die Ableitung von dreidimensionaler (Volumen-) Geometrie im *Part Design (Teilekonstruktion)* gewappnet.

# 4 Part Design-Grundlagen (Teilekonstruktion)

In Kapitel 3 haben Sie sich intensiv mit dem *Sketcher (Skizzierer)* auseinandergesetzt. Sie sollten nun in der Lage sein, beliebige 2D-Profile zu erzeugen, über *Geometrical* und *Dimensional Constraints (Geometrische* und *Maßliche Bedingungen)* Formstabilität zu schaffen und eindeutig rekonstruierbare, also *Iso-constrained Sketches* zu definieren. In den Übungen dieses Kapitels werden Sie das bisher Gelernte häufig anwenden müssen. Sie erlernen Sie das Erzeugen von stabilen und änderungsfreundlichen 3D-Einzelteilen in CATIA V5-6.

## ■ 4.1 Der Strukturbaum

Der Strukturbaum in CATIA V5-6 spiegelt die Entstehungsgeschichte eines 3D-Modells wider. Über die aufgelisteten Einträge editieren Sie Ihre Volumenmodelle und behalten den Überblick bei komplexen Konstruktionen (Bild 4.1).

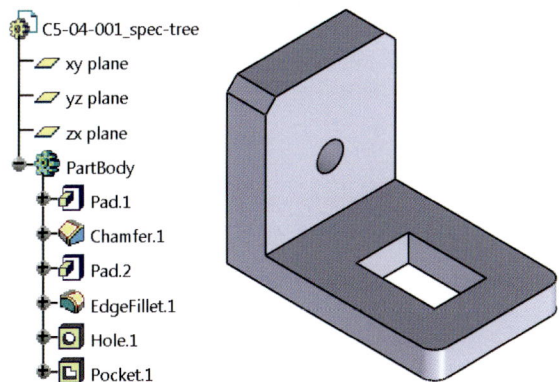

**Bild 4.1** Strukturbaum eines CATIA-Modells

### 4.1.1 Symbole im Strukturbaum

Der Strukturbaum, der im Modellbereich angezeigt wird, erweitert sich im Laufe einer Konstruktion also fortwährend. Dabei werden alle Konstruktionsschritte, die explizite Geometrie oder Regeln hervorbringen, in chronologischer Abfolge eingeschrieben. Einer Funktion untergeordnete Referenzelemente können Sie durch Anwahl eines links neben dem Bildsymbol angezeigten Pluszeichens aufklappen.

Diese Eingangselemente befinden sich auf einer hierarchisch niederen Stufe in der Bauteilhistorie. Deutlich wird dies durch den horizontalen Versatz innerhalb der Baumstruktur. Man spricht daher häufig von einem **Eltern-Kinder-Modell**, womit man sich auf die Abhängigkeiten der Elemente untereinander bezieht.

Die Anwahl eines Minuszeichens schließt die Kinder der Elterngeometrie. Somit kann die Lebensgeschichte eines Modells sehr einfach nachvollzogen werden.

Zur besseren Übersicht werden zu den jeweiligen Bezeichnungen der Modellierungsschritte entsprechende Bildsymbole im Strukturbaum mit abgespeichert. Sie gleichen meistens den Symbolen auf den Schaltflächen, über die sie erzeugt wurden (Bild 4.2).

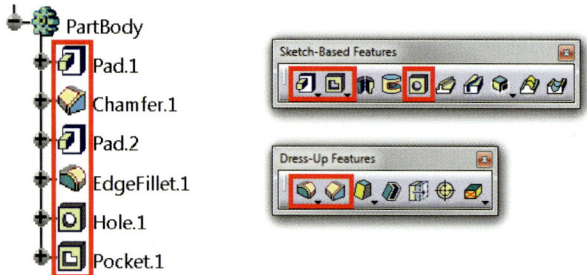

**Bild 4.2** Bildsymbole im Strukturbaum

Das Bildsymbol und der von CATIA V5-6 automatisch vergebene Funktionsname im Strukturbaum geben Aufschluss über die Teilgeometrie im Modell, die dahinter steckt. Alle Elemente können separat voneinander angewählt werden und sind direkt mit der Geometrie des Bauteils verknüpft. Durch Markierung eines Elementes (mit der linken Maustaste) wird das deutlich. Sowohl der Strukturbaumeintrag als auch die Volumengeometrie werden orange hervorgehoben, als Zeichen dafür, dass sie selektiert wurden (Bild 4.3).

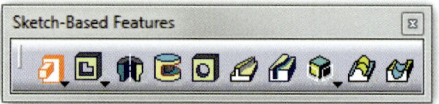
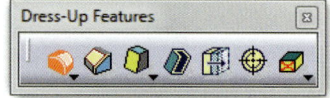

**Bild 4.3** Selektierte Funktionen werden orange markiert.

## 4.1.2 Editieren eines Volumenmodells

Über Doppelklick mit der linken Maustaste auf einen Strukturbaumeintrag öffnen Sie die dazugehörige Eingabemaske mit den für die Teilgeometrie definierten Eckdaten. Auch eine bereits erstellte Sketch können Sie durch Doppelklick auf den entsprechenden Strukturbaumeintrag erneut öffnen. Auf diese Weise können Sie die Parameter zu den jeweiligen Funktionen nachträglich editieren. In Bild 4.4 zeige ich Ihnen dies am Beispiel einer *Edge Fillet (Kantenverrundung)*.

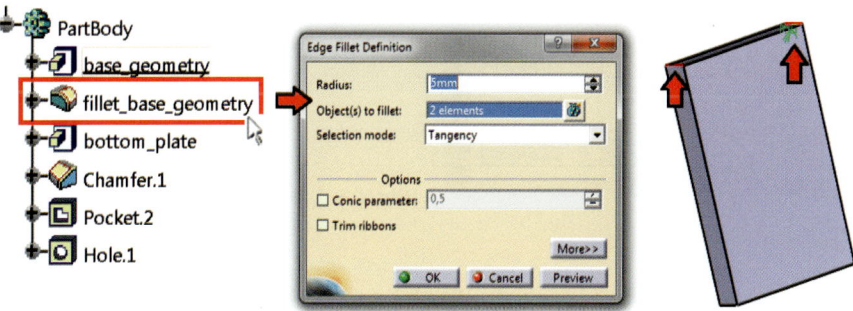

**Bild 4.4** Ein Doppelklick auf einen Strukturbaumeintrag öffnet das korrespondierende Dialogfenster zum Editieren von Parametern.

## 4.1.3 Löschen von Strukturbaumeinträgen bzw. Teilgeometrien

Strukturbaumeinträge können Sie über die Anwahl *Delete (Entfernen)* im Kontextmenü oder durch Selektieren mit der linken Maustaste und anschließendes Drücken der **Entf-Taste** löschen. **Die entsprechende Geometrie im Modellbereich wird dann ebenfalls gelöscht**.

Das Dialogfenster *Delete (Entfernen)* öffnet sich, wenn der angewählte Strukturbaumeintrag untergeordnete Geometrieelemente besitzt, die durch den Löschvorgang beeinflusst werden (Bild 4.5).

**Bild 4.5** Löschen von Eltern beeinflusst deren Kinder

Über die Option *Delete all children (Alle Kinder löschen)* entscheiden Sie, ob die untergeordneten Elemente, die Kinder auch gelöscht werden sollen oder nicht (Bild 4.6).

**Bild 4.6** Dialogfenster Delete

 **Expertentipp: Löschen von Strukturbaumeinträgen**

Strukturbaumeinträge können nicht gelöscht werden, wenn sie gerade *Defined In Work Object (In Bearbeitung definiert)* sind. Elemente in Bearbeitung werden unterstrichen dargestellt. Wenn Kind-Eltern-Elemente durch Entfernen von Referenzen nicht mehr berechnet werden können, ist das Löschen ebenfalls unzulässig. Das Programm läuft auf einen Aktualisierungsfehler, und CATIA V5-6 zeigt eine Fehlermeldung an.

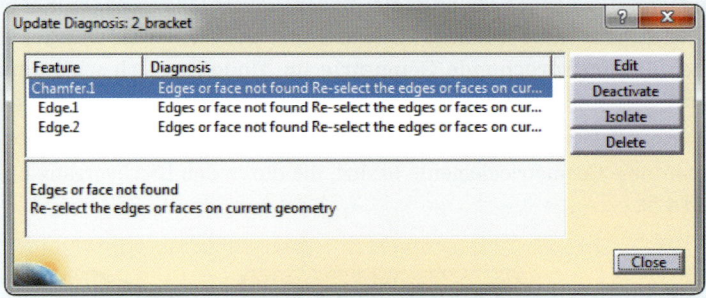

### 4.1.4 Eindeutigkeit der Bezeichnungen

Bei komplexeren Bauteilen müssen Sie häufig gleichartige Funktionen, wie z. B. *Pads (Blöcke)*, *Pockets (Taschen)* oder *Holes (Bohrungen)*, zur Erzeugung verschiedener Teilgeometrien verwenden. Nachdem jede Funktion einen weiteren Eintrag im Strukturbaum erzeugt, werden Sie eine Zuordnung der Elemente ab einem gewissen Umfang der Konstruktion nicht mehr ohne Weiteres erkennen können. Sie verlieren zwangsläufig den

Überblick und die Modellierung wird ineffektiv. Um ein Editieren des Modells vornehmen zu können, müssen Sie dann mit unnötig viel Aufwand die dazu notwendige Funktion suchen (Bild 4.7).

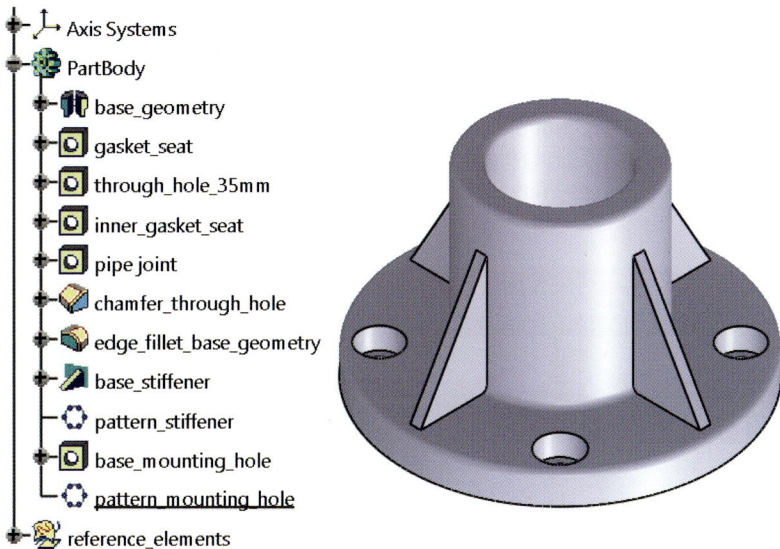

**Bild 4.7** Signifikante Bezeichnungen der Teilschritte im Strukturbaum

Für eine bessere Übersicht sollten Sie für signifikante Bearbeitungsschritte am Modell auch eigene, eindeutige Bezeichnungen für die Strukturbaumeinträge wählen. Dies erreichen Sie über das Kontextmenü mit **PROPERTIES > FEATURE PROPERTIES > FEATURE NAME (EIGENSCHAFTEN > KOMPONENTENEIGENSCHAFTEN > KOMPONENTENNAME )** (siehe Bild 4.8).

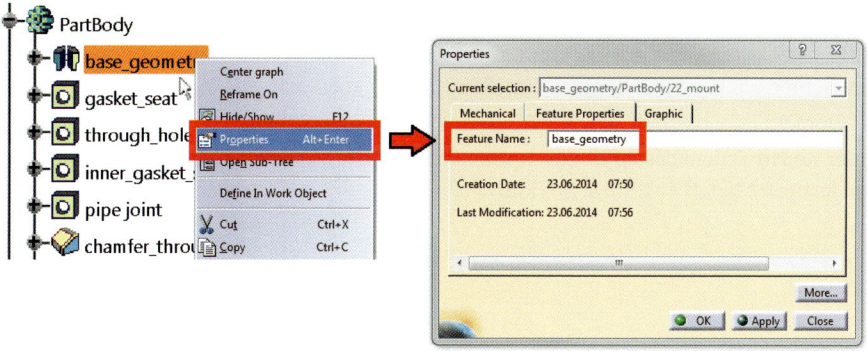

**Bild 4.8** Umbenennung von Strukturbaumeinträgen über das Kontextmenü

## 4.2 Funktionsleisten im Part Design anordnen

Damit Sie den Konstruktionsschritten in den kommenden Übungen gut folgen können, ordnen Sie die Funktionsleisten im *Part Design (Teilekonstruktion)* wie in Bild 4.9 dargestellt an. Damit vermeiden Sie unnötiges Suchen nach Funktionen. Durch die Bezeichnungen der Funktionsgruppen, die erst jetzt sichtbar werden, erkennen Sie die Sinnhaftigkeit der jeweiligen Gruppierung der Werkzeuge zur Volumenmodellierung nun deutlich. Dies wird Ihr Verständnis für CATIA V5-6 und damit Ihren Lernprozess beschleunigen.

**Bild 4.9** Anordnung der Funktionsleisten im Part Design

## 4.3 3D-Konstruktion in der Praxis

In den folgenden Übungen werden Sie Schritt für Schritt an eine effektive und gut strukturierte Konstruktion in CATIA V5-6 herangeführt. Die Abbildungen der technischen Zeichnungen zu Beginn jedes Beispiels dienen als Vorlage für das zu erzeugende Volumenmodell. Die Fähigkeit diese lesen zu können, wird an dieser Stelle vorausgesetzt.

Die Konstruktionsabsicht jeder Übung gibt an, worauf Sie bei der Konstruktion insbesondere achten sollten. Dies können zum Beispiel Vorgaben sein, die sich aus dem Kontext mit anderen Bauteilen für den späteren Zusammenbau ergeben.

In der Konstruktionsbeschreibung werden alle Teilschritte durchnummeriert und bis hin zum fertigen Modell ausführlich erklärt.

## 4.3.1 Übung Bracket

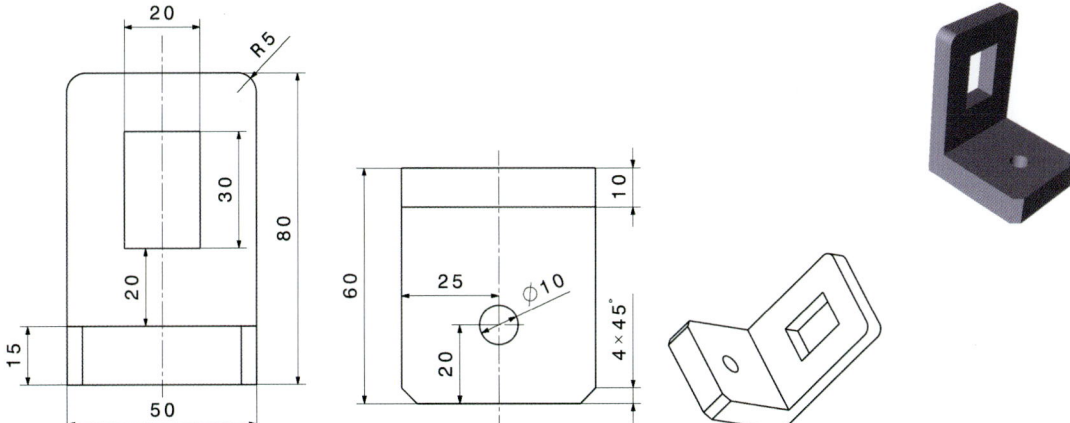

**Bild 4.10**  Technische Zeichnung für das »Bracket«

### Verwendete Funktionen

### Lernziele

In dieser ersten, einfachen Übung zum *Part Design (Teilekonstruktion)* erlernen Sie die grundsätzliche Vorgehensweise zur Erstellung von volumenbehafteter Geometrie. Wir werden insbesondere auf eine solide Konstruktionsmethode Wert legen. **Gut strukturierte, stabile und änderungsfreundliche 3D-Bauteile sind Voraussetzung für qualitativ hochwertige CAD-Datensätze.**

### Konstruktionsabsicht

Die Packmaße (Höhe, Breite, Tiefe) des Winkels sollen beliebig verändert werden können, ohne dass sich die Geometrie verändert. Dabei sollen sowohl die Bohrung als auch die Tasche mittig im Bauteil bestehen bleiben. Die vertikale Position der Bohrung gegenüber der Körperkante soll, wie in Bild 4.10 zu sehen, immer **20 mm** betragen. Das Gleiche gilt für den Abstand der Tasche zum Sockel des Winkels, der ebenfalls stets **20 mm** betragen soll.

### Konstruktionsbeschreibung

**1. Neue Datei öffnen:** Öffnen Sie ein leeres Dokument im *Part Design (Teilekonstruktion)* und benennen Sie es in »uebung_bracket« um. Speichern Sie diese Datei unter demselben Namen an einem beliebigen Ort auf Ihrem Rechner ab.  New

**2. Sketcher aufrufen:** Rufen Sie die Funktion *Sketcher (Skizzierer)* auf und übergeben ihr die xy-plane. Das Programm wechselt in die 2D-Umgebung. Schieben Sie hier das gelbe  Sketch

Achsenkreuz in den linken unteren Bildschirmrand und beginnen die Konstruktion im »freien Raum«. Auf diese Weise stellen Sie sicher, dass keine ungewollten Anbindungen an das Hauptkoordinatensystem in Form von versehentlich angenommenen *Smart Pick (Intelligente Auswahl)*-Vorschlägen erzeugt werden. Ein Profil sollte vor seiner Ausrichtung im Raum erst in sich selbst formstabil sein.

Oriented Rectangle

**3. Profil erzeugen:** Als erste Grundgeometrie wird ein prismatischer Körper mit den Abmaßen 50 mm × 80 mm erzeugt. Um die zweidimensionale Kontur zu definieren, selektieren Sie die Funktion *Oriented Rectangle (Ausgerichtetes Rechteck)* aus der Unterfunktionsgruppe *Predefined Profile (Profilvorgabe)*. Durch Absetzen eines ersten Punktes im Raum wird unter den *Sketch Tools (Skizziertools)* mit Bewegen der Maus die *Width (Breite)* der ersten Kante angezeigt. Nach Absetzen des zweiten Punktes zur Erzeugung einer der horizontalen Körperkanten wird die *Height (Höhe)* angezeigt (Bild 4.11).

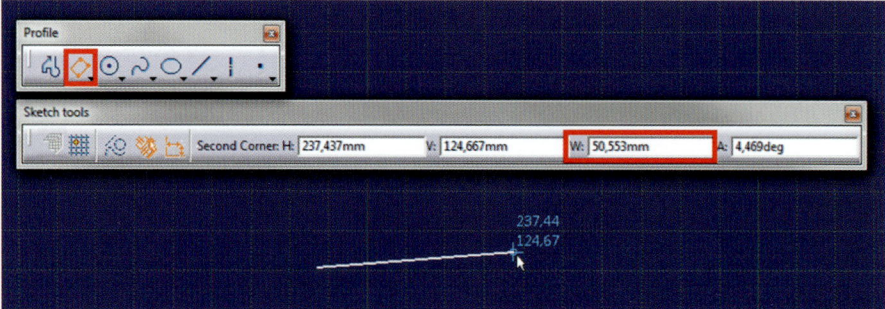

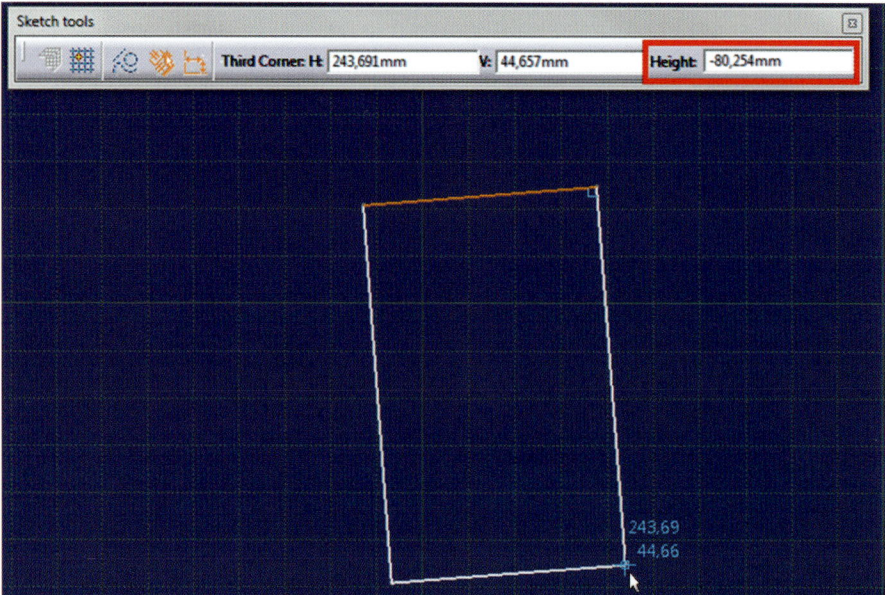

**Bild 4.11** In etwa maßstabsgetreues Rechteck

Erzeugen Sie das Profil ungefähr maßstäblich. Achten Sie aber unbedingt darauf, dass keine geometrischen Bedingungen wie *Horizontal (H)* oder *Vertical (V)* in Ihrer Skizze vorkommen. Diese implizieren eine Referenz auf das Hauptkoordinatensystem und können Formstabilität vortäuschen. Löschen Sie diese Bedingungen gegebenenfalls nachträglich aus der Profilskizze heraus. Ergebnis sollte ein geometrisches stabiles Rechteck sein (Bild 4.12).

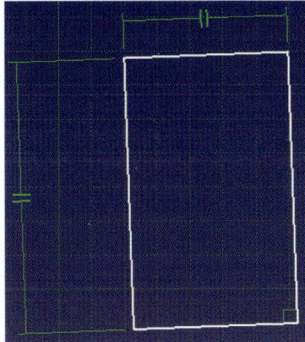

**Bild 4.12** Geometrisch stabiles Rechteck

**4. Formstabilität schaffen:** Mithilfe der interaktiven Prüfung können Sie schnell feststellen, welche *Constraints (Zwangsbedingungen)* zur Definition eines formstabilen Profils noch fehlen. Fassen Sie dazu einen der Eckpunkte an, und bewegen Sie die Maus hin und her. Die noch fehlenden Bemaßungen Höhe (**80 mm**) und Breite (**50 mm**) werden über die Funktion *Constraint (Bedingung)* gesetzt. Wählen Sie dazu zwei gegenüberliegende Körperkanten aus, um die dazwischenliegenden Kanten in ihrer Länge zu definieren. Beim Setzen derartiger Abstandsbedingungen verschwinden die geometrischen Bedingungen *Parallelism (Parallelität)*. Per Definition sind diese in der Abstandsbemaßung enthalten. Eine erneute interaktive Prüfung zeigt, dass sich das Profil nun weder in seiner Geometrie noch in seinen Abmaßen verändern lässt. Es ist formstabil. Veränderungen am Profil können nur noch über die Eingabemasken der Bemaßungsbedingungen (Doppelklick auf das zu verändernde Maß) oder durch Löschen von geometrischen Bedingungen vorgenommen werden (Bild 4.13).

Interaktive Prüfung

 Constraints

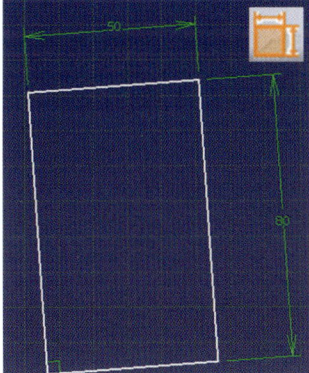

**Bild 4.13** Formstabiles Rechteck

>  **Expertentipp: Abstandsbemaßungen**
>
> Sind technische Zeichnungen die Grundlage zur Erzeugung von Volumengeometrie, so müssen diese auch richtig gelesen werden. Geometrische Bedingungen wie Parallelität, Rechtwinkligkeit, Symmetrie, Kongruenz usw. werden nicht explizit angezeigt und müssen vom Konstrukteur eigenständig erkannt werden. Berücksichtigen Sie insbesondere parallel in Körperkanten mündende Maßhilfslinien. Diese sollten Sie in Form von Abstandsbedingungen in den Sketch-Profilen vermaßen. Auf diese Weise gehen keine Informationen zur Definition von formstabilen Elementen verloren.

Anbindung an das Hauptkoordinatensystem

 Constraints

**5. Sketch im Raum positionieren:** Nachdem das Rechteck nun formstabil ist, muss es zur exakten Definition nur noch im Raum ausgerichtet werden. Dazu ist eine Anbindung an das Hauptkoordinatensystem notwendig. Zur Positionierung werden auch hier *Constraints (Zwangsbedingungen)* verwendet. Um numerisch stabil zu bleiben, wird das Profil zwar in die Nähe, aber bewusst neben das Hauptachsenkreuz gebracht. Demnach wird der Abstand zwischen Profil und Hauptachsenkreuz im Verhältnis zu den Profilabmessungen gewählt. Selektieren Sie die Funktion *Constraint (Bedingung)* und wählen Sie die untere kurze Kante des Rechtecks an. Als zweite Referenz wählen Sie die Horizontale des gelben Hauptachsenkreuzes. Aufgrund der intelligenten Bemaßung schlägt das Programm einen Winkel vor. Um die Bedingung in eine Abstandsbemaßung zu zwingen, öffnen Sie mit der rechten Maustaste das Kontextmenü und wählen den Menüpunkt *Distance (Abstand)*. Das Profil richtet sich parallel zum Hauptkoordinatensystem aus und Sie können die Abstandsbemaßung im Raum absetzen (Bild 4.14).

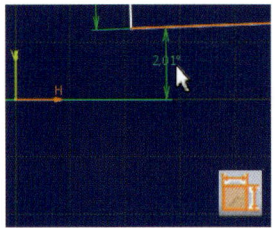 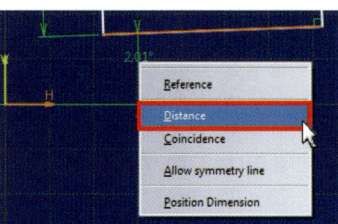 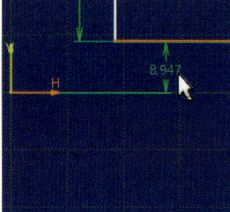

**Bild 4.14** Anbindung an das Hauptkoordinatensystem

Ändern Sie den Wert auf einen runden Wert (z. B. **30 mm**). Verfahren Sie analog mit der langen Körperkante.

Nach der Anbindung an das Hauptkoordinatensystem werden alle Skizzenelemente grün. Das ist ein Zeichen dafür, dass für das Profil keine Freiheitsgrade mehr existieren. Es ist **eindeutig in Form und Lage** definiert und damit *Iso-constrained (Iso-bestimmt)*. Das Programm gibt mit genau definierten Signalfarben Aufschluss über den augenblicklichen Zustand von Elementen (siehe Abschnitt 3.7).

 Sketch Solving Status

Mithilfe der Funktion *Sketch Solving Status (Skizzenauflösungsstatus)* aus der Funktionsgruppe *Tools (Tools)* lassen sich alle Skizzenelemente in ihrem Zustand überprüfen. Ist die

Skizze eindeutig definiert, wird bei Anwahl der Funktion in einem Dialogfenster *Iso-constrained (Iso-bestimmt)* angezeigt (Bild 4.15).

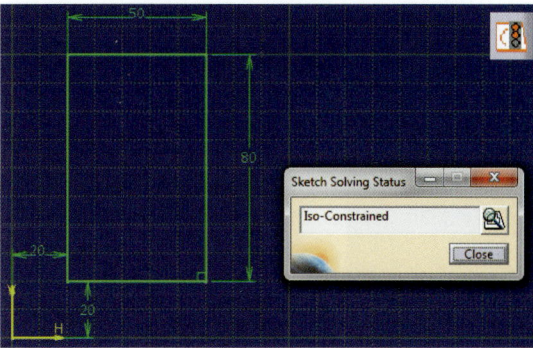

**Bild 4.15** Iso-bestimmtes Rechteck

Sollten unterbestimmte Elemente im Modellbereich vorkommen, werden diese bei aktiver Funktion orange dargestellt und müssen für eine Iso-bestimmte Skizze noch exakt definiert werden.

Löschen Sie zum Beispiel die horizontale Anbindung an das Hauptkoordinatensystem und wählen im Anschluss die Funktion *Sketch Solving Status (Skizzenauflösungsstatus)* an. Im Dialogfenster wird die Unterbestimmtheit der Skizze angezeigt (Bild 4.16).

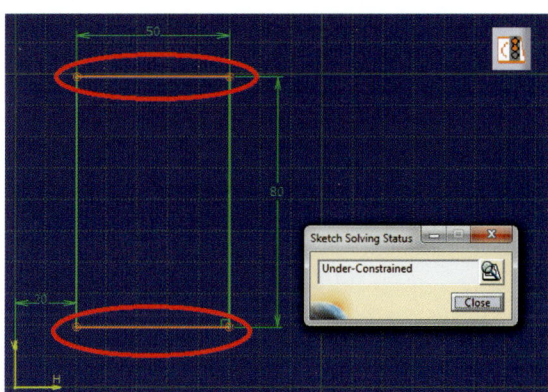

**Bild 4.16** Under-Constrained Sketch

 **Expertentipp: Iso-Constrained Sketches**

Für alle Skizzen gilt, dass deren Elemente *Iso-Constrained (Iso-bestimmt)*, also exakt in Form und Lage definiert sein sollten, bevor sie für weitere Funktionen verwendet werden. Über die Funktion *Sketch Solving Status (Skizzenauflösungsstatus)* können Sie unterbestimmte Elemente einer Skizze identifizieren. Formstabilität wird allerdings **nicht** über diese Funktion angezeigt. Dafür wird die interaktive Prüfung verwendet.

 Exit Workbench

**6. Skizzierer verlassen:** Verlassen Sie den *Sketcher (Skizzierer)* über die Funktion *Exit Workbench (Umgebung verlassen)*. Das erzeugte Profil wird im 3D-Raum angezeigt und ist automatisch selektiert (es erscheint orange). Der Strukturbaum wurde um den Eintrag *Sketch.1 (Skizze.1)* erweitert (Bild 4.17).

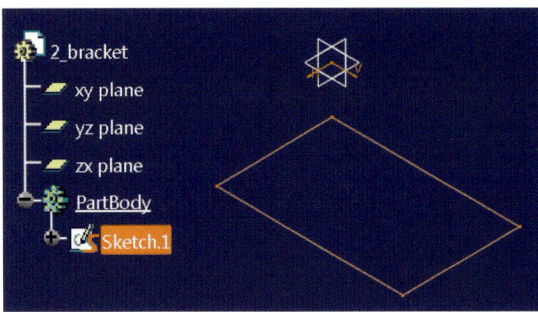

**Bild 4.17** Grundskizze

**7. Skizze nachträglich editieren:** Um die gerade erzeugte *Sketch (Skizze)* nachträglich zu editieren, wählen Sie den dazugehörigen Eintrag im Strukturbaum mit Doppelklick der linken Maustaste an. CATIA V5-6 wechselt in den *Sketcher (Skizzierer)* und Sie können die Elemente nach Belieben anpassen.

 Pad

**8. Erste 3D-Geometrie (Grundkörper) erzeugen:** Wählen Sie mit vorab selektierter Skizze die Funktion *Pad (Block)* aus der Funktionsgruppe *Sketch-Based Features (Auf Skizzen basierende Komponenten)* an. Es öffnet sich ein Dialogfenster, in dem Sie mehrere Parameter definieren können. Geben Sie im Eingabefeld *Length (Länge)* den Wert **10** ein, und bestätigen Sie anschließend mit *OK*. Die Dimension [mm] müssen Sie nicht eingeben. Sie wird automatisch vom Programm ergänzt (Bild 4.18).

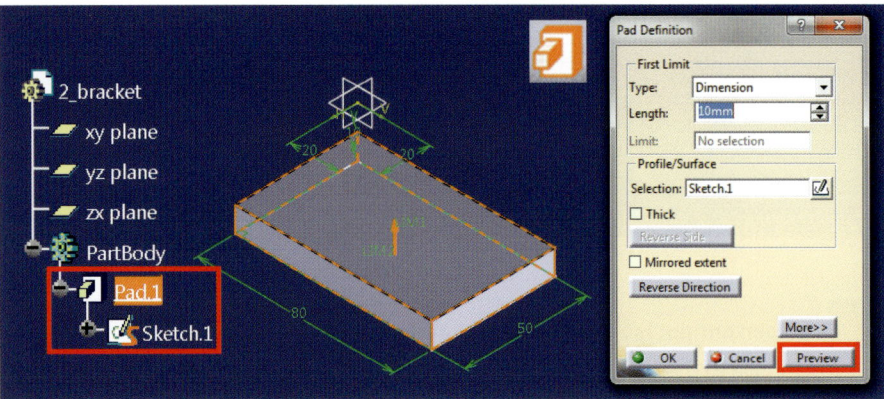

**Bild 4.18** Pad mit vorselektierter Sketch

Sollten Sie die *Sketch (Skizze)* **nicht vorab selektiert** haben, sind die Eingaben zur *Pad-(Block-)*Definition noch unvollständig. Im farblich hinterlegten Eingabefeld *Selection (Auswahl)* fehlt ein geschlossenes Profil als Referenz zur Erzeugung des Blocks (Bild 4.19).

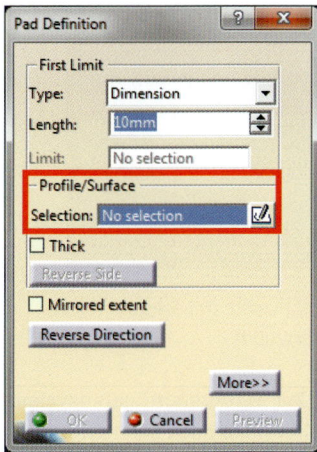

**Bild 4.19** Pad-Definition

Wählen Sie für diesen Fall die *Sketch (Skizze)* explizit im Strukturbaum an. Dieser wird dann als *Selection (Auswahl)* übernommen. Bestätigen Sie Ihre Eingaben anschließend mit *OK*. Ein prismatischer Körper wird als erste Grundgeometrie im Raum erzeugt. Zum nachträglichen Editieren können Sie auch hier das Dialogfenster wieder mit Doppelklick auf den im Strukturbaum niedergeschriebenen Eintrag *Pad (Block)* aufrufen.

**9. Der No Show-Raum (Nicht sichtbarer Raum):** Der dreidimensionale Grundkörper wird im Modellbereich angezeigt. Die vorhin erzeugte Skizze mit Profilkontur und gelbem Achsenkreuz allerdings ist nicht mehr sichtbar. Sie wurde vom Programm automatisch in den nicht sichtbaren Raum, häufig auch No Show-Raum genannt, gestellt. Angedeutet wird dies durch ein gräulich hinterlegtes Symbol im Strukturbaum (Bild 4.20).

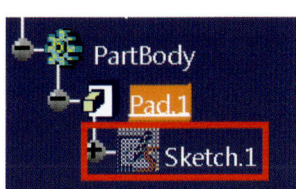

**Bild 4.20** Ausgegrautes Symbol im Strukturbaum: Objekt ist im No Show-Raum

Dieser Raum ist für Elemente vorgesehen, die bei der Darstellung von dreidimensionaler Geometrie visuell stören würden, als notwendige Referenzen aber nicht gelöscht werden dürfen.

Umschalter zwischen sichtbarem und nicht sichtbarem Raum ist die Funktion *Swap visible space (Sichtbaren Raum umschalten)* (Bild 4.21 und Bild 4.22).  Swap visible space

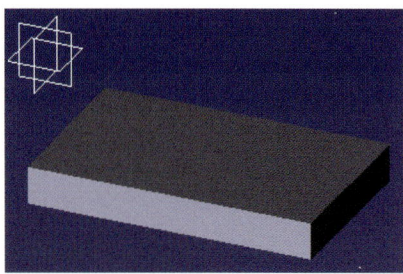
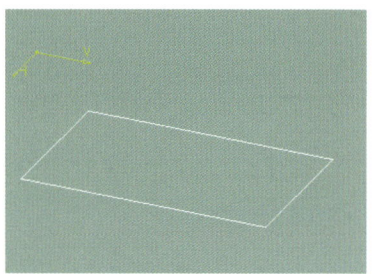

**Bild 4.21**  Sichtbarer Raum (blauer Hintergrund)

**Bild 4.22**  Nicht sichtbarer Raum (türkiser Hintergrund)

**10. Hauptkoordinatensystem (Ebenen) verdecken:** Das Hauptkoordinatensystem, bestehend aus *xy-plane*, *yz-plane* und *zx-plane*, ist im Modellbereich noch sichtbar. Dieses wird aber für die folgenden Modellierungsschritte nicht mehr benötigt. Alle weiteren Teilgeometrien werden im Sinne der Objektorientierung am schon vorhandenen Körper ausgerichtet. Daher kann auch das Hauptkoordinatensystem ins *No Show* gesetzt werden. Ziehen Sie dazu einen Fangrahmen um die drei Ebenen. Achten Sie aber darauf, dass Sie nicht aus Versehen Elemente des Volumenkörpers in die Auswahl mitnehmen. Alternativ können Sie die Elemente auch im Strukturbaum über die Mehrfachselektion (mit gedrückter *Strg-Taste*) auswählen.

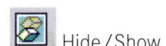 Hide/Show

Über die Funktion *Hide/Show (Sichtbaren Raum umschalten)* werden die markierten Elemente in den nicht sichtbaren Raum gesetzt und »stören« nicht mehr bei der weiteren Konstruktion. Das Zurückholen in den sichtbaren Raum funktioniert analog durch Anwahl von Elementen im nicht sichtbaren Raum (*No Show*-Raum) und durch erneutes Klicken auf die Funktion *Hide/Show (Sichtbaren Raum umschalten)* (Bild 4.23 und Bild 4.24).

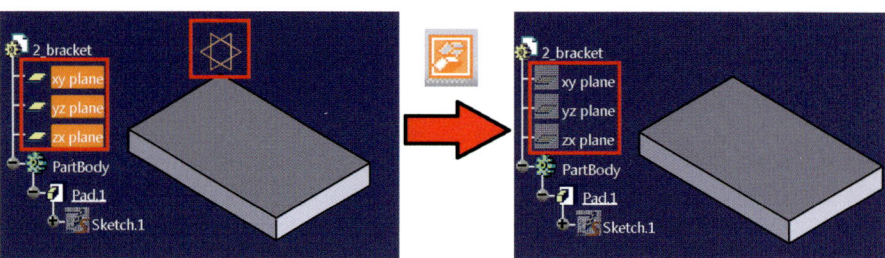

**Bild 4.23**  »Sauberer« Show-Raum

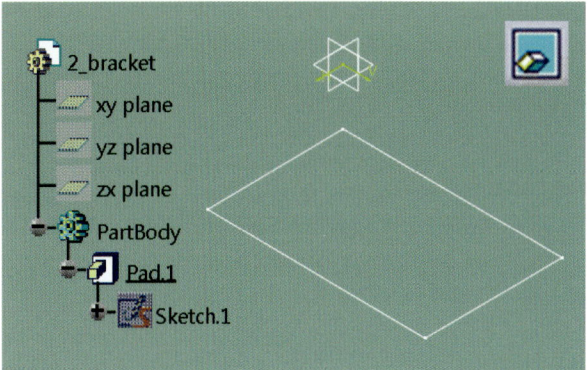  Swap visible space

**Bild 4.24** No Show-Raum mit den Ebenen des Hauptkoordinatensystems und der dem Pad (Block) als Referenzelement untergeordneten Skizze

**11. Edge Fillets setzen:** Direkt im Anschluss an die erste Teilgeometrie werden die beiden Verrundungen gesetzt. Wählen Sie dazu die Funktion *Edge Fillet (Kantenverrundung)* aus der Funktionsgruppe *Dress-Up Features (Aufbereitungskomponenten)* an. Es öffnet sich ein Dialogfenster, in dem Sie unter dem Eingabefeld *Radius (Radius)* den Wert der Verrundung (**5 mm**) eingeben können. Durch Anwahl beliebig vieler Elemente am vorhandenen Modell (sie erscheinen rot im Modellbereich) werden die zu verrundenden Kanten definiert und in die Eingabemaske im farblich hinterlegten Feld *Object(s) to fillet (Zu verrundende(s) Objekt(e))* eingeschrieben. Sie können Körperkanten oder Flächen in die Auswahl nehmen. Wenn Sie eine Fläche wählen, werden automatisch alle angrenzenden Kanten verrundet. Selektierte Elemente nehmen Sie durch erneute Anwahl wieder aus der Selektion heraus. Wählen Sie hier die zwei zu verrundenden Kanten aus und bestätigen mit *OK* (Bild 4.25). Edge Fillet

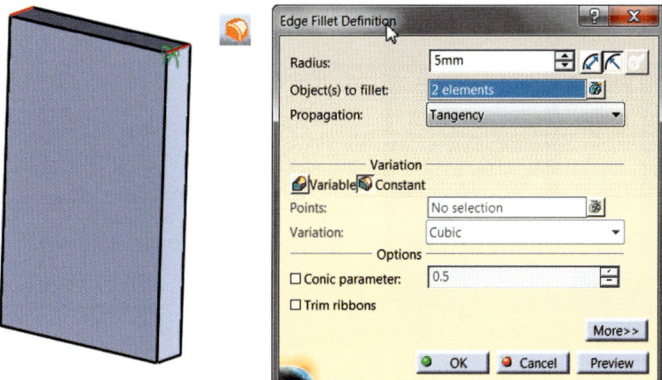

**Bild 4.25** Edge Fillet-Definition

Die Verrundungen werden erzeugt, und der Strukturbaum erweitert sich um einen weiteren Eintrag. Alle Modellierungsschritte werden also in chronologischer Reihenfolge niedergeschrieben. Wenn Sie diese editieren wollen, können Sie das auch hier wieder mit Doppelklick auf das jeweilige Element im Strukturbaum tun.

>  **Expertentipp: Verrundungen und Fasen**
>
> Edge *Fillets (Verrundungen)* und *Chamfers (Fasen)* an einem Bauteil werden in der Regel im 3D-Raum über die dafür vorgesehenen Funktionen *Edge Fillet (Kantenverrundung)* bzw. *Chamfer (Fase)* vorgenommen und nicht im *Sketcher (Skizzierer)* in einen Profilzug einbezogen. Dies erleichtert in den meisten Fällen die Konstruktion von Skizzen. Gleichzeitig wird die Änderungsfreundlichkeit eines Modells erhöht. Um die Zuordnung der Verrundung oder Fase zur vorher erzeugten Volumengeometrie im Strukturbaum besser finden zu können, sollten Sie diese direkt im Anschluss an die Modellierung der jeweiligen Teilgeometrie setzen.

**Zweite Teilgeometrie erzeugen:** Nachdem das Hauptkoordinatensystem im Sinne der Objektorientierung zur Erzeugung von weiteren Teilgeometrien nicht mehr zur Verfügung steht, wird eine zweite *Sketch (Skizze)* zur Definition der Körperkontur des Sockels (**50 mm × 15 mm**) auf eine schon vorhandene Körperoberfläche gelegt.

 Sketch

Wählen Sie dazu die Funktion *Sketcher (Skizzierer)* an und übergeben ihr die entsprechende Oberfläche (Vorderseite) des schon vorhandenen Modells als Stützelement. Das Programm wechselt in die 2D-Umgebung. Auch hier erzeugt CATIA V5-6 wieder ein gelbes Achsenkreuz, das sich auf das Hauptkoordinatensystem bezieht. Dieses lassen Sie einfach außer Acht (Bild 4.26).

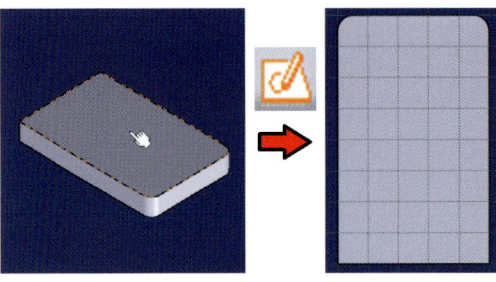

**Bild 4.26** Bauteiloberfläche als Stützelement für eine neue Sketch

Oriented Rectangle

**12. Profil für die zweite Teilgeometrie erstellen:** Schieben Sie den schon vorhandenen Körper in den linken unteren Bildschirmrand, und beginnen Sie die Konstruktion des Profils im »freien Raum«. Wählen Sie dazu wieder die Funktion *Oriented Rectangle (Ausgerichtetes Rechteck)*. Behalten Sie die *Sketch Tools (Skizziertools)* im Auge, und erzeugen Sie die Kontur des Sockels ungefähr maßstäblich. Achten Sie auch hier wieder darauf, dass keine geometrischen Bedingungen *Horizontal (H)* oder *Vertical (V)* in der Skizze enthalten sind (Bild 4.27).

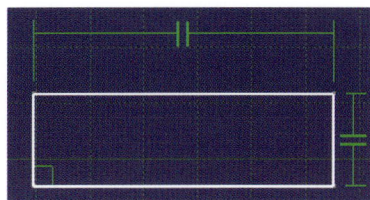

**Bild 4.27** Oriented Rectangle

**13. Formstabilität schaffen:** Zur Festlegung der Kontur des Sockels ist nur noch eine Abstandsbemaßung von **15 mm** notwendig. Die restlichen Definitionen zur Formstabilität ergeben sich durch direkte Verknüpfung mit dem schon vorhandenen Modell (Bild 4.28).

 Constraints

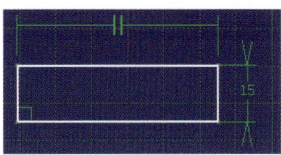

**Bild 4.28** Abstandsbemaßung

Ziehen Sie einen Fangrahmen um das noch nicht formstabile Profil, und ziehen Sie es etwa in die richtige Position im Modell (Bild 4.29).

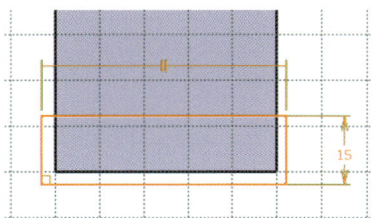

**Bild 4.29** Umpositionierung des Profils

Klicken Sie anschließend mit der linken Maustaste in den freien Raum. Damit wird die Auswahl des Profils wieder aufgehoben.

Die zwei seitlichen Kanten und die untere Kante werden über die geometrische Bedingung *Coincidence (Kongruenz)* deckungsgleich auf die Körperkanten des schon vorhandenen Modells gelegt. Nehmen Sie dazu zwei Kanten, die gegeneinander ausgerichtet werden sollen, über die Mehrfachselektion (mit gedrückter Strg-Taste) in die Vorauswahl, und übergeben Sie diese der Funktion *Constraints Defined in Dialog Box (Im Dialogfenster definierte Bedingungen)*. Markieren Sie hier die Auswahlmöglichkeit *Coincidence (Kongruenz)* und bestätigen mit *OK*. Die zwei Kanten liegen nun deckungsgleich aufeinander, was durch das Symbol für Kongruenz im *Sketcher (Skizzierer)* angezeigt wird. Auch die Farbe der Linie ändert sich. Durch die grüne Signalfarbe deutet das Programm an, dass die Linie *Iso-bestimmt* definiert ist.

 Constraints defined in Dialog Box

Durch Anwahl der Funktion *Sketch Solving Status (Skizzenauflösungsstatus)* werden die noch unterbestimmten Elemente (orange) angezeigt (Bild 4.30).

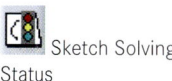 Sketch Solving Status

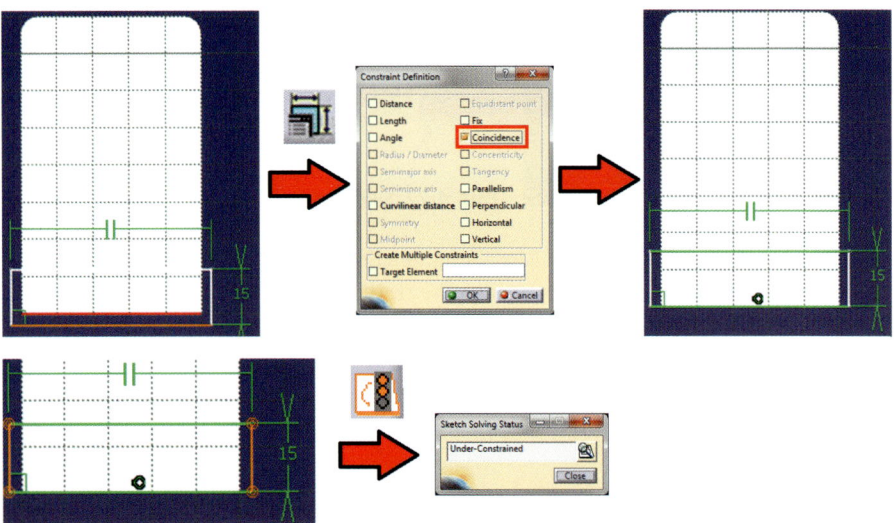

**Bild 4.30** Under-Constrained Elements (Unbestimmte Elemente) werden in oranger Farbe hervorgehoben.

Ergänzen Sie die zwei noch fehlenden geometrischen Definitionen für die äußeren Kanten auf dieselbe Weise wie vorangehend beschrieben. Das Profil ist nun exakt in Form und Lage definiert und damit *Iso-constrained (Iso-bestimmt)* (Bild 4.31).

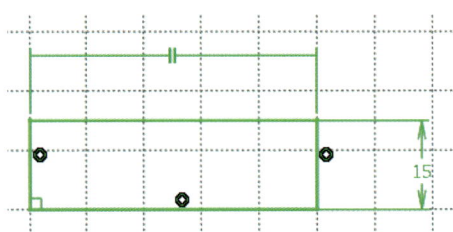

**Bild 4.31** Ist eine Skizzenkontur Iso-constrained (Iso-bestimmt), so wird in grüner Farbe hervorgehoben.

 Exit Workbench

 Pad

**14. Skizzierer verlassen:** Verlassen Sie den Sketcher (Skizzierer) über die Funktion *Exit Workbench (Umgebung verlassen)* und erzeugen einen *Pad (Block)* mit der Tiefe **50 mm** (vom Körper weg). Achten Sie darauf, dass das Volumen in die richtige Richtung projiziert wird. Sie kann über den Umschalter *Reverse Direction (Richtung umkehren)* im Dialogfenster definiert werden. Nach Bestätigung mit *OK* wird der Block erzeugt und in den Strukturbaum eingetragen (Bild 4.32).

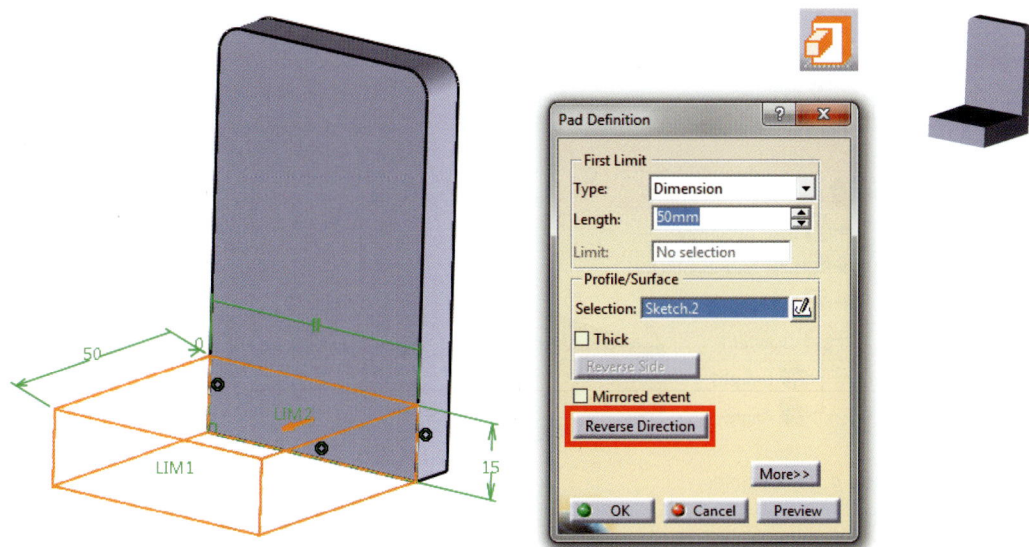

**Bild 4.32** Umschalter Reverse Direction

**15. Änderungen überprüfen:** An dieser Stelle können Sie schon überprüfen, ob die Konstruktionsabsicht bei Änderung der Breite des Bauteils eingehalten wird. Öffnen Sie dazu mit Doppelklick im Strukturbaum die erste Skizze. Verändern Sie hier das Maß **50 mm** der Grundgeometrie auf **70 mm** und verlassen die Skizze wieder.

Nun sollte sich nicht nur die Breite der Grundgeometrie, sondern auch die Breite des Sockels verändert haben. Durch die vorhin gewählte Anbindung des Sockelprofils an die Grundgeometrie kann das Bauteil beliebig in seiner Breite verändert werden, ohne dass die Konstruktionsabsicht verloren geht.

Machen Sie diese Veränderung über die Funktion *Undo (Widerrufen)* wieder rückgängig, um die Modellierung laut technischer Zeichnung fortzuführen.

 Undo

**16. Fasen setzen:** Direkt im Anschluss an die Modellierung des Sockels werden die beiden Fasen gesetzt. Die Handhabung der Funktion *Chamfer (Fase)* ist der der *Edge Fillet (Kantenverrundung)* sehr ähnlich und ebenfalls in der Funktionsgruppe *Dress-Up Features (Aufbereitungskomponenten)* zu finden. Auch hier können Sie im sich nach Anwahl der Funktion öffnenden Dialogfenster unter dem Feld *Object(s) to chamfer (Auszuschrägende(s) Objekt(e))* Kanten oder Flächen einschreiben. Dazu müssen Sie die Elemente lediglich am Modell selektieren. Den Wert der Ausschrägung (**4 mm**) können Sie in dem Eingabefeld *Length 1 (Länge 1)* definieren. Bestätigen Sie Ihre Eingaben mit *OK*. Die Fasen werden erzeugt und der Strukturbaum um einen weiteren Eintrag erweitert (Bild 4.33).

 Chamfer

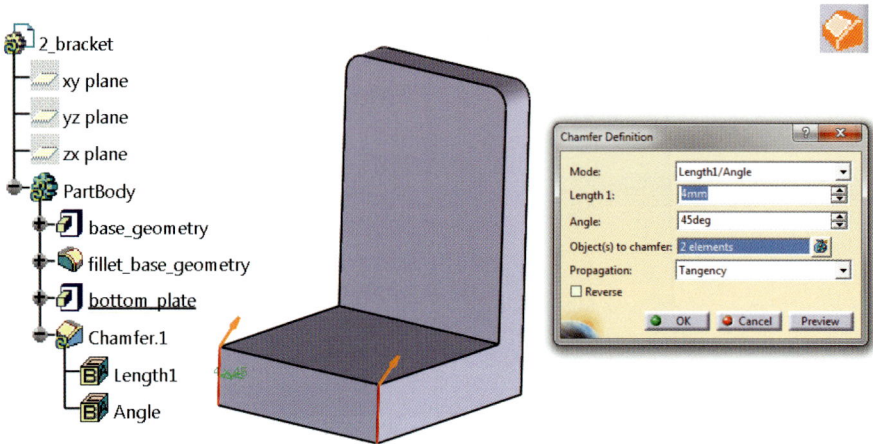

**Bild 4.33** Chamfer

Die zwei positiven Teilgeometrien mit deren Verrundung und Fase sind so weit erzeugt. Nun fehlen noch die negativen Teilgeometrien, ein rechteckiger Ausschnitt aus der Grundgeometrie und eine Bohrung im Sockel.

**17. Neue Sketch für den Ausschnitt erstellen:** Für den rechteckigen Ausschnitt wird eine weitere Skizze auf der Körperoberfläche benötigt. Wählen Sie dazu die Funktion *Sketcher (Skizzierer)* an, und übergeben Sie ihr die vordere Fläche des Grundkörpers als Stützelement. Stellen Sie auch hier wieder das gelbe Achsenkreuz der Skizze über die Funktion *Hide/Show (Sichtbaren Raum umschalten)* in den *No Show*-Raum und schieben das Modell in den linken unteren Bildschirmrand.

 Sketch

 Hide/Show

 Oriented Rectangle

Erzeugen Sie ein formstabiles Rechteckprofil mit den Abmaßen **20 mm** auf **30 mm** im »freien Raum«. Achten Sie darauf, dass keine geometrischen Bedingungen wie *Horizontal (H)* oder *Vertical (V)* in der Skizze vorkommen. Damit die unter der Konstruktionsabsicht angegebenen Vorgaben eingehalten werden können, muss das Rechteck in der Horizontalen mittig in das Bauteil gesetzt werden. Auch hier wird dazu eine geometrische Bedingung aus der Funktion *Constraints Defined in Dialog Box (Im Dialogfenster definierte Bedingungen)* verwendet, um die Tasche symmetrisch zu positionieren.

 Line

Zu diesem Zweck erzeugen Sie zunächst eine Symmetrieachse, mit deren Hilfe Sie das Profil gegenüber den vertikalen Körperkanten ausrichten. Wählen Sie dazu die Funktion *Line (Linie)* aus der Funktionsgruppe *Profile (Profile)*. Wie in Bild 4.34 zu sehen ist, wird der erste Punkt der Linie kongruent und mittig auf die obere waagerechte Körperkante gelegt. Bewegt man den Mauszeiger entlang der Linie, so ändert sich der Geometrievorschlag, wenn der Zeiger sich in der Mitte der Linie befindet. Nehmen Sie diese Bedingung an, indem Sie den ersten Punkt absetzen.

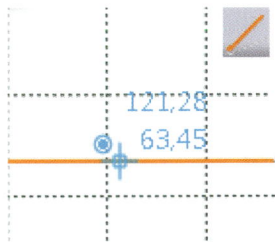

**Bild 4.34** Smart Pick-Vorschlag Midpoint

Verfahren Sie mit dem zweiten Punkt auf der unteren, waagerechten Kante genauso. Das Profil bleibt auf diese Weise formstabil und kann über die interaktive Prüfung weder in der Geometrie noch in den Abmaßen verändert werden (Bild 4.35).

Smart Pick

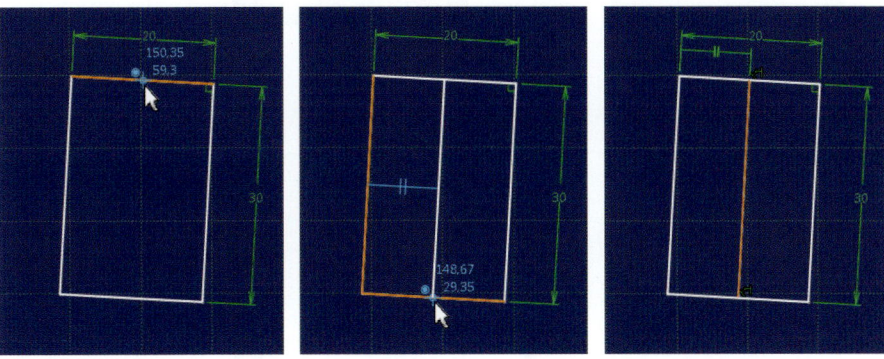

**Bild 4.35** Formstabile Profilkontur

**18. Formstabilität schaffen:** Ziehen Sie die Skizze etwa in die richtige Position in das Bauteil. Setzen Sie als erste Anbindung des Profils an das Modell eine Bemaßungsbedingung zwischen der Oberseite des Sockels und der unteren, horizontal liegenden Linie des Profils. Selektieren Sie dazu die Funktion *Constraint (Bedingung)* und wählen die erste Referenz am Profil. Für die zweite Referenz haben Sie mehrere Möglichkeiten, die zum selben Ziel führen. Entweder Sie versuchen, eine Kante aus der aktuellen Skizzenansicht anzufassen, oder Sie wählen die Oberfläche des Sockels aus (Bild 4.36):

 Constraint

**Erste Möglichkeit:**

1) Anwahl der ersten Referenz am Profil: Ohne eine zweite Referenz schlägt das Programm eine Längenbemaßung der angewählten Linie vor. Damit wäre aber die Breite des Profils doppelt bemaßt. Dies ist bei CATIA V5-6 jedoch nicht zulässig. Aus diesem Grund erscheinen die Elemente in violetter Farbe als Zeichen für Überbestimmtheit.

2) Anwahl der oberen Kante des Sockels als zweite Referenz: Nun verschwindet die violette Farbe. Wenn die zwei Elemente schräg zueinander stehen, schlägt das Programm eine Winkelbemaßung vor.

3) Nachdem aber eine Abstandsbemaßung benötigt wird, kann die gewünschte Bedingung über das Kontextmenü (durch Drücken der rechten Maustaste, bevor man das Maß absetzt) erzwungen werden. Im Anschluss wird das Maß abgesetzt.

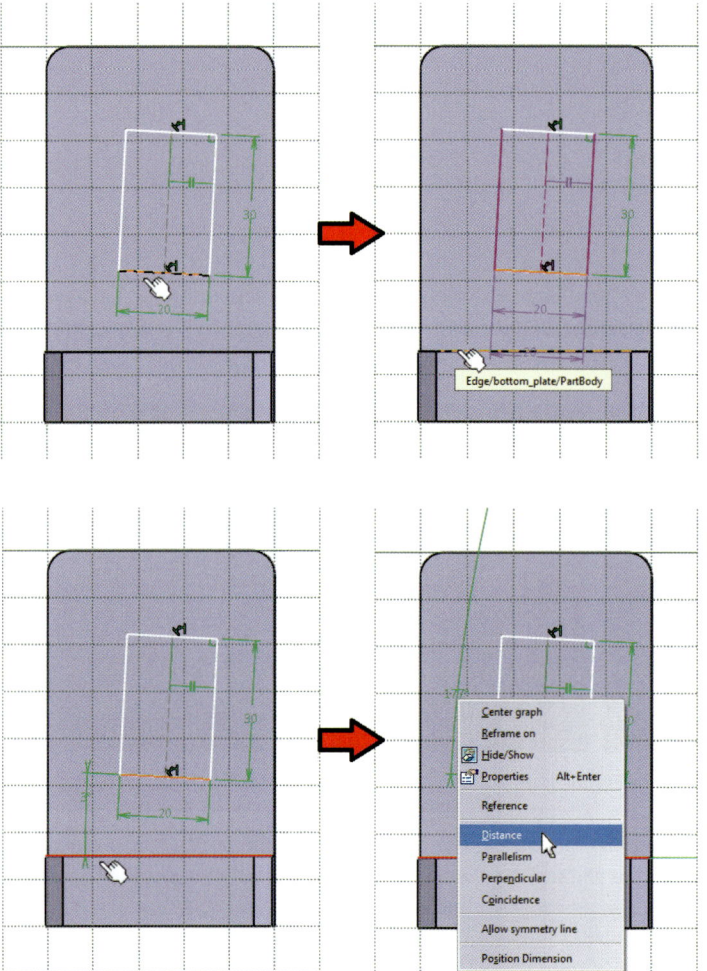

**Bild 4.36** Gezielte Auswahl der gewünschten Constraint über das Kontextmenü

**Zweite Möglichkeit:**

1) Anwahl der ersten Referenz am Profil

2) Durch Schwenken des Bauteils im Raum wird die obere Fläche des Sockels anwählbar. Wird diese als zweite Referenz selektiert, schlägt das Programm wieder eine Winkelbemaßung vor, sofern die zwei Elemente nicht parallel zueinander liegen.

3) Auch hier kann eine Abstandsbemaßung über das Kontextmenü erzwungen werden. Im Anschluss wird das Maß abgesetzt.

4) Um die senkrechte Ansicht auf die Skizze wieder herzustellen, wählen Sie die Funktion *Normal View (Senkrechte Ansicht)* aus der Funktionsgruppe *View (Ansicht)*.

Egal welche Variante Sie wählen, das Ergebnis wird nach Festlegen des Wertes der eben gesetzten Bemaßung auf **20 mm** gesetzt.

**19. Positionierung der Sketch am Bauteil:** Die endgültige Positionierung des Profils horizontal mittig in das Bauteil erfolgt über die geometrische Bedingung *Symmetry (Symmetrie)* aus der Funktion *Constraints Defined in Dialog Box (Im Dialogfenster definierte Bedingungen)*. Bevor die Funktion angewählt werden kann, müssen die Elemente in die Auswahl genommen werden, die miteinander verknüpft werden sollen. Achten Sie bei Anwendung der Funktion darauf, dass nicht versehentlich schon Elemente in der Vorauswahl (also vorselektiert) sind.

 Constraints Defined in Dialog Box

Die Auswahlreihenfolge der Elemente ist der Schlüssel zum Erfolg. Halten Sie für die Mehrfachselektion die Strg-Taste gedrückt. Zuerst müssen die zwei symmetrisch zueinander liegenden Körperkanten angewählt werden. Als Drittes folgt die dazu symmetrisch liegende Linie am Profil. Erst jetzt ist, nach Aufruf der Funktion *Constraints Defined in Dialog Box (Im Dialogfenster definierte Bedingungen)*, die geometrische Bedingung *Symmetry (Symmetrie)* anwählbar und führt zum gewünschten Ziel. Alle Skizzenelemente werden in grüner Farbe dargestellt.

Überprüfen Sie den Zustand Ihrer Skizze mit dem *Sketch Solving Status (Skizzenauflösungsstatus)*. Fahren Sie mit Ihrer Konstruktion erst fort, wenn *Iso-Constrained (Iso-Bestimmtheit)* angezeigt wird (Bild 4.37).

Sketch Solving Status

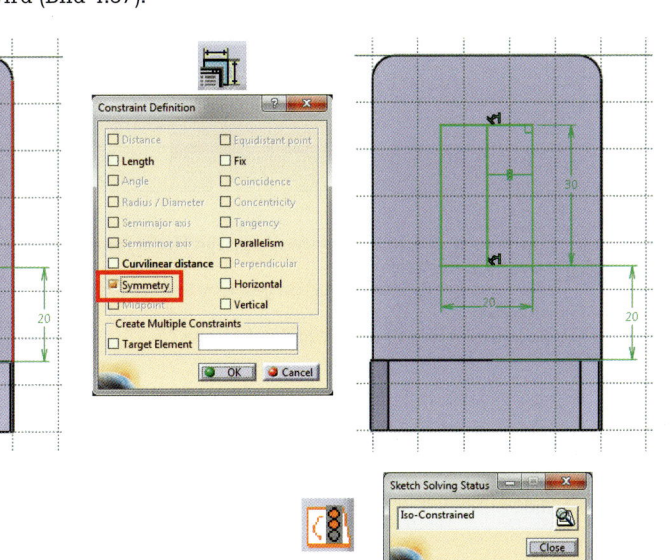

**Bild 4.37** Iso-Constrained Sketch

>  **Expertentipp: Ungewollte Vorauswahl**
>
> Häufig werden bei der Anwahl von Funktionen nicht die Aktionen vom Programm ausgeführt, die Sie geplant hatten. Dies kann daran liegen, dass ungewollt Elemente in der Vorauswahl sind. Durch zweimaliges Drücken der Esc-Taste oder einen Klick mit der Maustaste in den freien Raum kann eine etwaige Auswahl aufgehoben werden. Wenn hingegen Elemente im Modellbereich nicht markiert werden können, ist möglicherweise noch eine Funktion aktiv, die deren Auswahl nicht zulässt. Auch hier können Sie die Funktion durch zweimaliges Drücken der Esc-Taste wieder deaktivieren.

 Exit Workbench

**20. Skizzierer verlassen:** Verlassen Sie die Skizze über die Funktion *Exit Workbench* (*Umgebung verlassen*).

**21. Tasche erzeugen:** Zur Erzeugung von prismatischen Negativkörpern ist die Funktion *Pocket (Tasche)* aus der Funktionsgruppe *Sketch-Based Features (Auf Skizzen basierende Komponenten)* vorgesehen. Sie ist der Funktion *Pad (Block)* sehr ähnlich und verlangt als Referenz ein geschlossenes Profil.

Pocket

Wählen Sie also die *Pocket (Tasche)* an. Es öffnet sich die Bild 4.38 dargestellte Fehlermeldung.

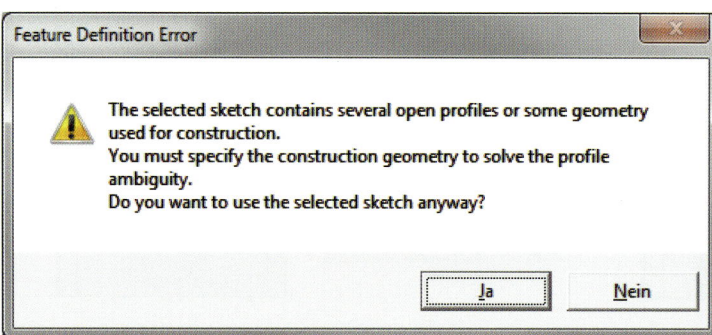

**Bild 4.38** Fehlermeldung beim Versuch, unzulässige Profilzüge auszuprägen

Wenn Sie sich die vorhin erstellte Skizze noch einmal ansehen, wird der Grund für diese Fehlermeldung klar. Das Profil, so wie es im 3D-Raum zu sehen ist, führt bei der Ausprägung zu keinem eindeutigen Ziel. Wegen der Symmetrielinie in der Skizze kann die Tasche nicht eindeutig erzeugt werden (Bild 4.39).

**Bild 4.39** Sich verzweigendes Sketchprofil

Bestätigen Sie die Fehlermeldung mit *No (Nein)*, und rufen Sie die Profilskizze erneut auf. Schließen Sie dazu das sich öffnende Dialogfenster der *Pocket (Tasche)* und gehen mit Doppelklick auf die zuletzt erstellte Skizze im Strukturbaum.

Damit die Symmetrielinie nicht in den 3D-Raum mitgenommen wird, musste sie als **Konstruktionshilfe** ausgewiesen werden. Derartige Konstruktionselemente sind zur Erzeugung formstabiler Skizzen notwendig, werden aber an keine weiteren Funktionen weitergegeben. Gelöscht werden dürfen sie nicht, wenn sie zur Definition des Iso-bestimmten Profils zwingend notwendig sind (Bild 4.40).

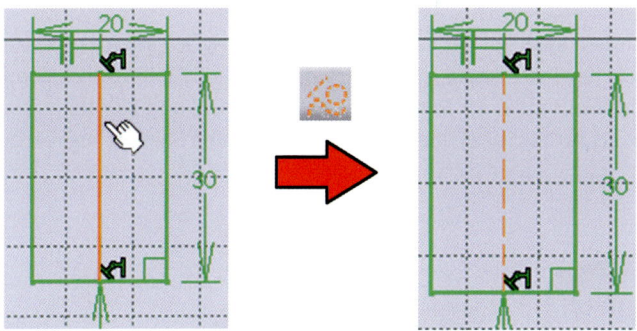

**Bild 4.40** Umwandlung eines Standard Element in ein Construction Element

Umschalter zwischen Standardelement und Konstruktionselement ist die Funktion *Construction/Standard Element (Konstruktions-/Standardelement)* aus der Funktionsgruppe *Sketch Tools (Skizziertools)*. Markieren Sie dazu die Symmetrielinie und übergeben Sie diese der Funktion. Die Linie wird nun gestrichelt und in einer geringeren Strichstärke dargestellt. Mit Aufruf der Funktion *Sketch Solving Status (Skizzenauflösungsstatus)* werden Sie feststellen, dass die Skizze dennoch *Iso-constrained (Iso-bestimmt)* und damit als Referenz für weitere Funktionen im 3D-Raum geeignet ist.

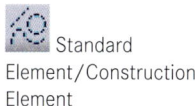 Standard Element/Construction Element

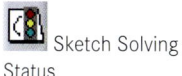 Sketch Solving Status

>  **Expertentipp: Konstruktionselemente und Standardelemente**
>
> In einer Skizze erzeugte Elemente können entweder als Standardelement oder Konstruktionselement definiert werden. Standardelemente werden in den 3D-Raum mitgenommen und können als Referenz für weitere Funktionen verwendet werden. Konstruktionselemente hingegen existieren nur in Ihrer Skizze und sind sehr häufig zur Erzeugung von Iso-bestimmten Profilen notwendig. Als Umschalter dient die Funktion *Construction/Standard Element (Konstruktions-/Standardelement)* aus der Funktionsgruppe *Sketch Tools (Skizziertools)*. Standardelemente werden im Skizzierer in weißer Farbe als durchgezogene Linien dargestellt, Konstruktionselemente hingegen mit geringerer Strichstärke, gestrichelt und in grauer Farbe. Punkte werden entsprechend durch ein weißes Kreuz (Standardelement) bzw. durch einen grauen Punkt (als Konstruktionselement) dargestellt. Bei der Definition von Iso-Bestimmtheit (durch Anbindung an das Hauptkoordinatensystem oder an schon vorhandene Teilgeometrie) werden alle Elemente grün.

 Exit Workbench

**22. Skizzierer verlassen:** Verlassen Sie die Skizze erneut. Sie werden feststellen, dass die Symmetrielinie jetzt nicht mehr in den 3D-Raum übernommen wird.

 Pocket

**23. Durchgängige Tasche erzeugen:** Erzeugen Sie nun den Ausschnitt über die Funktion *Pocket (Tasche)*. Im sich öffnenden Dialogfenster werden ähnliche Parameter angeboten wie bei der Funktion *Pad (Block)*.

Damit die Konstruktionsabsicht auch bei Veränderung der Dicke des Grundkörpers bestehen bleibt, wird für die Tiefe der Tasche kein fester Wert eingegeben. Wählen Sie im Dropdown-Menü *Type (Typ)* den Menüpunkt *Up To Next (Bis zum nächsten)* und bestätigen mit *OK*. Damit wird die Tasche bis zur nächsten vom Programm erkannten Begrenzungsfläche ausgeprägt (Bild 4.41).

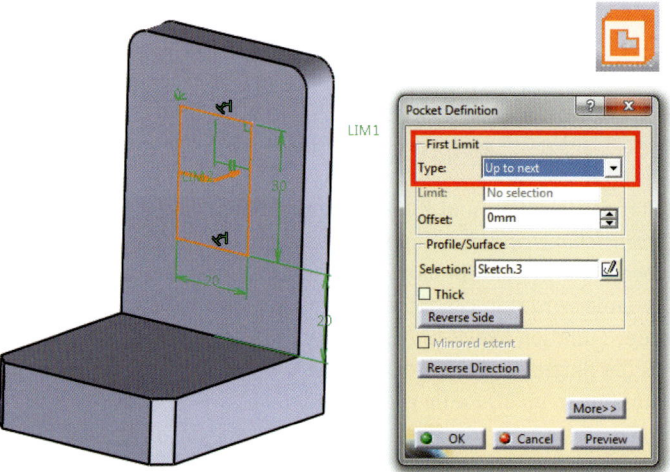

**Bild 4.41** Pocket Up To Next

**24. Bohrung erzeugen:** Als letzter Modellierungsschritt fehlt noch die Bohrung im Sockel des Bauteils. Wählen Sie dazu die Funktion *Hole (Bohrung)* aus der Funktionsgruppe *Sketch-Based Features (Auf Skizzen basierende Komponenten)* an. Sie wird orange hinterlegt und ist damit aktiv. In der Kommentarzeile im linken unteren Bildschirmrand zeigt das Programm an, welche Referenz als Nächstes angegeben werden muss: »*Select a face or a plane*« (»*Eine Teilfläche oder Ebene auswählen*«).

 Hole

Selektieren Sie also die Oberseite des Sockels. Es öffnet sich ein Dialogfenster, in dem die Bohrungsparameter eingestellt werden können. Wählen Sie für die Bohrtiefe im Drop-down-Menü des Reiters *Extension (Bohrtyp)*, ähnlich wie vorhin bei der Definition der Ausprägungstiefe der Tasche, den Menüpunkt *Up To Next (Bis zum nächsten)*. Damit wird bis zur nächsten vom Programm erkannten Begrenzungsfläche gebohrt. Geben Sie für den Bohrungsdurchmesser unter dem Eingabefeld *Diameter (Durchmesser)* den Wert **10 mm** ein (Bild 4.42).

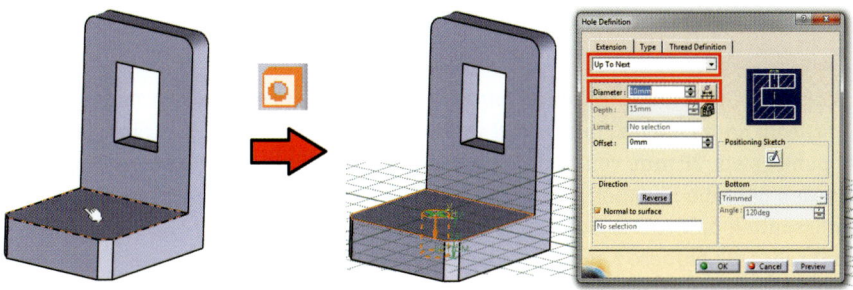

**Bild 4.42** Hole Definition

 **Expertentipp: Eingaben im Dialogfenster**

Bei den Funktionen im 3D-Raum werden Feineinstellungen meist über sich öffnende Dialogfenster vorgenommen. Dort können Werteeingaben getätigt oder Referenzelemente übergeben werden. Um diese Parameter gezielt einschreiben zu können, werden die jeweiligen Felder durch Anwahl mit der linken Maustaste aktiviert. Sie werden farblich hinterlegt. Werte können direkt über die Tastatur eingegeben werden. Referenzelemente werden durch Selektieren im Modellbereich in die markierten Felder eingeschrieben. Die Kommentarzeile im linken unteren Bildschirmrand hilft Ihnen bei der richtigen Auswahl an Referenzelementen.

Über das Symbol des Skizzierers im Dialogfenster kann die Positionierskizze des Bohrungsmittelpunktes aufgerufen werden. Klicken Sie auf die Schaltfläche. Das Programm wechselt in den *Sketcher* (*Skizzierer*, siehe Bild 4.43).

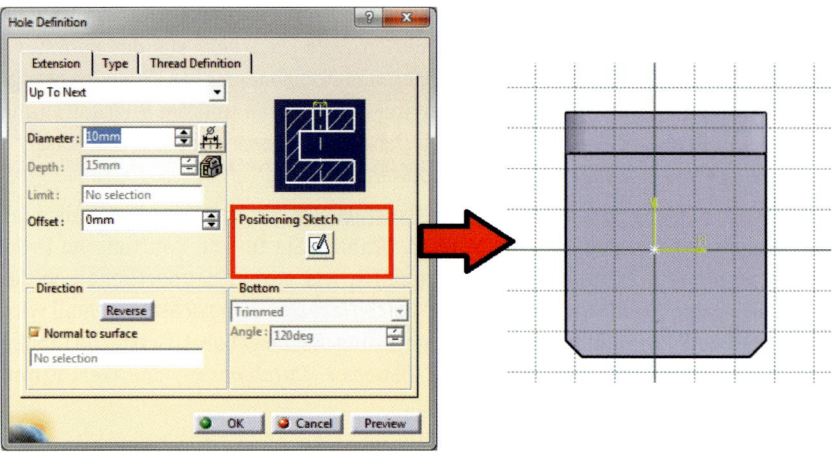

**Bild 4.43** Positioning Sketch

 Constraints

Der Bohrungsmittelpunkt wird durch einen weißen Stern angedeutet, der mit der linken Maustaste im Raum hin und her bewegt werden kann. Laut Konstruktionsabsicht soll der Mittelpunkt stets **20 mm** von der Vorderseite des Grundkörpers betragen. Setzen Sie dieses Maß über die Funktion *Constraint (Bedingung)*. Wählen Sie als erste Referenz den Bohrungsmittelpunkt, als zweite, ähnlich wie bei der Anbindung des Taschenprofils vorhin, entweder die vordere Kante oder Fläche des Grundkörpers.

Constraints Defined in Dialog Box

Die horizontale Positionierung mittig in das Bauteil erfolgt über die geometrische Bedingung *Equidistant Point (Äquidistanter Punkt)* aus der Funktion *Constraints Defined in Dialog Box (Im Dialogfenster definierte Bedingungen)*. Sie ist der Funktion *Symmetry (Symmetrie)* sehr ähnlich. Auch hier müssen die Elemente in die Auswahl genommen werden, die miteinander verknüpft werden sollen, bevor die geometrische Bedingung in der Funktion angewählt werden kann. Achten Sie wieder darauf, dass keine Elemente in der Vorauswahl sind (Bild 4.44).

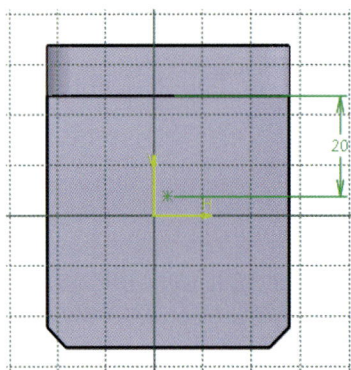

**Bild 4.44** Am Bauteil ausgerichteter Bohrungsmittelpunkt

Wieder ist die Auswahlreihenfolge der Elemente wichtig. Halten Sie für die Mehrfachselektion die Strg-Taste gedrückt. Zuerst müssen die zwei außen liegenden Körperkanten angewählt werden, als Drittes der dazu mittig liegende Bohrungsmittelpunkt. Erst jetzt ist nach Aufruf der Funktion *Constraints Defined in Dialog Box (Im Dialogfenster definierte Bedingungen)* die geometrische Bedingung *Equidistant point (Äquidistanter Punkt)* anwählbar und führt zum gewünschten Ziel. Das Skizzenelement wird, nachdem es exakt in seiner Position festgelegt ist, in grüner Farbe dargestellt. Die Bohrung bleibt somit entsprechend der gesetzten Zwangsbedingungen bei Veränderungen am Bauteil in der geforderten Position.

Verlassen Sie anschließend die Skizze über die Funktion *Exit Workbench (Umgebung verlassen)*. Das Programm wechselt zurück zum Dialogfenster. Nachdem alle Parameter definiert sind, bestätigen Sie mit *OK*. Somit ist das erste volumenbehaftete Bauteil fertig modelliert.

 Exit Workbench

**25. Eindeutigkeit der Bezeichnungen bewahren:** Auch wenn es sich um ein verhältnismäßig einfaches Bauteil handelt, sollte schon an dieser Stelle die Eindeutigkeit der Bezeichnungen bewahrt werden. Die vom Programm vergebenen Namen zu den Strukturbaumeinträgen haben einen zu niedrigen Informationsgehalt, als dass man sie den Teilgeometrien am Modell eindeutig zuordnen könnte. Bei komplexeren Bauteilen, bei denen Funktionen – beispielsweise *Pads (Blöcke)* oder *Pockets (Taschen)* – mehrfach verwendet wurden, wird dies besonders deutlich. Um gezielte Änderungen am Bauteil vornehmen zu können, muss unnötig viel Energie auf die Suche des richtigen Strukturbaumeintrages verschwendet werden. Insbesondere Konstrukteure, die das Bauteil nicht selbst erzeugt haben, werden sich nur schwer zurechtfinden und über unstrukturierte Bauteile ärgern.

 **Expertentipp: Eindeutigkeit der Bezeichnungen**

Um die verschiedenen Teilgeometrien und Bearbeitungsschritte eines Bauteils auseinanderhalten zu können, sollten die verschiedenen Elemente im Strukturbaum mit aussagekräftigen Bezeichnungen versehen werden. Dies geschieht im Kontextmenü unter dem Eingabefeld **PROPERTIES > FEATURE PROPERTIES > FEATURE NAME (EIGENSCHAFTEN > KOMPONENTENEIGENSCHAFTEN) > KOMPONENTENNAME)** des jeweiligen Elements im Strukturbaum (Aufruf über rechte Maustaste). Die Eigenschaften zu einem Element können Sie alternativ auch über dessen Markierung im Strukturbaum und die Tastenkombination *Alt + Enter* aufrufen.

Wählen Sie selbstständig eigene Bezeichnungen für die Teilschritte der Modellierung. **Vermeiden Sie dabei Leerzeichen, Sonderzeichen und Umlaute**. Bild 4.45 zeigt eine mögliche Lösung.

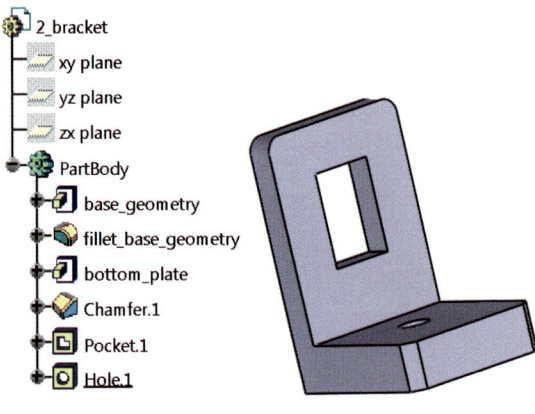

**Bild 4.45** Signifikante Bearbeitungsschritte im Strukturbaum werden mit eindeutigen Bezeichnungen versehen.

> **Expertentipp: Modellierungsschritte widerrufen**
>
> Wenn im Laufe der Konstruktion Fehler auftauchen und Sie nicht wissen, wie Sie diese beheben können, so behelfen Sie sich mit der Funktion *Undo (Widerrufen)* aus der Funktionsgruppe *Standard (Standard)*. Hier können in CATIA V5-6, anders als in vielen anderen CAD-Applikationen, (beinahe) beliebig viele Modellierungsschritte rückgängig gemacht werden.

 Save

**26. Fertig! Datei abspeichern:** Gratulation! Sie haben Ihr erstes dreidimensionales Modell am Computer erstellt. Speichern Sie Ihr Modell an einem beliebigen Ort auf Ihrem Rechner ab (Bild 4.46).

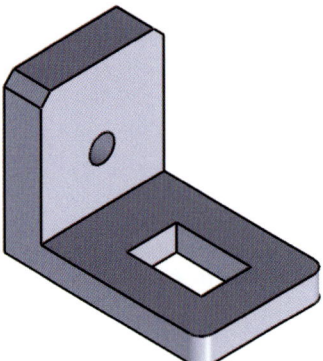

**Bild 4.46** Fertiges Bauteil

## 4.3.2 Objektorientierung – intelligente 3D-Modelle

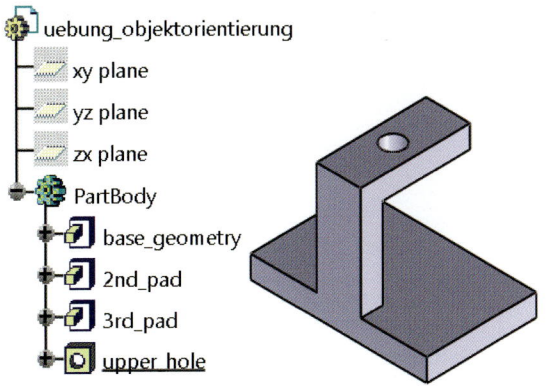

**Bild 4.47** Bauteil zur Demonstration von Objektorientierung in CATIA V5-6

### Verwendete Funktionen

### Lernziele

In der Übung Bracket in Abschnitt 4.3.1 haben Sie die grundsätzliche Vorgehensweise bei der Modellierung von 3D-Geometrie in CATIA V5-6 kennengelernt. Dabei spielen Abhängigkeiten zwischen Teilgeometrien eines Bauteils eine wichtige Rolle. Das wollen wir uns in dieser Übung noch einmal näher ansehen.

### Konstruktionsabsicht

Bei der Erstellung eines Volumenkörpers soll die Bauteilgeometrie in ihrer Form und Dimension unabhängig von der Position im Raum bestehen bleiben. Das Bauteil soll also objektorientiert aufgebaut werden.

### Konstruktionsbeschreibung

Was steckt denn nun genau hinter dem Begriff Objektorientierung? Insbesondere bedeutet diese Konstruktionsmethode, dass lediglich eine Anbindung an das Hauptkoordinatensystem in der ersten Sketch für die Grundgeometrie erlaubt ist. Folgegeometrien entstehen ausschließlich über Referenzen auf schon vorhandene Bauteilgeometrie.

Objektorientierung

Ein Modell soll in seiner Zusammensetzung aus mehreren Teilgeometrien zu jeder Zeit gezielt und mit wenigen Handgriffen editierbar sein, ohne dass die Konstruktionsabsicht verloren geht. Das heißt, dass sich ein Bauteil, nach einer Änderung eines oder mehrerer seiner Parameter, nicht derart verändert, dass es für seinen Verwendungszweck unbrauchbar wird.

Zur Veranschaulichung wird in diesem Beispiel vorgegeben, dass der Sockel in seiner Höhe veränderlich sein soll, ohne dass dies die restliche Formgebung beeinträchtigt (Bild 4.48).

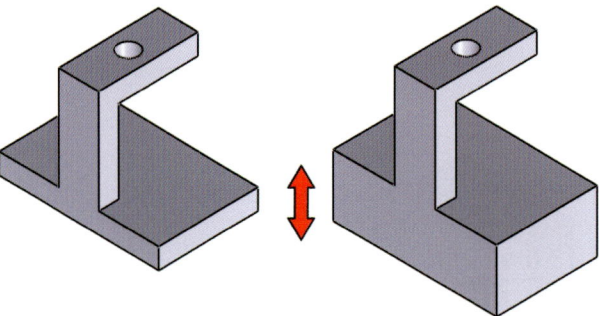

**Bild 4.48** Bei Änderung der Sockelhöhe bleibt der Winkel in seiner Formgebung bestehen.

Zudem soll die Position des Winkels mit Bohrung gegenüber dem Sockel variabel sein, ohne dass dessen Gestalt sich dabei verändert (Bild 4.49).

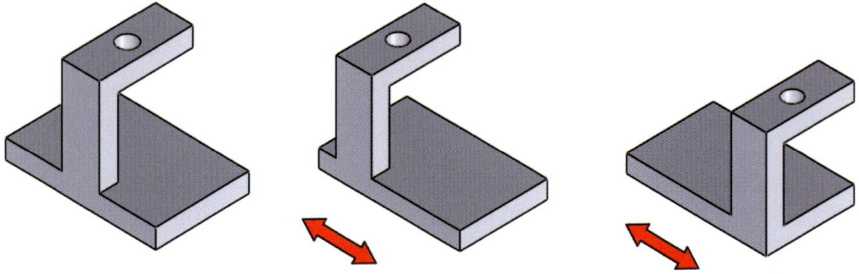

**Bild 4.49** Bei Änderung der Winkelposition bleibt deren Formgebung bestehen.

 New

 Sketch

 Pad

**1. Neue Datei öffnen:** Öffnen Sie ein leeres Dokument im Part Design und benennen Sie es zum Beispiel in »uebung_objektorientierung« um. Speichern Sie diese Datei unter demselben Namen an einem beliebigen Ort auf Ihrem Rechner ab.

**2. Grundgeometrie erzeugen:** Erzeugen Sie eigenständig die Grundgeometrie, einen prismatischen Körper mit den Abmaßen **50 mm × 80 mm × 10 mm auf der xy-plane (als Stützelement)**. Achten Sie darauf, dass Sie den Strukturbaumeintrag entsprechend umbenennen. So erkennen Sie die Teilgeometrie, die hinter dem Eintrag steckt, auf einen Blick (Bild 4.50).

**3. Erste Folgegeometrie:** Für die Entscheidung, welches Stützelement Sie für die *Sketch (Skizze)* der ersten Folgegeometrie wählen, haben Sie zwei offensichtliche Möglichkeiten. Entweder Sie legen die Sketch wieder auf die xy-plane, so wie für die Grundgeometrie, oder Sie wählen die Oberseite des Grundkörpers. Wir werden beide Möglichkeiten näher betrachten:

**a) Anbindung an Hauptkoordinatensystem (keine Objektorientierung):** Fangen Sie mit der xy-plane als Referenz an und legen eine zweite Sketch darauf. CATIA V5-6 wechselt wieder in die 2D-Umgebung. Erzeugen Sie ein Rechteck mit den Abmaßen **20 mm × 10 mm** und binden es über *Constraints (Bedingungen)* an die vorhandene Geometrie.

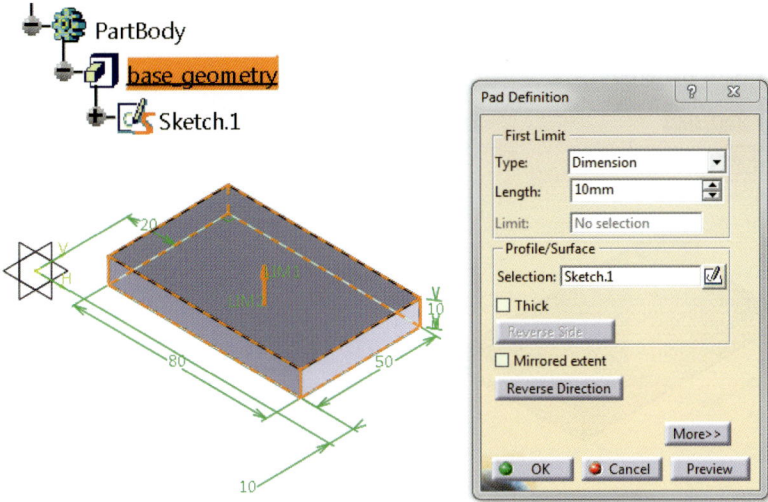

**Bild 4.50** Grundskizze mit der xy plane als Support (Stützebene)

Wechseln Sie bei *Iso-Constrained Sketch (Iso-Bestimmte Skizze)* zurück in den 3D-Raum und prägen das Profil mit der Funktion *Pad (Block)* **50 mm** aus. Damit ragt die zweite Teilgeometrie **40 mm** über die Grundgeometrie hinaus. Wenn Sie nun die Höhe der Grundgeometrie verändern, stellen Sie fest, dass die Folgegeometrie nicht mitwandert. Ab einer Höhe von **50 mm** für den Sockel verschwindet der zweite Baustein sogar völlig. Dass die zweite Teilgeometrie keine Änderung in der Gesamtgeometrie hervorbringt, wird über ein sich öffnendes Dialogfenster als Warnmeldung ausgegeben.

Sie haben die zweite Teilgeometrie über einen Abstand gegenüber dem Hauptkoordinatensystem definiert. Damit haben Sie **nicht objektorientiert** gearbeitet.

**b) Anbindung an vorhandene 3D-Geometrie (Objektorientierung):** Damit der zweite Baustein bei Änderung der Höhe des Sockels mitwandert, müssen Sie die Referenzskizze auf die Oberfläche des Grundkörpers legen. Wiederrufen Sie also die letzten Teilschritte und legen Sie die erste Folgegeometrie auf die Oberfläche des Sockels. Bei einer Ausprägung von **40 mm** und Veränderung der Sockelhöhe wandert die zweite Teilgeometrie stets mit und bleibt **40 mm** hoch. Sorgen Sie auch hier wieder für eine eindeutige Bezeichnung dieses Bausteins im Strukturbaum (Bild 4.51).

**4. Zweite Folgegeometrie:** Mit dem Wissen um die Auswirkungen bei der Wahl von Referenzen legen Sie die dritte *Sketch (Skizze)* auf die Oberfläche der zweiten Teilgeometrie. Vorhin haben wir ja gelernt, dass der Baustein als Folgegeometrie dann entsprechend mitwandert. CATIA V5-6 wechselt wieder in die 2D-Oberfläche. Erzeugen Sie ein formstabiles Rechteck mit den Abmaßen **20 mm × 50 mm**. Für die Positionierung im Raum haben Sie wieder zwei offensichtliche Möglichkeiten. Entweder Sie richten die *Sketch (Skizze)* am Hauptkoordinatensystem aus oder am schon vorhandenen Volumenkörper. Auch hier werden wir uns beide Möglichkeiten näher betrachten.

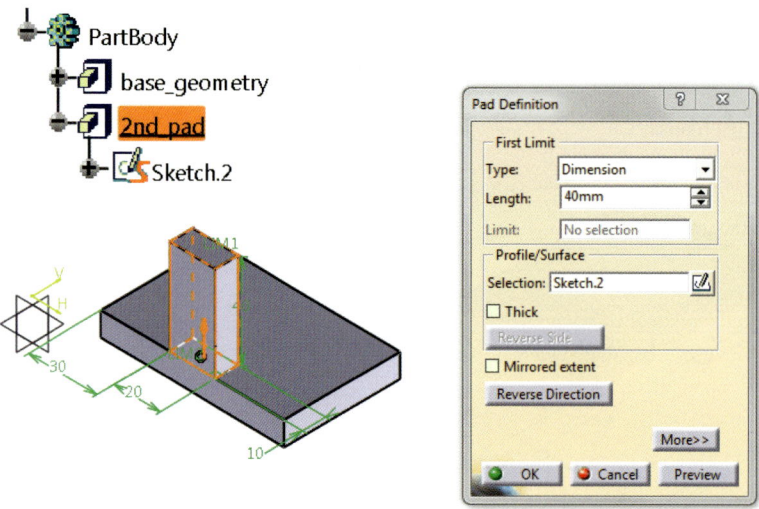

**Bild 4.51** Zweite Sketch (Skizze) auf der Oberfläche des Grundkörpers als Support (Stützelement)

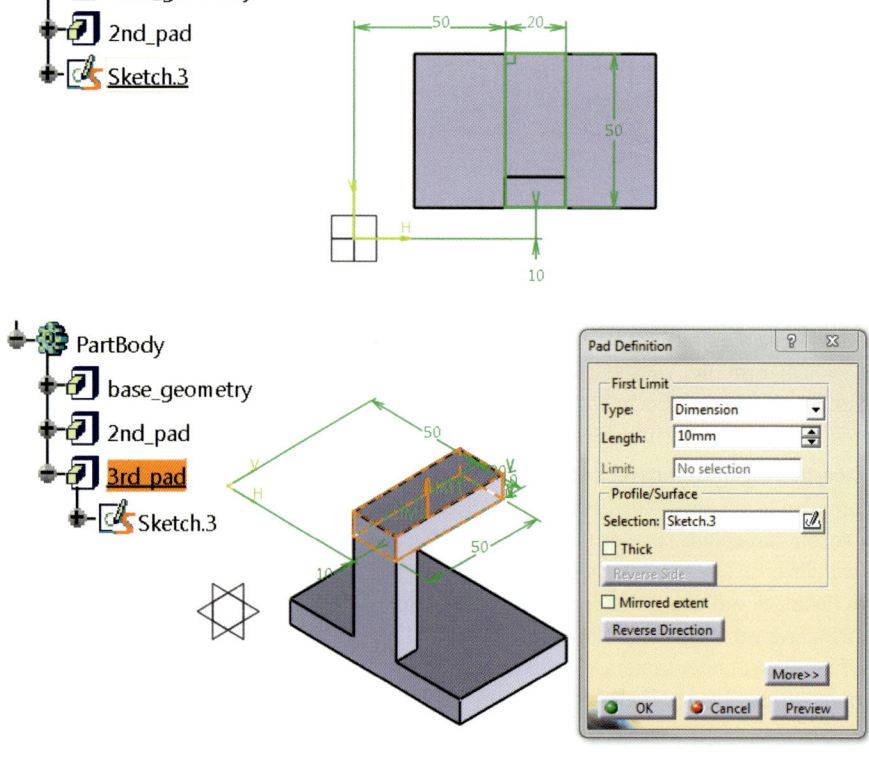

**Bild 4.52** Anbindung der dritten Sketch an das Hauptkoordinatensystem

**a) Anbindung an das Hauptkoordinatensystem (keine Objektorientierung):** Richten Sie das Profil gegenüber dem Hauptkoordinatensystem aus. Mit den hier abgebildeten Maßen liegt die dritte Teilgeometrie an der richtigen Position. Verlassen Sie den Sketcher (Skizzierer) und prägen den Baustein mit **10 mm** aus (Bild 4.52).

Stützelement auf 3D-Körper auswählen

Beim Aufdicken des Sockels wandert jetzt alles wunderbar mit. Verschieben Sie allerdings die zweite Teilgeometrie auf der Oberfläche des Sockels, ändert sich die Position des dritten Bausteins nicht. Nachdem Sie diesen am Hauptkoordinatensystem ausgerichtet haben, wandert er nicht mit. Sie haben also **nicht objektorientiert** gearbeitet (Bild 4.53).

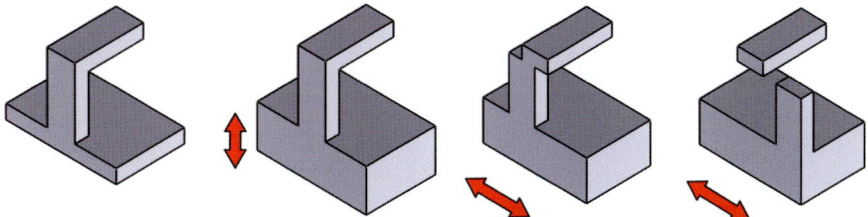

**Bild 4.53** Dritter Baustein wandert beim Verschieben des zweiten Bausteins nicht mit

Noch deutlicher wird es, wenn Sie in die erste Teilgeometrie drehen und anstelle einer parallelen Ausrichtung gegenüber dem Hauptkoordinatensystem einen Winkel definieren, zum Beispiel einen Winkel von **10 Grad**. Die Folgegeometrie wandert nur objektorientiert mit, wenn sie am vorhandenen 3D-Körper entsprechend ausgerichtet wurde (Bild 4.54).

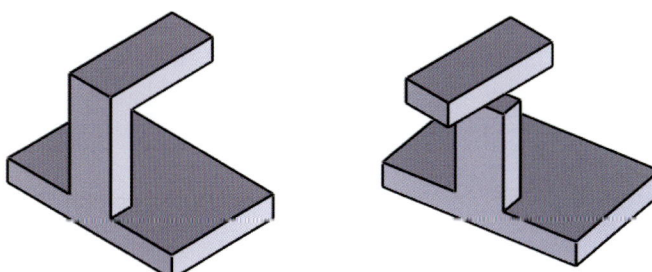

**Bild 4.54** Drehung des ersten Bausteins um 10 Grad: Der dritte Baustein wandert nicht objektorientiert mit

**b) Anbindung an vorhandener Geometrie (Objektorientierung):** Gehen Sie also wieder in die Sketch für den dritten Baustein. Lösen Sie das Profil vom Achsensystem und richten es am vorhandenen Volumenkörper aus. Dazu reichen Ihnen zwei Bedingungen: *Coincidence (Kongruenz)* zwischen zwei Kanten und eine weitere *Coincidence* zwischen einem Punkt der Sketch und einer Kante des Volumenkörpers (Bild 4.55).

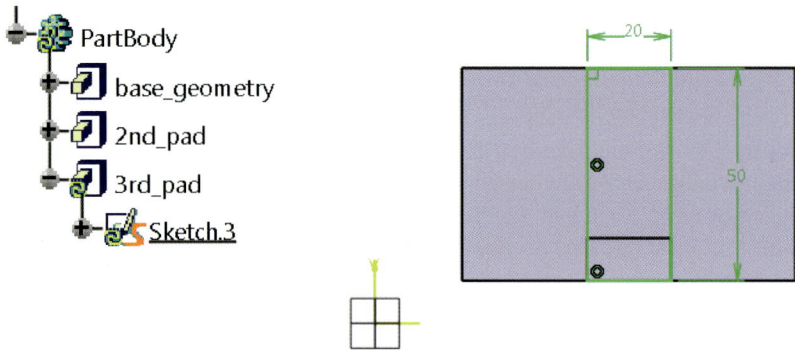

**Bild 4.55** Ausrichtung der dritten Sketch (Skizze) an vorhandener 3D-Geometrie über Coincidence (Kongruenz)

Wenn Sie die Sketch verlassen, wird die editierte Geometrie neu berechnet. Der dritte Baustein liegt wieder an der richtigen Position und wandert bei Veränderungen am Bauteil jetzt »intelligent« mit.

Spielen Sie mit den Abmessungen des 3D-Bauteils und ändern beliebige Maße und Positionen. CATIA V5-6 erkennt gesetzte Abhängigkeiten und der Volumenkörper verändert seine Gestalt unter Berücksichtigung der Assoziativitäten. Sie haben ein intelligentes Modell geschaffen.

**5. Zweite Folgegeometrie anpassen:** Bei Veränderung der Breite der zweiten Teilgeometrie allerdings passt sich der dritte Baustein nicht automatisch an. Dies hätten wir in der *Sketch (Skizze)* für die dritte Teilgeometrie definieren müssen. Gehen Sie dazu also wieder in die entsprechende *Sketch (Skizze)* und entfernen die Breite des Rechtecks. Binden Sie das Profil über *Geometrical Constraints (Geometrische Bedingungen)* an die vorhandene 3D-Geometrie (Bild 4.56).

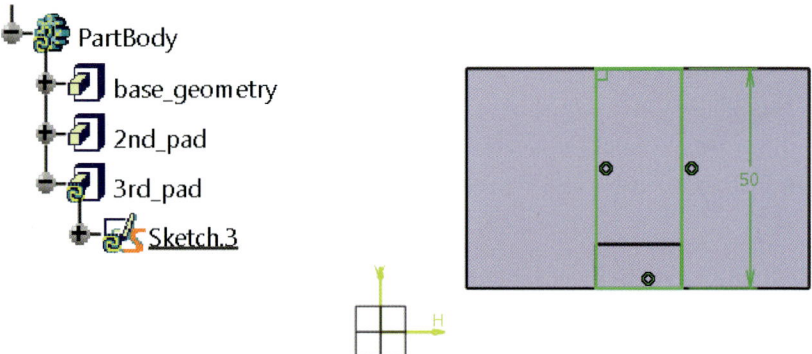

**Bild 4.56** Anstatt über die Steuerung der Breite mit dem Maß 20 mm wird eine Ausrichtung am vorhandenen 3D-Bauteil über Coincidence (Kongruenz) gewählt.

Jetzt wird die Breite der dritten Teilgeometrie über die Breite des zweiten Bausteins gesteuert.

**6. Dritte Folgegeometrie:** Dieselben Regeln gelten natürlich auch für Negativgeometrien. Setzen Sie eine Bohrung auf die Oberfläche des dritten Bausteins, wie in in Bild 4.57 zu sehen. Wählen Sie für die Positionierung eine Anbindung an den Grundkörper, indem Sie die *Positioning Sketch (Positionierungsskizze)* über das Dialogfenster *Hole Definition (Definition der Bohrung)* aufrufen.

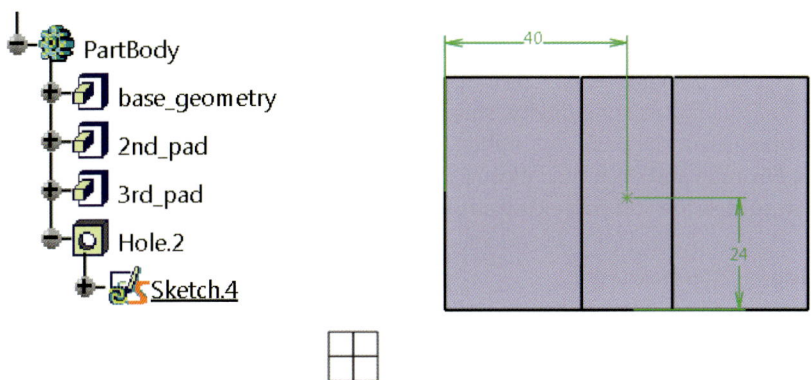

**Bild 4.57** Der Bohrungsmittelpunkt ist gegenüber dem ersten Baustein (mit maßlichen Bedingungen) ausgerichtet.

Für die Durchdringung der Bohrung setzen Sie *Up To Next (Bis zum nächsten)* im Dropdown-Menü *Extension (Bohrtyp)*. Damit bohrt CATIA V5-6 bis hin zur nächsten gefundenen Teilfläche. Geben Sie für den Durchmesser 10 mm an. Bestätigen Sie Ihre Parametereingaben mit *OK* (Bild 4.58).

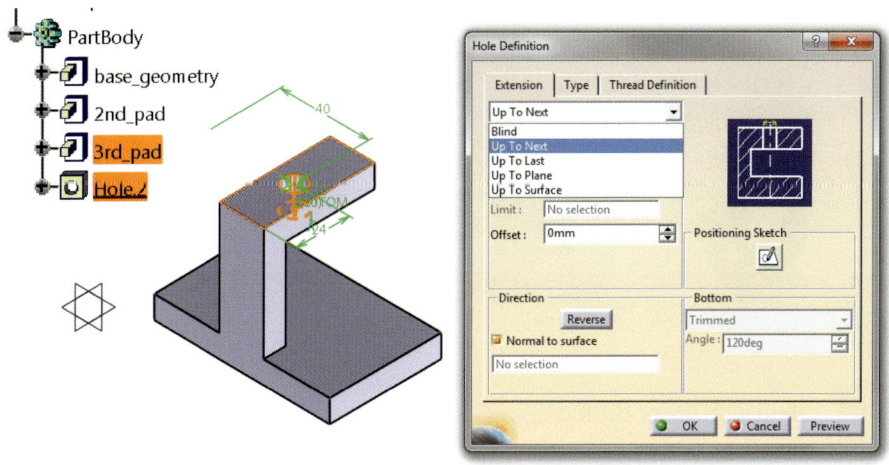

**Bild 4.58** Durchdringung der Bohrung Up To Next (Bis zum nächsten)

Wenn Sie nun die Bausteine 2 und 3 bewegen, bleibt die Bohrung gegenüber dem Grundkörper ausgerichtet und erzeugt eventuell eine ganz andere Gestalt der Volumengeometrie.

Richten Sie Ihre Bohrung also nachträglich gegenüber dem dritten Baustein aus. Gehen Sie dazu in die entsprechende *Positioning Sketch (Positionierungsskizze)* der Bohrung und ersetzen die bestehende Anbindung mit einer Positionierung gegenüber der dritten Teilgeometrie.

Bestätigen Sie Ihre Eingaben und überprüfen, ob sich die Bohrung jetzt intelligent mitbewegt. Verändern Sie beliebige Geometrieabmessungen und beobachten Sie die Veränderungen in der Bauteilgeometrie.

Wie Sie in dieser Übung gesehen haben, spielt es eine wesentliche Rolle, welche Referenzen Sie für Grundkörper und dessen Folgegeometrien wählen. Die Editierbarkeit Ihrer Modellierung hängt also stark vom Aufbau bzw. von den gewählten Abhängigkeitsstrukturen ab. **Für eine stabile Konstruktion und optimale Editierbarkeit von Volumenmodellen sollten Sie stets objektorientiert arbeiten** (Bild 4.59).

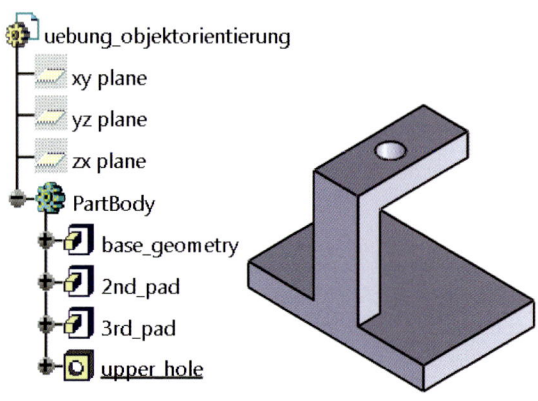

**Bild 4.59** Fertiges, objektorientiert aufgebautes Volumenmodell

www.elearningcamp.com/hanser

**Übung 22: Link (Lasche)**

Quick Access Code: kqi

www.elearningcamp.com/hanser

**Übung 23: Cover (Griffsteg)**

Quick Access Code: p49

**Übung 24: Flange (Flansch)**
Quick Access Code: pr0

www.elearningcamp.com/hanser

 **Übung 25: Web plate (Stegblech)**
Quick Access Code: xdp

www.elearningcamp.com/hanser

 **Übung 26: Lever (Hebelarm)**
Quick Access Code: 8w8

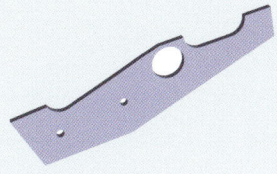

www.elearningcamp.com/hanser

**Übung 27: Locking Ring (Sicherungsring)**
Quick Access Code: i2r

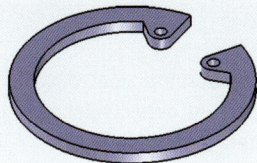

www.elearningcamp.com/hanser

### 4.3.3 Übung Hook

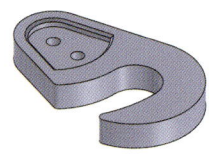
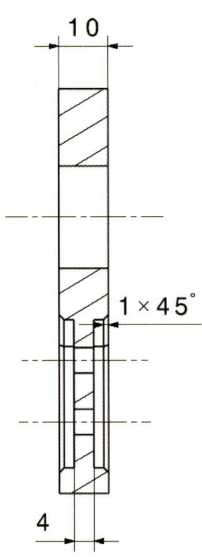
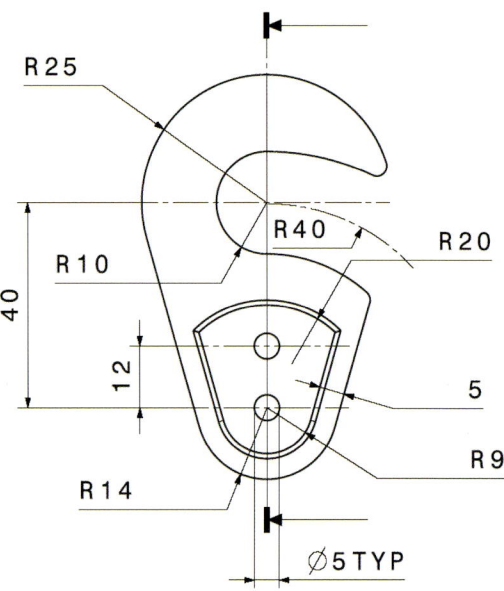

alle unbemaßten Radien R2

**Bild 4.60** Technische Zeichnung des »Hook«

### Verwendete Funktionen

### Lernziele

Um den Konstruktionsaufwand zu verringern, kann die Symmetrie eines Bauteils auch im 3D-Raum genutzt werden. Das wird an diesem Beispiel deutlich. Das verhältnismäßig komplizierte Grundprofil des Hakens wird aus Einzelelementen zusammengestückelt und anschließend zu einem Endprofil zugeschnitten.

### Konstruktionsabsicht

Die Höhe (das Maß **40 mm**) soll beliebig verändert werden können, ohne dass das Bauteil in seiner Geometrie zusammenbricht. Der Abstand zwischen dem Kreisbogen des Ausschnittes und der Einlaufkulisse soll dabei mit **10 mm** stets gleich bleiben.

### Konstruktionsbeschreibung

 New

**1. Neue Datei öffnen:** Öffnen Sie ein leeres Dokument im *Part Design (Teilekonstruktion)*, und benennen Sie dieses als »uebung_hook«. Speichern Sie die Datei unter demselben Namen an einem beliebigen Ort auf Ihrem Rechner ab.

**2. Grundskizze erstellen:** Rufen Sie die Funktion *Sketcher (Skizzierer)* auf, und übergeben Sie ihr die *xy-plane*. Das Programm wechselt in die 2D-Umgebung. Schieben Sie hier das gelbe Achsenkreuz in den linken unteren Bildschirmrand und beginnen die Konstruktion im »freien Raum«.

 Sketch

Die seitliche Profilkontur des Hakens über die Funktion *Profile (Profil)* zu erstellen, wäre bei diesem Beispiel verhältnismäßig aufwendig. Stattdessen kann die Kontur sehr schnell über die Zusammenstückelung von einzelnen Elementen und anschließendes Zuschneiden zum Endprofil erfolgen.

Erzeugen Sie dazu zunächst eine Mittellinie als Konstruktionselement, die Sie auch gleich in ihrer Länge definieren (**40 mm**). Die Teilkreise der Kontur liegen in ihrem Mittelpunkt alle kongruent auf Anfangs- oder Endpunkt der Linie.

Erzeugen Sie alle nötigen Elemente über die Funktion *Circle (Kreis)* und definieren dessen Durchmesser. Setzen Sie als geometrische Bedingung *Coincidence (Kongruenz)* zur Anbindung an die Konstruktionshilfe (Bild 4.61).

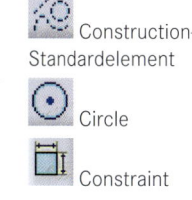
Line
Construction-/ Standardelement
Circle
Constraint

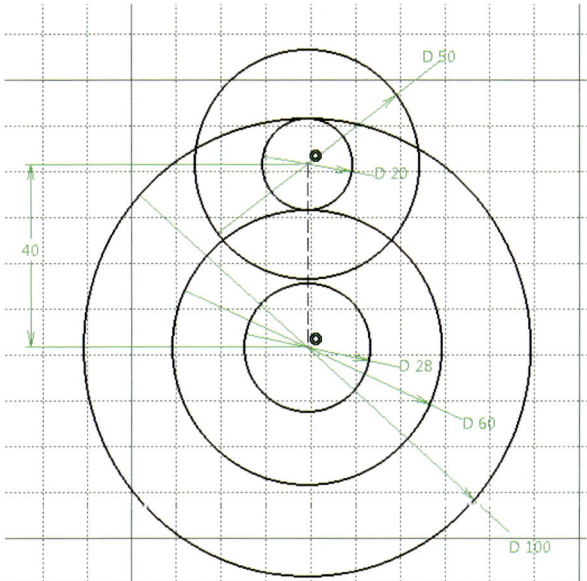

**Bild 4.61** Kreiskonturen des Hakens als Vollkreise

Über die Funktion *Bi-Tangent Line (Bitangentiale Linie)* aus der Unterfunktionsgruppe *Line (Linie)* können die noch fehlenden Verbindungslinien zwischen den Kreisen mit Durchmesser **28 mm** und Durchmesser **50 mm** gezogen werden. Aktivieren Sie dazu die Funktion und wählen genau die Kreissegmente an, die miteinander verbunden werden sollen. Wählen Sie die falsche Stelle des Kreises an, wird die bitangentiale Linie nicht so gesetzt, wie hier verlangt. Das Programm erzeugt Kongruenz und *Tangentenstetigkeit* automatisch.

 Bitangent Line

Natürlich können Sie auch eine Linie in den freien Raum zeichnen und die geometrischen Bedingungen nachträglich per Hand über die Funktion *Constraints Defined in Dialog Box (Im Dialogfenster definierte Bedingungen)* setzen (Bild 4.62).

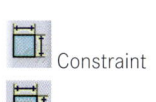
Constraint
Constraints Defined in Dialog Box

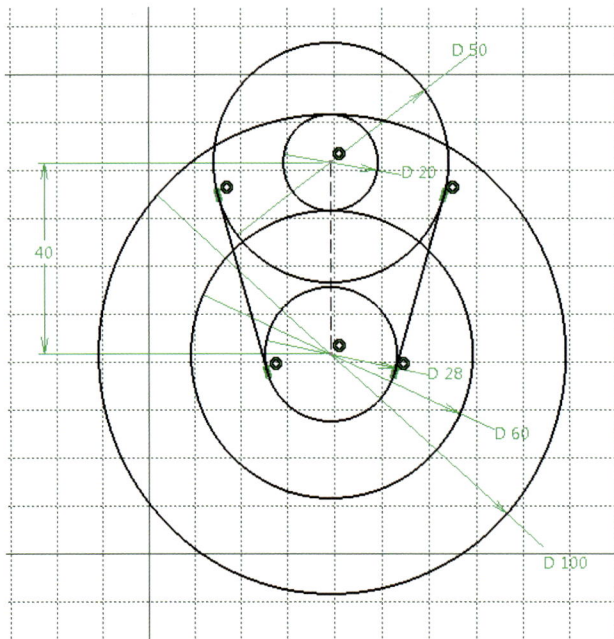

**Bild 4.62** Hinzugefügte, bitangentiale Linien

 Quick Trim

Mit Doppelklick auf die Funktion *Quick Trim (Schnelles Trimmen)* können Sie die unerwünschten Teilsegmente sehr schnell ausradieren, sodass die gewünschte Kontur des Hakens stehen bleibt (Bild 4.63).

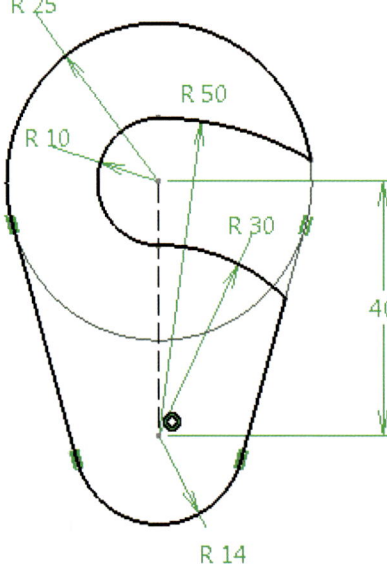

**Bild 4.63** Zuschnitt der Figur

Überprüfen Sie Ihre Skizze auf Formstabilität über die interaktive Prüfung und ergänzen gegebenenfalls fehlende Zwangsbedingungen.

**3. Profil positionieren:** Schieben Sie das formstabile Profil in Richtung Hauptachsensystem und binden es an das gelbe Achsenkreuz. Zur eindeutigen Positionierung kann der Abstand der Mittellinie gegenüber der vertikalen Achse festgelegt werden und eine Bemaßung des Anfangspunktes der Linie gegenüber der horizontalen Achse erfolgen. Damit ist die Position des Profils exakt definiert.

 Constraint

**4.** Überprüfen Sie die Skizze wieder auf Iso-Bestimmtheit über den *Sketch Solving Status (Skizzenauflösungsstatus)*. Sollten Elemente noch unterbestimmt sein, lösen Sie das Profil vom Hauptkoordinatensystem und schaffen über die Definition von noch notwendigen Zwangsbedingungen Formstabilität, bevor Sie die Skizze erneut anbinden (Bild 4.64).

 Sketch Solving Status

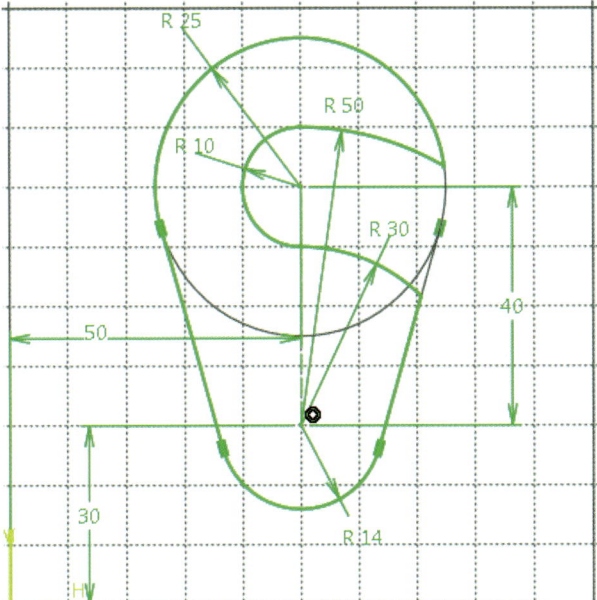

**Bild 4.64** Anbindung an das Hauptkoordinatensystem zur Orientierung im Raum

**5. Grundgeometrie ausprägen:** Verlassen Sie den Skizzierer und prägen das Profil mit einer Tiefe von nur **5 mm** aus. Wenn Sie die Seitenansicht der technischen Zeichnung in Bild 4.60 betrachten, werden Sie erkennen, dass es sich um ein symmetrisches Bauteil handelt. Diese Symmetrie soll genutzt werden, um die Hälfte des Bauteils zu konstruieren und anschließend im 3D-Raum zu einem Gesamtkörper zu spiegeln. Auf diese Weise sparen Sie sich einige Modellierungsschritte. Vorher muss die halbe Körpergeometrie allerdings noch um die fehlenden Kantenverrundungen, die Tasche und Bohrungen ergänzt werden.

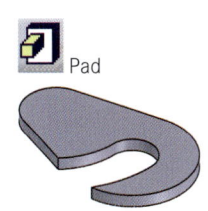 Pad

**6. Hauptkoordinatensystem in den No Show-Raum stellen:** Das im Modellbereich noch angezeigte Hauptkoordinatensystem wird für weitere Modellierungsschritte nicht mehr benötigt (Objektorientierung). Stellen Sie es in den nicht sichtbaren Raum.

 Hide/Show

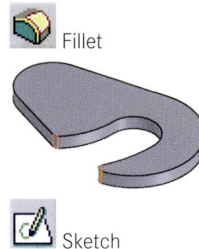
Fillet

Sketch

Pocket

**7. Fillets setzen:** Erzeugen Sie als nächsten Schritt die *Fillets (Kantenverrundungen)* an der eben erzeugten Grundgeometrie.

**8. Ausschnitt erzeugen:** Erzeugen Sie eine neue Skizze auf der Bauteiloberfläche. Zur Definition des Taschenprofils werden nur zwei Bemaßungsbedingungen benötigt. Damit das Bauteil anpassungsfähig bleibt (laut Konstruktionsabsicht), werden für die Kontur nur mehr geometrische Bedingungen gegenüber dem schon vorhandenen Volumenkörper gesetzt. Damit wird das Profil, auch nach Veränderung der Bauteilhöhe, in seiner gewünschten Position gehalten. Erzeugen Sie dazu die Kontur zunächst ungefähr maßstäblich im »freien Raum«. Ziehen Sie einen Fangrahmen um die erzeugte Skizze, und ziehen Sie etwa in die richtige Position in das Bauteil. Setzen Sie hier die notwendigen Bedingungen zur exakten Definition von Form und Lage. Schneiden Sie das Profil anschließend über die Funktion *Pocket (Tasche)* mit einer Tiefe von **3 mm** aus (Bild 4.65).

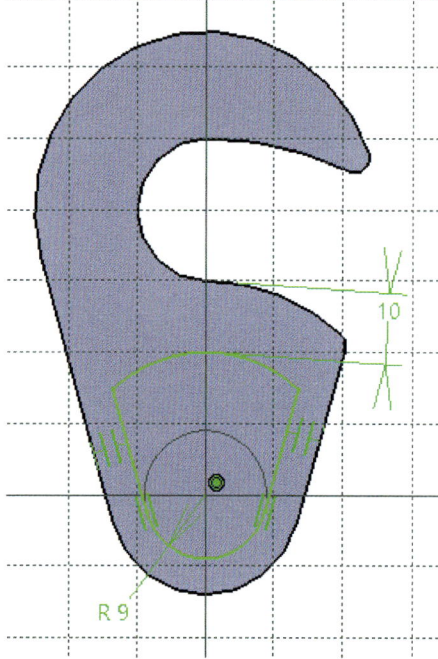

**Bild 4.65** Sketch der seitlichen Pocket (Tasche)

Chamfer

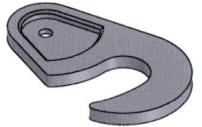
Hole

**9. Fase setzen:** Setzen Sie nun die *Chamfer (Fase)* an der eben erzeugten Teilgeometrie.

**10. Bohrungen setzen:** Setzen Sie die noch ausstehenden zwei Bohrungen an die richtige Position in das Bauteil. Um sich den Aufruf der Positionierskizze für die untere (konzentrisch liegende) Durchgangsbohrung zu sparen, kann die Positionierung des Bohrungsmittelpunktes über eine gezielte Auswahlreihenfolge vom Programm übernommen werden.

**Expertentipp: Konzentrische Bohrungen**

Bei der Erzeugung von konzentrischen Bohrungen übernimmt das Programm die Positionierung des Bohrungsmittelpunktes durch folgende Auswahlreihenfolge automatisch:

- Funktion *Hole (Bohrung)*
- Kreissegment, zu dem die Bohrung konzentrisch liegen soll (siehe Abbildung)

- Oberfläche, in die gebohrt werden soll
- Wenn Sie nun im Dialogfenster der Bohrungsdefinition die Positionierskizze aufrufen, werden Sie feststellen, dass CATIA V5-6 die geometrische Bedingung automatisch erzeugt hat.

Setzen Sie nun auch die zweite Bohrung. Nachdem sie zu keinem Kreissegment konzentrisch liegt, muss sie über die Positionierskizze in ihrer Lage definiert werden. Der Bohrungsmittelpunkt liegt äquidistant zu den beiden Körperkanten und im Abstand **12 mm** zur unteren Bohrung.

**11. Spiegeln:** Da die halbe Geometrie fertig ist, wird sie nun zum kompletten Volumenkörper samt aller Teilgeometrien gespiegelt. Wählen Sie dazu die Funktion *Mirror (Spiegeln)* aus der Funktionsgruppe *Transformation Features (Transformationskomponenten)*, und übergeben Sie ihr die Spiegelungsebene, also die Rückseite des Bauteils (Bild 4.66).  Mirror

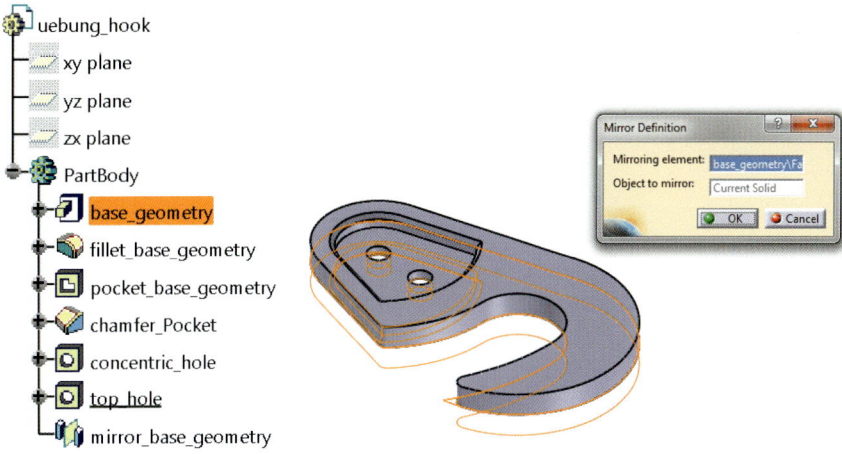

**Bild 4.66** Spiegelung der Gesamtgeometrie

Save

Änderungsfreundlichkeit überprüfen

**12. Speichern:** Speichern Sie das fertige Bauteil an einem beliebigen Speicherort auf Ihrem Rechner ab.

**13. Änderungsfreundlichkeit überprüfen:** Verändern Sie die Abmaße des Bauteils beliebig. Der Volumenkörper darf sich nur innerhalb der Vorgaben unter der Konstruktionsabsicht verändern.

**14. Strukturbaum »aufräumen«:** Die Bauteilhistorie könnte beispielsweise wie in Bild 4.67 dargestellt aussehen. Vergessen Sie nicht, aussagekräftige, eigene Bezeichnungen für die Strukturbaumeinträge zu wählen. So behalten Sie eine bessere Übersicht über die Bearbeitungsschritte.

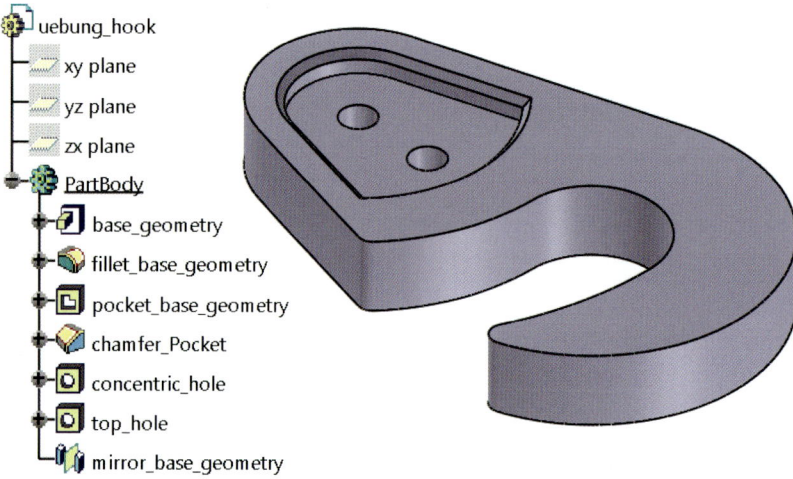

**Bild 4.67** Fertiges Bauteil

## 4.3.4 Übung Lochblech

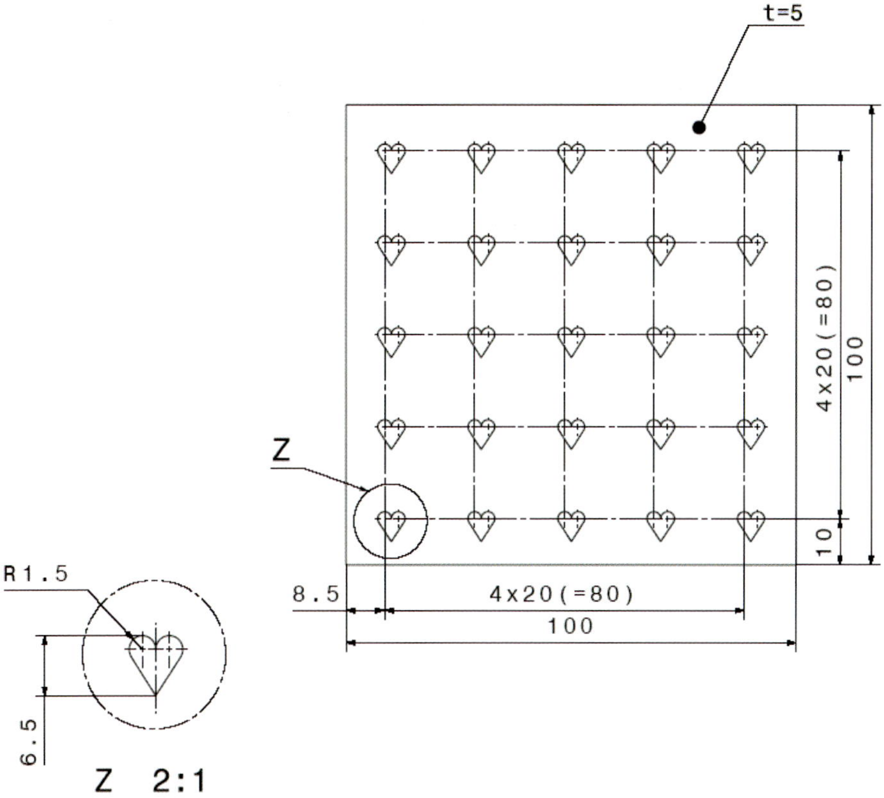

**Bild 4.68** Technische Zeichnung der »Heart-Plate«

**Verwendete Funktionen**

**Lernziele**

Häufig kommen Teilgeometrien in Volumenmodellen mehrfach vor. Die Erzeugung jeder einzelnen Geometrie wäre sehr aufwendig und zeitraubend. CATIA V5-6 stellt aus diesem Grund Funktionen zur Erstellung von Wiederholungselementen zur Verfügung.

**Konstruktionsabsicht**

Die Packmaße (Höhe, Breite, Tiefe) des Bauteils sollen beliebig verändert werden können, ohne dass das Bauteil in seiner Geometrie zusammenbricht.

### Konstruktionsbeschreibung

Immer wiederkehrende Funktionen oder Funktionsabfolgen aus den vorangegangenen Beispielen werden im Folgenden nur noch knapp und meist ohne die dazugehörigen Icons in der Randleiste beschrieben. Sie sollten nun genügend Übung haben, die grundlegenden Modellierungsschritte selbstständig zu erledigen. Neue Funktionen oder Feinheiten von schon behandelten Befehlen werden weiterhin ausführlich beschrieben.

 New

 Pad

 Pocket

**1. Neue Datei öffnen:** Öffnen Sie ein leeres Dokument, und benennen Sie dieses als »uebung_heart-plate«. Speichern Sie die Datei unter demselben Namen an einem beliebigen Ort auf Ihrem Rechner ab.

**2. Grundplatte erstellen:** Erzeugen Sie die Rechteckplatte mit den Abmaßen **100 mm** × **100 mm** laut technischer Zeichnung als Grundgeometrie.

**3. Referenzausschnitt erzeugen:** Definieren Sie eine neue Skizze auf der Bauteiloberfläche und erzeugen das formstabile Profil eines Herzchens. Positionieren Sie die Kontur ins linke untere Eck der Grundplatte und prägen die Skizze als *Pocket (Tasche)* aus (Bild 4.69).

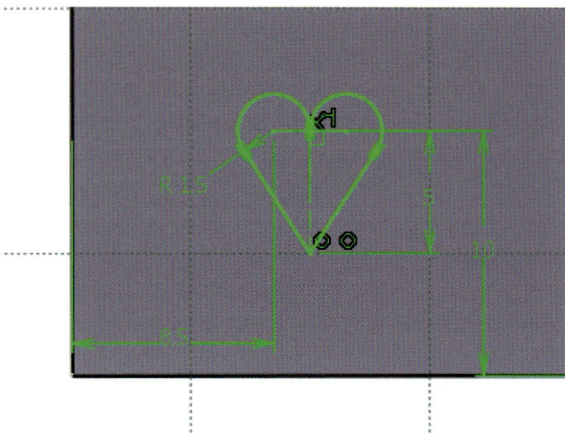

**Bild 4.69** Sketch der Herzchenkontur

**4. Widerholungselemente erzeugen:** Laut der technischen Zeichnung, die in Bild 4.68 zu sehen ist, muss dieses Profil insgesamt 25 Mal ausgeschnitten werden. Jedes Herzchen einzeln zu konstruieren, wäre dabei äußerst aufwendig und zeitraubend. Über die Definition von rechteckig angeordneten Wiederholungselementen kann der Konstruktionsaufwand erheblich verringert werden.

 Rectangular Pattern

Rufen Sie dazu die Funktion *Rectangular Pattern (Rechteckmuster)* aus der Unterfunktionsgruppe *Patterns (Wiederholungselemente)* auf. Es öffnet sich ein Dialogfenster, in dem mehrere Parameter definiert werden müssen. Im Reiter *First Direction (Erste Richtung)* wird unter *Parameters (Parameter)* aus dem Drop-down-Menü der Menüpunkt *Instances & Spacing (Exemplar(e) & Abstand)* gewählt. Geben Sie nun die richtige Anzahl der Exemplare und deren Abstand zueinander in den jeweiligen Eingabefeldern an. Der sich daraus ergebende Wert für das Eingabefeld *Length (Länge)* wird vom Programm automatisch eingeschrieben (Bild 4.70). Zur Definition der *Reference Direction (Referenzrichtung)* wird die Eingabe eines Richtungsvektors verlangt. Übergeben Sie hier eine geeignete Körperkante durch Anwahl im Modellbereich (sie erscheint rot). Über den darunter liegenden Umschalter *Reverse (Umkehren)* definieren Sie die Pfeilrichtung des Vektors. Alternativ können Sie zur Richtungsänderung auch die orange dargestellte Pfeilspitze im Modellbereich anklicken. Damit wird das Muster in die Gegenrichtung projiziert.

**Expertentipp: Richtungsänderungen bei Funktionen**

Bei Funktionen im 3D-Raum sind häufig Richtungsangaben zu deren korrekter Definition notwendig. Diese können entweder in der Eingabemaske zur entsprechenden Funktion über einen Umschalter – meist ein Icon mit dem Namen *Reverse (Umkehren)* – oder durch die Anwahl der Spitze eines orange dargestellten Pfeils im Modellbereich erfolgen.

Zuletzt muss noch der Parameter *Object to Pattern (Objekt für Muster)* definiert werden. Nachdem nur die Tasche als Wiederholungselement erzeugt werden soll, wird hier der Strukturbaumeintrag des vorhin erzeugten Ausschnittes eingeschrieben (Bild 4.70).

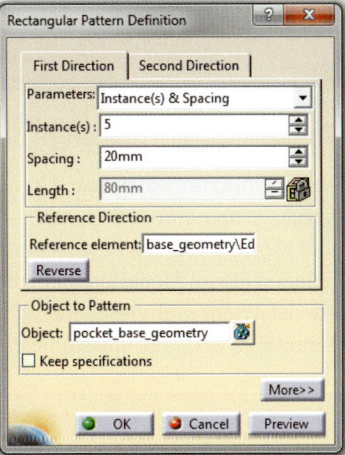

**Bild 4.70** Definition des Rectangular Pattern (Rechtecksmuster): Erste Richtung

**Expertentipp: Referenzen im Strukturbaum anwählen**

Um Referenzen im Dialogfenster gezielt einzutragen, sollten Sie die jeweiligen Elemente wenn möglich im Strukturbaum anwählen. Auf diese Weise können Elemente gezielter selektiert werden. Ist dies nicht möglich, müssen Sie die Elemente vorsichtig im Modellbereich anklicken.

Wenn die Übertragung von mehreren Objekten möglich (und erwünscht) ist, kann ein dafür vorgesehenes Icon neben dem Eingabefeld im Dialogfenster der jeweiligen Funktion aktiviert werden. Es öffnet sich ein weiteres Eingabefenster, in dem mehrere Elemente verwaltet werden können.

Durch Bestätigung der Eingaben über die *Preview (Voranzeige)* wird das Ergebnis im Modellbereich angezeigt. Nachdem aber noch eine zweite Richtung notwendig ist, müssen die entsprechenden Angaben dazu noch getätigt werden. Diese erfolgen im Reiter *Second Direction (Zweite Richtung)*. Bestätigen Sie Ihre Eingaben anschließend mit *OK*. Sie erhalten nun den Volumenkörper zur technischen Zeichnung (Bild 4.71).

 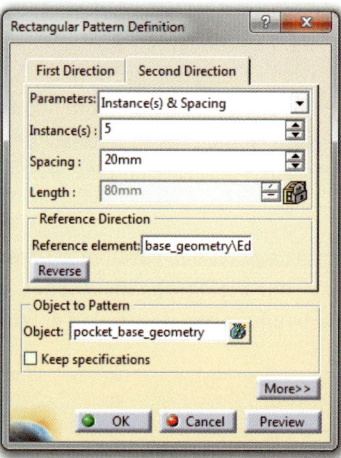

**Bild 4.71**  Definition des Rectangular Pattern (Rechtecksmuster): Zweite Richtung

**5. Rechteckmuster editieren:** Um Veränderungen vornehmen zu können, kann die Eingabemaske erneut durch Doppelklick auf den Strukturbaumeintrag des Rechteckmusters geöffnet werden. Soll das Rechteckmuster beispielsweise nicht vollständig aufgefüllt werden, können die im Modellbereich mit einem orangefarbenen Punkt angedeuteten Ankerpunkte der Wiederholungselemente per Mausklick ein- und ausgeschaltet werden. Über die Voranzeige wird das vorläufige Ergebnis im Modellbereich angezeigt (Bild 4.72).

 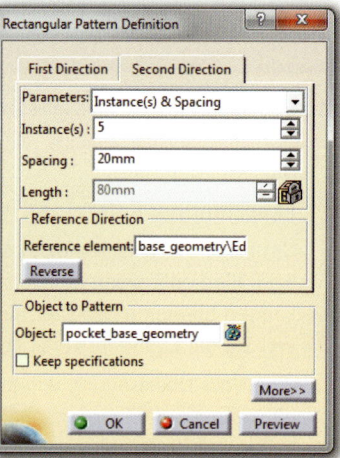

**Bild 4.72**  Deaktivierung von Instanzen durch Anklicken der Ankerpunkte

**6. Strukturbaum »aufräumen«:** Vergessen Sie nicht, eigene Bezeichnungen für die Strukturbaumeinträge zu wählen, die deutlich machen, um welche Teilgeometrie es sich handelt (Bild 4.73).

**7. Speichern:** Speichern Sie das fertige Bauteil an einem beliebigen Speicherort auf Ihrem Rechner ab.

 Save

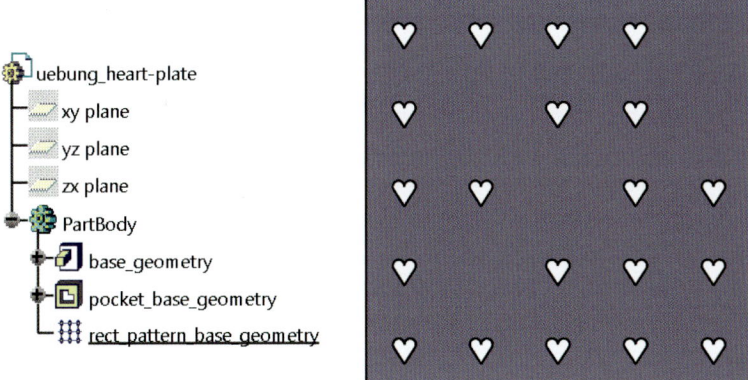

**Bild 4.73** Fertiges Bauteil

## 4.3.5 Übung Reference Elements (Punkte, Linien und Ebenen im Raum)

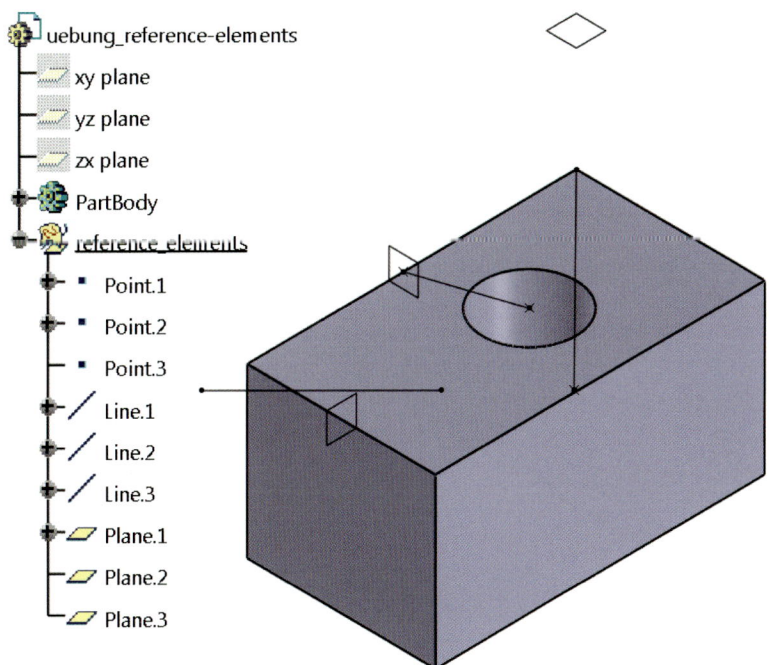

**Bild 4.74** Übungsmodell Reference Elements (Referenzelemente) im Raum

## Verwendete Funktionen

## Lernziele

Einige der folgenden Übungen können mit den bisher kennengelernten Funktionen wegen fehlender Referenzen nicht bearbeitet werden. Zum Beispiel sind schräge Ausprägungen zu einem Bauteil bisher noch nicht möglich. Dazu fehlt ein geeignetes Stützelement als Grundlage für ein Skizzenprofil. Reichen die durch einen vorhandenen Körper gegebenen Referenzen zur Anwendung einer Funktion also nicht aus, müssen Sie mit Elementen wie Linien, Punkten oder Ebenen häufig neue Möglichkeiten der Referenz erzeugen (z. B. Stützelemente für Skizzen, Begrenzungsebenen oder Richtungsvektoren etc.).

## Konstruktionsbeschreibung

Im 3D-Raum stellt CATIA V5-6 die Möglichkeit bereit, eindimensionale und zweidimensionale Geometrien in Form von Punkten, Linien und Ebenen zu erzeugen. Sie werden in Abhängigkeiten von schon vorhandenen Referenzen im Raum erzeugt (zum Beispiel über Oberflächen, Kanten oder Eckpunkte von bereits vorhandener Volumengeometrie).

 New

**1. Neue Datei öffnen:** Öffnen Sie ein leeres Dokument, und benennen Sie dieses als »uebung_reference-elements«. Speichern Sie die Datei unter demselben Namen an einem beliebigen Ort auf Ihrem Rechner ab.

 Pad

**2. Volumenkörper erzeugen:** Erzeugen Sie selbstständig einen Rechteckkörper mit beliebigen Abmaßen und einer durchgängigen Bohrung an beliebiger Stelle. Vernachlässigen Sie aber die bisher erlernte Methodik nicht. Anhand dieser Volumengeometrie werden wir Punkte, Linien und Ebenen im 3D-Raum erzeugen (Bild 4.75).

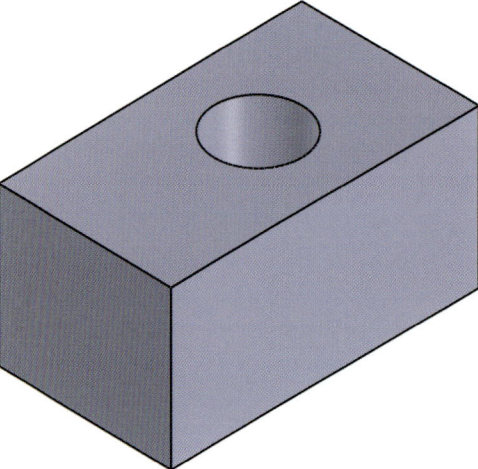

**Bild 4.75** Volumenkörper als Startmodell zur Anwendung von Funktionen der Reference Elements Extended (Referenzelemente Erweitert)

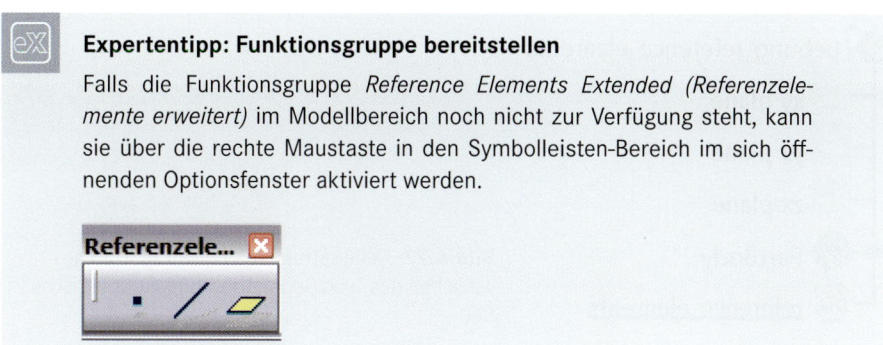

3. **Datenschachtel für Referenzelemente bereitstellen:** Nachdem Punkte, Linien und Ebenen in der Regel Referenzen zur Erzeugung von Volumengeometrie sind, sollten sie in eine dafür vorgesehene Datenschachtel abgelegt werden. Damit stören sie nicht in der für Volumengeometrie vorgesehenen Datenschachtel, dem *PartBody (Hauptkörper)*. Die Übersichtlichkeit der Konstruktion wird damit stark erhöht. Ein sogenanntes *Geometrical Set (Geometrisches Set)* erzeugen Sie über das Menü **INSERT > GEOMETRICAL SET...** (**EINFÜGEN > GEOMETRISCHES SET...**). Wählen Sie für den Namen der Datenschachtel »reference_elements« (Bild 4.76).

 Geometrical Set

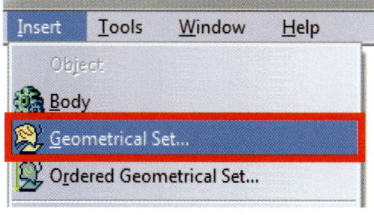
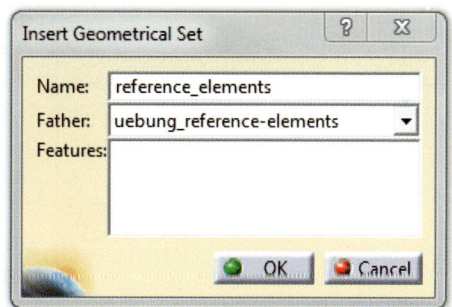

**Bild 4.76** Einfügen von Geometrical Sets (Geometrischen Sets)

Der Strukturbaum erweitert sich um einen weiteren Eintrag auf derselben Hierarchiestufe wie der *PartBody (Hauptkörper)* und wird unterstrichen dargestellt. Dieser Unterstrich deutet an, dass die im Folgenden erzeugten Elemente auch in diese Datenschachtel eingeschrieben werden (Bild 4.77).

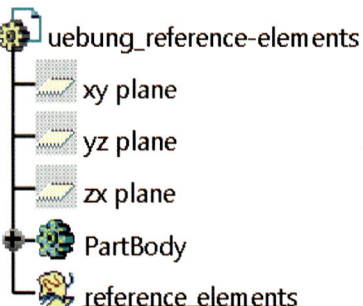

**Bild 4.77** Neuer Strukturbaumeintrag: Datenschachtel des Typs Geometrical Set (Geometrisches Set)

CONTEXTMENUE > DEFINE IN WORK OBJECT

**4. Wechsel zwischen den Datenschachteln:** Der Wechsel zwischen Datenschachteln – beispielsweise dem *Hauptkörper (PartBody)* und einem *Geometrischen Set (Geometrical Set)* – erfolgt über das Kontextmenü (rechte Maustaste auf den Strukturbaumeintrag) mit Anwahl des Menüpunktes *Define In Work Object (Objekt in Bearbeitung definieren)* (Bild 4.78).

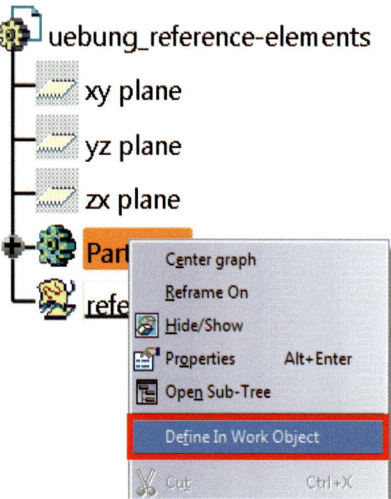

**Bild 4.78** Aktivierung von Datenschachteln

Achten Sie bei Ihrer Konstruktion stets darauf, dass die von Ihnen erzeugten Objekte auch in die Datenschachteln eingeschrieben werden, die dafür vorgesehen sind. Ein nachträgliches Verschieben von Elementen zwischen den Datenschachteln ist im *Part Design (Teilekonstruktion)* wegen festgelegten Abhängigkeitsstrukturen in den meisten Fällen nicht möglich.

 **Expertentipp: Funktionsgruppe bereitstellen**
Für geometrische Sets sind ausschließlich (im Sinne des CAD) eindimensionale Objekte, also Punkte oder Linien, bzw. zweidimensionale Objekte, also Ebenen oder Flächen, zulässig. Dreidimensionale Geometrie, also volumenbehaftete Teilgeometrien, können hier (bei deaktiviertem Hybrid Design) nicht eingeschrieben werden.

Aktivieren Sie also die Datenschachtel »reference_elements« für die folgenden Modellierungsschritte.

**5. Punkte erzeugen:** Wählen Sie die Funktion *Point (Punkt)* an. Es öffnet sich ein Dialogfenster, in dem abhängig vom *Point Type (Punkttyp)* verschiedene Referenzen zur Punkterzeugung verlangt sind. Versuchen Sie, selbstständig am schon vorhandenen Volumenkörper beliebige Punkte zu erzeugen. Die Kommentarzeile wird Ihnen bei der Auswahl der richtigen Elemente behilflich sein. Bild 4.79 zeigt einige Beispiele.

 Point

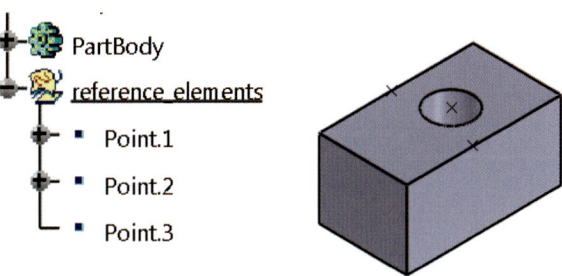

**Bild 4.79**  Beispiele für Punkte im Raum

**Linien erzeugen:** Wählen Sie die Funktion *Line (Linie)* an. Es öffnet sich ein Dialogfenster, das dem der Punktdefinition sehr ähnlich ist. Auch hier können abhängig vom *Line Type (Linientyp)* verschiedene Referenzen zur Linienerzeugung angegeben werden. Versuchen Sie so wie bei der Punkterzeugung, selbstständig beliebige Linien zu erzeugen. Die Kommentarzeile wird Ihnen bei der Auswahl der richtigen Elemente behilflich sein. Zur Liniendefinition stehen nicht nur die vorhin erzeugten Punkte, sondern auch Elemente des Volumenkörpers (Eckpunkte, Kanten und Flächen) zur Verfügung (Bild 4.80).

 Line

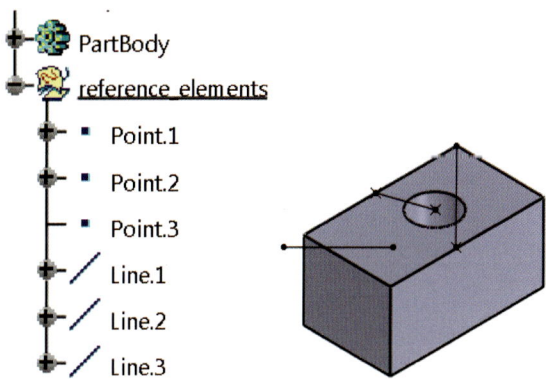

**Bild 4.80**  Beispiele für Linien im Raum

**6. Ebenen erzeugen:** Wählen Sie die Funktion *Plane (Ebene)* an. Es öffnet sich wieder ein Dialogfenster. Auch hier können abhängig vom *Plane Type (Ebenentyp)* verschiedene Referenzen zur Ebenenerzeugung angegeben werden. Versuchen Sie auch hier wieder, selbstständig beliebige Ebenen zu erzeugen. Die Kommentarzeile wird Ihnen bei der Auswahl der richtigen Elemente behilflich sein (Bild 4.81).

 Plane

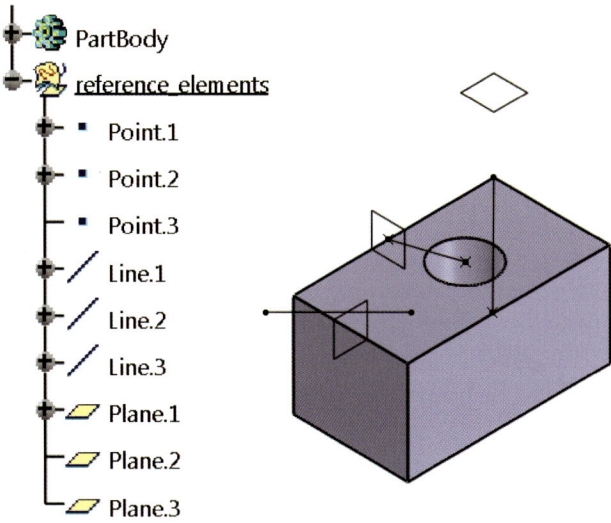

**Bild 4.81** Beispiele für Ebenen im Raum

Verwenden Sie auf diese Übung ruhig etwas Zeit. Die Erzeugung von Punkten, Linien und Ebenen im Raum fördert Ihr räumliches Vorstellungsvermögen. Vor allem bei komplexeren Konstruktionsaufgaben mit Steuergeometrien ist der sichere Umgang mit diesen Funktionen unerlässlich.

*www.elearningcamp.com/hanser*

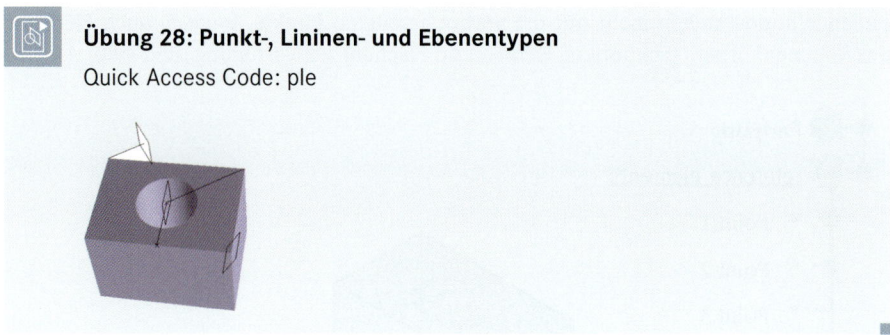

**Übung 28: Punkt-, Lininen- und Ebenentypen**

Quick Access Code: ple

## 4.3.6 Übung Tub

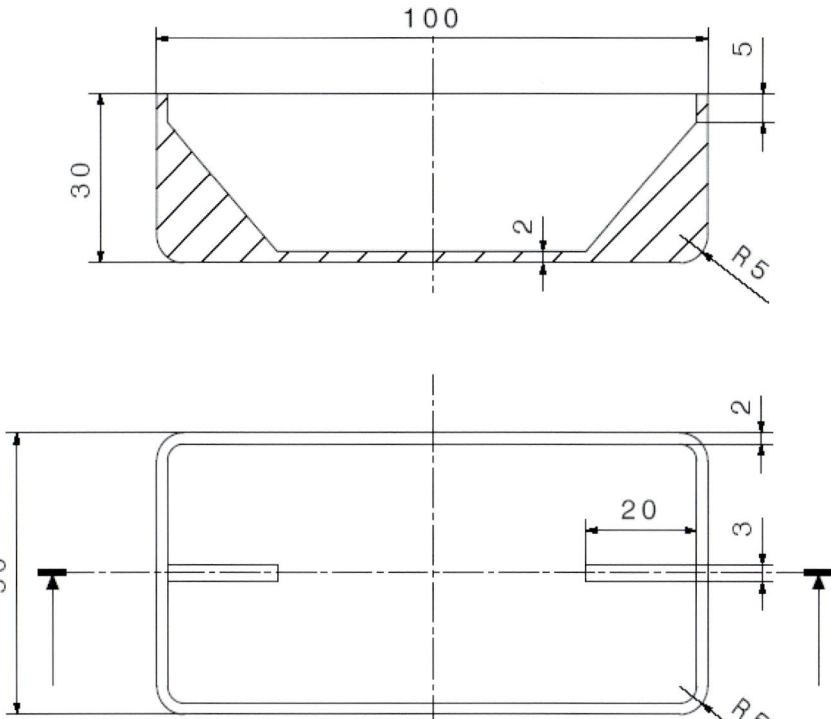

**Bild 4.82** Technische Zeichnung der »Tub«

### Verwendete Funktionen

   , Einfügen von Zwischenschritten

### Lernziele

In diesem Beispiel wird zum ersten Mal die Notwendigkeit von Referenzelementen (Punkte, Linien bzw. Ebenen im Raum) deutlich. Darüber hinaus wird erklärt, wie die chronologische Entstehungsgeschichte des 3D-Modells nachträglich verändert werden kann.

### Konstruktionsabsicht

Die Packmaße (Höhe, Breite, Tiefe) des Bauteils sowie die Wandstärke sollen beliebig verändert werden können, ohne dass das Bauteil in seiner Geometrie zusammenbricht. Die Positionen der Versteifungen sollen auch bei Veränderung der Packmaße vertikal mittig im Bauteil bleiben.

## Konstruktionsbeschreibung

**1. Neue Datei öffnen:** Öffnen Sie ein leeres Dokument und benennen Sie es als »uebung_tub«. Speichern Sie die Datei unter demselben Namen an einem beliebigen Ort auf Ihrem Rechner ab.

 New

**2. Grundgeometrie erzeugen:** Erzeugen Sie einen Grundkörper als *Pad (Block)* mit den Abmaßen **100 mm** × **50 mm** × **30 mm** (Bild 4.83).

 Pad

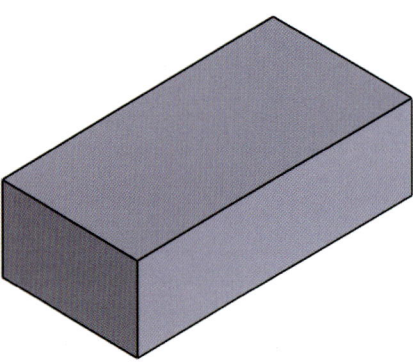

**Bild 4.83**  Grundgeometrie der Wanne

**3. Schalenelement erzeugen:** Über die Funktion *Shell (Schalenelement)* aus der Funktionsgruppe *Dress-Up Features (Aufbereitungskomponenten)* bietet CATIA V5-6 die Möglichkeit, Volumen an einem Bauteil unter Angabe einer Wandstärke und offener Teilflächen auszusparen.

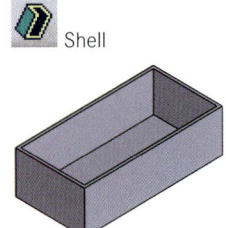 Shell

Selektieren Sie dazu die entsprechende Funktion. Es öffnet sich ein Dialogfenster zur Definition des Schalenelements. Die Oberfläche des Bauteils ist als neutrales Element zu sehen. Dementsprechend kann die Wandstärke nach innen – über *Default inside thickness (Standardstärke innen)* – oder nach außen – über *Default inside thickness (Standardstärke außen)* – definiert werden. Unter dem Eingabefenster *Faces to remove (Zu entfernende Teilflächen)* werden die Flächen eingeschrieben, die nach außen hin offen sein sollen. Sie werden im Modellbereich nach ihrer Anwahl in violetter Farbe dargestellt. Erneute Anwahl entfernt selektierte Elemente wieder aus der Auswahl. Geben Sie die korrekten Werte laut technischer Zeichnung ein und bestätigen Ihre Eingaben mit *OK* (Bild 4.84).

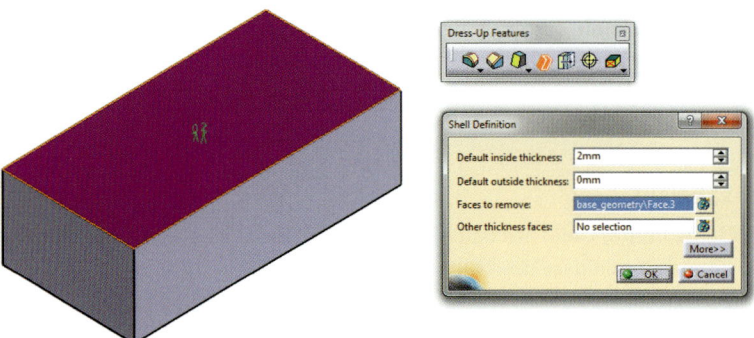

**Bild 4.84**  Definition einer Shell (Schalenelement)

**Verrundung setzen:** Wenn Sie nun versuchen, die Verrundungen am Bauteil so zu setzen, dass die Vorgaben der technischen Zeichnung eingehalten werden, müssen Sie die *Edge Fillet (Kantenverrundung)* **außen und innen** setzen. Um einen Arbeitsschritt einzusparen, wäre es besser gewesen, die Verrundungen an der Grundgeometrie zu erzeugen, bevor das Schalenelement ausgeprägt wird. Sie werden im Laufe Ihrer Konstruktionen häufig erst nachträglich feststellen, dass eine andere Funktionsabfolge sinnvoller gewesen wäre. Diesen »Fehler« können Sie in einigen Fällen ohne großen Aufwand beheben.

 Edge Fillet

**4. Modellierungsschritte einfügen:** Über das Kontextmenü (rechte Maustaste auf den Strukturbaumeintrag) können Sie mit dem Menüpunkt *Define In Work Object (Objekt in Bearbeitung definieren)* eine beliebige Stelle der Lebensgeschichte eines Bauteils aufrufen. Dies wird durch einen Unterstrich des jeweiligen Eintrages verdeutlicht. Vom Programm nicht berechnete Modellierungsschritte sind dann chronologisch unterhalb des unterstrichenen Strukturbaumeintrags aufgelistet (Bild 4.85).

Modellierungsschritt einfügen

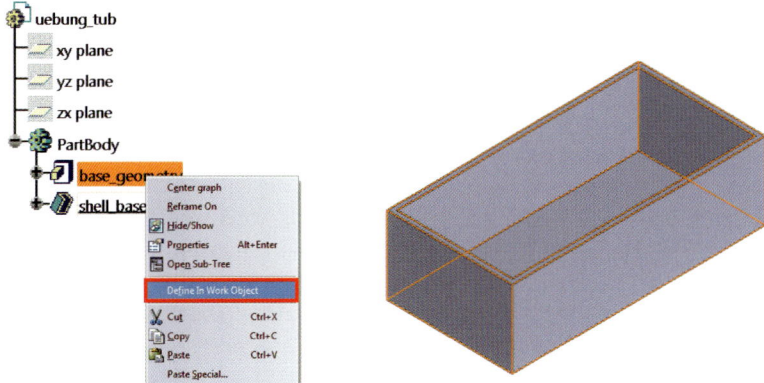

**Bild 4.85** In die Lebensgeschichte des Volumenmodells eingreifen

Anschließend ausgeführte Bearbeitungsschritte werden direkt hinter das unterstrichene Element im Strukturbaum eingeschrieben. Fügen Sie auf diese Weise die Edge *Fillet (Kantenverrundung)* hinter dem Eintrag der Grundgeometrie ein (Bild 4.86).

**Bild 4.86** Edge Fillet chronologisch hinter die base_geometry einsortiert

**5.** Durch Aktivierung des *PartBody (Hauptkörper)*, oder den letzten Strukturbaumeintrag, werden die dem eingeschobenen Modellierungsschritt chronologisch folgenden Schritte neu berechnet. Solange bei der Aktualisierung des Bauteils keine logischen Fehler wegen der Veränderung auftreten, wird die Geometrie unter Berücksichtigung der eingefügten Veränderung automatisch angepasst (Bild 4.87).

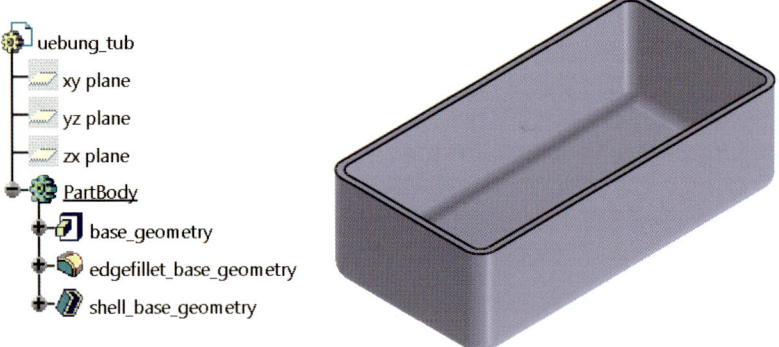

**Bild 4.87** Die Shell (Schalenelement) berücksichtigt jetzt auch die Edge Fillet (Kantenverrundung) für die Berechnung der Wandstärke.

**6. Versteifung erzeugen:** Zur Definition einer Versteifung wird vom Programm eine Linie als neutrales Element verlangt. Materialschluss findet stets zum Körper hin statt und wird automatisch berechnet. Damit eine Linie an die richtige Position (siehe technische Zeichnung in Bild 4.82) gesetzt werden kann, ist eine *Plane (Ebene)* aus der Funktionsgruppe *Reference Elements Extended (Referenzelemente erweitert)* nötig.

 Geometrical Set

Definieren Sie für die zu erzeugenden Referenzelemente eine separate Datenschachtel. Achten Sie darauf, dass sie in Bearbeitung definiert ist, sonst werden die im Folgenden konstruierten Punkte und Ebenen in den Hauptkörper eingeschrieben. Das würde die Übersichtlichkeit der Konstruktion verschlechtern.

>  **Expertentipp: Hybrid Design**
>
> Bei deaktiviertem *Hybrid Design* lässt CATIA V5-6 das Einschreiben von Referenzelementen (Punkte, Linien, Ebenen und Flächen im Raum) in die Datenschachtel PartBody (Hauptkörper) gar nicht erst zu.

Point

Plane

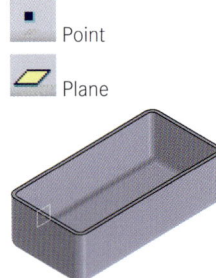

Erzeugen Sie zunächst einen Punkt, der laut Draufsicht der technischen Zeichnung in Bild 4.82) vertikal mittig auf einer seitlichen Körperkante liegt. Wählen Sie dazu die Funktion *Point (Punkt)* und geben die notwendigen Parameter in das Dialogfenster ein. Die Position mittig im Bauteil für die Referenzebene können Sie über den Ebenentyp *Parallel through Point (Parallel durch Punkt)* in der Eingabemaske der Funktion *Plane (Ebene)* definieren (Bild 4.88).

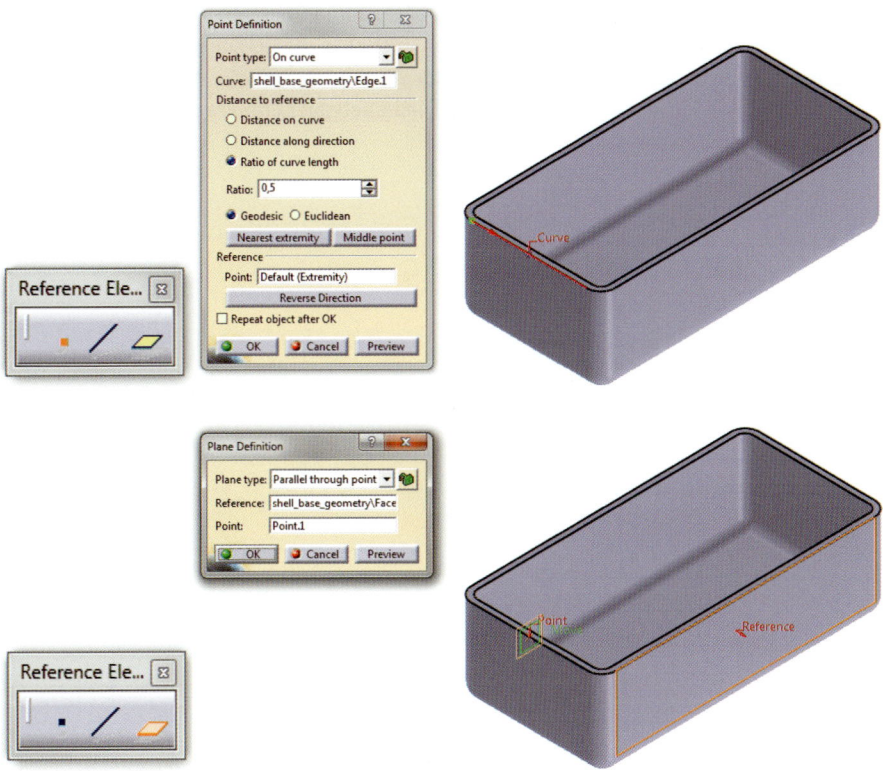

**Bild 4.88** Erzeugung einer Mittenebene

Ergebnis ist eine mittig im Bauteil liegende Ebene, die als Stützelement für weitere Skizzen verwendet werden kann (Bild 4.89).

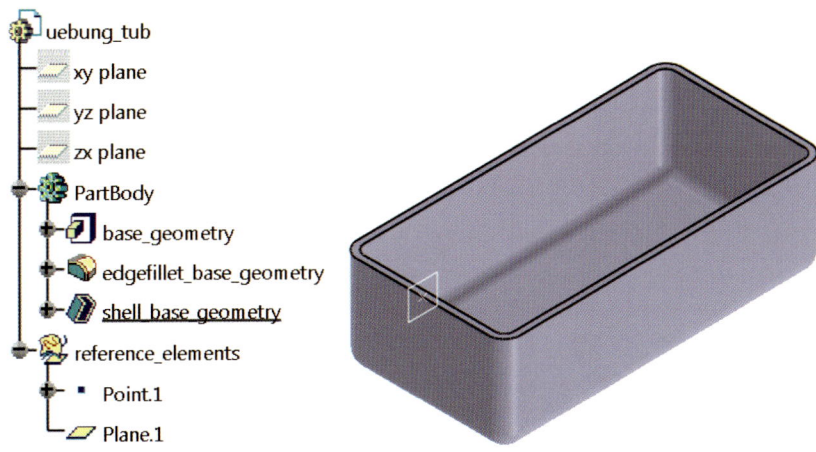

**Bild 4.89** Mittenebene als Referenzelement im 3D-Bauteil

 Sketch

Rufen Sie nun die Funktion *Sketcher (Skizzierer)* auf und übergeben ihr als Stützelement die eben erzeugte Ebene. CATIA V5-6 wechselt wieder in die 2D-Zeichenumgebung. Allerdings befinden wir uns jetzt auf einer Skizze mitten im Bauteil. Wenn Sie den Raum schwenken, sehen Sie, dass Material aus der Zeichenebene herausragt. Es stört visuell bei der Erzeugung von Skizzenelementen (Bild 4.90).

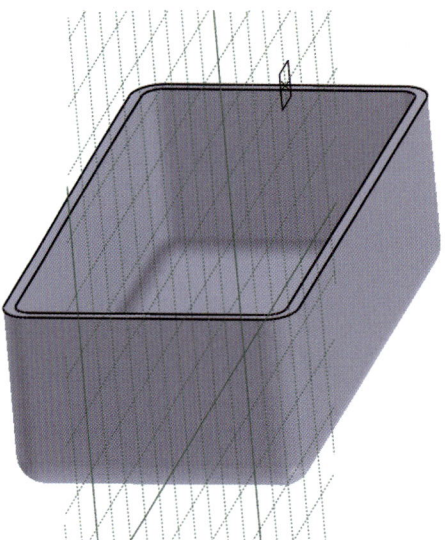

**Bild 4.90** Die Sketch-Ebene liegt mitten im Bauteil.

 Cut Part by Sketch Plane

Über die Funktion *Cut Part by Sketch Plane (Teil durch Skizzier-Ebene schneiden)* aus der Funktionsgruppe *Visualisation (Darstellung)* können Sie dieses Material temporär ausblenden. Sie haben »freie Sicht« auf die Skizzierer-Oberfläche, solange diese Funktion aktiv ist. Mit der Funktion *Normal View (Senkrechte Ansicht)* drehen Sie die Sketch wieder parallel zum Bildschirm ein.

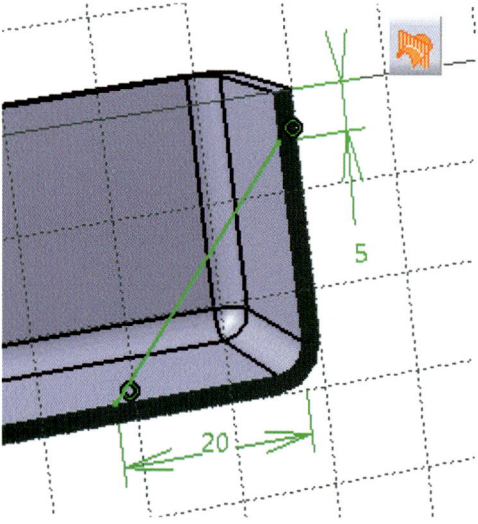

**Bild 4.91** Sketch (Skizze) für einen Stiffener (Versteifung)

Erzeugen Sie nun eine *Line (Linie)*, die im Anfangs- bzw. Endpunkt auf den jeweiligen Innenflächen der Wanne kongruent liegt. Die Bemaßungen die Linie sind der technischen Zeichnung zu entnehmen (Bild 4.91).

Verlassen Sie nun den Skizzierer und rufen die Funktion *Stiffener (Versteifung)* aus der Funktionsgruppe *Sketch-Based Features (Auf Skizzen basierende Komponenten)* auf. Es öffnet sich ein Dialogfenster, in dem weitere Eingaben getätigt werden können. Über die Werteeingabe **3 mm** für *Thickness1 (Aufmaß1)* und Definition der eben erstellten Skizze als *Profile (Profil)* wird die Versteifung erzeugt (Bild 4.92).

 Line

Constraints

Stiffener

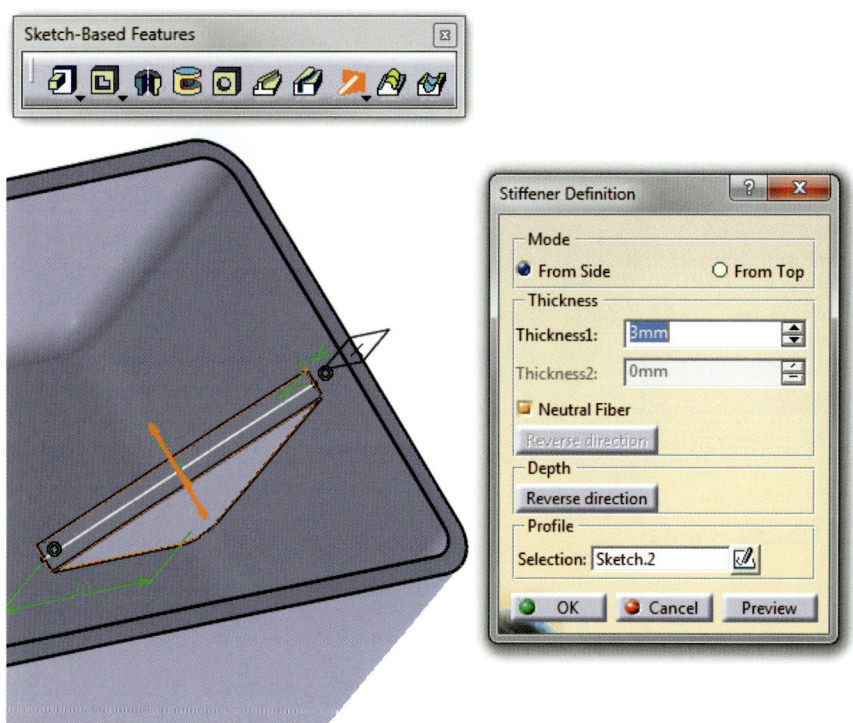

**Bild 4.92** Definition des Stiffener (Versteifung)

**7. Zweite Versteifung erzeugen:** Die zweite Versteifung kann entweder durch Spiegelung an einer weiteren Referenz im Bauteil (die als Spiegelungsebene noch erzeugt werden müsste) erfolgen oder durch Neukonstruktion analog zur ersten Versteifung. Wählen Sie eine Variante und konstruieren Sie selbstständig.

 Stiffener

**8. Variante:** Als Konstruktionsvariante soll die Versteifung horizontal gegenüber der Mittellinie ausgerichtet werden. Damit wird sie bei Veränderungen des Bauteils in seiner Höhe und Länge entsprechend mitverändert.

**Lösungshinweis:** Definieren Sie die Länge der Rippe (in der technischen Zeichnung in Bild 4.82 mit **20 mm** angegeben) gegenüber der Bauteilmittelachse und nicht gegenüber der Körperkante. Wenn Referenzen am schon vorhandenen Körper fehlen sollten, müssen diese nachträglich erzeugt werden.

CONTEXTMENUE > PROPERTIES

 Save

**9. Änderungsfreundlichkeit überprüfen:** Verändern Sie die Abmaße des Bauteils beliebig. Der Volumenkörper darf sich nur innerhalb der Vorgaben unter der Konstruktionsabsicht verändern.

**10. Strukturbaum »aufräumen«:** Vergessen Sie nicht, eigene Bezeichnungen für die Strukturbaumeinträge zu wählen, die deutlich machen, um welche Teilgeometrie es sich jeweils handelt (Bild 4.93).

**11. Speichern:** Speichern Sie das fertige Bauteil an einem beliebigen Speicherort auf Ihrem Rechner ab.

**Bild 4.93** Fertiges Bauteil

### 4.3.7 Übung Frame

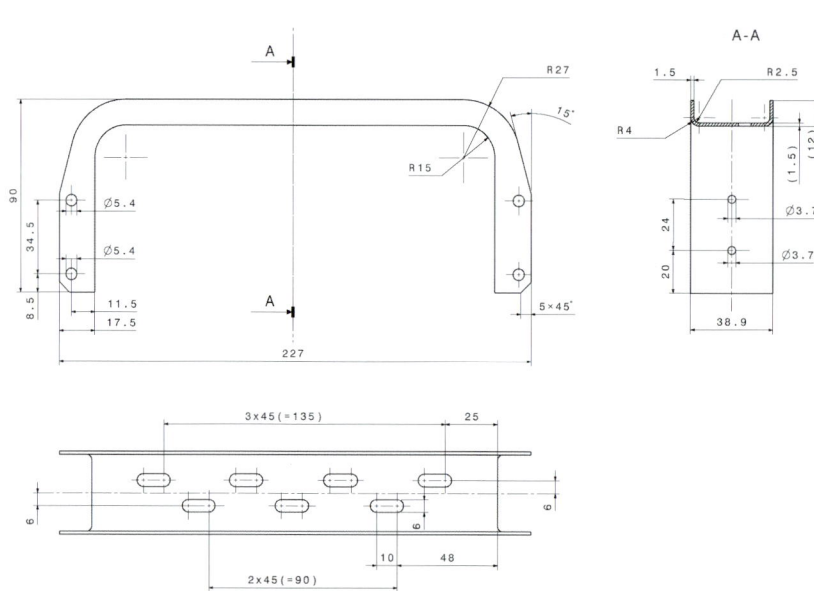

**Bild 4.94** Technische Zeichnung des »Frame«

## Verwendete Funktionen

## Lernziele

Anhand dieser Übung werden Sie die Möglichkeit kennenlernen, Volumengeometrie über eine geführte Ausprägung zu erzeugen. Materialwegnahme in Form von abschneiden lässt für die *Pocket (Tasche)* offene Profile zu.

## Konstruktionsabsicht

Die Packmaße (Höhe, Breite, Tiefe) des Bauteils sollen beliebig verändert werden können, ohne dass das Bauteil in seiner Geometrie zusammenbricht. Der Abstand zur horizontalen Mittelachse soll für alle Elemente einer Reihe von Langlochbohrungen gleich bleiben.

## Konstruktionsbeschreibung

Als Konstruktionsvariante soll der in der technischen Zeichnung (siehe Bild 4.94) abgebildete Bügel in seiner ersten Teilgeometrie über eine geführte Ausprägung erzeugt werden. Die Funktion *Rib (Rippe)* aus der Funktionsgruppe *Sketch-Based Features (Auf Skizzen basierende Komponenten)* verlangt eine Leitkurve und ein geschlossenes Profil als Eingangselemente. Um den Konstruktionsaufwand zu verringern, wird nur der halbe Körper erzeugt und schließlich im Raum gespiegelt.

**1. Neue Datei öffnen:** Öffnen Sie ein leeres Dokument im *Part Design (Teilekonstruktion)* und benennen Sie diese als »uebung_frame«. Speichern Sie die Datei unter demselben Namen an einem beliebigen Ort auf Ihrem Rechner ab.  New

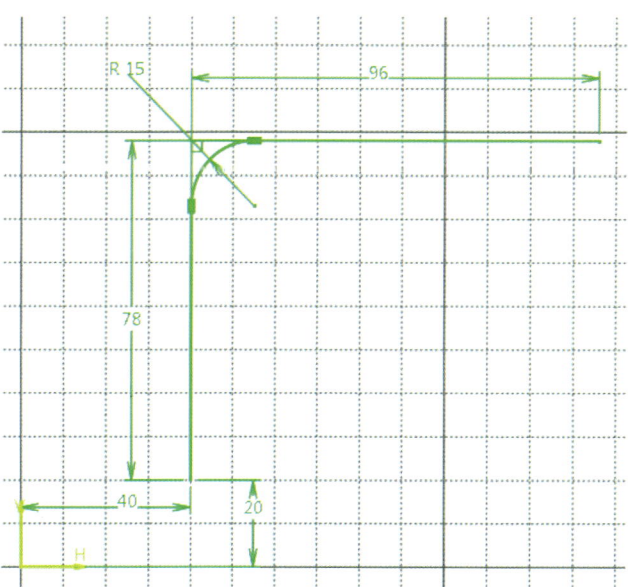

**Bild 4.95**  Abmessungen der Leitkontur: Höhe 78 mm, Breite 96 mm, Radius 15 mm

 Sketch

**2. Leitkontur definieren:** Zur Erzeugung einer ersten Basisgeometrie kann ein Profil durch Verziehen entlang einer Leitkurve zur Ausprägung gebracht werden. Erzeugen Sie die in Bild 4.95 dargestellte Zentralkurve auf einer beliebigen Skizzierebene (z. B. der *xy-plane*). Schaffen Sie zunächst Formstabilität und binden Sie den Linienzug anschließend an das Hauptkoordinatensystem. Vergessen Sie nicht, Ihre Skizze auf *Iso-Bestimmtheit* zu überprüfen.

 Geometrical Set

**3. Stützelement für Führungsprofil erzeugen:** Zur Positionierung eines Führungsprofils muss zunächst eine Referenzebene senkrecht zur Leitkurve in deren Anfangspunkt gelegt werden. Die Ebene wird im nächsten Modellierungsschritt als Stützelement benötigt. Erzeugen Sie dazu über die Ebenendefinition eine *Plane (Ebene)* des Typs *Normal to curve (Senkrecht zu Kurve)*. Schreiben Sie als Referenzen die Leitkontur und deren Anfangspunkt in die Eingabemaske und bestätigen mit *OK* (Bild 4.96).

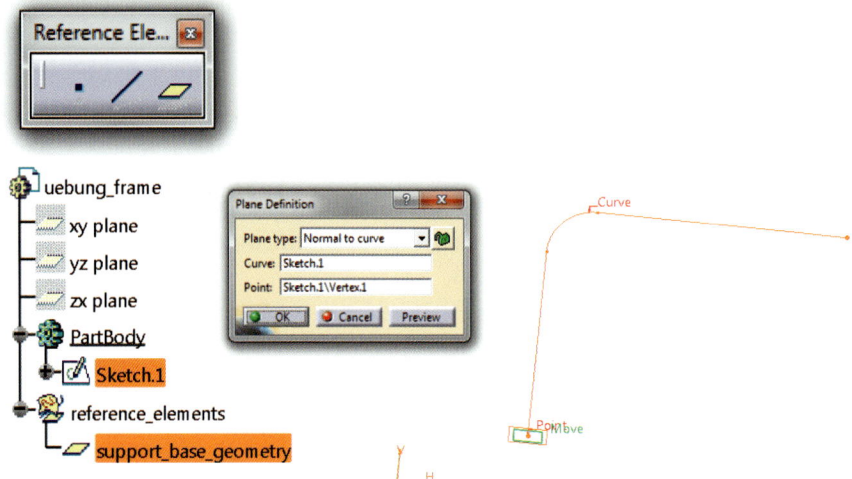

**Bild 4.96** Plane (Ebene) als Stützelement für das Führungsprofil

**4. Profil erzeugen:** Erzeugen Sie nun die Skizze des formstabilen Profils auf der eben erzeugten Ebene als Stützelement (Bild 4.97).

Das formstabile Profil muss nun lagerichtig positioniert werden. Eine *Iso-bestimmte* Skizze erhalten Sie, indem Sie drei geometrische Bedingungen setzen. Die äußere (vertikale) lange Kante liegt kongruent und mittig auf dem Anfangspunkt der Leitkontur. Zusätzlich liegt eine der äußeren kurzen Kanten parallel zur Leitkontur (Bild 4.98).

## 4.3 3D-Konstruktion in der Praxis

**Bild 4.97** Abmessungen des Profils: Breite 17,5 mm, Höhe 38,9 mm, Profildicke 1,5 mm

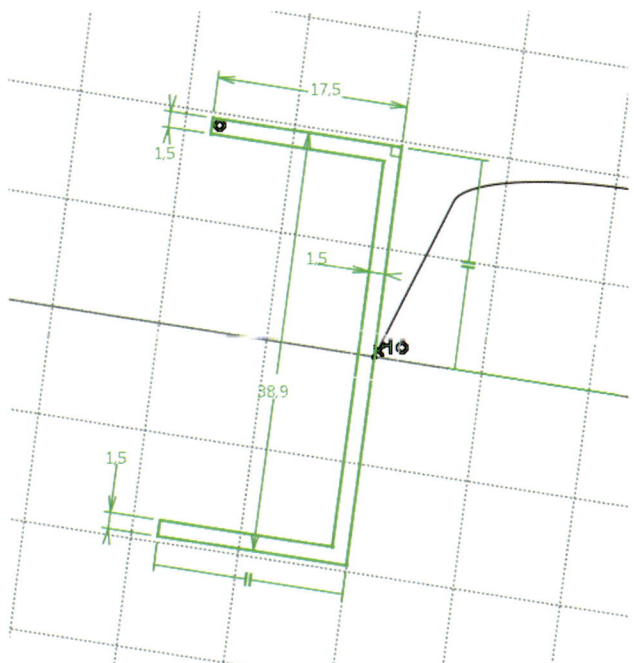

**Bild 4.98** Lagerichtig positioniertes Führungsprofil

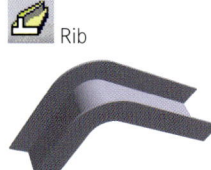

**5. Basisgeometrie erzeugen:** Über die Funktion *Rib (Rippe)* wird unter Angabe der eben erstellten Referenzen eine geführte Ausprägung erzeugt (Bild 4.99).

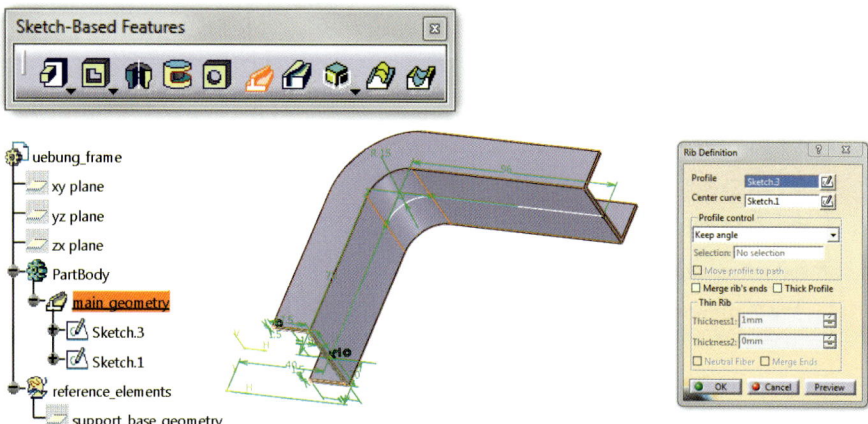

**Bild 4.99** Definition der Rib (Rippe)

**6. Material abschneiden:** Betrachten Sie das Bauteil in der Seitenansicht, so erkennen Sie, dass noch Material abgeschnitten werden muss.

 **Expertentipp: Positivausprägungen**

Bei Standardeinstellungen können nur geschlossene Profile zur Positivausprägung gebracht werden, die eindeutig definieren, wo Material entstehen soll (Funktionen *Pad/Block*, *Rib/Rippe* und *Shaft/Welle*). Verschachtelungen von geschlossenen Profilen ineinander kehren jeweils das Vorzeichen der Volumenerzeugung um. Bei einer Verschachtelung zweier geschlossener Profile wird das innen liegende dementsprechend als Negativelement ausgeprägt.

 **Expertentipp: Negativausprägungen**

Bei Negativausprägungen sind sowohl offene als auch geschlossene Profilskizzen zulässig. Dabei unterscheidet man zwischen Ausschnitten aus einem vorhandenen Körper (zwingend ein geschlossenes Profil; es gelten die Vorschriften für positive Ausprägungen) und dem Abschneiden von Volumen, wobei die Materialwegnahme in Verlängerung der offenen Kontur erfolgt. Die Linienzüge sollten aber in jedem Fall Iso-bestimmt definiert sein und zum Beispiel kongruent auf Körperkanten enden.

Erzeugen Sie eine neue Skizze auf der seitlichen Bauteiloberfläche zum Abschneiden des überschüssigen Materials. Schaffen Sie Iso-Bestimmtheit für Ihre Skizzenelemente und verlassen die Skizze. Übergeben Sie die Kontur der Funktion *Pocket (Tasche)*. Über die

Parameter der Eingabemaske werden die Definitionen zum Abschneiden von Material festgelegt. Die gewünschten Projektionsrichtungen können entweder über das Dialogfenster oder durch Mausklick auf die im Modellbereich angedeuteten orangefarbenen Pfeilspitzen umgedreht werden. Die *Preview (Voranzeige)* hilft bei der Wahl der richtigen Parameter. Bestätigen Sie Ihre Eingaben mit *OK* (Bild 4.100).

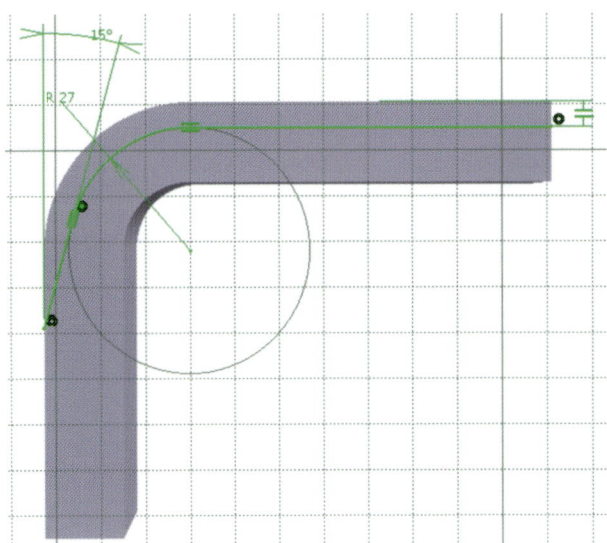

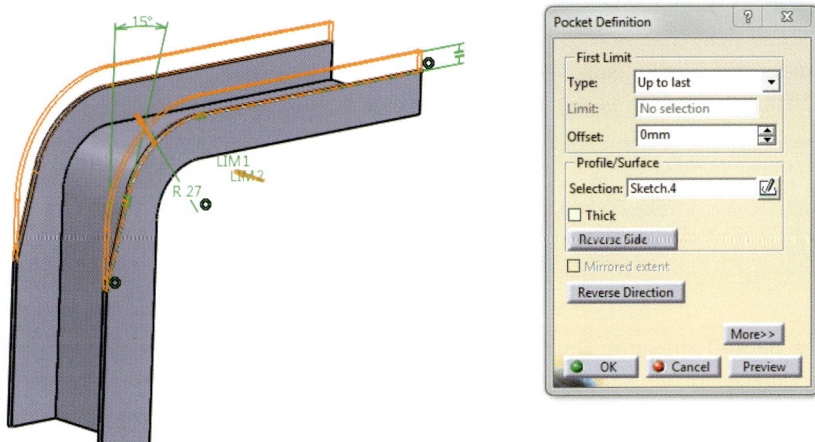

**Bild 4.100** Ausschnitt durch das gesamte 3D-Bauteil hindurch

**7. Restliche Teilgeometrien erzeugen:** Erzeugen Sie selbstständig die noch fehlenden Teilgeometrien am halben Bauteil. Die Phase am Fuß des Bügels und die Verrundungen sollten Sie im Anschluss an die Erzeugung der Basisgeometrie setzen. Richten Sie die obere seitliche Bohrung gegenüber der darüber liegenden Bohrung aus (siehe technische Zeichnung in Bild 4.94). Gleiches gilt für die obere innere Bohrung.

Chamfer

Hole

 **Expertentipp: Zylinderachsen einfangen**

Zum Einfangen von auf Skizzierebenen projizierten Zylinderachsenpunkten (z. B. als Referenz zum Setzen von Zwangsbedingungen) können Sie die Mantelfläche des Zylinders am vorhandenen Körper anwählen. Durch Rotieren der Skizze kann die Referenz gut angewählt werden. Gleiches gilt für den Mittelpunkt von sphärischen Körpern.

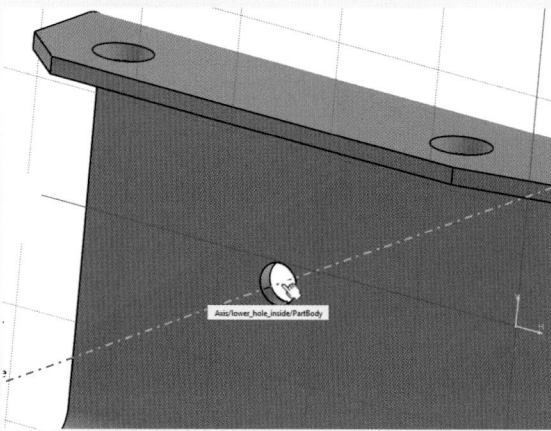

 **Expertentipp: Elemente vorsichtig auswählen**

Sollen Referenzelemente im Modellbereich angewählt werden, so muss dies mit großer Sorgfalt erfolgen. Wählt man nicht genau die gewünschten Elemente aus (z. B. eine Fläche anstelle einer Kante), so führt dies häufig zu falschen Ergebnissen. Heranzoomen und geschicktes Drehen von Modellen erleichtern die Anwahl von vorhandener Teilgeometrie. Um Fehler zu vermeiden, ist es häufig sinnvoll, Elemente im Strukturbaum und nicht am Volumenmodell anzuwählen. Natürlich sollten Sie das nur dann tun, wenn dies möglich ist.

 Mirror

 Hole

**8. Halbes Bauteil spiegeln:** Durch Spiegelung der halben Geometrie müssen lediglich noch die Langlöcher zum kompletten Bauteil gesetzt werden (Bild 4.101).

**9. Langlöcher erzeugen:** Ausgehend von der Draufsicht wird für die untere Zeile der Langlöcher eine Referenztasche erzeugt. Legen Sie dazu eine Skizze auf die Bauteiloberfläche und definieren ein formstabiles Langloch. Binden Sie das Profil anschließend lagerichtig an das Bauteil. Verlassen Sie den Skizzierer und erzeugen Sie die erste *Tasche (Pocket)*. (Bild 4.102)

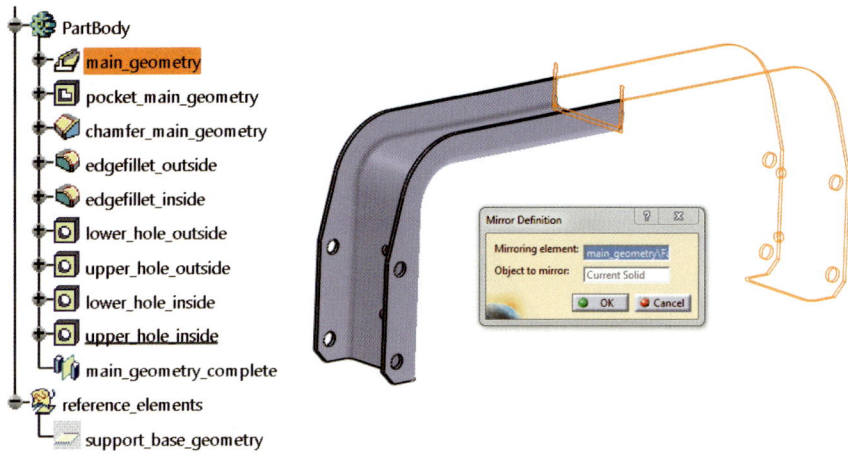

**Bild 4.101**  Spiegelung der Bauteilgeometrie

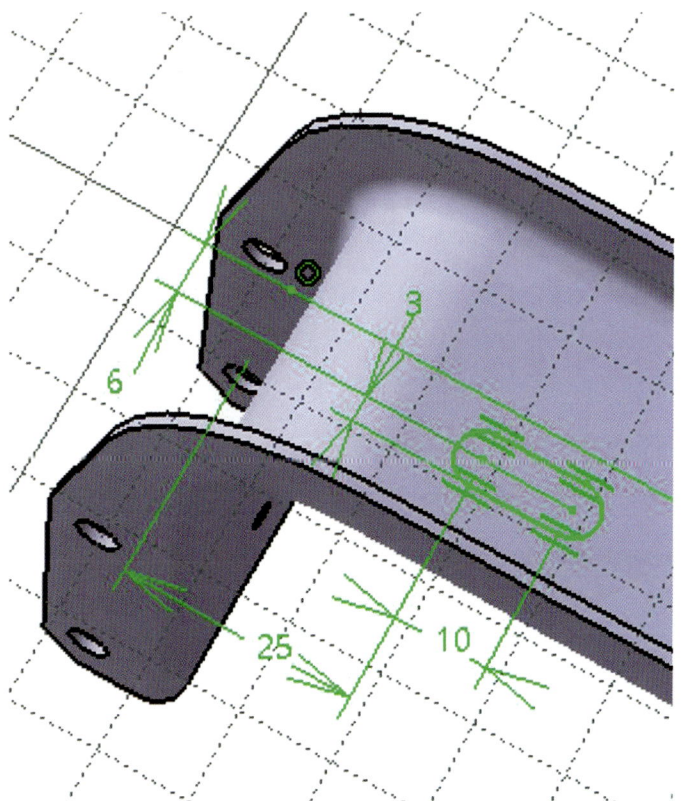

**Bild 4.102**  Referenztasche für das Rechtecksmuster

 Rectangular Pattern

Die restlichen drei Elemente können jeweils sehr schnell über die Funktion *Rectangular Pattern (Rechteckmuster)* erzeugt werden. Erzeugen Sie die obere Reihe auf dieselbe Weise (Bild 4.103).

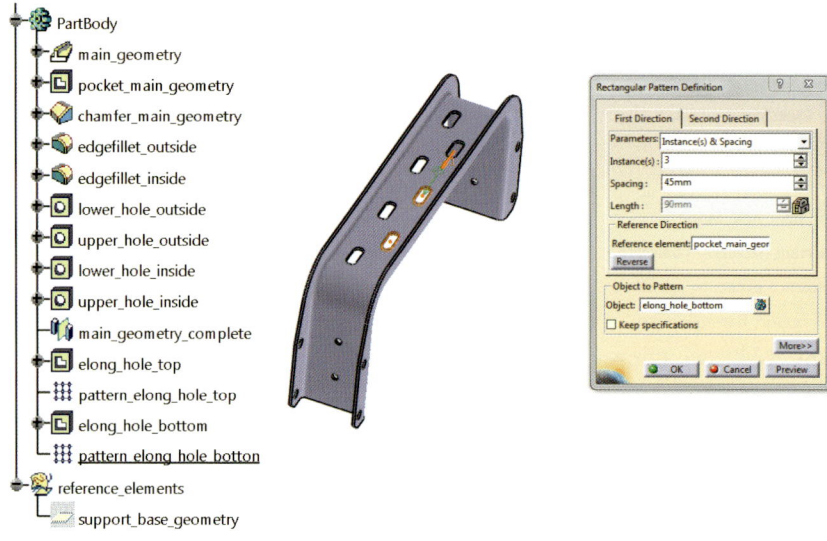

**Bild 4.103** Obere Langlöcher über Rectangular Pattern (Rechtecksmuster) erzeugt

CONTEXTMENUE > PROPERTIES

10. **Strukturbaum »aufräumen«:** Vergessen Sie nicht, eigene Bezeichnungen für die Strukturbaumeinträge zu wählen, die deutlich machen, um welche Teilgeometrie es sich jeweils handelt (Bild 4.104).

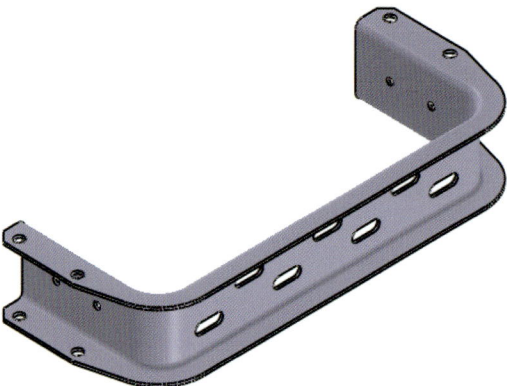

**Bild 4.104** Fertiges Bauteil

**Expertentipp: Chronologische Entstehungsgeschichte**

Der Strukturbaum gibt bei *Part Design (Teilekonstruktion)* die Topologie des Bauteils in chronologischer Reihenfolge wieder. Umpositionierungen von Einträgen sind nur zulässig, wenn diese unabhängig voneinander existieren und sich dadurch die Bauteilgeometrie nicht verändert. So können Elemente des Strukturbaums über die rechte Maustaste auf das zu verschiebende Objekt mit **OBJECT > REORDER… (OBJEKT… > NEU ANORDNEN…)** umpositioniert werden. Nachdem gerade für den Konstruktionsneuling die Abhängigkeitsstrukturen der Elemente (und damit der Teilgeometrien) untereinander relativ schwer zu überblicken sind, ist von derartigen Verschiebungen dringend abzuraten. Lieber löschen Sie Objekte gezielt aus dem Strukturbaum und setzen sie an den gewünschten Positionen neu. Auf diese Weise behalten Sie einen besseren Überblick über die Konstruktion und minimieren Fehlerquellen.

**Variante:** Als Konstruktionsvariante können Sie auch die halbe seitliche Bauteilgeometrie über die Blockdefinition ausprägen und über die Funktion *Shell (Schalenelement)* aushöhlen. Nachdem die Erzeugung des halben seitlichen Profils verhältnismäßig anspruchsvoll ist, ist dies eine gute Übung.

Variante

**11. Speichern:** Speichern Sie die fertige Datei an einem beliebigen Ort auf Ihrem Rechner ab.

 Save

 **Übung 29: Guide Disc (Führungsstein)**
Quick Access Code: fhx

*www.elearningcamp.com/hanser*

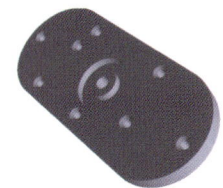

## 4.3.8 Übung Adapter

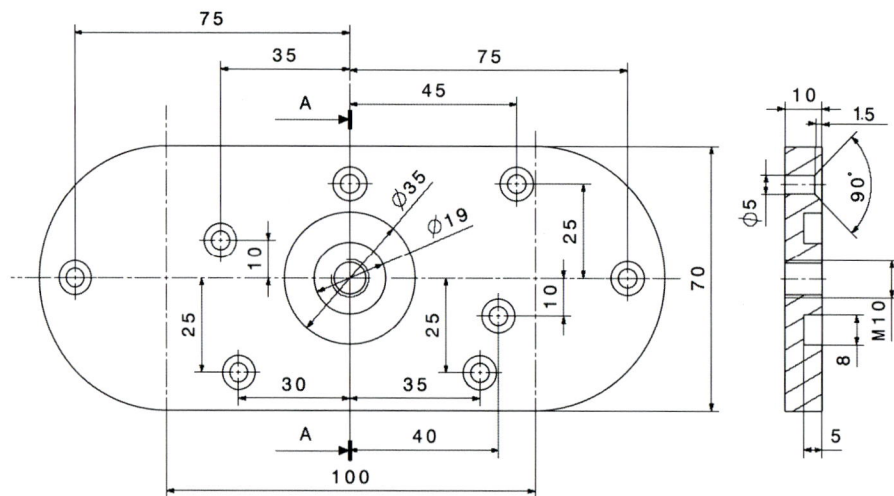

**Bild 4.105**  Technische Zeichnung des »Adapter«

### Verwendete Funktionen

### Lernziele

Existieren in einem Bauteil mehrere gleiche Teilgeometrien oder Formelemente, bei denen kein Rechteckmuster zu erkennen ist, können Wiederholungselemente über die Funktion *User Pattern (Benutzerdefiniertes Muster)* erzeugt werden.

### Konstruktionsabsicht

Die profileingesenkten Bohrungen sollen gegenüber der horizontalen und vertikalen Bauteilachse ausgerichtet werden.

### Konstruktionsbeschreibung

 New

 Pad

 Sketch

**1. Neue Datei öffnen:** Öffnen Sie ein leeres Dokument im *Part Design (Teilekonstruktion)* und benennen Sie diese als »uebung_aufnahme«. Speichern Sie die Datei unter demselben Namen an einem beliebigen Ort auf Ihrem Rechner ab.

**2. Grundkörper erzeugen:** Erzeugen Sie mithilfe der technischen Zeichnung in Bild 4.105 eigenständig die Langlochplatte als Grundgeometrie der Aufnahme.

**3. Positionierskizze erstellen:** Erstellen Sie unter Berücksichtigung der Konstruktionsabsicht eine *Sketch (Skizze)* auf der Bauteiloberfläche, bestehend aus Punkten an den richtigen Positionen (laut technischer Zeichnung). Mit Doppelklick auf die Funktion *Point by Clicking (Punkt durch Anklicken)* können Sie im *Sketcher (Skizzierer)* mehrere Elemente hintereinander in etwa in der richtigen Position absetzen. Zweimaliges Drücken der Esc-Taste deaktiviert die selektierte Funktion wieder.

Zur Bemaßung gegenüber den Bauteilmittellinien müssen entsprechende Konstruktionshilfen definiert werden (Bild 4.106).

 Standard Element/Construction

 Constraint

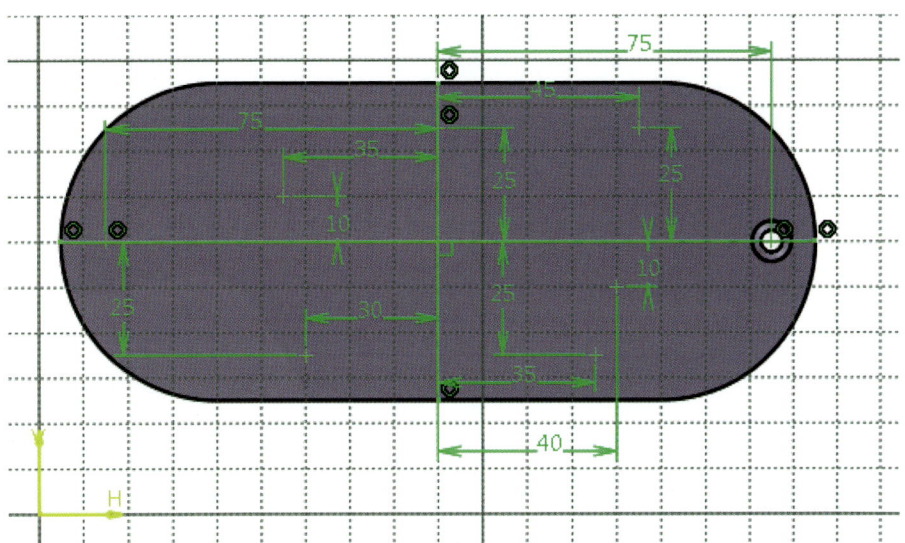

**Bild 4.106** Positionierskizze für das User Pattern (Benutzermuster)

 **Expertentipp: Skizzen im 3D-Raum**

Standardelemente werden in den 3D-Raum »mitgenommen« und sind dort als Referenz für weitere Funktionen – beispielsweise aus der Funktionsgruppe *Sketch-Based Features (Auf Skizzen basierende Elemente)* – verfügbar. Die Skizze bildet mit ihren Elementen im 3D-Raum **eine Einheit** und kann (mit wenigen Ausnahmen bei der Auswahl von Punkten aus der Skizzengeometrie) **nur als Ganzes** verwendet werden. Konstruktionselemente tauchen nur in ihrer Skizze auf und sind auch nur dort anwählbar.

**4. Referenzbohrung setzen:** Verlassen Sie den Skizzierer und setzen eine Referenzbohrung an eine der vorgegebenen Positionen in das Bauteil.

 Hole

 **Expertentipp: Bohrungsmittelpunkt vorab festlegen**

Wenn Sie einen der erzeugten Punkte der Positionierskizze anwählen, bevor Sie die Funktion *Hole (Bohrung)* aktivieren und die Oberfläche des Bauteils selektieren, wird der Bohrungsmittelpunkt automatisch kongruent auf den gewählten Punkt gelegt. Auf diese Weise muss er nicht über die Positionierskizze definiert werden. Die Parameter der Bohrung können im Dialogfenster angepasst werden.

**Expertentipp: Drop-down-Menü im Dialogfenster**

In Dialogfenstern werden häufig mehrere Auswahlmöglichkeiten von Parametern über ein Drop-down-Menü angeboten. Zur Auswahl einer der angebotenen Optionen halten Sie die linke Maustaste auf dem rechts neben dem Eingabefenster abgebildeten schwarzen Dreieck gedrückt und bewegen den Cursor auf den gewünschten Parameter. Lassen Sie erst jetzt die Maustaste wieder los. Andernfalls kann es vorkommen, dass sich das Drop-down-Menü vorzeitig schließt.

Unter dem Reiter *Extension (Bohrtyp)* wird die Bohrung als Durchgangsbohrung *Up To Next (Bis zum nächsten)* definiert. Das blau hinterlegte Bildsymbol im Dialogfenster zeigt, bis zu welcher Begrenzung die Bohrung ausgeprägt wird. Die gelben Marspfeile deuten an, welche Parameter in der Eingabemaske noch definiert werden müssen (Bild 4.107).

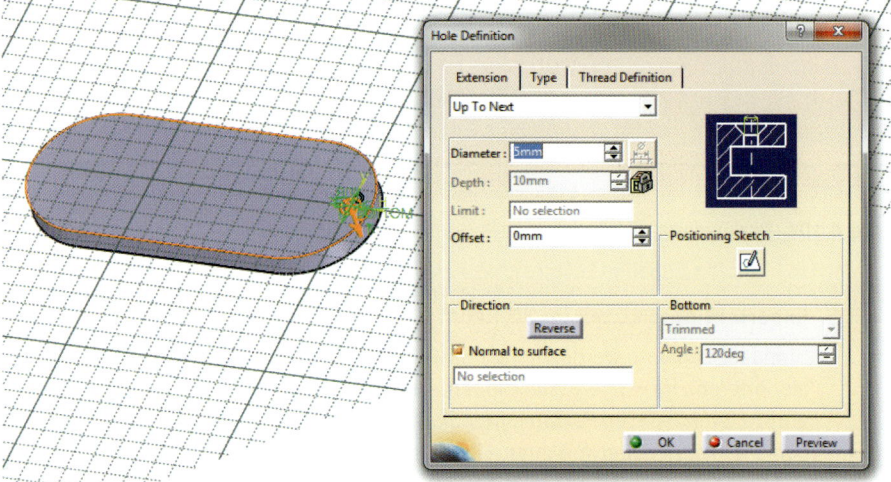

**Bild 4.107** Referenzbohrung

Unter dem Reiter *Type (Typ)* können weitere Formelemente eingestellt werden. Auch hier deutet das blau hinterlegte Bildsymbol an, welche Art von Bohrung erzeugt wird. Die gelben Maßeinträge geben an, welche Parameter definiert werden müssen. Setzen Sie hier den Bohrungstyp auf die *Countersunk (Profileinsenkung)* und definieren über die Option *Mode (Modus)* die Parameter *Depth (Tiefe)* und *Angle (Winkel)* der Profileinsenkung. Bestätigen Sie die Bohrungsdefinition mit *OK* (Bild 4.108).

**5. Benutzerdefiniertes Muster setzen:** Die Funktion *User Pattern (Benutzerdefiniertes Muster)* verlangt als Eingangselemente eine Positionierskizze und das Wiederholungselement. Rufen Sie die Funktion *User Pattern (Benutzerdefiniertes Muster)* aus der Unterfunktionsgruppe *Patterns (Wiederholungselemente)* an. Schreiben Sie für die *Positions (Positionen)* die Positionierskizze in die Eingabemaske. *Object to Pattern (Objekt für Muster)* ist die profileingesenkte Bohrung. Bestätigen Sie Ihre Eingaben mit *OK* (Bild 4.109).

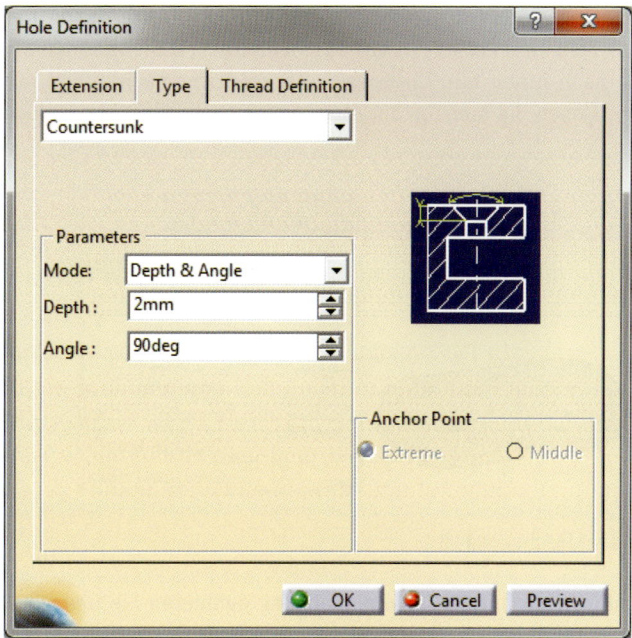

**Bild 4.108** Definition einer Countersunk Hole (Profileingesenkte Bohrung)

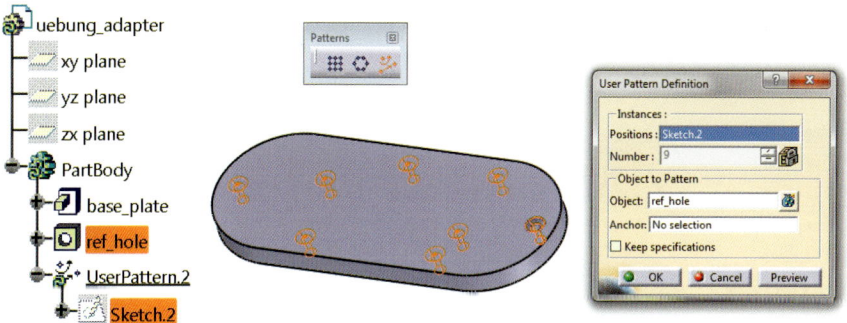

**Bild 4.109** Definition der User Pattern (Benutzermuster)

Das Formelement wird nun mit seinem Schwerpunkt in die definierten Positionen kopiert. Nachdem alle Elemente in einer Funktion definiert sind, können die einzelnen Objekte nicht in ihren Parametern verändert werden. Sie richten sich immer nach ihrem Ursprungselement der als Referenz erstellten Profileinsenkung. Wird also die Bohrungsdefinition verändert, ändern sich die daraus entstandenen Elemente mit.

**6. Tasche erzeugen:** Die ringförmige Einsenkung im Bauteil erfolgt über die Funktion *Pocket (Tasche)*. Erstellen Sie dazu eine Skizze auf der Bauteiloberfläche und definieren Sie einen Kreis mit dem Durchmesser 35 mm in der Bauteilmitte (siehe technische Zeichnung in Bild 4.105). Verlassen Sie den Skizzierer und rufen die Funktion *Pocket (Tasche)* auf. Die Ausprägung als *Blind (Sackloch)* liefert allerdings nicht das gewünschte Ergebnis.

 Hole

Erst bei Erweiterung des Dialogfensters über *More>> (Mehr>>)* und Aktivierung der Option *Thick (Dick)* wird das Feld *Thin Pocket (Dünne Tasche)* aktiviert. Hier können Sie die Austragung der Tasche nach innen mit *Thickness1 (Dicke1)* oder nach außen mit *Thickness2 (Dicke2)* steuern. Geben Sie hier für die Aussparung nach innen einen Wert von 8 mm ein (Bild 4.110).

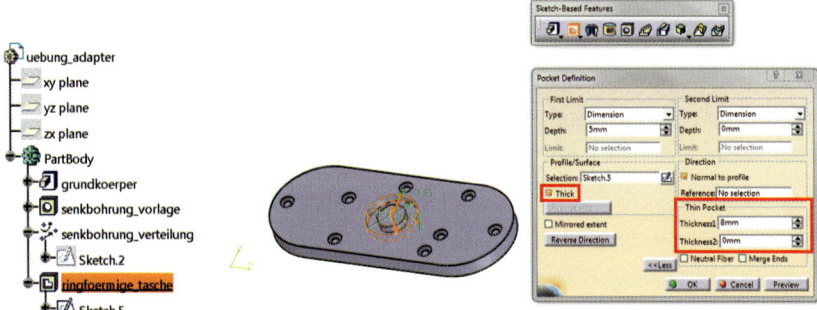

**Bild 4.110**  Nut über eine Pocket (Tasche) erstellt

 Hole

**7. Gewindebohrung erstellen:** Die mittige Gewindebohrung definieren Sie über eine reguläre *Hole (Bohrung)* im Reiter *Thread Definition (Gewindedefinition)*. Mit Aktivierung der Option *Thread (Gewinde)* können Sie beliebige Gewindedefinitionen anbringen. Gewinde werden in CATIA V5-6 allerdings nicht m Modellbereich angezeigt. Nur das Bildsymbol im Strukturbaum weist darauf hin, dass hinter der Funktion eine Gewindebohrung steckt (Bild 4.111).

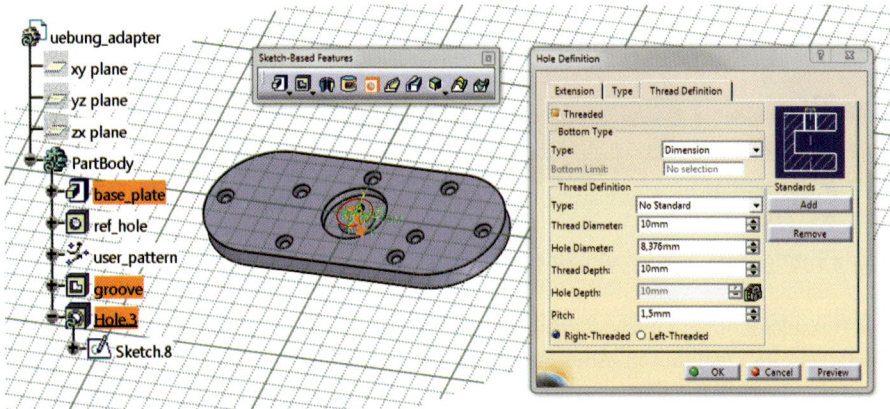

**Bild 4.111**  Threaded Hole-Definition (Definition einer Gewindebohrung)

**8. Speichern:** Speichern Sie die fertige Datei auf Ihrem Rechner ab.

 Save

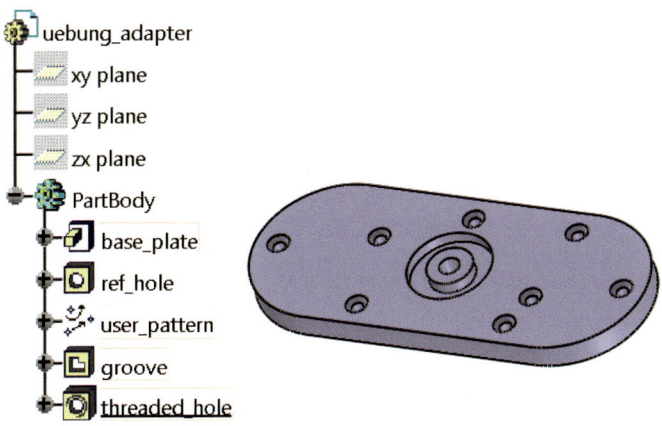

**Bild 4.112** Fertiges Bauteil

**Übung 30: Joint Hook (Gelenkhaken)**
Quick Access Code: jhk

www.elearningcamp.com/hanser

## 4.3.9 Startmodell erstellen: Lokale Achsensysteme

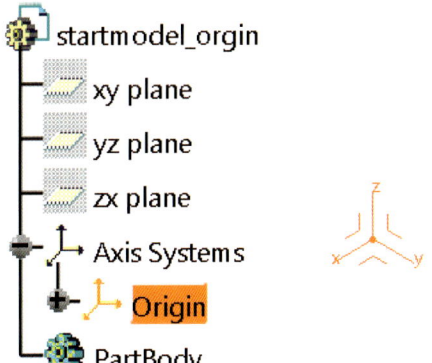

**Bild 4.113** Startmodell: Lokales Achsensystem

### Verwendete Funktionen

### Lernziele

Häufig werden beim CAD in größeren Konstruktionsbetrieben vorgefertigte Standarddateien auf einem allgemeinen Laufwerk abgespeichert. Sie dienen dazu, immer wiederkehrende Modellierungsschritte am Anfang einer Konstruktion in Form eines Startmodells bereitzustellen. Auf diese Weise müssen am Anfang einer Modellierung häufig auftretende Elemente oder Konstruktionsschritte nicht bei jedem neuen Modell wiederholt erzeugt werden. Dies reduziert den Konstruktionsaufwand erheblich. Dieses Prinzip wollen wir uns in diesem Beispiel ansehen.

### Konstruktionsabsicht

Die einfachste Form eines solchen Startmodells ist eine CATIA V5-6-Datei mit einem lokalen Achsensystem als Inhalt. Dieses Ursprungskoordinatensystem wird als *Origin (Ursprungskoordinatensystem)* bezeichnet und als Bauteilnullpunkt interpretiert. Als erste Form einer Steuerungsgeometrie ist es ein wichtiges Hilfsmittel zur objektorientierten Konstruktion und ist bei nahezu allen Modellierungen ein hilfreicher Verband an Referenzelementen.

Erzeugen wir uns also ein eigenes Startmodell, das Sie für zukünftige Konstruktionen verwenden können. Ziel soll sein, dass als Referenzmöglichkeiten für die Erzeugung von Volumengeometrie drei Ebenen, drei Raumachsen und ein Ursprungspunkt zur Verfügung stehen.

### Konstruktionsbeschreibung

 New

 Axis

**1. Neue Datei öffnen:** Öffnen Sie ein leeres Dokument im *Part Design (Teilekonstruktion)* und benennen Sie dieses als »startmodel_origin«. Speichern Sie die Datei unter demselben Namen an einem beliebigen Ort auf Ihrem Rechner ab.

**2. Lokales Achsensystem erzeugen:** In der Funktionsleiste *Tools (Tools)* wird das Werkzeug *Axis System (Achsensystem)* angeboten. Holen Sie sich die Funktionsleiste gut sichtbar in den Modellbereich (Bild 4.114).

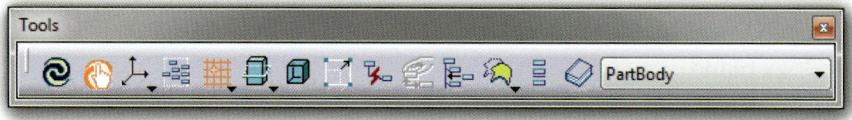

**Bild 4.114** Tools

Mit dieser Funktion können Sie beliebig viele lokale Achsensysteme in Ihrem Modell definieren. Ergebnis ist jeweils ein Verband an drei angedeuteten Ebenen und drei entsprechende Raumachsen x, y und z. Klicken Sie auf die Funktion. CATIA V5-6 erzeugt automatisch ein lokales Achsensystem im Ursprung des Hauptkoordinatensystems (Bild 4.115).

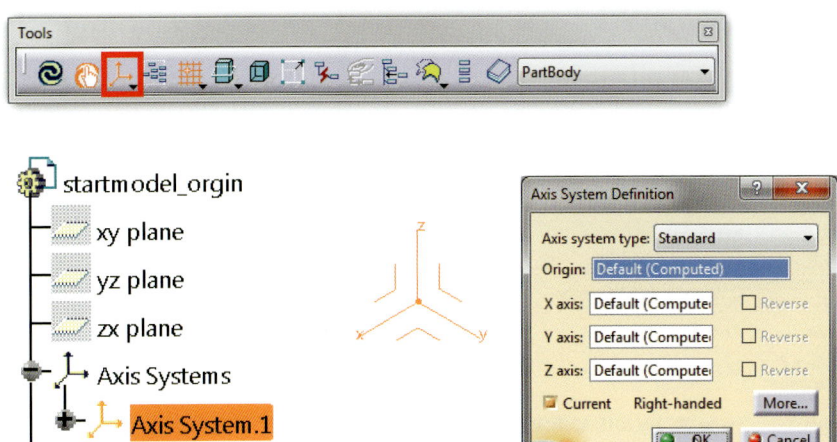

**Bild 4.115** Definition eines lokalen Achsensystems

Bestätigen Sie das Dialogfenster mit *OK* und bestätigen damit die automatisch gewählte Position des lokalen Achsensystems. Anschließend geben Sie die drei Hauptebenen von CATIA ins *No Show*. Sie werden für die weitere Konstruktion nicht mehr benötigt (Bild 4.116).

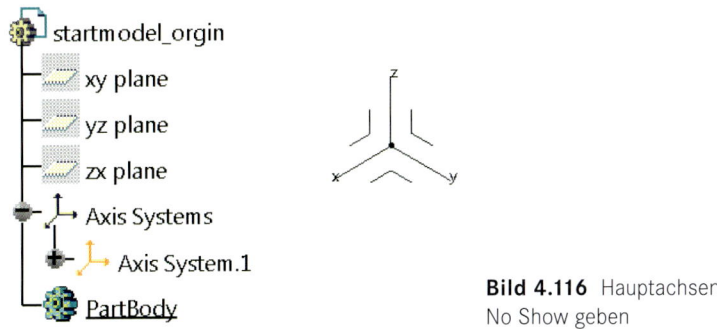

**Bild 4.116** Hauptachsensystem ins No Show geben

Dieses lokale Achsensystem ist gegenüber dem Hauptkoordinatensystem in seiner Position und Lage definiert. Bei Interpretation dieses Achsensystems als Bauteilnullpunkt eines 3D-Modells können wir es beliebig oft als Bezugssystem für beliebige Teilgeometrien verwenden. Die Objektorientierung bleibt dabei gewahrt.

**3. Wiederverwendbare Standarddatei erzeugen:** Um dieses Referenzkoordinatensystem nicht bei jeder Konstruktion neu erstellen zu müssen, können Sie das *Origin* mit einem Schreibschutz an einem beliebigen Ort auf Ihrem Rechner abspeichern. Dazu müssen Sie die Datei schließen und das Kontextmenü der Datei an dessen Speicherort im System aufrufen. Das erreichen Sie mit der rechten Maustaste unter den Eigenschaften. Unter den Attributen können Sie die Datei mit einem Schreibschutz versehen (Bild 4.117).

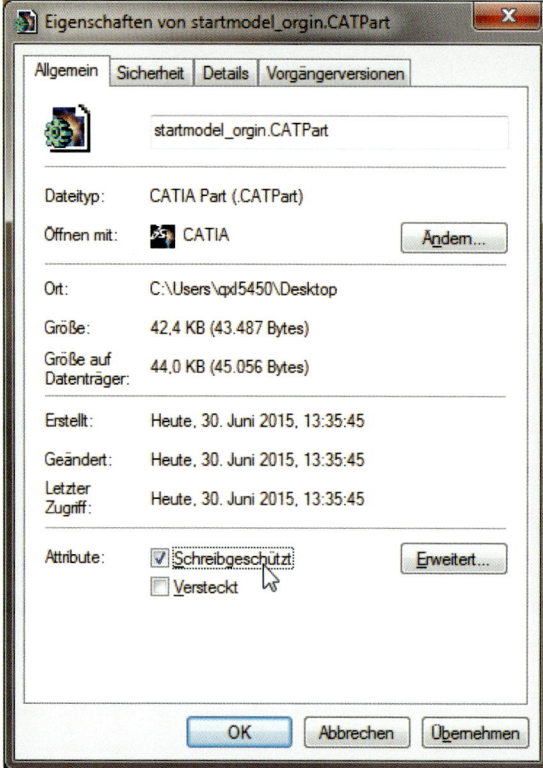

**Bild 4.117** *.CATPart Datei mit Schreibschutz versehen

Bei erneutem Aufruf der Standarddatei mit CATIA V5-6 erscheint ein Warnhinweis. Die Datei kann nicht überschrieben werden (Bild 4.118).

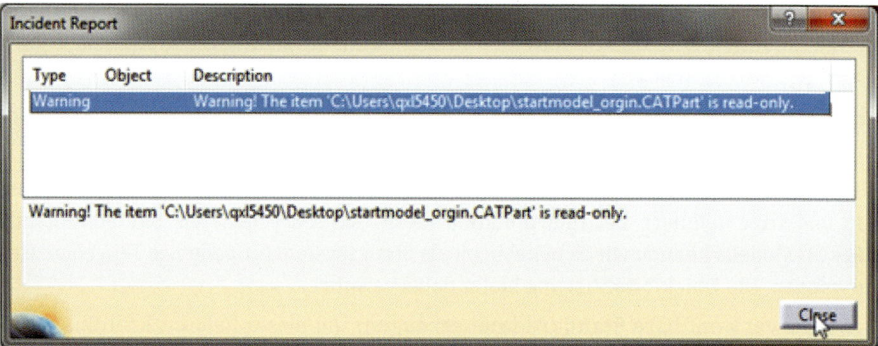

**Bild 4.118** Warnhinweis für eine schreibgeschützte Datei

Die Speicherung unter einem neuen Namen allerdings ermöglicht die weitere Bearbeitung des Modells. Dies stellt die Wiederverwendbarkeit des Origins für beliebig viele Modellierungen sicher.

## 4.3.10 Übung Ring

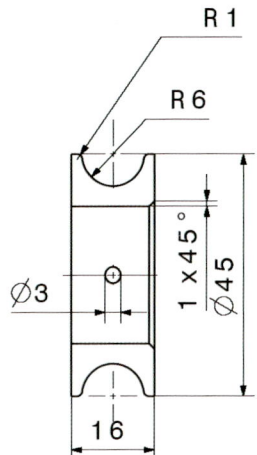
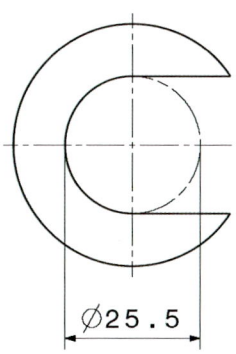

**Bild 4.119** Technischen Zeichnung des »Ring«

**Verwendete Funktionen**

### Lernziele
Anhand dieser Übung wird die Notwendigkeit eines *Origins* zur objektorientierten Gestaltung von Körpern mit einer Rotationsausprägung in der ersten Teilgeometrie deutlich.

### Konstruktionsabsicht
Die Packmaße (Höhe, Breite, Tiefe) des Bauteils sollen beliebig verändert werden können, ohne dass die geometrischen Vorgaben aus der technischen Zeichnung verloren gehen.

### Konstruktionsbeschreibung
**1. Origin-Datei öffnen:** Öffnen Sie die vorhin erzeugte Standarddatei. Schließen Sie den sich öffnenden Warnhinweis und speichern die Datei unter dem Namen »uebung_ring« ab. Auf diese Weise steht Ihnen das *Origin* zur Verfügung, ohne dass die Standarddatei verändert wird.  Open

**2. Skizze erstellen:** Rufen Sie die Funktion *Sketcher (Skizzierer)* auf und übergeben Sie ihr eine der Ebenen des *Origins* als Stützelement. Das Programm wechselt in die 2D-Umgebung. Schieben Sie hier das *Origin* in den linken unteren Bildschirmrand und beginnen die Konstruktion im »freien Raum«.  Sketch

**3. Grundprofil definieren:** Erzeugen Sie das in Bild 4.120 dargestellte, formstabile Grundprofil ungefähr maßstäblich im Raum und schaffen über die nötigen Zwangsbedingungen Formstabilität. Die interaktive Prüfung macht noch fehlende Bedingungen deut-   Profile
 Constraint

Constraints Defined in Dialog Box

Axis

lich. Achten Sie darauf, dass keine Bedingungen *Horizontal (H)* oder *Vertical (V)* in der Skizze vorkommen).

**Rotationsachse festlegen:** Nachdem das Profil zur Definition der ersten Teilgeometrie rotiert werden muss, wird eine Rotationsachse benötigt. Obgleich die Möglichkeit besteht, Rotationsachsen auch im 3D-Raum zu wählen, sollten Sie diese schon in der Skizze definieren. Markieren Sie dazu die untere Linie des Profils und übergeben sie der Funktion *Axis (Achse)* aus der Funktionsgruppe *Profile (Profil)*. CATIA V5-6 fragt über einen Warnhinweis noch einmal nach, ob die selektierte Linie zu einer Achse umgewandelt werden soll. Bestätigen Sie mit *OK*. Sie wird nun gestrichelt.

**4.** Nachdem das *Origin* als Bestandteil des Bauteils gilt, wird das Profil für eine Anbindung in eine günstige Lage gegenüber dem Referenzkoordinatensystem gebracht. Setzen Sie die untere Linie des Profils kongruent auf die horizontale Achse des *Origins*. Die beiden senkrechten Kanten des Profils nehmen die vertikale Achse des *Origins* über *Symmetrie (Symmetry)* in die Mitte (Bild 4.120). dargestellt.

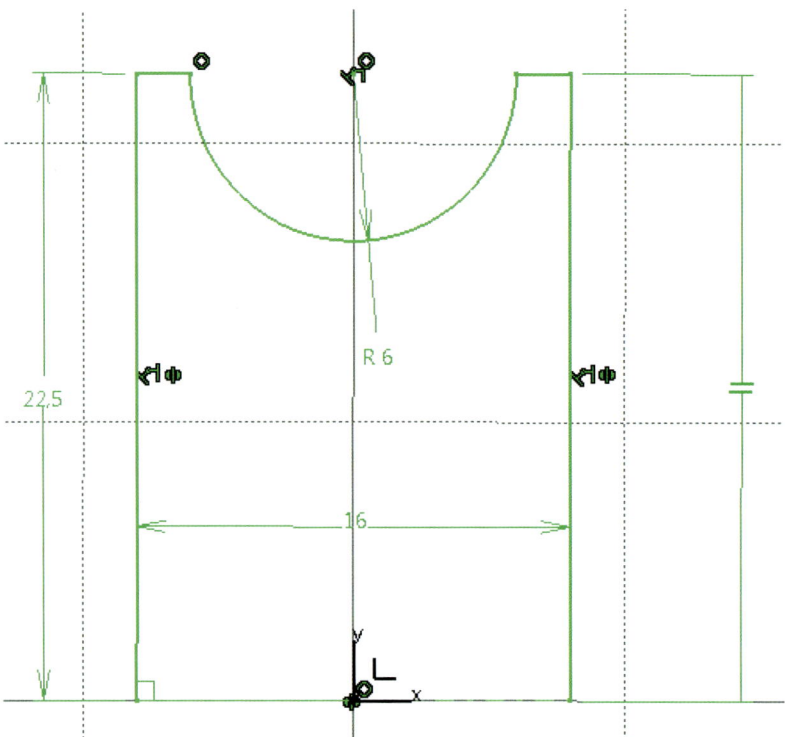

**Bild 4.120** Grundskizze des Rotationsbauteils

Shaft

**5. Grundgeometrie ausprägen:** Verlassen Sie den Skizzierer und rufen die Funktion *Shaft (Welle)* aus der Funktionsgruppe *Sketch-Based Features (Auf Skizzen basierende Komponenten)* auf. In einer sich öffnenden Eingabemaske können Sie den Winkel der Rotation definieren. Rotieren Sie das Bauteil um **360 Grad** (Bild 4.121).

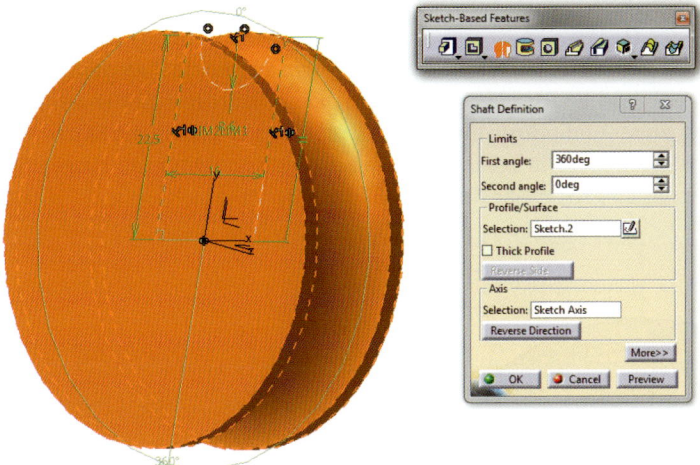

**Bild 4.121** Rotation der Grundskizze um 360 Grad

 **Expertentipp: Rotationsprofile**

Ein Profil, das zu einem Positivkörper rotiert werden soll, muss entweder in sich selbst oder mit der Drehachse geschlossen sein. Auch wenn eine Achse im Skizzierer über die Funktion *Axis (Achse)* gezeichnet werden kann, ist es übersichtlicher, Linien aus der Skizze nachträglich in Achsen umzuwandeln.

**6. Verrundung setzen:** Erzeugen Sie nun die Kantenverrundung an die eben erzeugte Teilgeometrie. Anstatt die beiden zu verrundenden Kanten zu selektieren, können Sie hier auch die Mantelfläche der umlaufenden, halbkreisförmigen Nut wählen. Bei Anwahl einer Fläche für die Funktion *Kantenverrundung (Edge Fillet)* werden automatisch alle angrenzenden Kanten verrundet.

**7. Bohrung setzen:** Erzeugen Sie die konzentrisch zum Außenkreis liegende Bohrung (Bild 4.122).

Edge Fillet

Hole

**Bild 4.122** Konzentrische Bohrung

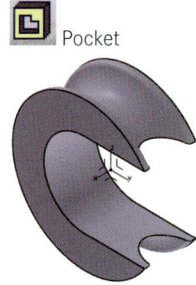 Pocket

**8. Ausschnitt erzeugen:** Erzeugen Sie für das Profil des Ausschnitts eine neue Skizze auf die passende Ebene des *Origins*. Die Kontur kann über die Vergabe von geometrischen Bedingungen am schon vorhandenen Körper und dem *Origin* ausgerichtet werden. Damit wird es exakt in seiner Form und Lage über schon vorhandene Bauteilgeometrie definiert. Verlassen Sie den Skizzierer und prägen die *Pocket (Tasche)* aus. Nachdem die Skizze sich mitten im Bauteil befindet, muss in beide möglichen Projektionsrichtungen ausgeprägt werden. Dies wird in der Eingabemaske definiert (Bild 4.123).

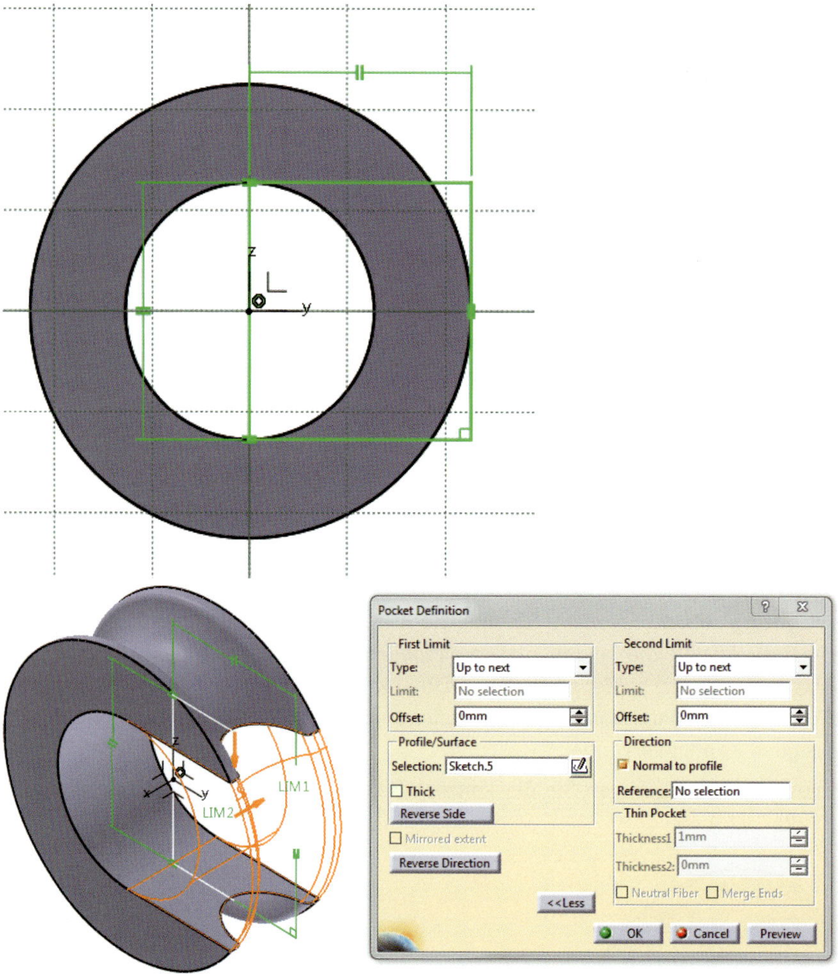

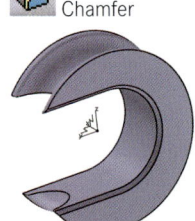 Chamfer

**Bild 4.123**  Ausprägung der Tasche in zwei Richtungen

**9. Fase setzen:** Erzeugen Sie eigenständig die *Fase (Chamfer)* auf der Rückseite des Bauteils (Bild 4.124).

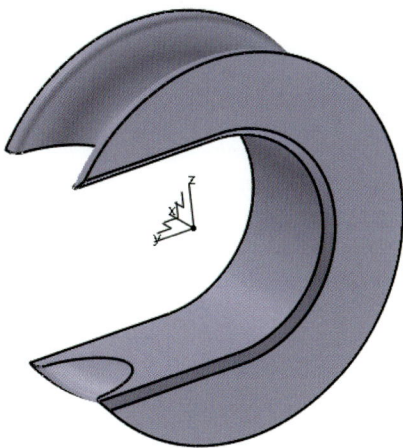

**Bild 4.124** Fase auf der Rückseite des Modells

**10. Bohrung setzen:** Zuletzt muss noch eine *Hole (Bohrung)* gesetzt werden. Wählen Sie dazu eine geeignete *Origin-plane* als Referenz aus und definieren die restlichen Bohrungsparameter in der Eingabemaske. Ohne das *Origin* als Referenz könnten die Bohrungen nicht in die richtige Position gebracht werden, da sonst die Objektorientierung verloren ginge (Bild 4.125).  Hole

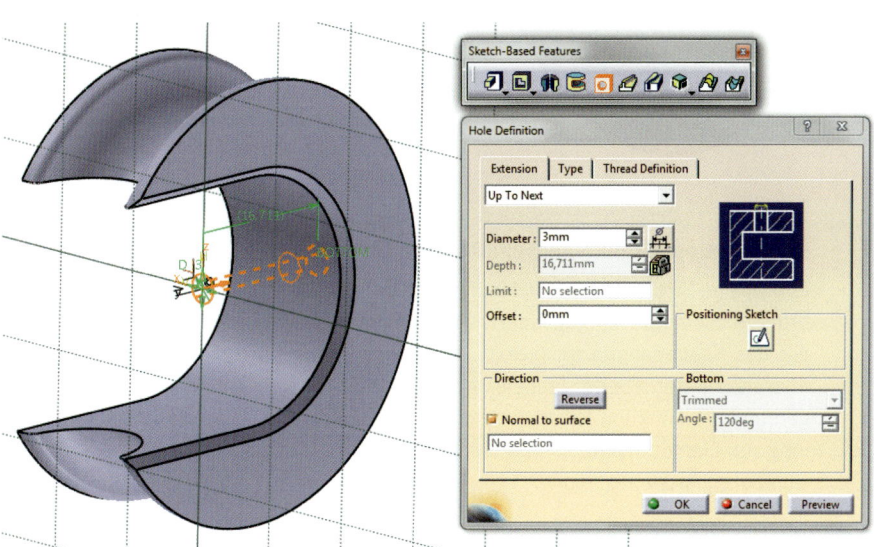

**Bild 4.125** Ölbohrung senkrecht zur xz plane

**11. Origin ausblenden:** Selektieren Sie die Datenschachtel »origin« im Strukturbaum mit der rechten Maustaste und öffnen damit dessen Kontextmenü. Auch an dieser Stelle kann es durch Anwahl der Funktion *Hide/Show (Verdecken/Anzeigen)* ins *No Show* gestellt werden.     Origin ausblenden

Änderungsfreundlichkeit überprüfen

**12. Änderungsfreundlichkeit überprüfen:** Verändern Sie die Abmaße des Bauteils beliebig. Der Volumenkörper darf sich nur innerhalb der Vorgaben unter der Konstruktionsabsicht verändern. Ohne das *Origin* wäre die objektorientierte Gestaltung des Bauteils nicht möglich gewesen.

Grafikeigenschaften ändern

**13. Grafikeigenschaften ändern:** Verändern Sie über die *Graphic Properties (Grafikeigenschaften)* die Farbe von Flächen am Volumenmodell. Wählen Sie dazu beispielsweise die Seitenfläche aus. Wenn Sie anschließend den gesamten Körper einfärben, indem Sie den Strukturbaumeintrag *PartBody (Hauptkörper)* selektieren und über die *Grafikeigenschaften* verändern, wechselt die Seitenfläche ihre Farbe nicht (Bild 4.126).

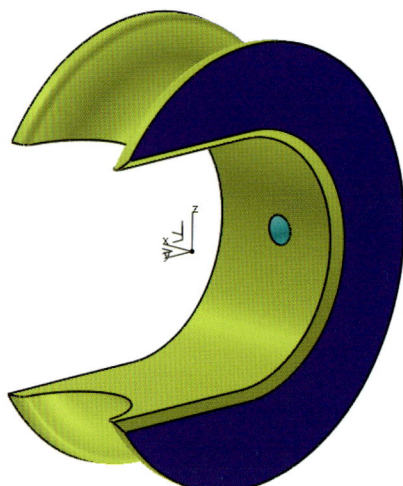

**Bild 4.126** Geänderte Grafikeigenschaften für Teilflächen und/oder Features aus dem Strukturbaum

 **Expertentipp: Grafikeigenschaften von Elementen**

Einträge im Strukturbaum sind in hierarchisch übergeordnete und untergeordnete Elemente aufgegliedert. Zur Definition der Grafikeigenschaften gilt das Kaskadenprinzip. Jeweils die untere Ebene hat Vorrang vor der übergeordneten Ebene. Insbesondere gilt dies für farbliche Veränderungen und die Funktion *Verdecken/Anzeigen (Hide/Show)*, also die Darstellung von Elementen im *Sichtbaren Raum (Show)* beziehungsweise im *Nicht sichtbaren Raum (No Show)*.

CONTEXTMENUE > PROPERTIES

**14. Strukturbaum »aufräumen«:** Über das Kontextmenü, also mit einem Klick der rechten Maustaste auf den *PartBody (Hauptkörper)* und *PartBody.object > Reset Properties (Hauptkörper > Grafikeigenschaften zurücksetzen)*, können Sie die vergebenen Farbveränderungen wieder rückgängig machen. Sorgen Sie für aussagekräftige Namen in den Strukturbaumeinträgen (Bild 4.127).

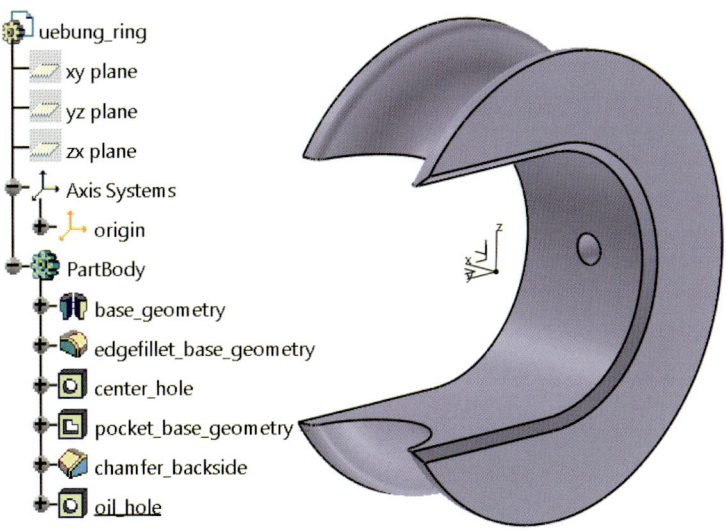

**Bild 4.127** Fertiges Bauteil

**15. Speichern:** Speichern Sie die fertige Datei auf Ihrem Rechner ab.

 Save

## 4.3.11 Übung Shade

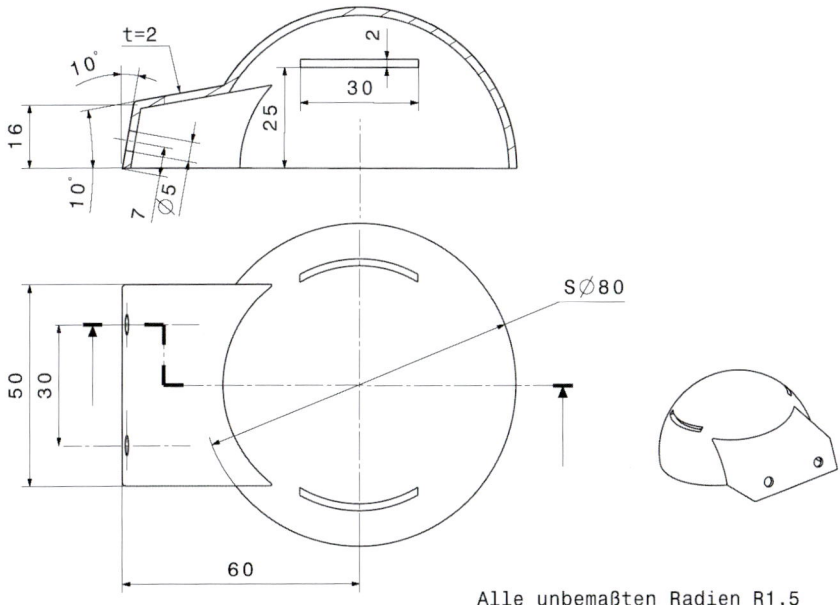
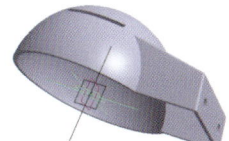

**Bild 4.128** Technische Zeichnung des »Shade«

### Verwendete Funktionen

### Lernziele

Sphärische Teilgeometrien können Sie über die Rotation von Halbkreisen erzeugen. Außerdem bietet CATIA V5-6 die Möglichkeit, Auszugsschrägen zu definieren. Das wollen wir uns in dieser Übung genauer ansehen.

### Konstruktionsabsicht

Das Bauteil soll sich in seinen Abmaßen und der Schalendicke beliebig (bei der Wahl sinnvoller Werte) verändern lassen, ohne dass die Konstruktionsabsicht des Bauteils verloren geht.

### Konstruktionsbeschreibung

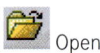Open

**1. Origin-Datei öffnen:** Öffnen Sie die Standarddatei *Origin*. Schließen Sie den sich öffnenden Warnhinweis und speichern die Datei unter dem Namen »uebung_shade« ab. Auf diese Weise steht Ihnen das *Origin* weiterhin für andere Modellierungsaufgaben zur Verfügung.

**2. Halbkugel modellieren:** Definieren Sie eine neue *Sketch (Skizze)* auf einer der Ebenen des *Origins*. Erzeugen Sie einen Halbkreis mit dem Durchmesser **80 mm** und wandeln Sie die Linie in eine *Axis (Achse)* um. Positionieren Sie das formstabile Profil mittig in das *Origin*, wie in Bild 4.129 zu sehen.

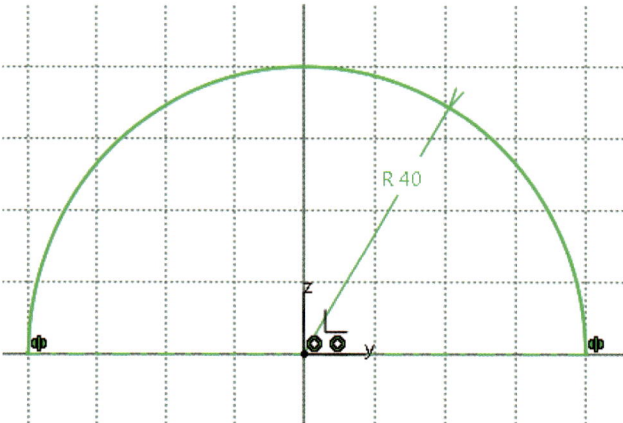

**Bild 4.129** Rotationsprofil

Shaft

Rotieren Sie anschließend das Profil über die Funktion *Shaft (Welle)* in beide Richtungen um **90 Grad** (Bild 4.130).

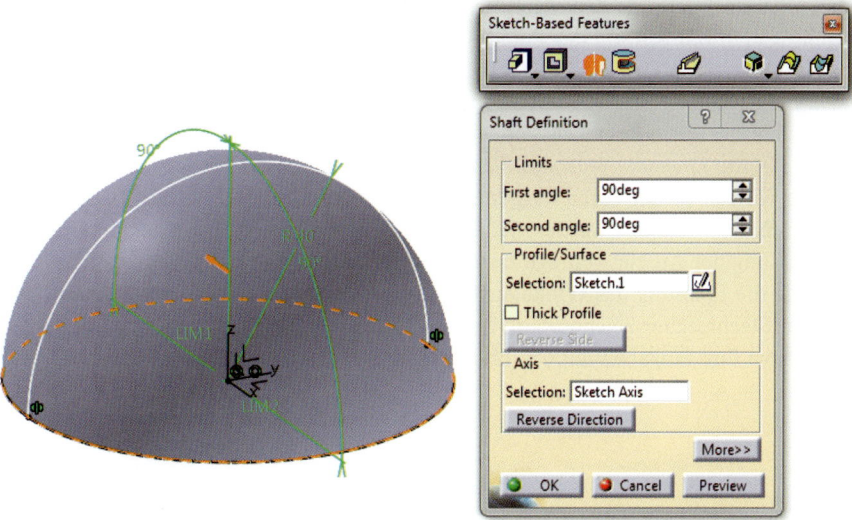

**Bild 4.130** Grundskizze um 90° in zwei Richtungen rotiert

**3. Blockfortsatz modellieren:** Erstellen Sie eine weitere Skizze auf der *Origineplane* als Stützelement, die deckungsgleich mit der planaren Fläche der Halbkugel liegt. Definieren Sie die Kontur des Blockfortsatzes des Lampenschirms. Richten Sie die Kontur gegenüber dem Origin aus, verlassen die *Iso-Constrained Sketch (Iso-bestimmte Skizze)* und erzeugen die prismatische Volumengeometrie (Bild 4.131).

 Pad

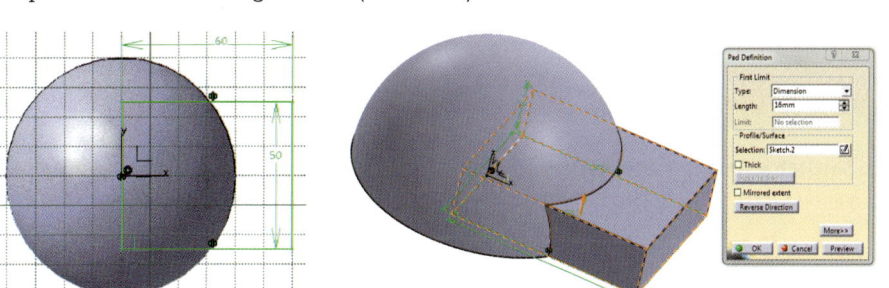

**Bild 4.131** Blockfortsatz mit Sketch (Skizze) auf Bauteilunterseite

 **Expertentipp: Ansichtsperspektive ändern**

Unter der Menüleiste **VIEW > RENDER STYLE > PERSPEKTIVE OR PARALLEL (ANSICHT > DARSTELLUNGSMODUS > PERSPEKTIVE ODER PARALLEL)** können Sie die Perspektive des 3D-Modells am Bildschirm anpassen. Sie kann je nach Vorliebe des Anwenders geändert werden und beeinflusst die Konstruktion nicht.

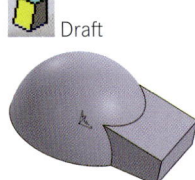
Draft

**4. Obere Auszugsschräge erzeugen:** Öffnen Sie die Eingabemaske zur Erzeugung von Formschrägen durch Anwahl der Funktion *Draft Angle (Winkel der Auszugsschräge)* aus der Funktionsgruppe *Dress-Up Features (Aufbereitungskomponenten)*. Geben Sie unter dem Parameter *Winkel (Angle)* **10 Grad** ein und übergeben als auszuschrägende Teilfläche die Oberseite des Blockfortsatzes. Sie wird in rötlicher Farbe im Modellbereich dargestellt. Als *Neutral Element (Neutrales Element)* markieren Sie die Stirnseite des Blockfortsatzes. Sie wird in blauer Farbe dargestellt. Schließlich muss noch die *Pulling Direction (Auszugsrichtung)* definiert werden. Wählen Sie dazu eine Kante des Blockfortsatzes an, die in Richtung der Auszugsschräge zeigt. Durch Anwahl des orange dargestellten Pfeils können Sie die Richtung des Winkelanstieges (ausgehend vom neutralen Element) definieren. Laut technischer Zeichnung in Bild 4.128 soll er in Richtung Halbkugel erfolgen. Bestätigen Sie Ihre Eingaben mit *OK* (Bild 4.132).

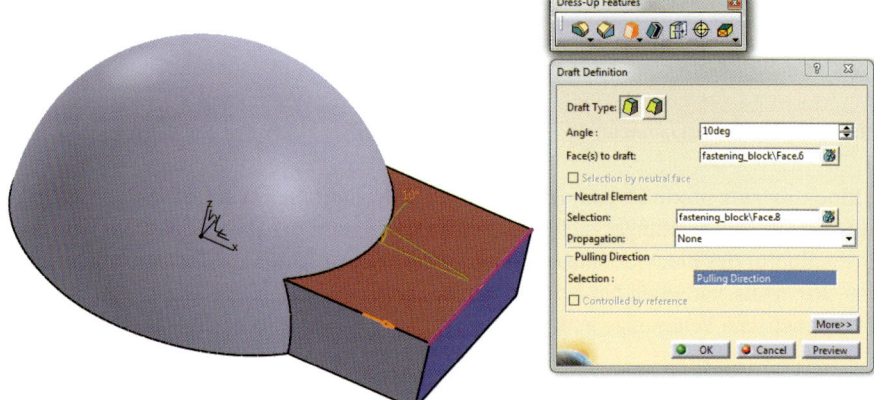

**Bild 4.132** Definition der oberen Auszugsschräge

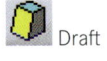
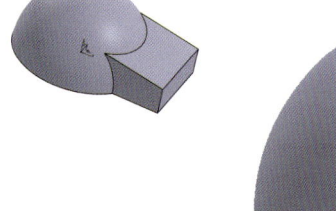
Draft

**5. Seitliche Auszugsschräge erzeugen:** Erzeugen Sie die seitliche Auszugsschräge auf dieselbe Weise wie vorangehend beschrieben (Bild 4.133).

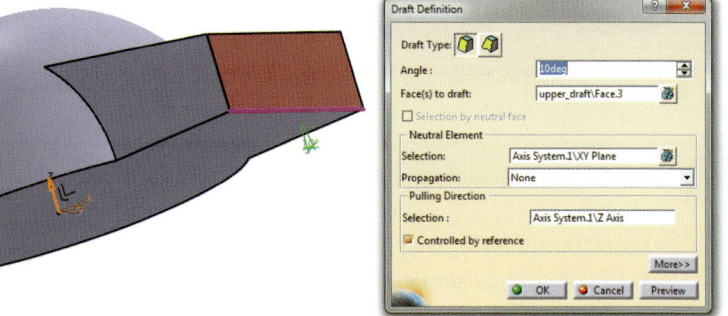

**Bild 4.133** Definition der seitlichen Auszugsschräge

**6. Bauteil vervollständigen:** Vervollständigen Sie das Bauteil selbstständig über die dafür notwendigen Modellierungsschritte.

**Lösungshinweise:** Zur Erzeugung der zweiten Bohrung können Sie die erste Bohrung als Referenz in die Auswahl nehmen (sie erscheint orange im Modellbereich und im Strukturbaum) und an der entsprechenden *Originplane* spiegeln.

Zur Erzeugung der Ausschnitte an der Halbkugel können Sie eine Profilskizze auf die entsprechende *Originplane* legen und in zwei Richtungen *Up To Next (Bis zum nächsten)* ausprägen (Bild 4.134).

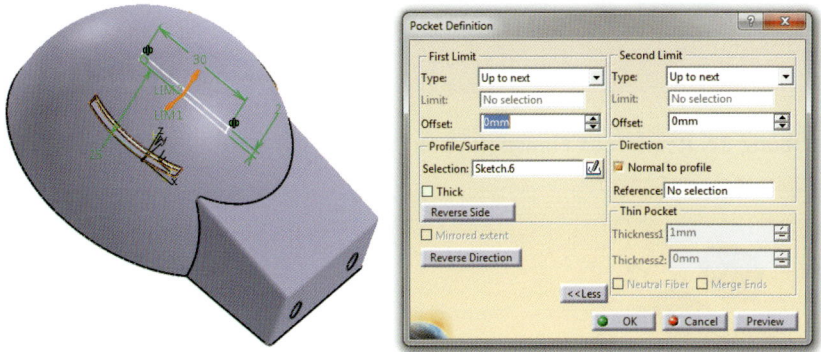

**Bild 4.134** Definition der schlitzförmigen Ausschnitte

**7. Eindeutigkeit der Bezeichnungen bewahren:** Die im Strukturbaum aufgeführte Lebensgeschichte des Volumenmodells könnte in etwa so wie in Bild 4.135 aussehen.

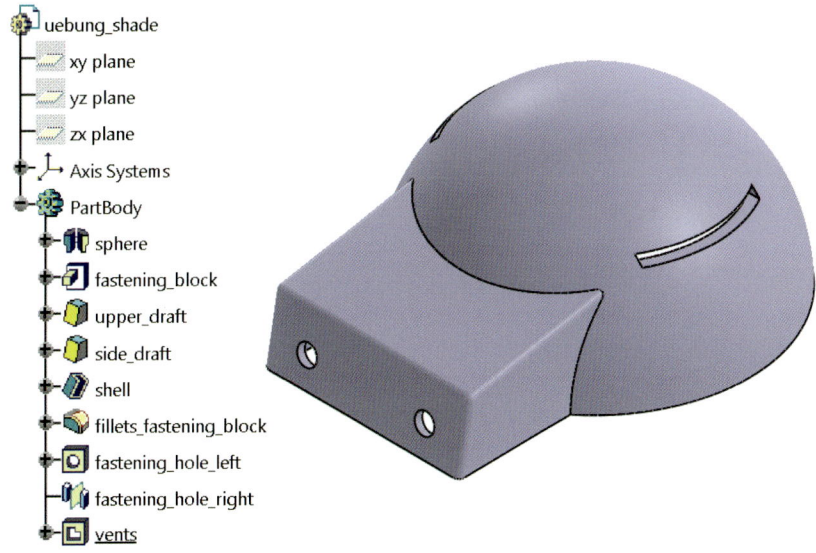

**Bild 4.135** Fertiges Bauteil

*www.elearningcamp.com/hanser*

 **Übung 31: Coupling (Kupplung)**

Quick Access Code: ps0

*www.elearningcamp.com/hanser*

 **Übung 32: Reinforced Flange (Rippenstehlager)**

Quick Access Code: rei

*www.elearningcamp.com/hanser*

 **Übung 33: Einzelteile einer Handhebelpresse (8 Übungsbeispiele)**

Quick Access Code: bs4

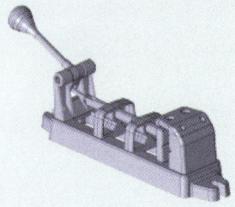

# 5 Part Design (Teilekonstruktion) für Fortgeschrittene

In den vorangegangenen Kapiteln haben Sie die Grundlagen zur parametrisch-assoziativen Konstruktion kennengelernt. Insbesondere der sichere Umgang mit dem *Sketcher (Skizzierer)* wird für nahezu jede Art von Konstruktion – sei es im 3D-Design, im Flächendesign oder in der Erstellung sogenannter intelligenter Modelle – vorausgesetzt. In diesem Kapitel werden wir uns die Möglichkeit ansehen, Modelle flexibel für einen vielseitigen Einsatz vorzubereiten. Über einfache Programmierungen schaffen wir leicht editierbare CAD-Modelle, die über die Integration von Knowledgeware (Wissensmanagement) quasi »intelligent« gemacht werden. Dies reicht von der einfachen Steuerung von Modelldimensionen mit *Benutzerdefinierten Parametern* und *Formeln* über die Verknüpfung mit externen Spreadsheats (mit Excel oder Text-Dateien) bis hin zur Programmierung von Regeln und Reaktionen zum Steuern von Modellgestalt und Bauteilverhalten.

## 5.1 Aufbau von Parts mit Steuergeometrien

Komplexe Volumenmodelle lassen sich ohne eine sinnvolle Konstruktionsmethodik nicht problemlos editieren und sind häufig instabil. Die Verwendung von sogenannten Steuergeometrien bringt in dieser Hinsicht große Vorteile mit sich.

Dabei definieren Sie einen Elementverband, bestehend aus Punkten, Linienzügen und Ebenen, und legen diesen als steuernde Einheit in eine separate Datenschachtel. Diese Elemente werden selbst nur über Referenzen auf das *Origin* oder untereinander aufgebaut. Sie definieren in erster Linie Größenverhältnisse, z.B. durch bauteilbegrenzende Ebenen, Linien als Bauteilachsen oder Anker für Positionen von Teilgeometrien in Form von Punkten (Bild 5.1).

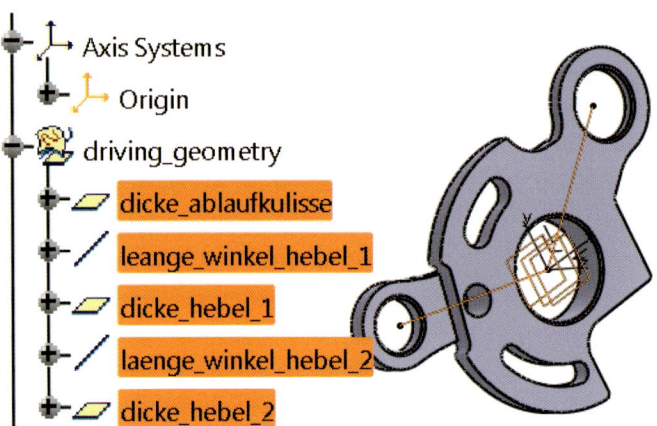

**Bild 5.1** Steuernde Geometrie im Geometrical Set (Geometrischen Set) driving_geometry

Diese **Driving Geometry (Steuernde Geometrie)** setzen Sie schließlich als bevorzugte Referenz für Modellierungsschritte, also die Erzeugung und Bearbeitung von Volumengeometrie ein (beispielsweise für die Positionen von Augen, Bauteilbegrenzungen oder Hebellängen).

Durch dieses Prinzip ergibt sich eine geordnete Produkthierarchie. Insbesondere komplizierte Einzelteile bleiben dann trotzdem stabil und änderungsfreundlich. Referenzen für Folgeoperationen müssen Sie also stets mit Bedacht auswählen, um eine **möglichst lineare und schmale Abhängigkeitsstruktur** zu gewährleisten. Kreuzverweise (Verknüpfungen) zwischen Elementen im Abhängigkeitsnetz erfolgen schon bei der Anwahl einer Modelloberfläche von bereits bestehender Volumengeometrie. Sie sehen sie beispielsweise als Stützelement für eine *Sketch (Skizze)* oder bei Anwahl schon vorhandener Volumengeometrie wie Körperkanten *zur Iso-bestimmten* Definition einer *Sketch (Skizze)*. **Damit sind diese Tochter-Elemente bzw. Verknüpfungen vollständig und nach Möglichkeit ausschließlich abhängig von ihrer Elterngeometrie**.

Wird das Prinzip möglichst kurzer, linearer Abhängigkeitsketten **nicht** berücksichtigt, führt das Editieren von Bauteilgeometrie fast zwangsläufig zu mathematisch nicht mehr sinnvoll oder korrekt darstellbarer Folgegeometrie. CATIA V-6 läuft dann in den meisten Fällen auch auf einen Aktualisierungsfehler.

Kontrolle von Abhängigkeitsstrukturen

Abhängigkeitsketten von Teilgeometrien können Sie über die Anwahl der entsprechenden Strukturbaumeinträge mit der rechten Maustaste (Öffnen des Kontextmenüs) unter dem Menüpunkt *Parents/Children (Eltern/Kinder)* überprüfen (Bild 5.2 und Bild 5.3).

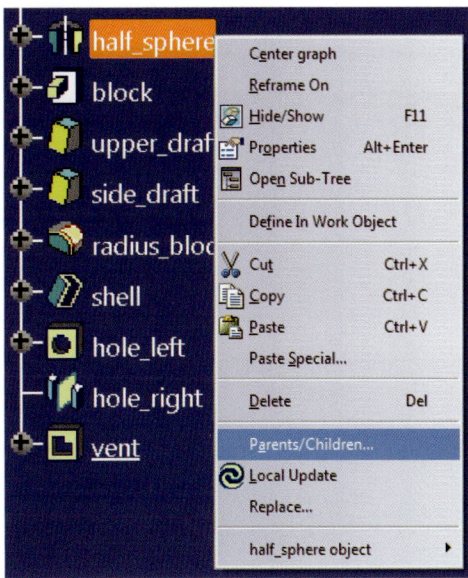

**Bild 5.2**  Über RMT Parents/Children (Eltern/Kinder) überprüfen Sie das Abhängigkeitsnetz der erzeugten Teilgeometrien (Features).

### Negativbeispiel Nockenwelle

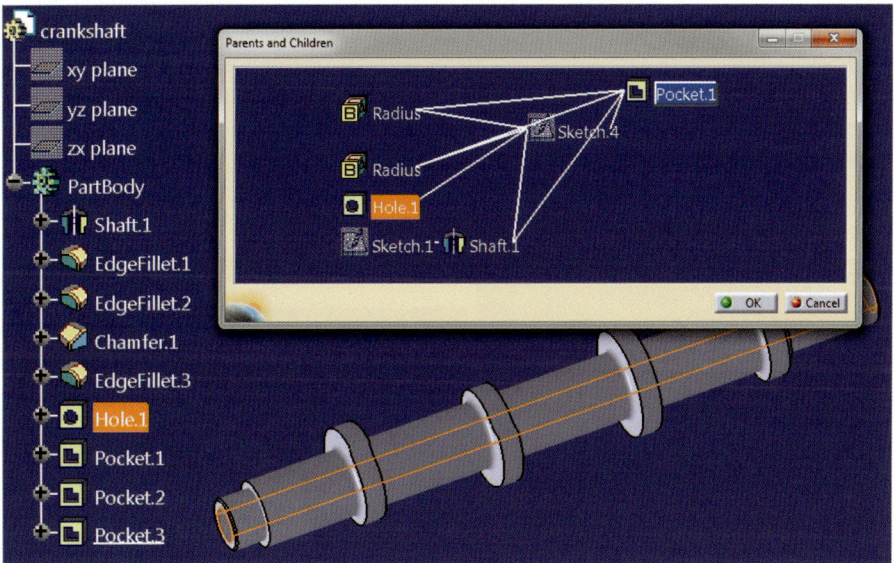

**Bild 5.3**  Schlecht anpassungsfähige Nockenwelle

In dem in Bild 5.3 dargestellten Modell einer Nockenwelle hätte das Löschen oder Bearbeiten der Durchgangsbohrung Auswirkungen auf drei weitere Teilgeometrien. Damit ist das Bauteil kaum anpassungsfähig und unbrauchbar für Änderungskonstruktionen.

## Negativbeispiel Riemenrad

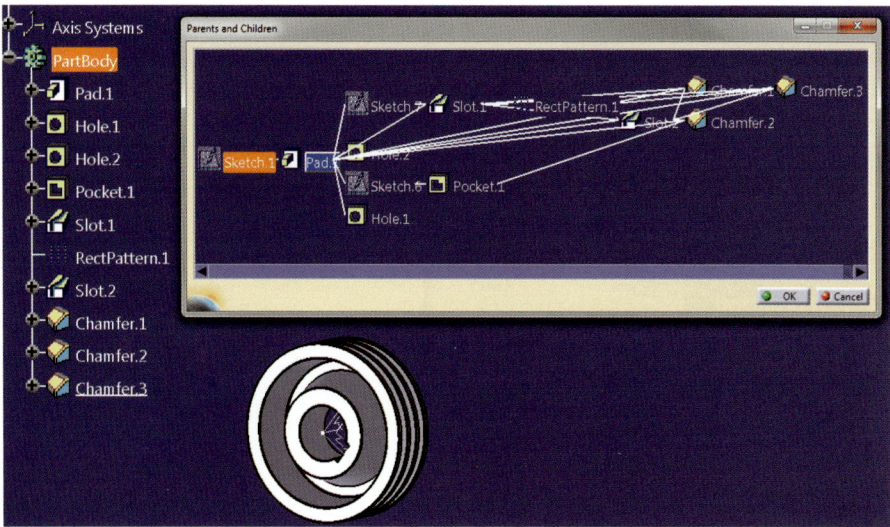

**Bild 5.4**  Schwer editierbares 3D-Bauteil

Aus dem Abhängigkeitsnetz des in Bild 5.4 dargestellten Bauteils lässt sich schon erahnen, dass Veränderungen in der Geometrie Schwierigkeiten bereiten werden. Die einzelnen Teilgeometrien sind über ein sehr verworrenes Abhängigkeitsnetz mit vielen Kreuzverweisen miteinander verknüpft. Damit sind sie nur sehr begrenzt editierbar. Eine Nachbearbeitung, ohne dass Folgeelemente in Mitleidenschaft gezogen werden, ist praktisch nicht mehr möglich. Auch die Berechnung der Volumengeometrie nach Aufruf der Datei dauert verhältnismäßig lange. Damit ist das Bauteil in seiner Weiterverwendbarkeit stark eingeschränkt.

## Positives Beispiel Winkel

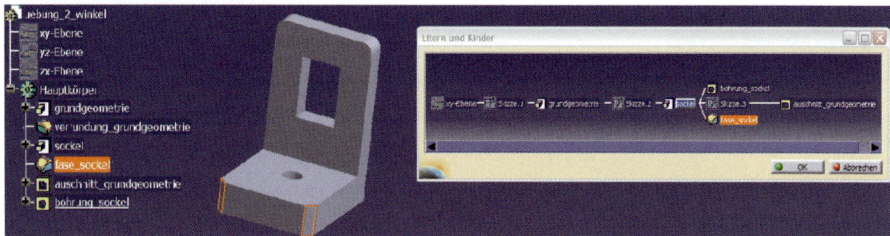

**Bild 5.5**  Einfach zu editierendes Bauteil wegen linearer, kurzer Abhängigkeitsketten

Die Abhängigkeitsstruktur bei der Anwahl der Teilgeometrie *fase_sockel* zeigt, dass das Abhängigkeitsnetz zwar linear verläuft (da einzelne Elemente nur sehr wenige Abhängigkeiten zu Elterngeometrien aufweisen), allerdings relativ lang ist (Bild 5.5). Es erstreckt sich von der Anbindung der ersten Skizze an die *xy-Ebene* des Hauptkoordinatensystems bis hin zur letzten Teilgeometrie *bohrung_sockel*. Dies könnte durch die Verwendung eines *Origins* als Referenz oder die Referenz auf Steuergeometrien verbessert werden. **Bei einem derart überschaubaren Bauteil ist dies allerdings nicht unbedingt notwendig.**

## Positives Beispiel Lampenschirm

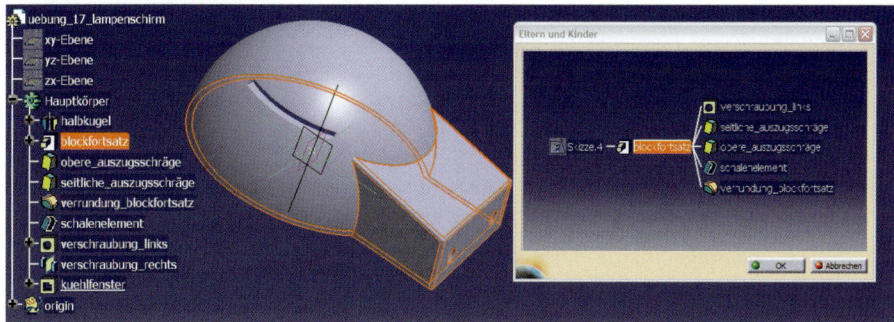

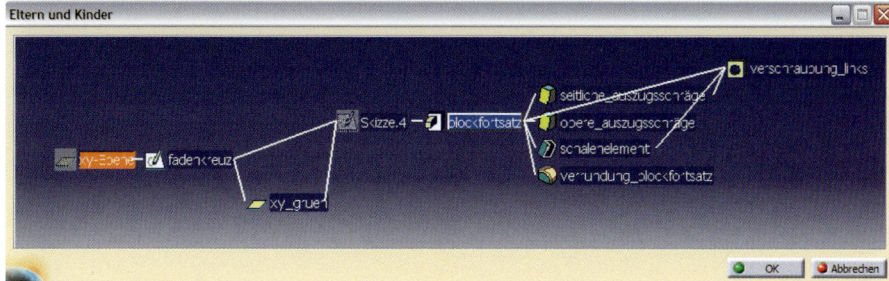

**Bild 5.6** Leicht editierbares Volumenmodell wegen linearer Abhängigkeitsstruktur und kurzen Abhängigkeitsketten

Abhängigkeitsstruktur bei der Anwahl der Teilgeometrie *blockfortsatz*:

In Bild 5.6 erkennen Sie ein verhältnismäßig kurzes und linear verlaufendes Abhängigkeitsnetz für die Teilgeometrien und Bearbeitungsschritte des Bauteils. Lediglich die Bohrung ist von mehreren Elementen abhängig und verursacht Kreuzverweise. Würde man die Teilgeometrie *blockfortsatz* löschen, würden auch deren Tochterelemente logischerweise nicht mehr berechnet werden können.

## Beispiel mit Steuergeometrien

Die Teilgeometrie *kuehlfenster* ist in ihrer Entstehung durch eine Skizze, die sich auf das *Origin* bezieht, von keiner anderen Teilgeometrie des Bauteils abhängig. Auch wenn also die Tasche in ihrer chronologischen Entstehungsgeschichte nach mehreren Bearbeitungsschritten erzeugt wurde, bleibt sie in ihrer Definition bestehen, selbst wenn vorherige Elemente gelöscht werden. Das *Origin* hilft also neben der Möglichkeit, Bauteile objektorientiert zu gestalten, auch, stabile (und vom Programm einfacher zu berechnende) Abhängigkeitsstrukturen zu erzeugen.

Kontrollieren Sie eigenständig die Abhängigkeitsstrukturen von Bauteilen aus diesem Buch, die Sie modelliert haben. Sie sollten durch möglichst kurze, lineare Abhängigkeitsketten mit möglichst wenigen Kreuzverweisen definiert sein. Neben der sich daraus ergebenden Änderungsfreundlichkeit und Stabilität eines Volumenmodells können vor allem komplexe Bauteile von CATIA V5-6 schneller vom Programm berechnet werden, was die Effizienz der Konstruktion sehr stark erhöht.

Mit Doppelklick auf Elemente im geöffneten Fenster *Parents and Children (Eltern und Kinder)* werden deren Abhängigkeiten angezeigt. Auf diese Weise können Sie die Qualität von erzeugten CAD-Datensätzen sehr schnell überprüfen.

**Expertentipp: Konstruktionsmethodik zur änderungsfreundlichen und objektorientierten Gestaltung komplexer Volumengeometrien**

Die Gesamtgeometrie eines Bauteils sollte immer objektorientiert, also aus sich selbst entstehen. Funktionsabfolgen und Referenzen auf übergeordnete Elemente definieren das Abhängigkeitsnetz eines Modells. Daher muss der systematische Aufbau gerade bei komplexen Modellen genau durchdacht werden. Setzen Sie zur besseren Strukturierung und Änderungsfreundlichkeit Steuergeometrien gezielt ein. Diese werden in einer separaten, dafür vorgesehenen Datenschachtel zusammengefasst und können jederzeit um weitere Elemente ergänzt werden. Sie werden über Referenzen auf das *Origin* oder aus Elementen innerhalb der Datenschachtel definiert.

*www.elearningcamp.com/hanser*

**Übung 34: Lock (Verriegelung)**
Quick Access Code: o24

# 5.2 Boolean Operations

In diesem Abschnitt wollen wir eine neue Konstruktionsmethode einführen. Die sogenannten *Boolean Operations (Boole'sche Operationen)* könnten Ihnen schon ein Begriff sein, wenn Sie Erfahrungen aus anderen CAD-Programmen (zum Beispiel CATIA V4) mitbringen. Bei dieser Modellierungsmethode gehen Sie mit einer anderen Technik an die 3D-Konstruktion heran als bisher gelernt.

## 5.2.1 Grundlagen

### Was ist eine Boolean Operation?

Per Definition beschreiben *Boolean Operations (Boole'sche Operationen)* Ereignisse oder Mengen, die logisch miteinander verknüpft werden. Für die dreidimensionale Konstruktion am Computer bedeutet das die Bildung von Schnittmengen zwischen zwei jeweils unabhängigen Volumenkörpern. Dabei können Sie 3D-Objekte addieren, subtrahieren oder vereinigen (Bild 5.7).

**Bild 5.7** Addieren, Subtrahieren und Vereinigen von Teilgeometrien über Boolean Operations

Damit dies möglich ist, werden die teilnehmenden Geometriebausteine in eigenen Datenschachteln, sogenannten *Bodies (Körper)*, zusammengefasst. Darüber hinaus sind diese Datenschachteln auch dazu da, die 3D-Konstruktion übersichtlich zu strukturieren. Die teilnehmenden *Bodies (Körper)* können Sie mit einem positiven oder einem negativen Vorzeichen versehen.

### Wann werden Boole'sche Operationen verwendet?

*Boolean Operations (Boole'sche Operationen)* helfen insbesondere dann weiter, wenn eine Gesamtgeometrie (bestehend aus mehreren Teilgeometrien) mit den gängigen Modellierungsmethoden zwar modelliert werden kann, sich aber leichter als Kombination mehrerer Grundobjekte erstellen lässt. Dabei findet stets eine Kombination zweier Körper statt. **Eine Boole'sche Operation wirkt also immer auf zwei in sich abgegrenzte Objekte.** Bild 5.8 zeigt ein paar Beispiele, bei denen die Boole'schen Operationen eine Erleichterung in der Konstruktion bringen können.

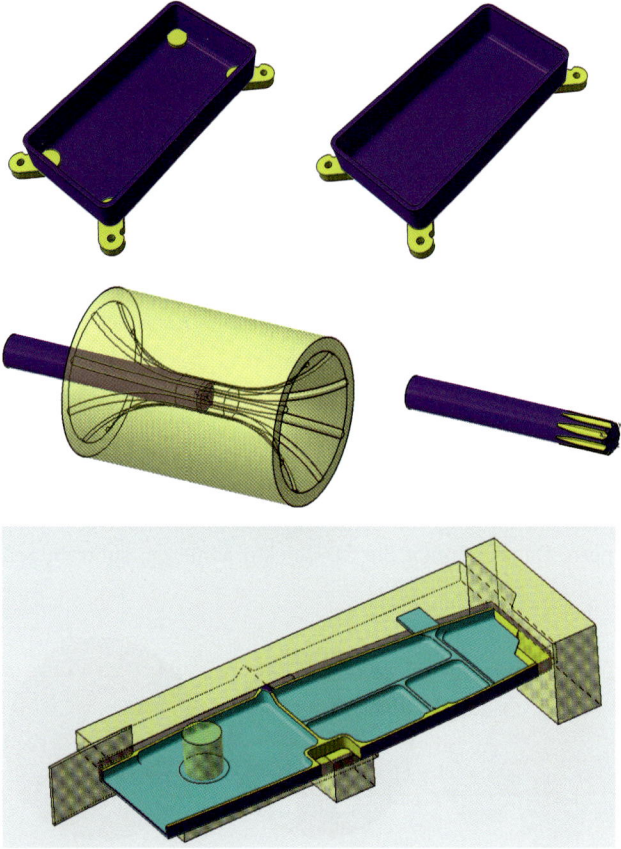

**Bild 5.8** Teilgeometrien durch das Entfernen von Teilflächen gezielt miteinander vereinigen / Einkopieren und Entfernen oder Hinzufügen von komplexen Wiederholgeometrien / Darstellung der Teilschritte fertigungsgerechter Konstruktionen (z. B. gefräste Oberflächen)

### 5.2.2 Übung Basic Boolean Operations

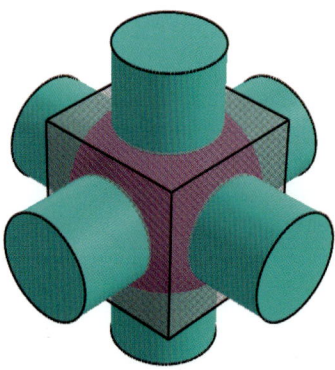

**Bild 5.9** Kombination von drei Teilgeometrien (Würfel, Kugel und Kreuz) über Boolean Operations (Boole'sche Operationen)

## Verwendete Funktionen

## Lernziele

Wie in der Einleitung schon erwähnt, wollen wir hier separate Teilgeometrien erzeugen und miteinander kombinieren. *Boolean Operations (Boole'sche Operationen)* werden also dazu verwendet, volumenbehaftete Geometrien zweier Körper innerhalb eines Einzelteils logisch miteinander zu verknüpfen.

## Konstruktionsbeschreibung

**1. Neue Datei öffnen:** Öffnen Sie ein leeres Dokument im *Part Design (Teilekonstruktion)* und benennen Sie es in »boolean_operations« um. Speichern Sie diese Datei unter demselben Namen an einem beliebigen Ort auf Ihrem Rechner ab.

New

**2. Datenschachteln einfügen:** Um voneinander abgegrenzte Teilgeometrien erzeugen und miteinander kombinieren zu können, müssen wir die Konstruktion entsprechend vorbereiten.

Datenschachteln einfügen

**3.** Die Möglichkeit, separate Datenschachteln zu definieren, stellt uns CATIA V5-6 über die Funktionsleiste *Insert (Einfügen)* zur Verfügung. Holen Sie sich die entsprechende Funktionsgruppe in den Modellbereich (Bild 5.10).

**Bild 5.10** CATIA V5-6-Funktionen zum Einfügen von Datenschachteln

Ganz links in der Gruppe finden Sie die Schaltfläche *Body (Körper)*. Mit einem Klick auf die Funktion erstellt CATIA V5-6 eine separate Datenschachtel des Typs *Body (Körper)* im Strukturbaum. Erzeugen Sie auf diese Weise drei Container mit den Bezeichnungen *cube*, *sphere* und *frame* (Bild 5.11).

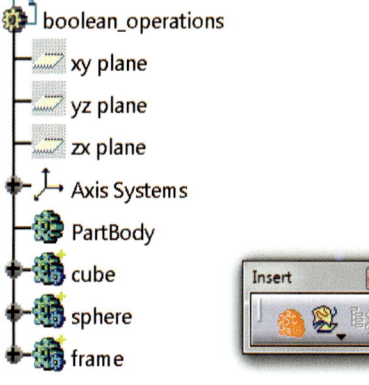

**Bild 5.11** Durch Anklicken der Funktion Body (Körper) werden weitere Datenschachteln im Strukturbaum angelegt.

Datenschachteln aktivieren

**4. Datenschachteln aktivieren:** Um Elemente gezielt in eine Datenschachtel einzuschreiben, muss diese im Vorfeld aktiviert werden. Dies geschieht über das Kontextmenü (also durch Anwahl mit der rechten Maustaste) und mit dem Befehl *Define in Work Object (In Bearbeitung definieren)*. Die aktive Datenschachtel wird mit einem Unterstrich versehen. **Alle folgenden Konstruktionsschritte werden in die Datenschachtel eingeschrieben, die aktiv ist.** Erzeugen Sie in den dafür vorgesehenen Datenschachteln eigenständig (mit frei wählbaren Abmessungen) die in Bild 5.12 dargestellten Teilgeometrien, einen Würfel, eine Kugel und ein sternförmiges Gerüst. **Verwenden Sie bei der Erzeugung des Gerüstes allerdings zur Geometrieausprägung die Funktion Tasche.** Achten Sie darauf, dass Sie ausschließlich das lokale Achsensystem als Bezug für die voneinander unabhängigen Teilgeometrien verwenden. Stellen Sie also keine Verknüpfungen zwischen den separaten Datenschachteln her. Für eine bessere Unterscheidung der Komponenten voneinander vergeben Sie eigene Farben für die separaten Datenschachteln.

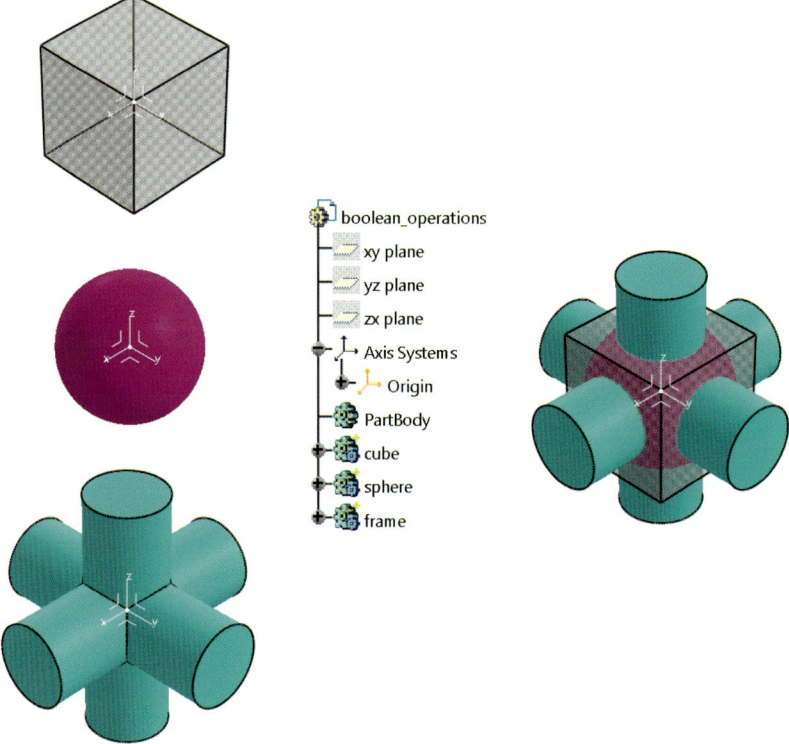

**Bild 5.12** Die Teilgeometrien cube (Grau), sphere (Violett) und frame (Zyan) werden in separaten Datenschachteln abgelegt.

Vorzeichen von Datenschachteln

Sehen Sie sich den Strukturbaum jetzt näher an, stellen Sie fest, dass die eingefügten Datenschachteln alle mit einem gelben Vorzeichen versehen sind. Wenn Sie den Eintrag **frame** aufklappen, erkennen Sie, warum diese Datenschachtel ein negatives Vorzeichen hat. Der Inhalt ist ausschließlich negative Geometrie, da er mit der Funktion *Pocket*

*(Tasche)* ausgeprägt ist. Trotzdem wird die Geometrie im Modellbereich sichtbar dargestellt. Die Vorzeichen der Datenschachteln werden bei der Anwendung der *Boolean Operations (Boole'sche Operationen)* eine wichtige Rolle spielen.

Die einzige Datenschachtel, die nun leer ist und auch kein Vorzeichen besitzt, ist der *PartBody (Hauptkörper)*. Per Definition lässt CATIA V5-6 für diesen Strukturbaumeintrag **nur positive** Geometrie zu. Wenn Sie also versuchen, hier eine negative Gesamtgeometrie zu erzeugen, liefert das Programm eine Fehlermeldung bzw. lässt entsprechende Operationen gar nicht erst zu.

**5. Bodies kombinieren:** Um zwei Teilgeometrien nun miteinander zu verschmelzen, stellt CATIA V5-6 die Funktionsgruppe der *Boolean Operations (Boole'sche Operationen)* bereit. Diese Funktionen beschreiben logische Operationen, die das Verschmelzen zweier Teilgeometrien (mit positivem oder negativem Vorzeichen) unter Berücksichtigung mathematischer Vorschriften ermöglichen. Die Anwendung ist bei allen Funktionen ähnlich. Ein Körper 2 wird mit einem Körper 1 kombiniert. Wählen Sie daher stets erst den Körper 2, der mit dem Körper 1 verknüpft werden soll. Körper 2 wird dann dem Körper 1 hierarchisch untergeordnet. Das Vorzeichen des kombinierten Körpers richtet sich nach der Art der verwendeten Boole'schen Operation.

### Assemble

Die Operation *Assemble (Zusammenbauen)* ermöglicht das Zusammenbauen zweier Körper. Dabei sind beliebige Kombinationen von Positivteilen und Negativteilen möglich. Das Programm berücksichtigt die Vorzeichen der Datenschachteln beim Zusammenbau. Negative Geometrie (also Volumenkörper mit negativem Vorzeichen) wird dabei von positiver Geometrie (also Volumenkörper mit positivem Vorzeichen) abgezogen. Dabei bleibt das Vorzeichen jenes Körpers bestehen, dem ein zweiter Körper untergeordnet wird. Das Ergebnis erhält also das Vorzeichen der übergeordneten Datenschachtel.

Erzeugen Sie eigenständig die in Bild 5.13 dargestellten Figuren. Über die Funktion *undo* können Sie Arbeitsschritte wieder rückgängig machen.

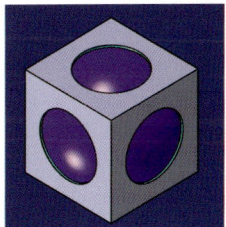  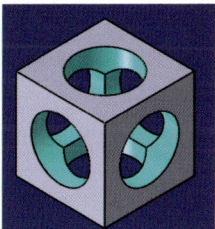

**Bild 5.13** Verschiedene Figuren – erzeugt über die Funktion Assemble (Zusammenbauen)

Um eine *Boolean Operation (Boole'sche Operation)* rückgängig zu machen, können Sie auch einfach die entsprechende Funktion aus dem Strukturbaum löschen. Die Inhalte der Datenschachteln werden dabei nicht gelöscht.

## Add

Mit der Operation *Add (Hinzufügen)* fügen Sie zwei Körper zusammen, zunächst ohne auf das Vorzeichen der Körper zu achten. Damit findet eine Vereinigung der Beträge der Körper 1 und 2 statt. Ergebnis ist ein kombinierter Körper, der allerdings dem Vorzeichen des Ausgangskörpers, also Körper 1, entspricht. Das ursprüngliche Vorzeichen des Körpers 2 spielt also keine Rolle für das Ergebnis. Erzeugen Sie wieder eigenständig die in Bild 5.14 dargestellten Figuren.

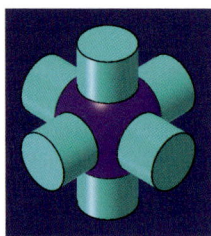 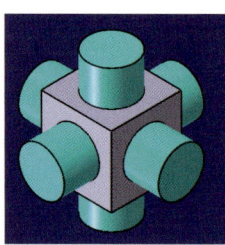 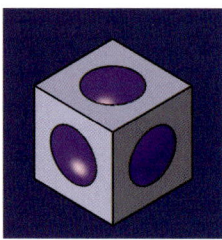

**Bild 5.14**  Verschiedene Figuren – erzeugt über die Funktion Add (Hinzufügen)

## Remove

Die Operation *Remove (Entfernen)* verhält sich wie die vorangehend beschriebene Funktion *Add (Hinzufügen)*. Allerdings ziehen Sie einen Körper 2 von einem Körper 1 ab, unabhängig vom Vorzeichen des Abzugskörpers. Ergebnis ist wieder ein kombinierter Körper, dessen Vorzeichen dem des Ausgangskörpers (also Körper 1) entspricht. Erzeugen Sie wieder eigenständig die in Bild 5.15 dargestellten Figuren.

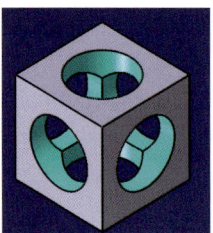  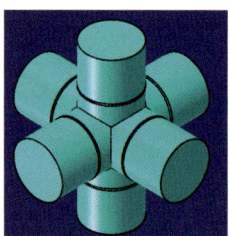

**Bild 5.15**  Verschiedene Figuren – erzeugt über die Funktion Remove (Entfernen)

## Intersect

Mit der Operation *Intersect (Verschneiden)* wird die Schnittmenge zweier *Bodies (Körper)* gebildet. Bei der Berechnung des Ergebniskörpers wird zunächst wieder keine Rücksicht auf die Vorzeichen der Teilnehmer genommen. Ergebnis ist ein kombinierter Körper, der wieder das Vorzeichen des Ausgangskörpers, also des Körpers 1 bekommt. Erzeugen Sie auch hier wieder eigenständig die in Bild 5.16 dargestellten Figuren.

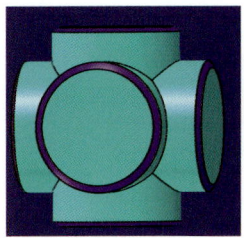 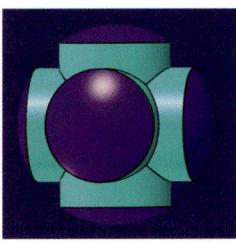 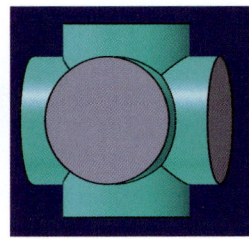

**Bild 5.16** Verschiedene Figuren – erzeugt über die Funktion Intersect (Verschneiden)

## Remove Lump

Mit der Operation *Remove Lump (Stück entfernen)* entfernen Sie sogenannte *Cavities (Löcher)* oder *Lumps (Stücke)* in einem Modell. Zum Löschen von unerwünschten Elementen klicken Sie zuerst auf den Eintrag der betroffenen Datenschachtel im Strukturbaum. Anschließend klicken Sie auf die Funktion *Remove Lump (Stück entfernen)* und übergeben die zu entfernenden (oder beizubehaltenden) Flächensegmente.

## Union Trim

Mit der Operation *Union Trim (Vereinigen und Trimmen)* wird die Schnittmenge zweier *Bodies (Körper)* gebildet. Bei der Berechnung des Ergebniskörpers wird zunächst wieder keine Rücksicht auf die Vorzeichen der Teilnehmer genommen. Damit ähnelt diese Funktion der *Intersection (Zusammenfügen)*. Hier können Sie allerdings Flächen(-segmente) angeben, die für das Ergebnis entfernt (bzw. beibehalten) werden sollen. Ergebnis ist ein kombinierter Körper, der wieder das Vorzeichen des Ausgangskörpers, also des Körpers 1 bekommt.

**Übung 35: Boolean Operations – Grundlagen**
Quick Access Code: bo9

*www.elearningcamp. com/hanser*

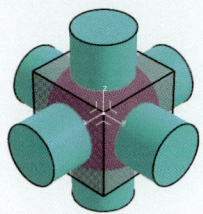

**Übung 36: Radiator Grill (Kühlergrill)**
Quick Access Code: bo2

*www.elearningcamp. com/hanser*

## 5.3 Link Management im Part Design

### 5.3.1 Internal Links

Bei den sogenannten **Internal Links** geht es um Abhängigkeiten von Geometrieelementen innerhalb eines einzigen Einzelteils. Üblicherweise werden die zu vervielfältigenden Teilgeometrien in eine separate Datenschachtel des Typs *Body (Körper)* eingeschrieben. Erst über die *Boolean Operations (Boole'schen Operationen)* werden diese dann mit dem Gesamtkörper verschmolzen.

Verknüpfungen, also die (**unidirektionale**) Kommunikation zwischen Geometrieelementen in CATIA V5-6, schaffen beeindruckende Möglichkeiten der intelligenten Konstruktion. Aber wie so häufig birgt großes Potenzial auch großen Spielraum für Fehler. Bei komplexen Modellen können schnell unüberschaubare Abhängigkeitsstrukturen entstehen. Um das zu verhindern, müssen *Links (Verknüpfungen)* akribisch überwacht werden. Dabei sollten sinnvolle Methoden nicht nur beim eigentlichen Konstruktionsprozess, sondern schon bei der Planung einfließen. Die auf den folgenden Seiten vermittelten Methoden werden Ihnen helfen, den Überblick zu behalten.

Eine sich im Einzelteil wiederholende Teilgeometrie können Sie über simples Kopieren und Einfügen gezielt duplizieren. Dabei werden diese Kopien in drei möglichen Varianten abgespeichert:

- Bausteine mit eigener, von dem kopierten Element **unabhängigen Lebensgeschichte** (Bild 5.17)

    Ergebnis ist eine exakte geometrische Kopie mit derselben Entstehungsgeschichte des Ursprungselements. Dabei werden die Instanzen der Features einfach inkrementiert.

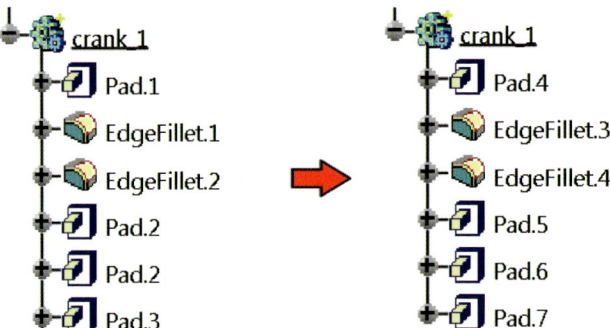

**Bild 5.17**  CATIA V5-6 inkrementiert die Nummerierung der verwendeten Features zur Geometrieerzeugung.

- **Isolierte** Bausteine mit keinerlei Lebensgeschichte (Bild 5.18)

    Ergebnis ist ein isoliertes Volumenelement. Es besteht keine Verknüpfung zum Ursprungselement.

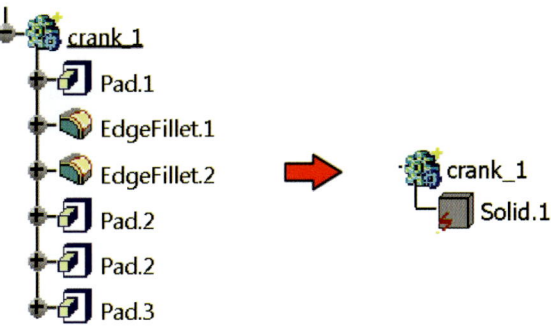

**Bild 5.18** CATIA V5-6 erzeugt ein »dummes« Solid.

- **Bausteine mit Verknüpfung zu Elterngeometrie**

Grundsätzlich unterscheidet man zwischen zwei unterschiedlichen Verknüpfungsarten im *Part Design (Teilekonstruktion):*

- **Internal Links** (Bild 5.19): Dokumentinterne Verknüpfungen (Links innerhalb eines Parts)

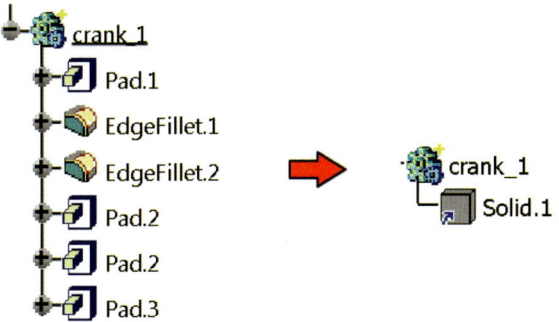

**Bild 5.19** CATIA V5-6 erzeugt einen Volumenkörper, der mit dem Original verknüpft ist.

- **External Links:** Dokumentübergreifende Verknüpfungen, also Links zwischen verschiedenen *Parts (Einzelteilen)*. Diese Verknüpfungen werden in CATIA V5-6 als sogenannte **CCP Links** (**Cut Copy Paste Links**) identifiziert. Mit CCP Links können Sie also bauteilübergreifende Abhängigkeiten setzen. Das werden wir uns aber erst in Abschnitt 5.3.2 näher ansehen.

CCP Links

 **Expertentipp: Bauteilinterne Kopien über Bodies (Körper)**

Auch wenn es in vielen Fällen möglich wäre, einzelne Features des Strukturbaums zu kopieren und als neuen Eintrag mit identischer Entstehungsgeschichte, isolierter Geometrie oder CCP Link einzufügen, ist dies eher unüblich. Die Zusammenfassung der zu vervielfältigenden Elemente sollten Sie wenn möglich auch in separate Datenschachteln, also Bodies (Körper), einschreiben.

### 5.3.1.1 Transformations

Die Funktionsgruppe der *Transformations (Transformationen)* kommt insbesondere bei der Vervielfältigung von *Bodies (Körper)* und anschließender Neupositionierung der Kopien zur Anwendung. Über *Boolean Operations* (*Boole'sche Operationen*, siehe Abschnitt 5.2) findet dann die endgültige Verschmelzung mit der Gesamtgeometrie statt.

Immer dann, wenn sich Geometrien wiederholen, für ihre Positionierung allerdings verschoben und/oder verdreht werden müssen, benötigen Sie also entsprechende Funktionen zur Relativbewegung. Einkopierte Bausteine verändern dann ihre Position (Translationen und/oder Rotationen) gegenüber deren Ursprungsgeometrie.

Die dafür notwendigen Funktionen lassen sich auf komplette Datenschachteln *Bodies (Körper)* anwenden.

 Translation

*Translation (Verschiebung):* Mit dieser Funktion können Sie einzelne *Bodies (Körper)* innerhalb eines *Parts (Bauteils)* relativ zueinander verschieben. Die neue Position der Geometrie im Raum wird dabei anhand **eines Richtungsvektors**, von **Koordinatenpunkten** oder **zweier expliziter Punkte** definiert.

 Rotation

*Rotation (Drehung):* Mit dieser Funktion können Sie einzelne *Bodies (Körper)* innerhalb eines *Part (Bauteils)* relativ zueinander verdrehen. Die neue Position der Geometrie im Raum wird anhand einer **Rotationsachse** definiert.

 Mirror

*Mirror (Symmetrie):* Mit dieser Funktion können Sie einzelne *Bodies (Körper)* innerhalb eines *Parts (Bauteils)* an einem Symmetrieelement verschieben. Ergebnis ist eine zur ursprünglichen Lage gespiegelte Volumengeometrie. Die neue Position des *Bodys (Körpers)* im Raum wird anhand eines **Punktes** (Punktsymmetrie), einer **Achse** (Achssymmetrie) oder einer **Ebene** (Spiegelung) definiert.

### 5.3.1.2 Übung Crankshaft (Kurbelwelle)

**Bild 5.20** Abbildung einer Crankshaft (Kurbelwelle)

## Verwendete Funktionen

## Lernziele

Innerhalb eines Parts wird dieselbe Geometrie innerhalb eines *Bodys (Körpers)* mehrfach benötigt. Durch Kopieren, gezieltes Einfügen und anschließendes Umpositionieren der Duplikate entsteht eine Kurbelwelle mit insgesamt vier Kröpfungen.

## Verwendete Komponente

Die verwendete Komponente finden Sie unter *http://downloads.hanser.de*.

## Konstruktionsbeschreibung

**1. Startdatei öffnen:** Öffnen Sie die aus dem Download-Bereich verfügbare Datei **Crankshaft_Start**. Neben der Kröpfung, deren Geometrie in einem *Body (Körper)* zusammengefasst ist, stehen Ihnen auch ein lokales Achsensystem *(local_axis)* und ein Referenzpunkt *(endpoint_crank1)* zur Verfügung. Diesen werden wir später für die Definition eines Verschiebungsvektors benötigen.

**2. Kröpfung kopieren:** Kopieren Sie im ersten Schritt die Datenschachtel *crank_1*. Das erreichen Sie entweder durch Anklicken des Strukturbaumeintrages und über das Tastenkürzel *Strg+C* oder über das Kontextmenü mit RMT (rechte Maustaste) und dem Menüpunkt *Copy (Kopieren,* siehe Bild 5.21).

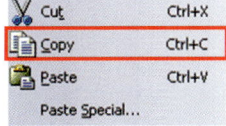
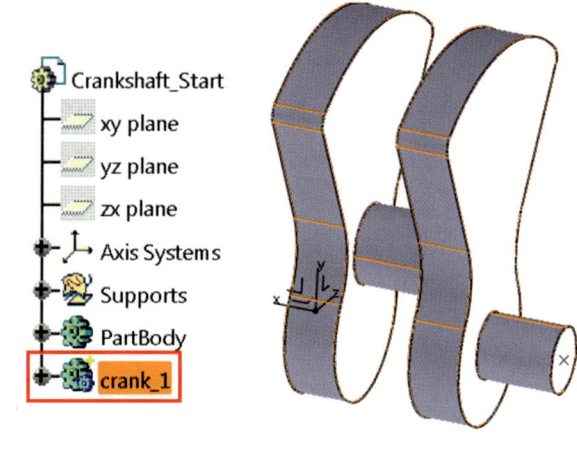

**Bild 5.21** Kopieren der ersten Kröpfung

**3. Kröpfung einfügen:** Mit RMT (rechte Maustaste) auf die Teilenummer **Crankshaft_Start** öffnet sich wieder ein Kontextmenü. Hier wählen Sie den Eintrag *Paste Special... (Einfügen Spezial...)*. CATIA V5-6 bietet drei Möglichkeiten an, den kopierten Körper einzufügen (Bild): *As specified in Part Document (Wie im Teiledokument angegeben)*, *As Result With Link (Als Ergebnis mit Verknüpfung)* und *As Result (Als Ergebnis)*.

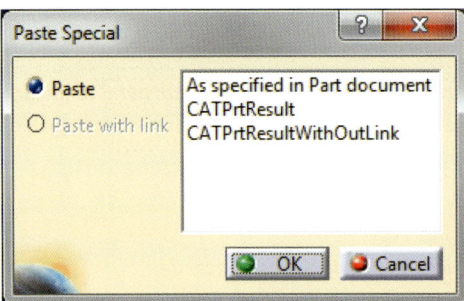

**Bild 5.22** CATIA V5-6 bietet drei Möglichkeiten an, kopierte Elemente einzufügen.

Fügen Sie auf diese Weise insgesamt drei weitere Kröpfungen ein, eine für jede Variante der Einfügeoperation (Bild 5.23).

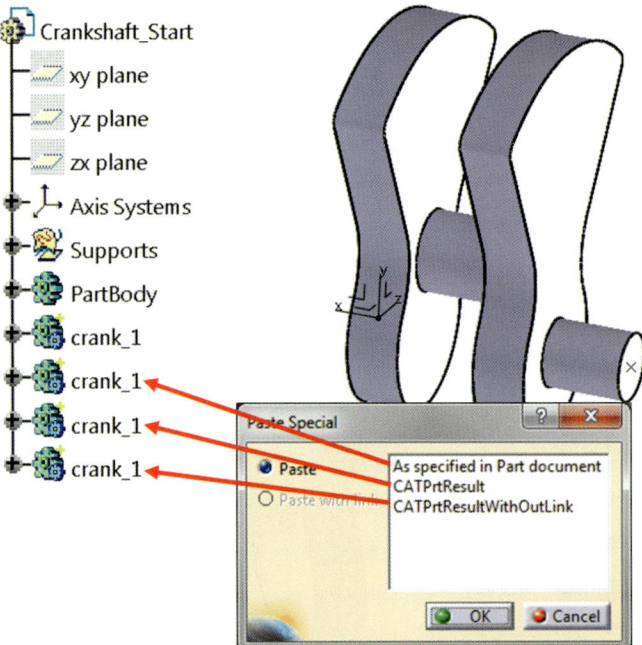

**Bild 5.23** Drei eingefügte Kröpfungen: Sie liegen deckungsgleich auf dem Original.

**4. Kröpfungen umbenennen:** Für eine bessere Unterscheidung sorgen Sie vorab für eindeutige Bezeichnungen im Strukturbaum und nummerieren die Kröpfungen einfach chronologisch durch (Bild 5.24).

## 5.3 Link Management im Part Design

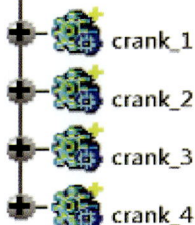

**Bild 5.24** Die Kröpfungen sollten eindeutig bezeichnet werden.

**5. Umpositionieren der Kröpfungen:** Wie Sie sehen, werden die Kopien exakt deckungsgleich auf deren Ursprung gelegt. Für eine sinnvolle Gesamtgeometrie müssen die einzelnen Kröpfungen noch über Translationen und Rotationen in die gewünschten Endpositionen gebracht werden. Dies erreichen Sie über die Funktionsleiste der *Transformations (Transformationen)*.

Für die Funktion *Translation (Verschiebung)* aktivieren Sie die Kröpfung im Strukturbaum, die Sie verschieben möchten (über RMT auf den Eintrag und *Define in Work Object (Objekt in Bearbeitung definieren)*. Das sich öffnende Dialogfenster möchte von Ihnen noch einmal bestätigt bekommen, dass Sie hier eine Relativbewegung durchführen wollen. Klicken Sie auf *Yes (Ja*, siehe Bild 5.25).  Translation

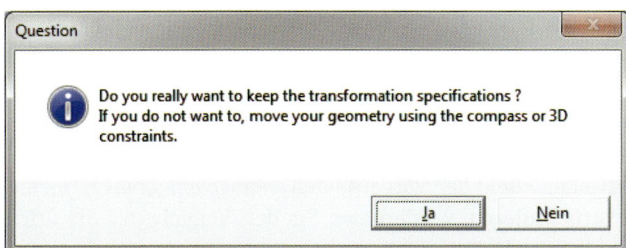

**Bild 5.25** Informationsmeldung bei Relativbewegungen von 3D-(Teil-)Geometrie

CATIA V5-6 bietet nach Aufruf des Befehls mehrere Möglichkeiten der Verschiebung an (Bild 5.26).

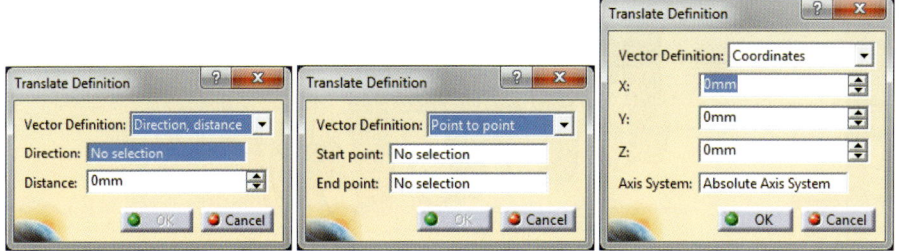

**Bild 5.26** Drei verschiedene Verschiebungsoptionen für 3D-(Teil-)Geometrie

a) *Direction, distance (Richtung, Abstand):* Hier verlangt das Programm einen Richtungsvektor (beispielsweise die *x-axis* des lokalen Achsensystems) und einen Abstand als Millimeterwert. Geben Sie hier **–100mm** ein. Die Kröpfung bewegt sich jetzt um die eingegebenen Werte aus der ursprünglichen Position (Bild 5.27).

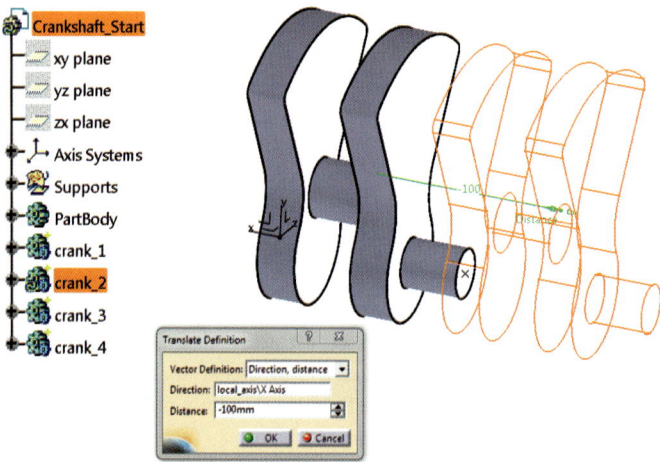

**Bild 5.27** Verschiebung entlang einer Richtung unter Angabe der Verschiebungsentfernung

b) *Point to Point (Punkt zu Punkt):* Hier verlangt CATIA V5-6 die Übergabe zweier beliebiger Punkte im Raum. Diese bilden den Anfang und das Ende des Verschiebungsvektors für die betroffene Geometrie. Übergeben Sie hier als Startpunkt den Ursprungspunkt des lokalen Achsensystems, als zweiten Punkt den vorbereiteten *endingpoint_crank1*. Um dieselbe Distanz noch einmal zurückzulegen, wiederholen Sie den Vorgang, bis die dritte Kröpfung an der richtigen Position steht (Bild 5.28).

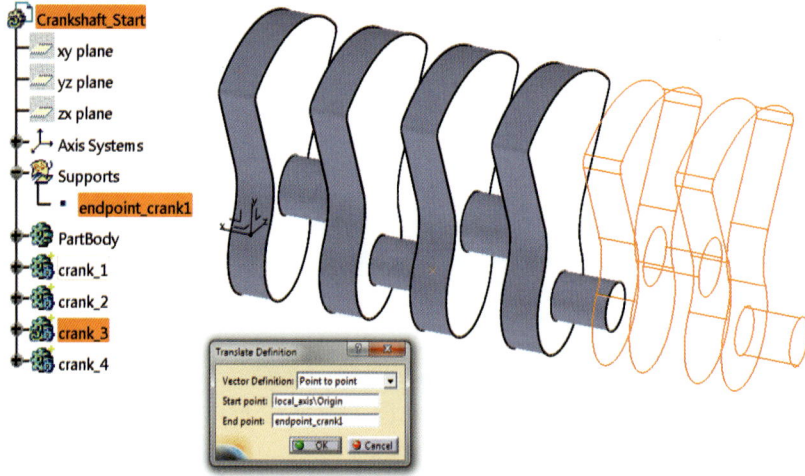

**Bild 5.28** Verschiebung entlang eines Vektors, der durch Übergabe von zwei Punkten von CATIA V5-6 berechnet wird

c) *Coordinates (Koordinaten):* Bezugssystem ist das gerade aktive Achsensystem (hier das *local_axis*). Ausgehend von deren x-, y-, oder z-Achse geben Sie den gewünschten Verschiebungsvektor an; in diesem Beispiel ist es **−300 mm** (Bild 5.29).

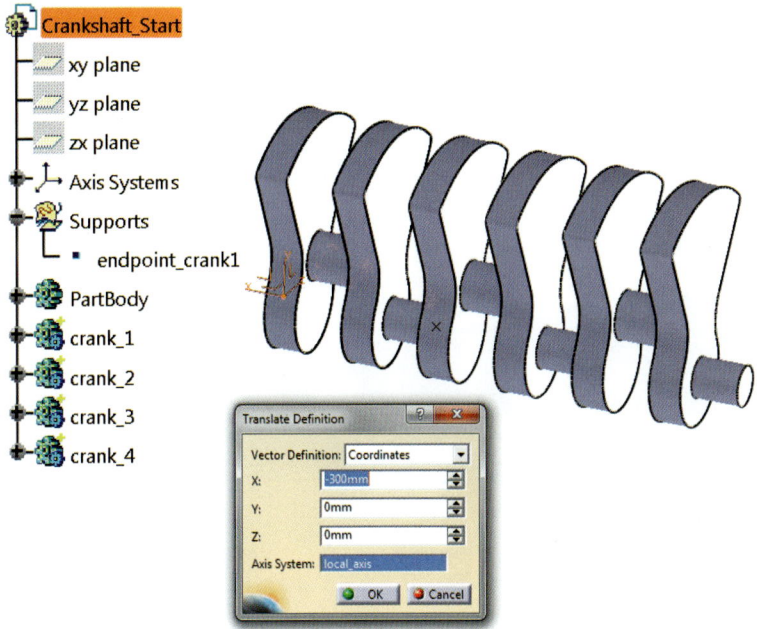

**Bild 5.29** Verschiebung entlang der Achsrichtungen des aktiven lokalen Achsensystems

Als Ergebnis bekommen Sie die vier Kröpfungen an den lagerichtigen Positionen (Bild 5.30).

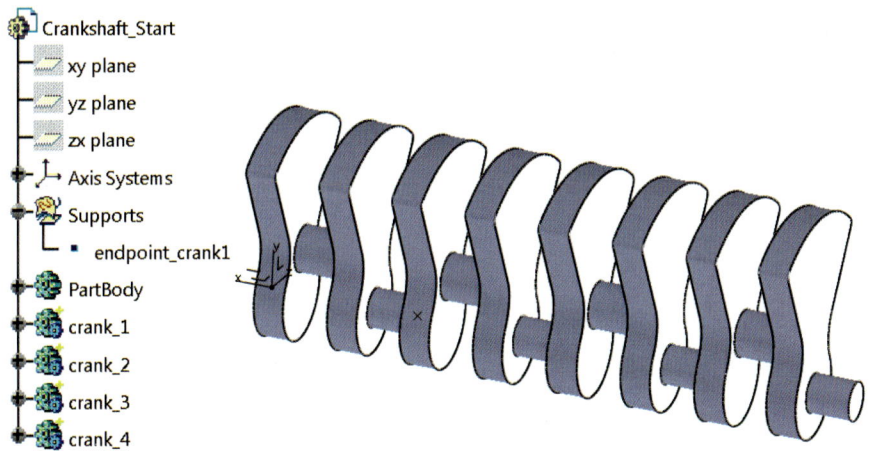

**Bild 5.30** Die drei Kröpfungen (Kinder) in ihrer richtigen Entfernung zur Ursprungsgeometrie

 Rotation

**6. Verdrehen der Kröpfungen:** Für die Kröpfungen 2, 3 und 4 sollen Verdrehungen gegenüber der Längsachse definiert werden. Dazu selektieren Sie wieder den gewünschten Strukturbaumeintrag und klicken auf die Funktion *Rotation (Drehung)*. Mit Aufruf der Funktion öffnet sich wieder ein Dialogfenster mit verschiedenen Möglichkeiten der Verdrehung. Die einfachste davon ist die Option *Axis-Angle (Achse-Winkel)*. Die anderen Optionen sind selbsterklärend.

**7.** Unter Angabe der *X Axis* des lokalen Achsensystems geben Sie folgende Winkel für die Kröpfungen ein (Bild 5.31):

a) Kröpfung 2: **+45 Grad**

b) Kröpfung 3: **–30 Grad**

c) Kröpfung 4: **+45 Grad**

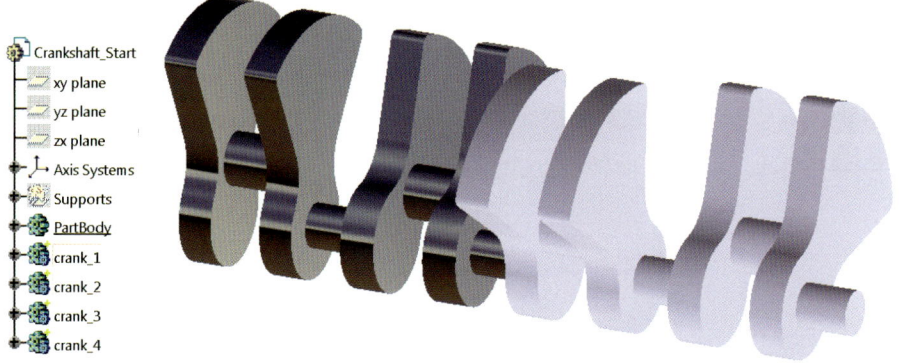

**Bild 5.31** Verdrehen der Kröpfungen gegenüber der Ursprungsgeometrie

 **Expertentipp: Materialdefinitionen kopieren**

Die Materialdefinition der Ursprungsgeometrie wird nur bei der Einfügeoption *As specified in Part document (Wie im Teiledokument angegeben)* weitergereicht. Für alle anderen Ergebnisse wird nur die Geometrie, nicht deren Material mitkopiert. Das Material können Sie sich über den *View Mode (Anzeigemodus) Shading with Material (Schattierung mit Material)* anzeigen lassen. Für jede Datenschachtel *Body (Körper)* können Sie entsprechende Materialien separat vergeben.

**8. Kopien analysieren:** Sehen Sie sich die einzelnen *Bodies (Körper)* mit den umpositionierten Kröpfungen noch einmal genauer an. Klappen Sie dazu die Strukturbaumeinträge

auf. Neben den bildlichen Symbolen, die Aufschluss über die Einfügevariante geben, werden die Verschiebeoperationen ebenfalls als Features im Strukturbaum angelegt: *As specified in Part Document (Wie im Teiledokument angegeben)*, *As Result With Link (Als Ergebnis mit Verknüpfung)* und *As Result (Als Ergebnis)*. Diese können Sie wie gewohnt mit Doppelklick aufrufen und editieren oder auch wieder löschen (Bild 5.32 bis Bild 5.36).

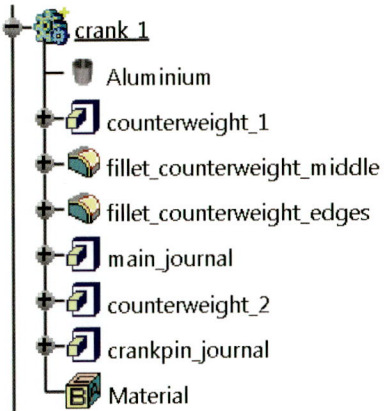

**Bild 5.32** Originalgeometrie mit Lebensgeschichte

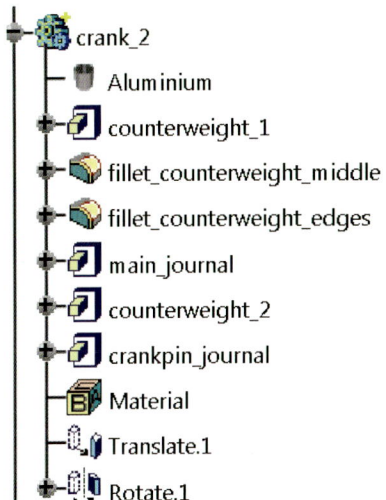

**Bild 5.33** Kopie As specified in Part Document (Wie im Teiledokument angegeben): Kopierte, aber eigenständige Lebensgeschichte

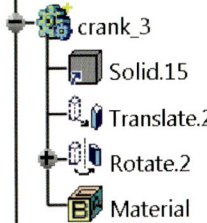

**Bild 5.34** Kopie As Result With Link (Als Ergebnis mit Verknüpfung): Mit dem Original verknüpfte Geometrie

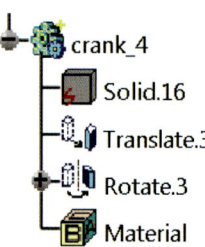

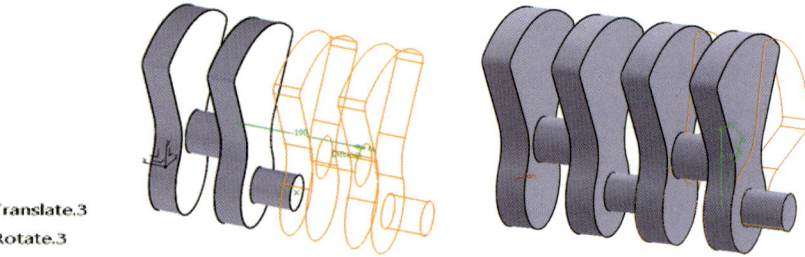

**Bild 5.35** Kopie As Result (Als Ergebnis): Zum Original identische, aber isolierte Geometrie

**Bild 5.36** Die Features Translate (Verschieben) und Rotate (Drehen) sind als Transformations (Transformationen) im Strukturbaum abgelegt.

**Hinweis:** Die Tastenkürzel *Strg+C* und *Strg+V* (Copy/Paste) entsprechen der Einfügeoperation *As specified in Part Document (Wie im Teiledokument angegeben)*.

**9. Single Body Part erstellen:** Viele Betriebe erlauben für ein Einzelteil lediglich **einen** *Body (Körper)* auf der höchsten Hierarchiestufe. Zu diesem Zweck fügen Sie dem *PartBody (Hauptkörper)* alle Kröpfungen über die *Boolean Operation (Boole'sche Operation) Add (Hinzufügen)* hinzu (Bild 5.37).

Symbole für Internal Links

**10. Bildsymbole identifizieren:** Wie Sie sicherlich vorangehend schon bemerkt haben, geben die Symbole im Strukturbaum Aufschluss über den Zustand des betreffenden Eintrages. Hier finden Sie die Symbole, die Sie sich für das interne Link Management merken sollten.

 Linked Geometry

**Linked Geometry (Verknüpfte Geometrie):** Die Geometrie wurde als Kopie des Originals eingefügt. Allerdings steht dessen Lebensgeschichte nicht zum Editieren zur Verfügung. Veränderungen der Geometrie am Original werden durch die Verknüpfung sofort auch für die Kopie übernommen.

 Isolated Geometry

**Isolated Geometry (Isolierte Geometrie):** Die Geometrie wurde als vollkommen isolierte Kopie eingefügt. Veränderungen am Original werden für die Kopie nicht übernommen. Sie ist vollständig autark. Es bestehen also keinerlei Verknüpfungen mehr zur Elterngeometrie.

Fehlerhafte Verknüpfungen

**Fehlerhafte Verknüpfungen:** Neben ganzen *Bodies (Körpern)* können Sie mitunter auch einzelne Features, also Bausteine der Lebensgeschichte eines Einzelteils, kopieren und wieder einfügen. Dies führt in den meisten Fällen allerdings zu Fehlermeldungen. Findet CATIA V5-6 für die gewünschte Ergebnisgeometrie keine vernünftige Lösung, wird der betroffene Strukturbaumeintrag mit einem gelben Punkt und schwarzem Ausrufezeichen identifiziert.

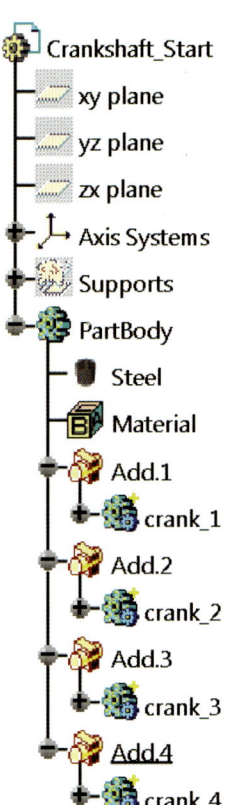

**Bild 5.37** Hinzufügen der Kröpfungen zum PartBody (Hauptkörper) zu einem sogenannten Single-Body-Part

**Expertentipp: Internal Links**

Teileinterne Verknüpfungen (**Internal Links**) werden zusammen mit dem Bauteil abgespeichert. Das Einzelteil wird also nicht von externen Dokumenten beeinflusst.

**Übung 37: Tub (Wanne)**
Quick Access Code: si2

*www.elearningcamp.com/hanser*

## 5.3.2 External Links

### 5.3.2.1 CCP Links

Bei den sogenannten **External Links** geht es um Abhängigkeiten von Geometrieelementen als bauteilübergreifende Verknüpfungen. Dabei spielen auf Einzelteilebene insbesondere die sogenannten **CCP Links** (**Cut Copy Paste Links**) eine wesentliche Rolle.

**CCP Links** werden immer dann erzeugt, wenn Sie Geometrien zweier separater Einzelteile miteinander verknüpfen. Diese Abhängigkeit funktioniert stets nur unidirektional. Das heißt, dass sich zwei Dokumente nicht gegenseitig beeinflussen können. Das Originalteil weist dabei keinerlei Verbindung zum Zieldokument auf. Dementsprechend wird die Abhängigkeit, also der Link zum Original, auch nur vom Zieldokument verwaltet und erkannt.

>
> **Expertentipp: CCP Links**
>
> CCP Links (Cut Copy Paste Links) sind stets bauteilübergreifende Verknüpfungen zwischen Einzelteilen. Sie werden ausschließlich über das *Pointed Document (Zieldokument)* bzw. *Child Part (Kind)* verwaltet.

Aus dem Original (**Pointed Document**) können Sie Teilgeometrien in Form von Features (einzelnen Strukturbaumeinträgen) einfügen oder auch die komplette Geometrie kopieren und in einem anderen Einzelteil einfügen. Zunächst wird das zu duplizierende Element (z. B. Punkt, Linie, Ebene, Fläche, Volumengeometrie, Körper usw.) über RMT (rechte Maustaste auf das zu kopierende Element) und *Copy (Kopieren)* gespeichert. Alternativ können Sie hier auch das Tastenkürzel *Strg+C* verwenden (Bild 5.38).

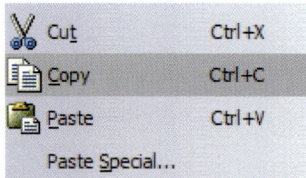

**Bild 5.38**  Das Kopieren einer (Teil)geometrie über Tastenkürzel Strg+C ist in CATIA V5-6 möglich.

Im Zieldokument (**Pointing Document**) fügen Sie die Kopie über das Kontextmenü (rechte Maustaste auf den Einfügeort) und *Paste Special… (Einfügen Spezial…)* ein. Mit der Auswahl *As Result With Link (Als Ergebnis mit Verknüpfung)* wird eine Verknüpfung zum Original hergestellt. Veränderungen am Original beeinflussen dann auch das Zieldokument (Bild 5.39).

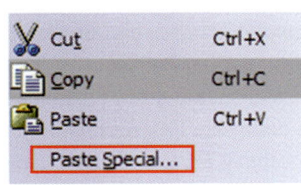 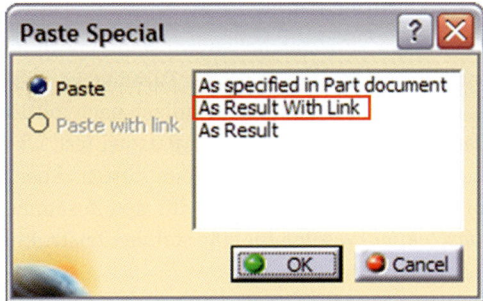

**Bild 5.39** Paste Special... (Einfügen Spezial...) mit As Result With Link (Als Ergebnis mit Verknüpfung) sorgt für eine Referenz zur Originalgeometrie.

 **Expertentipp: Kopien mit »As specified in Part Document«**

Bei der Kopie von Geometrieelementen wie *Points (Punkte)*, *Lines (Linien)*, *Planes (Ebenen)*, *Pads (Blöcke)*, *Shafts (Wellen)* etc. von einem Einzelteil in ein anderes mit der Einfügeoperation *As specified in Part document (Wie im Teiledokument angegeben)*, kann es häufig zu Fehlermeldungen kommen. Nachdem eine exakte Kopie des Ursprungselements mit seiner gesamten Lebensgeschichte erzeugt werden soll, braucht CATIA V5-6 für die Kopie auch die entsprechenden, in deren Bezeichnungen identischen Eingangsreferenzen im Zieldokument. Sonst ist eine eindeutige Geometriedefinition nicht möglich. Für eine eigenständige Neuzuordnung ist das Programm nicht »intelligent« genug.

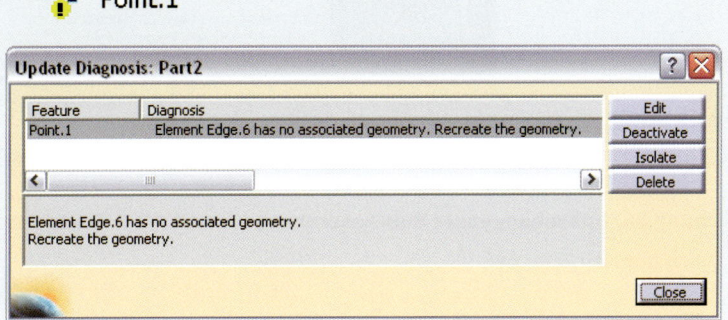

 **Expertentipp: Darstellung verknüpfter Elemente**

CATIA V5-6 deutet teileinterne und teileübergreifende Abhängigkeiten über Symbole **in der kopierten Geometrie** an. Das Ursprungselement wird in seiner Darstellung dabei **nicht** verändert dargestellt. Eine Verknüpfung ist also nur über das Ergebniselement sichtbar.

#### 5.3.2.2 Publications

Verwendung von *Publications* (*Veröffentlichungen*)

*Publications (Veröffentlichungen)* sind explizit ausgewiesene **Schnittstellen** in Form von Geometrieelementen und/oder Parametern. Sie werden verwendet, um bauteilübergreifende Referenzen gezielt und einfach nachvollziehbar zu gestalten. Über *Publications (Veröffentlichungen)* legen Sie zum Beispiel fest, welche Geometrieelemente eines Einzelteils in ein anderes einkopiert werden dürfen. Aber auch genau definierte Referenzelemente für *Constraints (Bedingungen)* für den Zusammenbau im *Assembly Design (Baugruppenkonstruktion)* werden für eine stabile Konstruktionsmethode über *Publications (Veröffentlichungen)* verwaltet.

Unter **TOOLS > PUBLICATION... (TOOLS > VERÖFFENTLICHUNG...)** führt die Auswahl von Geometrieelementen zur Definition von Veröffentlichungen. Diese können Sie im sich öffnenden Dialogfenster mit einem eigenen Namen versehen. Referenzieren Sie später andere Bauteile auf die genau ausgewiesenen *Publications (Veröffentlichungen)*, schaffen Sie eindeutige und gut nachvollziehbare Schnittstellen zwischen den Komponenten (Bild 5.40).

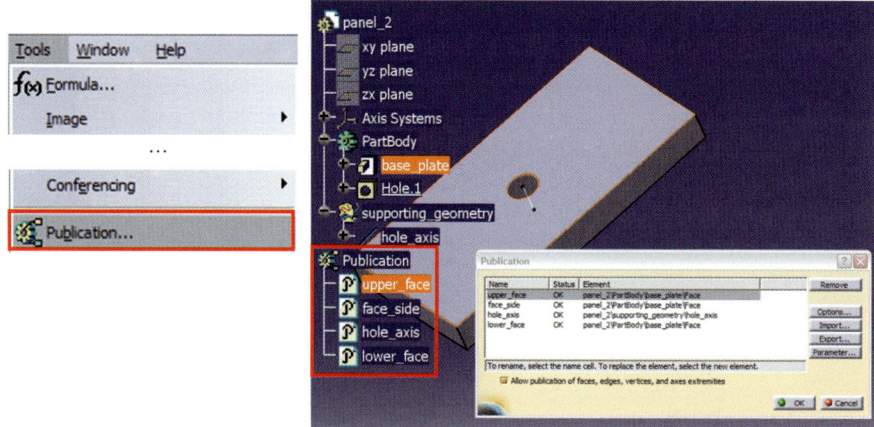

**Bild 5.40** Erstellung von Publications (Veröffentlichungen)

www.elearningcamp.com/hanser

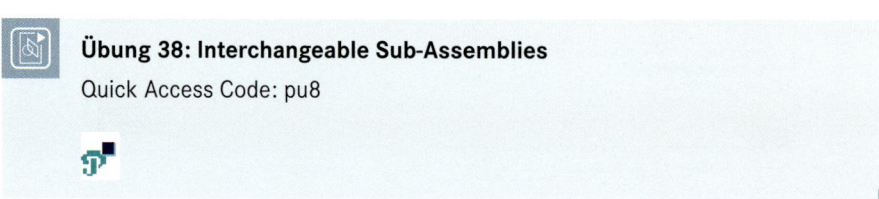

**Übung 38: Interchangeable Sub-Assemblies**
Quick Access Code: pu8

### 5.3.2.3 Übung CCP Links

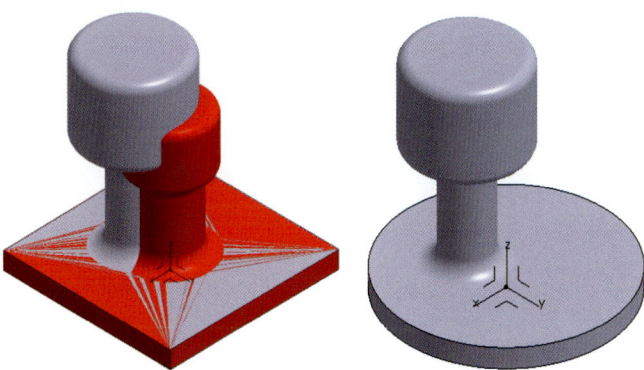

**Bild 5.41**  Bauteilübergreifende Kopien von (Teil)geometrien

**Verwendete Funktionen**

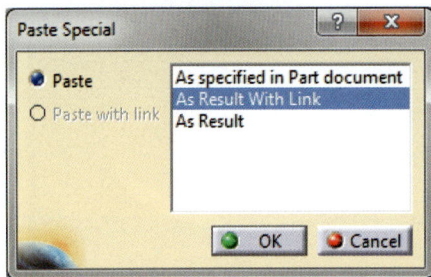

**Bild 5.42**  Paste Special… As Result With Link (Einfügen Spezial… Als Ergebnis mit Verknüpfung)

**Lernziele**

Bei der Verwendung von **CCP Links** – also der Verknüpfung von Geometrie(elementen) über Bauteilgrenzen hinweg – spielt für das Zieldokument eine wesentliche Rolle, in welchem Zustand sich das Originaldokument bzw. der Zugriff darauf befindet. Schließlich beeinflusst jegliche Änderung des Originals auch das damit verknüpfte Ziel. CATIA V5-6 signalisiert über spezielle Darstellungen im Strukturbaum die vorherrschenden Verknüpfungsverhältnisse. In dieser Übung bekommen Sie eine Übersicht dieser Symbole (Signale) zur Identifizierung der Abhängigkeiten von *Parts (Einzelteilen)* und deren Zustand.

**Verwendete Komponente**

Die verwendete Komponente finden Sie unter *http://downloads.hanser.de*.

**Konstruktionsbeschreibung**

**1. Startdateien öffnen:** Öffnen Sie die aus dem Download-Bereich verfügbaren Dateien **Rectangular_Plate.CATPart** und **Circular_Plate.CATPart** als separate Einzelteile. Über den Menüleistenbefehl WINDOW > TILE VERTICALLY (FENSTER > NEBENEINANDER

ANORDNEN) können Sie beide Einzelteile nebeneinander im CATIA V5-6-Fenster anzeigen lassen. Das wird Ihnen beim Kopieren und Einfügen von Komponenten hilfreich sein (Bild 5.43 und Bild 5.44).

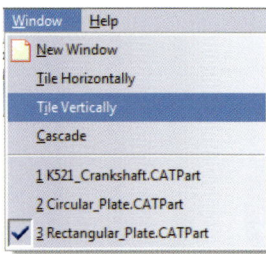

**Bild 5.43** Fenster in CATIA V5-6 nebeneinander anordnen lassen

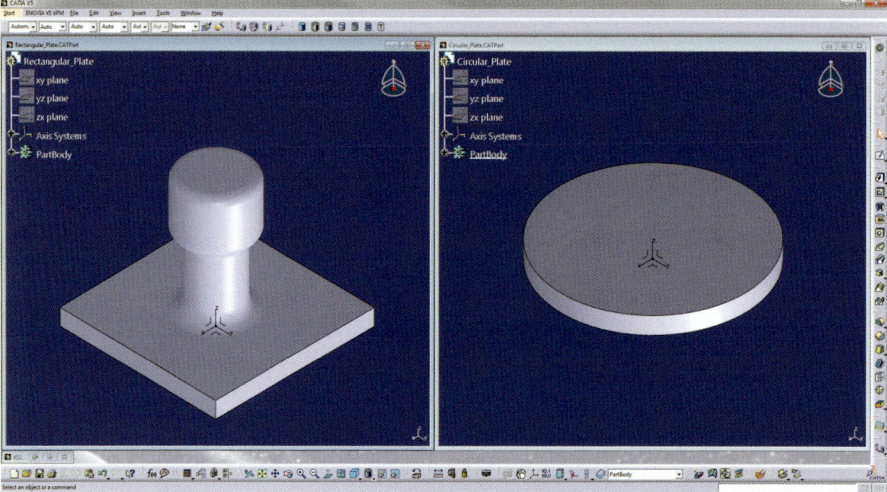

**Bild 5.44** Links das Original, rechts die Zieldatei

Synchronized

**2. Link Synchronized (Verknüpfung synchronisiert):** Kopieren Sie im ersten Schritt die Geometrie des Bolzens aus dem Bauteil **Rectangular_Plate**. Klappen Sie dazu den Strukturbaum so weit auf, bis die Teilgeometrie mit der Bezeichnung **Pin** sichtbar wird. Den Kopiervorgang können Sie entweder mit einem Klick (zur Markierung) auf den betroffenen *Body (Körper)* und das Tastenkürzel *Strg+C* oder über das Kontextmenü (RMT auf die Datenschachtel) mit dem Menüpunkt *Copy (Kopieren)* erreichen. Im zweiten Schritt wechseln Sie in das Fenster des Bauteils **Circular_Plate**. Über die RMT auf die Teilenummer des Dokuments öffnen Sie das Dialogfenster *Paste Special (Einfügen Spezial)* über den gleichnamigen Menüeintrag. Mit der Einfügevariante *As Result With Link (Als Ergebnis mit Verknüpfung)* fügen Sie die Kopie des Bolzens mit der Verknüpfung zu deren Original ein (Bild 5.45).

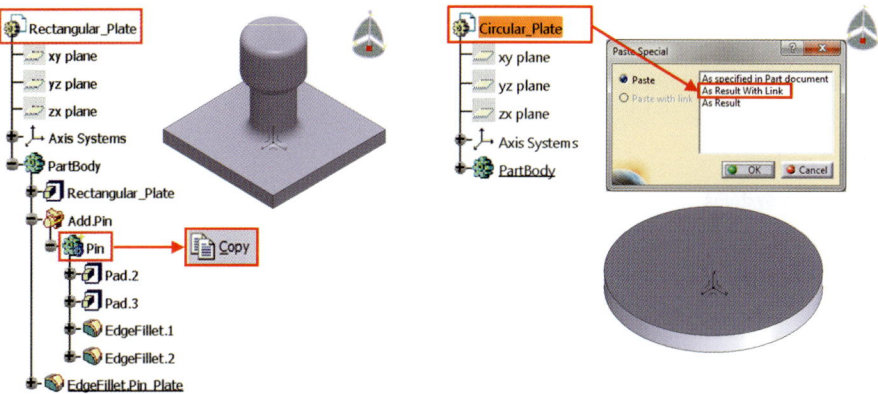

**Bild 5.45** Teileübergreifende Kopie von 3D-Geometrie

Ergebnis ist eine weitere Datenschachtel **Pin** als *Body (Körper)* auf gleicher Hierarchiestufe wie der *PartBody (Hauptkörper)*. Eingefügt wird die kopierte Geometrie an dieselbe Stelle gegenüber dem Hauptkoordinatensystem wie im Originaldokument. Anstelle der Entstehungsgeschichte der Ursprungsgeometrie wird der Bolzen jetzt als Volumenelement in Form eines grauen Quaders angezeigt. Der grüne Punkt im unteren linken Eck des Bildsymbols im Strukturbaum deutet auf eine intakte, also synchronisierte Verknüpfung hin. Diese Geometrie wird in ihrer Formgebung also vom externen Dokument **Rectangular_Plate** gesteuert (Bild 5.46).

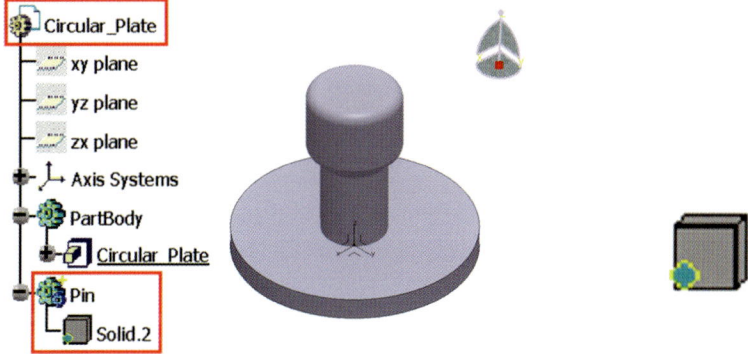

**Bild 5.46** Der grüne Punkt am eingefügten Solid deutet an, dass die Verknüpfung intakt und auf dem aktuellen Stand ist.

Diesen *Body (Körper)* können Sie wie gewohnt über *Transformationen (Transformations)* in beliebige Positionen bringen und über *Boolean Operations (Boole'sche Operationen)* mit dem *PartBody (Hauptkörper)* zu einer monolithischer Volumengeometrie verschmelzen. Auch die weitere Bearbeitung des Modells mit den im *Part Design (Teilekonstruktion)* üblichen Funktionen ist ohne Weiteres möglich. Hier wurde dem *PartBody (Hauptkörper)* der **Pin** hinzugefügt und anschließend mit einer *Edge Fillet (Kantenverrundung)* bearbeitet (Bild 5.47).

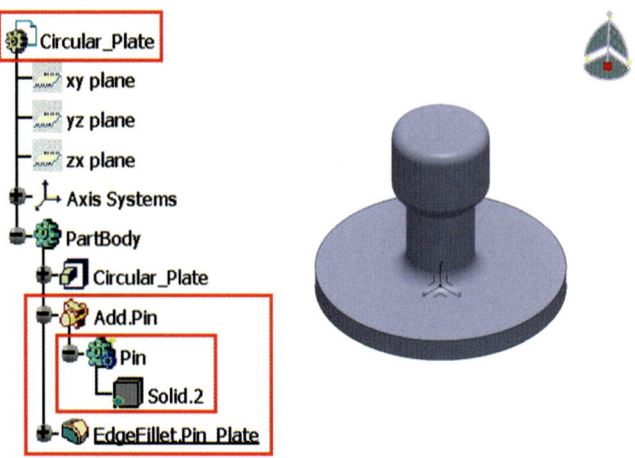

**Bild 5.47** Die Weiterbearbeitung der einkopierten Teilgeometrie ist ohne Weiteres möglich.

**Expertentipp: Synchronized CCP Link**

Wird im Zieldokument (das auf externe Referenzen zugreift) eine Verknüpfung als synchronisiert angezeigt (grüner Punkt im Bildsymbol des Strukturbaumeintrags), erkennt CATIA V5-6 eigenständig, ob Veränderungen am Original vorgenommen wurden. Dazu muss es nicht zwingend vorher geöffnet gewesen sein.

Publications

**3. Link Synchronized (Verknüpfung synchronisiert) mit Publications (Veröffentlichungen):** Insbesondere wenn Sie komplexe Link-Strukturen über mehrere Bauteile hinweg erzeugen wollen, sollten Sie die miteinander kommunizierenden Geometrien über *Publications (Veröffentlichungen)* bevorzugen. Dies steigert nicht nur die Effektivität ihrer Konstruktion, diese Methode gibt Ihnen häufig überhaupt erst die Möglichkeit, den Überblick über sonst unüberschaubare Abhängigkeitsstrukturen zu behalten. Die Darstellung von veröffentlichten Teilen (bzw. -geometrien) wird optisch in CATAIA V5-6 etwas anders angezeigt. Erzeugen Sie zunächst eine *Publication (Veröffentlichung)* der Datenschachtel **Pin** im Originalbauteil **Rectangular_Plate**. Gehen Sie dazu auf den Menüpunkt **TOOLS > PUBLICATION... (TOOLS > VERÖFFENTLICHUNG...)**. Über das sich öffnende Dialogfenster können Sie alle von Ihnen gewünschten Schnittstellen (per Mausklick auf den entsprechenden Strukturbaumeintrag) als *Publication (Veröffentlichung)* erstellen. Editieren (also bearbeiten, umbenennen oder löschen) können Sie Publikationen grundsätzlich nur über dieses Dialogfenster. Wenn Sie die Bezeichnung der Publikation verändern wollen, klicken Sie auf die betreffende Zeile im Dialogfenster und anschließend auf die Spalte *Name (Name)*. Ähnlich wie im Browserfenster Ihres Betriebssystems können Sie so eigene Bezeichnungen setzen (Bild 5.48).

## 5.3 Link Management im Part Design

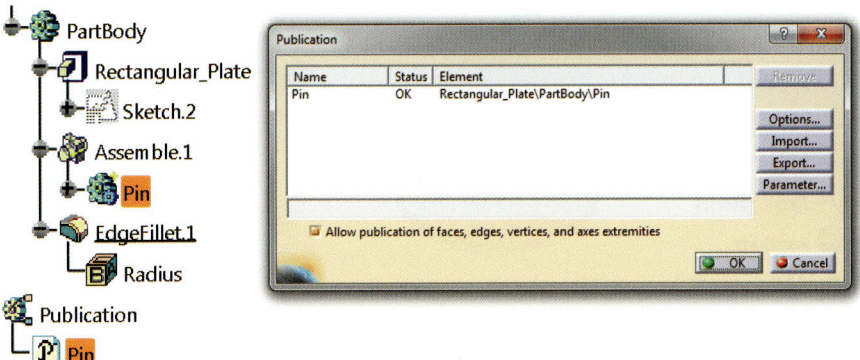

**Bild 5.48** Sorgen Sie für aussagekräftige Bezeichnungen der Publications (Veröffentlichungen).

Gehen Sie anschließend genauso vor wie im vorherigen Schritt beschrieben, nur dass Sie nicht die Datenschachtel **Pin** kopieren, sondern die *Publication (Veröffentlichung)* **Pin** (Bild 5.49).

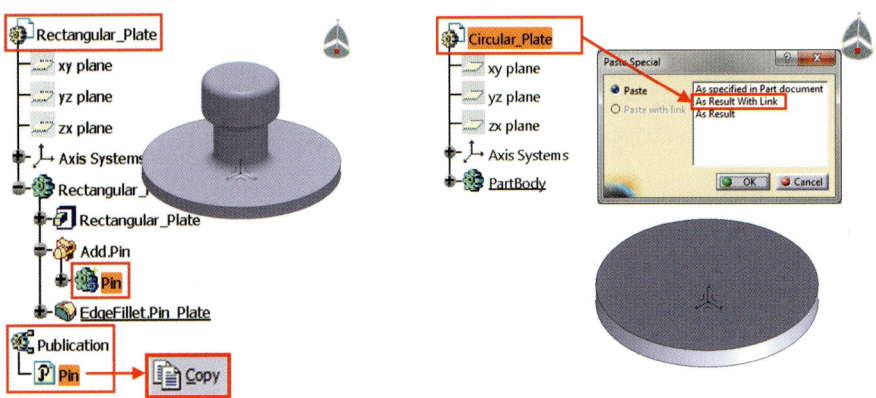

**Bild 5.49** Kopie der Publication (Veröffentlichung) aus dem Originalteil und Einfügen in die Zieldatei mit Paste Special... As Result With Link (Einfügen Spezial... Als Ergebnis mit Verknüpfung)

Ergebnis ist wieder eine weitere Datenschachtel **Pin** als *Body (Körper)* auf gleicher Hierarchiestufe wie der *PartBody (Hauptkörper)*. Eingefügt wird die kopierte Geometrie auch hier wieder an dieselbe Stelle gegenüber dem Hauptkoordinatensystem wie im Originaldokument. Das grüne *P* im unteren linken Eck des Bildsymbols im Strukturbaum deutet auf eine intakte, also synchronisierte Verknüpfung hin, die über eine *Publication (Veröffentlichung)* eingefügt wurde. Diese Geometrie wird in ihrer Formgebung auch wieder vom externen Dokument **Rectangular_Plate** gesteuert (Bild 5.50).

Synchronized Publication

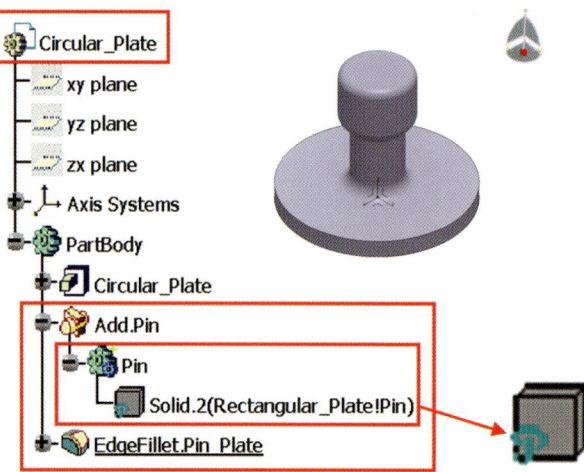

**Bild 5.50** Die einkopierte Publikation wird als grünes P angezeigt, wenn der Link (Verknüpfung) intakt ist.

Zusätzlich zum Bildsymbol für eine synchronisierte Kopie des veröffentlichten externen Elements wird auch die Quelle des Originals angezeigt. In Klammern hinter dem Strukturbaumeintrag finden Sie die Bauteilbezeichnung, aus der die Kopie stammt, und den Namen der kopierten *Publication* (*Veröffentlichung*, siehe Bild 5.51).

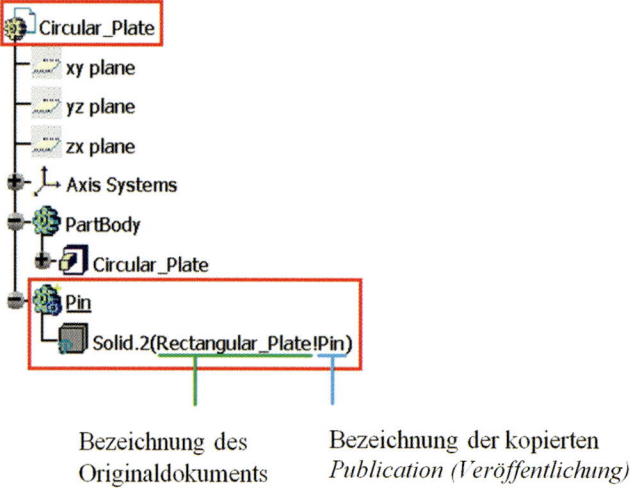

**Bild 5.51** Hinter der einkopierten Publication (Veröffentlichung) wird der Herkunftsort der Geometrie in Klammern angegeben.

**4. Link analysieren:** Über den Menübefehl EDIT > LINKS (BEARBEITEN > VERKNÜPFUNGEN) öffnet sich ein Dialogfenster, in dem Sie die im Dokument vorkommenden externen Links untersuchen können. Auf dieses Dialogfenster und dessen Möglichkeiten werden wir im Assembly Link Management noch näher eingehen (Bild 5.52).

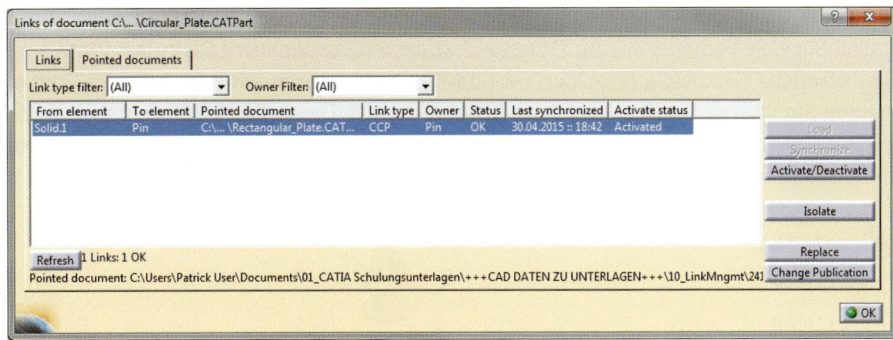

**Bild 5.52** In der Spalte Pointed document wird die Herkunft der Kopie als Dateipfad angezeigt. Der Link type gibt an, um welche Art von Verknüpfung es sich handelt (hier: CCP-Link).

**5. Originaldokument editieren (Asynchrone Dokumente):** Nachdem das *Pointing Document (Zieldokument)* auf ein *Pointed Document (Originaldokument)* verweist, beeinflussen Veränderungen am Original auch die Geometrie der kopierten Elemente der Zieldatei. Um dies zu demonstrieren, gehen Sie in das Bauteil **Rectangular_Plate**. Verändern Sie den Inhalt der kopierten Datenschachtel **Pin**, indem Sie zum Beispiel eine Sackloch-Bohrung auf die Oberfläche des Bolzens einfügen. Damit die Geometrieveränderung auch wirklich im richtigen *Body (Körper)* stattfindet, müssen Sie diese **über den Kontextbefehl (RMT auf die Datenschachtel)** *Define in Work Objekt (In Bearbeitung definieren)* **aktivieren**. Die aktive Datenschachtel wird mit einem Unterstrich versehen. Erzeugen Sie nun eigenständig eine Bohrung auf der Oberfläche des Bolzens (Bild 5.53).

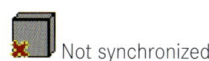 Not synchronized

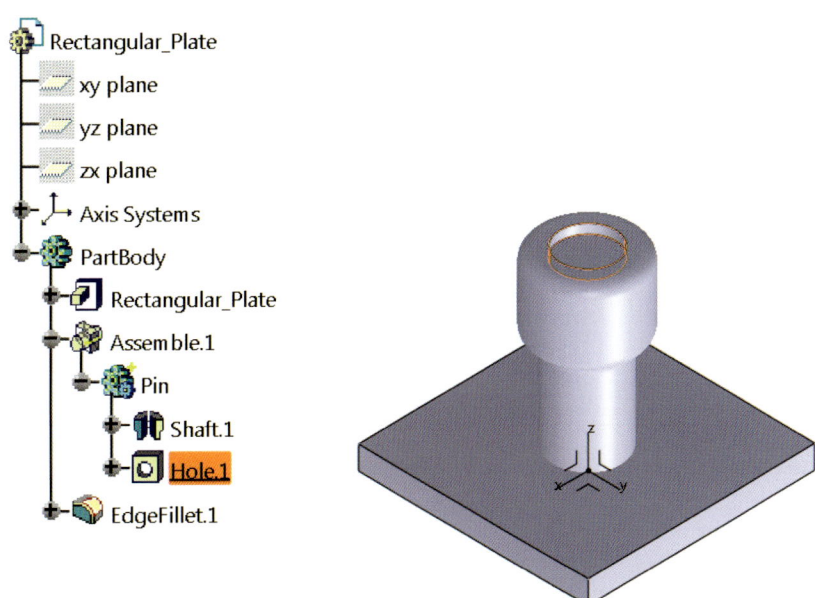

**Bild 5.53** Änderung des Inhalts des Bodies (Körpers) »Pin« im Originalteil

Gleich bei Veränderung des *Pointed Documents (Originaldokuments)* **Rectangular_Plate** stellen Sie eine Veränderung im *Pointing Document (Zieldokument)* **Circular_Plate** fest. Die betroffene Geometrie färbt sich rot und im Strukturbaum wird anstelle des grünen Punktes am Eintrag der Kopie ein rotes Kreuz angezeigt. Dieses Symbol bedeutet, dass die Darstellung noch nicht synchronisiert ist, also nicht den Vorgaben des Originals entspricht (Bild 5.54).

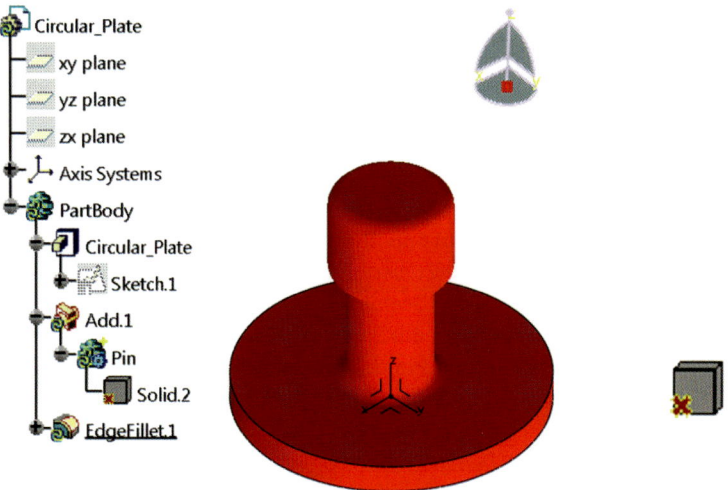

**Bild 5.54** Not Synchronized Link (Nicht synchronisierte Verknüpfung)

Link analysieren

Über **EDIT > LINKS (BEARBEITEN > VERKNÜPFUNGEN)** können Sie den Zustand der Verknüpfung noch einmal überprüfen (Bild 5.55).

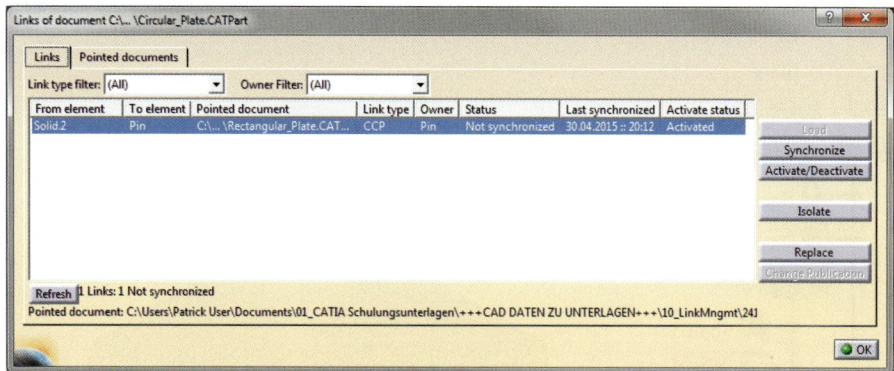

**Bild 5.55** In der Spalte »Status« zeigt das Dialogfenster an, dass der Link (Verknüpfung) »Not synchronized« (Nicht synchronisiert) ist.

Synchronize Link

Um die Veränderung des Originals auch für das Zieldokument zu übernehmen, müssen Sie dem Programm die Synchronisation mitteilen. Dies erfolgt über die Funktionsleiste *Tools (Tools)* mit dem Befehl *Synchronize all (Alles aktualisieren*, siehe Bild 5.56).

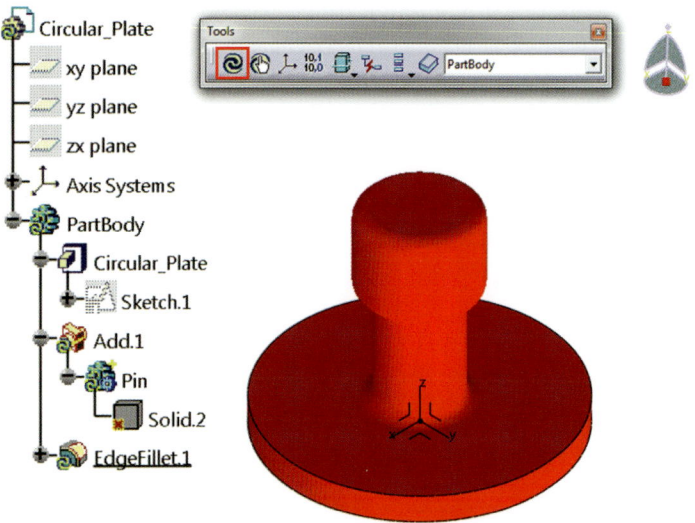

**Bild 5.56** Erst mit Aktualisierung verschwindet die rote Einfärbung des Modells und die Änderung aus dem Originalteil wird für das Zieldokument berechnet.

Nach dem Berechnungsdurchlauf zeigt CATIA V5-6 die Veränderung korrekt an und das rote Kreuz wechselt wieder zum grünen Punkt als Zeichen für eine synchronisierte Geometrie (Bild 5.57).

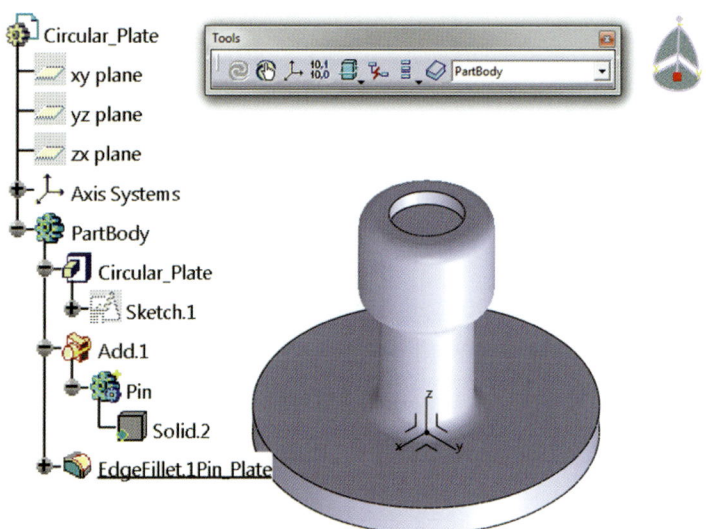

**Bild 5.57** Synchronisierter Link (Verknüpfung)

**6. Link not Synchronized (Verknüpfung nicht synchronisiert) mit Publications (Veröffentlichungen):** Verwenden Sie *Publications (Veröffentlichungen)* zum Erstellen von externen Links, wird ein nicht synchronisiertes Element über einen gelben Punkt mit einem schwarzen *P* angezeigt. Die Aktualisierung des Zieldokuments führt dann auch wieder zur Darstellung für eine synchronisierte *Publication* (Veröffentlichung, siehe Bild 5.58).

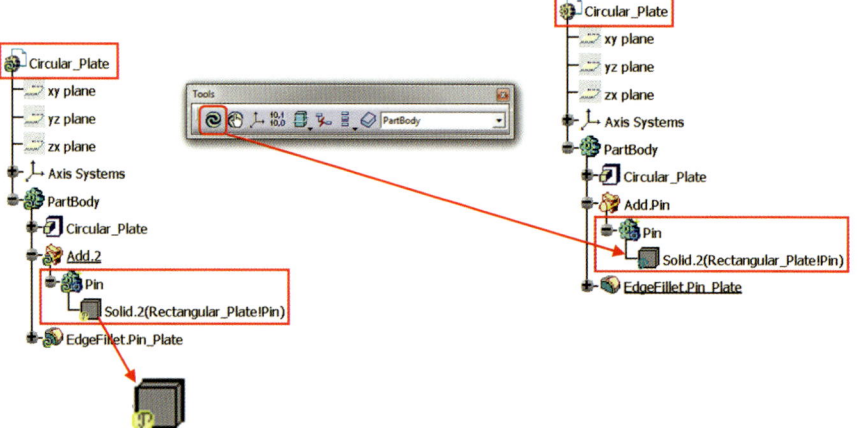

**Bild 5.58**  Nicht synchronisierte Publications (Veröffentlichungen) werden mit einem gelben Punkt mit einem schwarzen P angezeigt.

**Expertentipp: Automatische Synchronisation**

Ob CATIA V5-6 die Synchronisation von Links automatisch vornimmt, ohne dass Sie die Funktion *Update All (Alles aktualisieren)* betätigen müssen, können Sie einstellen. Gehen Sie dazu über **TOOLS > OPTIONS > INFRASTRUCTURE > PART INFRASTRUCTURE (TOOLS > OPTIONEN > INFRASTRUKTUR > TEILEINFRASTRUKTUR)** auf den Reiter *General (Allgemein)* in den Bereich *Update (Aktualisieren)*. Hier aktivieren Sie die Option *Synchronize all external references when updating (Alle externen Verweise beim Aktualisieren synchronisieren)* und setzen die Option entweder auf *Automatic (Automatisch)* oder auf *Manual (Manuell)*.

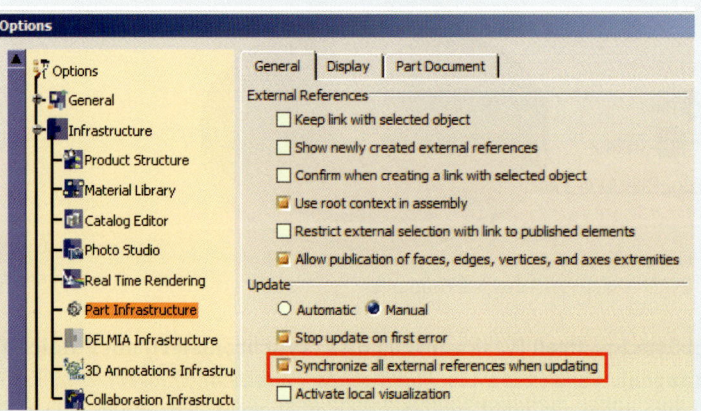

**7. Pointed Document not found:** In einigen Fällen findet das *Pointing Document (Zieldokument)* dessen *Pointed Document (Originaldokument)* oder die daraus kopierte Geometrie nicht. Für diesen Fall wird ein rotes Unterbrechungszeichen als Symbol angezeigt. Dass der Verknüpfungspfad nicht gefunden wird, kann mehrere Gründe haben:

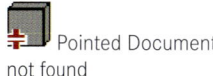 Pointed Document not found

**8.** Der Name des *Pointed Documents (Originaldokuments)* wurde über den Dateibrowser (**also nicht über die Verwaltung über CATIA V5-6**) verändert. Damit stimmt der Bezugspfad für das *Pointing Document (Zieldokument)* natürlich nicht mehr. (Gut zu überprüfen über EDIT > LINKS bzw. BEARBEITEN > VERKNÜPFUNGEN). Schließen Sie zur Anzeige der nicht gefundenen Zuordnung die Datei **Circular_Plate** und öffnen sie erneut.

**9.** Der Speicherort *Pointed Documents (Originaldokumente)* wurde über den Dateibrowser (**also nicht über die Verwaltung über CATIA V5-6**) verändert. Damit stimmt auch hier der Bezugspfad für das *Pointing Document (Zieldokument)* nicht mehr. Schließen Sie zur Anzeige der nicht gefundenen Zuordnung die Datei **Circular_Plate** und öffnen sie erneut.

**10.** Es wurde eine *Publication (Veröffentlichung)* für einen **CCP Link** verwendet und im *Pointed Document (Originaldokument)* gelöscht. Auch hier findet das *Pointing Document (Zieldokument)* logischerweise den korrekten Bezugspfad nicht mehr (Bild 5.59).

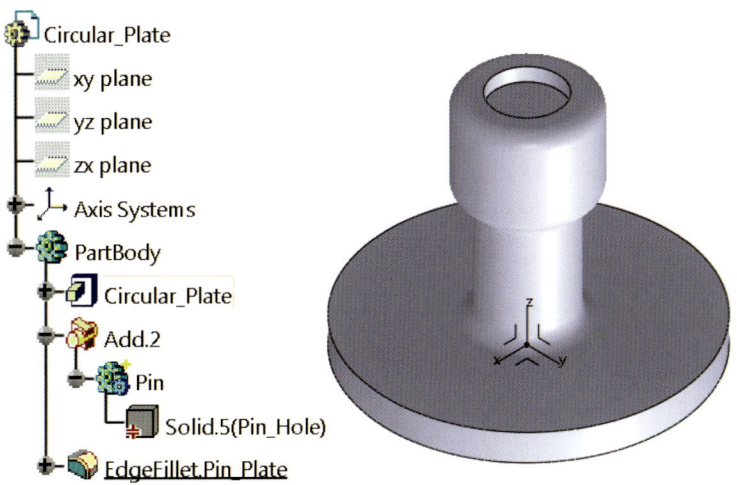

**Bild 5.59** Red double bar: Der Pfad des Originalteils wird nicht gefunden.

Führen Sie eigenständig die vorangehend beschriebenen Veränderungen für die Datei **Rectangular_Plate** durch. Bei jeder dieser Varianten werden Sie das vorangehend gezeigte Symbol für das Zieldokument bekommen.

 **Expertentipp: Publications (Veröffentlichungen) umbenennen**

Wenn Sie eine *Publication (Veröffentlichung)* im *Pointed Document (Originaldokument)* im Namen verändern, die als Kopie in eine weitere Datei eingefügt wurde, fragt CATIA V5-6 über eine Warnmeldung nach, ob Sie diese Namensänderung auch für das *Pointing Document (Zieldokument)* übernehmen wollen.

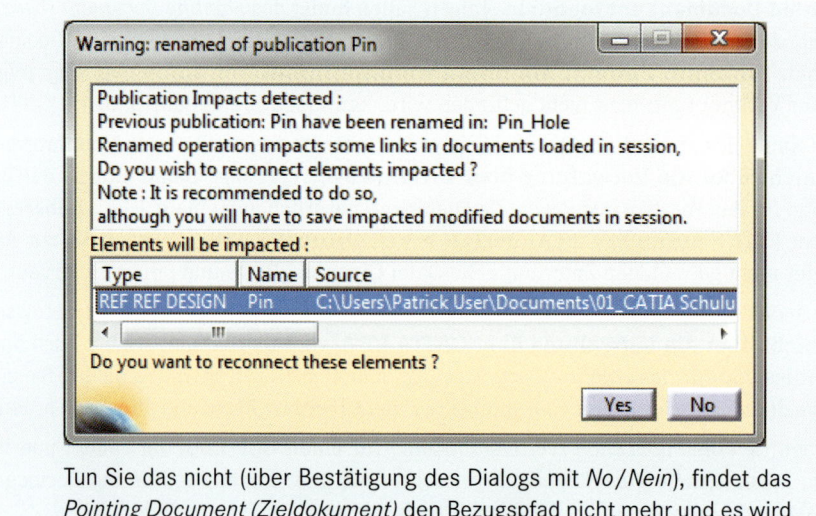

Tun Sie das nicht (über Bestätigung des Dialogs mit *No/Nein*), findet das *Pointing Document (Zieldokument)* den Bezugspfad nicht mehr und es wird das entsprechende Link-Symbol angezeigt:

Edit > Links

**11. Rerouting Links (Verknüpfungen neu zuweisen):** Sollte CATIA V5-6 gesetzte Verknüpfungen nicht mehr finden, können Sie in vielen Fällen einen Reroute, also eine Neuzuweisung des Bezugspfades definieren. Dazu gehen Sie für das betroffene Dokument auf **EDIT > LINKS (BEARBEITEN > VERKNÜPFUNGEN)**, um das Dialogfenster *Links of document (Verknüpfungen des Dokuments)* aufzurufen (Bild 5.60).

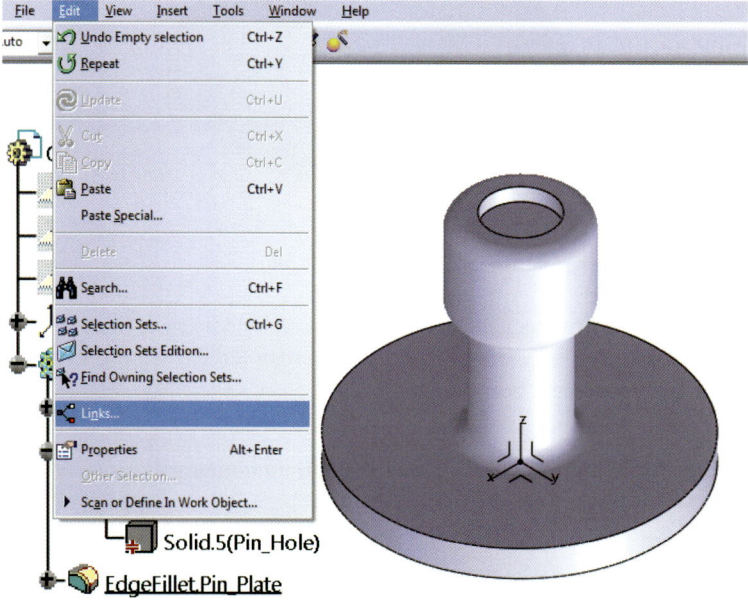

**Bild 5.60** Über EDIT > LINKS lassen sich alle Verknüpfungen des geöffneten Bauteils anzeigen.

**12.** Im Reiter *Pointed documents (Dokumente, auf die verwiesen wird)* haben Sie die Möglichkeit, über die Schaltfläche *Find (Suchen)* das verschobene oder umbenannte Dokument neu zuzuordnen (Bild 5.61).

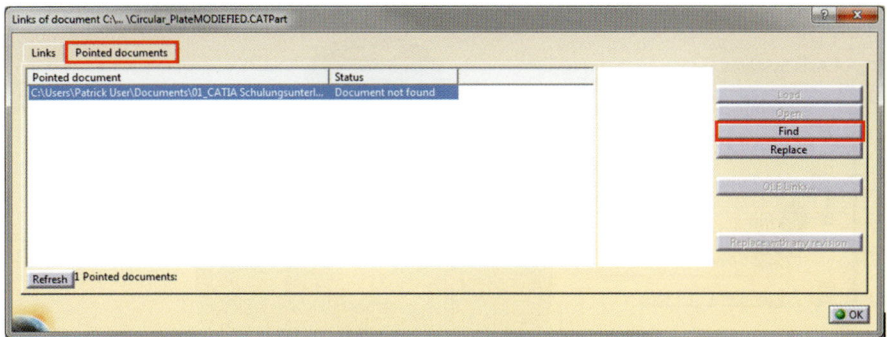

**Bild 5.61** Dialogfenster für den Überblick aller vorkommenden Links (Verknüpfungen) des aktiven Bauteils

**13. Document not loaded:** Ein rotes Fragezeichen bekommen Sie stets dann angezeigt, wenn das *Pointed Document (Originaldokument)* von CATIA V5-6 zwar gefunden wird, aber noch nicht in den *System Memory (Systemspeicher)* Ihres Rechners geladen wurde. Wenn allerdings Veränderungen am Originaldokument vorgenommen wurden, erkennt das *Pointing Document (Zieldokument)*, dass eine Synchronisation notwendig ist. Diese findet erst statt, wenn Sie das Originaldokument öffnen oder über das Kontextmenü explizit in Ihren Speicher laden.

 Document not loaded

**14.** Schließen Sie zum Beispiel die Datei **Circular_Plate** und nehmen Veränderungen an der veröffentlichten Geometrie der **Rectangular_Plate** vor. Speichern Sie diese Änderung und schließen das Dokument. Nun sollte kein Fenster in CATIA V5-6 mehr offen sein.

**15.** Öffnen Sie anschließend wieder die **Circular_Plate**. Nachdem das *Pointed Document (Originaldokument)* nicht geladen ist, werden für die eingefügten, verknüpften Elemente zwar die Änderungen vom **Rectangular_Plate** erkannt, aber nicht aufgelöst.

**16. Hinweis:** Im Beispiel unten wurden zur Demonstration neben der veröffentlichten Volumengeometrie noch drei weitere Elemente, ein Punkt, eine Linie und eine Ebene, über *Publications (Veröffentlichungen)* in das Zieldokument einkopiert (Bild 5.62).

**214**   5 Part Design (Teilekonstruktion) für Fortgeschrittene

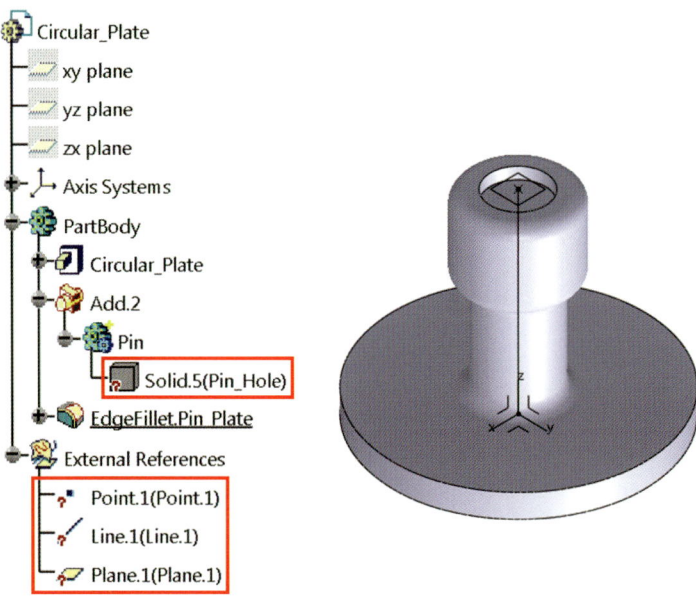

**Bild 5.62**  Rote Fragezeichen deuten darauf hin, dass die Informationen der Originaldatei nicht abgerufen werden konnten.

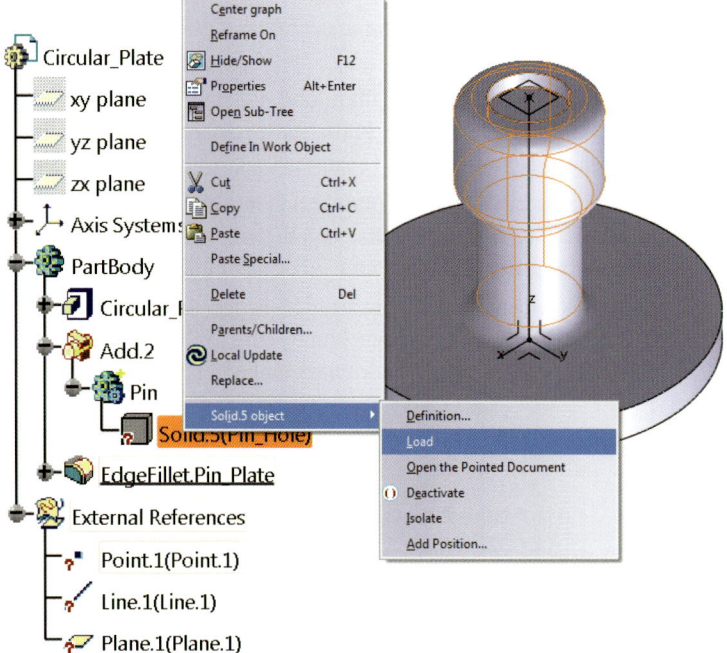

**Bild 5.63**  Über RMT SOLID.X.OBJECT > LOAD können Sie in den meisten Fällen die Verknüpfung zum Original wiederherstellen und das Zieldokument wird aktualisiert.

Um die Links zu laden, klicken Sie mit der RMT auf eines der betroffenen Strukturbaumeinträge und rufen die Option *Load (Laden)* auf. Alternativ können Sie den Ladevorgang auch aus dem Dialogfenster **EDIT > LINKS (BEARBEITEN > VERKNÜPFUNGEN)** über die Schaltfläche *Load (Laden)* starten (Bild 5.63).

CATIA V5-6 lädt die Zieldatei und prüft den Zustand der verknüpften Objekte (Bild 5.64).

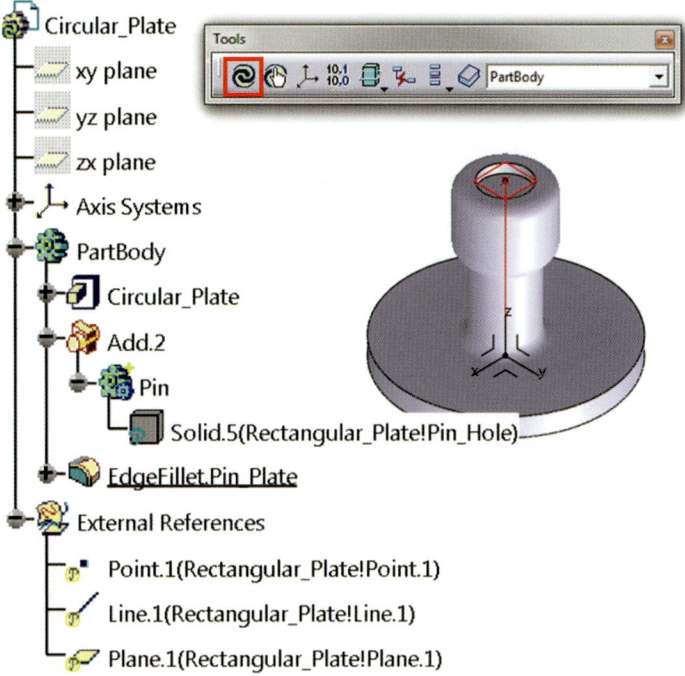

**Bild 5.64** Nicht synchronisierte Published Links (Veröffentlichte Verknüpfungen) werden durch Update All (Alles aktualisieren) berechnet und aufgelöst.

Gegebenenfalls ist zur vollständigen Synchronisation noch ein Update über die Funktion *Update All (Alles aktualisieren)* notwendig (Bild 5.65).

**17. Deactivating Features:** Ein oft sehr nützliches Hilfsmittel, um ständige Updates durch anderweitig (z. B. von Kollegen) verwendete *Pointed Documents (Originaldokumente)* zu vermeiden, ist die vorübergehende Deaktivierung von verknüpften Geometrieelementen. Die im Modellbereich sichtbare Geometrie bleibt bestehen und kann bearbeitet werden. Um einen Link zu deaktivieren, gehen Sie einfach mit der RMT auf das betroffene Element und wählen den Befehl *Deactivate (Deaktivieren)* aus dem Kontextmenü (Bild 5.66).

 Deactivated Link

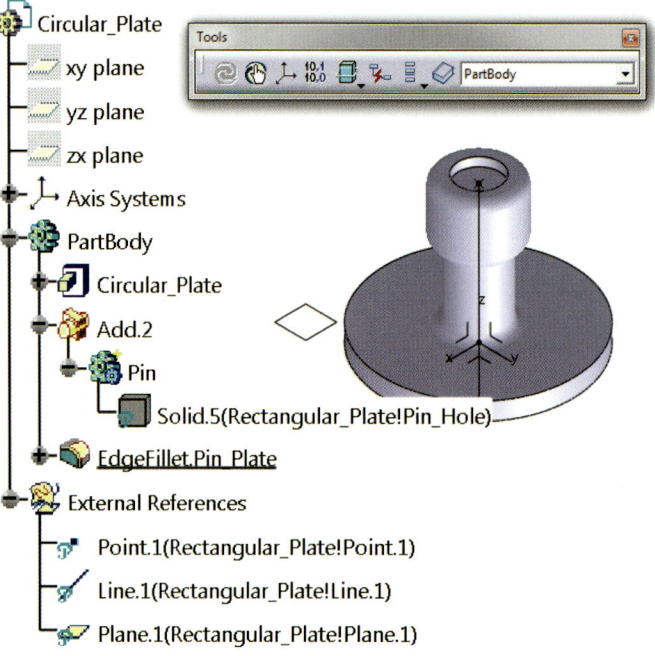

**Bild 5.65** Korrekt aufgelöste Links (Verknüpfungen)

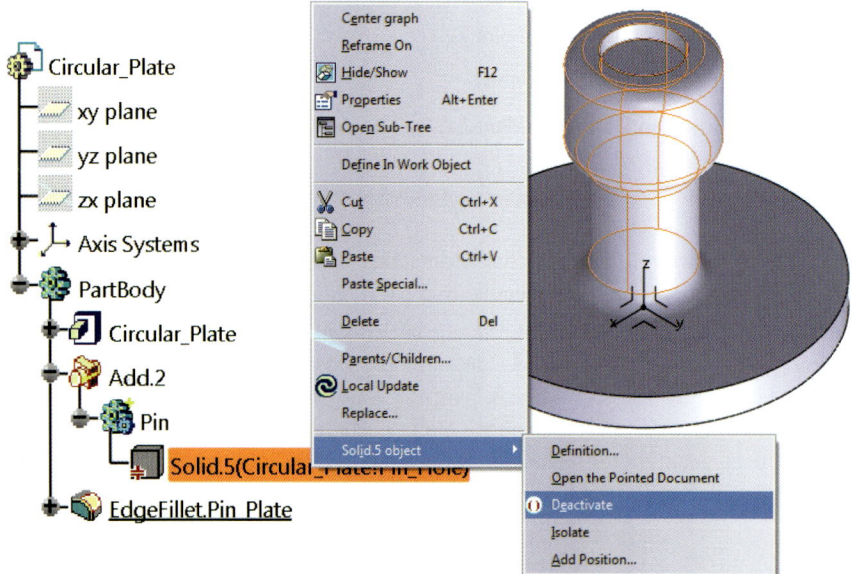

**Bild 5.66** Deaktivierung der verknüpften Geometrie kappt lediglich den Link (Verknüpfung) zum Originaldokument, nicht die Volumengeometrie.

Erst nach Aktivierung der Verknüpfung und Synchronisation werden etwaige Änderungen aus dem *Pointed Document (Originaldokument)* übernommen (Bild 5.67).

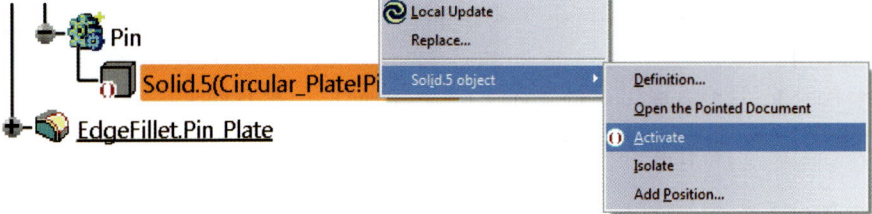

**Bild 5.67** Die Aktivierung einer Verknüpfung erfolgt an derselben Stelle wie dessen Deaktivierung.

### 5.3.3 Zusammenfassung der Link-Symbole in CATParts

In der Tabelle sehen Sie Kopien von *Bodies (Körpern)* eines Einzelteils in ein zweites. Dass es sich dabei um verknüpfte **Volumengeometrie** handelt, erkennen Sie an dem grauen Quader. Die zusätzlichen kleinen Symbole im linken unteren Eck deuten die Art der Verknüpfung zum Ursprungselement bzw. den aktuellen Zustand der Abhängigkeit an.

| Symbol | Beschreibung der Verknüpfung |
|---|---|
|  | **Link Synchronized:** Die kopierte Volumengeometrie ist mit der Geometrie seines Ursprungs verknüpft. Der Link ist intakt und wird mit einem grünen Punkt bzw. einem grünen *P* für Volumengeometrie des Typs *Published (Veröffentlicht)* angedeutet. |
|  | **Link not Synchronized:** Die kopierte Volumengeometrie ist mit der Geometrie seines Ursprungs verknüpft. Der Link ist zwar intakt, die Kopie aber noch nicht synchronisiert. Die Geometrie des Originals wurde verändert und muss für den Link aktualisiert werden. Verdeutlicht wird dieser Zustand mit einem roten Punkt bzw. einem schwarzen *P* in einem gelben Punkt für Volumengeometrie des Typs *Published (Veröffentlicht)*. |
|  | **Link not loaded:** Die kopierte Volumengeometrie ist mit der Geometrie seines Ursprungs verknüpft. Der Link ist zwar intakt, die Kopie aber noch nicht in den Speicher geladen. |
|  | **Link not found:** Die Geometrie des Ursprungselementes (bzw. dessen Pfad) wird nicht mehr gefunden. Daher ist der Link nicht mehr intakt. Verdeutlicht wird dieser Zustand mit einem *Red Doublebar (roter Doppelbalken)*. |
|  | **Link deactivated:** Der Link zur Originalgeometrie ist deaktiviert. Der Zustand des Ursprungselements ist nicht bekannt. Ob der Link synchronisierbar ist, kann hier nicht bewertet werden. Verdeutlicht wird dieser Zustand mit roten Klammern. |
|  | **No Link (Isolated Geometry)**: Die Geometrie ist isoliert und ist damit ein vollkommen eigenständiges, »dummes« Element ohne Entstehungsgeschichte. Häufig werden solche Volumenelemente auch als »Tote Solids« bezeichnet. Damit ist gemeint, dass sie sich nicht editieren lassen. Nachbearbeitungen sind allerdings weiter möglich. Verdeutlicht wird dieser Zustand mit einem roten Blitz. |

Die Darstellung bei der Kopie von 2D-Elementen wie *Points (Punkte)*, *Lines (Linien)*, *Planes (Ebenen)* oder *Surfaces (Flächen)* erfolgt mit denselben Symbolen.

| Intakter Link | Nicht aktualisiertes Element | Nicht geladenes Element | Ursprungselement gelöscht | Element deaktiviert | Isoliertes Element |
|---|---|---|---|---|---|
| Point.1 | Point.1 | Point.1 | Point.1 | Point.1 | Point.1 |
| Line.1 | Line.1 | Line.1 | Line.1 | Line.1 | Line.1 |
| Plane.1 | Plane.1 | Plane.1 | Plane.1 | Plane.1 | Plane.1 |
| Surface.1 | Surface.1 | Surface.1 | Surface.1 | Surface.1 | Surface.1 |

Für Elemente des Typs *Published (Veröffentlicht)* verwendet CATIA V5-6 bei synchronisierten Links auch hier wieder ein grünes *P* und für nicht synchronisierte Links einen gelben Punkt mit schwarzem *P*.

 Einkopierte(r) Punkt/Linie/Ebene, Link intakt

 Einkopierte(r) Punkt/Linie/Ebene, Link nicht synchronisiert

> **Expertentipp: Anzeige von nicht intakten Links**
>
> Auch bei Geometrieelementen
>
> - die nicht synchronisiert sind,
> - die nicht geladen sind,
> - deren Originaldatei nicht gefunden wird oder
> - deren Geometrie deaktiviert ist,
>
> werden diese dennoch als Volumengeometrie (bzw. Draht- oder Flächengeometrie) im Modellbereich angezeigt. Sollten Sie eine Verknüpfung zum *Pointed Document (Originaldokument)* nicht mehr herstellen können, bleibt Ihnen immer noch die Möglichkeit, die Geometrie zu isolieren, um damit jegliche externe Referenzen zu kappen.

www.elearningcamp.com/hanser

**Übung 39: Flanged Pipe**

Quick Access Code: qp7

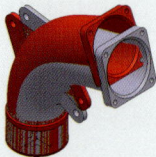

## 5.4 Power Copies

Bei den sogenannten *Power Copies* handelt es sich um eine spezielle Methode, wiederkehrende Bauteilstrukturen bzw. Teilgeometrien durch Kopieren von Erzeugungsvorschriften aus einem Trägermodell weitestgehend automatisch erzeugen zu lassen. Sinngemäße Übersetzungen wären zum Beispiel Formteile oder Wiederholteile. Sie kommen insbesondere dann zur Anwendung, wenn ähnliche, komplexe Teilgeometrien in verschiedenen Bauteilen modelliert werden müssen. *Power Copies* sind im Grunde also vorgefertigte Modellierungsprozesse.

*Definition Power Copy*

Bei der Erstellung des Trägers einer *Power Copy* werden Konstruktionsvorschriften und explizit definierte Steuergrößen ausgewiesen (z. B. Drahtgeometrien, Ebenen oder Flächen sowie Formeln und Bedingungen) und zur eindeutigen Geometriedefinition herangezogen. Meist wird hier ein sehr einfaches CAD-Modell erzeugt, das ausschließlich den Zweck des Trägers der *Power Copy* erfüllt.

*Erzeugung von Power Copies*

Ist die *Power Copy* einmal definiert, können Sie diese Erzeugungsvorschrift beliebig häufig für andere CAD-Modelle wiederverwenden. Einzig die Steuergrößen müssen im neuen Modell als Eingangselemente zur Verfügung stehen und vom Konstrukteur erzeugt werden. Mit Einfügen der *Power Copy* werden weitere Modellierungsabfolgen automatisch durchgeführt. Auf diese Weise können Sie sich mehrfach wiederholende, geometrisch ähnliche Formen schnell und mit wenig Aufwand erzeugen lassen.

*Verwendung von Power Copies*

Mit den richtigen Vorbereitungen lässt sich die Effizienz bei der Modellierung immer wiederkehrender, komplexer Konstruktionen merklich steigern. Nicht nur, dass Sie viel Zeit einsparen, Sie können auch Fehler in komplizierten Normgeometrien weitestgehend vermeiden.

### Anlegen einer Power Copy

Zur Anwendung der Konstruktionsmethode *Power Copy* ist eine Reihe an Funktionen hinterlegt. Um die entsprechende Funktionsgruppe sichtbar zu machen, müssen Sie diese gegebenenfalls erst aktivieren. Dies erfolgt wie gewohnt über **VIEW > TOOLBARS > PRODUCT KNOWLEDGE TEMPLATE TOOLBAR (ANSICHT > SYMBOLLEISTEN > SYMBOLLEISTE FÜR PRODUKTWISSENSVORLAGEN)**. Holen Sie sich die entsprechende Funktionsleiste in den Modellbereich. Wir werden in den Grundlagen nicht alle Möglichkeiten für Power Copies durchgehen. Vielmehr sollen Sie das Prinzip dieser Methode anhand der häufigsten Anwendungsvariante kennenlernen (Bild 5.68).

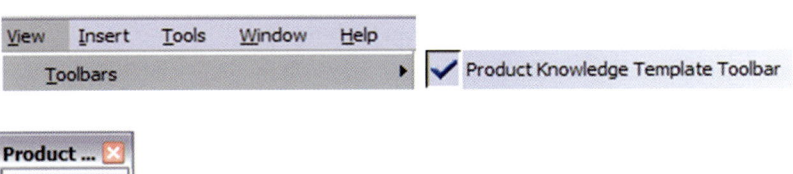

**Bild 5.68** Funktionen zur Erzeugung von Power Copies

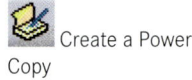 Create a Power Copy

*Create a Power Copy (Eine Power Copy erzeugen):* Der Aufruf dieser Funktion erstellt eine neue *Power Copy*. Als Eingangselemente werden Features (bzw. Geometrieelemente) aus dem Strukturbaum übergeben. Neben einem aussagekräftigen Namen können Sie auch ein Symbol zur Zuordnung auswählen. Das werden wir uns anhand der nächsten Übungen näher ansehen.

### 5.4.1 Übung Relief Groove (Freistich)

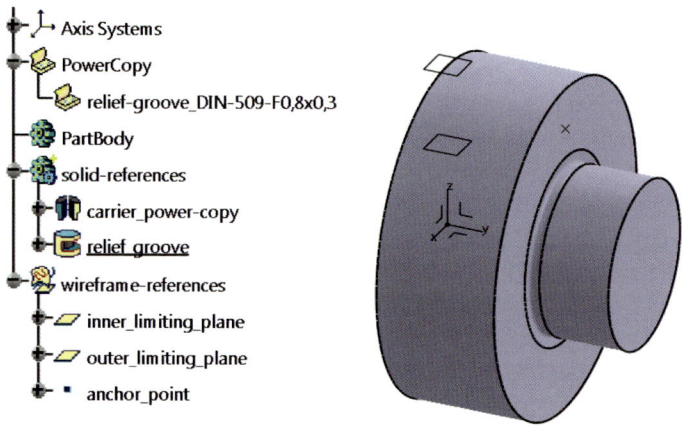

**Bild 5.69**  Freistich als Power Copy angelegt

**Verwendete Funktionen**

**Lernziele**

Ein häufig verwendetes Geometrieelement, speziell bei Wellenübergängen, ist der Freistich. In der Konstruktion ist er aufwendig und bei der Modellierung zeitraubend. Deshalb macht es Sinn, ihn als *Power Copy* zu hinterlegen.

**Konstruktionsbeschreibung**

**1. Neue Datei öffnen:** Öffnen Sie ein leeres Dokument im *Part Design (Teilekonstruktion)* und benennen Sie es in »carrier_relief-groove« um. Speichern Sie diese Datei unter demselben Namen an einem beliebigen Ort auf Ihrem Rechner ab.

**2. Datenschachteln einfügen:** Um voneinander abgegrenzte Teilgeometrien erzeugen und für andere CAD-Modelle nutzen zu können, müssen wir die Konstruktion entsprechend vorbereiten. Hier macht es für eine bessere Übersicht Sinn, die Schnittstellen der *Power Copy* auch in separate Datenschachteln zu legen (sofern möglich). Fügen Sie also die dargestellten Datenschachteln mit den Bezeichnungen »solid_references« und »wireframe_references« ein. **Sorgen Sie für einen guten Überblick stets selbst dafür, dass**

Sie aussagekräftige Bezeichnungen für die teilnehmenden Geometrieelemente im Strukturbaum wählen.

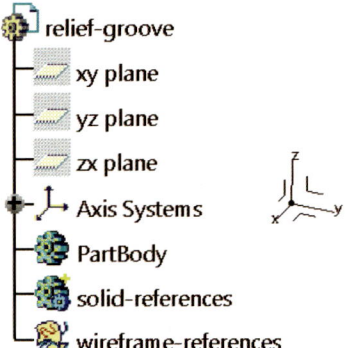

**Bild 5.70** Eine Datenschachtel des Typs Body (Körper) für 3D-Referenzen und eine Datenschachtel des Typs Geometrical Set (Geometrisches Set) für 2D- und 1D-Referenzen

**3. Basiskörper erzeugen:** Der Basiskörper wird in der *yz-plane* erstellt und mit dem Befehl *Shaft (Welle)* um die y-Achse gedreht. Der kleinere Wellendurchmesser wird an eine zuvor definierte Begrenzungsebene »inner-limiting-plane«, der größere Wellendurchmesser an die zuvor definierte »outer-limiting-plane« gelegt. Diese Ebenen steuern also die Durchmesser der Wellen. (Bild 5.71).

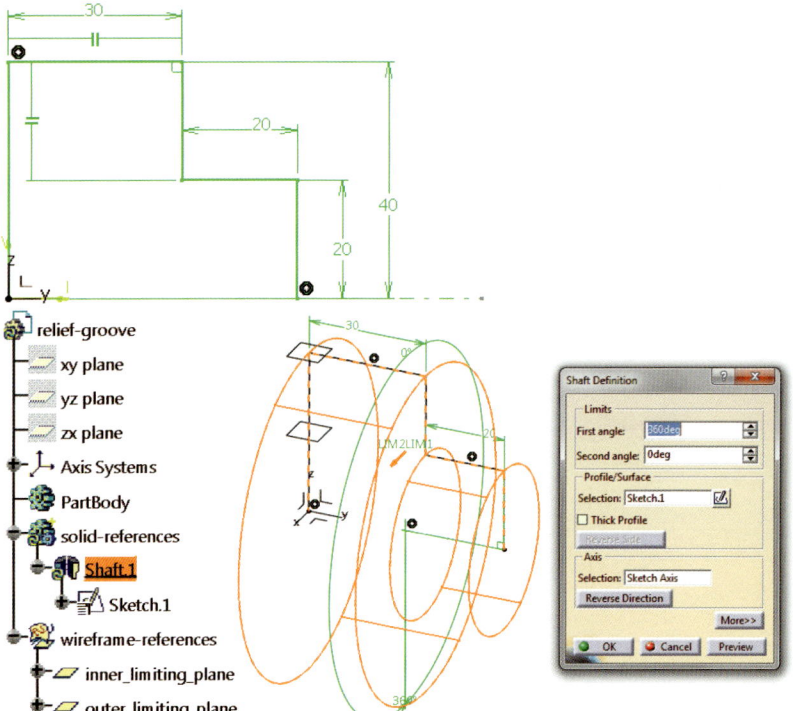

**Bild 5.71** Rotation des Wellenprofils mit zwei limiting planes als Begrenzungsebenen der Wellendurchmesser

Datenschachteln einfügen

**4. Aufhängepunkt festlegen:** Die Skizze des Freistichs wird als Teil der *Power Copy* gespeichert und in den Basiskörper »implantiert«. Zur genauen Fixierung der Skizze in den Körper müssen Sie einen *Anchor Point (Aufhängepunkt)* definieren. In unserem Falle liegt er auf der Fläche des Wellenüberganges, da hier der Freistich später eingesetzt werden soll. Legen Sie den Punkt in die erzeugte Datenschachtel (Bild 5.72).

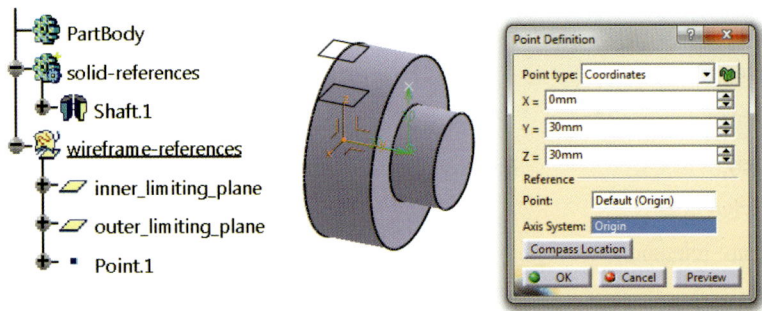

**Bild 5.72** Aufhängepunkt des Freistichs

**5. Freistich erstellen:** Freistiche sind genormt und können aus den Normblättern oder Tabellenbüchern nachkonstruiert werden. Da der Freistich mit der Funktion *Groove (Nut)* hergestellt wird, sollte die Skizze einen geschlossenen Linienzug darstellen. Erzeugen Sie die *Sketch (Skizze)* auf der *yz-plane* und verwenden die vorhin erzeugten Referenzen zur Positionierung (Bild 5.73).

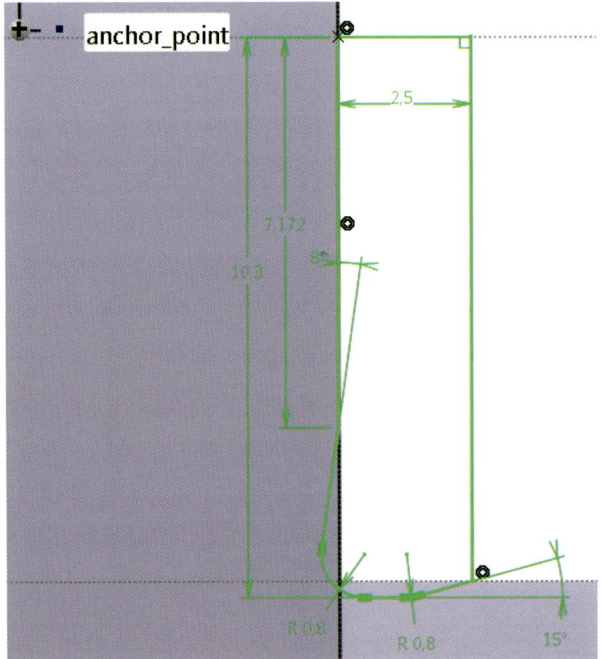

**Bild 5.73** Definition der Sketch (Skizze) für den Freistich

Die *Sketch (Skizze)* prägen Sie mit der Funktion *Groove (Nut)* um **360 Grad** aus (Bild 5.74).

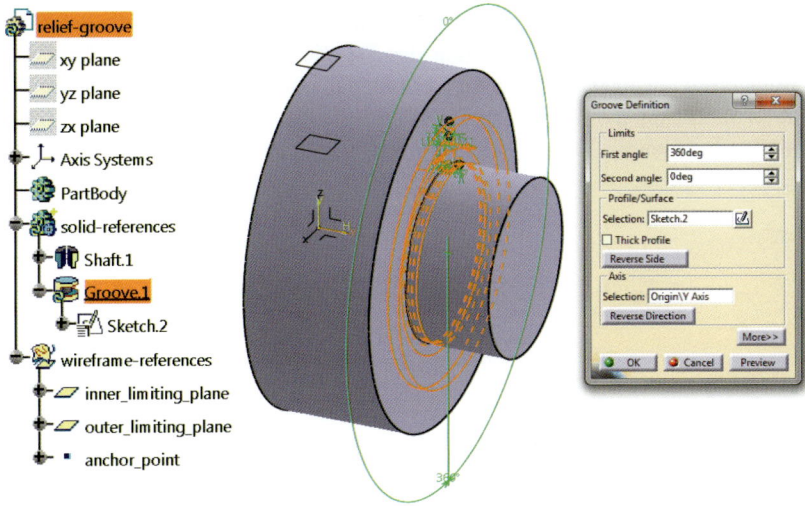

**Bild 5.74** Erzeugung des Freistichs über die Funktion Groove (Nut)

**6. Power Copy erstellen:** Nach dem Aufruf der Funktion *Create a Power Copy (Eine Power Copy erstellen)* erscheint das Dialogfenster *Definition der Powercopy*. Klicken Sie mit der linken Maustaste die Funktion im Strukturbaum an, die Sie als Wiederholgeometrie in anderen CAD-Modellen verwenden wollen, in diesem Fall die Funktion *Groove (Nut)* des Freistichs. Vergeben Sie einen eigenständigen Namen für die Definition der *Power Copy*.

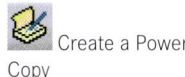 Create a Power Copy

### Registerkarte Definition (Definition)

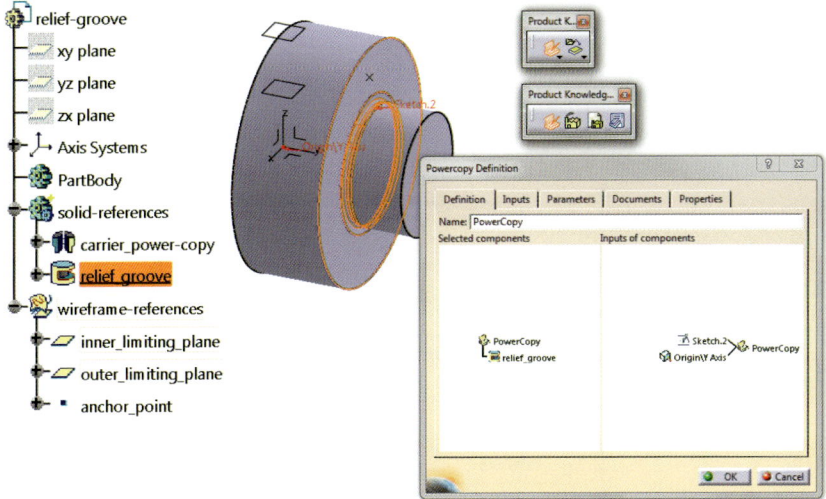

**Bild 5.75** Durch Anklicken der relief_groove im Strukturbaum wird sie in die Power Copy eingeschrieben.

Im Bereich *Selected Components (Ausgewählte Komponenten)* sehen Sie stets die Teilgeometrien, die über eine *Power Copy* in anderen Bauteilen erzeugt werden sollen (Bild 5.75). Im rechten Bereich *Imputs of components (Komponenteneigenschaften)* sind die Referenzelemente gelistet, die zur exakten Definition des Freistichs notwendig sind. Am CAD-Modell werden diese Eingangselemente mit roten Pfeilen und einem Schriftzug hervorgehoben (Bild 5.76). Klicken Sie auf die *Sketch (Skizze)*, die als Grundlage der *Groove (Nut)* dient. Damit werden mehrere Eingangselemente aufgelistet, die für die Power Copy übergeben werden müssen.

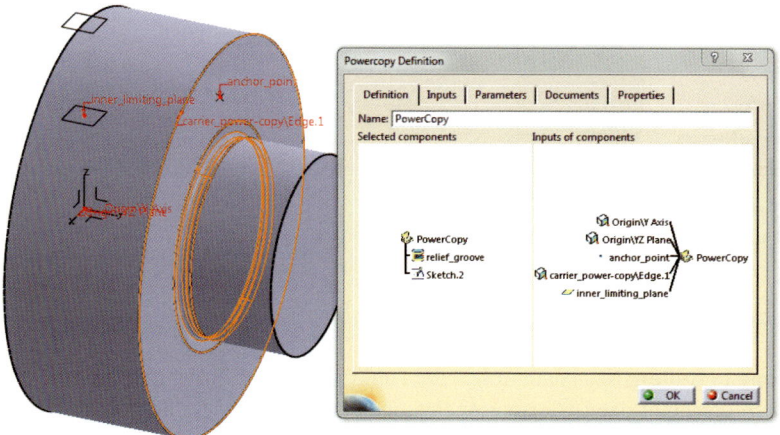

**Bild 5.76** Unter Inputs of components (Komponenteneigenschaften) listet CATIA V5-6 die notwendigen Eingangsreferenzen für die Power Copy.

### Registerkarte Eingaben

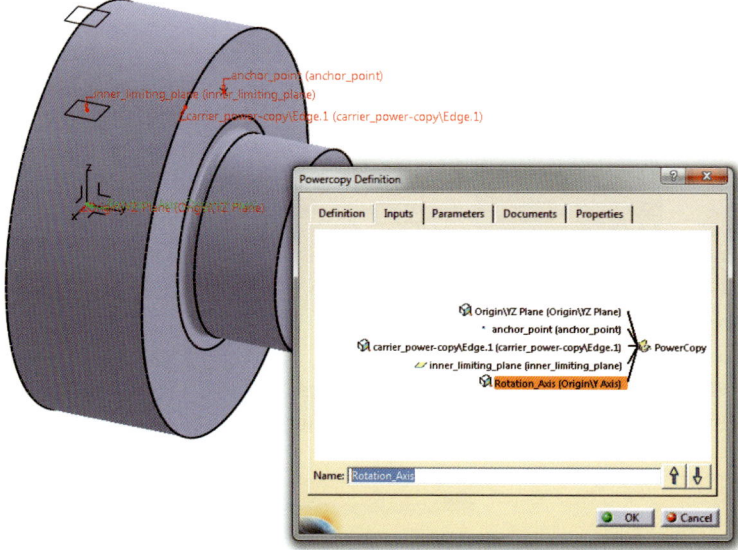

**Bild 5.77** Registerkarte Inputs (Eingaben)

Über die Registerkarte *Inputs (Eingaben)* können Sie die für den Freistich notwendigen Referenzelemente noch einmal sortieren und ggf. umbenennen (Bild 5.77).

**Registerkarte Parameter**

Um die *Power Copy* anpassungsfähiger zu gestalten, können Sie auch Parameter als Variablen veröffentlichen, die bei der Verwendung in einem neuen CAD-Modell vom Anwender (z. B. in Form von Werteeingaben) verändert werden können. Bild 5.78 zeigt die Höhe (z-Achse) des oberen Aufhängepunktes für die Nutskizze.

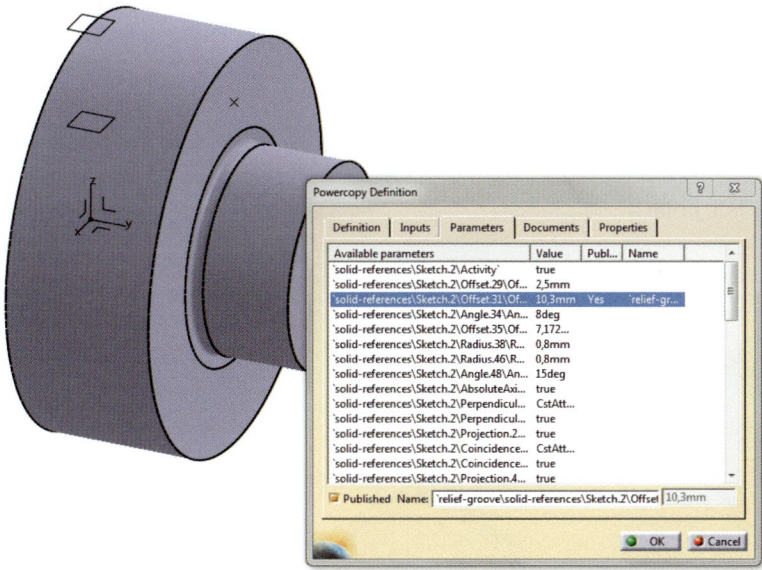

**Bild 5.78** Parameter können auf Wunsch auch zum Editieren der Power Copy im Zieldokument als Variablen übertragen werden.

Damit ist die *Power Copy* erstellt. Sie wird als separater Strukturbaumeintrag abgelegt. Sorgen Sie auch hier wieder für einen aussagekräftigen Namen. Speichern Sie das so erstellte CAD-Modell ab und schließen das Fenster in CATIA V5-6 (Bild 5.79).

**7. Power Copy in ein neues Bauteil einfügen:** Die eben erstellte *Power Copy* können Sie nun in ein beliebiges, anderes CAD-Modell einfügen (Konstruieren Sie dazu eine beliebige Welle mit Absatz, um die Power Copy anzuwenden). Sie müssen dazu lediglich die Eingangselemente für den Freistich (analog zum Träger der Power Copy) konstruieren. Sinnvollerweise muss der methodische Aufbau des Zieldokuments auch dem des Power Copy-Trägers entsprechen (Bild 5.80).

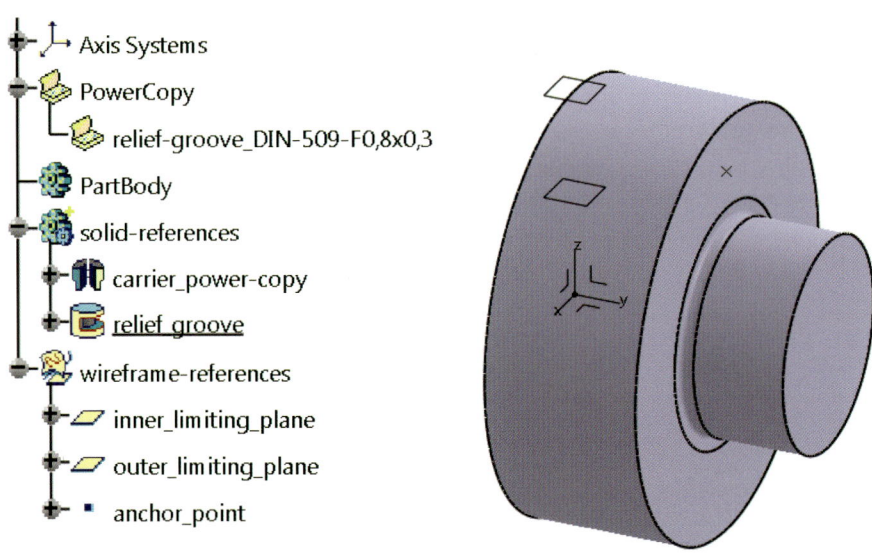

**Bild 5.79** Fertiger Träger der Power Copy

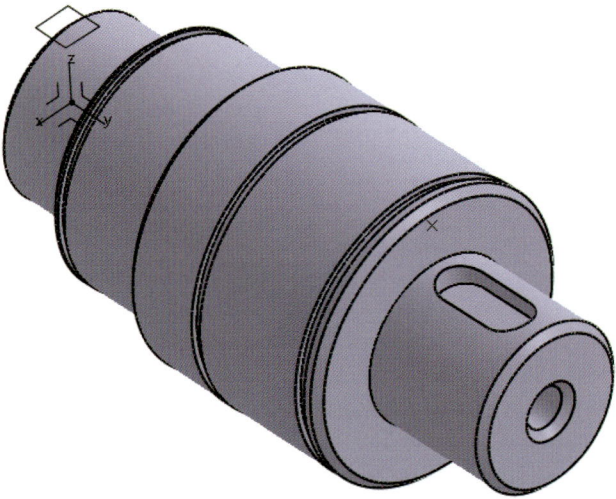

**Bild 5.80** Beliebiges anderes Bauteil, an dem ein Freistich angebracht werden soll

 Instantiate from Document

Über die Schaltfläche *Instantiate from Document* (*Exemplare von Dokument erzeugen*) fügen Sie die Vorschriften der im Träger gespeicherten *Power Copy* ein. Nach Aufruf der Funktion öffnet sich ein Browser-Fenster, in dem Sie den Träger auswählen. Im neuen CATIA-Modell erscheint das Dialogfenster *Insert Object* (*Objekt einfügen*, siehe Bild 5.81).

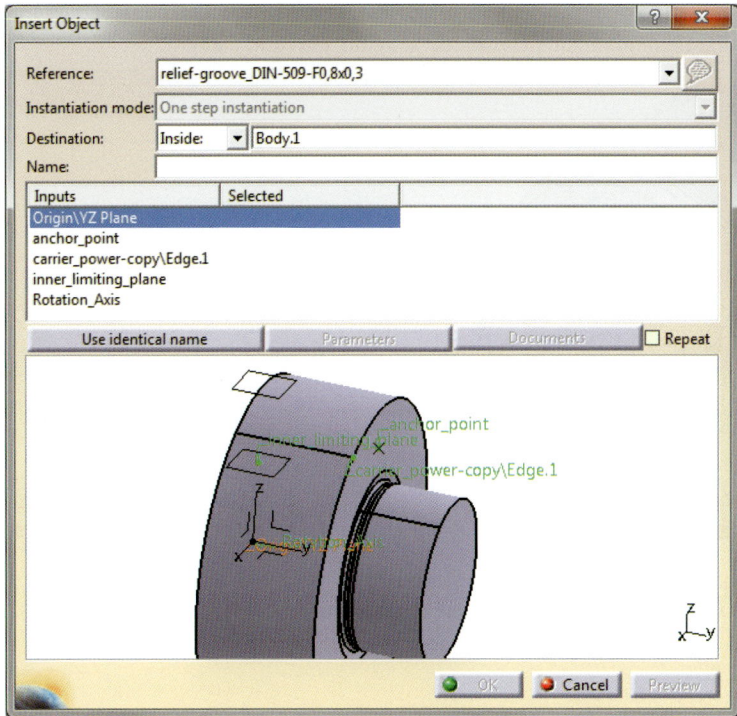

**Bild 5.81** CATIA V5-6 erkennt sofort die in das Trägerbauteil integrierte Power Copy.

**8. Power Copy im neuen Bauteil editieren:** Für die Spalte *Inputs (Eingaben)* geben Sie der Reihe nach die geforderten Eingangsreferenzen am CAD-Modell an und bestätigen Ihre Eingaben schließlich mit *OK* (Bild 5.82).

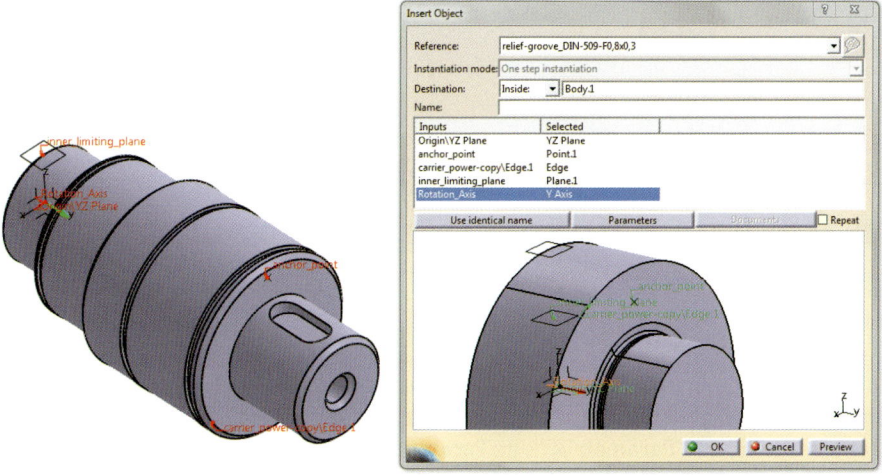

**Bild 5.82** Die Darstellung des Trägers der Power Copy im Dialogfenster hilft bei der Auswahl der richtigen Referenzelemente am Zielkörper.

CATIA V5 fügt damit die Wiederholgeometrie aus der *Power Copy* in das neue Bauteil mit den neuen Eingangselementen zur Geometrieerzeugung ein (Bild 5.83).

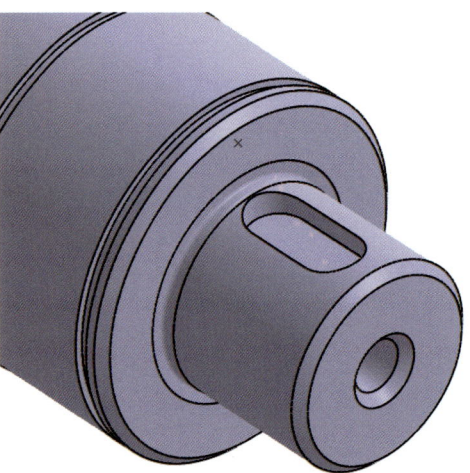

**Bild 5.83** Der Freistich wird als eigenständige Geometrie in das Bauteil eingefügt. Nach Ausführung der Power Copy lässt sich dessen Verwendung nicht mehr erkennen. Die Geometrie wird von CATIA V5-6 so erzeugt, als hätten Sie sie Schritt für Schritt selbst konstruiert.

www.elearningcamp.com/hanser

**Übung 40: Head-Rest Clip (Kopfstützenclip)**

Quick Access Code: zuo

## 5.5 Parametrik, Formelvergabe und Knowledgeware

Wenn Beziehungen zwischen den geometrischen und mathematischen Entstehungsvorschriften eines Einzelteils oder einer Baugruppe erzeugt werden, kommt die sogenannte **Benutzerdefinierte Parametrik** (kurz **Parametrik**) ins Spiel. Diese kann durch algebraische *Gleichungen (Formula)* und/oder über Bedingungen bzw. *Rules (Regeln)* Einfluss auf das CAD-Modell nehmen.

Wir unterscheiden grundsätzlich zwischen: *Begriffsdefinitionen*
- Von CATIA V5-6 automatisch vergebenen Parametern, sogenannten **Internen Parametern**
- Vom Benutzer definierten Parametern, sogenannten **Benutzerdefinierten Parametern** (auch **Benutzerparameter** bzw. **Ingenieurvariablen** genannt). Häufig wird im täglichen Gebrauch von der Definition bzw. Erstellung von **Parametern** gesprochen. Gemeint sind hier stets **vom Benutzer explizit erzeugte Variablen**.

Ein Parameter (ob intern oder benutzerdefiniert), der durch eine Formel gesteuert wird, wird **als abhängiger Parameter** bezeichnet. Er wird über den Verweis auf einen **unabhängigen (frei wählbaren) Parameter** bestimmt.

Weiterhin kann eine Verknüpfung von (internen und/oder benutzerdefinierten) Parametern durch eine **Bedingung oder Regel** ergänzt werden. Dies geschieht meist über Boole'sche Operationen oder »Wenn..., dann...«-Vorschriften, eingebettet in einfachen Quelltexten als simple Programmierbausteine.

Durch die Erzeugung solcher Beziehungen entsteht ein **quasi intelligentes Modell**. In sich weitestgehend selbstständig anpassenden 3D-Modellen ist es also eine Herausforderung, Bauteile oder Baugruppen zu parametrisieren. Die Parametrik im CAD nimmt insbesondere in den folgenden Bereichen einen wichtigen Stellenwert ein:

- Parametrik in einem Einzelteil (z. B. für Dimensions- und Gestaltvarianten)
- Parametrik in einer Baugruppe (z. B. für Baugruppenvarianten mit bauteilübergreifenden Schnittstellen)
- Parametrik zur Berechnung und Verknüpfung von Ingenieurvariablen über algebraische Formeln
- Parametrik in Verbindung mit Quelltextprogrammierungen als Regeln, Prüfungen oder Reaktionen über das Modul *Knowledge Advisor (Konstruktionsratgeber)*

## 5.5.1 Programmeinstellungen für die Parametrik

Bevor Sie mit der Parametrik loslegen können, sollten Sie die folgenden Einstellungen vornehmen:

- TOOLS > OPTIONS > GENERAL > PARAMETERS AND MEASURE > KNOWLEDGE > PARAMETER TREE VIEW (TOOLS > OPTIONEN > ALLGEMEIN > PARAMETER UND MESSUNG > RATGEBER > STRUKTURBAUMANSICHT PARAMETER): Die Optionen *With Value (Mit Wert)* und *With formula (Mit Formel)* müssen **aktiv** (angeklickt) sein.
- TOOLS > OPTIONS > INFRASTRUCTURE > PART INFRASTRUCTURE > DISPLAY > DISPLAY IN SPECIFICATION TREE (TOOLS > OPTIONEN > INFRASTRUKTUR > TEILEINFRASTRUKTUR > ANZEIGE > IM STRUKTURBAUM ANZEIGEN): Die Felder *Constraints (Bedingungen)*, *Parameters (Parameter)* und *Relations (Beziehungen)* müssen **aktiv** sein.
- TOOLS > OPTIONS > INFRASTRUCTURE > PRODUCT STRUCTURE > TREE CUSTOMIZATION > SPECIFICATION TREE ORDER (TOOLS > OPTIONEN > INFRASTRUKTUR > PRODUKTSTRUKTUR > ANPASSUNG DER BAUMSTRUKTUR): Die Felder *Parameters (Parameter)* und *Relations (Beziehungen)* müssen **aktiv** sein – also auf *Yes (Ja)* stehen.

## 5.5.2 Übung Lid (Deckel)

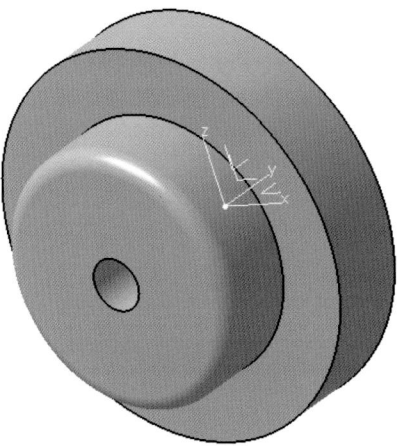

**Bild 5.84** Abbildung des parametrisierten Deckels als »intelligentes« Modell

**Verwendete Funktionen**

 *Add Formula (Formel hinzufügen)* im Kontextmenü

**Lernziele**

In dieser Übung werden Sie die grundsätzliche Vorgehensweise kennenlernen, wie Parameter (interne wie benutzerdefinierte) miteinander verknüpft werden können. Weiterhin wird gezeigt, wie Sie einfache und/oder komplexe mathematische Operationen einbinden können, um ein intelligentes Volumenmodell zu erhalten.

**Konstruktionsabsicht**

In dieser Übung soll ein intelligentes Modell in Form eines Deckels mit einer konzentrischen Bohrung erstellt werden:

- Die Gesamthöhe des Deckels soll stets doppelt so groß sein wie die Höhe des Zylinders mit dem größeren Durchmesser.
- Der Durchmesser des großen Zylinders soll stets 1,5-mal größer sein als der des kleineren Zylinders.
- Die Kantenverrundung soll stets ganzzahlig sein und ein Fünftel der Höhe des Zylinders mit dem größeren Durchmesser betragen.
- Die Werte der internen Parameter *Höhe des Gesamtbauteils*, *Außendurchmesser des Deckels* und *Durchmesser der Durchgangsbohrung* sollen durch einen benutzerdefinierten Parameter angesteuert werden.

**Konstruktionsbeschreibung**

 Open

**1. Origin-Datei öffnen:** Öffnen Sie die Standarddatei *Origin*. Schließen Sie den sich öffnenden Warnhinweis und speichern die Datei unter einem beliebigen Namen ab.

**2. Sketcher (Skizzierer) aufrufen:** Rufen Sie die Funktion *Sketcher (Skizzierer)* auf und wechseln mit Übergabe der *yz-plane* als Stützelement in die 2D-Umgebung. Erzeugen Sie das in Bild 5.85 dargestellte Grundprofil und binden die formstabile Kontur an das lokale Achsenkreuz im rechten unteren Eck. Die untere Profillinie definieren Sie als Rotationsachse für die spätere Rotation zu einer *Shaft (Welle)*.

 Sketch

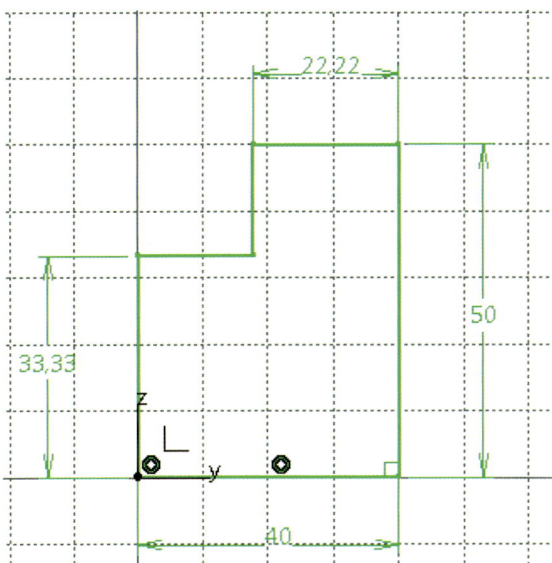

**Bild 5.85** Grundskizze des Deckels

 **Expertentipp: Schnapszahlen**

Wählen Sie als Maß für den späteren kleineren (halben) Durchmesser und dessen Höhe auffällige Werte wie »Schnapszahlen«, z. B. 33,33 und 22,22. Dadurch finden Sie die entsprechenden Maße später im *Formula Editor (Formeleditor)* leichter.

**3. Anzeige von Parametern und Formeln:** Über das Dialogfenster *Formula (Formel)* können Sie (insbesondere) mathematische Verknüpfungen zwischen internen Parametern und benutzerdefinierten Parametern definieren. Rufen Sie dazu die Funktion *Formula (Formel)* aus der Funktionsgruppe *Knowledge (Ratgeber)* auf.

 Formula

**4.** Es erscheint ein Dialogfenster, in dem Parameter und Formeln (sofern vorhanden) angezeigt werden. Sie können Anforderungen an das CAD-Modell bzw. Konstruktionsrahmenbedingungen beinhalten (Bild 5.86).

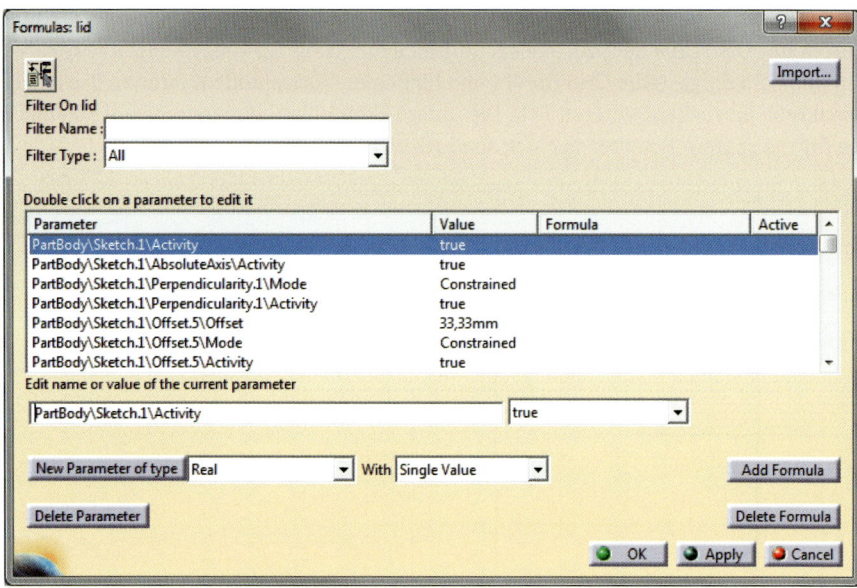

**Bild 5.86** Anzeige aller Parameter für das aktuell geöffnete Bauteil

Die Bezeichnung des Fensters *Formulas (Formeln): lid* wird ganz oben links angezeigt. Mit Auswahl der Teilenummer (bzw. des Bauteilnamens *lid*) im Strukturbaum werden die zur Definition des selektierten Knotens intern (also von CATIA V5-6) vergebenen Parameter im Hauptfenster aufgelistet (Bild 5.87).

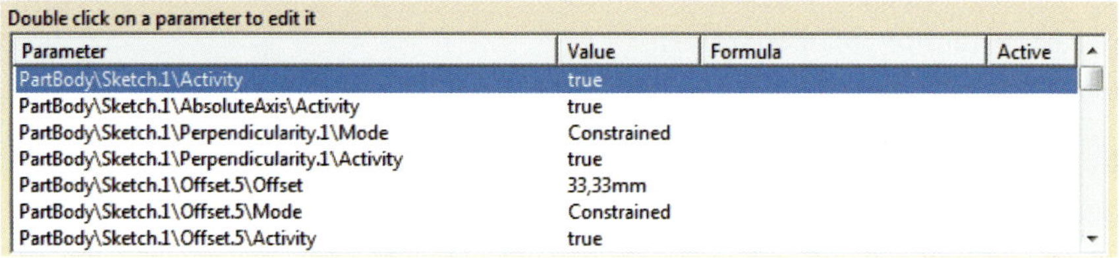

**Bild 5.87** Anzeige der von CATIA verwendeten Parameter, bezogen auf das selektierte Feature (lid) im Strukturbaum

Mit Anklicken eines anderen Eintrages im Strukturbaum (z. B. *Sketch.1*) zeigt der Editor **die für das neu selektierte Objekt** intern vergebenen Parameter an (Bild 5.88).

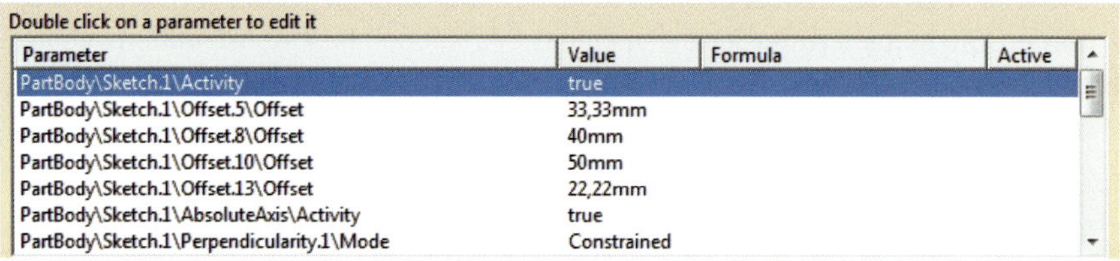

**Bild 5.88** Anzeige der von CATIA verwendeten Parameter, bezogen auf das selektierte Feature (Sketch.1) im Strukturbaum

Durch die vorhin gewählten »Schnapszahlen« finden Sie beim Scrollen durch die Listeneinträge sehr schnell den zu den Werten **33,33 mm** und **22,22 mm** zugehörigen **Internen Parameter**. Das Anklicken der Zeilen im Editor hebt das entsprechende Objekt im Modellbereich mit oranger Farbe hervor.

**5. Interne Parameter miteinander verknüpfen:** Laut Konstruktionsvorschrift soll die Gesamthöhe des Deckels stets doppelt so groß sein wie die Höhe des Zylinders mit dem größeren Durchmesser. Demnach wird das Maß **22,22 mm** durch den **Internen Parameter 40 mm** angesteuert.

*Interne Parameter verknüpfen*

**6.** Um diese Beziehung herzustellen, klicken Sie zunächst auf das Maß, das in eine Abhängigkeit gesetzt wird. Dies können Sie entweder im Modellbereich oder im Dialogfenster erledigen (Bild 5.89).

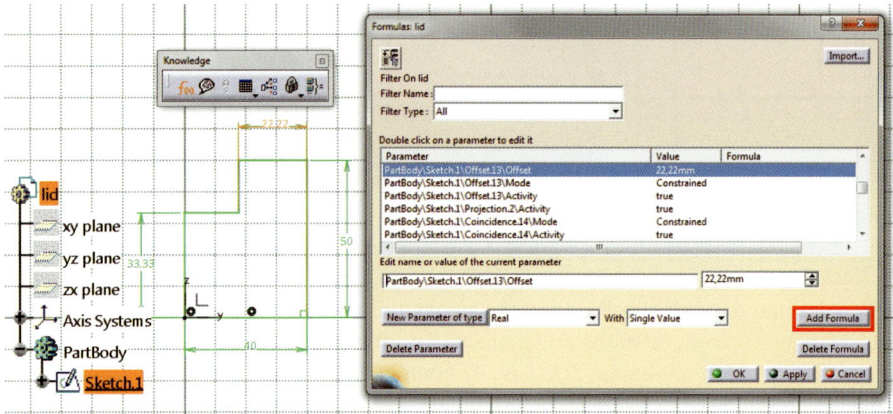

**Bild 5.89** Das zu verändernde Maß belegen Sie über die Schaltfläche Add Formula (Formel hinzufügen) mit einer Formel.

**7.** Ein Klick auf die Schaltfläche *Add Formula (Formel hinzufügen)* öffnet ein weiteres Dialogfenster, den *Formula Editor (Formeleditor,* siehe Bild 5.90).

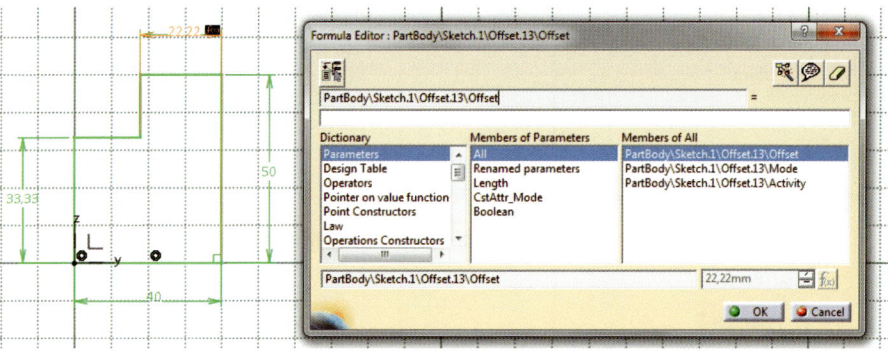

**Bild 5.90** Geöffneter Formula Editor (Formeleditor)

**8.** In der ausgegrauten Zeile wird der **Interne Parameter** (mit dem momentanen Wert **22,22 mm**) angezeigt. Ihm wird eine entsprechende Bedingung zugeordnet, was durch das »=«-Zeichen deutlich wird. Mit Anklicken des Maßes **40 mm** im Modellbereich wird dessen Parameterbezeichnung in die zweite Zeile des Dialogfensters eingeschrieben. Mit dem mathematischen Operator »**/2**« wird das steuernde Maß halbiert und dem abhängigen Parameter zugeordnet (Bild 5.91).

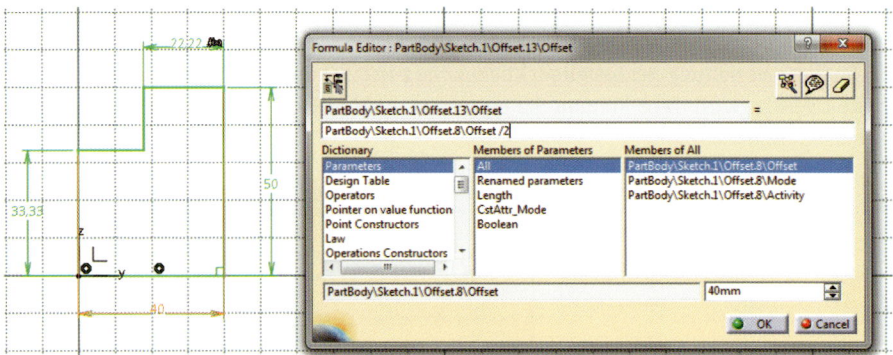

**Bild 5.91**  Definition einer Formel

**9.** Nach Bestätigung mit *OK* wechselt CATIA V5-6 zurück in das Dialogfenster *Formulas (Formeln)* und der **Interne Parameter**, der vorhin auf **22,22 mm** stand, wird (über die zugewiesene Formel gesteuert) automatisch auf **20 mm** gesetzt. Im Modellbereich wird das abhängige Maß mit einem Zeichen *f(x)* kenntlich gemacht. Darüber hinaus wird die erstellte Formel als separater Strukturbaumeintrag unter dem Knoten *Relations (Beziehungen)* abgelegt (Bild 5.92).

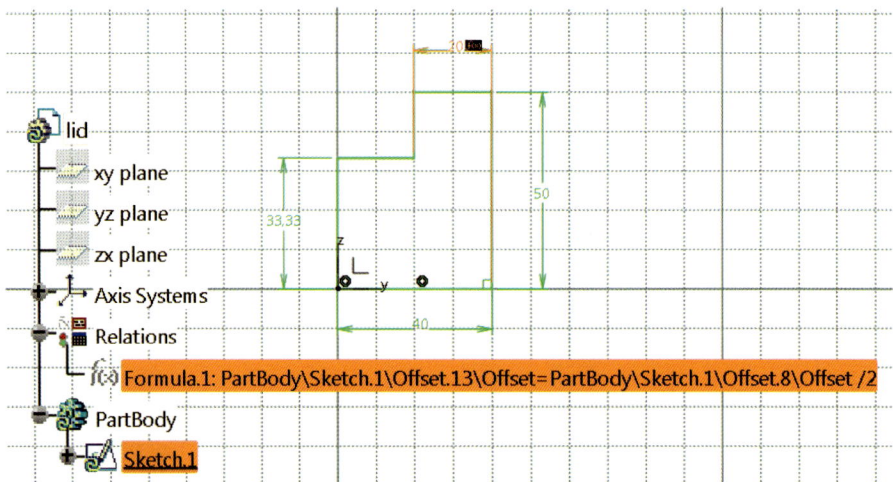

**Bild 5.92**  Das Symbol f(x) deutet an, dass das Maß über eine Formel gesteuert wird.

10. Achten Sie insbesondere darauf, dass Sie für die Formelzuweisungen akribisch arbeiten. Ein mehrfaches Anklicken von Maßen im Raum schreibt auch entsprechend deren **Internen Parameter** in die Eingabemaske. Das kann zu unsinnigen und ungewollten Eingaben führen. Den Inhalt der Zuweisung können Sie über die Schaltfläche *Erases the text field (Löscht das Textfeld)* jederzeit löschen (Bild 5.93).

 Erases the text field

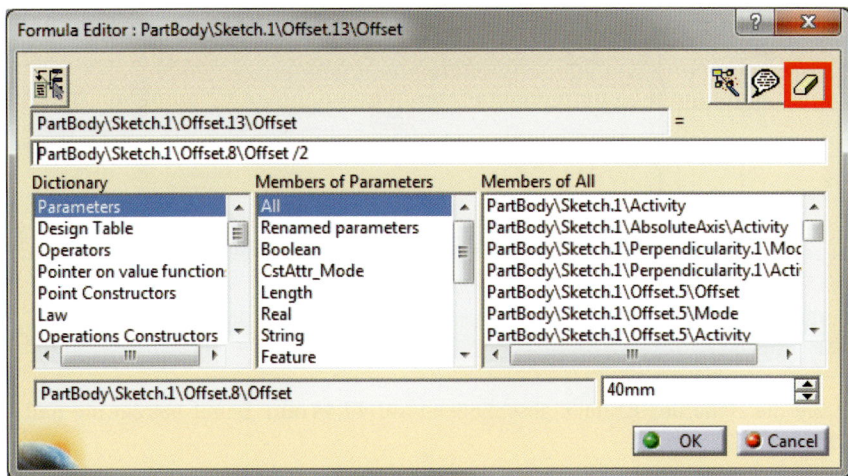

**Bild 5.93** Löschen einer Formelzuweisung

Verfahren Sie für die Konstruktionsvorgabe des großen Zylinders gegenüber dem kleinen Zylinder analog und stellen eine entsprechende Beziehung her (Bild 5.94). Bestätigen Sie abschließend das Dialogfenster *Formulas (Formeln)* mit *OK*. Wenn Sie nun die Maße im Modellbereich zum Editieren mit Doppelklick aufrufen, lassen sich nur die unabhängigen Maße in ihrem Wert verändern. Die abhängigen Maße ändern sich entsprechend der Verknüpfung automatisch mit.

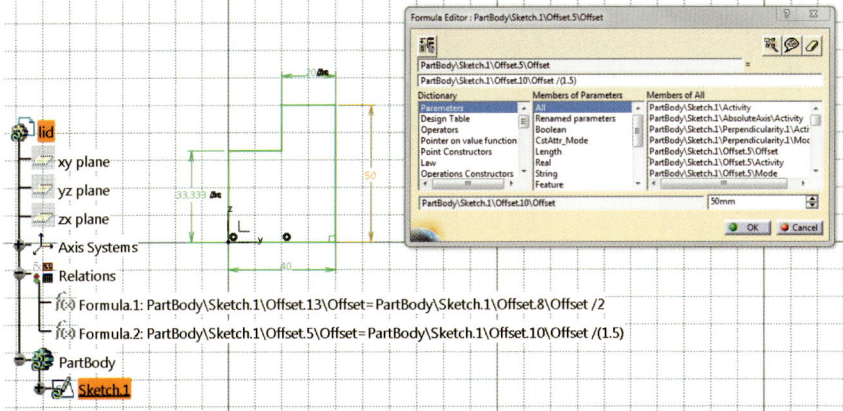

**Bild 5.94** Bei der Definition einer Formel mit einfachen mathematischen Operationen müssen Sie für Kommazahlen einen Punkt anstelle eines Kommas in der Eingabemaske einsetzen. Sonst liefert CATIA V5-6 eine Fehlermeldung.

Mit Aufruf eines abhängigen Maßes sehen Sie, dass sich dieses nicht manuell editieren lässt. Der Wertebereich ist ausgegraut. Ein Klick auf die rechts daneben positionierte Schaltfläche *Opens a dialog that allows to change the driving equation (Öffnet einen Dialog, in dem die übergeordnete Gleichung geändert werden kann)* öffnet den Formeleditor, in dem Sie die Bedingung zur Steuerung des Maßes wieder editieren können (Bild 5.95).

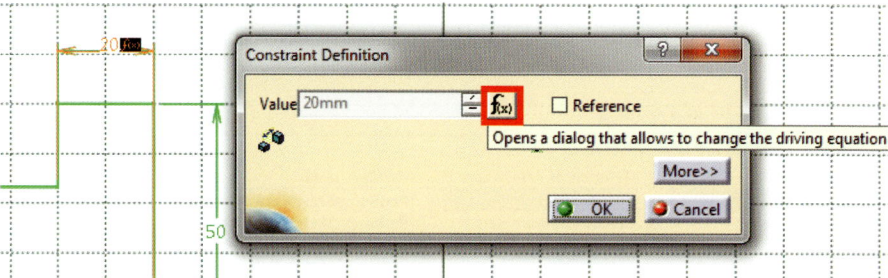

**Bild 5.95** Eine Änderung des Maßes ist manuell nicht mehr möglich. Der Wert wird über eine Formel angesteuert.

Setzen Sie die Höhe des Bauteils abschließend auf **44,44 mm**. Damit beträgt die halbe Höhe wieder **22,22 mm**.

**11. Volumenmodell ausprägen:** Verlassen Sie den *Sketcher (Skizzierer)* und rotieren den Basiskörper mit der Funktion *Shaft (Welle)* um **360 Grad** (Bild 5.96).

 Shaft

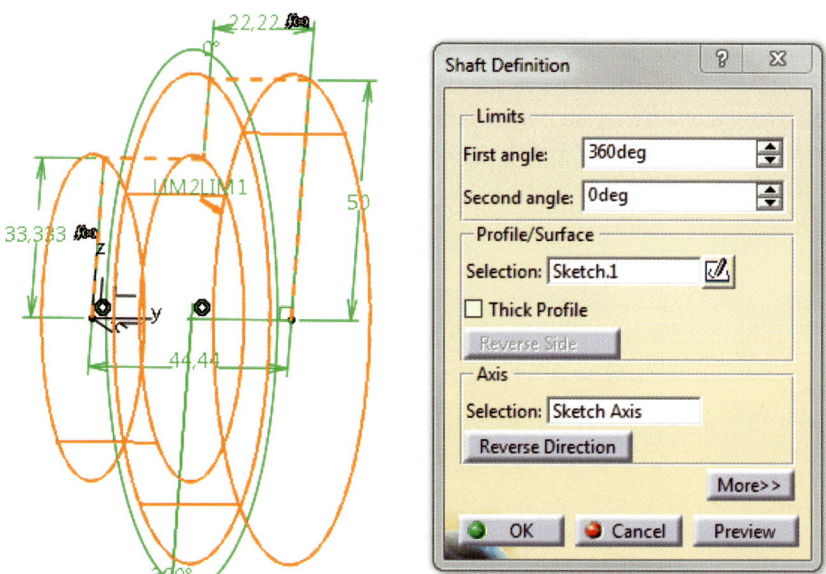

**Bild 5.96** Ausprägung der Grundskizze um 360 Grad

**12. Anzeige der Beziehungen im Strukturbaum:** Bei Betrachtung des Strukturbaums werden Sie einen neuen Knoten entdecken. Unter der Bezeichnung *Relations (Bedingungen)* listet CATIA V5-6 alle von Ihnen definierten Abhängigkeiten über die Funktion *Add Formula (Formel hinzufügen)*. Ein Doppelklick auf einen Strukturbaumeintrag öffnet wieder die entsprechende Maske des Formeleditors (Bild 5.97).

**Vorsicht:** Der erste Doppelklick bewirkt zunächst nur, dass die Modulumgebung vom *Part Design (Teilekonstruktion)* in den *Knowledge Advisor* wechselt. Erst mit dem zweiten Doppelklick öffnet sich die gewünschte Maske zum Editieren der Formel. Ins *Part Design (Teilekonstruktion)* kommen Sie wieder zurück, indem Sie das Modul über **START > MECHANICAL DESIGN > PART DESIGN (START > MECHANISCHE KONSTRUKTION > TEILEKONSTRUKTION)** aufrufen.

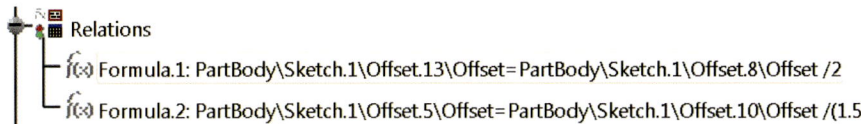

**Bild 5.97** Alle vergebenen Formeln werden unter den Relations (Beziehungen) aufgelistet.

**13. Abhängige Kantenverrundung setzen:** Erzeugen Sie die *Edge Fillet (Kantenverrundung)* für den Zylinder mit dem größeren Durchmesser mit einem (zunächst) beliebigen Radiuswert.

Interne Parameter finden

 **Expertentipp: Formelzuweisungen**

Grundsätzlich können Sie jeden Wert eines Modells über eine Formel ansteuern. Eine Beziehung stellen Sie stets über das Kontextmenü mit einem Rechtsklick in das Eingabefeld eines Wertes und *Edit Formula... (Formel editieren...)* her.

Um den Radius laut Konstruktionsvorschrift mit der Absatzhöhe des größeren Zylinders zu verknüpfen, rufen Sie die *Edge Fillet (Kantenverrundung)* mit Doppelklick auf. Über einen Rechtsklick in den Wertebereich und *Edit Formula... (Formel editieren...)* öffnet sich der *Formula Editor (Formeleditor)* zu dem Radiuswert, der gesteuert werden soll (Bild 5.98).

Anders als vorhin, lässt sich das steuernde Maß (die Höhe **22,22 mm** des Absatzes) nicht ohne Weiteres im Modellbereich anwählen. Allerdings können Sie über die Felder unterhalb der Zuweisungszeile den gewünschten internen Parameter suchen. Klappen Sie den Strukturbaum so auf, dass die *Sketch (Skizze)* des Grundkörpers anwählbar ist, und klicken diese an. Im Dialogfenster springt CATIA V5-6 auf den Eintrag *Parameters (Parameter)* im Feld *Dictionary (Datenverzeichnis)*. Im Feld *Members of Parameters (Parameter)* können Sie den Filtertyp *Length (Länge)* setzen, nachdem wir nach dem Längenwert der halben Deckelhöhe suchen wollen. Nun stehen Ihnen die **Internen Parameter** der *Sketch (Skizze)* im Feld *Members of All (Alle)* zur Verfügung.

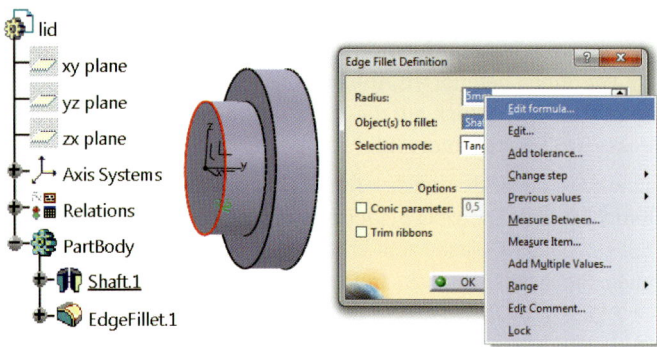

**Bild 5.98** Zur Vergabe einer Formel klicken Sie stets mit der RMT in den Eingabebereich des zu verändernden Wertes und wählen Edit formula… (Formel editieren…) aus.

Wenn Sie sich jetzt durch die Liste der Parameter klicken, sehen Sie in der ausgegrauten Zeile (unten im Dialogfenster) neben der Bezeichnung des **Internen Parameters** auch dessen aktuellen Wert eingeblendet. Vorhin haben wir das zur Steuerung der *Edge Fillet (Kantenverrundung)* notwendige Maß auf **22,22 mm** gesetzt. Damit ist es leicht aus der Liste der möglichen Einträge zu identifizieren. Mit Doppelklick holen Sie den steuernden Parameter in die Zuweisungszeile im Editor. Teilen Sie das Maß wie vorgegeben durch 5. Bestätigen Sie Ihre Eingaben schließlich mit *OK*. (Bild 5.99).

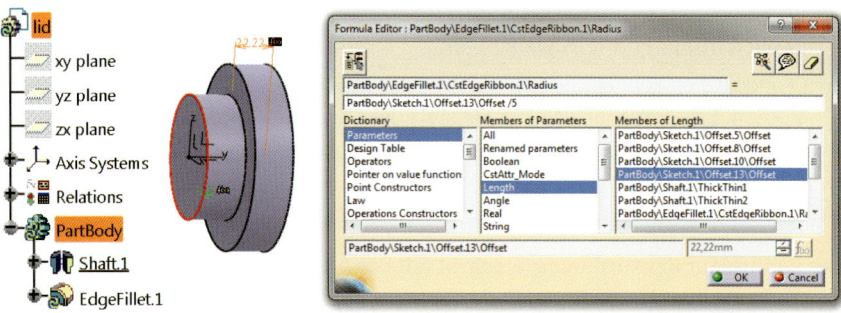

**Bild 5.99** »Schnapszahlen« helfen bei der Suche interner Parameter, die sonst schwer zu identifizieren wären.

Nun stellen Sie aber fest, dass der Radiuswert nicht ganzzahlig ist, wie in der Konstruktionsvorschrift verlangt. Dazu gibt es eine entsprechende mathematische Funktion, die in die Bedingung eingebaut werden kann.

Funktion Integer

Rufen Sie also wieder den Formeleditor auf (mit Doppelklick auf den Strukturbaumeintrag der Verrundung und Klicken auf die Schaltfläche *Opens a dialog that allows to change the driving equasion (Öffnet einen Dialog, in dem die übergeordnete Gleichung geändert werden kann)*. Im Feld *Dictionary (Datenverzeichnis)* steht Ihnen unter anderem auch der Eintrag *Math (Math)* zur Verfügung. Unter *Members of Math (Math)* sehen Sie eine Auflistung an möglichen mathematischen Operationen, die Sie in Ihre Formeln aufnehmen können. Um ein ganzzahliges Ergebnis für den Radius zu bekommen, verwenden wir die

Funktion *Integer*. Wie die Operation eingebunden werden muss, ist folgendermaßen beschrieben:

**Int(v:Real):Integer**

- In der Syntax wird der Befehl **int** eingegeben.
- In Klammern dahinter wird ein Wert des Typs **Real ohne Dimension** verlangt.
- Rückgabewert ist ein **ganzzahliges Ergebnis ohne Dimension**.

Um die Funktion also korrekt anzuwenden, müssen Sie die in Bild 5.100 dargestellten Eingaben tätigen. Klammern helfen, den Überblick über die mathematische Vorschrift zu behalten. Um die Funktion *Integer* anwenden zu können, müssen Sie den steuernden Parameter, der die Dimension mm hat, durch **1 mm** teilen (um ihn dimensionslos zu machen). Diesen teilen Sie dann durch **5**. Nachdem der angesteuerte Parameter allerdings einen Rückgabewert mit der Dimension mm verlangt, müssen Sie die Formel wieder mit der Dimension **1 mm** multiplizieren.

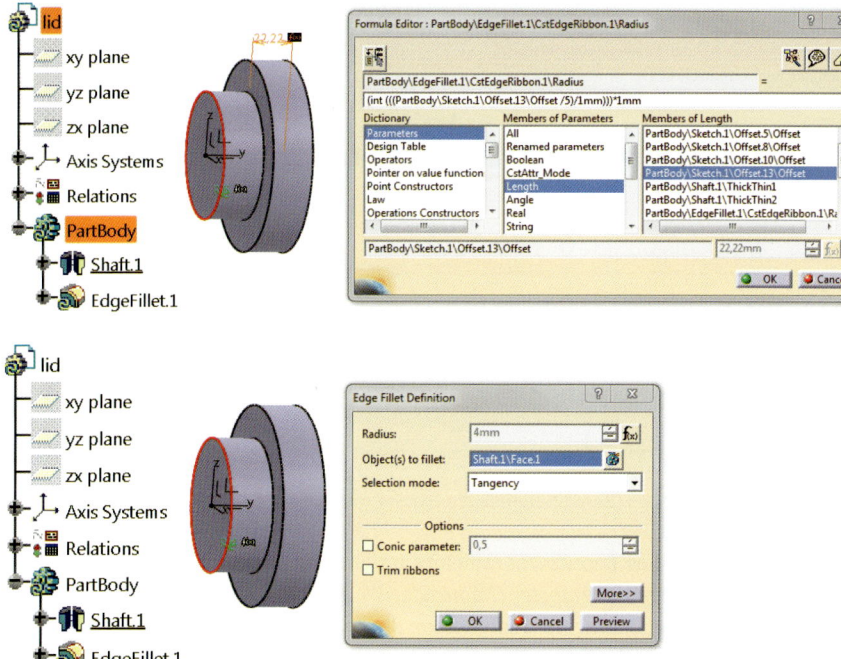

**Bild 5.100**  Definition ganzzahliger Radiuswerte

**14. Bohrung erzeugen:** Erzeugen Sie eigenständig eine konzentrische *Bohrung (Hole)* mit beliebigem Durchmesser als Durchgangsbohrung.

**15. Benutzerdefinierte Parameter erzeugen:** Häufig bringen explizit ausgewiesene, vom Konstrukteur manuell erzeugte Parameter große Vorteile mit sich. Neben einer besseren Übersicht über die veränderlichen Bauteilparameter lassen sich auf diese Weise gut nachvollziehbare und stabil editierbare Abhängigkeitsstrukturen im Modell erzeugen.

Hole
Benutzerdefinierte
Parameter erzeugen

 Formula

**16.** Um entsprechende Parameter anzulegen, rufen Sie wieder die Funktion *Formula (Formel)* auf. **Jeder Klick** auf die Schaltfläche *New Parameter of type (Neuer Parameter des Typs)* erzeugt einen neuen benutzerdefinierten Parameter mit vordefinierter Dimension. Die Dimension stellen Sie in einem Drop-down-Menü rechts neben der Schaltfläche fest, **noch bevor** Sie den gewünschten Parameter erzeugen. Legen Sie insgesamt drei Parameter des Typs *Length with Single Value (Länge mit einem Wert)* an. Mit Setzen des *Filter Type (Filtertyp)* auf *User Parameters (Benutzerparameter)* werden im Fenster nur die von Ihnen neu definierten Parameter angezeigt (Bild 5.101).

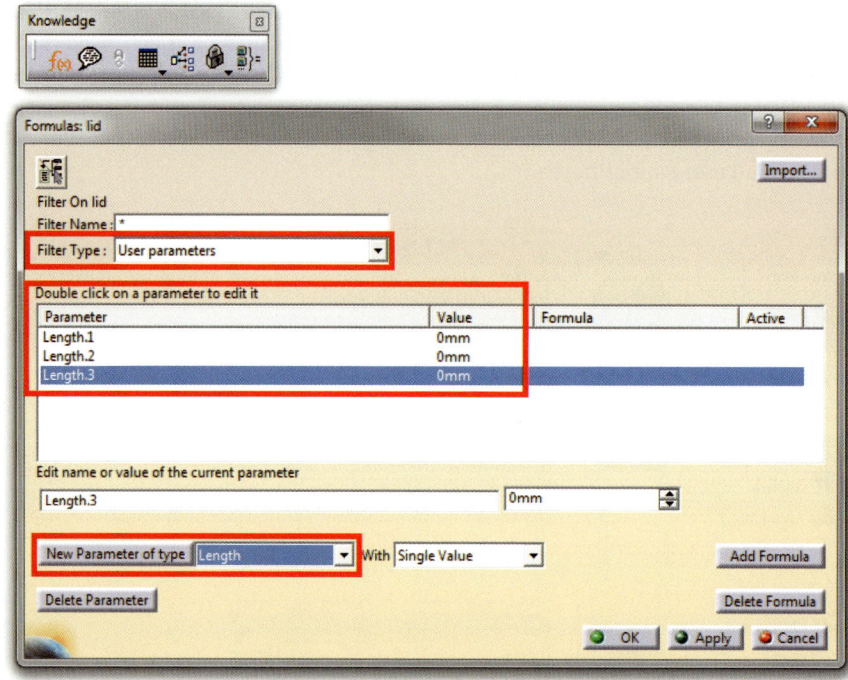

**Bild 5.101**  User Parameters (Benutzerdefinierte Parameter) erstellen

**17.** Durch Anklicken eines Benutzerparameters im Fenster können Sie in der Zeile *Edit name or value of the current parameter (Name oder Wert des aktuellen Parameters bearbeiten)* sowohl dessen Bezeichnung als auch dessen Startwert editieren. Löschen können Sie gesetzte Parameter über die Schaltfläche *Delete Parameter (Parameter löschen)*. In die Maske zur Bearbeitung der von Ihnen definierten Parameter kommen Sie stets über den Aufruf der Funktion *Formula (Formel*, siehe Bild 5.102).

**18.** Bestätigen Sie Ihre Eingaben mit *OK*. Im Strukturbaum werden nun die Parameter als separate Einträge unter dem Knoten *Parameters (Parameter)* angezeigt. Ein Doppelklick auf die Einträge öffnet die Eingabemaske zum Editieren des Parameterwertes. Auch der Parametername kann hier noch einmal geändert werden (Bild 5.103).

## 5.5 Parametrik, Formelvergabe und Knowledgeware

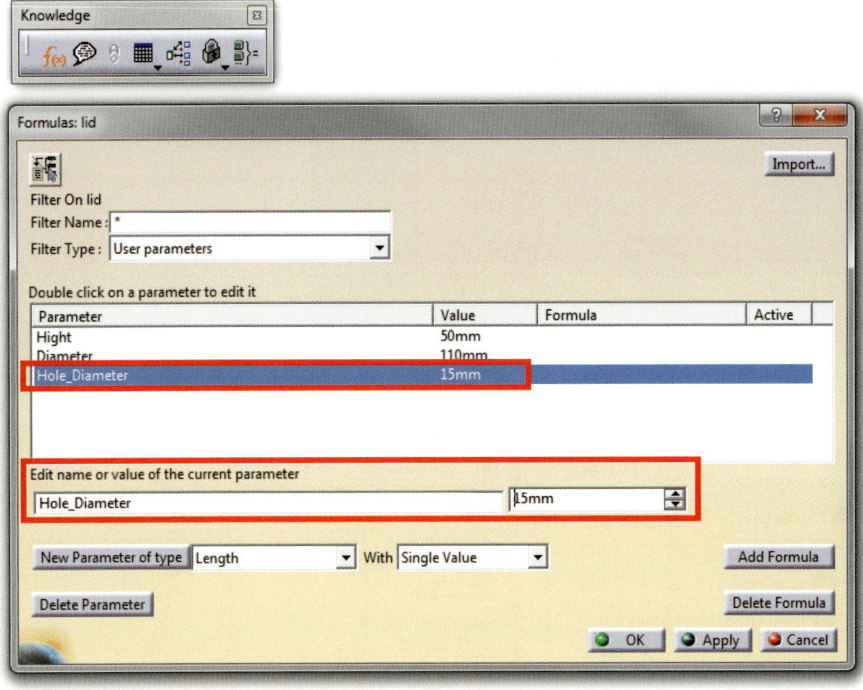

**Bild 5.102** Das Dialogfenster Formulas (Formeln) können Sie jederzeit über die Funktion Formula (Formel) aufrufen.

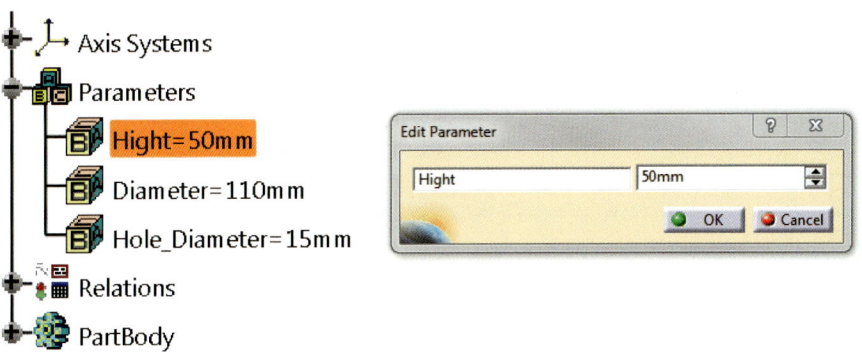

**Bild 5.103** User Parameters (Benutzerparameter) können auch durch Aufruf im Strukturbaum im Namen und Startwert editiert werden.

19. Logischerweise wird das Bauteil bei Veränderungen der Parameterwerte noch nicht beeinflusst. Dazu müssen Sie erst eine Verknüpfung der **Benutzerparameter** mit den **Internen Parametern** definieren.

20. **Interne Parameter mit Benutzerparameter verknüpfen:** Die Steuerung der internen Parameter durch die Benutzerparameter erfolgt ähnlich wie die vorhin beschriebenen. Gehen Sie dazu an die Stelle, an der Sie das Modell sonst editieren würden. Mit einem

*Interne Parameter mit Benutzerparameter verknüpfen*

Rechtsklick in den jeweiligen Wertebereich und *Edit Formula... (Formel editieren...)* weisen Sie die Benutzerparameter aus dem Strukturbaum (mit einfachem Klick auf den jeweiligen Eintrag) zu (Bild 5.104).

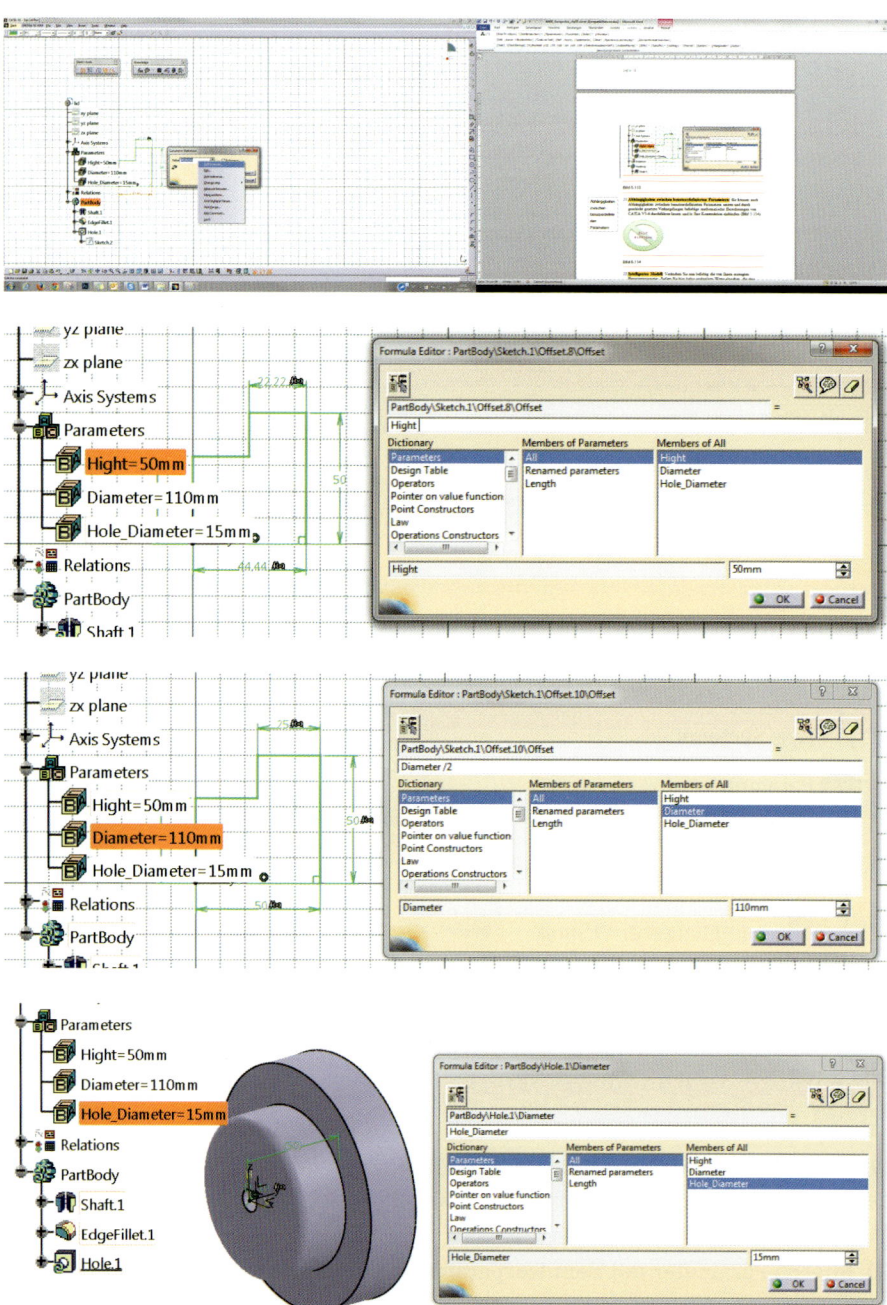

**Bild 5.104** Verknüpfung der User Parameters (Benutzerparameter) mit dem 3D-Modell

**21. Abhängigkeiten zwischen benutzerdefinierten Parametern:** Sie können auch Abhängigkeiten zwischen benutzerdefinierten Parametern setzen und durch geschickt gesetzte Verknüpfungen beliebige mathematische Berechnungen von CATIA V5-6 durchführen lassen und in Ihre Konstruktion einbinden (Bild 5.105).

Abhängigkeiten zwischen benutzerdefinierten Parametern

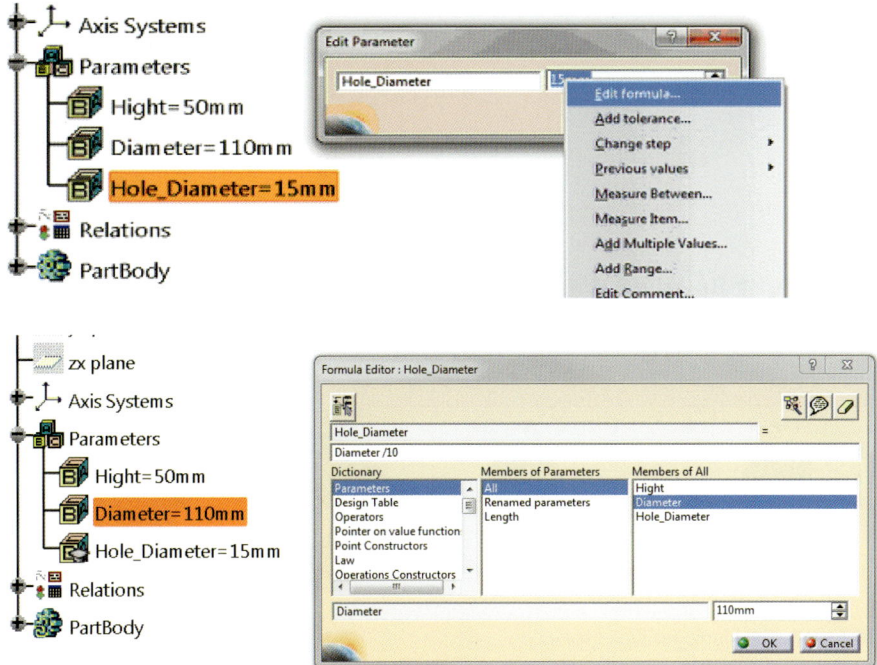

**Bild 5.105** Verknüpfung der User Parameters (Benutzerparameter) untereinander

**22. Intelligentes Modell:** Verändern Sie nun beliebig die von Ihnen erzeugten Benutzerparameter. Sofern Sie hier keine unsinnigen Werte eingeben, die eine Berechnung des Bauteils unmöglich machen würden, ändert sich das Volumenmodul entsprechend den Vorgaben aus der Konstruktionsvorschrift (Bild 5.106).

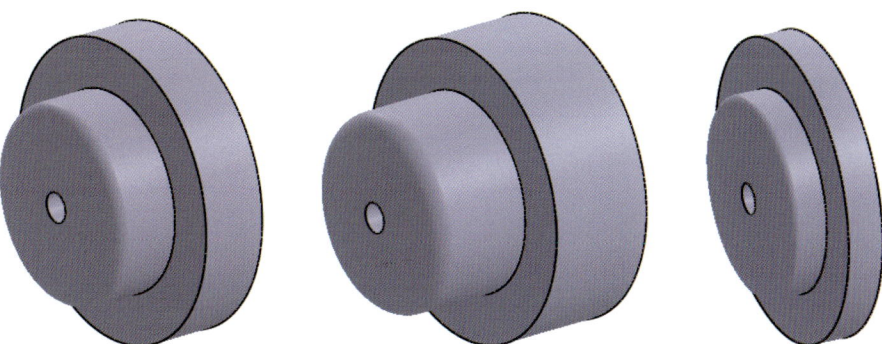

**Bild 5.106** Fertiges, »intelligentes« CAD Modell: einfach und schnell zu editieren

Save

www.elearningcamp.
com/hanser

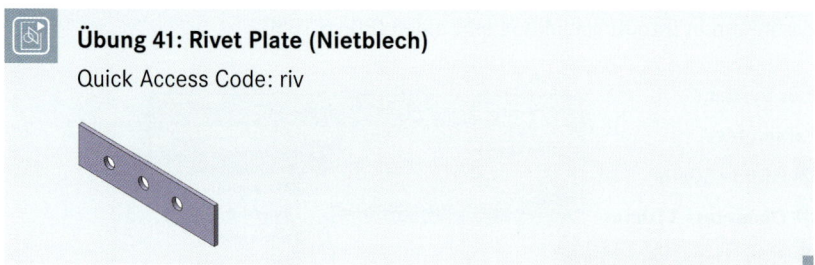

**23. Abspeichern:** Speichern Sie das fertige Modell an einem beliebigen Ort auf Ihrem Rechner ab.

**Übung 41: Rivet Plate (Nietblech)**
Quick Access Code: riv

### 5.5.3 Übung Bevelled Washer (Scheibe abgesenkt)

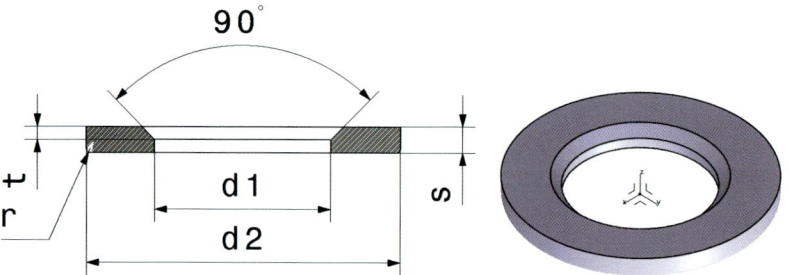

**Bild 5.107** Abbildung der Beilagscheibe

| innerdia_d1 (mm) | outterdia_d2 (mm) | thickness_s (mm) | chamfer_t (mm) | radius_r (mm) | Kennzahl |
|---|---|---|---|---|---|
| 3,2 | 7 | 0,5 | 0,2 | - | 03 |
| 4,2 | 9 | 0,5 | 0,2 | - | 04 |
| 5,2 | 11 | 1 | 0,5 | - | 05 |
| 6,2 | 12 | 1,5 | 0,8 | 0,3 | 06 |
| 8,2 | 16 | 1,5 | 0,8 | 0,3 | 08 |
| 10,1 | 19 | 1,5 | 1 | 0,3 | 10 |
| 12,1 | 22 | 2 | 1 | 0,3 | 12 |
| 14,1 | 25 | 2 | 1 | 0,3 | 14 |
| 16,1 | 28 | 2 | 1,5 | 0,4 | 16 |
| 18,1 | 31 | 2,5 | 1,5 | 0,4 | 18 |
| 20,2 | 34 | 2,5 | 1,5 | 0,4 | 20 |
| 22,2 | 36 | 2,5 | 1,5 | 0,4 | 22 |
| 24,2 | 38 | 2,5 | 1,6 | 0,4 | 24 |
| 27,3 | 46 | 3,1 | 1,6 | 0,5 | 27 |
| 30,2 | 51 | 3,1 | 1,6 | 0,5 | 30 |

## Neue Funktionen

## Lernziele

Um Teilefamilien effektiv gestalten zu können, sollten Sie sich schon vor Konstruktionsbeginn genau überlegen, welche Parameter variabel gestaltet werden müssen und welche Maße oder geometrischen Bedingungen konstant sein sollen. In diesem Beispiel sind die Variablen für verschiedene Varianten eines Normteils bereits vorgegeben und tabellarisch zusammengefasst. Über Konstruktionstabellen und die Zuweisung von Regeln lernen Sie hier die grundsätzliche Herangehensweise bei der Erstellung von **Dimensions- und Gestaltvarianten** kennen.

## Konstruktionsbeschreibung

**1. Neue Datei öffnen:** Öffnen Sie ein leeres Dokument im *Part Design (Teilekonstruktion)* und benennen Sie es als »bevelled_washer«. Speichern Sie diese Datei unter demselben Namen an einem beliebigen Ort auf Ihrem Rechner ab.

 New

**2. Parameter erzeugen:** Erzeugen Sie eigenständig die folgenden Parameter des Typs *Length (Länge) With Single Value (Mit einem Wert)* (Bild 5.108):

 Formula

a) innerdia_d1 (4,2 mm)

b) outterdia_d2 (8 mm)

c) thickness_s (0,5 mm)

d) radius_r (0,1 mm)

e) chamfer_t (0,2 mm)

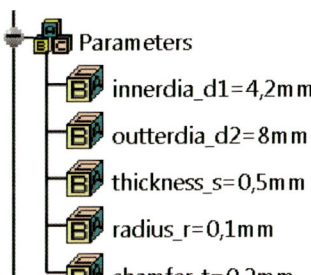

**Bild 5.108** Variablen des Bauteils als User Parameters (Benutzerparameter)

**3. Profil erstellen und Parameter zuweisen:** Rufen Sie den *Sketcher (Skizzierer)* auf und erzeugen einen Kreis als Grundprofil. Setzen Sie den Kreismittelpunkt kongruent auf den Koordinatenursprung des lokalen Achsenkreuzes. Bemaßen Sie den Durchmesser wie gewohnt über die Funktion *Constraint (Bedingung)*. Rufen Sie mit einem Doppelklick auf das Durchmesser-Maß den Editor *Constraint Definition (Bedingungsdefinition)* auf und ändern die *Constraint (Bemaßung)* vom Eintrag *Diameter (Durchmesser)* in den Eintrag *Radius (Radius)*. **Nur wenn die Bedingung an dieser Stelle als** *Radius (Radius)* **ange-**

Sketcher

zeigt wird, können Sie eine Parameterzuweisung (also eine Formelvergabe) vornehmen. Im Modus *Diameter (Durchmesser)* ist dies leider nicht möglich (Bild 5.109).

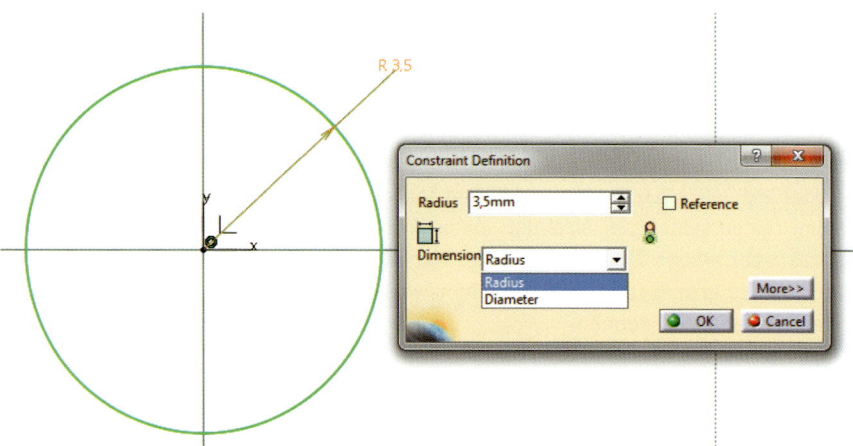

**Bild 5.109**  Grundskizze

Weisen Sie dem Radius den Parameter **outterdia_d2** aus Ihrer Parameterliste zu. Klicken Sie dazu mit der RMT in den Wertebereich der *Constraint (Bedingung)* und öffnen damit das Kontextmenü. Der Listeneintrag *Edit Formula... (Formel bearbeiten...)* öffnet das Dialogfenster *Formula Editor (Formeleditor)*. Weisen Sie hier den entsprechenden Parameter zu (Bild 5.110).

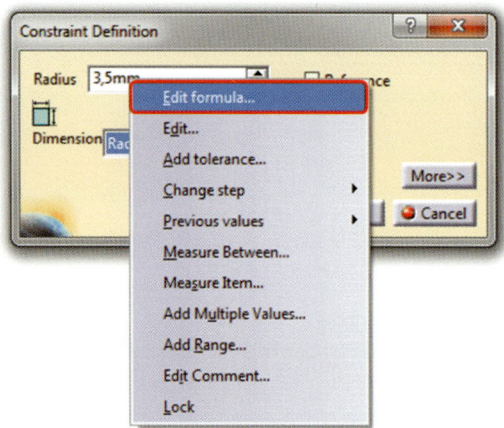

**Bild 5.110**  Verknüpfung mit dem User Parameter (Benutzerparameter)

Achten Sie darauf, dass Sie für den Parameter einen sinnvollen Startwert brauchen. Falls Sie beim Erstellen der Variablen vergessen haben sollten, einen Startwert festzulegen, können Sie ihn in der Maske für die Zuweisung nachträglich einstellen. Nachdem Sie hier den Durchmesser **8 mm** dem Radius der Skizzenkontur zuweisen, müssen Sie den Parameterwert bei der Formelzuweisung noch **durch 2 teilen** (Bild 5.111).

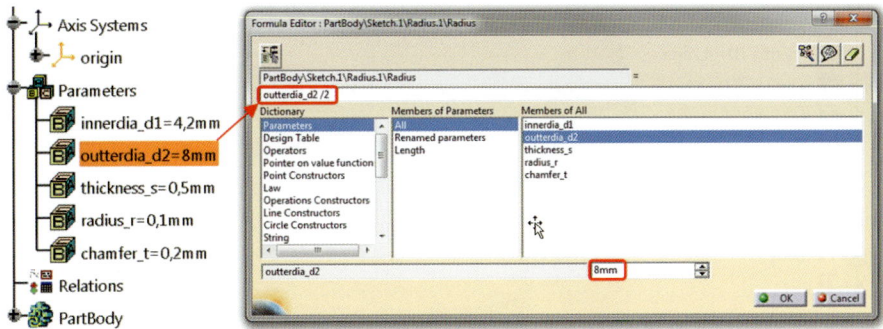

**Bild 5.111** Verknüpfung mit dem User Parameter (Benutzerparameter)

Nach Bestätigung Ihrer Eingaben ist die Zuweisung gesetzt und in der Sketch wird diese Zuweisung über ein kleines Symbol *f(x)* am Radius *Constraint (Bedingung)* angedeutet. Im Strukturbaum wird die Formel unter dem Knoten *Relations (Beziehungen)* aufgelistet (Bild 5.112).

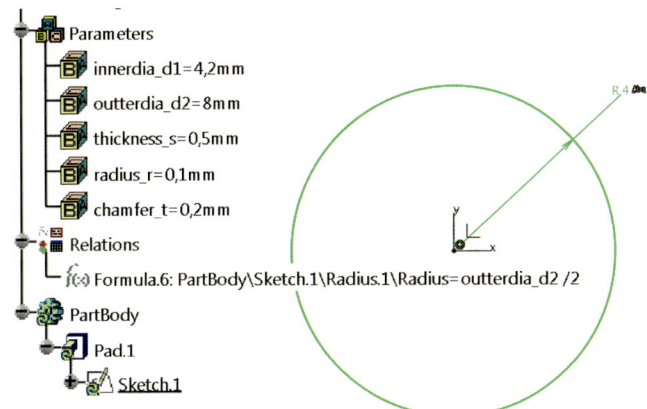

**Bild 5.112** Der Außendurchmesser wird durch den entsprechenden User Parameter (Benutzerparameter) gesteuert.

**4. Grundkörper erzeugen und Parameter zuweisen:** Verlassen Sie den *Sketcher (Skizzierer)* und prägen die Kontur über die Funktion *Pad (Block)* aus. Mit RMT in den Wertebereich der *Length (Länge)* des Blocks und *Edit Formula... (Formel bearbeiten...)* öffnen Sie wieder den Formeleditor. Weisen Sie hier die Dicke der Scheibe **thickness_s** zu (Bild 5.113).

Pad

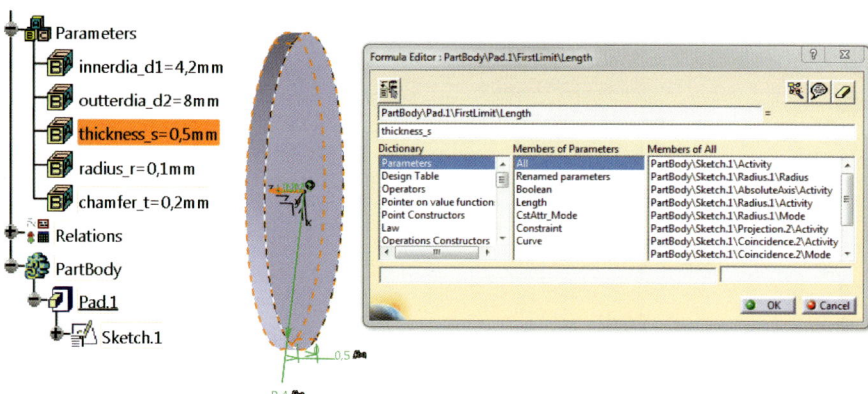

**Bild 5.113** Zuweisung der Bauteildicke zum entsprechenden User Parameter (Benutzerparameter)

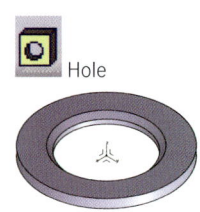
Hole

**5. Profileingesenkte Bohrung erzeugen und Parameter zuweisen:** Die Parameter **innerdia_d1** und **chamfer_f** können Sie in der Maske dem *Hole (Bohrung)* zuweisen (Bild 5.114).

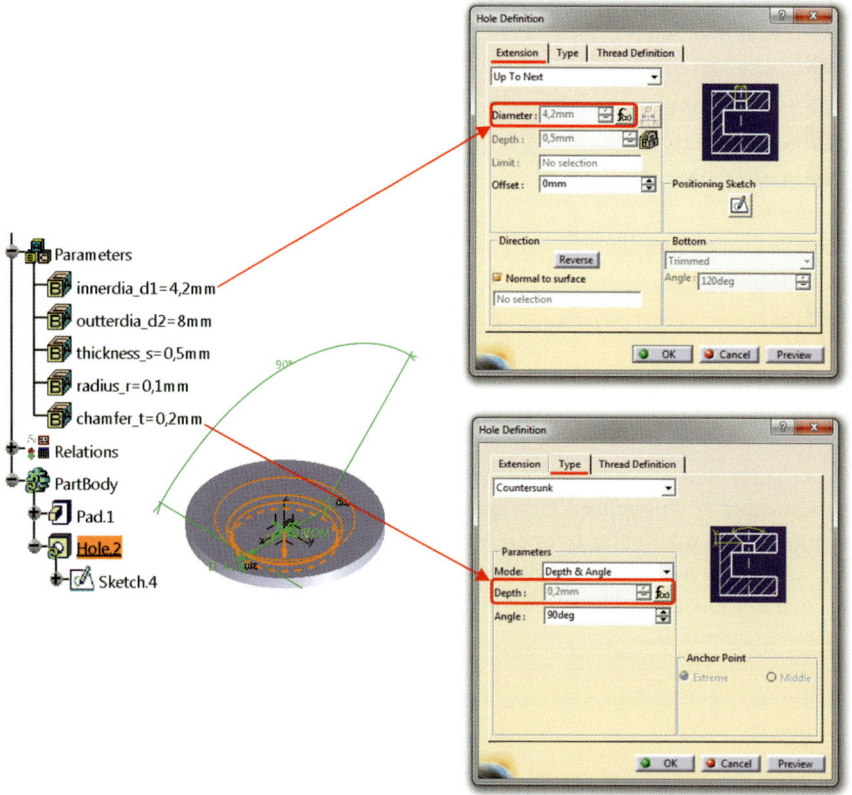

**Bild 5.114** Für die Bohrung können gleich zwei entsprechende User Parameter (Benutzerparameter) übergeben werden.

**6. Kantenverrundung erzeugen und Parameter zuweisen:** Weisen Sie auch der Kantenverrundung auf der Scheibenunterseite den entsprechenden Parameter **radius_r** zu (Bild 5.115).

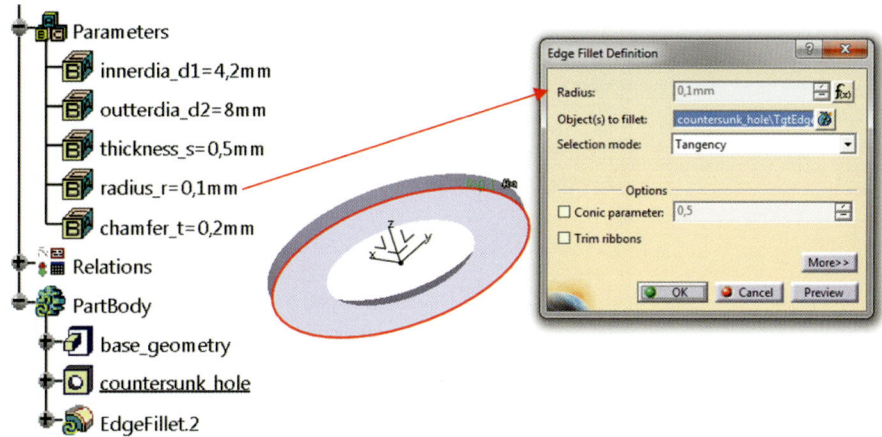

**Bild 5.115** Verknüpfung des Radiuswertes auf der Scheibenunterseite mit dem entsprechenden User Parameter (Benutzerparameter)

Damit wird das Volumenmodell durch die benutzerdefinierten Parameter in seinen Abmaßen gesteuert. Speichern Sie das Modell ab, bevor Sie zum nächsten Schritt übergehen.

**7. Parametersets über Konstruktionstabellen editieren:** Bei Betrachtung der verschiedenen Normteilvarianten (also den variablen Geometrieabmessungen des Modells) wird schnell klar, dass das Editieren für die verschiedenen Kennzahlen verhältnismäßig aufwendig ist. Sie müssen sich beim Ändern der Parameter genau überlegen, in welcher Reihenfolge Sie vorgehen müssen, damit das Modell von CATIA V5-6 fehlerfrei berechnet werden kann. Verändern Sie zum Beispiel erst den Innendurchmesser und idieser ist größer als der aktuelle Außendurchmesser, wird das Programm logischerweise eine Fehlermeldung anzeigen. Über sogenannte Konstruktionstabellen können Sie mehrere Parameter gleichzeitig, also ganze Parametersets, editieren. Klicken Sie dazu auf die Funktion *Design Table (Konstruktionstabelle)* aus der Funktionsleiste *Knowledge* (*Knowledge*), siehe Bild 5.116).

 Design Table

In der sich öffnenden Eingabemaske legen Sie den Namen der Konstruktionstabelle fest, geben an, ob Sie eine schon vorhandene Tabelle verwenden wollen (dazu in späteren Übungen mehr) oder ob Sie eine neue Konstruktionstabelle anlegen wollen. In diesem Beispiel gehen Sie auf den Optionspunkt *Create a design table with current parameter values (Eine Konstruktionstabelle mit aktuellen Parameterwerten erzeugen)*, um eine **neue** Datei zu erstellen. Die *Orientation (Ausrichtung)* legt fest, wie die Parameter in der ausgelagerten Konstruktionstabelle ausgerichtet werden. Für eine Auflistung ähnlich wie in der Tabelle der Normteilvarianten gehen Sie auf die Einstellung *Horizontal (Horizontal)* und bestätigen Ihre Eingaben mit *OK* (Bild 5.117).

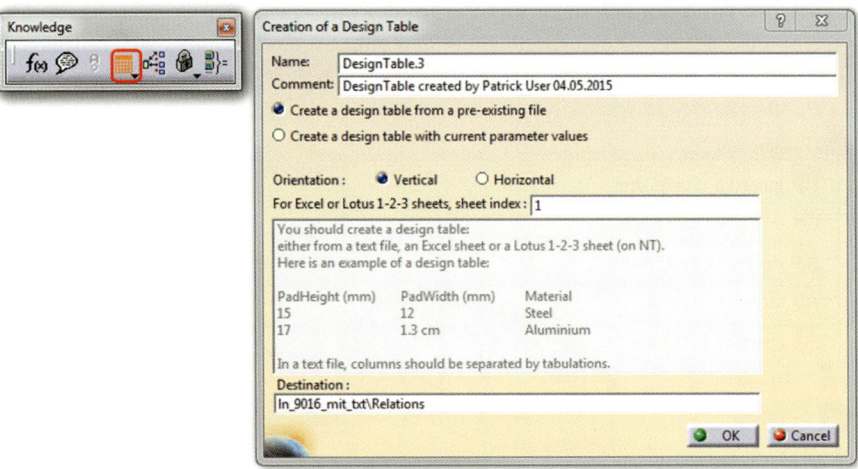

**Bild 5.116** Erzeugung einer neuen Design Table (Konstruktionstabelle)

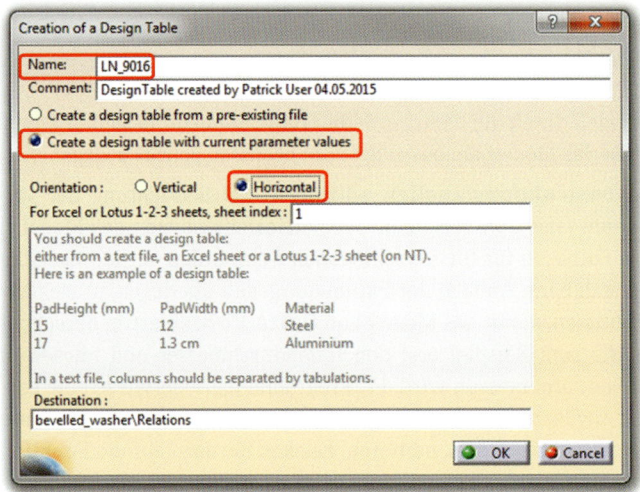

**Bild 5.117** Parameter zur Definition der Design Table (Konstruktionstabelle)

Im sich öffnenden Dialogfenster *Select parameters to insert (Parameter zum Einfügen auswählen)* können Sie beliebige Parameter (interne wie benutzerdefinierte) von der Konstruktionstabelle ansteuern lassen. Mit dem *Filter Type (Filtertyp) User Parameters (Benutzerparameter)* zeigt CATIA V5-6 nur die von Ihnen definierten Variablen an. Mit den Pfeiltasten schieben Sie die gewünschten Parameter von links *(Parameters to insert/Parameter zum Einfügen)* nach rechts *(Inserted Parameters/Eingefügte Parameter)* und umgekehrt. Achten Sie darauf, dass die Reihenfolge der Parameter im rechten Feld der der chronologischen Abfolge der Variablen aus der tabellarischen Geometrievorschrift entspricht. Bestätigen Sie Ihre Eingaben mit *OK* (Bild 5.118).

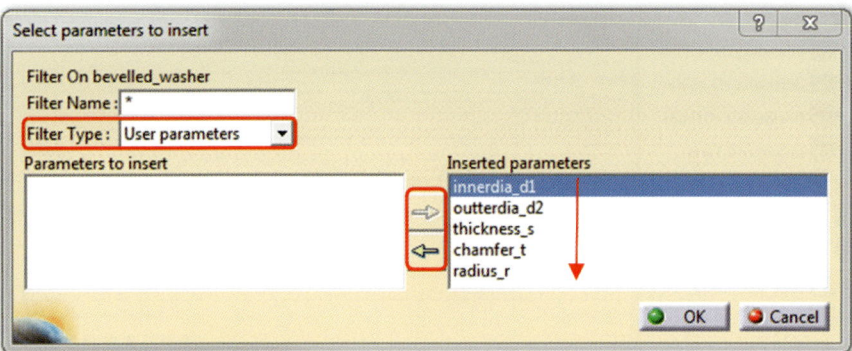

**Bild 5.118** Definition der Parameter, die in die Design Table (Konstruktionstabelle) übertragen werden sollen

Im sich öffnenden Browserfenster legen Sie Speicherort und Dateiname für die ausgelagerte Konstruktionstabelle fest. Auch den Dateityp können Sie wählen. Wählen Sie für dieses Beispiel die Auslagerung in einer **Excel-Tabelle**. (*.txt-Dateien sind auch möglich. Dazu erfahren Sie in späteren Übungen mehr. Bestätigen Sie Ihre Eingaben mit *Save (Speichern)* (Bild 5.119).

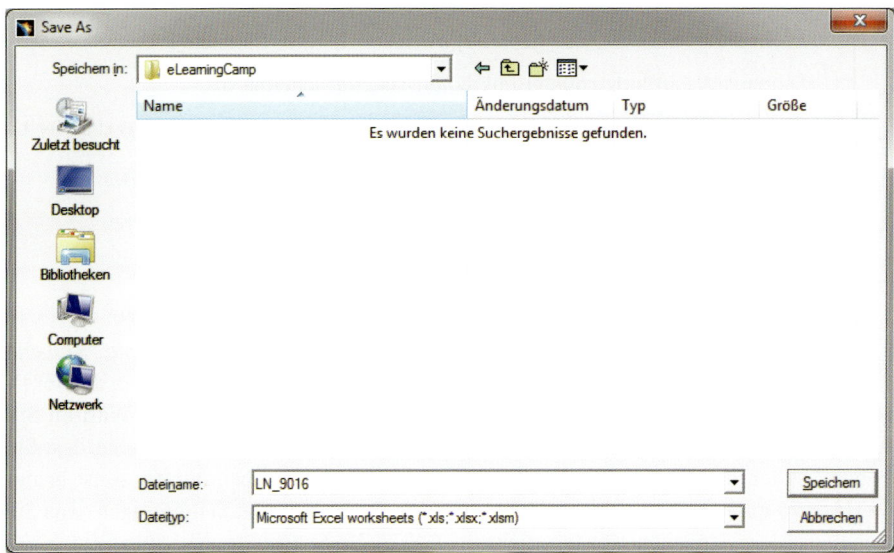

**Bild 5.119** Speichern der Design Table (Konstruktionstabelle) als Excel-Datei

Nach ein bisschen Rechenzeit erscheint das CATIA V5-6-eigene Dialogfenster für Konstruktionstabellen mit einer Zeile für eine der Konfigurationen des Normteils. Im Strukturbaum wird die Ansteuerung der Parameter durch ein kleines Hütchen im Bildsymbol angezeigt (Bild 5.120).

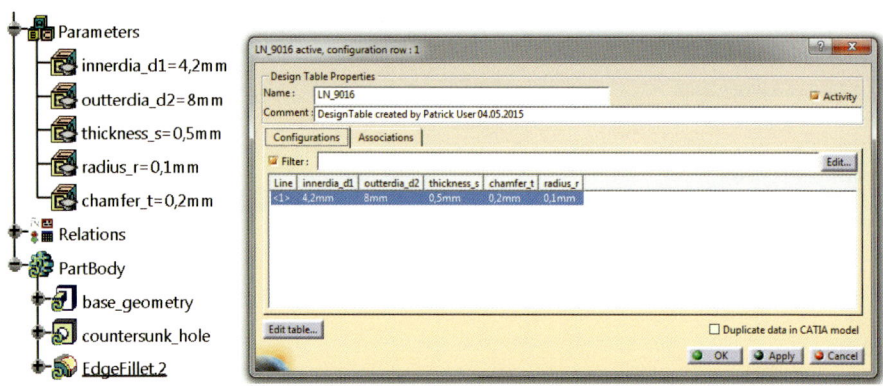

**Bild 5.120** CATIA-interne Darstellung der Design Table (Konstruktionstabelle)

Im Knoten *Relations (Beziehungen)* wird die Konstruktionstabelle als Strukturbaumeintrag abgelegt. Mit Doppelklick auf **LN_9016** öffnen Sie das Dialogfenster zum Editieren der Parameterwerte in der Tabelle (Bild 5.121).

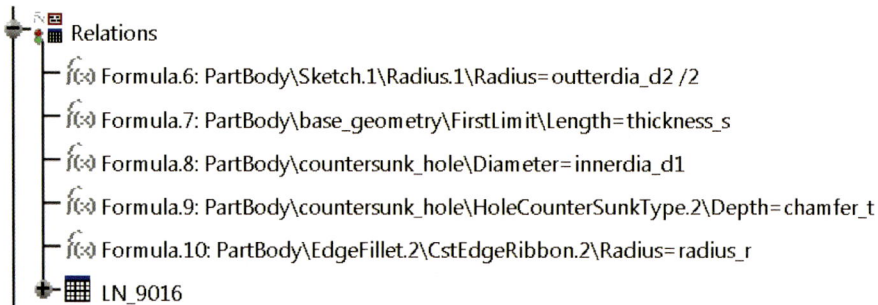

**Bild 5.121** Die Design Table (Konstruktionstabelle) wird als separater Eintrag unter den Relations (Beziehungen) gespeichert.

Edit table...

**8. Konstruktionstabelle editieren:** Bei Klick auf die Schaltfläche *Edit table... (Tabelle bearbeiten...)* öffnet das Programm die Excel-Tabelle. Übertragen Sie hier alle in der vorgegebenen Konfigurationstabelle für die Normteilvarianten gelisteten Werte. **Wählen Sie für die ersten drei Konfigurationen des radius_r den Wert 0,1.** Beachten Sie, dass Sie in den Spalten der Variablen nur vollständige Wertesets eingeben dürfen, sonst bringt CATIA V5-6 eine Fehlermeldung. Rechts von den Spalten dürfen Sie eintragen, was Sie möchten. Diese Eingaben werden nicht an CATIA V5-6 zurückgegeben. In Bild 5.122 wurde zur besseren Übersicht noch die Kennzahl der jeweiligen Normteilvariante aufgelistet.

Mit Speichern und Schließen der Excel-Tabelle wechselt Ihr Rechner wieder zu CATIA V5-6 und erkennt die Veränderung in den Listeneinträgen. Ihnen stehen jetzt insgesamt 15 Konfigurationen für das Normteil zur Verfügung. Nachdem der *Knowledge Report (Wissensbericht)* nur eine Informationsmeldung ist, können Sie ihn schließen. Im Dialogfenster der CATIA V5-6-internen Konstruktionstabelle können Sie die Konfigurationen durch

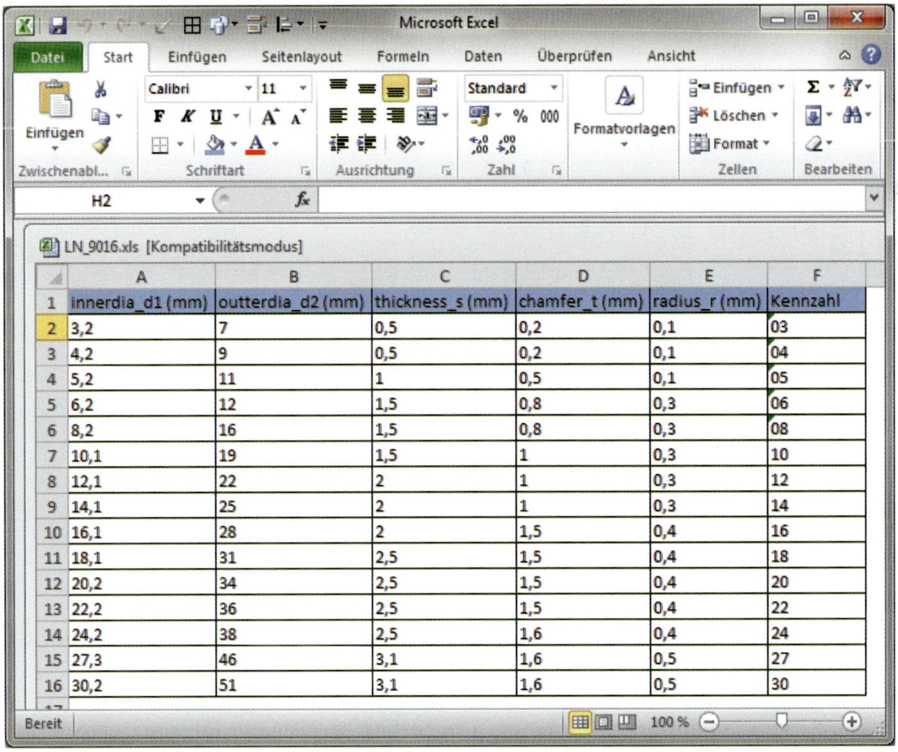

## 5.5 Parametrik, Formelvergabe und Knowledgeware

**Bild 5.122** Werteübertrag in die Design Table (Konstruktionstabelle) in Excel

Anwahl der jeweiligen Zeile und Bestätigung mit *OK* (bzw. *Apply/Anwenden*) selektieren. Das komplette Parameterset wird sich anpassen und das Volumenmodell nimmt die Änderung der Abmessungen an (Bild 5.123).

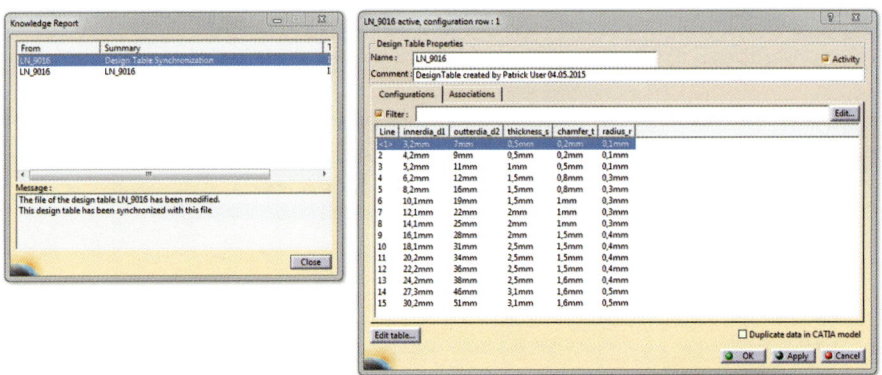

**Bild 5.123** CATIA V5-6 erkennt Änderungen an der verknüpften, ausgelagerten Design Table (Konstruktionstabelle).

Bei Doppelklick auf einen der benutzerdefinierten Parameter im Strukturbaum werden Sie feststellen, dass Sie die Variable jetzt nicht mehr editieren können. Sie wird von der eben erstellten Konstruktionstabelle angesteuert. Diese können Sie auch durch Anklicken des Symbols rechts neben dem Wertefeld für den Parameter aufrufen, um eine Konfiguration zu wählen (Bild 5.124).

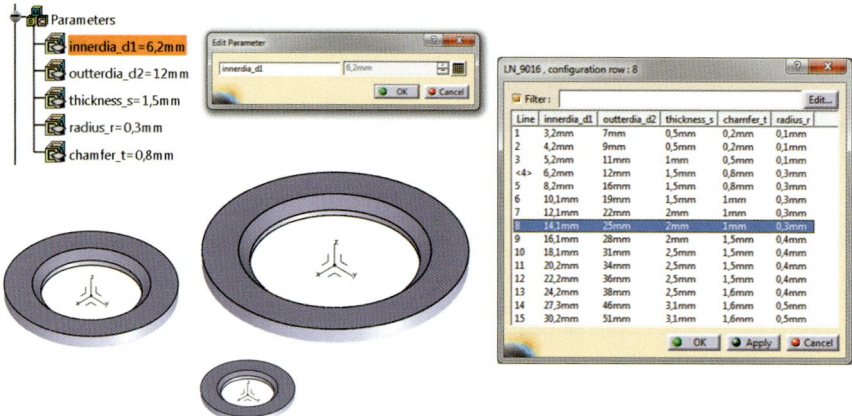

**Bild 5.124**  Verschiedene Konfigurationen sind durch Anwahl der Zeile in der CATIA-Design Table (Konstruktionstabelle) anwählbar.

**9. Auswahlparameter erstellen:** Um nicht den Weg über die Konfigurationstabelle gehen zu müssen, können Sie einen Auswahlparameter erstellen, der eine Liste an möglichen Konfigurationen anbietet. Mit Auswahl der Konfiguration springt CATIA V5-6 mit einer entsprechenden Regelzuweisung auf die gewünschte Variante.

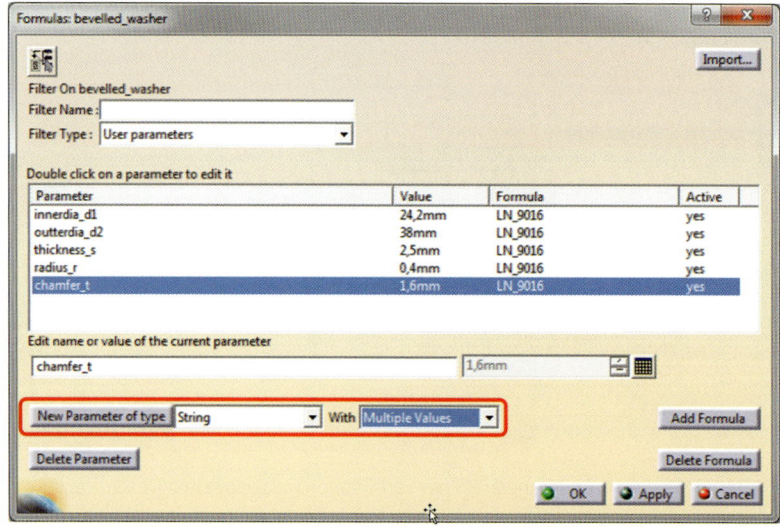

**Bild 5.125**  Auswahlparameter des Typs String (Zeichenkette) mit vordefinierten Auswahlelementen festlegen

Gehen Sie dazu wieder in die Maske der Funktion *Formula (Formel)* und definieren einen Parameter des Typs *String (Zeichenkette) With Multiple Values (Mit mehreren Werten)* (Bild 5.125).  Formula

Nach Klicken auf die Schaltfläche *New Parameter of type (Neuer Parameter des Typs)* öffnet sich ein weiteres Dialogfenster und Sie können eine Liste an Auswahlmöglichkeiten für den Parameter definieren. Die Zeichenketten bestätigen Sie stets mit der Return-Taste. Mit den Pfeiltasten können Sie die Listeneinträge umsortieren. Tragen Sie hier die 15 möglichen Kennzahlen des Normteils ein. Bild 5.126 zeigt einen Vorschlag für die Bezeichnungen.

**Bild 5.126** Eingabe der Auswahlliste

Ist die Liste fertig, bestätigen Sie Ihre Eingaben mit *OK*. Den Parameternamen belegen Sie mit der Bezeichnung **Selection**.

Mit Doppelklick auf den Parameter öffnet sich ein Dialogfenster, in dem Sie aus der Liste der vordefinierten Einträge wählen können (Bild 5.127).

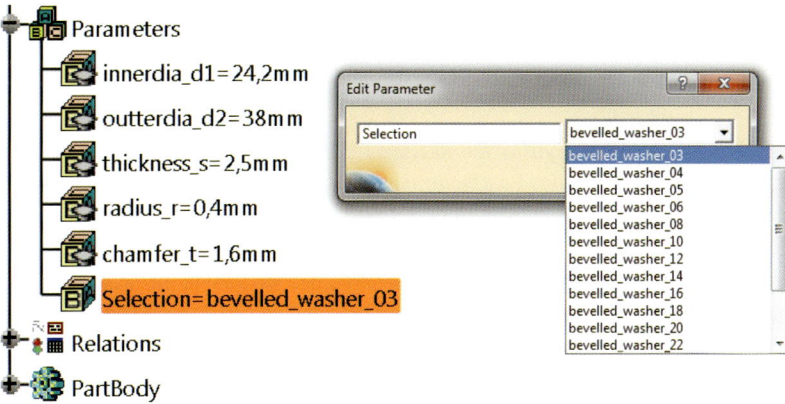

**Bild 5.127** Für den erstellten Parameter wird nur eine Auswahlliste angeboten.

**Hinweis:** Beim Anlegen von Benutzerparametern müssen Sie vorab die Dimension des Platzhalters festlegen. *String (Zeichenkette)* bedeutet, dass Sie beliebige, alpha-numerische Werte als Ergebnis eintragen können.

**10. Regelzuweisung Variantenauswahl:** Ohne eine Verknüpfung mit dem Modell laufen die Auswahlen der Listeneinträge für den Parameter **Selection** ins Leere. Das Programm erkennt noch nicht, welche Konfigurationen der Konstruktionstabelle durch welchen Eintrag angesteuert werden. Dies erreichen Sie durch eine geschickte Regelzuweisung.

Regeln definieren Sie in einem separaten Modul in CATIA V5-6, dem Knowledge Advisor. Einen Wechsel in die entsprechende Arbeitsumgebung erreichen Sie über **START > KNOWLEDGEWARE > KNOWLEDGE ADVISOR (START > KNOWLEDGEWARE > KNOWLEDGE ADVISOR)**. Hier steht Ihnen die Funktionsleiste *Reactive Features (Reaktive Komponenten)* zur Verfügung. Klicken Sie hier auf die Funktion *Rule (Regel)* und legen den Namen Ihrer ersten Regelzuweisung mit **rule_selection** fest (Bild 5.128).

**Bild 5.128** Definition einer Regel (Rule)

Nach Bestätigung mit *OK* öffnet sich der *Rule Editor (Regeleditor)*, in dem Sie den vorhin erzeugten Parameter über einen einfachen Quelltext mit der Konstruktionstabelle verknüpfen können. Dabei machen wir uns zunutze, dass der Parameter *Configuration (Konfiguration)* unter dem Knoten der Konstruktionstabelle angibt, welcher Listeneintrag ausgewählt ist.

Achten Sie bei der Eingabe der Syntax auf akribische Eingaben. Ein Verständnis der Syntax wird mit Grundkenntnissen der Programmierung an dieser Stelle vorausgesetzt. Jedes falsch gesetzte Zeichen, ob Komma, Klammer, Punkt oder Ähnliches, führt zu Fehlermeldungen des Programms. Der erforderliche Quelltext liest sich wie folgt:

Wenn (**If-Anweisung**) der Parameter **Selection** auf eine Teilevariante (==»bevelled_washer_03«) gesetzt wird, so wird in der Konstruktionstabelle die jeweilige Zeile {**Konfiguration=1**} ausgewählt. Beachten Sie dabei:

- Die **If-Anweisung** ist in **runde Klammern** zu setzen: **if (…)**
- Geprüft wird mit einem **logischen »Ist-gleich-Zeichen«**: **==**

- Zeichenketten werden in Anführungsstriche gesetzt: »...«
- Anweisungen werden in geschweifte Klammern gesetzt: {...}
- **Else-Anweisungen** erfordern nur die in geschweifte Klammern gesetzte Anweisung: else{...}

Mit Anklicken der Parameter im Strukturbaum holen Sie die jeweiligen Elemente in das Fenster des *Rule Editors (Regel-Editor)*. Insbesondere bei der Prüfung des Parameters **Selection** und der Anweisung für die **Konfiguration** sollten Sie diese nicht händisch eingeben, um Schreibfehler zu vermeiden (Bild 5.129).

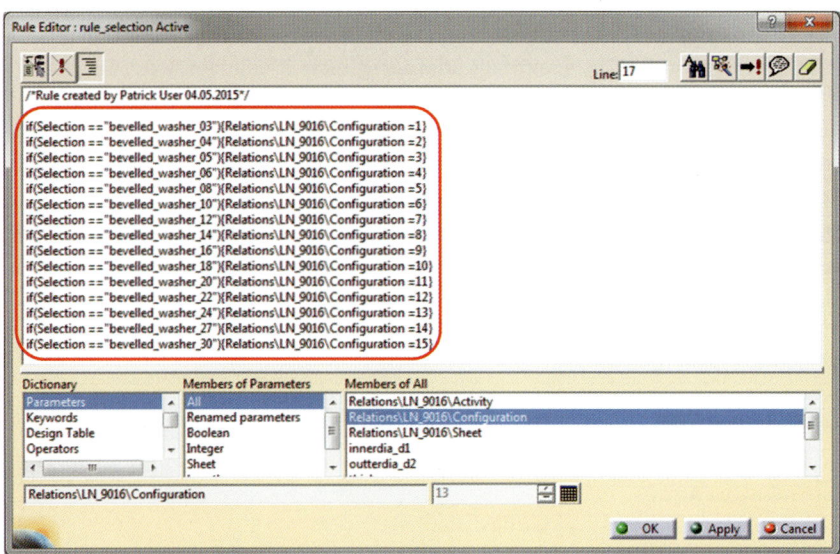

**Bild 5.129** Quellcode für den Auswahlparameter

Nach Bestätigung Ihrer Eingaben wird die *Rule (Regel)* unter dem Knoten *Relations (Beziehungen)* aufgelistet und kann mit Doppelklick auf den Eintrag jederzeit editiert werden.

Mit Aufruf des Auswahlparameters verändert sich jetzt das Volumenmodell mit den jeweiligen Listeneinträgen mit (Bild 5.130).

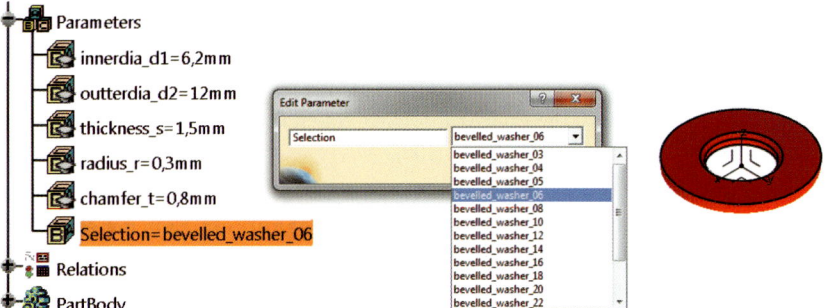

**Bild 5.130** Die Auswahl der Konfiguration ändert den gesamten Parameterblock für die entsprechende Variante.

Gestaltvariante

**11. Gestaltvariante über** *Rule (Regel)* **definieren:** Bei Betrachtung der vorgegebenen Tabelle für die Varianten des Normteils fällt für **die ersten drei Konfigurationen** ein Unterschied zu den restlichen Kennziffern auf. Hier ist angegeben, dass die Kantenverrundung an der Scheibenunterseite weggelassen werden soll. Um diese Gestaltvariante zu berücksichtigen, lässt sich wieder eine Regel definieren.

Rule

Neben Abmaßen und Geometrievorgaben wird für ein Feature (also einen Strukturbaumeintrag) auch dessen Aktivität als interner Parameter angelegt. Erzeugen Sie also zunächst eine weitere *Rule (Regel)* im *Knowledge Advisor* und benennen diese mit **rule_shape**. Der erforderliche Quelltext liest sich wie folgt:

Wenn (**If-Anweisung**) der Parameter **Configuration** (**Konfiguration**) der Konstruktionstabelle sich auf einem der Listeneinträge **kleiner gleich 3** befindet, wird die *Activity (Aktivität)* der Kantenverrundung auf *false* gesetzt. Für alle anderen Fälle (**Else-Anweisung**) wird die *Activity (Aktivität)* auf *true* gesetzt. Achten Sie darauf, dass für die Else-Anweisung keine Prüfung notwendig ist. Dementsprechend wird die Aktion danach in geschweifte Klammern gesetzt.

Activity eines Features

Die internen Parameter der *Edge Fillet (Kantenverrundung)* bekommen Sie unter dem Fenster *Members of All (Alle)* angezeigt, wenn Sie den Strukturbaumeintrag der Kantenverrundung anklicken. Mit Doppelklick auf den internen Parameter *PartBody\edge_fillet\Activity* (der bei Ihnen eventuell anders heißen kann) holen Sie den internen Parameter in den Quelltext hoch (Bild 5.131).

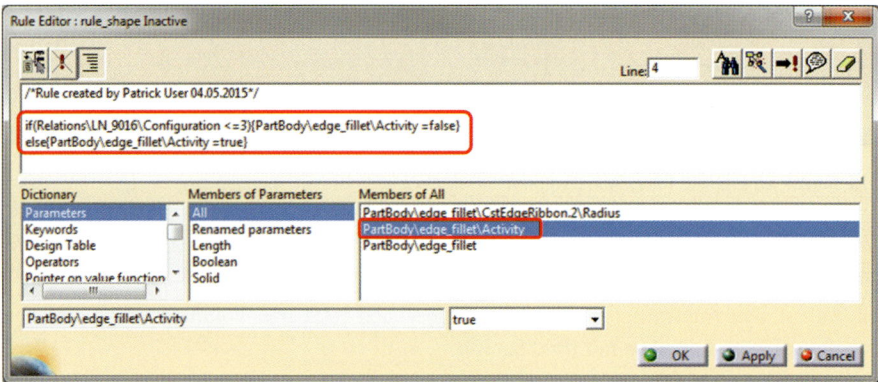

**Bild 5.131**  Quellcode zur Aktivierung bzw. Deaktivierung des Features EdgeFillet (Radius)

Nach Bestätigung Ihrer Eingaben mit *OK* wird die Kantenverrundung für die Konfigurationen 03, 04 und 05 deaktiviert. Die Konstruktionsvorgaben für die Gestalt der Scheibe je nach Konfiguration sind damit erfüllt (Bild 5.132).

 Check

**12. Prüfung erstellen:** Mit der Funktion *Check (Prüfung)* können Rahmenbedingungen in der Konstruktion kontrolliert und überwacht werden. Wird eine Rahmenbedingung verletzt, so kann eine optische und/oder akustische Warnung ausgegeben werden. **Diese kann aber keine Parameter oder Operationen verändern.** Dies müsste wiederum separat über eine *Rule (Regel)* programmiert werden. Als Rückgabewert wird bei der Prüfung (ähnlich wie bei der Steuerung der Aktivität von Operationen bei der Regelzu-

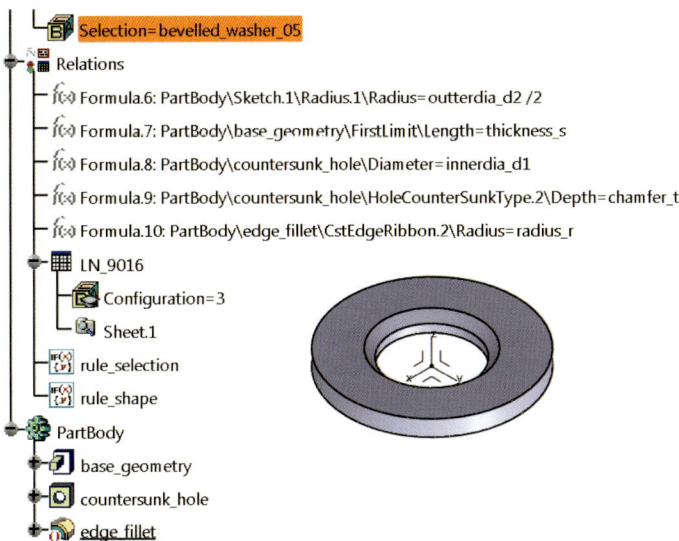

**Bild 5.132** Fertiges, intelligentes Bauteil: Dimensions- und Gestaltvariante

weisung) entweder *true* oder *false* verlangt. **Beim Rückgabewert** *false* **wird die Meldung ausgelöst**.

Sie könnten zum Beispiel darauf hinweisen, dass bei den Konfigurationen 03, 04 und 05 die Kantenverrundung auf der Unterseite deaktiviert wurde. Klicken Sie dazu auf die Funktion *Check (Prüfung)* aus der Funktionsgruppe *Reactive Features (Reaktionskomponenten)* im *Knowledge Advisor* und erstellen die in Bild 5.133 dargestellte Prüfung.

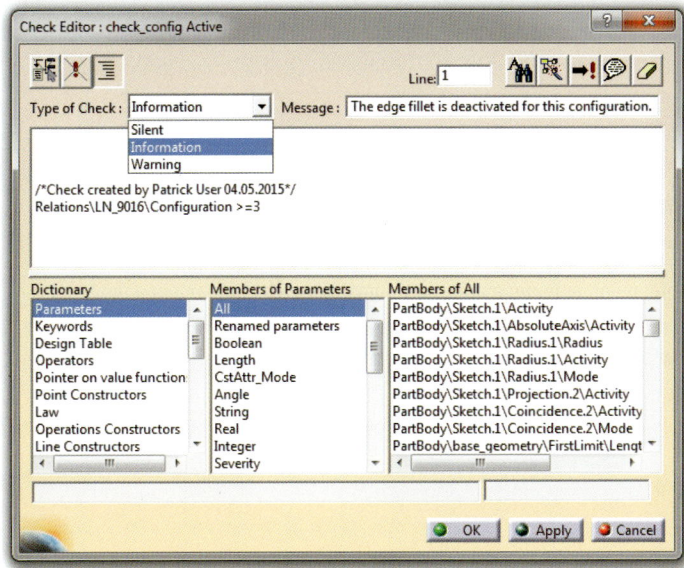

**Bild 5.133** Quellcode des Checks (Prüfung)

Im Eingabefeld *Message (Nachricht)* geben Sie den Text für die Ausgabemeldung ein. Speichern Sie das fertige Modell auf Ihrem Rechner ab. Je nach eingestelltem *Type of Check (Prüfungstyp)* gibt das Programm verschiedene Arten der Rückmeldung aus. Im Strukturbaum wird die Prüfung unter dem Knoten *Relations (Beziehungen)* gelistet und wie folgt angezeigt:

 check_config grüne Ampel für den Rückgabewert *true*

 check_config rote Ampel für den Rückgabewert *false*

- **Silent:** Es erscheint keine Messagebox, im Strukturbaum wird der Zustand im *Check (Prüfung)* mit einer grünen Ampel signalisiert.
- **Information:** Es erscheint eine Informationsmeldung mit dem angegebenen Nachrichtentext, im Strukturbaum wird der Zustand im *Check (Prüfung)* mit einer grünen Ampel signalisiert (Bild 5.134).

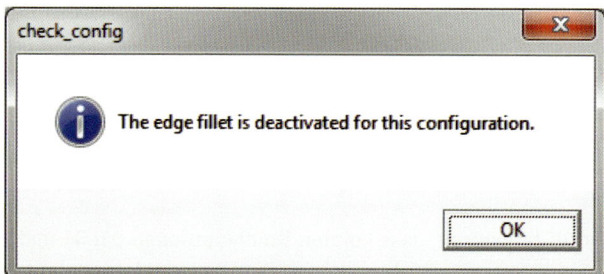

**Bild 5.134**  Informationsmeldung

- **Warning:** Es erscheint eine Warnmeldung mit dem angegebenen Nachrichtentext, im Strukturbaum wird der Zustand im *Check (Prüfung)* mit einer grünen Ampel signalisiert (Bild 5.135).

**Bild 5.135**  Fehlermeldung

## Übung 42: Calculating Variables (Variablen berechnen)
Quick Access Code: cva

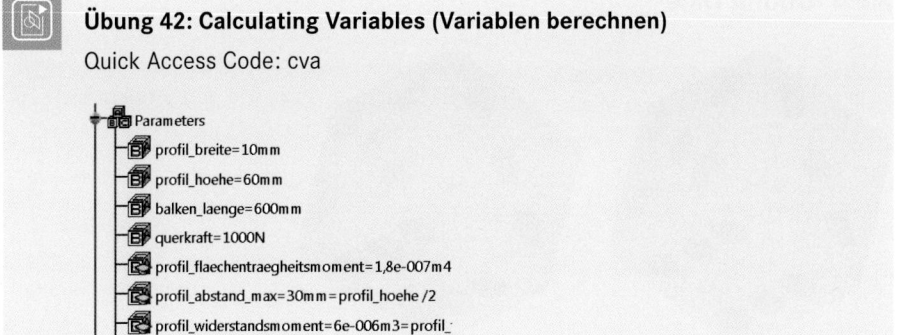

*www.elearningcamp.com/hanser*

## Übung 43: Fitting Piece (Passstück)
Quick Access Code: f3p

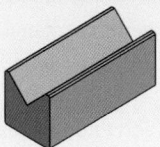

*www.elearningcamp.com/hanser*

## Übung 44: Saw blade (Sägeblatt)
Quick Access Code: sb3

*www.elearningcamp.com/hanser*

## Übung 45: Reactions (Reaktionen)
Quick Access Code: rea

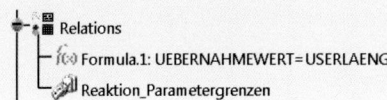

*www.elearningcamp.com/hanser*

## 5.5.4 Übung Dice

**Bild 5.136** Würfel in mehreren Dimensions- und zwei Gestaltvarianten

Erstellen Sie mit den bisher gelernten Methoden der Parametrik einen sechsseitigen Spielwürfel mit folgenden Vorgaben:

- Würfeloberseite und Würfelunterseite ergeben sich immer zu einer Augenzahl von 7
- Die Kantenlänge des Würfels soll über eine Ingenieurvariable steuerbar gemacht werden, wobei nur die Kantenlängen 10 mm, 15 mm, 20 mm, 30 mm, 40 mm und 50 mm anwählbar sein sollen.
- Für die ersten drei anwählbaren Kantenlängen soll eine Kantenverrundung des ganzen Würfels von R2 gelten, für den Rest R3.
- Der Kantenabstand sowie Abstand zwischen den Augen sollen ein Viertel der Kantenlänge betragen.
- Die Augentiefe soll ein Zwanzigstel der Kantenlänge betragen.
- Der Radius der Rundlöcher sowie die halbe Breite eines Sechskantlochs sollen ein Zehntel der Kantenlänge sein und ganzzahlig abgerundet werden.
- Es soll zwischen runden und sechseckigen Augen (über eine Ingenieurvariable) hin und her geschaltet werden können.
- Das Würfelmaterial soll durch eine Ingenieurvariable steuerbar sein (Auswahlmöglichkeiten: Alu, Gold, Plastik).

*www.elearningcamp.com/hanser*

 **Übung 46: Dice (Würfel)**
Quick Access Code: dce

## 5.5.5 Übung Exhaust Manifold

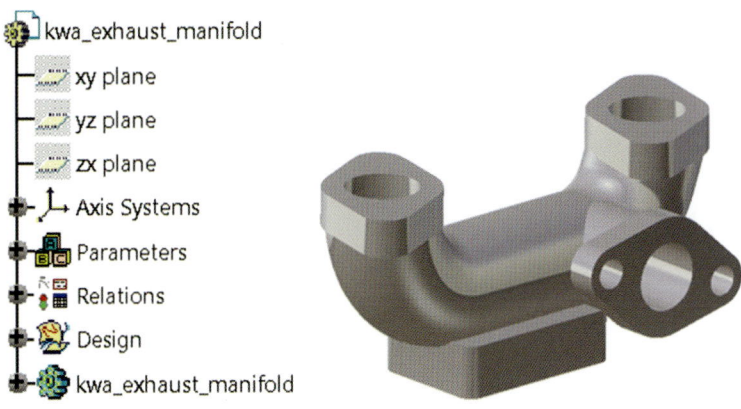

**Bild 5.137** Abbildung des *Exhaust Manifold*

### Neue Funktionen

 Quelltextoptionen

### Lernziele

Mit relativ einfachem Quellcode können Sie über die Funktionen *Rule* (*Regel*) und *Reaction* (*Reaktion*) im *Knowledge Advisor* schon beeindruckend flexible, intelligente Modelle gestalten. In dieser Übung lernen Sie weitere Möglichkeiten kennen, eine wissensbasierte, flexible und damit sehr nachhaltige Konstruktion zu realisieren.

### Konstruktionsbeschreibung

**1. Neue Datei erstellen:** Öffnen Sie ein leeres Dokument im *Part Design* (*Teilekonstruktion*) und benennen Sie es als *kwa_exhaust_manifold*. Speichern Sie diese Datei unter demselben Namen an einem beliebigen Ort auf Ihrem Rechner ab.  New

**2. Ordnerstruktur anlegen:** Erzeugen Sie eigenständig die in Bild 5.138 dargestellte Ordnerstruktur und ein Referenzachsensystem für die folgende Konstruktion. Färben Sie das lokale Achsensystem ein und ändern Sie die Strichstärke über die *Graphic Properties* (*Grafischen Eigenschaften*).

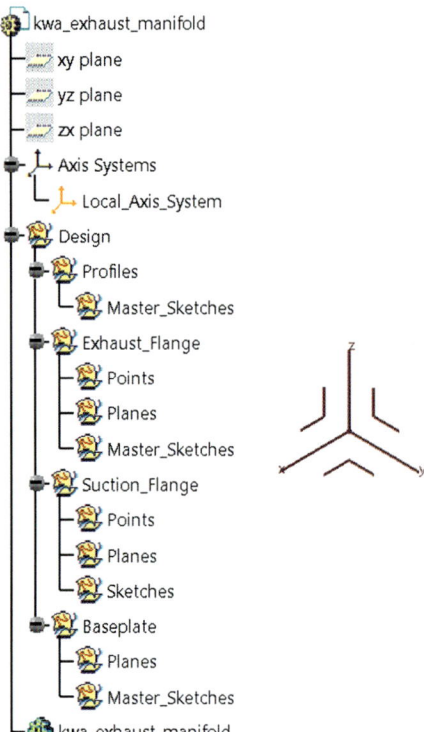

**Bild 5.138** Geordnete Baumstruktur mit sortierten GeoSets

 **3. Parametersets und Relationsets anlegen:** Erzeugen Sie im Modul *Knowledge Advisor* über die Funktionen *Add Set of Parameters* (*Parameterset hinzufügen*) und *Add Set of Relations* (*Beziehungsset hinzufügen*) aus der Funktionsgruppe *Organise Knowledge* (*Knowledge organisieren*) eigenständig die in Bild 5.139 dargestellten Sortierknoten für die Einstellparameter und Quelltextprogrammierungen der späteren Konstruktion.

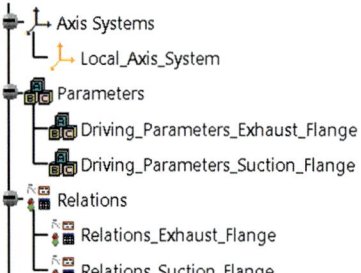

**Bild 5.139** Sammelbehälter für Steuerparameter und Quelltextanweisungen

**4. Geometrieparameter:** Im folgenden Schritt erzeugen Sie zunächst zwei Punkte, die später über Quelltextprogrammierung als Referenzen für einen Geometrieparameter übergeben werden. Beide Punkte werden über die Definition *On Plane* (*Auf Ebene*) mit den folgenden Parameterwerten erstellt (Bild 5.140 bis Bild 5.142):

POINT_RIGHT:

Plane: XY Plane des *Local_Axis_System*
Reference Point: Origin des *Local_Axis_System*
H: 15 mm
V: 0 mm

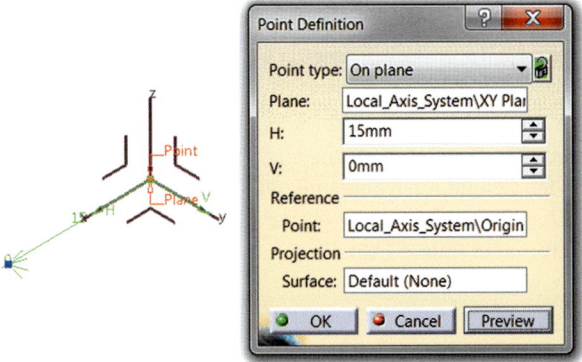

**Bild 5.140**  Rechter Punkt

POINT_LEFT:

Plane: XY Plane des *Local_Axis_System*
Reference Point: Origin des *Local_Axis_System*
H: −12 mm
V: 0 mm

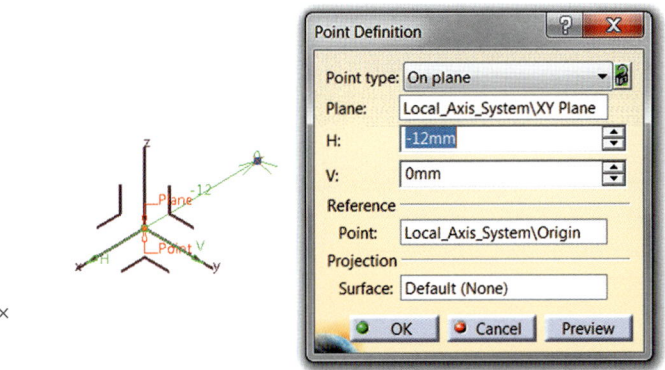

**Bild 5.141**  Linker Punkt

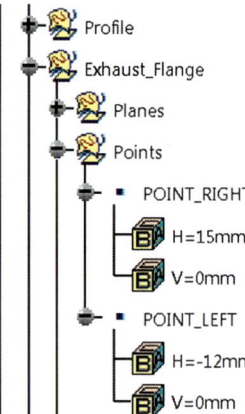

**Bild 5.142** Baumstruktur mit erzeugten Sprungpunkten

 Formula

Einen dritten Punkt erstellen Sie über die Definition eines benutzerdefinierten Parameters, in diesem Falle eines sogenannten Geometrieparameters. Rufen Sie dazu die Funktion *Formula* (*Formel*) auf, suchen Sie sich im Auswahlmenü den Eintrag *Point* (*Punkt*) und erstellen Sie mit der Schaltfläche *New Parameter of type* (*Neuer Parameter des Typs*) einen entsprechenden Eintrag im Strukturbaum (Bild 5.143).

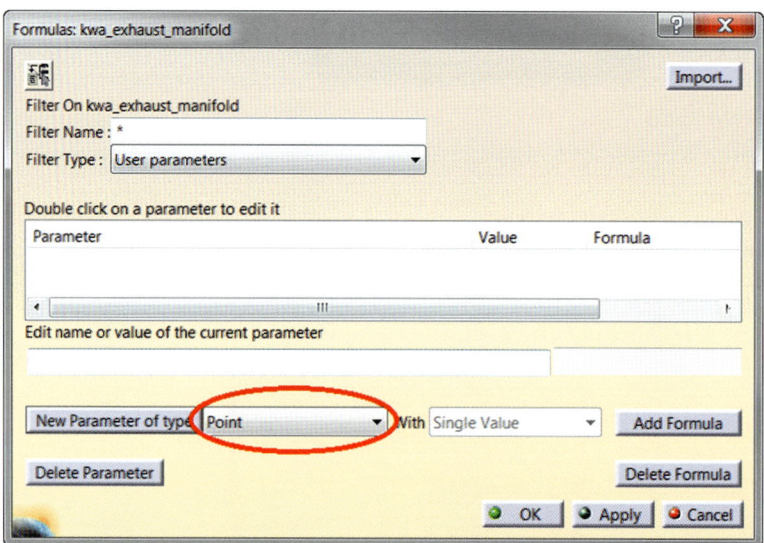

**Bild 5.143** Erstellung eines Geometrieparameters

Bei Bestätigung der Maske mit *OK* wird im Strukturbaum ein »isolierter Punkt« erstellt, der allerdings noch keine geometrische Darstellung im Modellbereich besitzt. Benennen Sie den Punkt mit *FX_POINT_LEFT_RIGHT* (Bild 5.144).

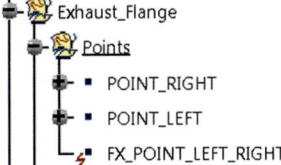

**Bild 5.144** Punkt als Geometrieparameter im Strukturbaum

**5. Referenzen an Geometrieparameter übergeben**: Mit einem Auswahlparameter und einer steuernden *Rule* (*Regel*) verknüpfen Sie nun den eben erstellten Geometrieparameter mit den Varianten *POINT_RIGHT* und *POINT_LEFT*. Um den Steuerparameter in den richtigen Sammelbehälter einzuspeichern, rufen Sie die Funktion *Parameter Explorer* aus der Funktionsgruppe *Organise Knowledge* (*Knowledge organisieren*) im Modul *Knowledge Advisor* auf. Mit dem sich öffnenden Dialogfenster und einem Klick auf den Strukturbaumeintrag »Driving_Parameters_Exhaust_Flange« als *Feature* (*Komponente*) wählen Sie gezielt den Sammelbehälter aus, in den der zu erstellende Parameter einsortiert werden soll. Dies nimmt Ihnen ein nachträgliches Umsortieren von Parametern ab (Bild 5.145).

 Parameter Explorer

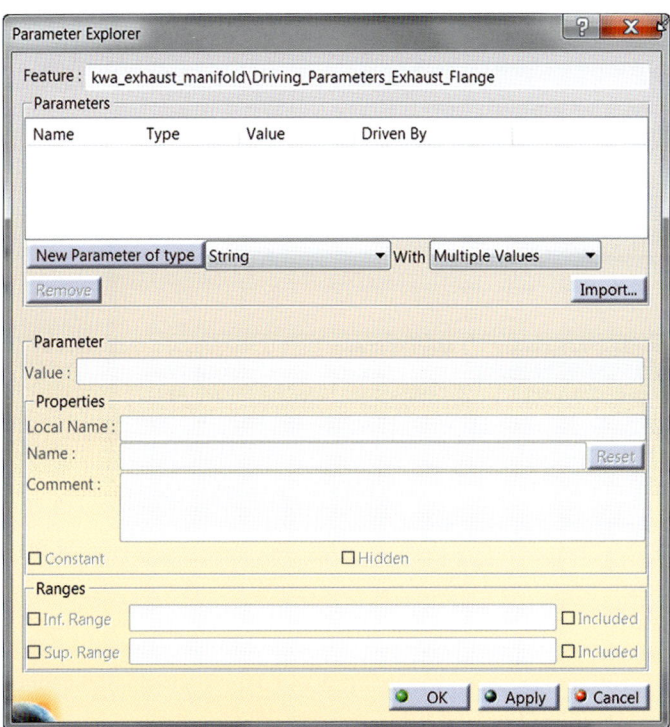

**Bild 5.145** Dialogfenster *Parameter Explorer*

Erstellen Sie hier wie gewohnt einen neuen Parameter des Typs *String* (*Zeichenfolge*) *With Multiple Values* (*Mit mehreren Werten*). Als Auswahlmöglichkeiten definieren Sie »Left_Side« und »Right_Side« wie in Bild 5.146 dargestellt.

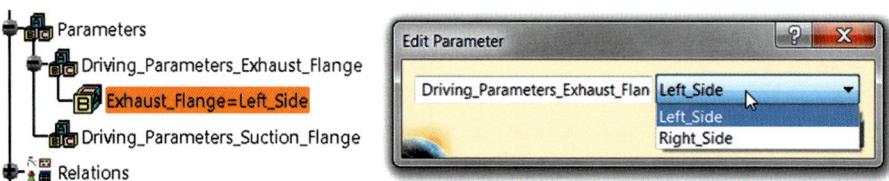

**Bild 5.146**  Steuerparameter: *Left_Side* oder *Right_Side*

Rule

Erstellen Sie anschließend eine neue *Rule* (*Regel*), um den Geometrieparameter, von dem eben erstellten Parameter gesteuert, zwischen den beiden Referenzpunkten hin und her springen zu lassen. Um keine ungewollten Schreibfehler in die Syntax zu integrieren, sollten Sie Referenzelemente stets im Modellbereich (ggf. mit Doppelklick) anwählen und an das Dialogfenster des *Rule Editors* (*Regeleditors*) übergeben (Bild 5.147).

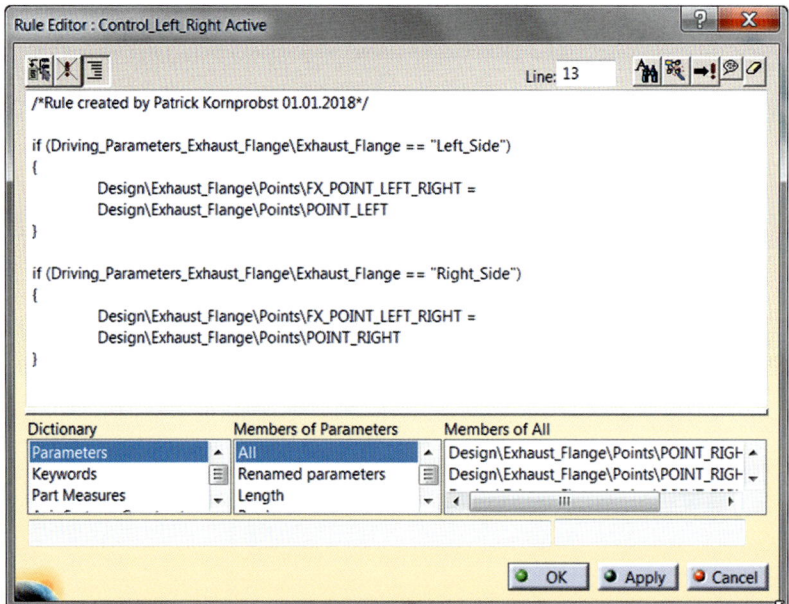

**Bild 5.147**  Quelltext, der den Punkt *FX_POINT_LEFT_RIGHT* zwischen den Optionen *POINT_LEFT* und *POINT_RIGHT* hin und her springen lässt

Der Quelltext aktiviert damit den Geometrieparameter und er erscheint mit einem Symbol *f(x)* im Strukturbaum. Färben Sie diesen wie in Bild 5.148 dargestellt ein und ändern seine Darstellung über die *Graphic Properties* (*Grafikeigenschaften*).

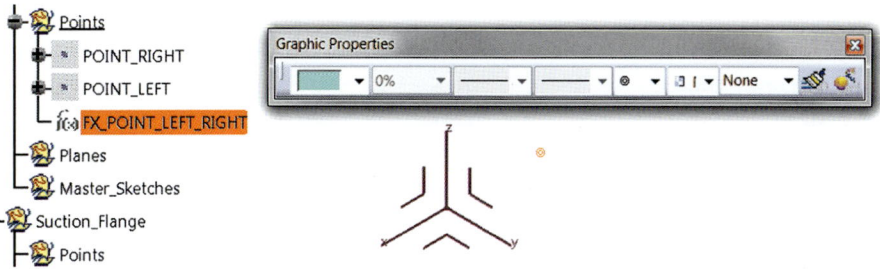

**Bild 5.148** Geometrieparameter des Typs *Point* (*Punkt*), über Quelltext angesteuert

Wenn Sie nun zwischen den Optionen *Left_Side* und *Right_Side* wählen, springt der Geometrieparameter entsprechend hin und her. Er übernimmt damit die Position der im Quelltext definierten Zuordnung.

**6. Achsensystem mit variablem Punkt verbinden:** Erzeugen Sie nun ein lokales Achsensystem des Typs *Axis Rotation* (*Achsdrehung*) mit dem eben erzeugten Punkt als Ursprung, der x-Achse des *Local_Axis_System* als *X axis* und der zx-Ebene des *Local_Axis_System* als Referenz für den Verdrehwinkel (Bild 5.149).

Axis System

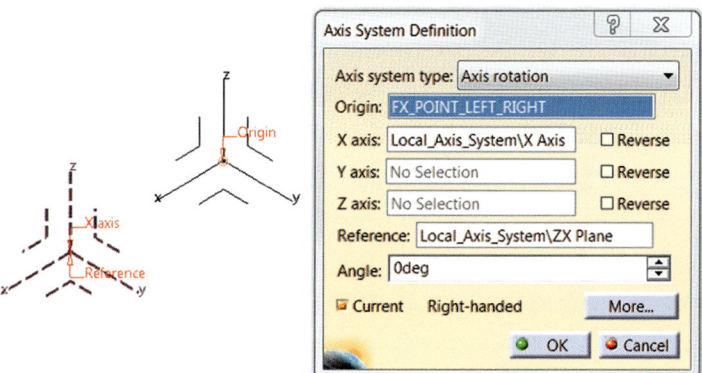

**Bild 5.149** Achsensystem des Typs *Axis Rotation* (*Achsdrehung*)

Benennen Sie das Achsensystem als *Axis_Exhaust_Flange*. Für eine gute Übersicht zum Editieren des Modells erstellen Sie einen Parameter des Typs *Angle* (*Winkel*) mit der Bezeichnung *Angle_Exhaust_Flange*, der den Verdrehwinkel des eben erzeugten Achsensystems ansteuert. Diesen sollten Sie in das Parameterset *Driving_Parameters_Exhaust_Flange* einsortieren (Bild 5.150).

Damit lässt sich das Achsensystem über zwei Einstellparameter in seiner Position und Verdrehung gegenüber dem *Local_Axis_System* editieren. Färben Sie das Achsensystem mit derselben Farbe wie den *FX_POINT_LEFT_RIGHT* ein.

Zum Umsortieren der erzeugten Formel im Strukturbaum klicken Sie mit der rechten Maustaste auf den Eintrag. Über den Befehl *Reorder* (*Sortieren*) öffnet sich ein weiteres Dialogfenster. Mit einem Klick auf den Sammelbehälter *Relations_Exhaust_Flange* und Bestätigung des Dialogs mit *OK* wird die Formel entsprechend umpositioniert (Bild 5.151).

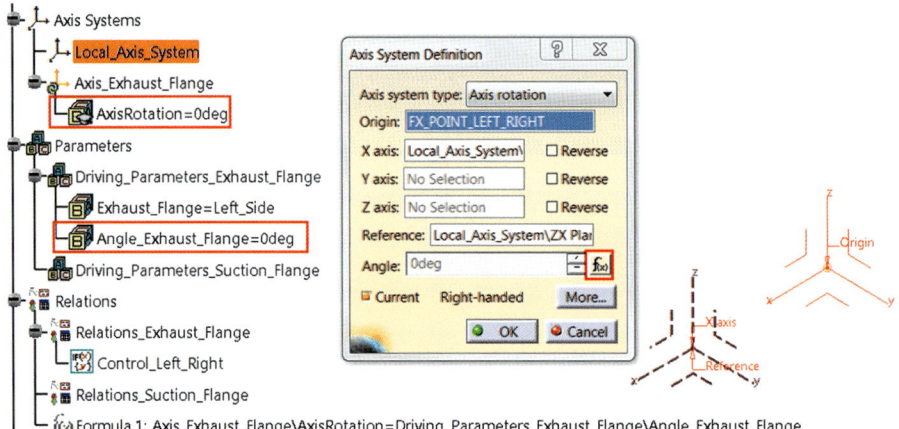

**Bild 5.150** Ansteuerung des Verdrehwinkels eines Achsensystems über einen Parameter

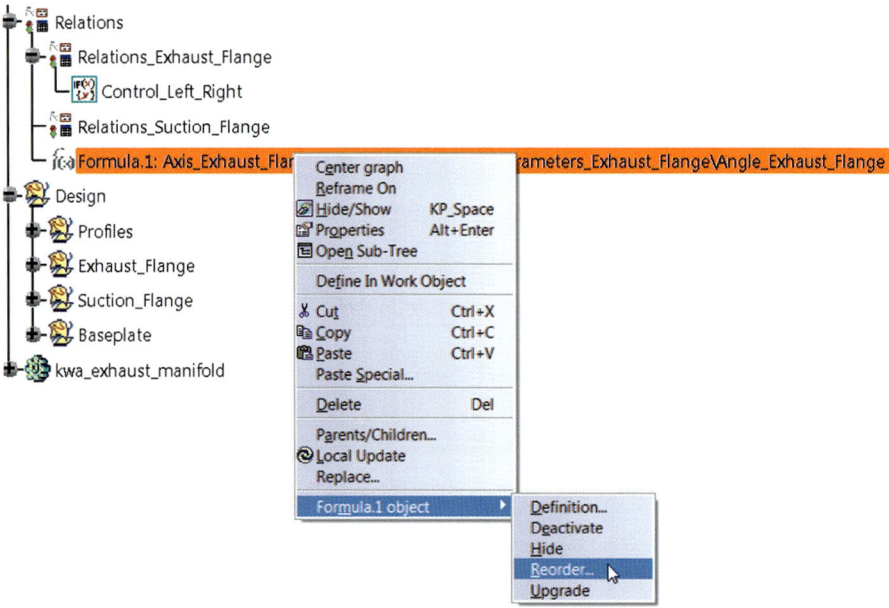

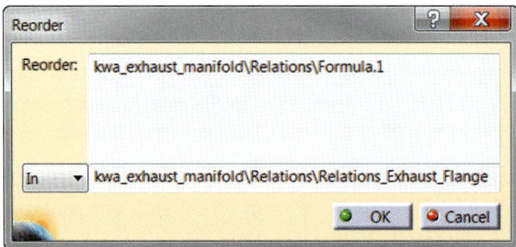

**Bild 5.151** Gezieltes Umsortieren von Formeln in Sammelbehälter

Der Strukturbaum sollte nun wie in Bild 5.152 aussehen.

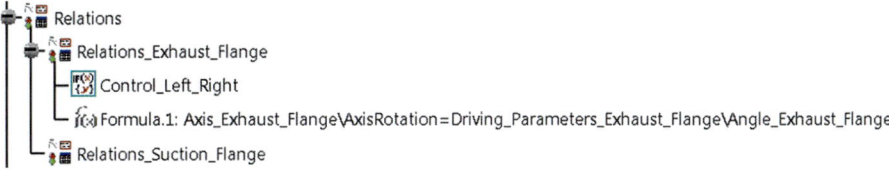

**Bild 5.152** Im Strukturbaum einsortierte *Formula* (*Formel*)

**7. Begrenzungsebene Exhaust Flange erzeugen:** Als Begrenzung des Flansches erzeugen Sie eine Steuerebene im *Offset* (*Abstand*) *17 mm* zur xy-Ebene des Referenzachsensystems *Axis_Exhaust_Flange* und sortieren diese entsprechend in den Strukturbaum ein. Benennen Sie die Ebene mit *Top_Plane_Exhaust_Flange* und färben sie diese zyanfarben ein. Erstellen Sie anschließend einen Parameter, der den Abstand der eben erzeugten Ebene ansteuert (Bild 5.153).

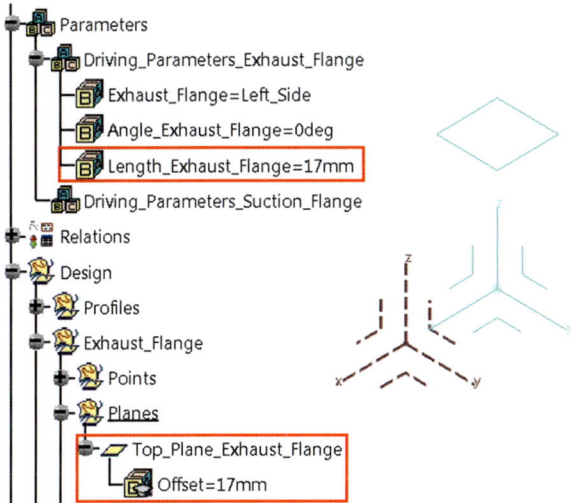

**Bild 5.153** Begrenzungsebene *Exhaust Flange*

**8. Begrenzungsebene Suction Flange erzeugen:** Erzeugen Sie als Begrenzung für die Ansaugstutzen eine Ebene im Abstand *16 mm* zur zx-Ebene des *Local_Axis_System*. Benennen Sie die Ebene in *Top_Plane_Suction_Flange* um, färben Sie diese in Magenta ein und steuern sie wieder über einen Parameter an (Bild 5.154).

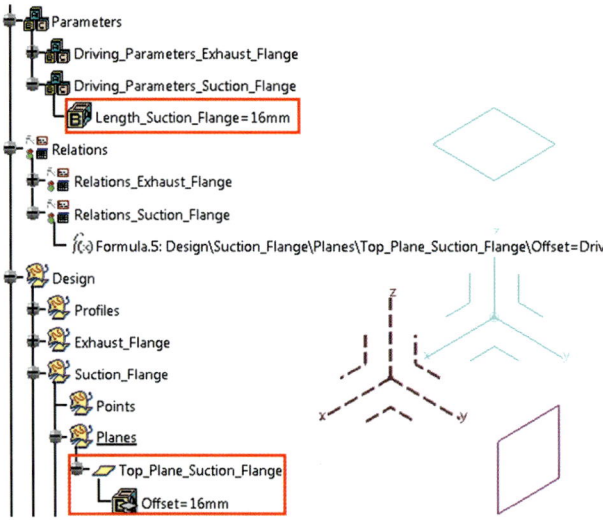

**Bild 5.154** Begrenzungsebene *Suction Flange*

**9. Stützebene für Baseplate erzeugen:** Als Stützelement für die *Sketch* (*Skizze*) der Baseplate erzeugen Sie eine Ebene im Abstand *5,5 mm* zur zx-Ebene des *Local_Axis_System* in negativer y-Richtung. Legen Sie diese in die Datenschachtel *Baseplate > Planes* und färben Sie diese Gelb ein. Einen Steuerparameter werden wir an dieser Stelle nicht definieren. Sie sollten die Ebene allerdings wieder für eine eindeutige Zuordnung in *Plane_Baseplate* umbenennen (Bild 5.155).

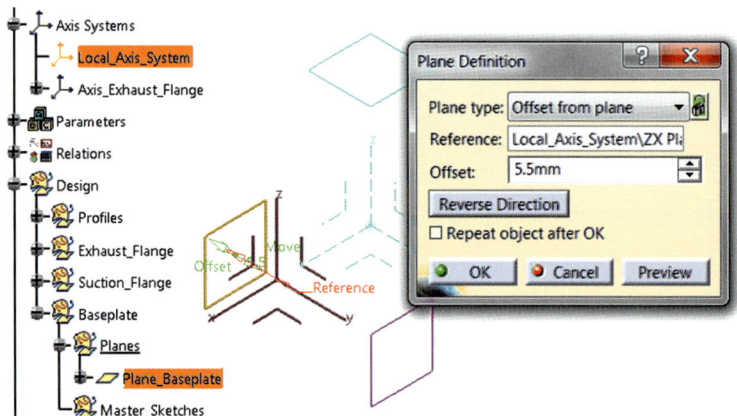

**Bild 5.155** Stützebene *Baseplate*

**10. Skizzenprofile erzeugen:** Legen Sie die folgenden Skizzenprofile als *Positioned Sketch* (*Positionierte Skizze*) auf die erstellten Stütz- und Begrenzungsebenen. Auf diese Weise werden dessen Positionen für die späteren 3D-Geometrieausprägung über die entsprechenden Parameter und Referenzen eindeutig kontrolliert. Damit wird das Modell stabil editierbar.

**a) Profile_Exhaust_Flange** (Bild 5.156)
Zielordner: *Design > Profiles > Master_Sketches*
Planar support/Type: *Positioned* (*Positioniert*)
Planar support/Reference: *Axis_Exhaust_Flange\XY Plane*
Origin/Type: *Projection point* (*Projizierter Punkt*)
Origin/Projection Point: *FX_POINT_LEFT_RIGHT*

 Positioned Sketch

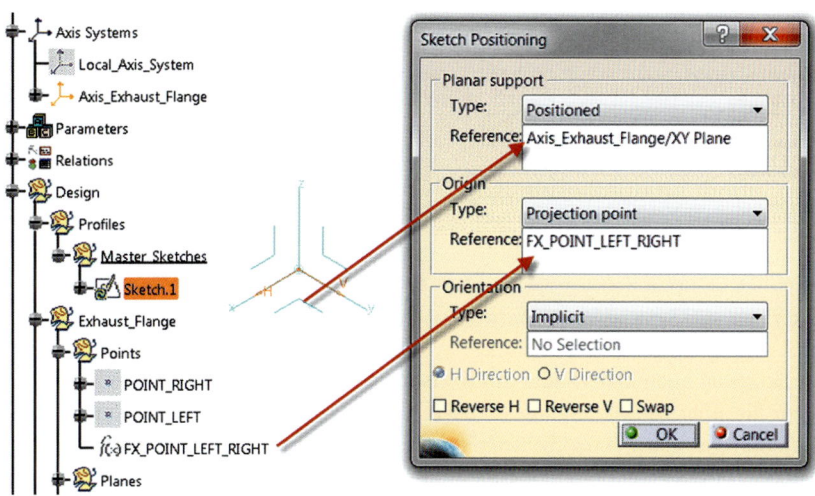

**Bild 5.156** *Positioned Sketch* (*Positionierte Skizze*) für *Profile_Exhaust_Flange*

Inhalt der Skizze ist ein simpler Kreis mit dem Radius *7 mm*. Den Kreismittelpunkt legen Sie über die Bedingung *Coincidence* (*Kongruenz*) deckungsgleich auf den Punkt *FX_POINT_LEFT_RIGHT*. Färben Sie die Skizze im 3D-Raum in Zyan ein und sorgen für eine eindeutige Bezeichnung des Strukturbaumeintrags (Bild 5.157).

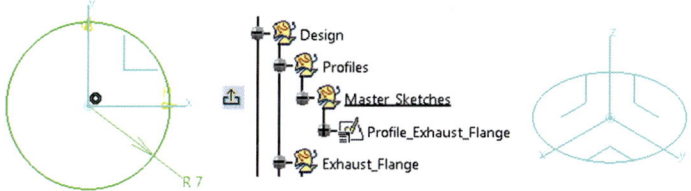

**Bild 5.157** Skizze *Profile_Exhaust_Flange*

**b) Profile_Suction_Flange** (Bild 5.158)
Zielordner: *Design > Profiles > Master_Sketches*
Planar support/Type:*Positioned* (*Positioniert*)
Planar support/Reference: *Local_Axis_System\YZ Plane*
Origin/Type: *Implicit* (*Implizit*)

 Positioned Sketch

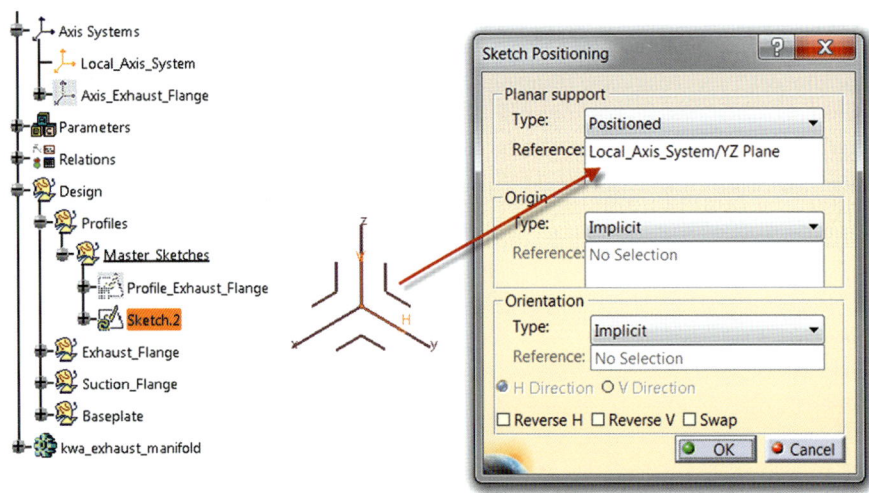

**Bild 5.158** *Positioned Sketch* (*Positionierte Skizze*) für *Profile_Suction_Flange*

Inhalt der Skizze ist auch hier wieder ein Kreis mit dem Radius *7,5 mm*. Den Kreismittelpunkt legen Sie über die Bedingung *Coincidence* (*Kongruenz*) deckungsgleich auf den Ursprungspunkt des *Local_Axis_System*. Färben Sie die Skizze im 3D-Raum in Magenta ein und sorgen für eine eindeutige Bezeichnung des Strukturbaumeintrags (Bild 5.159).

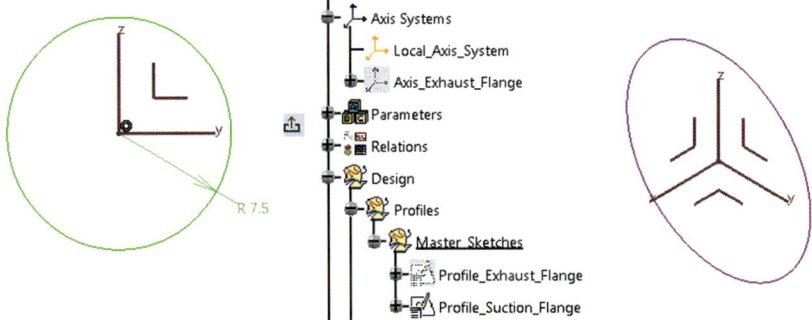

**Bild 5.159** Skizze *Profile_Suction_Flange*

 Positioned Sketch

**c) Center_Curve_Suction_Flange** (Bild 5.160)
Zielordner: *Design > Profiles > Master_Sketches*
Planar support/Type: *Positioned* (*Positioniert*)
Planar support/Reference: *Local_Axis_System\XY Plane*
Origin/Type: *Implicit* (*Implizit*)

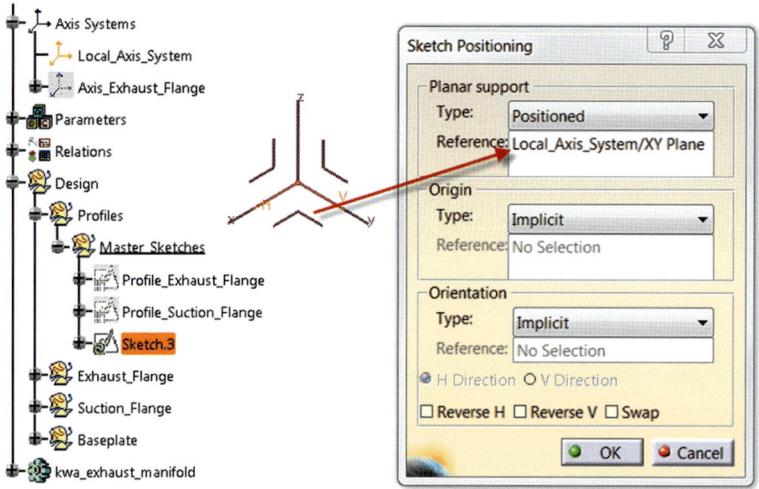

**Bild 5.160**  *Positioned Sketch* (*Positionierte Skizze*) für *Center_Curve_Suction_Flange*

Inhalt der Skizze ist eine Raumkurve wie in Bild 5.161 und Bild 5.162 zu sehen. Die Enden der aus Linien und Kreisbögen zusammengesetzten Kurve liegen über die Bedingung *Coincidence* (*Kongruenz*) auf der magentafarbenen Ebene *Top_Plane_Suction_Flange*. Der untere Linienzug liegt deckungsgleich auf der x-Achse des *Local_Axis_System*. Die restlichen Bedingungen entnehmen Sie Bild 5.161 und Bild 5.162. Damit Sie die Maße besser erkennen können, ist die Skizze, die eigentlich zusammengehört, jeweils nur halb dargestellt.

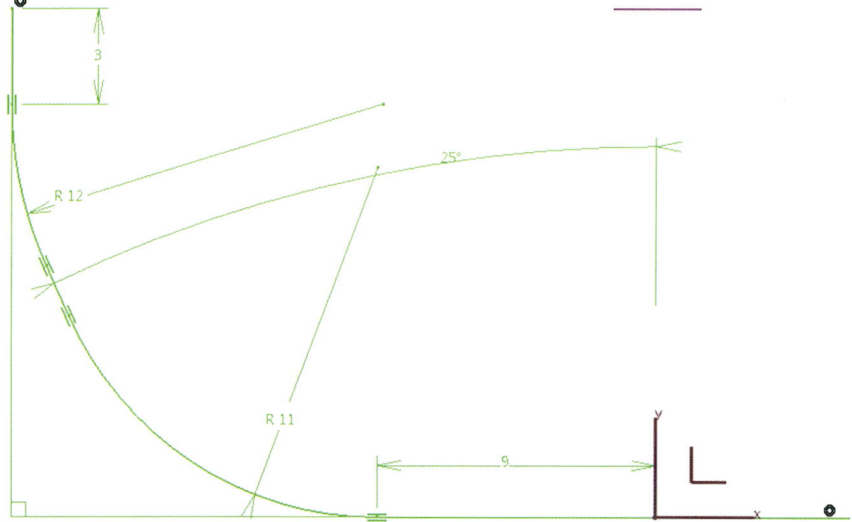

**Bild 5.161**  Linke Seite der Skizze *Center_Curve_Suction_Flange*

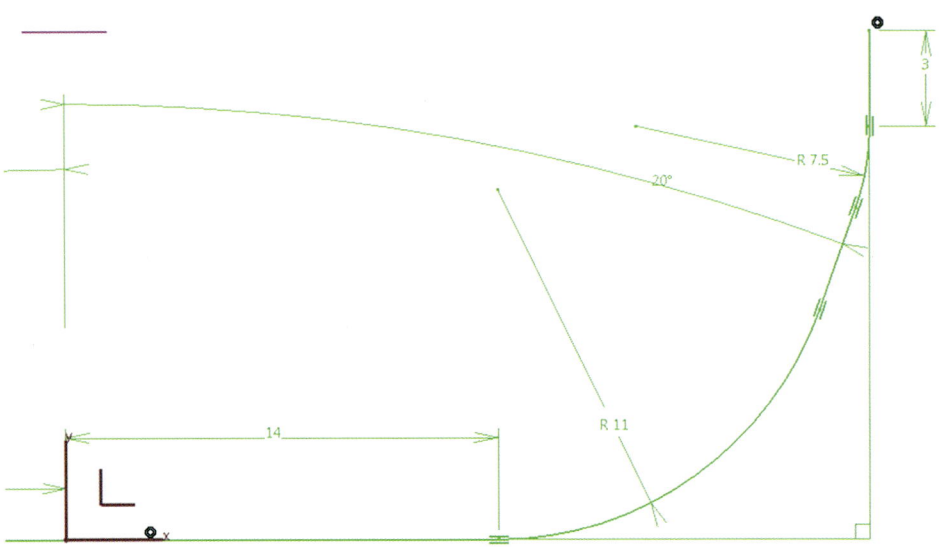

**Bild 5.162**  Rechte Seite der Skizze *Center_Curve_Suction_Flange*

Färben Sie auch hier wieder die Skizze im 3D-Raum in Magenta ein und sorgen für eine eindeutige Bezeichnung des Strukturbaumeintrags (Bild 5.163).

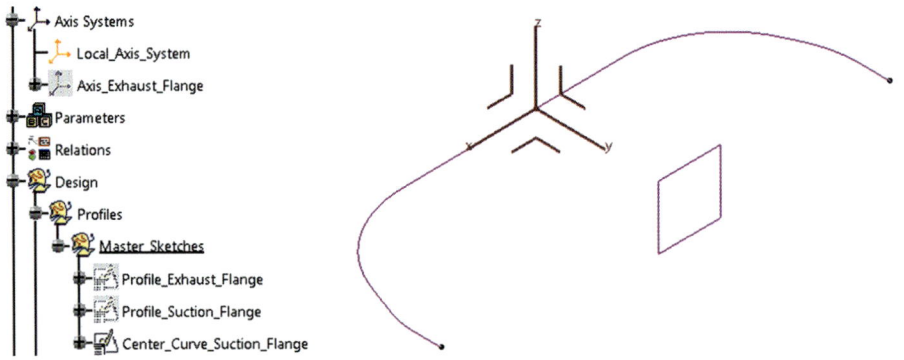

**Bild 5.163**  Komplette Skizze im 3D *Center_Curve_Suction_Flange*

■ Point

**d) Referenzpunkte für spätere Skizzen:** Ziel einer effektiven Konstruktion ist es stets, ein leicht zu editierendes, mathematisch stabiles Modell zu schaffen. Sogenannte B-Rep Elements (Boundary Representation Elements) sind dabei in der Regel sehr instabile Referenzen. In diesem Fall werden wir die *Vertices* (*Endpunkte*) der eben erzeugten Raumkurve benötigen, um weitere Skizzen lagerichtig zu positionieren. Explizite, also im Strukturbaum als separat anwählbare Elemente abgelegte Einträge, sind dabei besonders stabil. Erzeugen Sie also zwei Punkte im Raum und legen sie diese wie in Bild 5.164 zu sehen ab. Über welchen Punkttyp Sie die *Points* (*Punkte*) erstellen, bleibt dabei Ihnen überlassen.

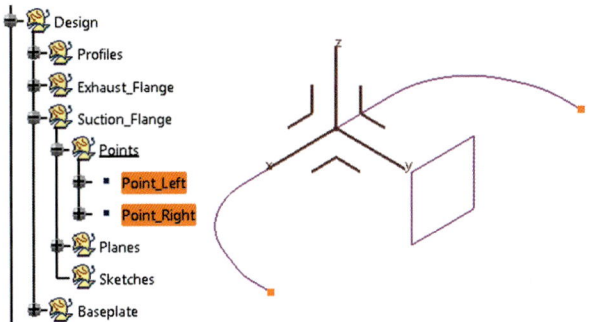

**Bild 5.164** Explizit im Strukturbaum anwählbare Referenzpunkte

**e) Suction_Flange_Left** (Bild 5.165)
Zielordner: *Design > Suction_Flange> Sketches*
Planar support/Type: *Positioned* (*Positioniert*)
Planar support/Reference: *Top_Plane_Suction_Flange*
Origin/Type: *Projection point* (*Projizierter Punkt*)
Origin/Projection Point: *Point_Left*

 Positioned Sketch

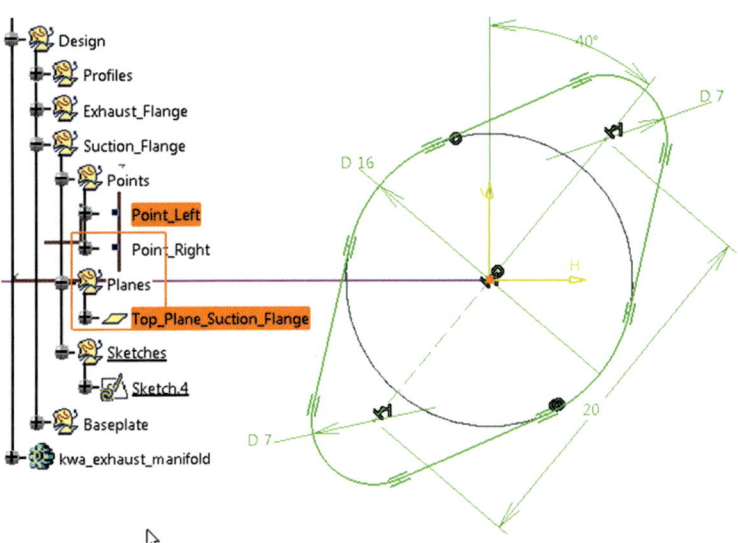

**Bild 5.165** Skizze *Suction_Flange_Left*

Färben Sie auch hier wieder die Skizze im 3D-Raum in Magenta ein und sorgen für eine eindeutige Bezeichnung des Strukturbaumeintrags.

**f) Suction_Flange_Right** (Bild 5.166)
Erzeugen Sie eine weitere *Positioned Sketch* (*Positionierte Skizze*) auf der rechten Seite der Führungskurve und verwenden dieselben Abmessungen für das Profil wie in der eben erstellten Sketch.

 Positioned Sketch

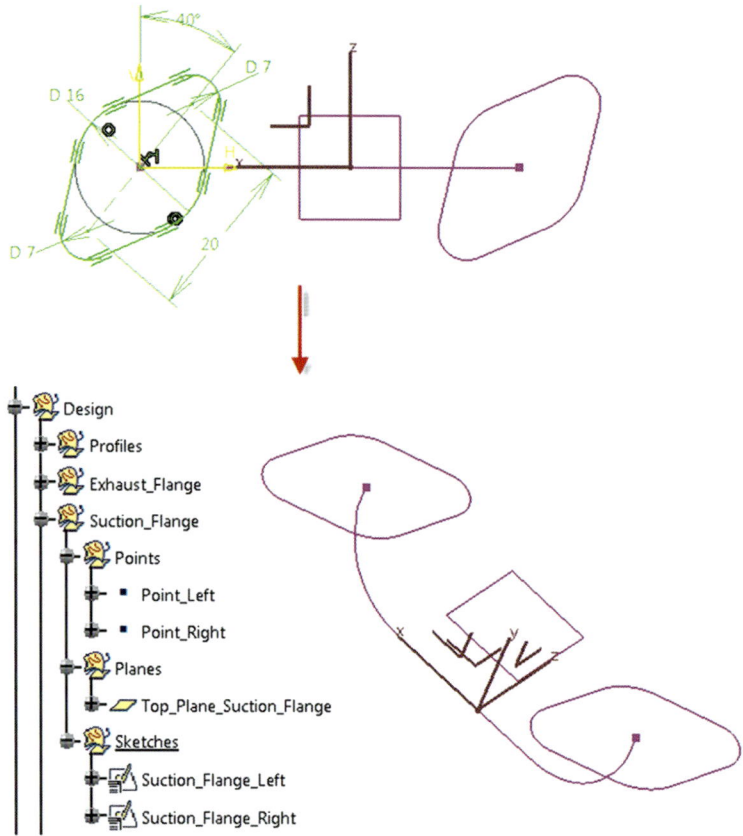

**Bild 5.166** *Suction_Flange_Left* und *Suction_Flange_Right*

 Positioned Sketch

g) **Exhaust Flange (2 Varianten):** Für die *Exhaust Flange* werden wir später über einen Auswahlparameter zwischen zwei möglichen Anschlussprofilen wählen können. Um dies zu ermöglichen, erzeugen Sie eine *Positioned Sketch* (*Positionierte Skizze*) mit den unten beschriebenen Parametern für zwei Profile, die Sie schließlich als *Output Profiles* ausgeben.

Zielordner: *Design > Exhaust_Flange > Master_Sketches*
Planar support/Type: *Positioned* (*Positioniert*)
Planar support/Reference: *Top_Plane_Exhaust_Flange*
Origin/Type: *Projection point* (*Projizierter Punkt*)
Origin/Projection Point: *FX_POINT_LEFT_RIGHT*

Das erste Profil erstellen Sie mit den in Bild 5.167 und Bild 5.168 zu sehenden Abmaßen. Geben Sie dieses anschließend über die Funktion *Profile Feature* (*Profilkomponente*) mit der Farbgebung Zyan aus.

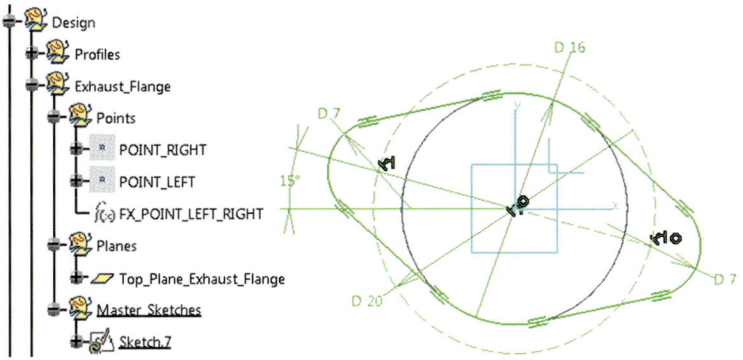

**Bild 5.167** Skizzenprofil *Exhaust Flange* (Variante 1)

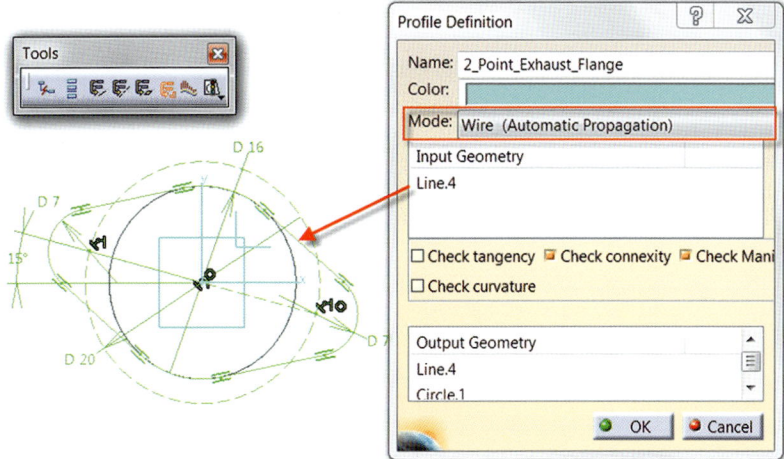

**Bild 5.168** Profilausgabe als Output *2_Point_Exhaust_Flange*

Zwei Punkte der Skizze werden für ein späteres Bohrbild benötigt. Damit diese im 3D-Raum anwählbar werden, geben Sie die Mittelpunkte der beiden kleinen Kreise ebenfalls als *Profile Feature* (*Profilkomponente*) aus. Achten Sie allerdings darauf, dass die beiden Punkte als Standardelemente (sie werden als kleine Kreuze dargestellt) definiert sind. Der *Mode* (*Modus*) für die Profilauswahl muss hier auf *Point (Explicit Definition)* (*Punkt (explizite Definition)*) eingestellt sein. Stellen Sie auch hier die Farbe Zyan ein (Bild 5.169).

Das zweite Profil erstellen Sie an derselben Stelle mit den in Bild 5.170 zu sehenden Abmaßen. Für eine bessere Übersicht können Sie das vorhin erstellte Profil ins *NO SHOW* geben. Dazu können Sie beispielsweise die Unterordner *Geometry* (*Geometrie*) und *Constraints* (*Bedingungen*) im Strukturbaum aufklappen und den Inhalt zum Verdecken gesammelt auswählen. Definieren Sie diese zweite Variante anschließend wieder über die Funktion *Profile Feature* (*Profilkomponente*), dieses Mal mit der Farbgebung Hellblau. Analog erstellen Sie auch das entsprechende Bohrbild für drei Bohrungen.

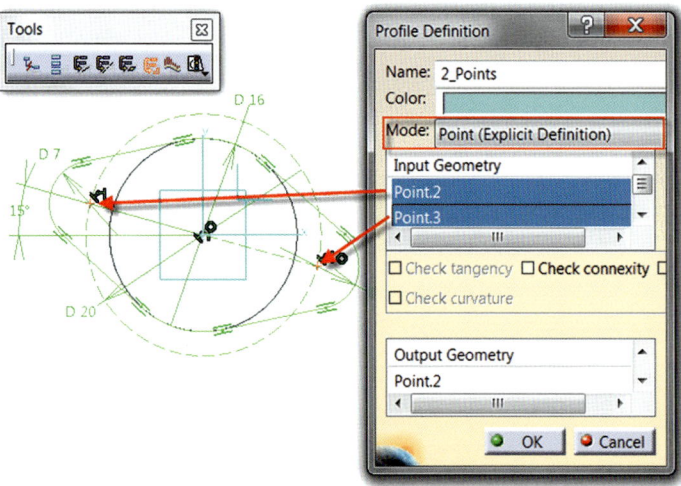

**Bild 5.169** 2 Punkte als *Profile Feature* (*Profilkomponente*) ausgegeben

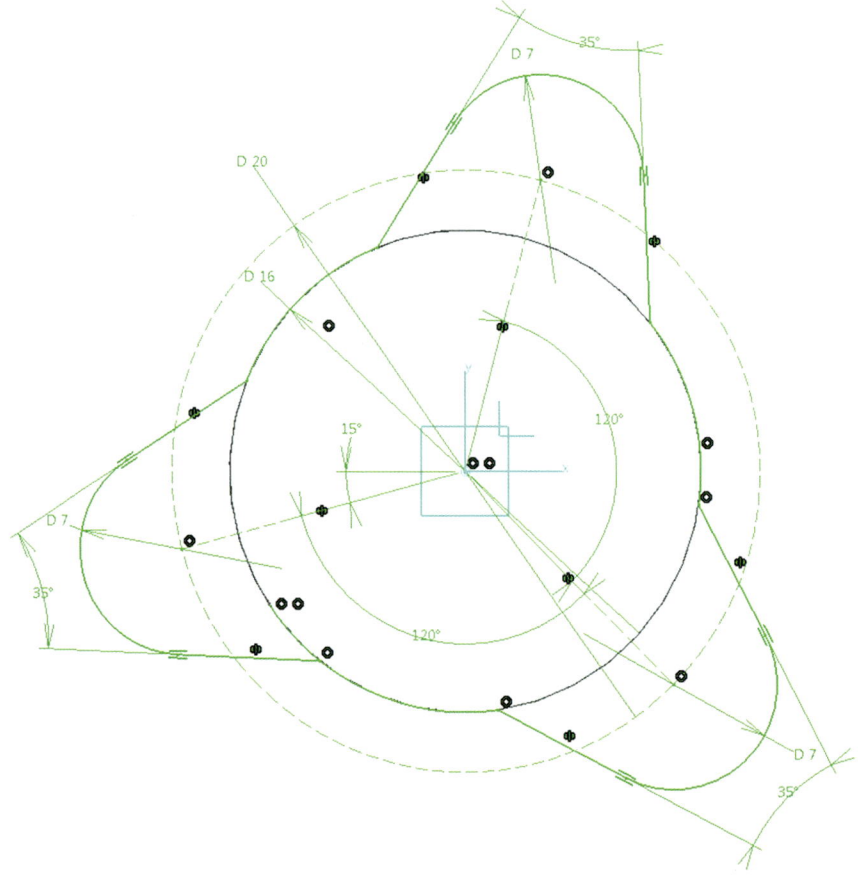

**Bild 5.170** Skizzenprofil *Exhaust Flange* (Variante 2)

Falls Sie die Maße und geometrischen Bedingungen optisch stören, können Sie diese temporär über die Funktionen *Dimensional Constraints* (*Bemaßungsbedingungen*) und *Geometrical Constraints* (*Geometrische Bedingungen*) aus- bzw. wieder einblenden lassen (Bild 5.171). Beide finden Sie in der Funktionsgruppe *Visualization* (*Darstellung*).

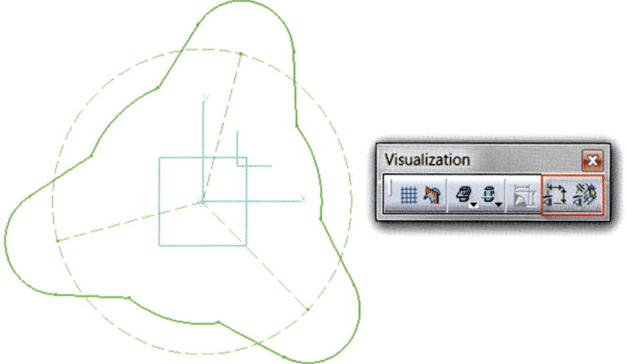

**Bild 5.171** Bemaßungen und geometrische Bedingungen einer Skizze ein- und ausblenden

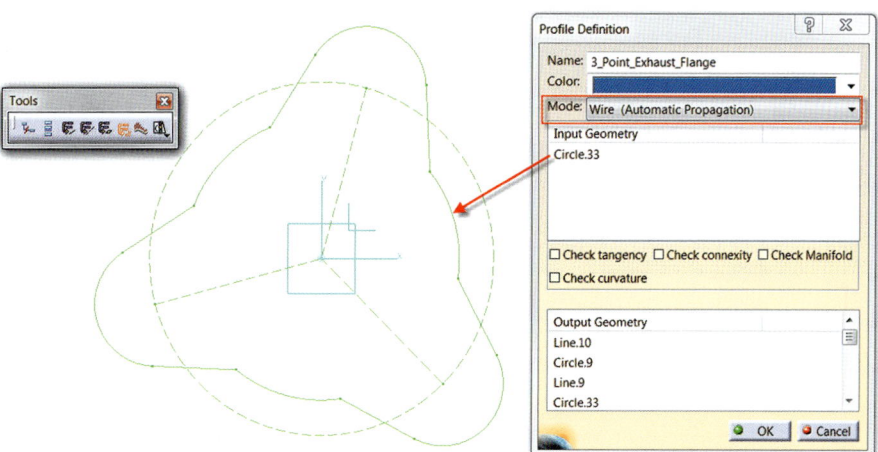

**Bild 5.172** Profilausgabe als *Output 3_Point_Exhaust_Flange*

Achten Sie bei der Ausgabe der drei Punkte für diese Profilvariante wieder darauf, dass diese als *Standard Elements* (*Standardelemente*) definiert sind und nicht als *Construction Elements* (*Konstruktionselemente*, siehe Bild 5.173).

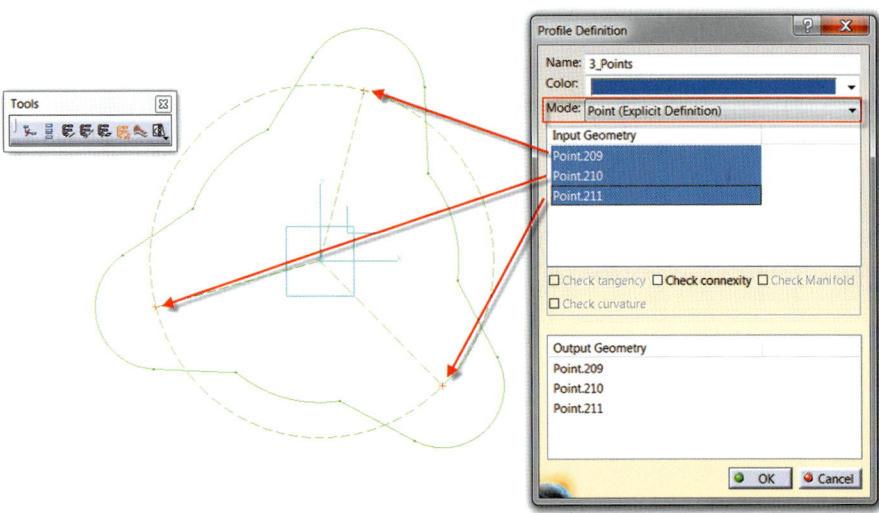

**Bild 5.173** 3 Punkte als *Profil Feature* (*Profilkomponente*) ausgeben

Beim Verlassen des Skizzierers sollten Sie die beiden Profilvarianten nun in den entsprechend definierten Farben sehen können (Bild 5.174).

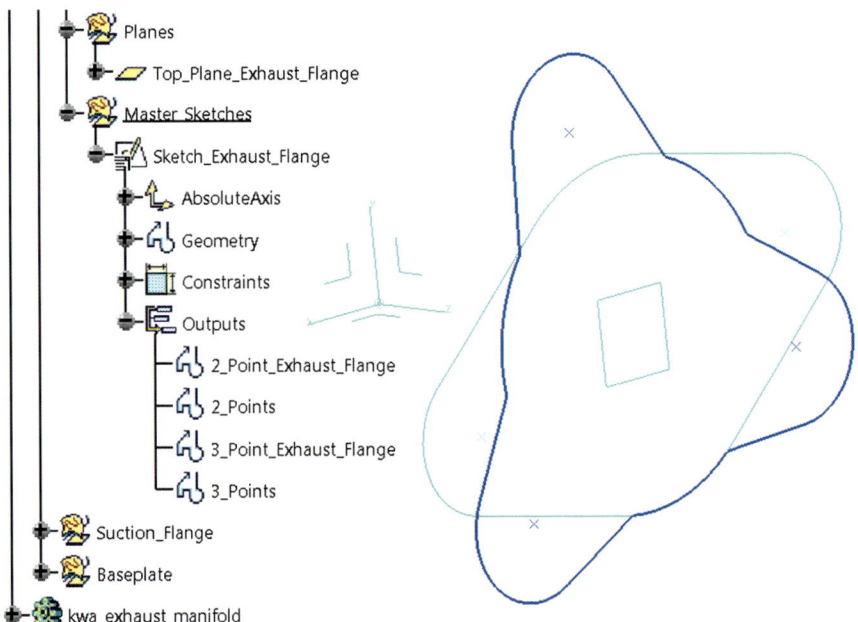

**Bild 5.174** Zwei Profilvarianten für den *Exhaust Flange*

## h) Baseplate

Zielordner: *Design > Baseplate > Master_Sketches*
Planar support/Type: *Positioned* (*Positioniert*)
Planar support/Reference: *Plane_Baseplate*
Origin/Type: *Projection point* (*Projizierter Punkt*)
Origin/Projection Point: *Local_Axis_System/Origin*

 Positioned Sketch

Färben Sie die Skizze im 3D-Raum zur besseren Orientierung gelb ein (Bild 5.175).

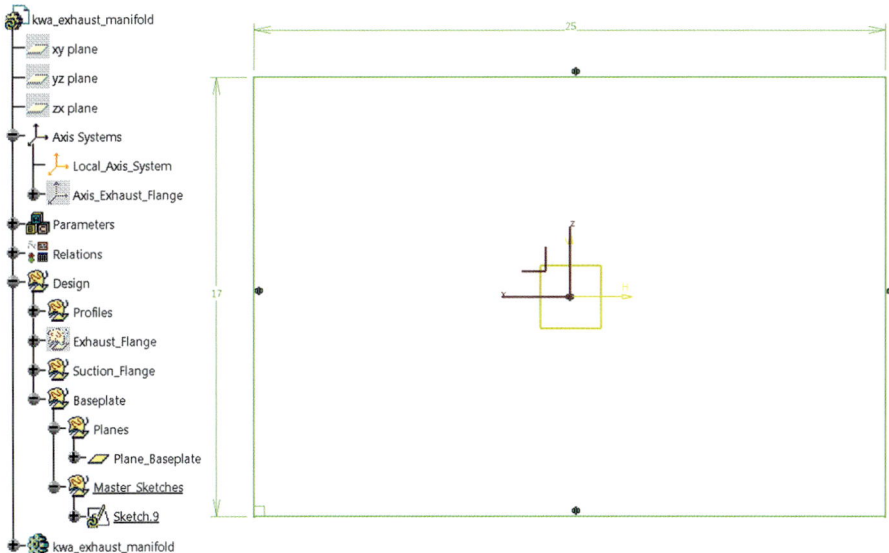

**Bild 5.175** Skizze *Baseplate* mit den Abmaßen 25 mm × 17 mm

Ihre Konstruktion mit allen Skizzenprofilen sollte nun wie in Bild 5.176 aussehen.

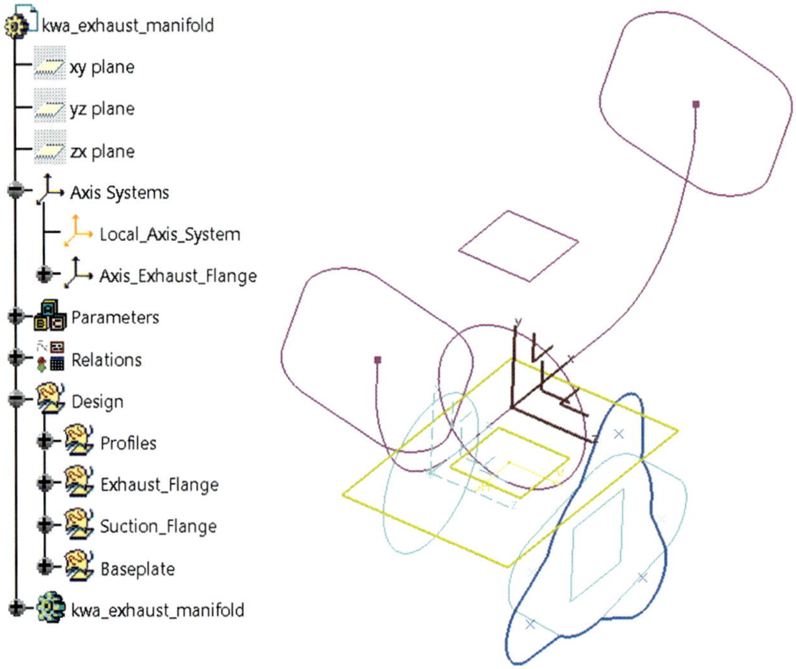

**Bild 5.176** Skelettstruktur des *Exhaust Manifold*

**11. Bodies erstellen:** Erstellen Sie über die Funktion *Body* (*Körper*) und die entsprechenden *Bool'schen Operationen* die in Bild 5.177 dargestellte Baumstruktur als Vorbereitung zur 3D-Geometrieerzeugung. Achten Sie auch auf eine eindeutige Bezeichnung der Strukturbaumeinträge.

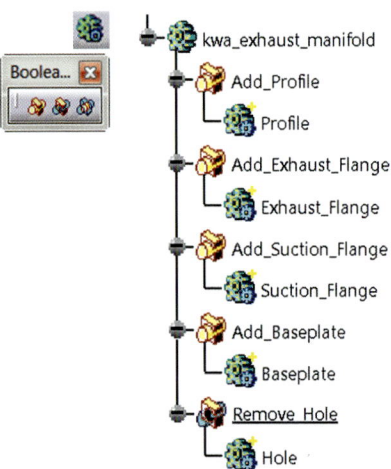

**Bild 5.177** Baumstruktur der 3D-Körper

**12.** Mithilfe der vorhin erstellten Skizzen erzeugen Sie die entsprechende 3D-Geometrie in den dafür vorgesehenen Datenschachteln (Bild 5.178 bis Bild 5.183).

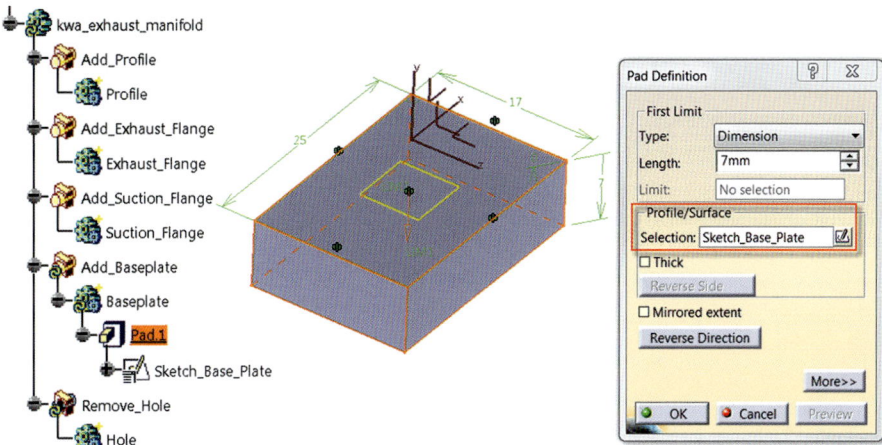

**Bild 5.178** 3D-Geometrie *Baseplate* über *Pad* (*Block*)

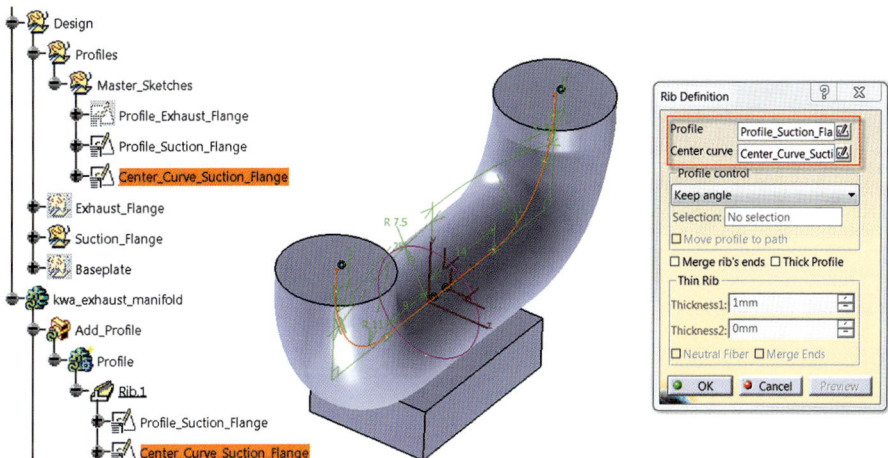

**Bild 5.179** 3D-Geometrie *Profile* über *Rib* (*Rippe*)

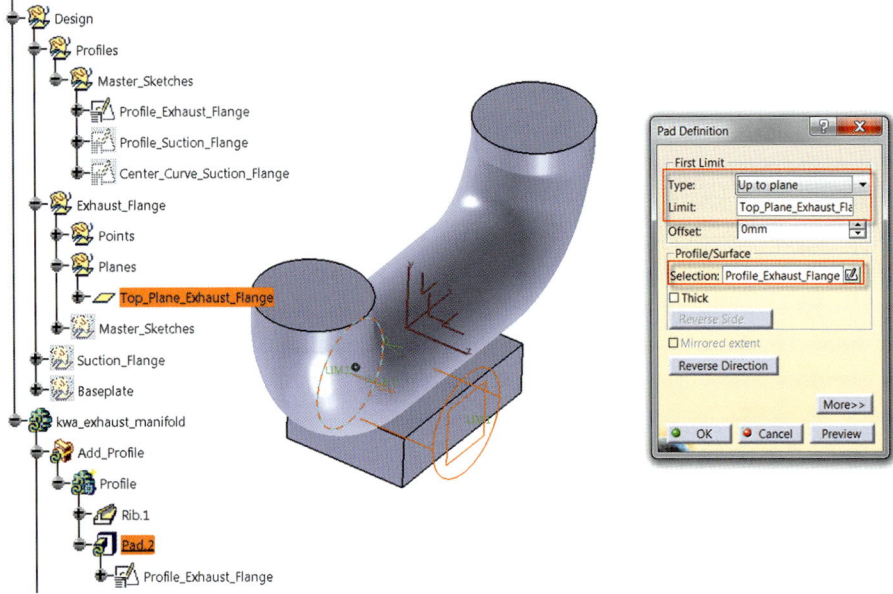

**Bild 5.180** 3D-Geometrie *Profile* über *Pad* (*Block*)

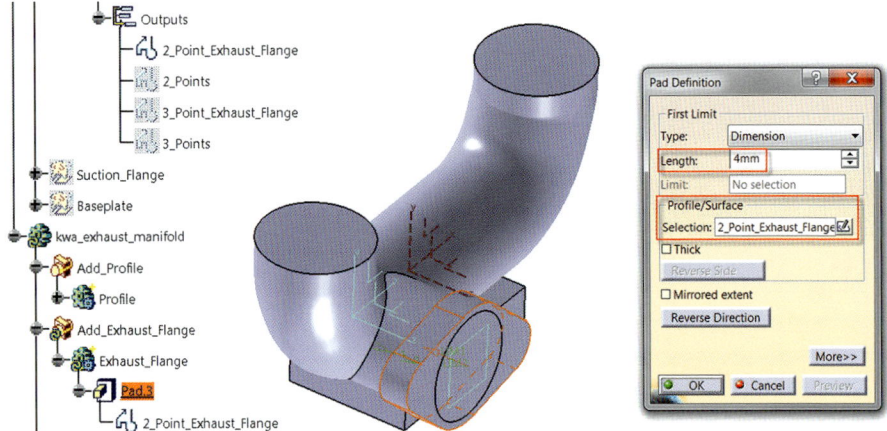

**Bild 5.181** 3D-Geometrie *Exhaust Flange* (Variante 1) über *Pad* (*Block*)

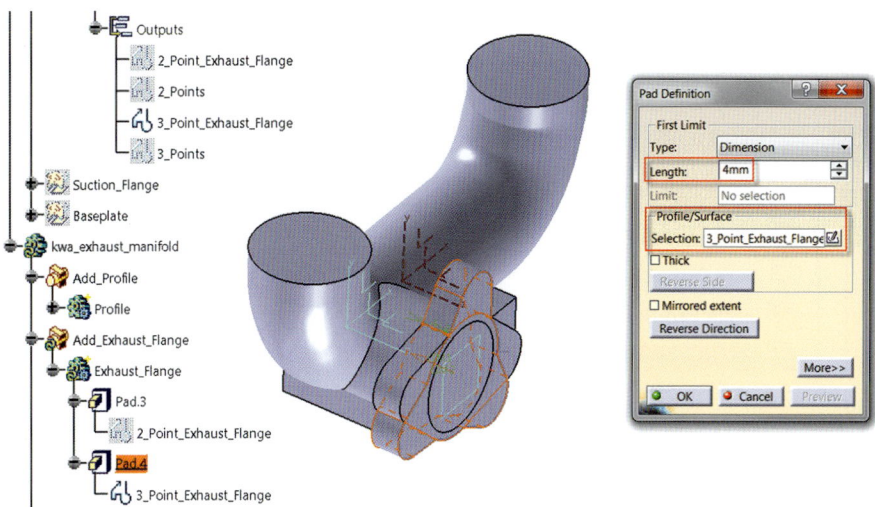

**Bild 5.182** Überlagerte 3D-Geometrie *Exhaust Flange* (Variante 2) über *Pad* (*Block*)

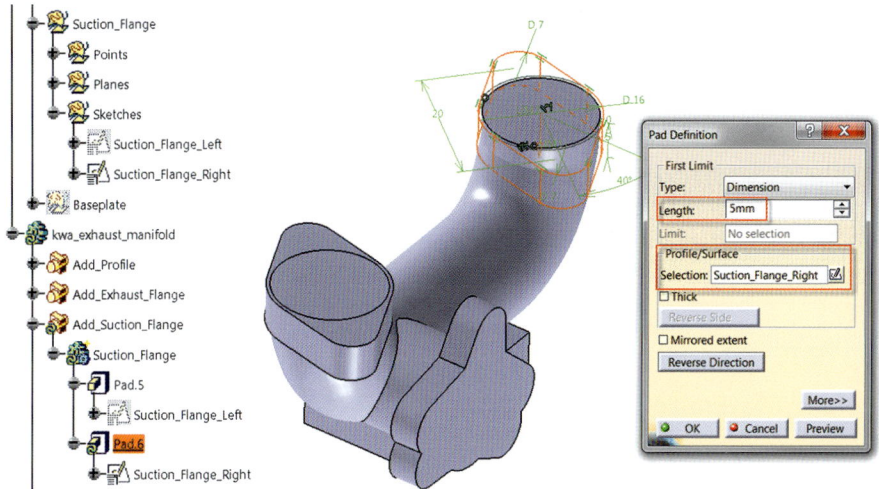

**Bild 5.183** 3D-Geometrien *Suction Flange Left* und *Righ*t über *Pad* (*Block*)

Die Basisgeometrie ist nun erstellt. Über ein geschicktes Verknüpfen von Parametern und die Steuerung über *Rules* (*Regeln*) und/oder *Reactions* (*Reaktionen*) können Sie das parametrisierte Modell intelligent ansteuern. In den folgenden Schritten integrieren wir also Vorschriften, die wir im *Knowledge Advisor* erstellen.

**13. Variantensteuerung Exhaust Flange:** Nachdem wir vorhin zwei Varianten für den *Exhaust Flange* erstellt haben (eine mit zwei Bohrungen und eine mit drei Bohrungen), wollen wir diese nun über entsprechende Parameter und Quelltextprogrammierungen aktivieren bzw. deaktivieren.

**a) Auswahlparameter erstellen (Bild 5.184):** Definieren Sie zunächst einen Auswahlparameter mit der Bezeichnung *Variant_Exhaust_Flange* und des Typs *String* (*Zeichenkette*) *With multiple Values* (*Mit mehreren Werten*).

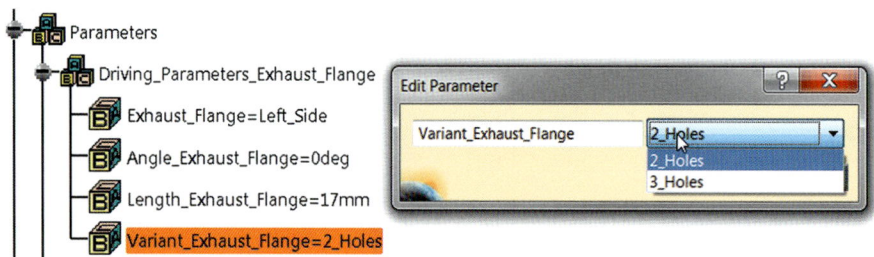

**Bild 5.184** Im Strukturbaum einsortierter Steuerparameter für 2 Varianten

 Reaction

**b) Variante steuern (Bild 5.185):** Über eine *Reaction* (*Reaktion*) werden wir nun den Auswahlparameter mit der 3D-Geometrie verknüpfen. Dazu müssen Sie in das Modul *Knowledge Advisor* wechseln. Wählen Sie hier die entsprechende Funktion aus. Es erscheint ein Dialogfenster, in dem Sie Ihre Quelltextprogrammierung vornehmen können. Ein wesentlicher Unterschied gegenüber der *Rule* (*Regel*) in CATIA ist, dass eine *Reaction* (*Reaktion*) erst dann aktiviert werden kann, wenn ein oder mehrere Parameter gezielt editiert werden. Das Auslösen von Anweisungen wird also durch die im Bereich *Sources* (*Quellen*) angegebenen Parameter gesteuert. In unserem Fall geben wir als initiierenden Parameter nur den eben erstellten Auswahlparameter *Variant_Exhaust_Flange* an.

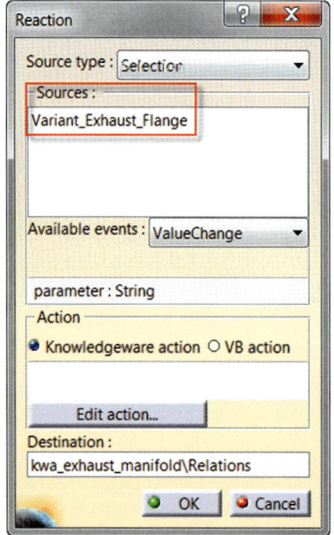

**Bild 5.185** Dialogfenster einer *Reaction* (*Reaktion*)

Über die Schaltfläche *Edit action...* (*Aktion editieren...*) öffnen Sie ein weiteres Fenster, in dem Sie den entsprechenden Quellcode eingeben können (Bild 5.186). Wenn Sie die vorangegangenen Übungen erfolgreich durchgearbeitet haben, sollten Sie keine Schwierigkeiten haben, die folgenden Codezeilen zu verstehen. Quelltextanteile, die nur als Beschreibungen der Codefragmente dienen sollen, können Sie übrigens mit der Zeichenfolge /* TEXT*/ auskommentieren.

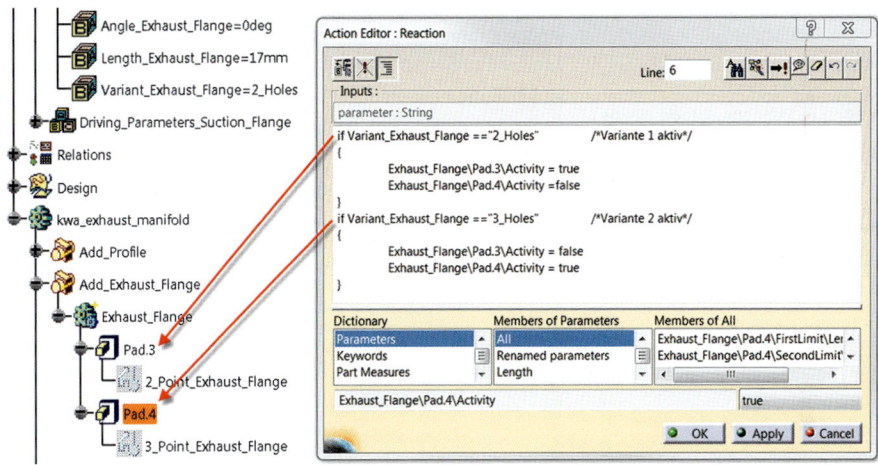

**Bild 5.186** Quelltext zur Aktivierung von Variante1 bzw. Variante 2 für den *Exhaust Flange*

Mit Bestätigung der *Reaction* (*Reaktion*) können Sie nun zwischen den beiden Varianten hin und her schalten. Der Parameter *Variant_Exhaust_Flange* steuert nun also Ihre 3D-Geometrie.

**c) Bohrungen steuern:** Im nächsten Schritt wollen wir die zu den gerade angesteuerten Varianten zugehörigen Bohrungen erstellen und ebenfalls regulieren. Erzeugen Sie dazu zunächst in der 3D-Datenschachtel *Hole* jeweils eine Referenzbohrung mit Bohrmittelpunkt auf einem der Ausgabepunkte mit einem festen Bohrdurchmesser von **4 mm** und einer Bohrtiefe von **4 mm**. Stützelement für die Bohrung ist die Ebene *Top_Plane_Exhaust_Flange*, wie in Bild 5.187 zu sehen. Über die Funktion *User Pattern* (*Benutzermuster*) vervielfältigen Sie die entsprechenden Referenzbohrungen zum fertigen Bohrmuster.

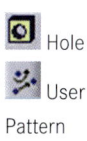 Hole
User Pattern

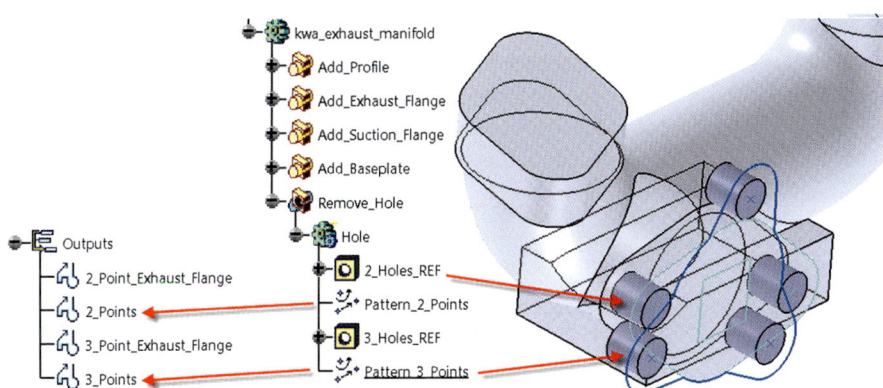

**Bild 5.187** Bohrungen beider Varianten, im Strukturbaum einsortiert und umbenannt

Öffnen Sie die vorhin erstellte *Reaction* (*Reaktion*) *Exhaust_Flange_Variants*. Sie ist im Ordner *Relations* (*Bedingungen*) im Strukturbaum abgelegt. Über die Schaltfläche *Edit action…* (*Aktion bearbeiten…*) können Sie den integrierten Quelltext nachbearbeiten und um die in Bild 5.188 dargestellten Anweisungen ergänzen.

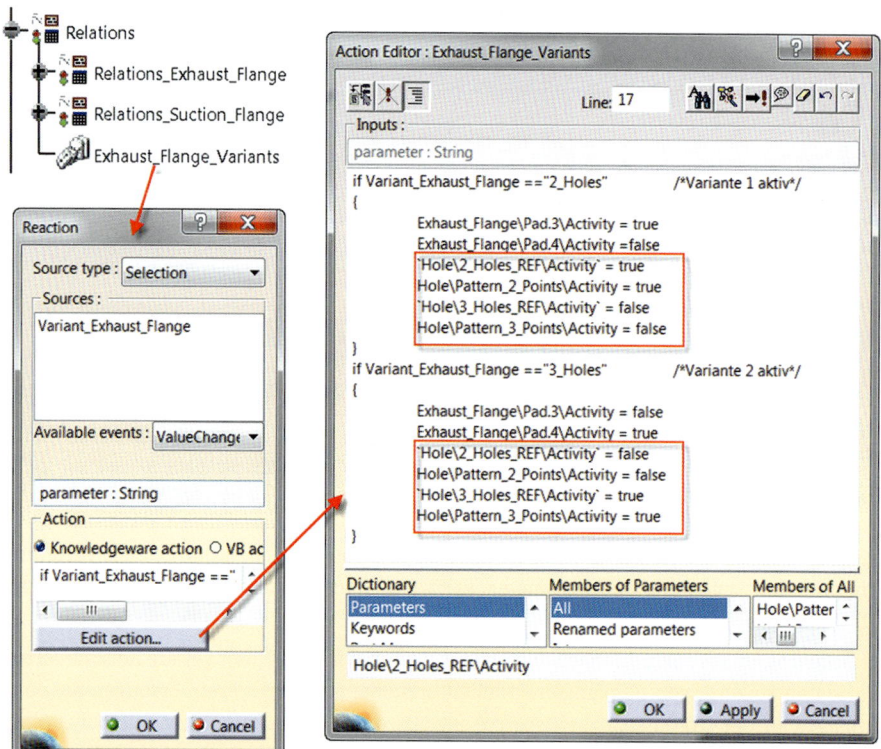

**Bild 5.188** Steuerung der Aktivität der Bohrungen für Variante 1 und Variante 2 des *Exhaust Flange*

Mit Auswahl des Parameters *Variant_Exhaust_Flange* und der Änderung der Varianten passt sich das Modell nun entsprechend an. Wie Sie vielleicht schon gemerkt haben, passt sich das Modell nicht unmittelbar nach Bestätigung der *Reaction* (*Reaktion*) an. Das ist nur logisch, da die darin enthaltene Anweisung ja per Definition nur durchlaufen und berechnet wird, wenn der initiierende Parameter *Variant_Exhaust_Flange* verändert wird. Erst nach Umschalten auf eine Variante dieses Steuerparameters wird das Modell korrekt angezeigt (Bild 5.189).

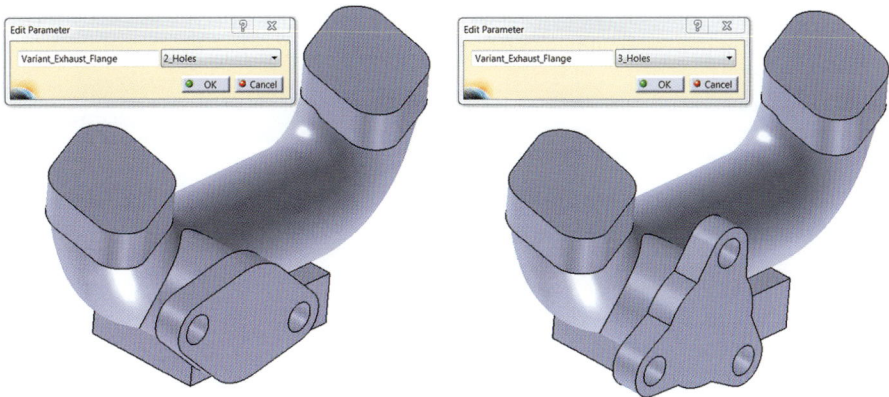

**Bild 5.189**  Die Varianten mit zwei oder drei Bohrungen für den *Exhaust_Flange*

**14. Suction Flange variabel gestalten:** Im nächsten Schritt wollen wir definieren, ob die beiden Teilgeometrien des *Suction Flange* gleichermaßen ausgerichtet werden sollen oder separate Winkelzuweisungen bekommen sollen.

**a) Winkelparameter festlegen (Bild 5.190):** Erstellen Sie zunächst zwei Parameter des Typs *Angle* (*Winkel*), legen diese im Strukturbaum entsprechend ab und verknüpfen sie mit der Modellgeometrie.

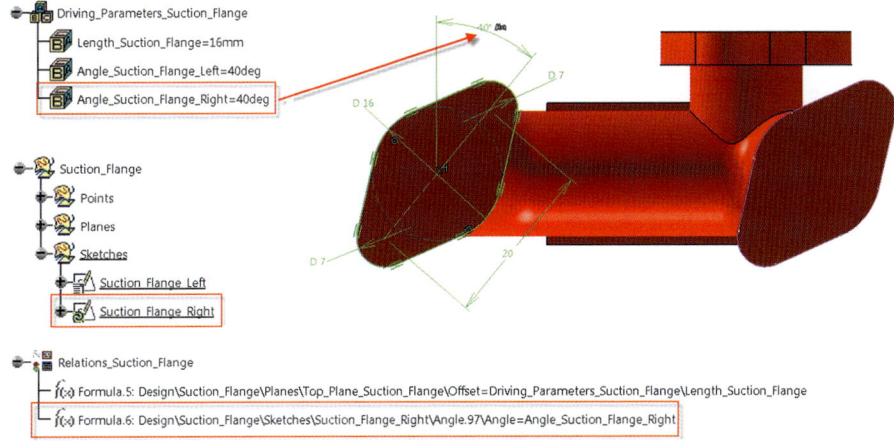

**Bild 5.190**  Verknüpfung der in der Skizze *Suction_Flange_Right* enthaltenen Winkelbedingung mit dem Benutzerparameter *Angle_Suction_Flange_Right*: Die entsprechende Formel dazu wird unter *Relations_Suction_Flange* abgelegt. Die linke Seite wird analog verknüpft.

Damit steuern die beiden Winkelparameter die Ausrichtung der dazugehörigen *Suction Flange*-Orientierungen (zunächst noch unabhängig voneinander).

**b) Steuerparameter für Suction Flange-Winkel erstellen (Bild 5.191):** Im nächsten Schritt definieren Sie einen benutzerdefinierten Parameter des Typs *String* (*Zeichenkette*) *With multiple Values* (*Mit mehreren Werten*), um wählen zu können, ob die Orientierungen der beiden Profile links und rechts gleich oder unterschiedlich sein sollen. Sortieren Sie den Parameter in den Sammelbehälter *Driving_Parameters_Suction_Flange* ein.

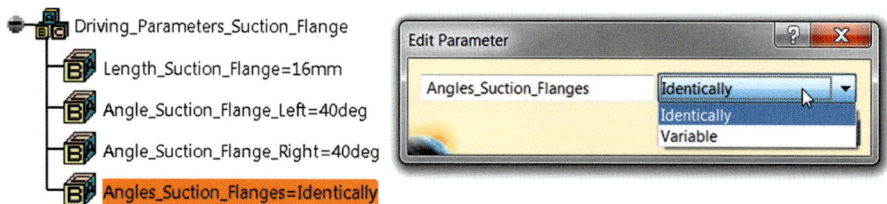

**Bild 5.191** Zwei Varianten für die Ausrichtung der *Suction_Flange*

Zudem werden Sie einen weiteren Parameter benötigen, um die geplante Programmierung sinnvoll implementieren zu können. Erstellen Sie also einen weiteren Benutzerparameter des Typs *Angle* (*Winkel*) *With single Value* (*Mit einem Wert*) mit der Bezeichnung *Identically_Angles_Suction_Flange* und einem Startwert von **40 mm** (Bild 5.192).

**Bild 5.192** Im Strukturbaum einsortierter und eindeutig bezeichneter Winkelparameter

Steuern Sie anschließend die beiden einzelnen Winkelparameter für die *Suction Flanges* über den eben erstellten Parameter. Die Ansteuerung wird über einen Formeleintrag im Sammelbehälter *Relations_Suction_Flange* deutlich. Auch die angesteuerten Parameter werden mit einem kleinen Hütchen versehen. Dies dient Ihnen als visueller Indikator, dass sie nicht mehr direkt editierbar sind, sondern über eine Zuweisung gesteuert werden (Bild 5.193).

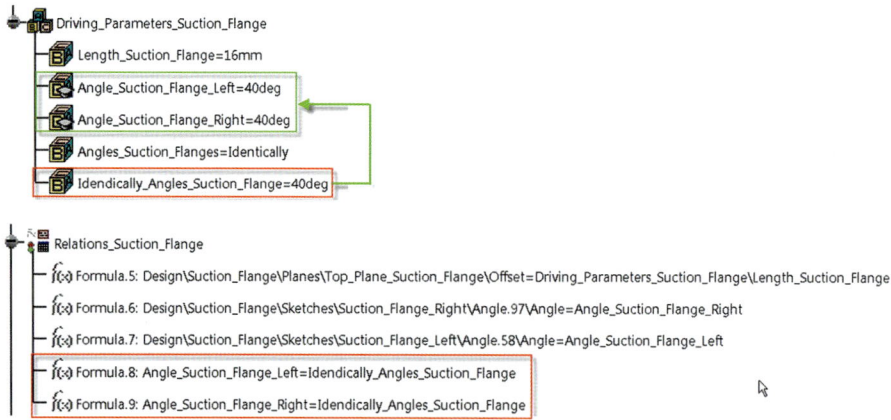

**Bild 5.193** Über Formeln verknüpfte benutzerdefinierte Parameter

**c) Steuerung der Varianten:** Um steuern zu können, ob die Winkel getrennt eingestellt werden sollen, oder identisch orientiert laufen müssen, definieren Sie an dieser Stelle wieder eine separate *Reaction* (*Reaktion*). Sie prüft den Inhalt des Parameters *Identically_Angles_Suction_Flange*, startet einen entsprechenden Durchlauf in der Anweisung und greift in die Modellgeometrie ein. Rufen Sie hierzu wieder eine neue *Reaction* (*Reaktion*) im Modul *Knowledge Advisor* auf und übergeben als *Source* (*Quelle*) den entsprechenden Einstellparameter zum Auslösen der Anweisung. Über die Schaltfläche *Edit action...* (*Aktion bearbeiten...*) geben Sie den in Bild 5.194 dargestellten Quelltext ein. Dabei wird in erster Linie nur die *Activity* (*Aktivität*), also die Gültigkeit der vergebenen Formelzuweisungen gesteuert.

Parameter per Quelltext ein- bzw. ausblenden

 Reaction

**Hinweis:** Interessant ist hier die Möglichkeit, Parameter per Quelltext ein- bzw. ausblenden zu lassen. Dazu müssen sie den Parameter in den Dialog holen und mit dem Zusatz .SHOW =TRUE (für eine Strukturbaumanzeige) oder *.SHOW=FALSE (für ein Verdecken im Strukturbaum) versehen (Bild 5.194).

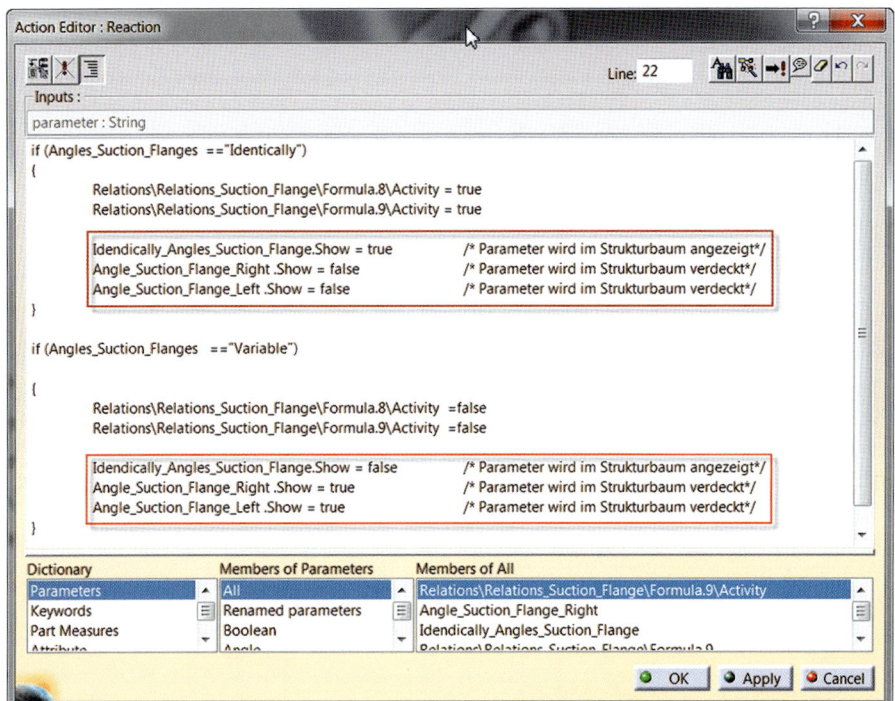

**Bild 5.194** Quelltext, der steuert, ob die Orientierung der *Suction Flanges* identisch oder variabel einstellbar sein soll

**15. Abfragen und Meldungen für Parameter:** Um einen gewissen Fehlerabfang zu gewährleisten, wollen wir nur einen Minimalwert und einen Maximalwert für die Parameter *Length_Exhaust_Flange* und *Length_Suction_Flange* zulassen. Dies kann durchaus Sinn machen, wenn verhindert werden soll, dass Bauraumvorschriften oder die Möglichkeit einer Montage verletzt würden. Eine Rückmeldung an den Anwender mit gleichzeitiger Einschränkung in den Einstellungsmöglichkeiten beugt effektiv unnötige Fehler in der Entwicklung vor.

Reaction

a) **Length_Exhaust_Flange:** Erzeugen Sie wieder eine neue *Reaction* (*Reaktion*) mit der Bezeichnung *Reaction_Length_Exhaust_Flange*. Als *Source* (*Quelle*) geben Sie den Parameter *Length_Exhaust_Flange* an. Mit der Schaltfläche *Edit action...* (*Aktion bearbeiten...*) kommen Sie in das Eingabefenster zur Definition des Quellcodes (Bild 5.195).

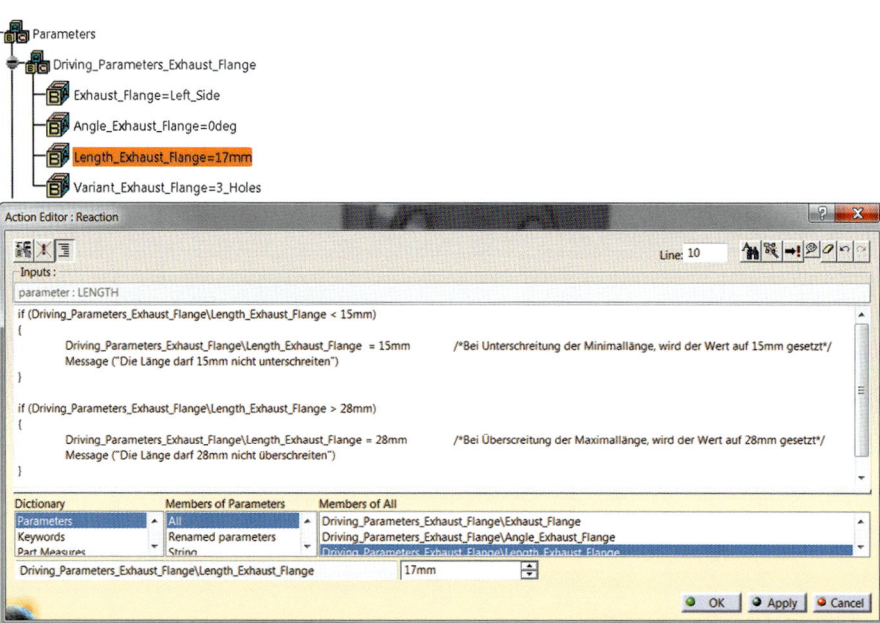

**Bild 5.195** Quelltext zur Begrenzung von möglichen Parametereingaben für die *Length_Exhaust_Flange*

b) **Length_Suction_Flange:** An dieser Stelle wollen wir einen Minimalwert festlegen, den der Anwender einstellen kann. Erzeugen Sie dazu einen zusätzlichen Parameter *MIN_Length_Suction_Flange* und setzen einen Defaultwert von 16 mm.

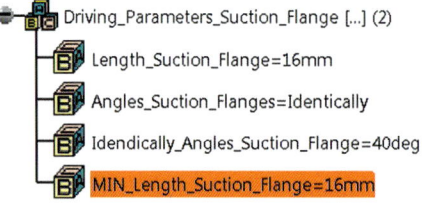

**Bild 5.196** Festlegung des minimalen Längenwerts für die *Suction Flange*

Erzeugen Sie anschließend eine neue *Reaction* (*Reaktion*) mit der Bezeichnung *Reaction_Length_Suction_Flange*. Als *Source* (*Quelle*) geben Sie die Parameter *Length_Suction_Flange* und *MIN_Length_Suction_Flange* an. Mit der Schaltfläche *Edit action…* (*Aktion bearbeiten…*) kommen Sie in das Eingabefenster zur Definition des Quellcodes (Bild 5.197).

 Reaction

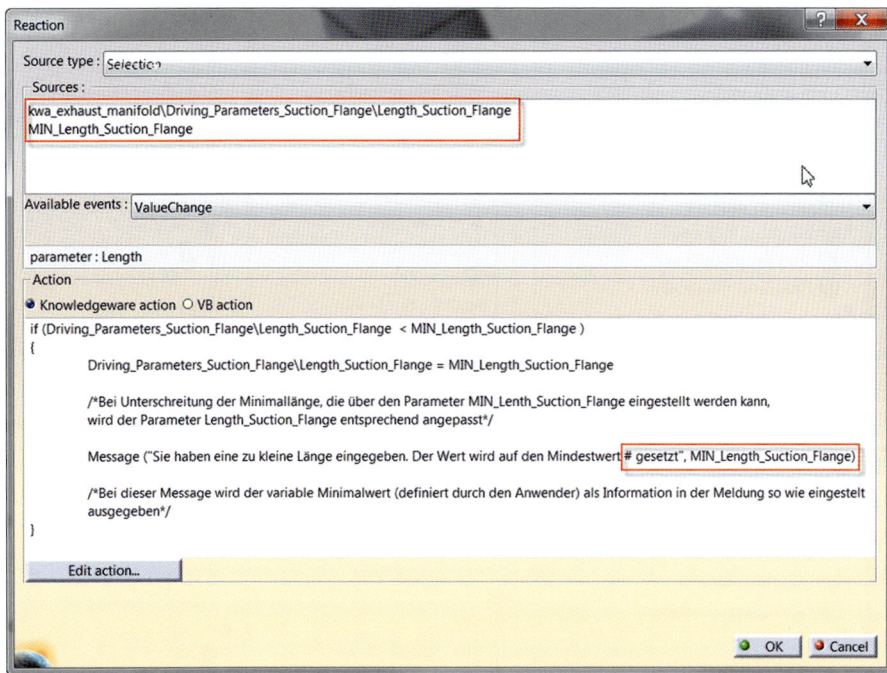

**Bild 5.197** Quelltext zur Definition eines Minimalwertes für die *Length_Suction_Flange*

**16. Mögliche Strukturbaumansicht:** Der komplette Strukturbaum mit seinen wichtigsten Einträgen könnte wie in Bild 5.198 aussehen.

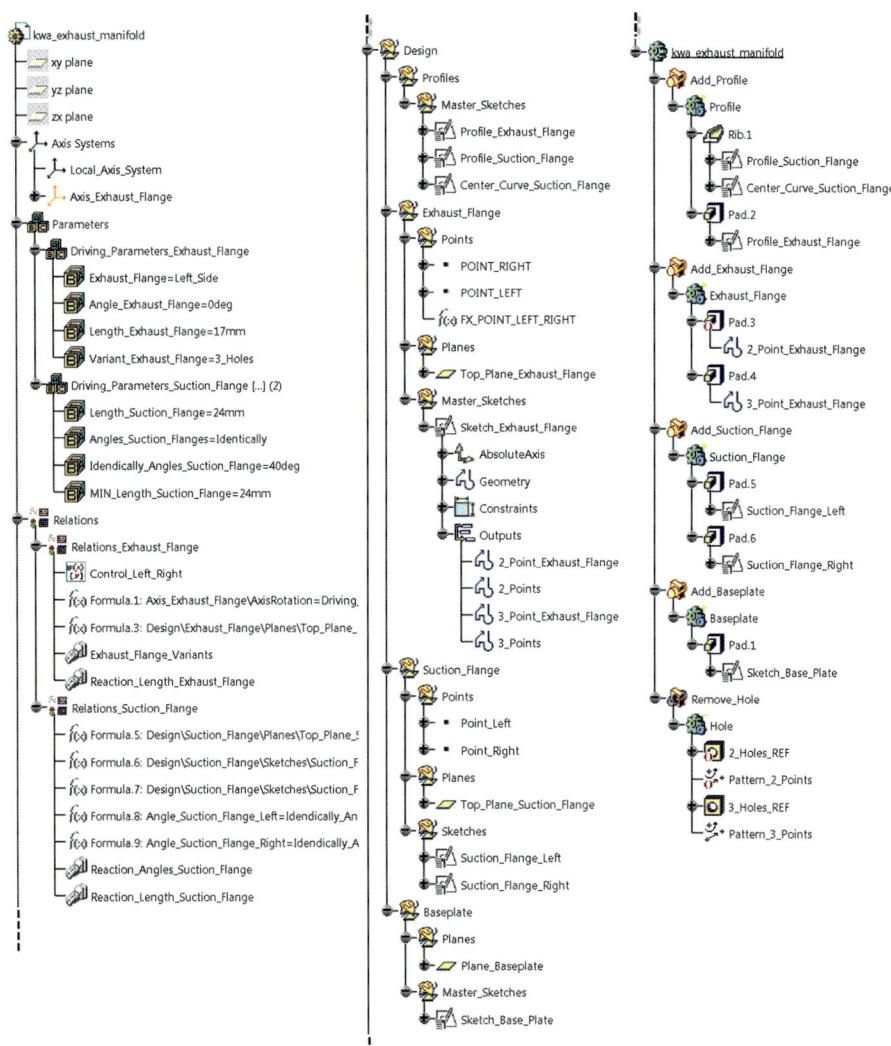

**Bild 5.198** Vorschlag für den Aufbau des Strukturbaums

Prüfen Sie durch das Editieren der Steuerparameter, ob Sie richtig konstruiert haben. Die Skizzen sollten jeweils mit den dazugehörigen Ebenen mitwandern. Dementsprechend passt sich das 3D-Modell dann auch an. Selbstverständlich könnten Sie das Modell noch deutlich stärker parametrisieren und um weitere Begrenzungsebenen oder Steuerparameter ergänzen, je nachdem, wie umfangreich Sie das Editieren des Modells bzw. das Abfangen von fehlerhaften oder unsinnigen Eingaben gestalten wollen. Auch zusätzliche Modellierungsschritte, wie das Aushöhlen des *Exhaust Flange* oder das Anbringen von

Radien, können Sie eigenständig vornehmen. Bild 5.199 zeigt ein paar Beispiele, wie das Modell sehr rasch durch Anpassung der Steuerparameter verändert werden kann.

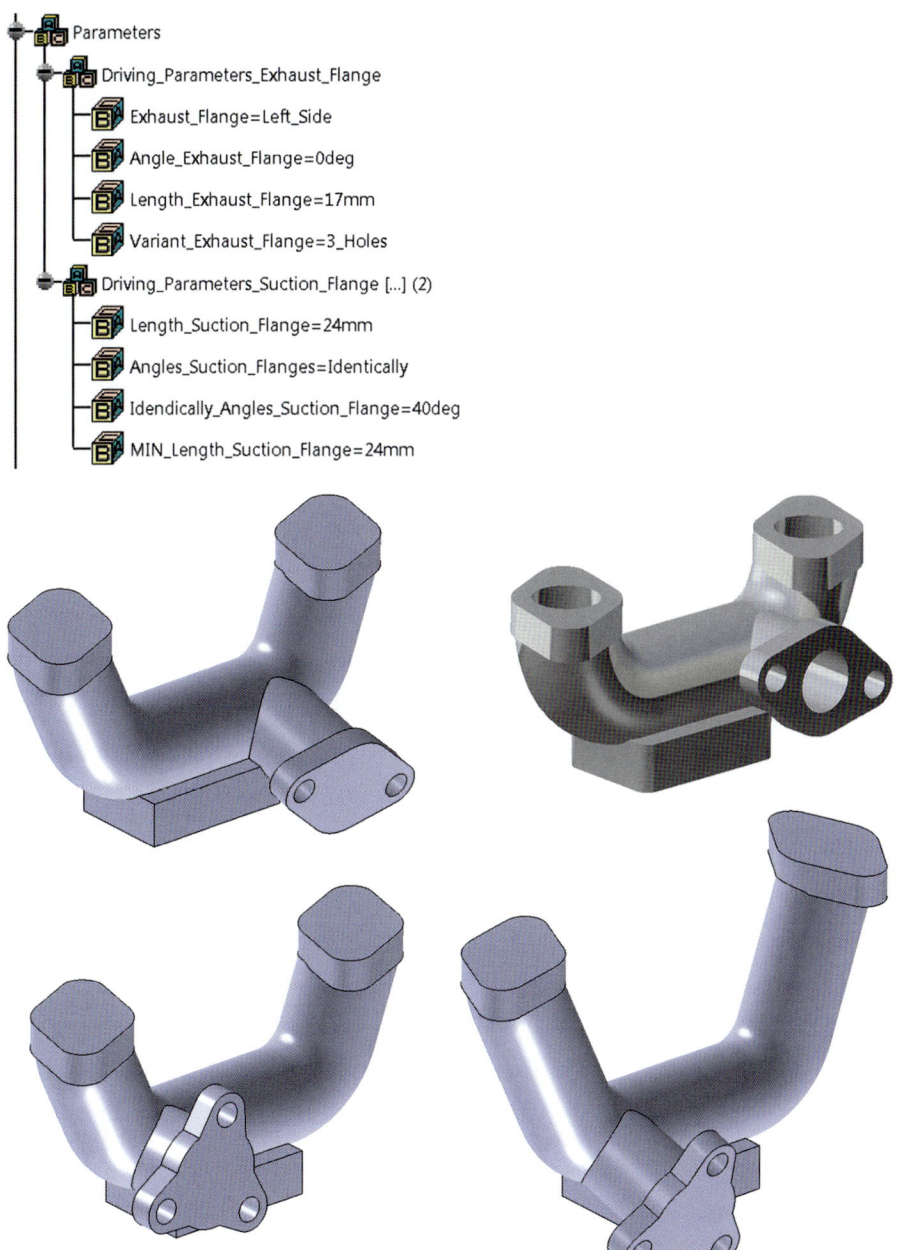

**Bild 5.199** Mögliche Varianten des *Exhaust Manifold*

*www.elearningcamp.
com/hanser*

 **Übung 47: Weitere Programmiermöglichkeiten im Knowledge Advisor**

Quick Access Code: qqm

# 6 Assembly Design-Grundlagen (Baugruppenkonstruktion)

## 6.1 Modularer Aufbau von CATIA V5-6

**CAE** (*engl.* Computer Aided Engineering) mit CATIA V5-6 bietet die Möglichkeit, neben der Erzeugung volumenbehafteter Objekte, Abläufe virtuell zu simulieren (**DMU**, *engl.* Digital Mock-Up), zu analysieren (z. B. über **FEM**, Finite-Elemente-Methode, oder **CFD**, *engl.* Computational Fluid Dynamics) und aufgrund einer gemeinsamen Datenbasis zu fertigen (**CAM**, *engl.* Computer Aided Manufacturing). Damit können wesentliche Komponenten des Produktlebenszyklusmanagements (**PLM**, *engl.* Product Lifecycle Management) in einem Modulpaket realisiert werden.

Damit dies sinnvoll möglich ist, muss eine Vielzahl an Funktionen bereitgestellt werden. Es würde keinen Sinn machen, alle diese Funktionalitäten auf eine einzige Benutzeroberfläche zu packen. Man müsste sich in einem Chaos von Hunderten an Funktionen zurechtfinden. Aus diesem Grund wurden Arbeitsumgebungen, sogenannte Module, geschaffen, in denen Funktionsgruppen sinnvoll zusammengefasst sind. Die Basis einer CAE-Anwendung ist die Volumenmodellierung zur Erzeugung, Ergänzung und Änderung von 3D-Objekten. Soll das Zusammenspiel von Komponenten betrachtet oder untersucht werden, müssen diese in einer separaten, dafür vorgesehenen Umgebung gezielt miteinander verknüpft werden. Der sichere Umgang mit der dafür vorgesehenen Modulumgebung *Assembly Design (Baugruppenkonstruktion)* ist Inhalt und Ziel dieses Kapitels. Auf diese Weise entstandene Modelle können für weitere Produktionsschritte im PLM verwendet werden, wie die Tabelle zeigt.

Modularisierung in CATIA V5-6

| Produktionsschritt | Modul in CATIA V5-6 |
|---|---|
| Volumenmodellierung | Part Design (Teilekonstruktion) |
| 2D-Zeichnungsableitung | Drafting (2D-Zeichnungserstellung) |
| Baugruppenerstellung | Assembly Design (Baugruppenkonstruktion) |
| Kinematische Simulation | DMU Kinematics |
| FEM-Analysen | Generative Structural Analysis |
| Flächenkonstruktionen | Generative Shape Design (Flächenerzeugung) |
| Fotorealistische Darstellung | Rendering/Photo Studio |
| u. v. m. | |

Zwischen den Modulen kann (mit den richtigen Vorbereitungen) beliebig hin und her gewechselt werden. Von Release zu Release kommen weitere, teilweise hochspezifische Arbeitsumgebungen hinzu, sodass CATIA V5-6 mittlerweile zu einem Programm mit weit über 100 Arbeitsumgebungen erweitert wurde.

 **Expertentipp: Modulaufruf**

Passt der Wechsel in eine andere Modulumgebung nicht zur aktuell geöffneten Datei, wird ein leeres Dokument in der angewählten Arbeitsumgebung bereitgestellt. Der Wechsel in andere Module wird unter anderem für die Erzeugung von Baugruppen oder technischen Zeichnungen notwendig.

**Favoritenauswahl**

Um bequem zwischen Arbeitsumgebungen hin und her springen zu können, bietet CATIA V5-6 die Möglichkeit, das Fenster *Welcome to CATIA V5 (Willkommen bei CATIA V5)* mit einer Favoritenauswahl zu belegen. Nachdem dieser Schnellaufruf standardmäßig noch nicht eingerichtet ist, erscheint bei Anklicken des Umgebungssymbols (meist oben, im rechten Symbolleistenbereich) das in Bild 6.1 dargestellte Fenster.

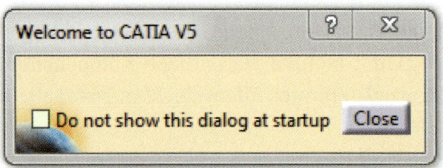

**Bild 6.1** Fenster für die Favoritenauswahl

Schließen Sie das Fenster *Welcome to CATIA V5 (Willkommen bei CATIA V5)*.

Favoritenauswahl

Mit einem Rechtsklick in den Symbolleistenbereich und Anwahl des Menüpunktes **CUSTOMIZE... (ANPASSEN...)** öffnet sich ein weiterer Dialog. Über die Registerkarte **START MENU (MENÜ START)** werden beliebige Module zur Favoritenauswahl hinzugenommen. Suchen Sie dazu auf der linken Seite des Dialogfensters (unter den verfügbaren Modulen) Ihre bevorzugten Arbeitsumgebungen und schreiben Sie mithilfe der Pfeiltasten in das Fenster der Favoriten. Ein Speichern der Auswahl wird automatisch mit Schließen des Dialogfensters vorgenommen. Diese Anpassung bleibt über die Arbeitssitzung hinaus bestehen und muss daher nicht bei jedem Aufruf von CATIA V5-6 erneut vorgenommen werden (Bild 6.2).

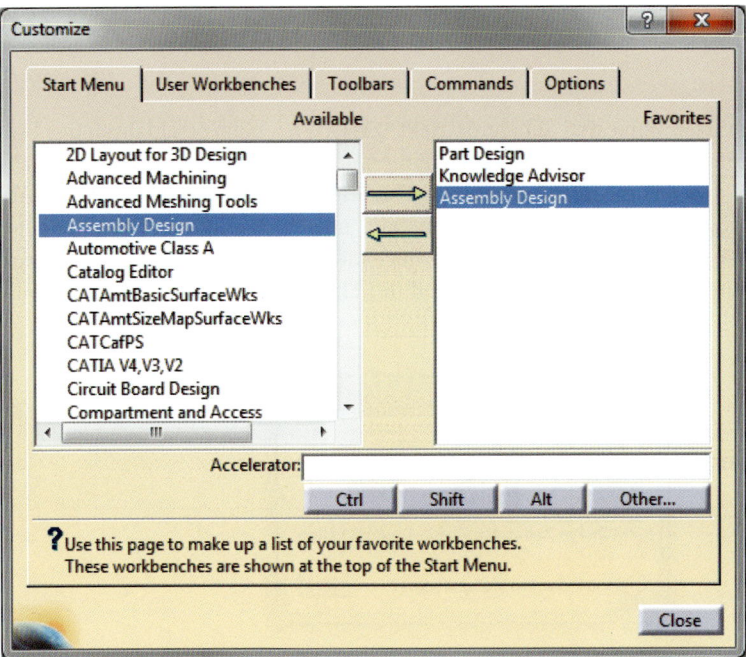

**Bild 6.2** Festlegung der Favoritenauswahl

**Modulwechsel**

Wenn Sie nun wieder das Umgebungssymbol anklicken, öffnet sich der mit Ihren Favoriten belegte Schnellaufruf. Auf diese Weise können Ihre Modelle sehr zügig durch Anklicken des gewünschten Moduls in andere Arbeitsumgebungen gebracht werden (Bild 6.3).

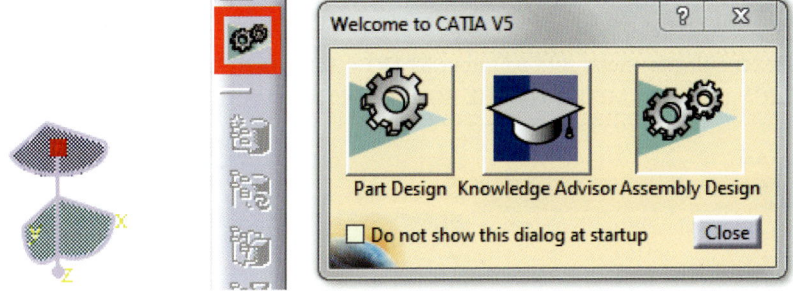

**Bild 6.3** Schneller Wechsel zwischen Modulen

## ■ 6.2 Öffnen einer neuen Arbeitsumgebung

Starten des Programms

Je nach Einstellungen unter den Standards stellt CATIA V5-6 beim Hochfahren des Programms eine leere Datei im *Assembly Design (Baugruppenkonstruktion)* bereit. Zusätzlich wird eine über den Schnellaufruf abgebildete Favoritenauswahl angeboten (siehe Abschnitt 6.1). Der Bauteilname im Strukturbaum wird mit *Product1* vom Programm automatisch vergeben. Wählen Sie unter der Favoritenauswahl das Modul *Part Design (Teilekonstruktion)* aus, so wird ein leeres Dokument der Einzelteilkonstruktion bereitgestellt (Bild 6.4).

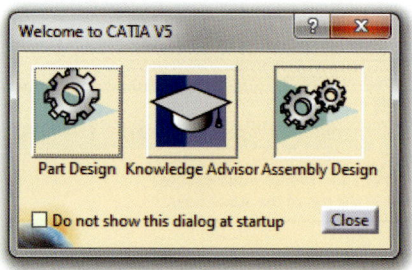

**Bild 6.4**  Automatisches Öffnen einer Datei nach Start des Programms CATIA V5-6

Automatisch erzeugte Dokumente in CATIA V5-6 schließen

Um Verwirrung durch vom Programm generierte Strukturen zu vermeiden, sollten Sie beim Hochfahren von CATIA V5-6 automatisch erzeugte Dokumente stets schließen und gezielt selbst aufrufen. Auf diese Weise behalten Sie eine bessere Übersicht über Ihre Konstruktion.

Zum Öffnen eines leeren Dokumentes im *Assembly Design (Baugruppenkonstruktion)* gibt es drei gleichwertige Möglichkeiten. Achten Sie im Vorfeld darauf, dass alle automatisch generierten Dokumente geschlossen sind:

- Unter der Menüleiste (siehe Bild 6.5) über **START > MECHANICAL DESIGN > ASSEMBLY DESIGN (START > MECHANISCHE KONSTRUKTION > ASSEMLY DESIGN)**

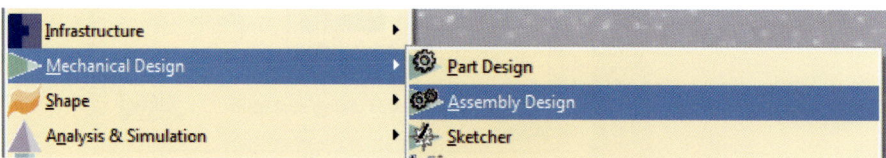

**Bild 6.5**  Laden einer neuen Arbeitsumgebung »Assembly Design«

New

- Über die Funktion *New (Neu)* aus der Funktionsgruppe *Standard (Standard)* – die Auswahl *Product (Produkt)* und eine Bestätigung mit *OK* definieren Sie die gewünschte Arbeitsumgebung (Bild 6.6).

**Bild 6.6** Dialogfenster zur Auswahl eines neuen Dokuments

- Über Anklicken des blauen Feldes im rechten, oberen Symbolleistenbereich wird die Favoritenauswahl über ein Dialogfenster angeboten (siehe Abschnitt 6.1, Absatz »Favoritenauswahl«). Die Anwahl des Symbols *Assembly Design (Baugruppenkonstruktion)* öffnet die gewünschte Arbeitsumgebung (Bild 6.7).

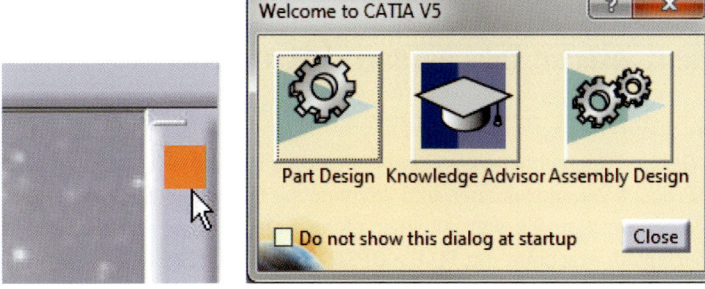

**Bild 6.7** Dialogfenster zur Favoritenauswahl

Bei allen drei Möglichkeiten öffnet sich zunächst ein weiteres Dialogfenster, in dem der Bauteilname der neuen Baugruppendatei schon vorab festgelegt werden kann. Dieser wird nach der Bestätigung mit *OK* im Strukturbaum an oberster Stelle angezeigt. Nun steht Ihnen ein leeres Dokument zur Erzeugung und Verwaltung von Baugruppen zur Verfügung (Bild 6.8).

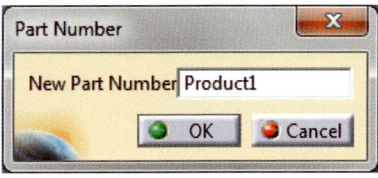

**Bild 6.8** Dialogfenster zur Eingabe der Baugruppenbezeichnung

**Expertentipp: Bauteilnamen definieren**

Wird bei Neuaufruf eines leeren Dokumentes des *Assembly Designs (Baugruppenkonstruktion)* die Möglichkeit, den Bauteilnamen vorab festzulegen, nicht angeboten, so kann dies unter **TOOLS > OPTIONS > INFRASTRUCTURE > PRODUCT STRUCTURE > PRODUCT STRUCTURE > PART NUMBER > MANUAL INPUT (TOOLS > OPTIONEN > INFRASTRUKTUR > PRODUCT STRUCTURE > PRODUKTSTRUKTUR > TEILENUMMER > MANUELLE EINGABE)** eingestellt werden. Sonst kann der Bauteilname (als hierarchisch höchste Instanz) jederzeit auch im Strukturbaum über das Kontextmenü mit rechter Maustaste auf den Bauteilnamen und **PROPERTIES > PRODUCT > PART NUMBER (EIGENSCHAFTEN > PRODUKT > TEILENUMMER)** neu gewählt werden.

## 6.3 Laden einer bereits existierenden Datei

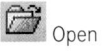 Open

Über das *Assembly Design (Baugruppenkonstruktion)* erzeugte Dateien werden mit einem Dateianhang *.CATProduct* gekennzeichnet und können an beliebiger Stelle auf dem Betriebssystem abgelegt werden. Sie werden über einen Dateibrowser angewählt und geöffnet. Das Browserfenster erscheint mit **FILE > OPEN (DATEI > ÖFFNEN)** auf der Bildschirmoberfläche. Alternativ ist in der Funktionsleiste *Standard (Standard)* mit *Open (Öffnen)* dieselbe Funktion hinterlegt.

## 6.4 Navigation im Modellbereich

Zum Kennenlernen der Navigationsmöglichkeiten von Baugruppen in CATIA V5-6 lohnt es sich, eine schon existierende Datei aufzurufen und ein wenig mit dem Modell herumzuspielen. Möglichkeiten, den Blickpunkt auf ein Modell zu verändern, werden Sie aus dem *Part Design (Teilekonstruktion)* schon kennen. Da einzelne Komponenten aber auch gegeneinander bewegt werden, müssen auch Relativbewegungen betrachtet werden.

**Übung 48: Baugruppe aufrufen und Teile bewegen**

Quick Access Code: mp7

*www.elearningcamp.com/hanser*

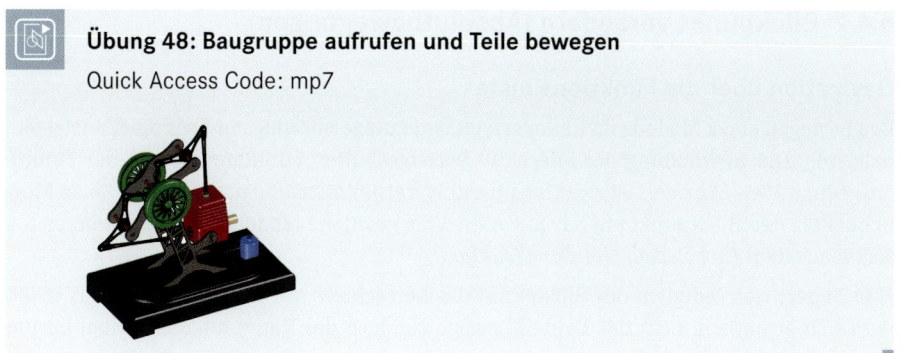

## 6.4.1 Benutzeroberfläche

Die Benutzeroberfläche im *Assembly Design (Baugruppenkonstruktion)* wird wie in Bild 6.9 dargestellt. Die Positionen der Funktionsleisten können individuell vom Benutzer verändert werden. Daher kann die Anordnung der Icons auf der Bildschirmoberfläche von Arbeitsplatz zu Arbeitsplatz variieren. Um die mühselige Suche von Funktionen oder Funktionsgruppen zu erleichtern, sollten Sie die für die nächsten Übungen relevanten Funktionsleisten wie in Bild 6.9 anordnen.

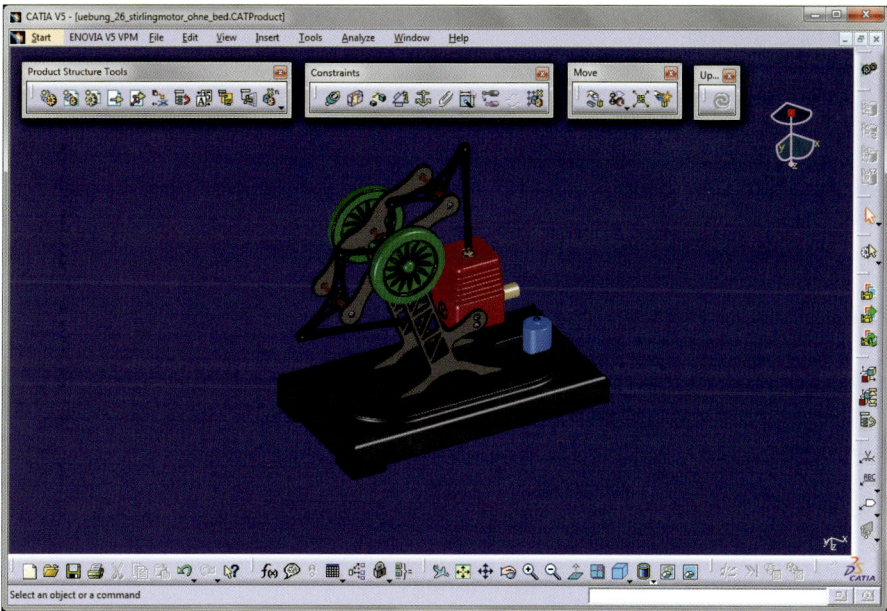

**Bild 6.9** Benutzeroberfläche des Assembly Design (Baugruppenkonstruktion)

## 6.4.2 Blickpunkt verändern (Absolutbewegungen)

### Navigation über die Funktionsleiste

Absolutbewegungen

Das Bewegen eines Modells im Raum erfolgt heutzutage vorwiegend über die Maustastenbelegung. Die Anwendung der alternativ bereitgestellten Funktionen unter der Funktionsgruppe *View (Ansicht)* ist zwar intuitiv, aber verhältnismäßig umständlich. Beide Möglichkeiten, den Blickpunkt auf das in CATIA V5-6 geladene Modell zu richten, kennen Sie schon aus dem *Part Design (Teilekonstruktion)*.

Hier ändert sich lediglich der Blickpunkt des Betrachters auf die Baugruppe. Das heißt, dass sich eigentlich nicht das Bauteil bewegt, sondern der Raum um das Bauteil herum manipuliert wird. Dies zeigt sich sehr deutlich auch am Achsenkreuz (rechts unten im Modellbereich) und an dem Kompass (rechts oben im Modellbereich). Beide können zur Orientierung im Raum nützlich sein.

Bewegungen über Kompass

Eine dritte Möglichkeit ist, den Raum über die Linien und Kreisbögen des Kompasses (im rechten oberen Modellbereich) zu manipulieren. Fassen Sie dazu eines der Elemente an und bewegen die Maus. Es sind translatorische (über Linienelemente) und rotatorische Bewegungen (über Kreisbögen) gegenüber einem Drehzentrum möglich, das mit der Maustastenbelegung festgelegt werden. Durch Anfassen der Spitze des Kompasses wird das gesamte Baugruppenmodell in beliebige Richtungen bewegt. Referenz ist auch hier wieder ein am Körper gewählter Zentrierpunkt (Bild 6.10).

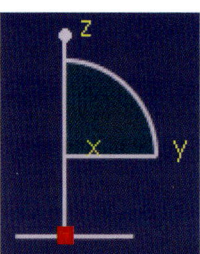

**Bild 6.10** Kompass im Modellbereich

## 6.4.3 Relativbewegungen von Komponenten

Relativbewegungen

Nur den Blickwinkel auf Komponenten einer Baugruppe verändern zu können, reicht in der Baugruppenkonstruktion nicht aus. Einzelne Elemente müssen relativ zu anderen Bauteilen bewegt beziehungsweise positioniert werden können. CATIA V5-6 bietet hierzu die Möglichkeit der Manipulation über eine eigene Funktionsgruppe oder über das geschickte Einsetzen des Kompasses.

### 6.4.3.1 Funktionsgruppe Bewegen (Move)

Über die Funktionen der Gruppierung *Move (Bewegen)* können Bauteile gezielt gegeneinander bewegt werden (Bild 6.11).

**Bild 6.11** Funktionsleiste Move (Bewegen) für Relativbewegungen von Bauteilen zueinander

## Manipulation (Manipulation)

Mit Anwahl der Funktion *Manipulation (Manipulation)* öffnet sich ein Dialogfenster, in dem zunächst die Art der Bewegung definiert werden muss. Als Manipulationsparameter stehen Ihnen in den ersten drei Spalten jeweils drei Bewegungsmöglichkeiten zur Verfügung: Translation entlang einer der Hauptachsen (x, y, z), Rotation um eine der Hauptachsen (x, y, z), oder Translation entlang einer der Hauptebenen (xy, yz, xz).

 Manipulation

Diese Referenzen sind über das Basiskoordinatensystem der Baugruppe definiert, erkennbar am Achsenkreuz im unteren, rechten Modellbereich (Bild 6.12).

Raumkoordinatensystem als Bezug

**Bild 6.12** Manipulation in Bezug auf das Raumachsensystem

Wählen Sie im Anschluss eines der Bauteile im Modellbereich mit (gedrückt gehaltener) linker Maustaste an, so lässt sich diese entsprechend der Auswahl des Manipulationsparameters relativ zu den restlichen Komponenten der Baugruppe bewegen (Bild 6.13).

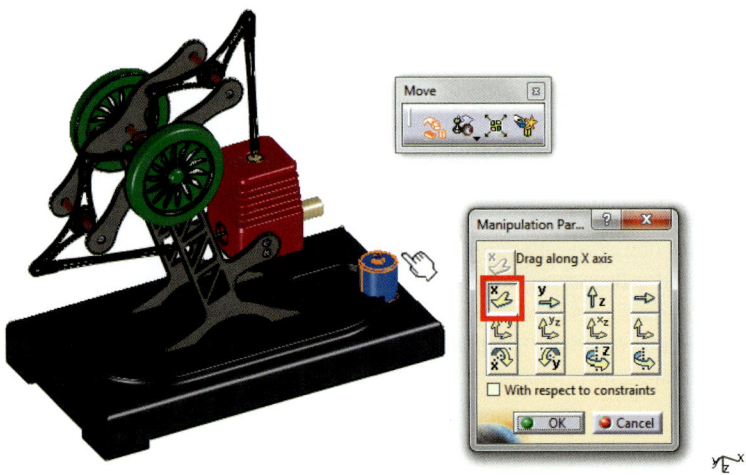

**Bild 6.13** Relativbewegung des blauen Bauteils in x-Achsen-Richtung

Bauteilgeometrie als Bezug

Werden Bewegungen in Bezug auf Referenzen in der Baugruppe gewünscht, so verwenden Sie die Schaltflächen der rechten Spalte. Nach der Auswahl der Bewegungsart (Translation entlang einer Linie, Translation entlang einer Ebene oder Rotation um eine Achse) selektieren Sie das entsprechende Bezugselement an einem der vorhandenen Bauteile im Baugruppenmodell. Die Referenz wird orange im Modellbereich hervorgehoben und bleibt so lange aktiv, bis ein anderer Manipulationsparameter angewählt oder die Funktion abgebrochen wird (Bild 6.14).

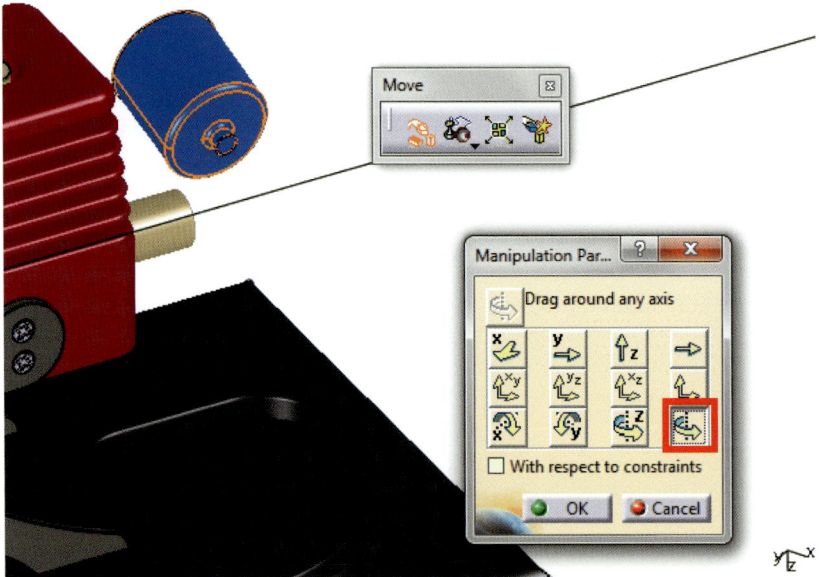

**Bild 6.14** Relativbewegung des blauen Bauteils um eine selbst gewählte Drehachse

Eine Anwahl der Schaltfläche *OK* bestätigt den Arbeitsgang und beendet die Manipulation.

 **Expertentipp: Abbruch der Funktion Manipulation**
Wurde in einem Arbeitsschritt eine ungewollte *Manipulation (Manipulation)* vorgenommen, so empfiehlt es sich, den Vorgang durch Bestätigen der Eingaben mit *OK* zunächst anzunehmen und anschließend über die *Undo*-Funktion *(Widerrufen)* rückgängig zu machen. Ein direktes *Canceln (Abbrechen)* der Manipulation veranlasst das Programm, den Zustand vor dem Arbeitsschritt wieder herzustellen. Wenn auch das Ergebnis dasselbe ist, benötigt CATIA V5-6 für diesen Vorgang häufig sehr viel länger.

Unterhalb der Schaltflächen des Dialogfensters *Manipulation Parameters (Manipulationsparameter)* befindet sich ein Optionsfeld *With respect to constraints (In Bezug auf Bedingungen)*. Wird es aktiviert, so sind nur noch Bewegungen innerhalb der Freiheitsgrade der Baugruppe möglich. Diese werden über die Lageregeln der Funktionsgruppe *Constraints (Bedingung)* eingeschränkt (Bild 6.15).

Manipulation in Bezug auf Bedingungen

**Bild 6.15** Relativbewegungen unter Berücksichtigung der vergebenen Constraints (Zwangsbedingungen)

### Snap (Versetzen)

Snap

Mit aktiver Funktion *Snap (Versetzen)* werden Referenzelemente von Komponenten gegeneinander ausgerichtet. Es können Punkte, Linien oder Ebenen als Bezüge gewählt werden. Dabei erfolgt eine Projektion des zuerst gewählten Elementes auf das zweite. Beide können zum selben Bauteil oder zu anderen Bauteilen gehören. Die Tabelle zeigt einige Kombinationen und deren Ergebnisse.

| Erstes Element | Zweites Element | Projektion |
| --- | --- | --- |
| Punkt | Punkt | Identische Punkte |
| Punkt | Linie | Der Punkt wird auf die Linie projiziert. |
| Punkt | Ebene | Der Punkt wird auf die Ebene projiziert. |
| Linie | Punkt | Die Linie schneidet den Punkt. |
| Linie | Linie | Die beiden Linien werden kolinear angeordnet. |
| Linie | Ebene | Die Linie wird auf die Ebene projiziert. |
| Ebene | Punkt | Die Ebene schneidet den Punkt. |
| Ebene | Linie | Die Ebene schneidet die Linie. |
| Ebene | Ebene | Beide Ebenen werden parallel angeordnet. |

#### 6.4.3.2 Der Kompass

Der Kompass befindet sich in seinem Ausgangszustand im rechten oberen Eck des Modellbereichs. Er besteht aus mehreren Elementen: Geraden, Kreisbögen und ebene Flächen. Der Ankerpunkt wird durch ein rotes Viereck angedeutet. Der Kompass kann neben der Manipulation des Bauraums auch zur Bewegung von Einzelteilen gegenüber dem Rest der Baugruppe verwendet werden (Bild 6.16).

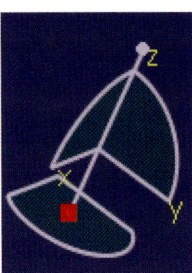

**Bild 6.16** Der Kompass

Kompass im Ausgangszustand

Befindet sich der Kompass im Ausgangszustand, so sind seine Elemente mit dem Hauptachsensystem gekoppelt. Das Anfassen der Linien, Ebenen oder Kreisbögen der linken Maustaste manipuliert dementsprechend den gesamten Bauraum.

Kompass am Bauteil positioniert

Über Anfassen des roten Ankerpunktes (mit gedrückt gehaltener linker Maustaste) wird der Kompass von seiner Ausgangslage herausgelöst. Er kann nun auf beliebige Komponenten der Baugruppe abgesetzt werden. Ein Bauteilbezug ist genau dann gefunden, wenn der Kompass sich grün einfärbt. Die Richtungsvektoren werden dann mit den Buchstaben

$u$, $v$ und $w$ bezeichnet und orientieren sich an dem Bauteil, mit dem der Kompass gekoppelt ist. Stimmt einer der Vektoren mit dem Basiskoordinatensystem der Baugruppe überein, so wird dies zusätzlich (mit den Achsenbezeichnungen $x$, $y$ bzw. $z$) angezeigt. Das Bauteil kann nun, analog zur Bauraummanipulation, in seiner Position verändert werden. Während der Bewegung werden die Beträge der Verschiebung oder Verdrehung, relativ zur Ursprungslage der Komponente, temporär (also während des Manipulationsvorgangs) angezeigt.

Der Kompass bewegt sich zurück in seine Ausgangslage, sobald der Ankerpunkt im freien Raum abgesetzt wird.

**Expertentipp: Verankerung des Kompasses**

Der Kompass lässt sich über ein rotes Rechteck am Mastfuß im Modellbereich verschieben. Wird er auf die Oberfläche eines Bauteils geführt und losgelassen, richtet er sich darauf aus. Automatisch wird das entsprechende Bauteil markiert (es erscheint orange) und lässt sich über die Kanten und Segelflächen des Kompasses im Raum bewegen. Mit verankertem Kompass und Auswahl anderer Objekte der Baugruppe bleibt die Position des Kompasses zwar erhalten, bei dessen Bewegung wird aber das neu selektierte Bauteil manipuliert. Je nach Bewegung wird die relative Positionsänderung während des Manipulationsvorgangs am Kompass in Form von Koordinaten angezeigt.

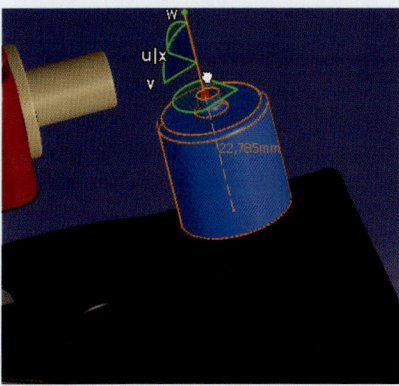

## 6.5 Wie Baugruppen erzeugt werden

Aus Sicht des Programms werden für eine Baugruppe lediglich die Dateipfade der darin enthaltenen Komponenten zusammen mit den Verknüpfungsparametern (Bedingungen für den Zusammenbau) abgespeichert. Die Einzelteile werden zwar bildlich im Modellbereich dargestellt, dessen Parameter (Gestaltung, Abmaße usw.) sind in der Arbeitsumgebung *Assembly Design (Baugruppenkonstruktion)* allerdings nicht editierbar. Konstruktive Veränderungen am Bauteil sind nur in der dafür vorgesehenen Arbeitsumgebung *Part Design (Teilekonstruktion)* möglich. Durch diese strikte Trennung der Arbeitsgänge benötigen im Betriebssystem abgelegte *Assembly Files (Baugruppendateien)* meist weniger Speicherplatz als darin vorkommende Einzelteile. Dies macht gerade deswegen Sinn, weil Informationen zur Entstehungsgeschichte von Einzelteilen sonst doppelt abgespeichert würden: einmal in der Einzelteildatei und (noch) einmal in der Baugruppendatei. Besteht eine Baugruppe aus mehreren Hunderten oder gar Tausenden Einzelteilen, kann sie wegen eines zu großen Datenvolumens häufig nicht mehr verwaltet oder in einem sinnvollen Zeitrahmen vom Programm berechnet werden.

*Verschachtelung von Baugruppen*

Um eine übersichtliche Strukturierung der Hauptbaugruppe zu erhalten, ist es üblich, logisch trennbare Elementverbände zusammenzufassen. Bei kleineren Hauptbaugruppen ist eine derartige Verschachtelung allerdings nicht unbedingt notwendig. Verbaute Komponenten sind dann ausschließlich Einzelteile, die Schritt für Schritt über Lageregeln sogenannte *Constraints (Bedingungen)* in der Arbeitsumgebung *Assembly Design (Baugruppenkonstruktion)* zusammengefügt werden (Bild 6.17).

**Bild 6.17** Einfache Baugruppen sollten meist nicht mit Unterbaugruppen verschachtelt werden.

Bei komplexen Baugruppenmodellen hingegen werden neben Einzelteilen auch Unterbaugruppen als Komponenten integriert. Die Unterteilung in Unterbaugruppen wird durch gezielte Zusammenfassung von logisch zusammengehörigen Bauteilen realisiert. Die Verknüpfung der Elemente erfolgt wieder über Lageregeln *(Constraints/Bedingungen)* in der Arbeitsumgebung *Assembly Design (Baugruppenkonstruktion)* (Bild 6.18).

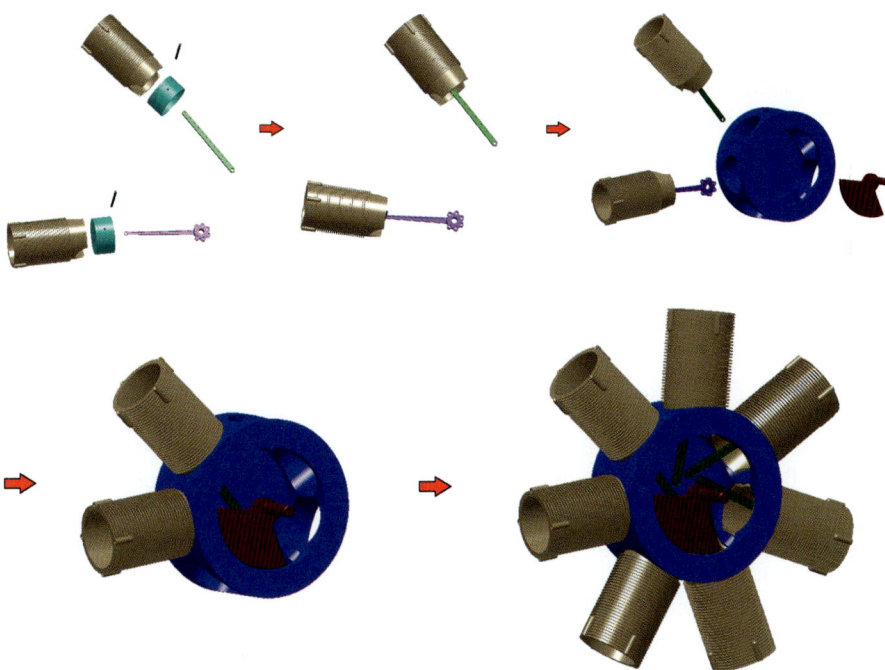

**Bild 6.18** Komplexere Baugruppen werden sinnvollerweise in (funktionale) Unterbaugruppen unterteilt.

Unabhängig von der Strukturierung in Unterbaugruppen gibt es im *Assembly Design (Baugruppenkonstruktion)* mehrere Ansätze, vorgefertigte Komponenten gezielt hinzuzufügen oder neu zu konstruieren.

*Möglichkeiten der Baugruppenerzeugung*

1. Die übersichtlichste und einfachste Möglichkeit, Baugruppenmodelle zu erzeugen, ist, deren Bestandteile separat zu modellieren und anschließend zusammenzufügen. Die Komponenten werden an gezielten Stellen (in der Hauptbaugruppe oder in Unterbaugruppen) in die Struktur integriert. Es können sowohl Einzelteile als auch (ebenfalls) über das *Assembly Design (Baugruppenkonstruktion)* erstellte *Sub-Products (Unterbaugruppen)* eingefügt werden.

2. Neue Einzelteile oder Unterbaugruppen können, mit der schon bestehenden Hauptbaugruppe zur visuellen Kontrolle im Hintergrund, neu erstellt werden. Dabei ist das Setzen von Abhängigkeiten zu anderen Komponenten der Baugruppe (sogenannte externe Verweise) bei der Bauteilerzeugung möglich. Man spricht hier von *Design in Context*, also der Konstruktion in Abhängigkeit von externen Komponenten. Dieses Thema wird uns erst in Abschnitt 7.5 (Link Management) näher beschäftigen. Bei diesem Ansatz werden bei wenig Erfahrung häufig komplexe und schwer nachvollziehbare Abhängigkeitsstrukturen gebildet. Daher ist dieses Vorgehen gerade Konstruktionsneulingen nicht zu empfehlen.

## 6.5.1 Topologischer Aufbau einer Baugruppe

**Übersicht der Elemente einer Baugruppe: der Strukturbaum**

Die Komponenten einer Baugruppe werden als Strukturbaumeinträge mit einem Bildsymbol und einem aussagekräftigen Namen abgebildet. Anders als beim *Part Design (Teilekonstruktion)* spielt die chronologische Abfolge von Elementen im Strukturbaum hier keine wesentliche Rolle. Hierarchisch gleichwertige Elemente können beliebig angeordnet werden, ohne dass sich das Modell verändert. Im Vordergrund sollte eine übersichtliche Strukturierung stehen, die einen schnellen Überblick über die Zusammensetzung der Baugruppe wiedergibt. Der Strukturbaum definiert also den topologischen Aufbau eines Baugruppenmodells.

**Inhalt einer Baugruppe**

Die eigentliche Geometrie der Einzelteile wird in der Baugruppendatei nicht abgespeichert. Sie können dies sehr einfach überprüfen, indem Sie die Dateigröße einer Baugruppe und die Dateigröße eines der darin enthaltenen Einzelteile miteinander vergleichen. Sie werden feststellen, dass die Baugruppendatei meist wesentlich weniger Speicherplatz benötigt. Die Baugruppendatei protokolliert Beziehungen der Komponenten untereinander im Strukturbaum. Zugriff auf die Einzelteilgeometrien erfolgt über einen exakt definierten Dateipfad. Dies wird später, bei der Verwendung von Teilefamilien oder der Mehrfachverwendung von Bauteilen, noch eine große Rolle spielen, da sich bei Verwendung von Wiederholelementen (z. B. Normteilen) Probleme ergeben können. Dies ist nämlich dann der Fall, wenn verschiedene Baugruppen auf ein und dasselbe Original zugreifen wollen.

**Konstruktionsmethodik**

Aus der Teilekonstruktion ist bekannt, dass eine saubere und strukturierte Konstruktionsmethodik den Modellierungsprozess stark vereinfacht. Der übersichtliche Aufbau einer Baugruppe ist ebenso wichtig. Nur so finden sich auch Dritte mit den von Ihnen erzeugten Datensätzen zurecht. Die Verschachtelung in Unterbaugruppen hilft dabei, ein übersichtliches Modell zu schaffen. Auch bei der Vergabe von Lageregeln über die Funktionen der Funktionsgruppe *Constraints (Bedingung)* sollten Sie methodisch vorgehen. Sie regeln die räumliche Anordnung von Komponenten zueinander und werden im Strukturbaum niedergeschrieben.

 **Expertentipp: Konflikte bei Bezeichnungen**

Eine identische Bezeichnung für zwei unterschiedliche Komponenten ist innerhalb einer Baugruppe niemals zulässig. Die Wahl der Bezeichnungen für die Strukturbaumeinträge muss jederzeit eindeutig sein. Gleiche Bauteile erhalten zwar die gleiche Teilenummer und Komponentenbezeichnung, werden aber über die Definition von Instanzen voneinander unterschieden.

 **Expertentipp: Instanzen**

Kommen innerhalb einer Baugruppe mehrere gleiche Komponenten vor, spricht man von Instanzen. Diese Instanzen werden zur Bewahrung der Eindeutigkeit in den Bezeichnungen einfach durchnummeriert.

Bei der Verwaltung von Datensätzen im Konstruktionsbetrieb stehen an erster Stelle im Strukturbaumeintrag in der Regel die betrieblich festgelegten Teilenummern.

In Klammern dahinter steht ein aussagekräftiger Name, der wie die Teilenummer zur Unterscheidung von Komponenten dient. Unterschiedliche Bauteile (oder Unterbaugruppen) erhalten auch unterschiedliche Bezeichnungen.

Kommt eine Komponente innerhalb einer Baugruppe mehr als einmal vor, so werden die Instanzen ebenfalls durchnummeriert.

Auf diese Weise ergibt sich eine klare Gliederung in der Topologie einer Baugruppe (Bild 6.19).

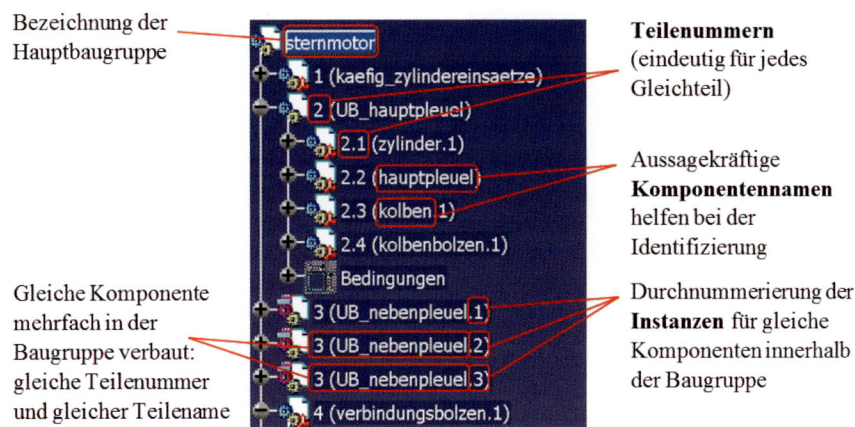

**Bild 6.19** Topologie einer Baugruppe

## 6.5.2 Symbole im Strukturbaum und ihre Bedeutung

Bildsymbole, die im Strukturbaum zur Kennzeichnung von Komponenten verwendet werden, geben Aufschluss über deren Art und Zustand innerhalb der *Assembly* (*Baugruppe*, siehe Bild 6.20). Weitere Symbole werden wir noch im Zusammenhang mit dem Link Management kennenlernen, das in Abschnitt 7.5 behandelt wird.

-  (Unter-)Baugruppe
-  Baugruppenkomponente »Einzelteil« (in Baugruppe oder Unterbaugruppe integriert)
-  Bauteilknoten (Einzelteildatei)
-  »Verlorene Komponente« (Dateipfad kann nicht gefunden werden)
-  Flexible Unterbaugruppe
-  Komponente als Sammelbehälter zum Gruppieren von Elementen

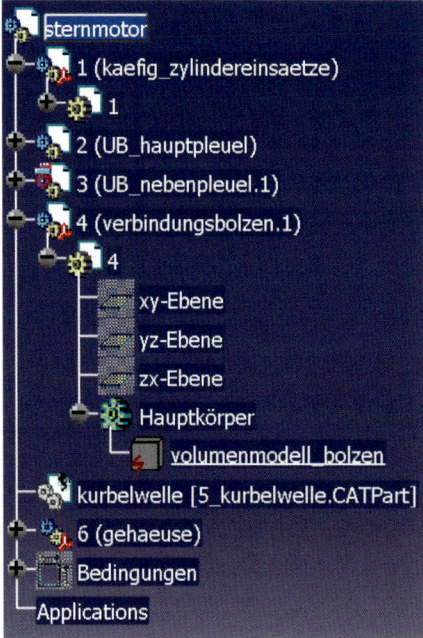

**Bild 6.20** Verschiedene Symbole im Strukturbaum geben Aufschluss über den Zustand des betroffenen Eintrags.

## ■ 6.6 Signalfarben im Bauraum

Ähnlich wie bei der Erzeugung von Volumenmodellen sind auch beim *Assembly Design (Baugruppenkonstruktion)* Signalfarben im Modellbereich von großer Bedeutung. Sie geben Aufschluss über den Zustand von Elementen oder Elementverbänden und helfen dem Anwender bei der Konstruktion.

| Farbe | Einfärbung | Bedeutung |
|---|---|---|
| Rot | Gesamter Volumenkörper | Nicht berechnetes Modell |
| Rot | Kanten im 3D-Raum | Linienzug (Kante) ist ausgewählt |
| Orange | Flächenumrandung | Fläche ist ausgewählt |
| Orange | Strukturbaumeintrag und Kanten der Volumengeometrie | Gesamter Volumenkörper ist ausgewählt |
| Grün | Bedingungen | Bedingungen aufgelöst |
| Braun | Bedingungen | Bedingungen gesetzt, aber noch nicht aufgelöst |

## 6.7 Verwendbare Einzelteile für den Zusammenbau

Aus Sicht des Programms ist ein Einzelteil eine Datei, die Informationen zur dreidimensionalen Beschaffenheit **eines** Bauteils enthält. Dabei kann es sich um eindimensionale Geometrie (Drahtgeometrie), zweidimensionale Geometrie (Flächengeometrie) oder dreidimensionale Geometrie (Volumengeometrie) handeln. Diese Informationen werden von CATIA V5-6 auf der Programmoberfläche angezeigt. Je nachdem, aus welcher Quelle die Datei stammt, kann der Informationsgehalt sehr stark variieren.

Dateien, die mit CATIA V5-6 erstellt wurden, zeichnen sich insbesondere durch einen sehr hohen Informationsgehalt hinsichtlich ihrer Entstehungsgeschichte aus. Dies bedeutet in erster Linie eine hohe Änderungsfreundlichkeit und Übersichtlichkeit in der Zusammensetzung der Gesamtgeometrie eines Einzelteils aus seinen Teilgeometrien. Im Dateibrowser sind diese Dateien mit dem Dateianhang *.CATPart* versehen und deuten somit an, dass sie mit CATIA V5-6 erzeugt und im Eigenformat abgespeichert wurden (**Native Dateien**). Referenzelemente für den Zusammenbau im *Assembly Design (Baugruppenkonstruktion)* können problemlos am Bauteil angewählt oder bei Bedarf (vorzugsweise über die Funktionen der Funktionsgruppe *Reference Elements (Extended) (Referenzelemente (Erweitert)*) in der Arbeitsumgebung *Part Design (Teilekonstruktion)*) ergänzt werden.

Eigenformate

Einzelteile, die mit anderen CAD-Systemen erzeugt und abgespeichert wurden, können mit CATIA V5-6 als Fremdformat hochgeladen werden. Im Unterschied zum Eigenformat *(*.CATPart)* können Fremdformate (*.iges*, *.step*, *.wrml* usw.) nur als Volumenmodelle, Flächenmodelle oder Drahtmodelle **ohne Lebensgeschichte** geladen werden. Dies bedeutet, dass ein Editieren, wie aus Modellierungen mit CATIA V5-6 gewohnt, hier nicht mehr möglich ist. In den meisten Fällen jedoch können mithilfe der Funktionen der Funktionsgruppe *Reference Elements (Extended) (Referenzelemente (Erweitert))* in der Arbeitsumgebung *Part Design (Teilekonstruktion)* für die Baugruppenkonstruktion notwendige Referenzelemente ergänzt werden.

Fremdformate

## 6.8 Zusammenbau bereits zur Verfügung stehender Einzelteile

Im einfachsten Fall liegen Ihnen bereits im *Part Design (Teilekonstruktion)* erzeugte Einzelteile vor, die Sie zu einer Baugruppe zusammenbauen können. In der täglichen Praxis ist die Produktentwicklung allerdings ein iterativer Prozess, bei dem ständig Änderungen an Einzelteilen und deren angrenzenden Nachbarteilen vorgenommen werden müssen. Die verschiedenen Möglichkeiten, das *Assembly Design (Baugruppenkonstruktion)* methodisch aufzubauen, werden wir uns in Kapitel 7 ansehen. In den folgenden Übungen werden wir uns darauf konzentrieren, die Grundfunktionen für die Erstellung von Bauteilverbänden zu erlernen.

### 6.8.1 Übung Bauelemente

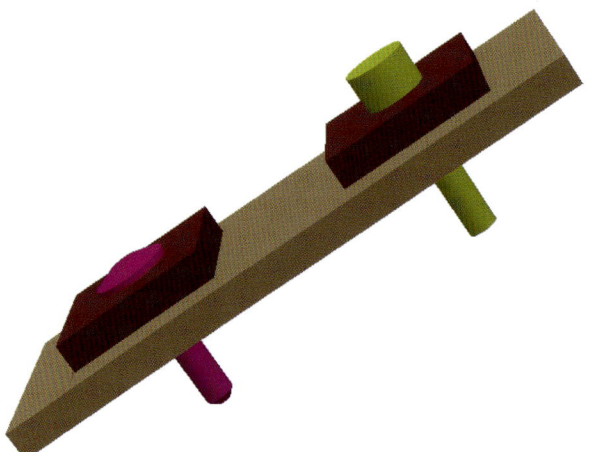

**Bild 6.21**  Einfache Baugruppe: Drei Platten werden über eine Schraubenverbindung und eine Nietverbindung zusammengehalten.

**Verwendete Funktionen**

**Lernziele**

Im ersten Konstruktionsbeispiel werden Sie lernen, eine Arbeitsumgebung *Assembly Design (Baugruppenkonstruktion)* aufzurufen und mit Komponenten aufzufüllen. Sie werden Möglichkeiten kennenlernen, Bauteile gegeneinander zu verschieben, farblich voneinander abzuheben und über Verknüpfungsparameter permanent in ihrer Position zueinander festzulegen.

**Verbaute Komponenten**

Unter *http://downloads.hanser.de* finden Sie im Ablageordner *Baugruppenkonstruktion > uebung_1_bauelemente* die in Bild 6.22 dargestellten Einzelteile, die für diese Übung verwendet werden. Laden Sie sich die Einzelteile runter und speichern sie an einem beliebigen Ort auf Ihrem Computer.

**Bild 6.22** Verwendete Komponenten

## Konstruktionsbeschreibung

Im *Assembly Design (Baugruppenkonstruktion)* geht es darum, mehrere Einzelteile zu einem Verband zusammenzufügen. Ein auf diese Weise erzeugter CAD-Datensatz kann als Grundlage für weitere Untersuchungen oder Produktionsschritte dienen (z. B. Bauraumuntersuchungen, Montageanalysen, kinematische Untersuchungen, Festigkeitsanalysen usw.). CATIA V5-6 stellt dazu verschiedene Module zur Verfügung (DMU Kinematics, DMU Fitting, Generative Structural Analysis usw.), die alle ein im *Assembly Design (Baugruppenkonstruktion)* zusammengesetztes und ausgerichtetes Modell verlangen.

**1. Neue Baugruppendatei bereitstellen:** Starten Sie das Programm CATIA V5-6 und schließen alle automatisch erzeugten Dokumente. Stellen Sie nun selbst eine Baugruppendatei bereit. Zur Bezeichnung der Datei geben Sie »uebung_bauelemente« in der Eingabemaske *New Part Number (Teilenummer)* ein und bestätigen den Dialog mit *OK*.

 New

Damit ist der Name der Hauptbaugruppe festgelegt und wird im Strukturbaum an erster Stelle abgespeichert.

In welcher Arbeitsumgebung Sie sich gerade befinden, wird bei geöffneter Datei durch ein Bildsymbol, meist oben im rechten Symbolleistenbereich, angezeigt. Gerade am Anfang werden die Module *Assemby Design (Baugruppenkonstruktion)* und *Product Structure (Produktstruktur)* gerne verwechselt. Stellen Sie sicher, dass Sie sich in der richtigen Arbeitsumgebung befinden. Die Programmoberflächen ähneln sich sehr stark. Allerdings fehlen in der *Product Structure (Produktstruktur)* Funktionen für den Zusammenbau von Komponenten.

Die richtige Arbeitsumgebung

- *Product Structure (Produktstruktur)* zur Verwaltung und Organisation von Komponenten einer Baugruppe: Im Grunde wird hier nur der Strukturbaum bearbeitet, nicht die Geometrie im Modellbereich.

- *Assembly Design (Baugruppenkonstruktion)* zum Erzeugen und Verändern von virtuellen, dreidimensionalen Baugruppenmodellen: Zusätzlich zu Verwaltungs- und Organisationsaufgaben können Komponenten hier auch im Zusammenspiel miteinander gesteuert bzw. manipuliert werden.

**2. Symbolleisten anordnen:** In der sich öffnenden Modulumgebung wird eine Vielzahl an Funktionen zur Verknüpfung und Organisation von Baugruppen angeboten. Zunächst ist die Datei jedoch ohne Inhalt, und Bauteile müssen erst in den Modellbereich hochgeladen werden. Damit Sie einen besseren Überblick über die für die Konstruktion notwendigen Funktionen bekommen, sollten Sie die entsprechenden Symbolleisten übersichtlich anordnen. Auf diese Weise prägen Sie sich die im Folgenden beschriebenen Methoden und Arbeitsweisen besser ein.

Zum Einstieg in die Baugruppenmodellierung wird die in Bild 6.23 dargestellte Anordnung der Funktionsgruppen dringend empfohlen.

 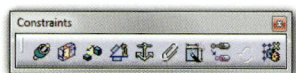  

**Bild 6.23** Von links nach rechts: Product Structure Tools (Tools für Produktstruktur), Constraints (Bedingungen), Move (Bewegen), Update All (Aktualisieren)

Sollten einzelne Funktionsgruppen fehlen, können diese über die Menüleiste ergänzt werden: VIEW > TOOLBARS… (ANSICHT > SYMBOLLEISTEN > …) (Bild 6.24).

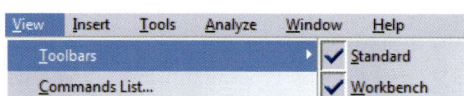

**Bild 6.24** Aktivieren/Deaktivieren von Funktionsleisten

**3. Einzelteile hochladen:** Die Baugruppendatei besteht zunächst nur aus dem Strukturbaum, mit der Bezeichnung der Hauptbaugruppe als höchster Instanz. Auch wenn ein Kompass im rechten oberen Bildschirmrand zur Verfügung steht, um die Ansichtsperspektive im Modellbereich zu manipulieren, und wenn auch ein Achsenkreuz im rechten unteren Bildschirmrand angedeutet wird, existiert für die Baugruppe noch kein absoluter Nullpunkt. **Dieser wird durch Einfügen des ersten Elementes definiert.** Nachdem die Bauteile für diese Übung schon vorbereitet sind, können die Einzelteile in den noch leeren Modellbereich hochgeladen werden. Wählen Sie dazu die Funktion *Existing Component (Vorhandene Komponente)* aus der Funktionsgruppe *Product Structure Tools (Tools für Produktstruktur)* mit einem Klick der linken Maustaste aus.

**4.** Damit sich ein Browserfenster öffnet und bereits modellierte Komponenten angewählt werden können, muss dessen Position im Strukturbaum bestimmt werden. Klicken Sie dazu auf die höchste Instanz: *uebung_bauelemente*. Nun öffnet sich der Dateibrowser und Sie können den Speicherort der gespeicherten Dokumente auf Ihrem Rechner auswählen (Bild 6.25).

Wählen Sie zunächst das Bauteil *1_grundplatte* aus und bestätigen anschließend mit *Öffnen*. Ein sich öffnendes Dialogfenster weist darauf hin, dass die Datei schreibgeschützt ist. Diese Warnmeldung können Sie stets schließen. Das Bauteil fügt sich automatisch als eigenständiger Knoten in den Strukturbaum ein und wird im Modellbereich angezeigt (Bild 6.26).

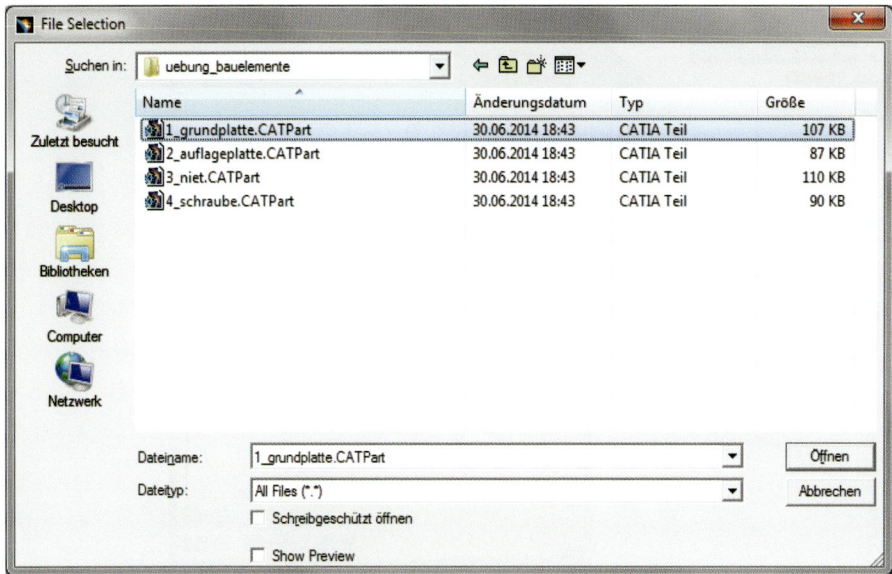

**Bild 6.25** Dateibrowser zur Auswahl der teilnehmenden Komponenten

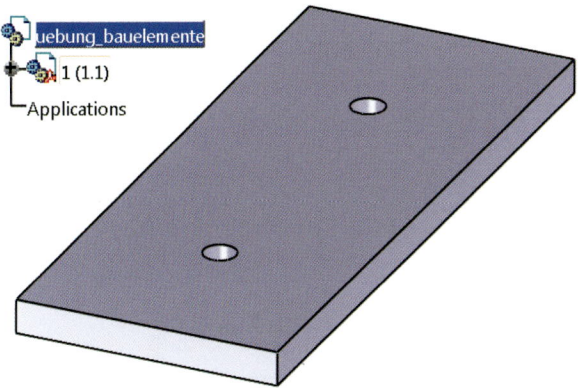

**Bild 6.26** Erstes Bauteil in den Bauraum eingefügt

Die Teilenummer für die eingefügte Komponente wird entsprechend der Bezeichnung des Einzelteils im *Part Design (Teilekonstruktion)* übernommen und im Konstruktionsbetrieb vom Arbeitgeber vorgegeben. Für die Übungen in diesem Buch wurden die jeweiligen Bauteilnummern willkürlich gewählt. Sie stehen im Strukturbaumeintrag immer vor der Klammer. Für eine bessere Übersicht (beim Erlernen des *Assembly Designs*) sollte neben der wenig aussagekräftigen Teilenummer zusätzlich in Worten beschrieben werden, um was für ein Bauteil es sich handelt. Wählen Sie dazu den Strukturbaumeintrag mit der rechten Maustaste an und öffnen das Kontextmenü. Tragen Sie unter **PROPERTIES > PRODUCT > INSTANCE NAME (EIGENSCHAFTEN > PRODUKT > EXEMPLARNAME)** die Bezeichnung *grundplatte* ein und bestätigen die Eingabemaske mit *OK* (Bild 6.27).

Übersichtliche, eindeutige Nomenklatur

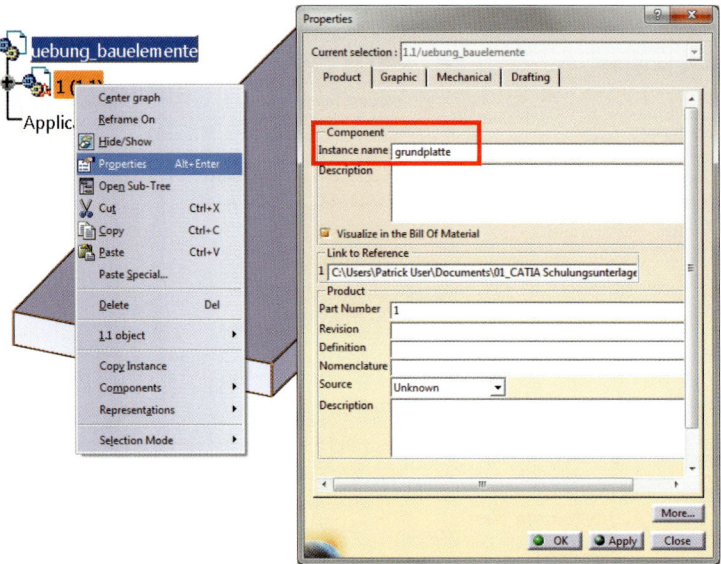

**Bild 6.27** Umbenennung von Strukturbaumeinträgen über die Properties (Eigenschaften)

 Existing Component

Fügen Sie nun auf dieselbe Weise die restlichen Komponenten in die Hauptbaugruppe ein. Wählen Sie dazu wieder die Funktion *Existing Component (Vorhandene Komponente)* an und bestimmen die Einfügeposition im Strukturbaum mit einem Klick der linken Maustaste auf den Eintrag *uebung_bauelemente*. Über das sich öffnende Browserfenster können Sie auch mehrere Dateien gleichzeitig hochladen. Wählen Sie also alle noch fehlenden Bauteile *2_auflageplatte*, *3_niet* und *4_schraube* aus und bestätigen Ihre Auswahl mit *Öffnen*. Die Warnmeldung können Sie auch hier wieder schließen (Bild 6.28).

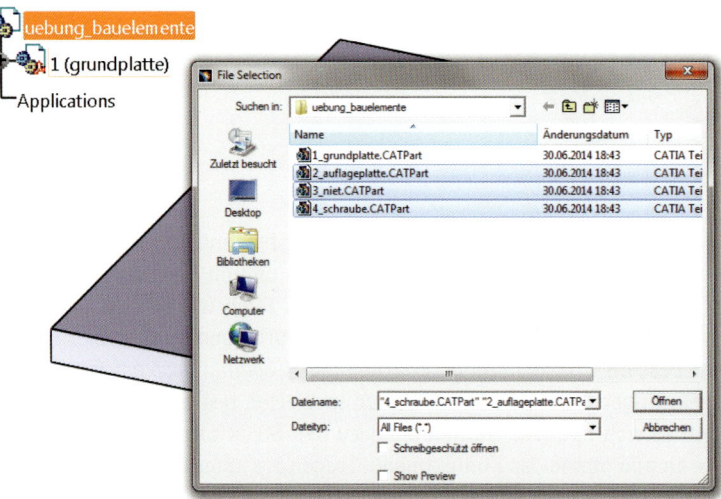

**Bild 6.28** Einfügen der restlichen Baugruppenkomponenten

Wähle Sie für die neuen Komponenten ebenfalls eindeutige Bezeichnungen *(auflageplatte, niet* und *schraube)*. Ihr Modellbereich sollte nun wie in Bild 6.29 aussehen.

Übersichtliche, eindeutige Nomenklatur

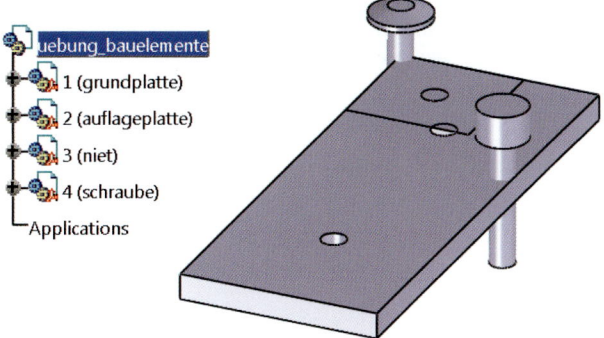

**Bild 6.29** Umbenannte Komponenten der Baugruppe

Obwohl die überlappende Anordnung der neu eingestellten Bauteile willkürlich erscheint, wurden diese vom Programm an genau festgelegte Positionen in den Modellbereich hochgeladen. **Dabei definiert die zuerst in die Baugruppe integrierte Komponente mit dessen Hauptkoordinatensystem den absoluten Nullpunkt.** Alle weiteren Komponenten orientieren sich an diesem Bezugskoordinatensystem und legen sich mit dem bauteileigenen Hauptkoordinatensystem deckungsgleich darauf.

Bezugskoordinatensystem

**5. Datei abspeichern:** Bevor diese Einzelteile gezielt gegeneinander ausgerichtet werden, sollten Sie Ihre Baugruppendatei zunächst an einem von Ihnen gewählten Ablageort im Betriebssystem abspeichern. Nachdem hier unter Umständen mehrere unterschiedliche Dokumente gleichzeitig gesichert werden müssen, bieten sich die Sicherungsoptionen des *Save Managements (Sicherungsverwaltung)* an (dazu später mehr.) Unter der Menüleiste wird mit FILE > SAVE MANAGEMENT... (DATEI > SICHERUNGSVERWALTUNG...) das in Bild 6.30 dargestellte Dialogfenster aufgerufen.

Sicherungsverwaltung

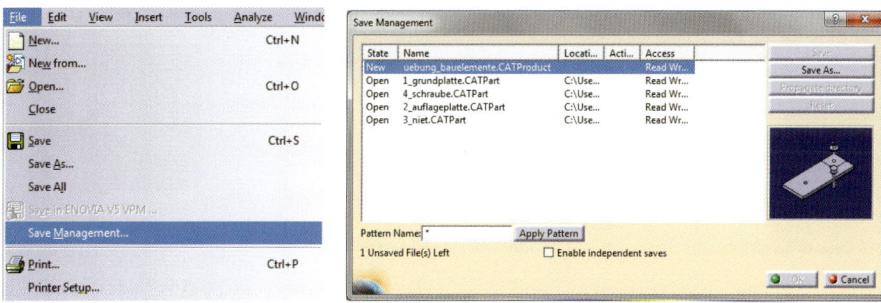

**Bild 6.30** Dialogfenster des Save Managements (Sicherungsverwaltung)

Im Dialogfenster des *Save Managements (Sicherungsverwaltung)* werden alle Dokumente, die im Vordergrund oder Hintergrund agieren (also alle geladenen Dokumente), aufgelistet.

| | |
|---|---|
| State | In der ersten Spalte wird der *State (Status)* der jeweiligen Komponente beschrieben. Wurde eine Datei noch nicht gesichert, so wird der *State (Status)* »*New*« (»*Neu*«) angezeigt. |
| Name | In der zweiten Spalte wird der *Name (Name)* der geladenen Komponenten angezeigt. |
| Path | Unter der Spalte *Path (Position)* wird der Ablageort der jeweiligen Komponente im Betriebssystem angezeigt. Nachdem die Baugruppe noch nicht abgespeichert wurde, ist die erste Zeile im Dialogfenster an dieser Stelle frei. Für die Einzelteile der Baugruppe weist hier der Dateipfad auf den von Ihnen gewählten Ablageort. |
| Action | Unter der Spalte *Action (Aktion)* wird angezeigt, welcher Speichervorgang für die jeweilige Komponente stattfinden soll. |
| Access | Der *Access (Zugriff)* definiert die für die jeweilige Komponente festgelegten Zugriffsrechte. Rechts daneben befinden sich Schaltflächen, über welche die gewünschten Aktionen durchgeführt werden können. |
| Save as | Wählen Sie die erste Zeile an und klicken mit der linken Maustaste auf die Schaltfläche *Save as... (Sichern unter...)*. Über das sich öffnende Browserfenster können Sie einen Ablageordner an einem beliebigen Ort auf Ihrem Betriebssystem erzeugen. Bestätigen Sie den Ablageort und den Namen Ihrer Baugruppendatei *uebung_bauelemente* mit *Save (Speichern)*. |
| Propagate directory | Wenn Sie nun im Dialogfenster *Save Management (Sicherungsverwaltung)* die Schaltfläche *Propagate directory (Verzeichnis weitergeben)* aktivieren, werden Sie unter der Spalte *Action (Aktion)* feststellen, dass auch die Einzelteile zusammen mit der Baugruppendatei in dem von Ihnen gewählten Ablageordner abgespeichert werden. Die ursprünglichen Daten werden damit nicht mehr verändert und bleiben an ihrem Ablageort. Die Bestätigung des Dialogfensters mit *OK* stößt die Sicherungsaktionen an (Bild 6.31). |

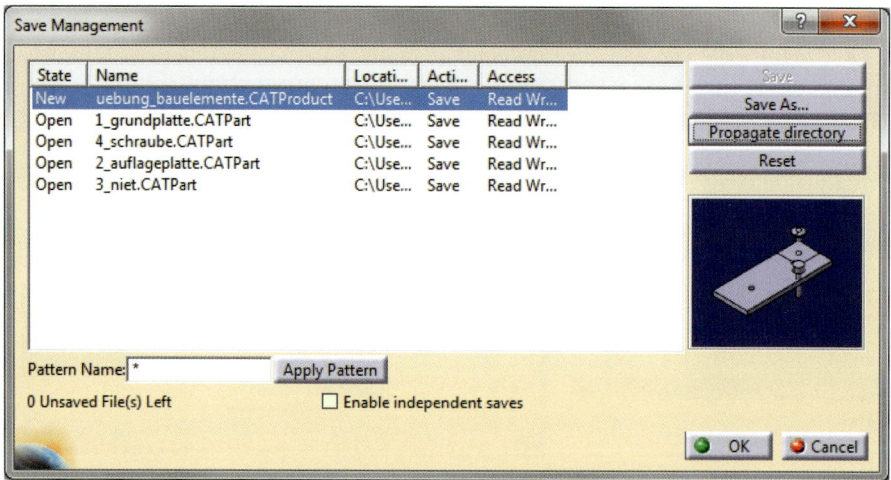

**Bild 6.31** Speicherung der neuen Baugruppendatei (*.CATProduct) mit Propagate directory (Verzeichnis weitergeben); für die teilnehmenden Einzelteile (im Savemanagement werden alle betroffenen Komponenten gelistet)

**Expertentipp: Zwischendurch abspeichern**

Zwischen den Teilschritten der Modellierung sollten Sie immer wieder abspeichern. Dabei wird genau die Position eingefroren, an der Sie aufgehört haben. Gerade Einsteiger machen immer wieder Fehler bei der Konstruktion, was völlig normal ist und Sie nicht weiter frustrieren sollte. Allerdings kommt das Programm häufig mit einem ständigen Korrigieren von Teilschritten – beispielsweise über die Funktion *Undo (Widerrufen)* aus der Funktionsgruppe *Standard (Standard)* – nicht immer zurecht. Es stürzt ab, oder Funktionen reagieren nicht so, wie sie es eigentlich müssten. Mit Speichern, Schließen und erneutem Aufrufen der Datei können diese Fehler in den meisten Fällen behoben werden.

**6. Baugruppe im Raum zerlegen (Explosionsdarstellungen):** Ihre Baugruppe besteht nun aus vier Einzelteilen, die zunächst noch ungeordnet »in der Luft« hängen. Darüber hinaus liegen die Volumengeometrien teilweise übereinander. Um die Komponenten zunächst räumlich voneinander zu trennen, kann eine »Explosion« der Baugruppe aktiviert werden. Wählen Sie dazu die Funktion *Explode (Zerlegen)* aus der Funktionsgruppe *Move (Bewegen)*. Die sich öffnenden Dialogfenster können Sie mit *OK* bzw. *Ja* bestätigen (Bild 6.32).  Explode

**Bild 6.32** Erzeugung einer Explosionsdarstellung

Ihr Modellbereich sollte nun wie in Bild 6.33 aussehen.

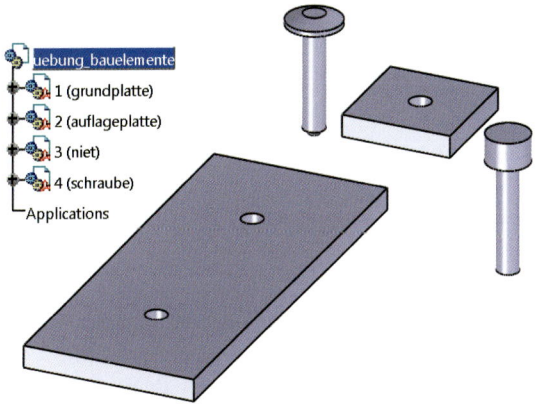

**Bild 6.33** Explosionsdarstellung der Komponenten im Bauraum

Nehmen Sie sich einige Minuten Zeit, sich mit den Navigationsmöglichkeiten anzufreunden. Gerade der Kompass bietet eine gute, schnelle und übersichtliche Möglichkeit, Komponenten relativ zueinander zu bewegen.

Die Bauteile sind nun frei zugänglich und können von verschiedenen Seiten betrachtet werden.

**7.** Bauteile über *Constraints (Bedingungen)* dauerhaft positionieren: Bisher sind die Positionen der Komponenten Ihrer Baugruppe nicht genau festgelegt. Erst durch die Vergabe von Lageregeln, sogenannten *Constraints (Bedingungen)*, werden die Komponenten dauerhaft und eindeutig positioniert. CATIA V5-6 bringt keine Rückmeldung darüber, ob exakt so viele Freiheitsgrade eingeschränkt wurden, dass die Konstruktion statisch bestimmt, unterbestimmt oder überbestimmt ist. Sie müssen also selbst entscheiden, ob Ihre Baugruppe durch die Einschränkung von Bewegungsfreiheiten eindeutig bzw. ausreichend definiert wurde.

 Fix

**a) Erstes Bauteil fixieren:** Unter der Funktionsgruppe *Constraints (Bedingungen)* werden verschiedene Möglichkeiten angeboten, Elemente räumlich gegeneinander auszurichten und in der Bewegungsfreiheit einzuschränken. Beginnen sollten Sie Ihre Baugruppenkonstruktion stets mit der Definition einer fixierten Komponente. Alle anderen Elemente werden dann ausgehend von diesem Referenzelement verbaut. Wählen Sie also die Funktion *Fix (Fixieren)* und klicken anschließend auf den Strukturbaumeintrag oder die Volumengeometrie der Grundplatte im Modellbereich.

Der Strukturbaum erweitert sich um einen weiteren Knoten mit dem Namen *Constraints (Bedingungen)*. Wenn Sie auf das Pluszeichen klicken, wird dessen Inhalt angezeigt (Bild 6.34).

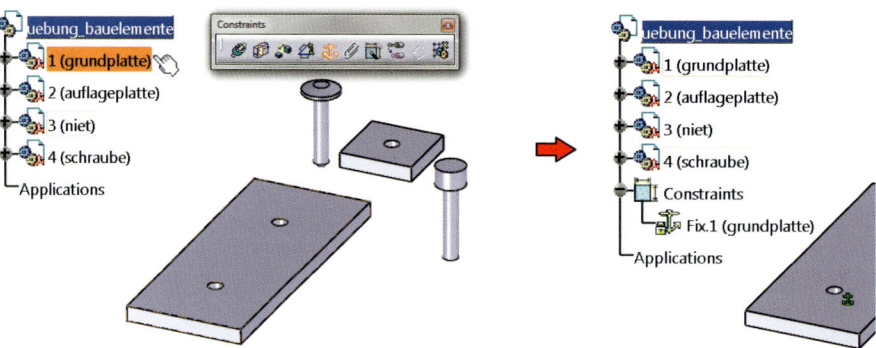

**Bild 6.34** Fixierung der ersten Komponente als Bezugsbauteil im Raum

Für Ihre Grundplatte sind nun alle Freiheitsgrade eingeschränkt. Angedeutet wird dies zusätzlich, neben dem Strukturbaumeintrag, durch ein Anker-Symbol an der Volumengeometrie im Modellbereich.

 Coincidence

**b) Coincidence (Kongruenz):** Die restlichen Komponenten können nun mit der Grundplatte verbaut werden. Für die kleine Auflageplatte benötigen Sie insgesamt drei *Constraints (Bedingungen)*, um deren Position gegenüber dem fixierten Referenzelement exakt zu definieren. Setzen Sie zunächst die Bohrungsmittelpunkte der beiden Elemente kongruent aufeinander. Die dafür notwendige Lageregel ist in der Funktion *Coincidence Constraint (Kongruenzbedingung)* hinterlegt. Nach Anwahl der Funktion öffnet sich zunächst ein Dialogfenster *Assistant (Assistent)*, siehe Bild 6.35).

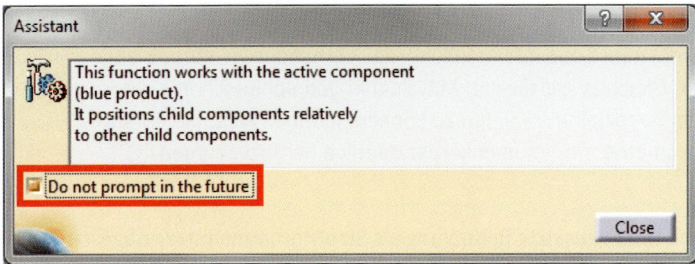

**Bild 6.35** Das Dialogfenster Assistant (Assistent) weist auf eine Relativbewegung der Komponenten im Bauraum hin.

Markieren Sie das Optionsfeld *Do not prompt in the future (Künftig keine Eingabeaufforderung mehr anzeigen)* und schließen den Dialog. Hier wird lediglich darauf hingewiesen, dass Sie mithilfe von *Constraints (Bedingungen)* Bauteilpositionen relativ zueinander verändern. Genau das ist hier aber auch gewünscht.

Nun müssen Sie zwei geometrische Elemente im Modellbereich anwählen, die kongruent aufeinandergelegt werden sollen. Welche Auswahlen CATIA V5-6 zulässt, können Sie auch der Kommentarzeile im linken unteren Bildschirmrand entnehmen. Um eine gewisse Struktur in die Baugruppenkonstruktion zu bekommen, sollten Sie beim Verknüpfen von Elementen stets zuerst die Referenz am unverbauten Element anwählen. In unserem Beispiel bedeutet das, dass Sie als Erstes die Bohrachse der Auflageplatte einfangen sollten, als Zweites die entsprechende Bohrachse der Grundplatte (Bild 6.36).

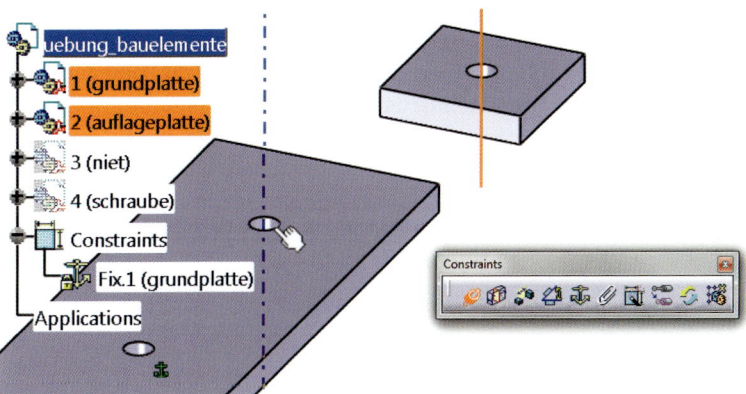

**Bild 6.36** Verknüpfung der kleinen mit der großen Platte über Achskongruenz der Bohrungen

>  **Expertentipp: Zylinderachsen und Kugelmittelpunkte einfangen**
>
> Die *Coincidence Constraint (Kongruenzbedingung)* aus der Funktionsgruppe *Constraints (Bedingungen)* akzeptiert als Eingangselement (Referenzelement) Flächen, Linien und Punkte. Zum Einfangen von Bohrachsen (Zylinderachsen) muss die Mantelfläche am vorhandenen Körper angewählt werden. Gleiches gilt für den Mittelpunkt von sphärischen Körpern. Um die Elemente gezielt auswählen zu können, lohnt es sich, die entsprechende Teilgeometrie am Volumenkörper deutlich heranzuzoomen.

Auch hier wird die von Ihnen gesetzte Bedingung als Strukturbaumeintrag abgespeichert. Dabei wird in Klammern angegeben, welche Bauteile miteinander verknüpft wurden. Die zuerst genannte Komponente entspricht auch der bei der Verknüpfung zuerst gewählten Referenz. Auf diese Weise lässt sich Ihre Konstruktion im Anschluss besser nachvollziehen. Mögliche Fehler beim Zusammenbau können auf diese Weise schneller gefunden werden (Bild 6.37).

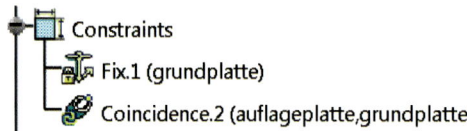

**Bild 6.37** Die Constraints (Bedingungen) Fix (Fixieren) und Coincidence (Kongruenz) im Assembly Design (Baugruppenkonstruktion)

Standardmäßig bleibt die eben gesetzte Bedingung in der Auswahl und wird damit im Strukturbaum orangefarben hervorgehoben. Im Modellbereich deutet CATIA V5-6 die *Coincidence Constraint (Kongruenzbedingung)* mit einem kleinen Kreisring an. Mit einem Mausklick in den freien Raum wird die Auswahl aufgehoben.

 Update

**8. Bedingungen aktualisieren:** Nun würde man erwarten, dass sich die beiden Bauteile, laut der eben gesetzten Verknüpfung, gegeneinander ausrichten. Dennoch bleiben die Positionen unverändert. Der Grund dafür liegt darin, dass die gesetzte Bedingung vom Programm noch nicht berechnet wurde. Standardmäßig sind die Einstellungen von CATIA V5-6 so gesetzt, dass der Anwender die Berechnung – und damit die durch *Constraints (Bedingungen)* hervorgerufene Positionsänderung von Einzelteilen – gezielt selbst vornehmen muss. Unaufgelöste Bedingungen werden im Strukturbaumeintrag durch einen kleinen Wirbel im Bildsymbol gekennzeichnet und erscheinen im Modellbereich in brauner Farbe (Bild 6.38).

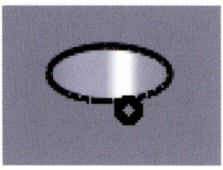

**Bild 6.38** Unaufgelöste (nicht berechnete) Constraint (Bedingung)

Durch Anwahl der Funktion *Update All (Alles aktualisieren)* startet das Programm einen Berechnungsdurchlauf und positioniert die betroffenen Bauteile entsprechend den vergebenen Lageregeln (Bild 6.39).

**Bild 6.39** Nach der Aktualisierung werden die Constraints (Bedingungen) berechnet und die betroffenen Bauteile springen in die definierte Position.

**9. Widersprüchliche Bedingungen:** Nach der Aktualisierung werden erfolgreich berechnete Lageregeln in grüner Farbe (im Modellbereich) als Zeichen für aufgelöste Bedingungen dargestellt. Wurden Bedingungsdefinitionen so gesetzt, dass Widersprüche entstehen, läuft CATIA V5-6 auf einen Aktualisierungsfehler, und das Programm bringt eine Warnmeldung hervor. Setzen Sie zur Demonstration eine weitere *Coincidence Constraint (Kongruenzbedingung)* zwischen der Bohrachse der Auflageplatte und der Achse der zweiten Bohrung in der Grundplatte. Starten Sie anschließend einen erneuten Berechnungsdurchlauf über die Funktion *Update All (Alles aktualisieren)*. Die sich öffnende Warnmeldung gibt an, welche *Constraints (Bedingungen)* aufgrund von Inkonsistenz oder Überbestimmtheit nicht berechnet werden können (Bild 6.40).

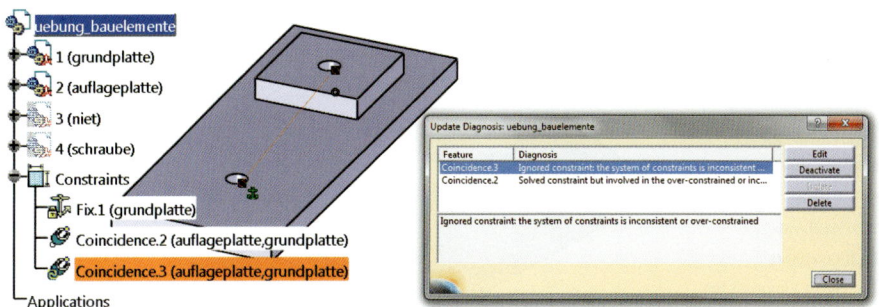

**Bild 6.40** Im Konflikt zueinander stehende Constraints (Bedingungen) lösen eine Fehlermeldung aus.

Schließen Sie das Dialogfenster und löschen die inkonsistente Bedingung wieder aus dem Strukturbaum heraus. Wählen Sie dazu den Strukturbaumeintrag an (er wird orange hervorgehoben) und drücken die Entf-Taste. Alternativ können Sie Ihre Bearbeitungsschritte auch mit der Funktion *Undo (Widerrufen)* rückgängig machen.

 Undo

**10. Auflageplatte mit Contact Constraint (Kontaktbedingung) positionieren:** Damit die Auflageplatte gegenüber der Grundplatte eindeutig in ihrer Lage definiert ist, fehlen aber noch zwei weitere *Constraints (Bedingungen)*. Um die kleine Platte auf der Grundplatte aufliegen zu lassen, müssen sich Unterseite des einen und Oberseite des anderen

 Contact Constraint

 Hide/Show

Bauteils berühren. Wählen Sie dazu die Funktion *Contact Constraint (Kontaktbedingung)* aus und übergeben ihr die Oberflächen, die aufeinanderliegen sollen. Achten Sie auch hier wieder darauf, dass Ihre erste Referenz die Unterseite der Auflageplatte ist, um einen strukturierten Aufbau Ihrer Konstruktion zu erhalten.

Um die Fläche anzuwählen, können Sie die Grundplatte vorübergehend in den nicht sichtbaren Raum *(No-Show-Raum)* geben. Sehr bequem erreichen Sie das, indem Sie mit der rechten Maustaste auf den Strukturbaumeintrag der Grundplatte klicken und die Funktion *Hide/Show (Verdecken/Anzeigen)* anwählen. Nun ist die Unterseite der Auflageplatte als erste Referenz frei zugänglich (Bild 6.41).

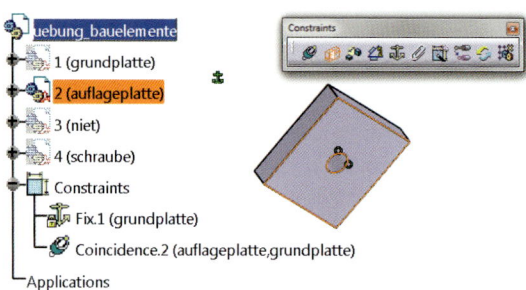

**Bild 6.41** Erzeugung einer Contact Constraint (Kontaktbedingung)

Holen Sie anschließend – auch wieder mit rechter Maustaste auf den Strukturbaumeintrag und über die Funktion *Hide/Show (Verdecken/Anzeigen)* – die Grundplatte zurück in den sichtbaren Raum *(Show-Raum)* und wählen die Oberseite des Volumenkörpers als zweite Referenz aus. Die *Contact Constraint (Kontaktbedingung)* wird als weiterer Eintrag in den Strukturbaum eingeschrieben und im Modellbereich durch ein kleines Symbol zweier ineinander liegender Quadrate dargestellt (Bild 6.42).

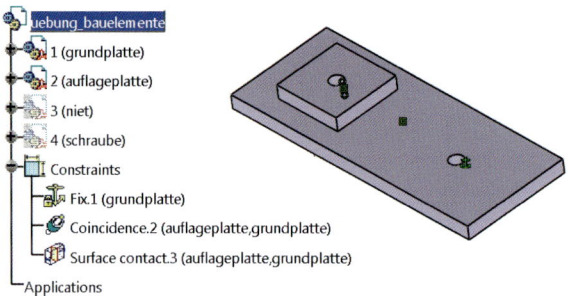

**Bild 6.42** Mit der Coincidence Constraint (Kongruenzbedingung) und der Contact Constraint (Kontaktbedingung) lässt sich die kleine Platte nur noch um die Bohrachse drehen.

Kontaktflächen und Kongruenz der Bohrachsen definieren nun die Position der beiden Komponenten zueinander.

 Angle Constraint

**11. Auflageplatte mit Angle Constraint (Winkelbedingung) positionieren:** Damit der Drehfreiheitsgrad der Auflageplatte auch noch eingeschränkt wird, können zwei seitliche Flächen gegeneinander ausgerichtet werden. Häufig genügt zum vollständigen Einbau eines Bauteils die Definition von drei Bedingungen. Wählen Sie dazu die Funktion *Angle*

Constraint (Winkelbedingung) an. Nach Anwahl einer Seitenfläche der Auflageplatte als erster Referenz und einer Seitenfläche der Grundplatte als zweiter Referenz öffnet sich ein Dialogfenster, in dem weitere Parameter definiert werden können (Bild 6.43).

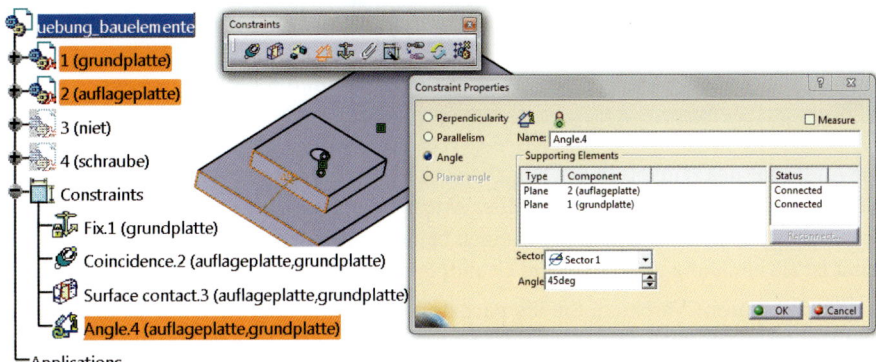

**Bild 6.43** Das Setzen einer Angle Constraint (Winkelbedingung) schränkt den letzten Freiheitsgrad der kleinen Platte ein.

Hier können neben Orthogonalität und Parallelität auch genau festgelegte Winkel definiert werden. Schreiben Sie in das Eingabefeld *Angle (Winkel)* den Wert **45** ein. Die Dimension (Grad) wird vom Programm automatisch hinzugefügt und muss nicht zusätzlich eingegeben werden. Bestätigen Sie Ihre Eingaben anschließend mit *OK*. Die Winkelbedingung wird im Modellbereich schließlich durch eine Winkelbemaßung abgebildet. Die Anwahl der Funktion *Update All (Alles aktualisieren)* startet wieder einen Berechnungsdurchlauf und positioniert die betroffenen Bauteile entsprechend den vergebenen Lageregeln. Das Aktualisierungszeichen an den Bildsymbolen im Strukturbaum verschwindet, und die Bedingungen im Modellbereich wechseln von brauner zu grüner Symbolfarbe (Bild 6.44).

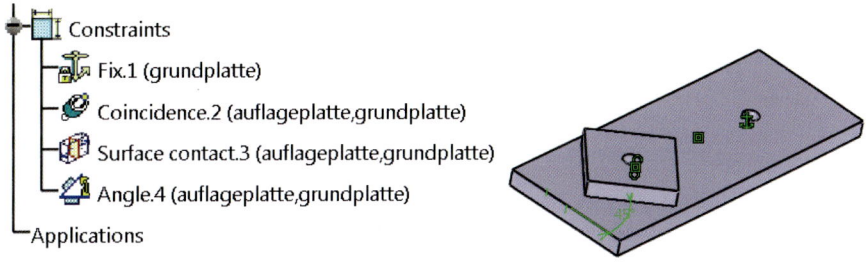

**Bild 6.44** Die kleine Platte ist eindeutig positioniert.

**12. Bedingungen editieren:** Ähnlich wie im *Part Design (Teilekonstruktion)* können Konstruktionsschritte, die im Strukturbaum abgelegt sind, durch Doppelklick auf deren Eintrag editiert werden. Dies gilt auch für die in der Baugruppenkonstruktion vergebenen *Constraints (Bedingungen)*. Wählen Sie dazu beispielsweise die eben erzeugte *Angle Constraint (Winkelbedingung)* mit Doppelklick im Strukturbaum an. Es öffnet sich ein Dialogfenster, in dem der Betrag des Winkels verändert wird (Bild 6.45).

Winkelbedingung editieren

 Update All

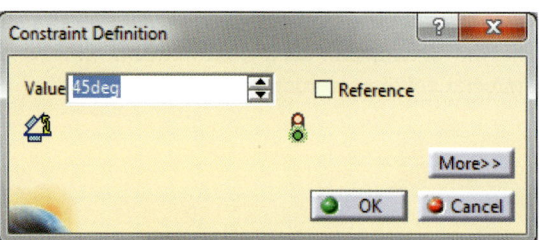

**Bild 6.45** Editieren des Verdrehwinkels

 Update All

Eine Änderung des Winkels in der Eingabemaske erfordert wieder einen Aktualisierungszyklus über die Funktion *Update All (Alles aktualisieren)*, bevor die Wertveränderung am Modell übernommen wird. Stellen Sie einen beliebigen Winkel für Ihre Auflageplatte ein. Damit ist sie eindeutig gegenüber der Grundplatte definiert.

**13. Niet verbauen:** Verbauen Sie als nächste Komponente den Niet. Zur exakten Lagedefinition genügen hier eine *Coincidence Constraint (Kongruenzbedingung)* zwischen Schaftachse des Nietes und Bohrachse der Grundplatte (oder Auflageplatte) sowie *Contact Constraint (Kontaktbedingung)* zwischen Kopfunterseite des Nietes und Oberseite der Auflageplatte. Achten Sie wieder darauf, dass die zuerst gewählte Referenz einer *Constraint (Bedingung)* immer die der unverbauten Komponente sein sollte.

Coincidence

Contact

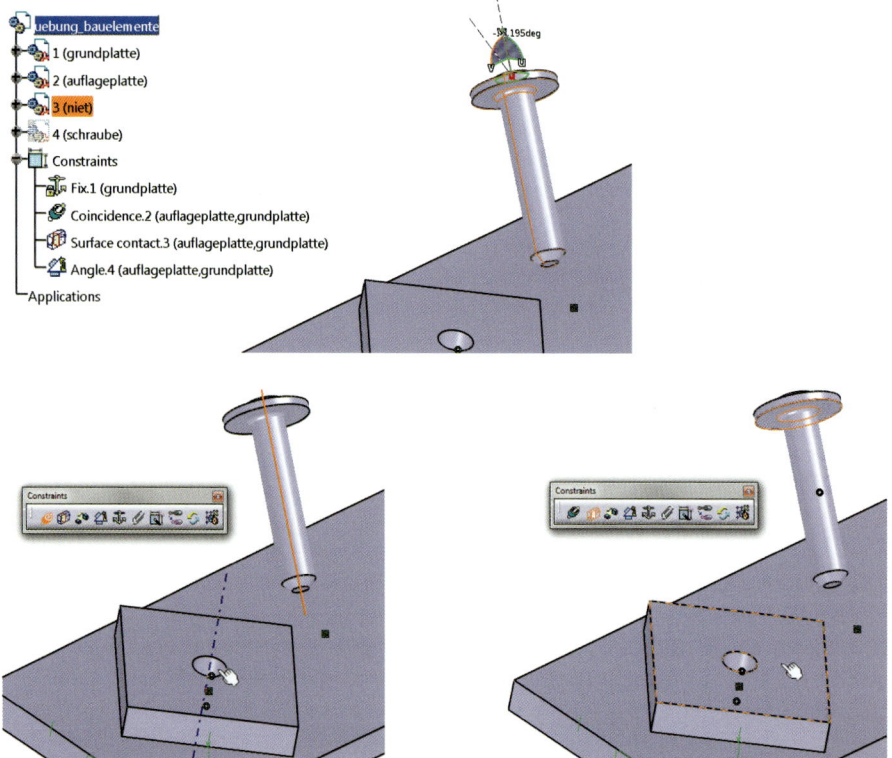

**Bild 6.46** Eine günstige Positionierung des Anbauteils hilft bei der Auswahl der Referenzen für die Constraints (Bedingungen).

Um die notwendigen Bedingungen zügig vergeben zu können, ist es sinnvoll, den Niet vorab lagegünstig zu positionieren. Verwenden Sie dazu beispielsweise den Kompass. Auf diese Weise können Sie die Referenzen an den Komponenten schnell anwählen, ohne im Raum hin und her schwenken zu müssen (Bild 6.46).

Achten Sie allerdings unbedingt darauf, dass Sie auch genau die gewünschten Referenzen auswählen. Insbesondere bei der Anwahl der Nietkopfunterseite müssen Sie darauf achten, dass Sie die Fläche und nicht einen Kreisring anwählen. Deutlich erkennbar wird der Unterschied durch die vom Programm vergebene Signalfarbe der selektierten Elemente. Ein angewählter Kreisring (oder eine Kante) erscheint hier rot. Bei angewählter Fläche werden die Flächenbegrenzungen in oranger Farbe hervorgehoben (Bild 6.47).

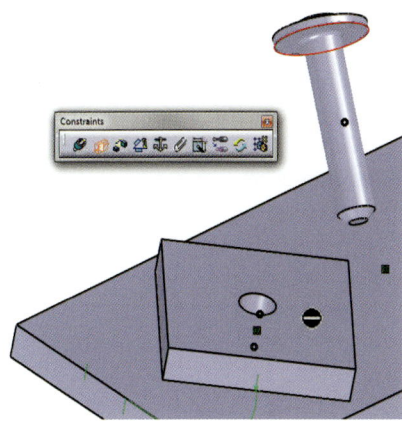

**Bild 6.47** Die Anwahl von falschen Referenzelementen (z. B. Körperkante anstelle von Körperoberfläche) kann zu unerwünschten Ergebnissen führen. Für einige Constraints (Bedingungen) sind manche Kombinationen an Eingangselementen nicht zulässig.

 **Expertentipp: Elemente vorsichtig auswählen**

Referenzelemente im Modellbereich müssen sorgfältig ausgewählt werden. Wählen Sie nicht genau die gewünschten Elemente aus (z. B. eine Körperkante anstelle einer Fläche), so führt dies in der Regel zu falschen Ergebnissen, oder die angewählte Funktion akzeptiert die Eingaben nicht. Heranzoomen und geschicktes Drehen von Modellen erleichtern die Anwahl vorhandener Teilgeometrie. Zur besseren Unterscheidung signalisiert CATIA V5-6 im 3D-Raum selektierte Körperkanten in roter Farbe und selektierte Flächen orange umrandet.

Die Funktion *Update All (Alles aktualisieren)* startet wieder einen Berechnungsdurchlauf, und der Niet wird in die vorgesehene Position gebracht. Ihr Modell sollte nun in etwa wie in Bild 6.48 aussehen.

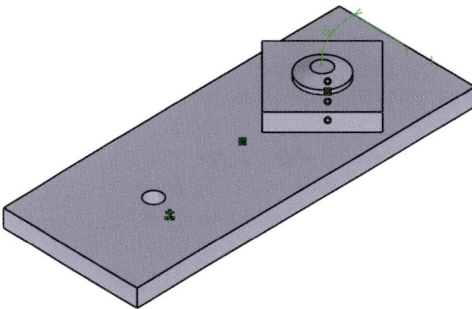

**Bild 6.48** Drei verbaute Komponenten: Große Platte, kleine Platte und Niet

 Fast Multi Instantiation

**14. Einzelteil duplizieren:** Die Baugruppendatei ist mit ihren vier Einzelteilen noch nicht vollständig. Zum Verbauen der Schraubenverbindung fehlt noch eine weitere Auflageplatte. Kommen von einer Komponente mehrere Exemplare innerhalb der Baugruppe vor, können Sie beliebig viele Instanzen über die Funktion *Fast Multi Instantiation (Schnelle Erstellung mehrerer Exemplare)* erzeugen. Wählen Sie dazu die Funktion an und klicken entweder auf die zu vervielfältigende Komponente im Strukturbaum oder die Volumengeometrie im Modellbereich (Bild 6.49).

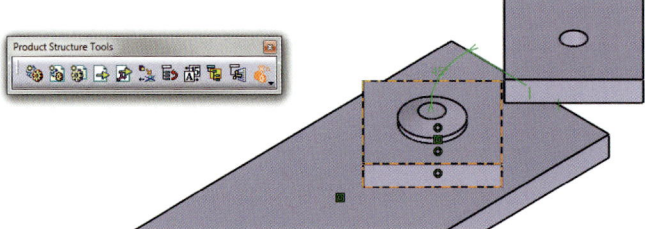

**Bild 6.49** Instanzierung von mehrfach vorkommenden Einzelteilen (Gleichteilen)

Instanzen durchnummerieren

Auch hier sollten Sie wieder Eindeutigkeit der Bezeichnungen bewahren. Nachdem die Auflageplatte nun zweimal in der Baugruppe vorkommt, bleiben Teilenummer und Bauteilbezeichnung gleich. Nachdem identische Bezeichnungen zweier Elemente im Strukturbaum nicht zulässig sind, wird eine Unterscheidung der Bauteile über eine chronologische Nummerierung der Instanzen gelöst. Verändern Sie also dementsprechend die Bezeichnungen in den Bauteilnamen, falls das nicht schon automatisch durch das Programm durchgeführt wurde (Bild 6.50).

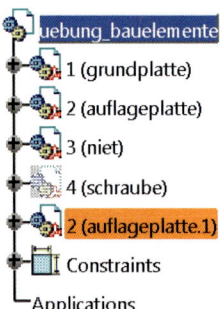

**Bild 6.50** Zur Unterscheidung der Instanzen wird die Bauteilbezeichnung in Klammern mit *.n hochgezählt.

**15. Zweite Auflageplatte verbauen:** Verbaut wird nun die zweite Auflageplatte. Setzen Sie *Coincidence Constraint (Kongruenzbedingung)* und *Angle Constraint (Winkelbedingung)* selbstständig. Den Wert des Winkels zwischen den Seitenflächen der Grundplatte und Auflageplatte können Sie selbst bestimmen. Beachten Sie aber wieder die Auswahlreihenfolge der Referenzen, und wählen Sie die Elemente sorgfältig aus. Ihr Baugruppenmodell sollte nun in etwa wie in Bild 6.51 aussehen.

Coincidence
Angle

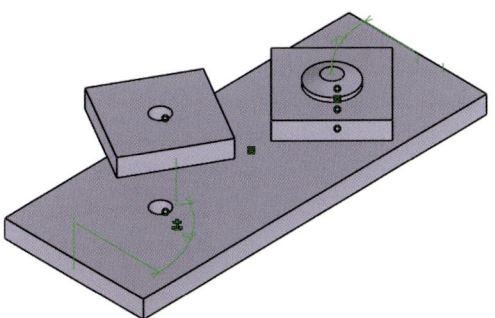

**Bild 6.51** Eine zweite kleine Platte ist über zwei Constraints (Bedingungen) mit der großen Platte verknüpft.

Die dritte, noch fehlende Bedingung definiert den Kontakt zur Grundplatte. Anstelle der *Contact Constraint (Kontaktbedingung)* können Sie alternativ auch eine *Offset Constraint (Offsetbedingung)* zur endgültigen Lagedefinition wählen. Schwenken Sie zur besseren Anwahlmöglichkeit der Referenzen die Auflageplatte so weit, dass die Unterseite frei zugänglich ist. Durch das Bewegen eines Bauteils aus seinen Bedingungsdefinitionen heraus (z. B. über den Kompass) werden dessen Symbole im Modellbereich braun dargestellt, Strukturbaumeinträge mit einem kleinen Wirbel im Bildsymbol versehen. Die betroffenen Lageregeln verlangen also einen Aktualisierungszyklus.

Bevor Sie diesen aber starten, setzen Sie die noch ausstehende *Offset Constraint (Offsetbedingung)*. Wählen Sie die Funktion an und übergeben dieselben Referenzen wie vorhin bei der *Contact Constraint (Kontaktbedingung)*: zuerst die Unterseite der Auflageplatte (als Fläche) und als zweites Element die Oberfläche der Grundplatte. Beachten Sie auch hier wieder eine sorgfältige Auswahl der geometrischen Referenzelemente. Gegebenenfalls können Sie hier auch wieder den Kompass dazu verwenden, die kleine Platte so im Raum zu verdrehen, dass alle Referenzen gut anwählbar sind. Bei späterer Aktualisierung, werden die damit verletzten *Constraints (Bedingungen)* wieder korrekt aufgelöst (Bild 6.52).

Offset

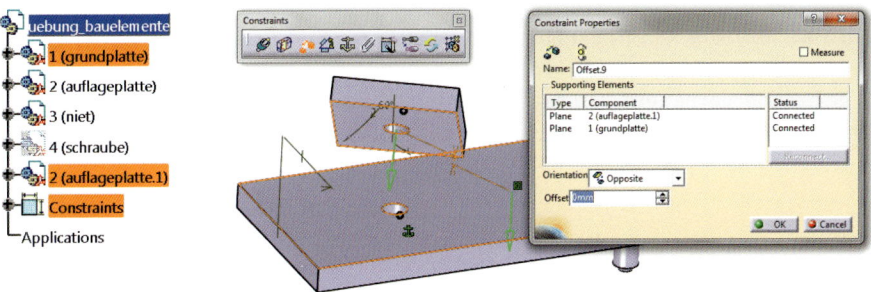

**Bild 6.52** Offset Constraint (Abstandsbedingung) zwischen der kleinen und der großen Platte

 Update All

Offsetbedingung editieren

Über das sich öffnende Dialogfenster können Sie den (parallelen) Abstand der beiden Referenzflächen über einen Offset definieren. Wird der Wert auf null gesetzt, so liegen die beiden Flächen aufeinander. Bestätigen Sie die Eingabemaske mit *OK* und starten einen Aktualisierungszyklus über die Funktion *Update All (Alles aktualisieren)*.

**16. Bedingungen editieren:** Nachdem CATIA V5-6 nicht erkennt, ob eine Materialüberschneidung gewünscht wird oder nicht, stimmt die Ausrichtung zweier verknüpfter Komponenten über die Funktion *Offset Constraint (Offsetbedingung)* häufig nicht. Daher bietet das Programm die Möglichkeit, über die Eingabemaske der Bedingungsdefinition Parameter zu verändern. Wählen Sie dazu mit Doppelklick den entsprechenden Strukturbaumeintrag. Unter dem Auswahlmenü *Orientation (Ausrichtung)* kann die Annäherung der Referenzen umgeschaltet werden. Alternativ erzielen Sie das gleiche Ergebnis, wenn Sie eine der grünen Pfeilspitzen im Modellbereich anwählen und dessen Orientierung damit umkehren (Bild 6.53).

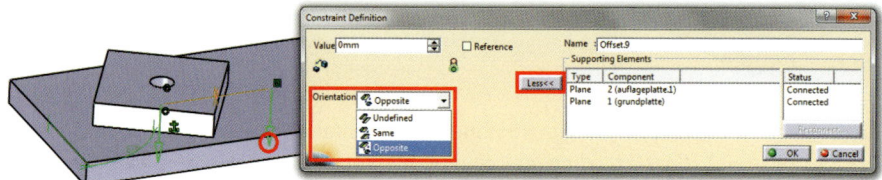

**Bild 6.53** Eine Invertierung der Annäherung der Referenzflächen erreichen Sie über die Optionen der Orientation (Ausrichtung).

Ein Aktualisierungszyklus berechnet wieder das neue Ergebnis, und die zweite Auflageplatte verschwindet in der Grundplatte. Machen Sie diesen Arbeitsschritt wieder rückgängig, entweder über die Funktion *Undo (Widerrufen)* oder durch erneuten Aufruf des Editierfensters der *Offset Constraint* (*Offsetbedingung*, siehe Bild 6.54).

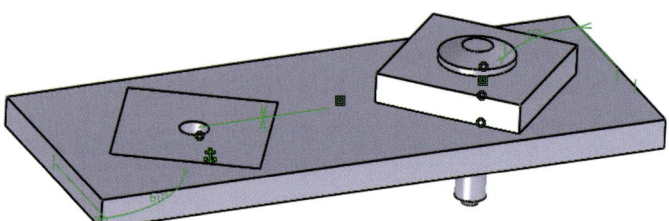

**Bild 6.54** Invertierte Annäherung der Referenzflächen der Offset Constraint (Offsetbedingung)

Schraube selbstständig verbauen

**17. Schraube verbauen:** Verbauen Sie nun selbstständig die letzte Komponente, die Schraube mit den vorangehend beschriebenen Methoden (Bild 6.55).

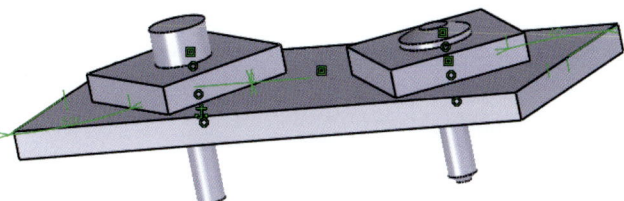

**Bild 6.55** Fertige Baugruppe

**18. Bedingungen ändern:** Wurde eine ungewünschte Bedingung gesetzt, so kann diese über die Funktion *Change Constraint (Bedingung ändern)* in einen anderen Bedingungstyp umgewandelt werden. An dieser Stelle können Sie zum Beispiel die eben gesetzte *Offset Constraint (Offsetbedingung)* gegen eine *Contact Constraint (Kontaktbedingung)* tauschen. Selektieren Sie dazu die Funktion *Change Constraint (Bedingung ändern)* und wählen anschließend die Bedingung im Strukturbaum an, die getauscht werden soll (Bild 6.56).

 Change Constraint

**Bild 6.56** Die Umwandlung von Constraints (Bedingungen) ist in einigen Fällen möglich, wie hier die Umwandlung einer Offset Constraint (Offsetbedingung) in eine Contact Constraint (Kontaktbedingung).

Im sich öffnenden Dialogfenster können Sie den neuen Bedingungstyp *Contact Constraint (Kontaktbedingung)* festlegen. Die Referenzelemente der ursprünglich vergebenen Lageregel werden für die neue Bedingung übernommen. Logischerweise lässt sich also ein Bedingungstyp nicht beliebig gegen einen anderen austauschen.

>
> **Expertentipp: Verknüpfte Komponenten anzeigen**
> Wird der Mauszeiger über den Strukturbaumeintrag einer Bedingung bewegt, werden die über diese Bedingung verknüpften Komponenten orange hervorgehoben.

**19. Grafikeigenschaften verändern:** Damit die einzelnen Komponenten einer Baugruppe im Modellbereich besser voneinander zu unterscheiden sind, ist es üblich, die Bauteile farblich zu verändern. Dazu steht bei CATIA V5-6 eine Funktionsleiste *Graphic Properties (Grafikeigenschaften)* zur Verfügung. Sollte diese Leiste noch nicht im Symbolleistenbereich stehen, muss das Funktionsangebot angepasst werden. Aktivieren Sie dazu den Menüpunkt VIEW > TOOLBARS > GRAPHIC PROPERTIES (ANSICHT > SYMBOLLEISTEN > GRAFIKEIGENSCHAFTEN) (Bild 6.57).

Grafikeigenschaften verändern

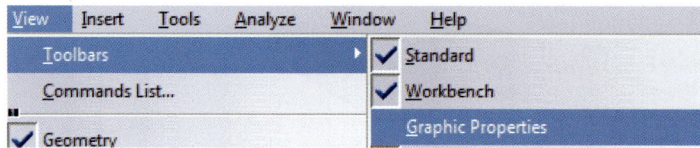

**Bild 6.57** Einblenden der Funktionsleiste zur Veränderung der grafischen Eigenschaften von Elementen

Wählen Sie für die Funktionsleiste der *Graphic Properties (Grafikeigenschaften)* beispielsweise die in Bild 6.58 dargstellte Position auf Ihrer Oberfläche.

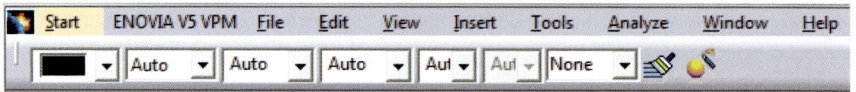

**Bild 6.58** Default-Position der Graphic Properties (Grafikeigenschaften)

Wenn Sie nun Elemente im Strukturbaum selektieren, werden unter dieser Funktionsgruppe deren Grafikeigenschaften angezeigt. Sie können hier auch nach Belieben verändert werden. Wählen Sie so beispielsweise die Grundplatte im Strukturbaum an. Damit werden der Eintrag und die entsprechende Volumengeometrie im Modellbereich orange hervorgehoben. In den Grafikeigenschaften wird für das markierte Element keine Farbe angezeigt. Über ein Drop-down-Menü können der Komponente beliebige Farben zugeordnet werden. Vergeben Sie auf diese Art und Weise jeder Komponente eine entsprechende Farbe (Bild 6.59).

 **Expertentipp: Grafikeigenschaften verändern**

Eine Anwahl von Elementen im Modellbereich zur Änderung der Grafikeigenschaften führt zur Änderung am Einzelteil und nicht der übergeordneten Datenschachtel im Assembly Design.

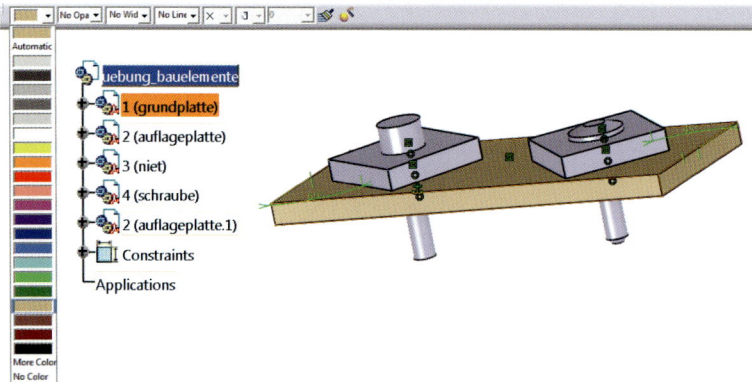

**Bild 6.59** Veränderung der Grafikeigenschaften der Baugruppenkomponenten

**20. Bedingungen ausblenden:** Die im Modellbereich angezeigten Bedingungssymbole stören optisch bei der Betrachtung der Baugruppe. Mit der Selektion des Strukturbaumknotens *Constraints (Bedingungen)* können Sie alle gesetzten Lageregeln gleichzeitig über die Funktion *Hide/Show (Verdecken/Anzeigen)* in den nicht sichtbaren Raum *(No-Show-Raum)* setzen.

 Hide/Show

**21. Speichern über die Sicherungsverwaltung:** Das Abspeichern von Dateien erfolgte bisher entweder über die Menüleiste mit FILE > SAVE (DATEI > SICHERN) bzw. SAVE AS... (SICHERN UNTER...) oder über die Funktion *Save (Sichern)* aus der Funktionsgruppe *Standard (Standard)*. Diese Speichermethode hat allerdings einen wesentlichen Nachteil, der gerade bei der Ablageverwaltung einer Baugruppe zum Tragen kommt. Es wird nur der Inhalt des gerade aktuell offenen bzw. aktivierten Fensters gesichert. Bei der Baugruppenkonstruktion sind aber häufig mehrere Dokumente gleichzeitig (im Hintergrund) geöffnet und müssen parallel gespeichert werden. Wird beispielsweise eine Komponente einer Baugruppe herausgegriffen und bearbeitet, wird sowohl die Komponentendatei als auch die Baugruppendatei an sich verändert. Diese sind assoziativ miteinander verknüpft. **Speicherung von nur einem der beiden Elemente bringt häufig eine Warnung von CATIA V5-6 hervor und kann zum Programmabsturz führen.**

Speichern und Schließen

Das sich mit FILE > SAVE MANAGEMENT... (DATEI > SICHERUNGSVERWALTUNG...) öffnende Dialogfenster hingegen ermöglicht neben einer Vielzahl an Verwaltungsaufgaben das Abspeichern von assoziativen Modellen. Speichern Sie Ihre Baugruppen also zukünftig über die *Save Management (Sicherungsverwaltung)* ab (Bild 6.60).

**Bild 6.60** Fertige, eingefärbte Baugruppe

## 6.9 Übersicht der Constraints für den Zusammenbau

Über die Funktionen zur Navigation im Modellbereich lassen sich Komponenten einer Baugruppe beliebig im Raum anordnen. Diese Positionierung ist jedoch nicht permanent, sodass die Verhältnisse der Bauteile zueinander noch nicht eindeutig festgelegt sind. Zur stabilen Lagedefinition müssen die vom Programm bereitgestellten Verknüpfungsfunktionen aus der Funktionsgruppe *Constraint (Bedingung)* verwendet werden. Auch hier spricht man, ähnlich wie bei der Gestaltung von volumenbehafteten Einzelteilen im *Part Design (Teilekonstruktion)*, von objektorientierter Konstruktion. Dabei werden Abhängigkeiten zwischen Bauteilgeometrien, nicht zwischen Koordinatensystemen festgelegt. Insgesamt stehen fünf Bedingungsdefinitionen zur Verfügung. Durch geschickte Kombination der gegebenen Möglichkeiten lassen sich Komponenten beliebig im Raum, exakt gegeneinander ausrichten. Diese Verknüpfungen sind permanent und machen die Baugruppenkonstruktion erst stabil:

1. Die Bedingung *Fix Component (Komponente fixieren)* schränkt alle sechs Freiheitsgrade für ein Bauteil im Raum ein und sollte stets zur Festlegung **einer** Basis gesetzt werden.

| Strukturbaumeintrag | Symbol im Modellbereich |
|---|---|
| Fixieren.1 (bauteilname) | ⚓ |

2. Die *Coincidence Constraint (Kongruenzbedingung)* legt Elemente deckungsgleich (in ihrer Verlängerung) aufeinander. Bei der Anwahl von Zylinderflächen werden deren Achsen, bei der Anwahl von sphärischen Körpern deren Mittelpunkte selektiert. Ebenen werden koplanar, Zylinderachsen koaxial angeordnet.

| Strukturbaumeintrag | Symbol im Modellbereich |
|---|---|
| Kongruenz .2 (bauteil.1,bauteil.2) | ◎ |

| Kombinationsmöglichkeiten von Referenzelementen und deren Ergebnisse ||||||
|---|---|---|---|---|---|
| | ■ | / | ▱ | ▯ | ● |
| ■ | ✓ | ✓ | ✓ | ✓ | ✓ |
| / | ✓ | ✓ | ✓ | ✓ | ✓ |
| ▱ | ✓ | ✓ | ✓ | ✓ | ✓ |
| ▯ | ✓ | ✓ | ✓ | ✓ | ✓ |
| ● | ✓ | ✓ | ✓ | ✓ | ✓ |

3. Bei einer *Contact Constraint (Kontaktbedingung)* müssen sich zwei Referenzen zwingend berühren. Bei der Anwahl von Zylinderflächen werden deren Achsen, bei der Anwahl von sphärischen Körpern deren Mittelpunkte selektiert. Ergebnisse sind Punktkontakte, Linienkontakte, Ringkontakte oder Flächenkontakte.

## 6.9 Übersicht der Constraints für den Zusammenbau

| Kombination | Strukturbaumeintrag | Symbol im Modellbereich |
|---|---|---|
| ● ▱ | └ Punktkontakt.3 (bauteil.1,bauteil.2) | ⩗ |
| ▯ ▱ | └ Linienkontakt.3 (bauteil.1,bauteil.2) | ⩗ |
| ○ ● | └ Ringkontakt.3 (bauteil.1,bauteil.2) | ◎ |
| ▱ ▱ | └ Flächenkontakt.3 (bauteil.1,bauteil.2) | ▣ |

### Kombinationsmöglichkeiten von Referenzelementen und deren Ergebnisse

|  | 🧊 | ○ | 🝗 | ▱ | ▯ | ● |
|---|---|---|---|---|---|---|
| ○ |  | ✗ | ✓ | ✗ | ✗ | R1>R2 |
| 🝗 |  | ✓ | ✓ | ✗ | ✗ | ✓ |
| ▱ |  | ✗ | ✗ | ✓ | ✓ | ✓ |
| ▯ |  | ✗ | ✗ | ✓ | R1=R2 | ✗ |
| ● | R2>R1 | ✓ | ✓ | ✗ | R1=R2 |  |

4. Die *Offset Constraint (Offsetbedingung)* zwingt zwei Elemente in einem definierten Abstand zueinander. Bei der Anwahl von Zylinderflächen werden deren Achsen, bei der Anwahl von sphärischen Körpern deren Mittelpunkte selektiert. 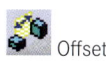 Offset

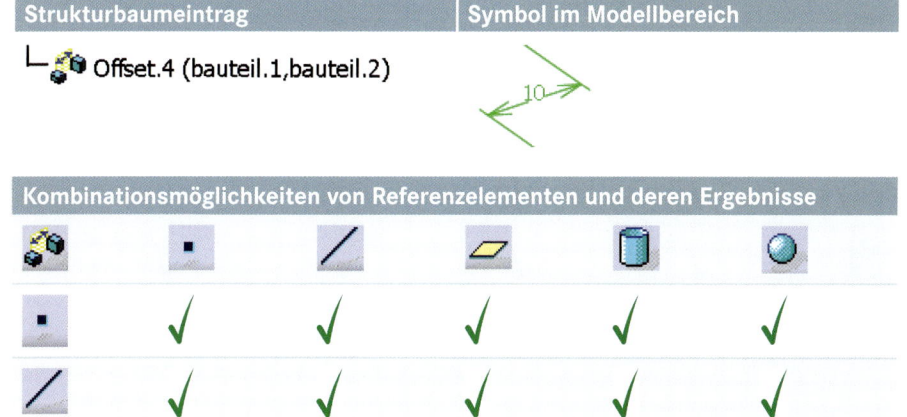

 Angle

5. Eine *Angle Constraint (Winkelbedingung)* legt einen Winkel zwischen zwei Elementen fest. Bei der Anwahl von Zylinderflächen werden deren Achsen, bei der Anwahl von sphärischen Körpern deren Mittelpunkte selektiert. Neben expliziten Winkelangaben sind auch Rechtwinkligkeit und Parallelität definierbar.

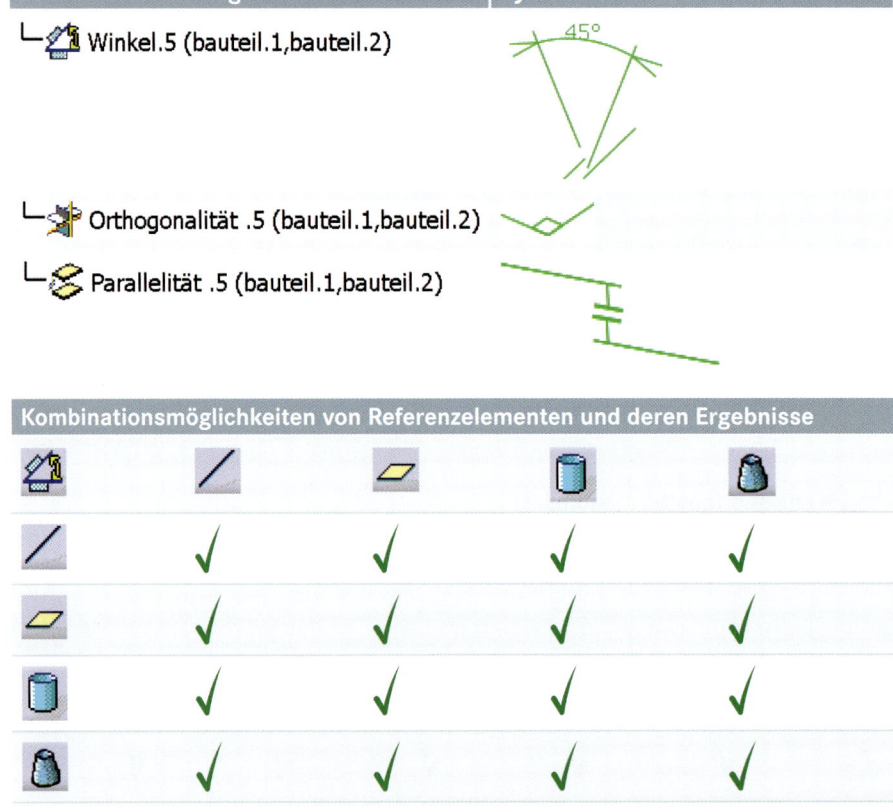

### Übung 49: Telescope (Fernrohr)
Quick Access Code: tz5

*www.elearningcamp.com/hanser*

### Übung 50: Lever Press (Handhebelpresse)
Quick Access Code: lp0

*www.elearningcamp.com/hanser*

## 6.9.1 Übung Cylinder Radial Engine (Sternmotor)

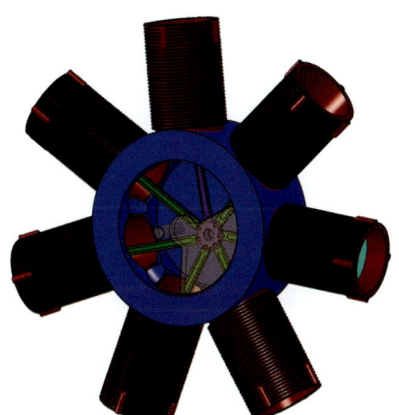

**Bild 6.61** Abbildung der Hauptbaugruppe Sternmotor

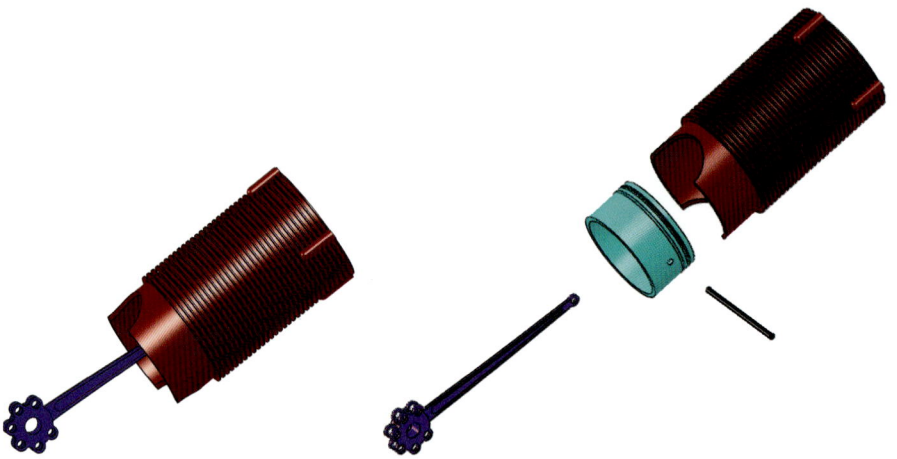

**Bild 6.62** Unterbaugruppe Main-Conn-Rod (Hauptpleuel)

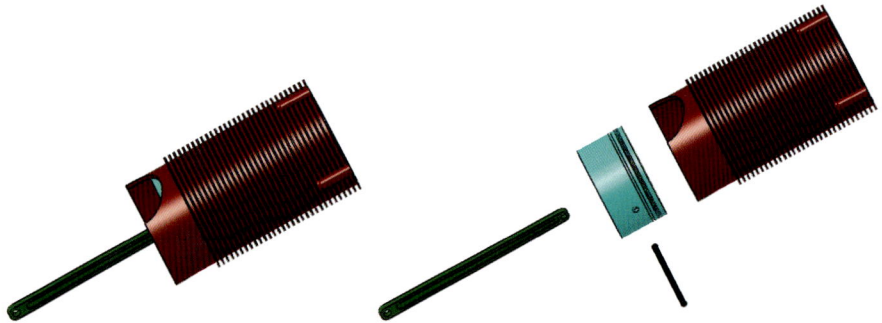

**Bild 6.63** Unterbaugruppe Conn-Rod (Nebenpleuel)

### Neue Funktionen

### Lernziele

In dieser Übung wird das Funktionsprinzip eines Sternmotors in vereinfachter Form dargestellt. Behandelt wird neben Feinheiten zu schon bekannten Funktionen der Umgang mit Unterbaugruppen als funktionelle Verbände von Einzelteilen. Sie werden als Komponenten in eine hierarchisch höhere Ebene (Hauptbaugruppe) integriert.

Der sichere Umgang mit den bisher ausführlich beschriebenen Funktionen wird vorausgesetzt.

## Verbaute Komponenten

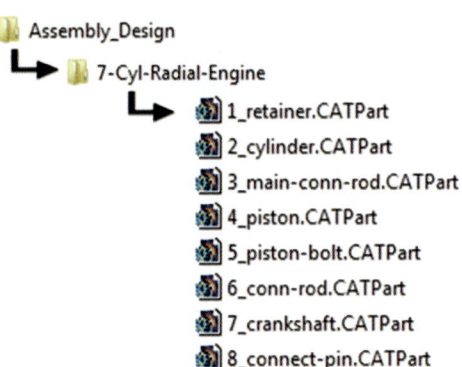

**Bild 6.64** Verwendete Komponenten für die Baugruppe

## Konstruktionsbeschreibung

**1. Neue Baugruppendatei bereitstellen:** Stellen Sie ein leeres Dokument in der Umgebung *Assembly Design (Baugruppenkonstruktion)* bereit. Benennen Sie die Datei als »7-Cyl-Radial-Engine«. Damit ist der Name der Hauptbaugruppe festgelegt und wird im Strukturbaum an erster Stelle angeführt.

**2. Basis hochladen:** Laden Sie die für die Baugruppe notwendige Basis **1_retainer** in den Bauraum und fixieren die Komponente. Sorgen Sie auch hier wieder für eine eindeutige Bezeichnung im Strukturbaumeintrag (Bild 6.65).

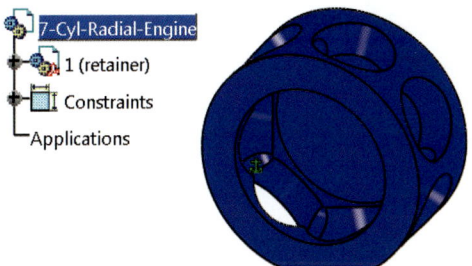

**Bild 6.65** Fixierung des ersten Bauteils als Basis der Baugruppenkonstruktion

**3. Datei abspeichern:** Speichern Sie die neue Baugruppendatei mit *Save Management (Sicherungsverwaltung)* an einem beliebigen Ort auf Ihrem Rechner ab. Wählen Sie dazu die Bezeichnung »7-Cyl-Radial-Engine« und sorgen dafür, dass das Einzelteil im selben Ordner liegt.

 **Expertentipp: Unterbaugruppen**

Um die Konstruktion übersichtlich zu halten, sollten Komponenten, die in ihrem funktionellen Zusammenspiel eine Einheit bilden, als Unterbaugruppe zusammengefasst und in die übergeordnete Baugruppe integriert werden.

**4. Unterbaugruppe SA1 (Main-Conn-Rod) modellieren:** Zur Definition von Unterbaugruppen können Sie Bauteileverbände separat in einer eigenen Umgebung erzeugen, abspeichern und anschließend (als Unterbaugruppe) in die Hauptbaugruppe integrieren.

Produktknoten einfügen

Alternativ können (inhaltslose) Knoten vorbereitend in den Strukturbaum eingeschrieben werden. Handelt es sich dabei um Einzelteile, so geschieht dies über die Funktion *Part (Teil)* aus der Funktionsgruppe *Product Structure Tools (Tools für Produktstruktur)*. Soll allerdings ein ganzer Bauteilverband (also eine Unterbaugruppe) vorbereitet werden, ist ein neuer, sogenannter **Produktknoten** zu erzeugen. Nach Anwahl der Funktion *Product (Produkt)* muss die Position im Strukturbaum angegeben werden. Klicken Sie dazu auf den Eintrag der Hauptbaugruppe. Wählen Sie die Nummerierung **SA1** für die Teilenummer. Automatisch wird ein neuer Eintrag am Ende des Strukturbaums eingefügt. Die Symbole für Komponenten einer Baugruppe unterscheiden sich, je nachdem, ob sich dahinter ein Einzelteil oder eine weitere Baugruppe verbirgt (siehe Abschnitt 6.5.2). Sorgen Sie auch hier wieder für einen aussagekräftigen Namen im Strukturbaumeintrag – zum Beispiel ein Kürzel »SA1« für Sub-Assembly und dessen Bezeichnung in Klammern dahinter (Bild 6.66).

 Product

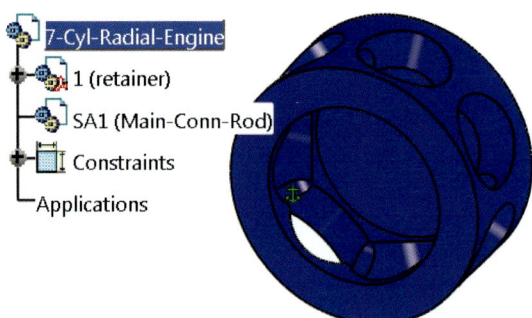

**Bild 6.66** Das Bildsymbol im Strukturbaum zeigt an, ob es sich um ein Einzelteil oder eine Unterbaugruppe handelt.

Knoten in einem neuen Fenster öffnen

An dem fehlenden Pluszeichen vor dem Strukturbaumeintrag ist zu erkennen, dass der Knoten noch ohne Inhalt ist. Um diese Unterbaugruppe mit Einzelteilen aufzufüllen, wählen Sie den entsprechenden Eintrag mit der rechten Maustaste an und öffnen die Baugruppenkomponente in einem neuen Fenster (Bild 6.67).

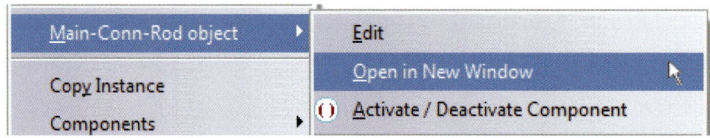

**Bild 6.67** Öffnen eines Baugruppenknotens in einem neuen Fenster

 Existing Component

**5. Einzelteile zur Unterbaugruppe hinzufügen:** Laden Sie nun über die Funktion *Existing Component (Vorhandene Komponente)* die Einzelteile **2_cylinder**, **3_main-conn-rod**, **4_piston** und **5_piston-bolt** hoch und sorgen für Eindeutigkeit der Bezeichnungen im

Strukturbaum. Orientieren Sie sich an Bild 6.62 der Unterbaugruppe **Main-Conn-Rod** zu Beginn dieser Übung und setzen die Bauteile lagerichtig zusammen. Verwenden Sie gegebenenfalls die verdeckten Geometrien (aus dem *No Show*) der Einzelteile als Referenzen für die *Constraints (Bedingungen)*. Dabei soll der Kolben achskongruent verschiebbar gegenüber dem Zylinder und das Mutterpleuel mittig drehbar gegenüber dem Kolbenbolzen sein. Ihr Ergebnis könnte in etwa so wie in Bild 6.68 aussehen.

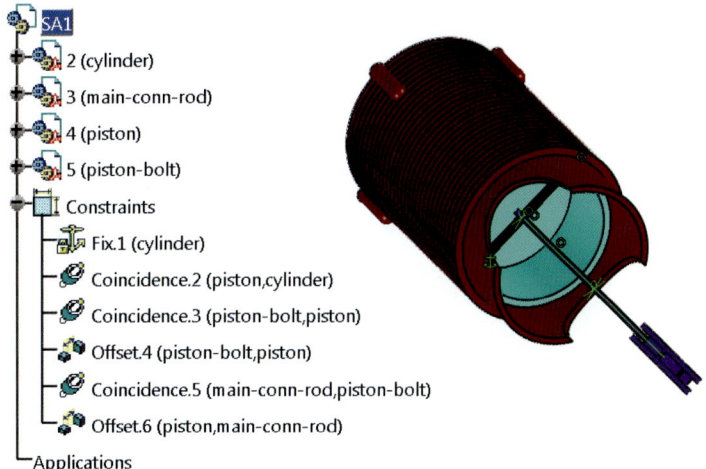

**Bild 6.68** Erste Unterbaugruppe – mit Constraints (Bedingungen) zusammengebaut

**6. Datei abspeichern:** Speichern Sie die neue Baugruppendatei im selben Ablageordner wie die Hauptbaugruppe über die *Save Management (Sicherungsverwaltung)* ab, bevor Sie das Fenster schließen. Automatisch wird die Veränderung der Hauptbaugruppe parallel mitgesichert. Verwenden Sie einen aussagekräftigen Namen für die Unterbaugruppendatei (Bild 6.69).

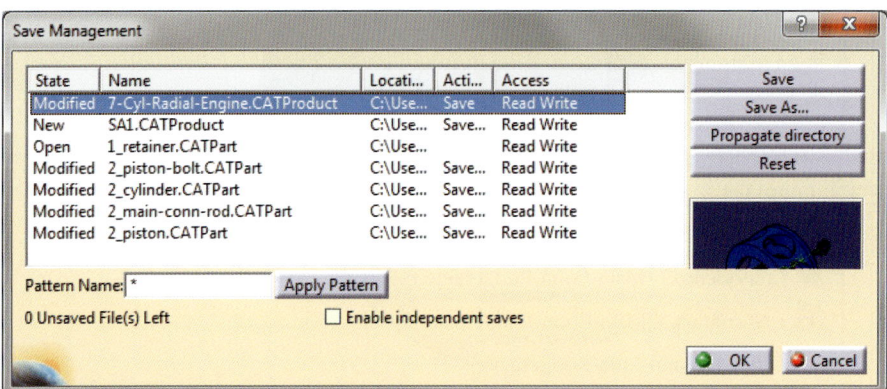

**Bild 6.69** Eine Sicherung der Hauptbaugruppe speichert auch automatisch alle beteiligten Unterelemente.

**7. Unterbaugruppe verbauen:** Schließen Sie nun das Fenster und verbauen die eben erzeugte Komponente **SA1 (Main-Conn-Rod)** lagerichtig gegenüber dem **1_retainer**. Verwenden Sie gegebenenfalls verdeckte Geometrien der Einzelteile (z. B. die Elemente des Origins) als Referenzen für den Zusammenbau. Die im Modellbereich optisch störenden *Constraints (Bedingungen)* aus der Unterbaugruppe können auch nur auf der entsprechenden Ebene ein- bzw. ausgeblendet werden. Sie sind von den in der Hauptbaugruppe vergebenen *Constraints (Bedingungen)* unabhängig (Bild 6.70).

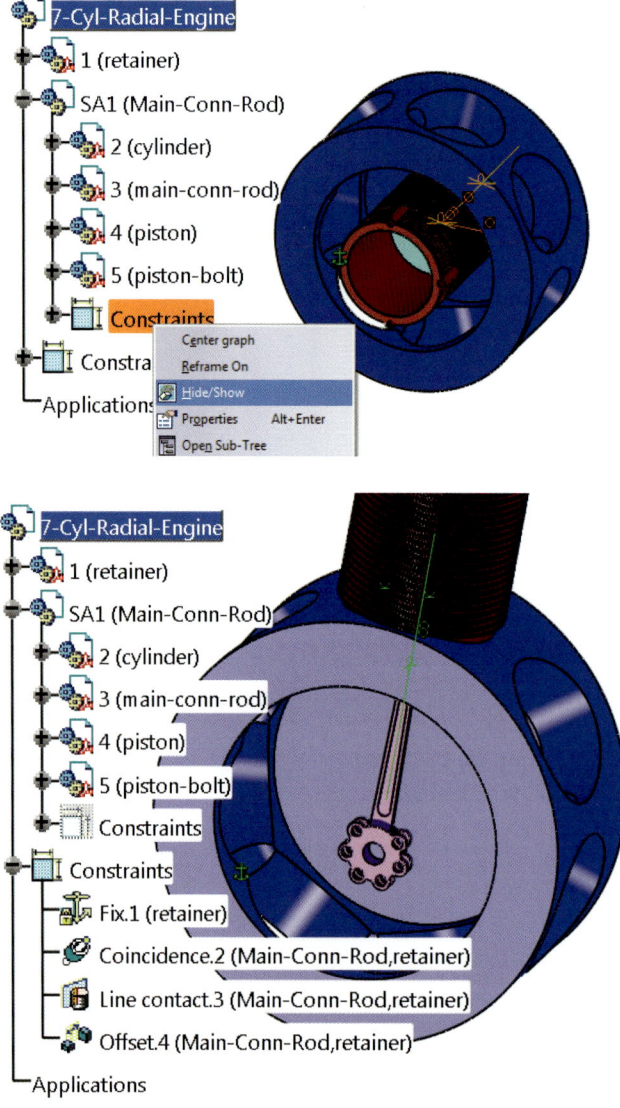

**Bild 6.70** Verbaute Unterbaugruppe

**Expertentipp: Contact Constraint (Kontaktbedingung)**

Insbesondere die Funktion *Contact Constraint (Kontaktbedingung)* ist für den Einsteiger nicht immer einfach zu bedienen. Im Dialogfenster der *Constraint Definition (Bedingungsdefinition)* können Sie für die Annäherung der beiden Referenzelemente zwischen *Internal (Innen)* und *External (Aussen)* unterscheiden. Mit dem Verständnis, dass einer Fläche stets ein Richtungsvektor, also eine Flächenrichtung, zugeordnet ist, kann diese von zwei Seiten angenähert werden. Im Falle eines Linienkontaktes zwischen zwei Zylindern wird der Zylinder 1 dem Zylinder 2 entweder von außen oder von innen angelegt.

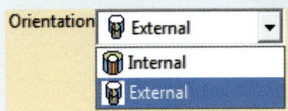

**Expertentipp: Komponenten zusammenbauen**

Häufig berechnet CATIA V5-6 die von Ihnen vergebenen *Constraints (Bedingungen)* nicht so, wie Sie es erwarten. Das Programm sucht sich stets die kürzeste Wegstrecke zum Auflösen einer gesetzten Verknüpfung. Dies ist nach logischem Menschenverstand häufig nicht das gewünschte Ergebnis. Insbesondere dann, wenn es dabei zu Materialüberschneidungen der Komponenten kommt. Hier hilft es, die betroffenen Bauteile vorab in etwa in die richtige Lage zu bringen, bevor Sie die endgültigen *Constraints (Bedingungen)* vergeben.

**8. Datei abspeichern:** Speichern Sie Ihre Konstruktion wieder über das *Save Management (Sicherungsverwaltung)*.

**9. Unterbaugruppe SA2 (Conn-Rod):** Stellen Sie einen weiteren Produktknoten mit der Teilenummer **SA2** bereit und benennen diesen als **SA2 (Conn-Rod)**. Alternativ zu der vorherigen Variante können Unterbaugruppen auch mit offenem Fenster der Hauptbaugruppe mit Komponenten aufgefüllt werden. Wählen Sie dazu die Funktion *Existing Component (Vorhandene Komponente)* und geben den neuen Knoten als Einfügeposition an.

*Einzelteile in Produktknoten laden*

Dass auch an dieser Stelle bereits in der **SA1 (Main-Conn-Rod)** vorkommende Bauteile verbaut werden, führt zu keinerlei Konflikten. Fügen Sie also die Einzelteile **6-conn-rod**, **2_cylinder**, **4_piston** und **5_piston-bolt** in die Komponente **SA2 (Conn-Rod)** ein. Sorgen Sie anschließend wieder für Eindeutigkeit der Bezeichnungen (Bild 6.71).

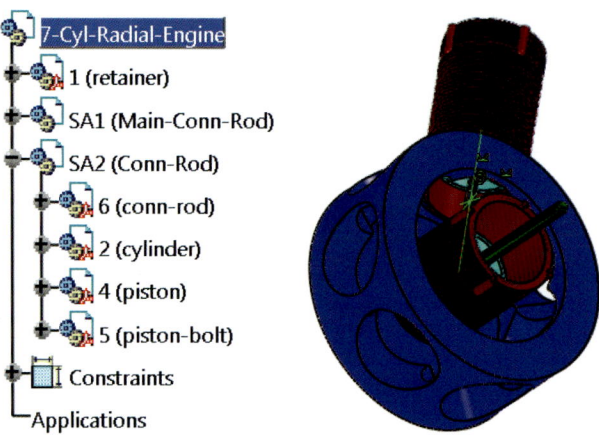

Bild 6.71 Zweite, eingefügte Unterbaugruppe

 Explode

**10. Produkte gezielt zerlegen:** Mithilfe der Navigationsmöglichkeiten können die neu in den Modellbereich eingebrachten Volumenmodelle räumlich voneinander getrennt werden. Über die Funktion *Explode (Zerlegen)* aus der Funktionsgruppe *Move (Bewegen)* ist eine Explosionsdarstellung auch gezielt möglich. Im sich öffnenden Dialogfenster können in das markierte Feld *Selection (Auswahl)* beliebig viele Produkte eingeschrieben und wieder herausgenommen werden. Betroffene Elemente sind im Strukturbaum orange hervorgehoben und können, mit einem Mausklick auf den Eintrag, in die Explosion einbezogen oder ausgeschlossen werden (Bild 6.72).

Bild 6.72 Zerlegen der ersten Stufe einer Baugruppe

Constraints (Bedingungen) setzen

**11. Unterbaugruppe einbauen:** Damit die Komponenten der Unterbaugruppe **SA2 (Conn-Rod)** miteinander verbaut werden können, muss der entsprechende Knoten erst als in Bearbeitung definiert werden. Das Programm muss also wissen, auf welcher Ebene die vergebenen *Constraints (Bedingungen)* eingeschrieben werden sollen. Mit Doppelklick auf den Strukturbaumeintrag des Produktknotens wird dieser als in Bearbeitung definiert und damit blau hinterlegt. Nun können alle Komponenten der Unterbaugruppe angewählt und miteinander verknüpft werden. Positionieren Sie eigenständig die Bauteile, ähnlich wie bei der **SA1 (Main-Conn-Rod)**.

**12. Unterbaugruppe positionieren:** Zur Positionierung der **SA2 (Conn-Rod)** muss zunächst die Hauptbaugruppe wieder aktiviert bzw. in Bearbeitung definiert werden. Gehen Sie also mit Doppelklick auf den Strukturbaumeintrag **7-Cyl-Radial-Engine**. Er wird blau hinterlegt. Die anschließend zu setzenden *Constraints (Bedingungen)* werden jetzt wieder auf der Ebene der Hauptbaugruppe in den Strukturbaum eingeschrieben (Bild 6.73).

Hauptbaugruppe aktivieren

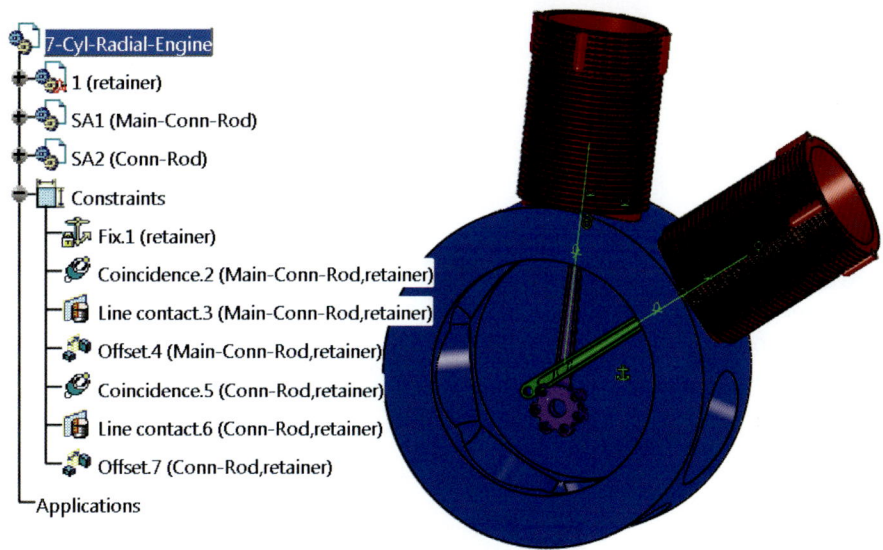

**Bild 6.73** Zweite, verbaute Unterbaugruppe

**13. Instanzen duplizieren:** Die Komponente **SA2 (Conn-Rod)** kommt insgesamt sechs Mal in der Hauptbaugruppe vor. Damit nicht jede Instanz von Neuem zusammengebaut werden muss, können Sie die Produktknoten über die Funktion *Reuse Pattern (Muster wieder verwenden)* in korrekter Anzahl und Position vom Programm berechnen und einfügen lassen. Als Referenzen benötigen Sie zum einen das *Circular Pattern (Kreismuster)* der Komponente **1_retainer** und zum anderen die **SA2 (Conn-Rod)** als Komponente für *Component to instantiate (Exemplarerzeugung)*. Eines der Wiederholungselemente wird dabei aber über die **SA1 (Main-Conn-Rod)** gelegt. Löschen Sie diese aus dem Strukturbaum heraus (Bild 6.74).

 Component to instantiate

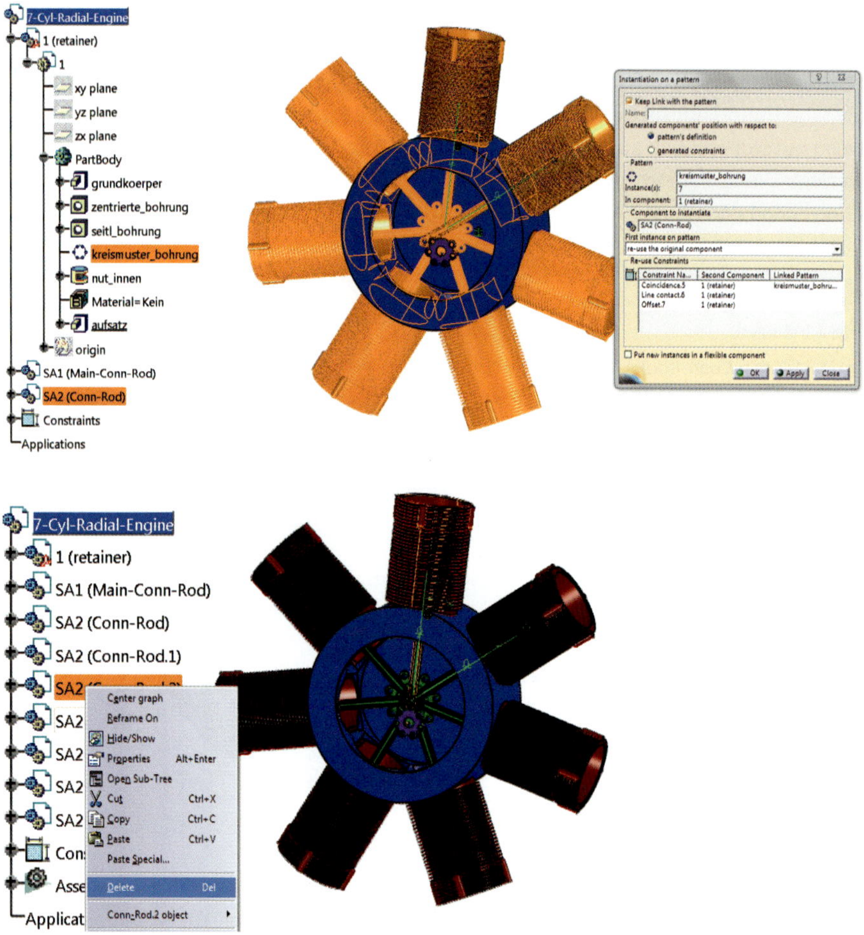

**Bild 6.74** Instanzierung mit gleichzeitiger Positionierung von mehrfach verwendeten Unterbaugruppen

Sorgen Sie anschließend wieder für Eindeutigkeit in den Bezeichnungen der Produktknoten. Unter einem neuen Eintrag *Assembly features (Baugruppenkomponenten)* wird die eben verwendete Funktion mit den verwendeten Referenzen für das Wiederholungsmuster eingeschrieben (Bild 6.75).

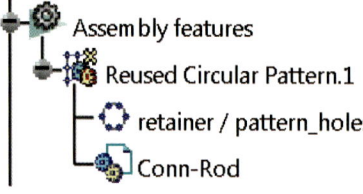

**Bild 6.75** Die Definition des Wiederholungsmusters wird im Knoten Assembly features (Baugruppenkomponenten) abgelegt.

**14. Unterbaugruppen miteinander verknüpfen:** Beim Versuch, die Nebenpleuel mit dem Hauptpleuel über *Constraints (Bedingungen)* miteinander zu verknüpfen, wird Ihnen das Programm bei der Auflösung der Lageregeln über die Funktion *Update All (Alles aktualisieren)* eine Fehlermeldung bringen. Die definierten Positionen der Komponenten stehen im Konflikt zueinander (Bild 6.76).

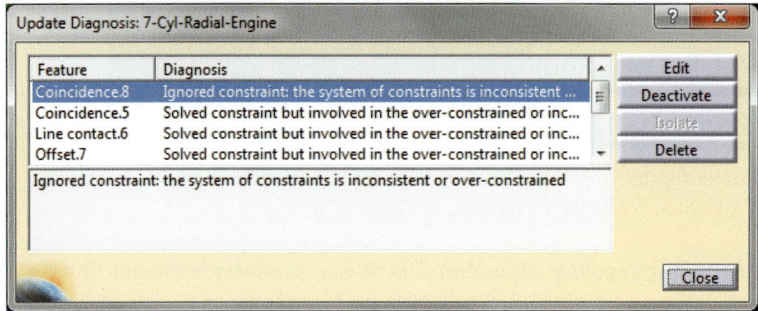

**Bild 6.76** Starre Unterbaugruppen können nicht problemlos miteinander verknüpft werden.

Der Grund dafür liegt darin, dass die eingeführten Unterbaugruppen **aus Sicht des Programms starre Objekte sind**. Dementsprechend lassen sich die Pleuel nicht um deren Kolbenbolzen verdrehen und in die richtige Lage bringen.

>  **Expertentipp: Unterbaugruppen flexibel schalten**
>
> Über einen Umschalter *Flexible/Rigid Sub-Assembly (Flexible/starre Unterbaugruppe)* aus der Funktionsgruppe *Constraints (Bedingungen)* werden die in einem Produktknoten vergebenen Bedingungsdefinitionen auch in der übergeordneten Ebene aufgelöst. Somit können Unterbaugruppen (als Komponenten einer Baugruppe) an kinematischen Bewegungen teilnehmen.

**15. Starre Unterbaugruppen flexibel schalten:** Damit die Komponenten von Unterbaugruppen, die über ein kinematisches Zusammenspiel miteinander definiert sind, auch in der Kinematik der Hauptbaugruppe mitwirken, muss jeder einzelne Produktknoten in der Baumstruktur angefasst (Mehrfachselektion über gedrückte Strg-Taste ist möglich)

 Flexible/Rigid Sub-Assembly

und der Funktion *Flexible/Rigid Sub-Assembly (Flexible/starre Unterbaugruppe)* übergeben werden. Deutlich wird diese Veränderung durch ein entsprechendes Bildsymbol im Strukturbaumeintrag (Bild 6.77).

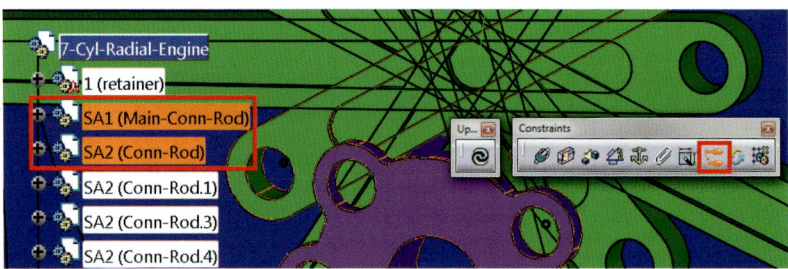

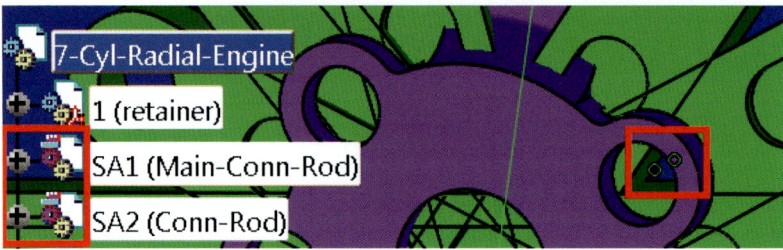

**Bild 6.77** Bei flexiblen Unterbaugruppen werden deren Constraints (Bedingungen), also deren Freiheitsgrade in der übergeordneten Baugruppe, berücksichtigt.

**16. Constraints (Bedingungen) ausblenden:** Durch das Flexibelschalten der Unterbaugruppen werden deren *Constraints (Bedingungen)* im Modellbereich angezeigt. Sie können wie gehabt durch Aufklappen der Baumstruktur an den entsprechenden Stellen angewählt und in den nicht sichtbaren Raum gebracht werden.

**17.** Wird eine flexible Komponente über den Umschalter *Flexible/Rigid Sub-Assembly (Flexible/starre Unterbaugruppe)* wieder starr gemacht, so erscheint eine Warnmeldung. Das Programm weist darauf hin, dass die *Constraints (Bedingungen)* der betroffenen Unterbaugruppe nicht mehr berücksichtigt werden (Bild 6.78).

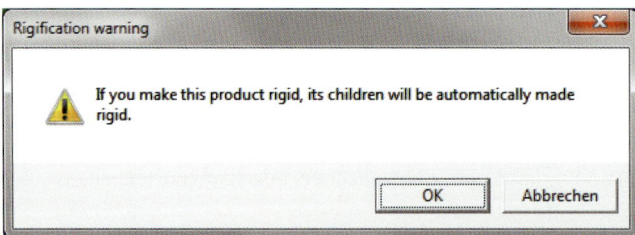

**Bild 6.78** Warnmeldung beim Aufheben der Flexibilität einer Unterbaugruppe

**18. Restliche Constraints vergeben:** Vergeben Sie jetzt die noch fehlenden *Coincidence Constraints (Kongruenzbedingungen)* zwischen dem Nebenpleuel und dem Hauptpleuel. Die Verknüpfungen sollten nun in etwa wie in Bild 6.79 aussehen.

**Bild 6.79** Zusammenbau von Hauptpleuel mit allen Komponenten Nebenpleuel

**19. Bauteil Kurbelwelle einfügen:** Als Nächstes wird die Komponente **Kurbelwelle** in die Baugruppe integriert. Verwenden Sie dazu die Funktion *Existing Component With Positioning (Vorhandene Komponente mit Positionierung)*. Sie kombiniert die bereits bekannten Funktionen *Existing Component (Vorhandene Komponente)* und *Smart Move (Intelligentes Verschieben)* und erlaubt neben dem Hochladen einer schon vorhandenen Datei gleichzeitig deren Positionierung gegenüber der restlichen Baugruppe. Aktivieren Sie dazu die Funktion und geben mit einem Mausklick auf **7-Cyl-Radial-Engine** an, dass die Komponente auf der Ebene der Hauptbaugruppe eingefügt werden soll. Über ein Browserfenster lässt sich das Einzelteil **7_crankshaft** anwählen und zum Hochladen bestätigen.

Existing Component With Positioning

Nach der Auswahl des gewünschten Bauteils öffnet sich ein weiteres Dialogfenster *Smart Move (Intelligentes Verschieben)*. Es lässt sich über die bekannten Navigationsmöglichkeiten der *Assembly Design (Baugruppenkonstruktion)* bewegen. Die Anwahl von Referenzen für die Positionierung ist über dieses Volumenmodell möglich (Bild 6.80).

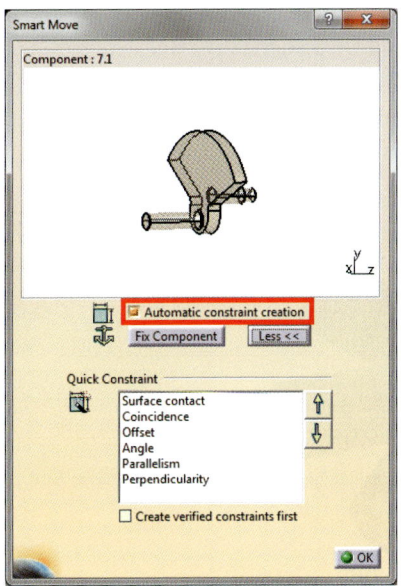

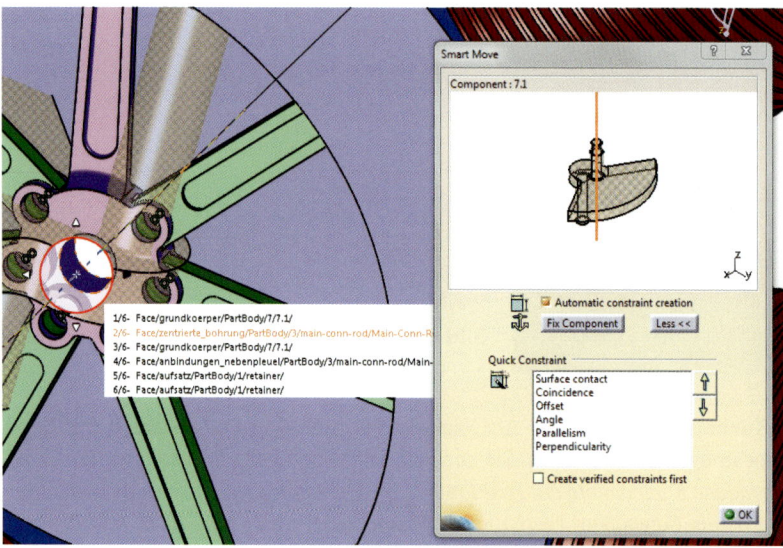

**Bild 6.80** Einfügen von Komponenten über Smart Move (Intelligentes Verschieben)

Positionieren Sie zunächst den abgesetzten Wellenabschnitt der **Kurbelwelle** kongruent zur Achse der mittleren Bohrung des **Hauptpleuels**. Die gegenüberliegende Welle liegt kongruent auf der Mittelachse der Komponente **1_retainer**.

Setzen Sie anschließend den Eintrag *Offset (Offset)* in der Prioritätenliste des Dialogfensters ganz nach oben. Nun lässt sich auch eine *Offset Constraint (Offsetbedingung)* zwischen dem Wellenabsatz und der vorderen Fläche des Mutterpleuels definieren. Damit die gesetzten *Constraints (Bedingungen)* als permanente Einschränkung von Freiheitsgraden in den Strukturbaum eingeschrieben werden, muss das Optionsfeld *Automatic constraint creation (Automatische Bedingungserzeugung)* auch hier wieder aktiv sein.

 Update All

Die Bestätigung des Dialogs mit *OK* schließt die Positionierung ab. Ihre Baugruppe sollte nach einem Berechnungsdurchlauf des Programms über die Funktion *Update All (Alles aktualisieren)* nun in etwa wie in Bild 6.81 aussehen.

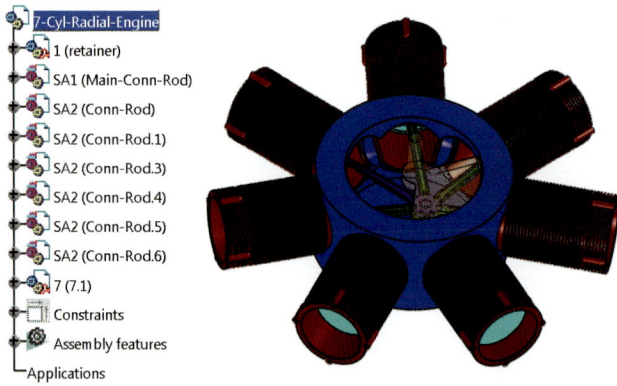

**Bild 6.81** Kinematisch simulierbare Baugruppe

**20. Kinematische Simulation der Baugruppe:** Über die Funktion *Manipulation (Manipulation)* können Sie den Sternmotor nun kinematisch simulieren. Achten Sie darauf, dass in der Eingabemaske der *Manipulation Parameters (Manipulationsparameter)* das Optionsfeld *With respect to constraints (In Bezug auf Bedingungen)* aktiv ist. Als Drehachse können Sie die Mittelachse der Komponente **1_retainer** und als rotierendes Element die **Kurbelwelle** wählen.

 Manipulation

**21. Datei abspeichern:** Speichern Sie Ihre Konstruktion wieder über das *Save Management (Sicherungsverwaltung)* ab, bevor Sie mit den letzten Modellierungsschritten dieser Übung fortfahren.

**22. Bauteile Verbindungsbolzen einfügen:** Die letzten Bauteile, die noch fehlen, sind die Verbindungsbolzen zwischen **Nebenpleuel** und **Hauptpleuel**. Fügen Sie die restlichen Komponenten eigenständig zur Hauptbaugruppe hinzu und sorgen für eindeutige Bezeichnungen im Strukturbaumeintrag. Sehr schnell lassen sich die noch fehlenden Verbindungsbolzen über die Funktionen *Existing Component With Positioning (Vorhandene Komponente mit Positionierung)* für eine Referenzkomponente und anschließende Vervielfältigung über *Reuse Pattern (Muster wieder verwenden)* erzeugen. Komponenten, die eine Sicht auf Bauteile versperren, die für den Zusammenbau angewählt werden müssen, sollten vorübergehend über die Funktion *Hide/Show (Verdecken/Anzeigen)* ausgeblendet werden. Dadurch wird das Konstruieren wesentlich erleichtert.

**23. Strukturbaum neu ordnen:** Über die Funktion *Graphic Tree Reordering (Neuordnung des Grafikbaums)* können Sie die Komponenten der Hauptbaugruppe nach Belieben im Strukturbaum umpositionieren.

 Graphic Tree Reordering

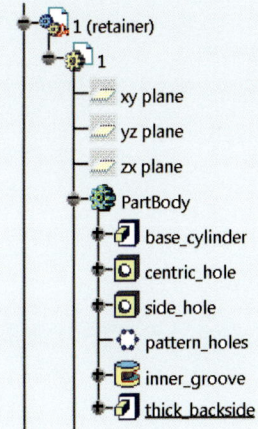

**Expertentipp: Einzelteile in der Baugruppe**

In der Baugruppenkonstruktion werden Einzelteile über zwei Knoten in den Strukturbaum eingefügt. Der erste Knoten beschreibt den Eintrag als Einzelteilkomponente, der zweite das Dokument des Einzelteils selbst. Wird auch der zweite Knoten aufgeklappt, so erscheint die Lebensgeschichte des Volumenmodells.

 Fix together

**24. Gruppierung von Einzelteilen/Unterbaugruppen:** Über die Funktion *Fix Together (Gruppierung)* können Komponenten einer Baugruppe logisch zusammengefasst und in ihrer relativen Position zueinander gemeinsam verschoben werden. Diese Funktion ist Ihnen möglicherweise auch aus anderen Office-Anwendungen wie Word oder PowerPoint bekannt. Auch dort können Bilder, Textfelder und Formen als zusammenhängende Gruppen definiert werden. Bei Verschiebungen über die *Manipulation (Manipulation)* bewegen sich alle gruppierten Komponenten gleichzeitig, unter Beibehaltung der gerade bestehenden Bauteilpositionen zueinander. Eine Einschränkung von Freiheitsgraden findet über diese Funktion allerdings nicht statt. Nachdem ein *Fix Together (Gruppierung)* als Bedingung in den Strukturbaum eingeschrieben wird, wird diese bei der *Manipulation (Manipulation)* nur *With respect to constraints (In Bezug auf Bedingungen)* berücksichtigt. Umpositionierungen gruppierter Elemente durch andere *Constraints (Bedingungen)*, *Snap (Versetzen)* oder *Explode (Zerlegen)* zerstören die Gruppierung nicht, sie definieren lediglich neue Lageverhältnisse.

**25. Fertige Baugruppe abspeichern:** Diese Übung ist damit abgeschlossen. Selbstverständlich können Sie den Einzelteilen dieser Baugruppe auch andere Materialien zuordnen, Kollisionsuntersuchungen durchführen, vorhandene Bauteile weiter detaillieren oder neue Komponenten hinzufügen. Speichern Sie Ihre Konstruktion zu guter Letzt noch einmal über *Save Management (Sicherungsverwaltung)* ab. Alle Veränderungen an den Komponenten werden wieder automatisch durch Sicherung der Hauptbaugruppe übernommen (Bild 6.82).

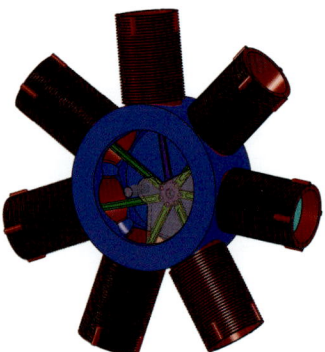

**Bild 6.82** Fertige Baugruppe

**Übung 51: 5-Zylinder-Sternmotor**
Quick Access Code: 5zs

*www.elearningcamp.com/hanser*

**Übung 52: Viertakt-Motor**
Quick Access Code: 4tk

*www.elearningcamp.com/hanser*

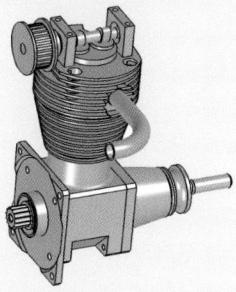

**Übung 53: Fremdformate integrieren**
Quick Access Code: ffi

*www.elearningcamp.com/hanser*

# 7 Assembly Design (Baugruppenkonstruktion) für Fortgeschrittene

## ■ 7.1 Voreinstellungen

Damit Sie die in diesem Kapitel beschriebenen Methoden anwenden können, müssen Sie ein paar Voreinstellungen in CATIA V5-6 vornehmen. Gehen Sie dazu in der Menüleiste auf **TOOLS > OPTIONS > INFRASTRUCTURE > PART INFRASTRUCTURE (TOOLS > OPTIONEN > INFRASTRUKTUR > TEILEINFRASTRUKTUR)** in die Registerkarte **GENERAL (ALLGEMEIN)**. Setzen Sie die in Bild 7.1 dargestellten Einstellungen. Hier nicht erwähnte Einstellungen belassen Sie einfach so wie sie vom Programm voreingestellt sind bzw. wie sie in den vorangegangenen Kapiteln angepasst wurden.

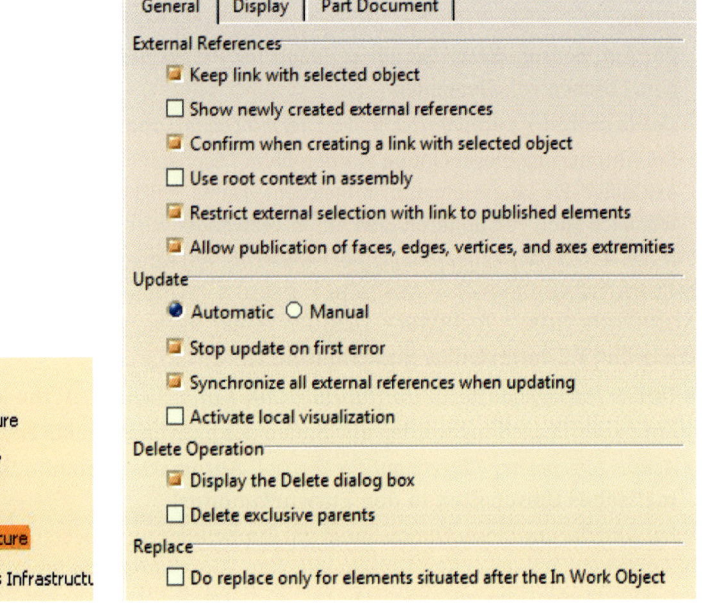

**Bild 7.1** Einstellungen für das Part Design (Teilekonstruktion) in Vorbereitung auf das Link Management

- *Keep link with selected object (Verknüpfung mit ausgewähltem Objekt beibehalten):* **aktiviert**

  Die Verknüpfung zum externen Dokument, also einem anderen *Part (Einzelteil)*, wird mit Aktivierung dieser Option beibehalten. Gerade für das Arbeiten mit *Assemblies (Baugruppen)* ist diese Einstellung wichtig, um Linkstrukturen aufbauen zu können.

- *Show newly created external references (Neu erzeugte Verweise anzeigen):* **deaktiviert**

  Bei Aktivierung dieser Option werden die neu verknüpften Elemente in der Geometrie angezeigt.

- *Confirm when creating a link with selected object (Bestätigen, wenn eine Verknüpfung mit einem ausgewählten Objekt erzeugt wird):* **aktiviert**

  Bei Aktivierung dieser Option müssen Sie jeden neu erzeugten externen Verweis explizit bestätigen. Lehnen Sie die Abfrage mit *Nein* ab, erzeugt das Programm isolierte Elemente, ohne Verknüpfung zum Ursprungselement.

- *Use root context in assembly (Rootkontext in Baugruppe verwenden):* **deaktiviert**

  Bei Aktivierung dieser Option »merkt« sich das verknüpfte Element stets das hierarchisch höchste *Product (Produkt)*, in dem der Link erzeugt wurde.

- *Restrict external selection with link to published elements (Externe Auswahl mit Verknüpfung auf veröffentlichte Elemente beschränken):* **aktiviert**

  Bei Aktivierung dieser Option können Sie ausschließlich *Published Elements (Veröffentlichte Elemente)* zum Erzeugen von *Links (Verknüpfungen)* verwenden.

- *Synchronize all external references when updating (Alle externen Verweise beim Aktualisieren synchronisieren):* **aktiviert**

  Bei Aktivierung dieser Option stellen Sie sicher, dass CATIA V5-6 die aus anderen *Parts (Einzelteile)* kopierten Elemente stets aktualisiert.

- *Display the Delete dialog box (Dialogfenster ›Löschen‹ anzeigen):* **aktiviert**

  Bei Aktivierung dieser Option verlangt das Programm eine explizite Bestätigung vor dem Löschen von Elementen.

- *Delete exclusive parents (Exklusive Eltern löschen):* **deaktiviert**

  Bei Aktivierung dieser Option werden beim Löschen von Strukturbaumeinträgen deren exklusive Eingangselemente mitgelöscht. Dabei wird Elterngeometrie nicht entfernt, wenn sie auch von anderen Elementen verwendet wird.

Für das *Assembly Design (Baugruppenkonstruktion)* setzen Sie unter **TOOLS > OPTIONS > MECHANICAL DESIGN > ASSEMBLY DESIGN** (TOOLS > OPTIONS > MECHANISCHE KONSTRUKTION > ASSEMBLY DESIGN) in der Registerkarte **GENERAL** (ALLGEMEIN) die in Bild 7.2 dargestellten Einstellungen.

- *Update propagation depth (Fortführungstiefe aktualisieren):* **All the levels** (**Alle Stufen**)

  Mit dieser Einstellung werden alle Stufen des aktiven Produkts aktualisiert.

- *Access to geometry (Zugriff auf Geometrie):* **Automatic switch to Design mode** (**Automatisches Umschalten in den Entwurfsmodus**)

  Bei Aktivierung dieser Option findet mit Doppelklick auf den betroffenen Strukturbaumeintrag ein automatisches Umschalten vom *Visualization Mode (Ansichtsmodus)* in den *Design Mode (Entwurfsmodus)* statt.

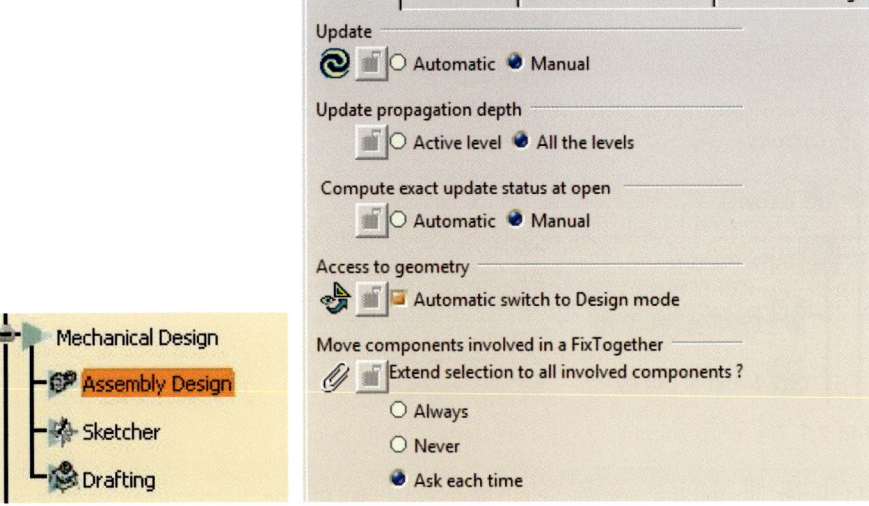

**Bild 7.2** Update (Aktualisieren) – Manual (Manuell): Bei dieser Einstellung wählen Sie den Zeitpunkt für ein Update (Aktualisieren) des Modells selbst.

## 7.2 Umgang mit großen Baugruppen – Design Mode und Visualization Mode

Häufig ist die *Product Structure (Produktstruktur)* durch die Grund- bzw. Startmodelle und die Konstruktionsrichtlinien der Hersteller festgelegt. Die Darstellung und Bearbeitung großer Baugruppen bringt dabei allerdings auch leistungsfähige Systeme an die Performance-Grenze. Daher wird zur Visualisierung komplexer *Assemblies (Baugruppen)* in der Regel auf abgeleitete *\*.cgr*-Dateien zurückgegriffen. Diese tessilierten Daten beanspruchen das System erheblich geringer und erlauben sogar das Einlesen kompletter Baugruppen mit mehreren tausend Einzelteilen in akzeptablen Berechnungszeiten.

Grundeinstellungen

Das Arbeiten mit *\*.cgr*-Dateien muss in den Grundeinstellungen aktiviert werden. Unter TOOLS > OPTIONS > INFRASTRUCTURE > PRODUCT STRUCTURE > CACHE MANAGEMENT (TOOLS > OPTIONEN > INFRASTRUKTUR > PRODUCT STRUCTURE > CACHE-VERWALTUNG) **aktivieren** Sie folgende Optionen (siehe auch Bild 7.3):

Cache aktivieren

- WORK WITH CACHE SUPPORT (MIT DEM CACHESYSTEM ARBEITEN)
- CHECK TIMESTAMPS (ZEITMARKE PRÜFEN)

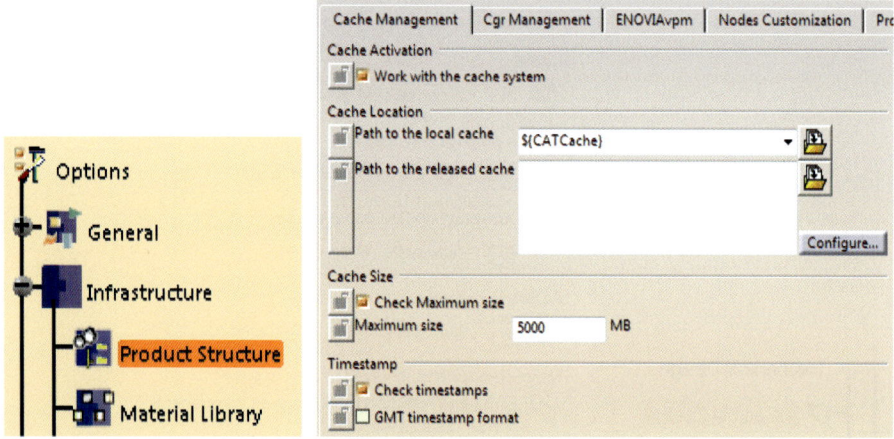

**Bild 7.3** Einstellungen zum Erzeugen tessilierter Oberflächen

CGR Daten: Tessilierte Oberfläche

Mit dieser Einstellung werden beim Laden einer Baugruppe die einzelnen Parts grundsätzlich als *.cgr*-Dateien geladen. Diesen *Visualization Mode (Darstellungsmodus)* erkennen Sie stets an den Dreiecksoberflächen beim Überfahren von Geometrie mit der Maus.

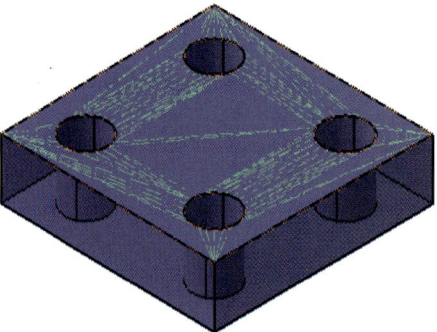

**Bild 7.4** Tessilierte Geometrie: CGR-Daten

Die Einzelteile, an denen Sie (weiter)arbeiten wollen, setzen Sie dann gezielt über das Kontextmenü mit **RMT > REPRESENTATIONS > DESIGN MODE (RMT > DARSTELLUNGEN > ENTWURFSMODUS)** vom *Visualization Mode (Darstellungsmodus, *.cgr)* in den *Design Mode (Entwurfsmodus, *.CATPart)*. Die restlichen Bauteile der Baugruppe befinden sich nun visuell im Hintergrund und Sie können am aktivierten Einzelteil wie gewohnt arbeiten (Bild 7.5).

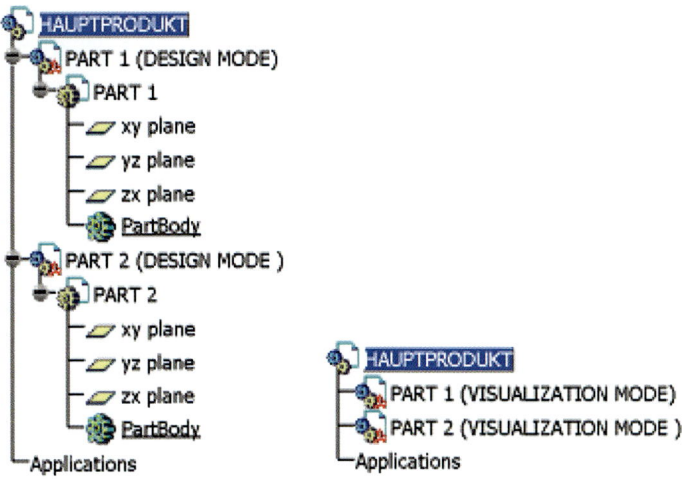

**Bild 7.5** Design Mode (mit im Strukturbaum integrierter Bauteilhistorie) und Visualization Mode (ohne Knoten zum Aufklappen der Einzelteilgeometrie)

 **Übung 54: Visualization Mode/Design Mode**
Quick Access Code: vd3

*www.elearningcamp. com/hanser*

# 7.3 Dateitypen einer Baugruppe

In einer *Product (Baugruppen)*-Datei können Sie unterschiedliche Elemente einlagern. Die Symbole geben Aufschluss über den Dateityp, der hinter dem Strukturbaumeintrag steckt:

- *Part (Einzelteil):* Hinter einem **Einzelteilknoten** stecken *\*.CATParts* – erkennbar am Symbol eines weißen Blattes mit blauem und gelbem Zahnrad **und einem Achsenkreuz**.   Visible Part
- *Product (Baugruppe):* In einen **Produktknoten** können Sie beliebig viele Unterbaugruppen und/oder Einzelteile einlagern. Erkennbar ist die (Unter-) Baugruppe am Symbol eines weißen Blattes mit blauem und gelbem Zahnrad **ohne Achsenkreuz**.   Visible Product
- *Component (Komponente):* In einem **Komponentenknoten** (erkennbar an einem gelben und blauen Zahnrad) können Produkte und/oder Parts eingelagert werden. *Components (Komponenten)* dienen lediglich der Strukturierung eines Bauteils und tauchen nicht als Datei mit separater Teilenummer (zum Beispiel in einer Stückliste oder beim Speichern auf Ihrem Server/Rechner) auf. *Components (Komponenten)* sind im Grunde Sammelbehälter für (thematisch) gruppierte Einzelteile und/oder Unterbaugruppen für eine bes-   Visible Component

sere Übersicht der Konstruktion im Strukturbaum. Hier können z. B. externe Daten aus Fremdformaten (CATIA V4, ICEM Surf usw.) oder auch Normteile einer Baugruppe (Niete, Schrauben etc.) »aufgeräumt« werden (Bild 7.6).

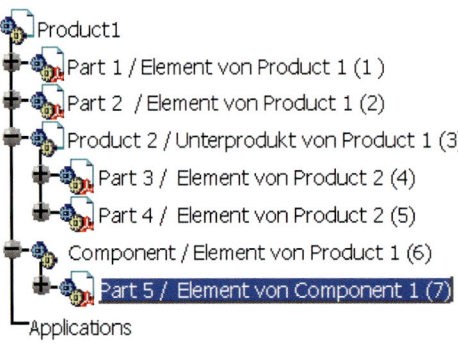

**Bild 7.6** Produktdatei mit zwei Einzelteilen einer Unterbaugruppe mit zwei Einzelteilen und eine Komponente mit einem Einzelteil

Die Elemente können Sie als bereits existente Parts/Products unter Angabe des Windows-Speicherpfades (oder über ein betriebsinternes PDM-System) aufrufen oder auch im Kontext neu konstruieren. Sie haben jederzeit die Möglichkeit, in die zum Eintrag gehörige Arbeitsumgebung zu wechseln, um die Bauteile zu bearbeiten. Wenn Sie Einzelteile mit Doppelklick im Strukturbaum aktivieren, um Änderungen vornehmen zu können (mit der restlichen Baugruppe im Hintergrund sichtbar), birgt diese Variante große Risiken. Häufig referenzieren Sie ungewollt auf externe Produktelemente und erzeugen dabei ein schwer zu überblickendes Abhängigkeitsnetz (dazu mehr in Abschnitt 7.5). Der sichere Weg, keine externen Referenzen zu erzeugen, ist, die zu editierende Datei über **RMT** aufzurufen und mit dem Eintrag **OBJECT... > OPEN IN NEW WINDOW (OBJEKT... > IN NEUEM FENSTER ÖFFNEN**) gesondert im *Part Design (Einzelteilkonstruktion)* oder einer gewählten Unterbaugruppe zu bearbeiten.

### Der Unterschied zwischen Product (Produkt) und Component (Komponente)

Im ersten Moment, wird sich Ihnen die Verwendung von *Components (Komponenten)* nicht unbedingt erschließen. Schließlich erfüllen beide »Sammelbehälter« einen ähnlichen Sinn. Beide Elemente dienen zur übersichtlichen Strukturierung eines *Products* (einer *Baugruppe*) in mehrere Stufen. Der Strukturbaumeintrag des Typs *Product (Produkt)* liefert Ihnen eine echte Baugruppenbezeichnung, die als Nummerierung in einer Stückliste auftauchen würde. Sie wird, ähnlich wie Einzelteile mit dem Dateityp *\*.CATPart*, als separates Element mit dem Dateityp *\*.CATProduct* abgespeichert.

Eine *Component (Komponente)* kann nicht als separate Datei abgespeichert werden. Sie existiert daher nur im Kontext der dazugehörigen Baugruppendatei. Sehen Sie eine *Component (Komponente)* daher eher als eine Art virtuellen Sammelbehälter zur Strukturierung Ihrer komplexen Baugruppe.

## 7.4 Darstellung von Teilen im 3D-Raum

Trotz Auflistung im Strukturbaum taucht ein Element (Einzelteil oder Komponente) visuell nicht im 3D-Raum auf. Dieses Verhalten werden Sie im Umgang mit komplexen Baugruppen häufiger beobachten. Welche Einzelteile geometrisch nicht repräsentiert werden, erkennen Sie am Bildsymbol des betroffenen Strukturbaumeintrags.

- **Part mit geometrischer Repräsentation:** Ein kleines, **rot umrandetes Achsenkreuz** im Bildsymbol bedeutet, dass das Teil im Modellbereich als 3D-Geometrie abgebildet wird. Die geometrische Darstellung ist also intakt.

Geometrische Repräsentation

- **Part ohne geometrische Repräsentation:** Ein kleines, **weißes Achsenkreuz** im Bildsymbol bedeutet, dass die geometrische Darstellung des betroffenen Elements zwar existiert, diese aber nicht aktiviert ist. Die geometrische Repräsentation ist also inaktiv.

Keine geometrische Repräsentation

- **Inaktives Part:** Ein **schwarzes Symbol in Form eines durchgestrichenen Kreises** steht für ein Einzelteil im *Visualization Mode (Darstellungsmodus)*, das inaktiviert wurde. Die Geometrieinformationen sind also nicht in den Arbeitsspeicher geladen, womit Verknüpfungen nicht aufgelöst werden können. Der Status des Ursprungselements, aus dem die Links stammen, ist für das Programm hier nicht bekannt. Eine geometrische Repräsentation ist verfügbar. Über **RMT** mit **REPRESENTATIONS > DEACTIVATE NODE (DARSTELLUNGEN > KNOTEN INAKTIVIEREN)** aktivieren bzw. inaktivieren Sie einen Knoten im Strukturbaum. Gegebenenfalls ist auch das Laden des Elements notwendig, um den Link wieder fehlerfrei berechnen lassen zu können (über **RMT** mit **COMPONENTS > LOAD / KOMPONENTEN > LADEN**).

Inaktives Part

- **Deaktiviertes Element:** Ein deaktiviertes *Product (Produkt)*, ein *Part (Einzelteil)* oder eine *Component (Komponente)* wird wie gewohnt über **zwei rote Klammern im Bildsymbol** dargestellt. Auch hier wird keine 3D-Geometrie im Modellbereich angezeigt und der Eintrag aus einer automatisch generierten Stückliste verschwindet. Interpretieren können Sie dieses Dokument als »temporär gelöscht«, mit der Möglichkeit das Löschen wieder rückgängig zu machen.

Deaktiviertes Element

- **Broken Link:** Wenn der Speicherpfad eines Einzelteils oder einer Unterbaugruppe nicht gefunden werden konnte, ist auch keine geometrische Repräsentation im 3D-Raum möglich. Hier müssen Sie den nicht intakten Referenzpfad gegebenenfalls über **FILE > DESK (DATEI > SCHREIBTISCH)** wiederherstellen (siehe Abschnitt 7.7). Das Bildsymbol zeigt ein **eingerissenes Blatt mit zwei unausgefüllten Zahnrädern**.

Broken Link

# 7.5 Link Management im Assembly Design

Über ein methodisch sinnvoll definiertes Link Management können Sie komplexe Baugruppen gezielt steuern und beinahe beliebig anpassungsfähig gestalten. Dabei »kommunizieren« die teilnehmenden Baugruppenelemente miteinander und beeinflussen sich mitunter gegenseitig. Hier gibt es verschiedene Konzepte, die im modernen CAD in der Entwicklung und Konstruktion zur Anwendung kommen. Die gängigsten davon, und die dafür notwendigen Hilfsmittel, sehen wir uns in den folgenden Abschnitten an.

## 7.5.1 Design in Context

Der Begriff **Design in Context** bedeutet, dass ein Einzelteil oder eine Unterbaugruppe mit Verknüpfungen zu anderen Einzelteilen oder Unterbaugruppen, also einem Kontext, entsteht. Unter der Anwendung verschiedener Linktypen (siehe Abschnitt 7.5.2) werden Beziehungen zwischen Teilnehmern einer Baugruppe hergestellt und kontrolliert.

*Der Begriff Context (Kontext)*

Jedes separate *Product (Produkt)*, also jede eigenständige (Unter-) Baugruppe, selbst wenn sie in einer übergeordneten Struktur verbaut ist, definiert einen eigenen *Context (Kontext)*. Für eine übersichtliche Strukturierung sollten bauteilübergreifende *Links (Verknüpfungen)* nur innerhalb eines Kontexts erfolgen.

## 7.5.2 Linktypen

*CCP Links*

In Abschnitt 5.3 haben Sie die Möglichkeit kennengelernt, sogenannte CCP Links (oder auch Reference Links genannt) zu definieren und für eine »intelligente Konstruktion« zu nutzen. Bauteilübergreifende Verknüpfungen dieser Art werden stets im Zieldokument gespeichert und werden über einen Dateipfad auf das Referenz-Dokument gesteuert.

*Instance Links*

Sogenannte Instance Links erzeugen Sie in dem Moment, in dem Sie ein Einzelteil (oder eine Unterbaugruppe) als Dubletten anlegen. Sie definieren Instanzen ein und desselben Bauteils. Jede Instanz ist direkt mit dem (einen, existierenden) Original verknüpft. Zur Unterscheidung im Strukturbaum bleibt hier die Teilenummer gleich und die Instanznummer (in der Regel in Klammern hinter der Teilenummer) wird automatisch vom Programm hochgezählt.

*KWE-Links*

Sogenannte KWE Links (Knowledgeware Links) entstehen bei der bauteilübergreifenden Verknüpfung über veröffentlichte Parameter.

*Import Links*

Alternativ zu den CCP Links können Sie die Verwaltung der Abhängigkeiten von einer Baugruppendatei steuern lassen. Hier kommen die sogenannten Import Links zur Anwendung. Sie beschreiben Verknüpfungen zwischen Elementen mit einem gemeinsamen *Context (Kontext)*. Diese Strategie des bauteilübergreifenden Informationstransfers wird uns in den folgenden Abschnitten beschäftigen.

### 7.5.3 Symbolik im Strukturbaum

- **Import Link (Contextual Part):** Ein **blaues und ein grünes Zahnrad, verbunden mit einem Kettenglied**, signalisiert ein im *Context (Kontext)* geladenes Element mit intakten *Links (Verknüpfungen)*. In Sub-Products (Unterbaugruppen) befindliche Import Links wandeln sich beim Öffnen in einem separaten Fenster in einen Import Link ohne offenen *Context (Kontext)*. Dieser wird wie im nächsten Verknüpfungsfall (mit braunem Zahnrad und rotem Blitz) dargestellt.  Import Link

- **Import Link (Context not open):** Ein **blaues und ein braunes Zahnrad, verbunden mit einem roten Blitz**, signalisiert eine geladenen Product-Datei, deren Verknüpfung(en) mit intakten *Links (Verknüpfungen)* aus einem anderen Kontext hergestellt wurden. Das Referenzdokument, aus dem der einkopierte Verweis stammt, ist im geladenen *Product (Produkt)* nicht aufgelistet, worauf ggfls. eine Warnmeldung hinweist (Bild 7.7). Durch Hinzuladen des Produkts, aus dem der Link stammt, wandelt sich dieses Symbol in einen *Import Link (Contextual Part)* mit grünem Zahnrad und Kettenglied um.

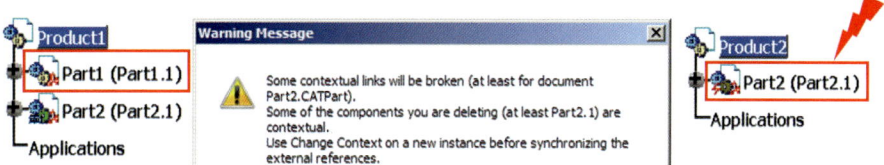

**Bild 7.7** Warnmeldung für Import Links, bei denen der Context fehlt

- **Instance of Definition Instance:** Das Symbol eines blauen und eines weißen Zahnrades, verbunden mit einem grünen Pfeil, deutet auf ein *Part (Einzelteil)* hin, dessen einkopierte Ursprungsgeometrie aus einer *Sub-Assembly (Unterbaugruppe)* stammt. Diese Link-Art sollten Sie möglichst vermeiden. Holen Sie Ihre Referenzen für eine gute Methodik stets aus steuernden Dateien wie Skeleton Geometries oder Adaptermodellen – und zwar nach dem Top-Down-Prinzip (siehe Abschnitt 7.5.8). Damit vermeiden Sie Verknüpfungen kreuz und quer durch die Product-Datei und machen Ihre Konstruktion überschaubarer und leichter zu editieren bzw. zu kontrollieren.  Instance of Definition Instance

>  **Expertentipp: Elemente isolieren**
>
> Um vollständig irreversible, isolierte Elemente zu erzeugen, gehen Sie über das Kontextmenü auf den Befehl *Isolate (Isolieren)* zum selektierten Element. Vollständig unabhängige Geometrien werden über einen roten Blitz am Bildsymbol signalisiert.
>
>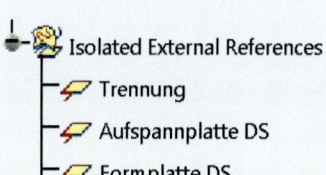

### 7.5.4 Links identifizieren

Um zu identifizieren, welche Link-Arten im aktiven *Product (Produkt)* definiert wurden, rufen Sie die Option **EDIT > LINKS (BEARBEITEN > VERKNÜPFUNGEN)** aus der Menüleiste auf. Im Reiter *Links (Verknüpfungen)* können Sie jede für den aktiven *Kontext (Context)* gesetzte Abhängigkeit in der Spalte *Link type (Verknüpfungstyp)* anzeigen lassen (Bild 7.8).

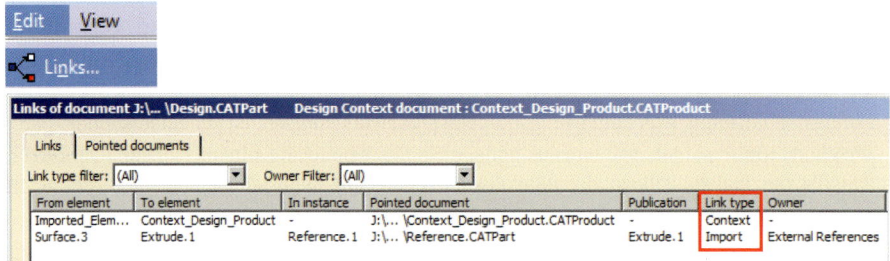

**Bild 7.8** Aufruf des Dialogfensters zum Identifizieren von Links

### 7.5.5 Datenverwaltung: Desk Command (Schreibtisch)

Desk (Schreibtisch)

Wurden Teile eines Produkts im Cache auf Windows-Ebene verschoben, geht der Bezug zu diesem Element verloren, wenn sie im Kontext einer Baugruppe oder über *Verknüpfungen (Links)* mit externen Dokumenten verbunden sind. Um den neuen Speicherort zuzuweisen *(Rerouting)*, wird die Funktion **FILE > DESK (DOKUMENT > SCHREIBTISCH)** verwendet. Im sich öffnenden Dateifenster können Sie eine Datenverwaltung vornehmen. Hier sind die Abhängigkeitsketten der teilnehmenden Elemente abgebildet (Bild 7.9).

Die farbliche Kennzeichnung der Dokumente gibt Aufschluss über deren Zustand.

»Verlorene« Elemente werden rot hervorgehoben. Über das Kontextmenü, also per Klick der RMT auf ein rot markiertes Feld, bietet CATIA V5-6 die Option *Find (Finden)* an. Das Anklicken dieser Funktion öffnet den Dateibrowser für eine manuelle Zuweisung des (neuen) Dateipfades oder neuen Dateinamens der verloren gegangenen Datei.

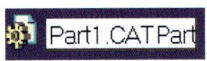

In weißem Hintergrund hervorgehobene Elemente bedeuten, dass das Referenzdokument geladen ist – entweder geöffnet oder geschlossen in der Session, aber immer noch über den Arbeitsspeicher verfügbar.

Schwarz hinterlegte Elemente wurden mit ihren Links gefunden, sind aber nicht im *Design Mode (Entwurfsmodus)* geladen. Wenn der Cache aktiviert ist, werden die tessilierten CGR-Daten im Modellbereich angezeigt.

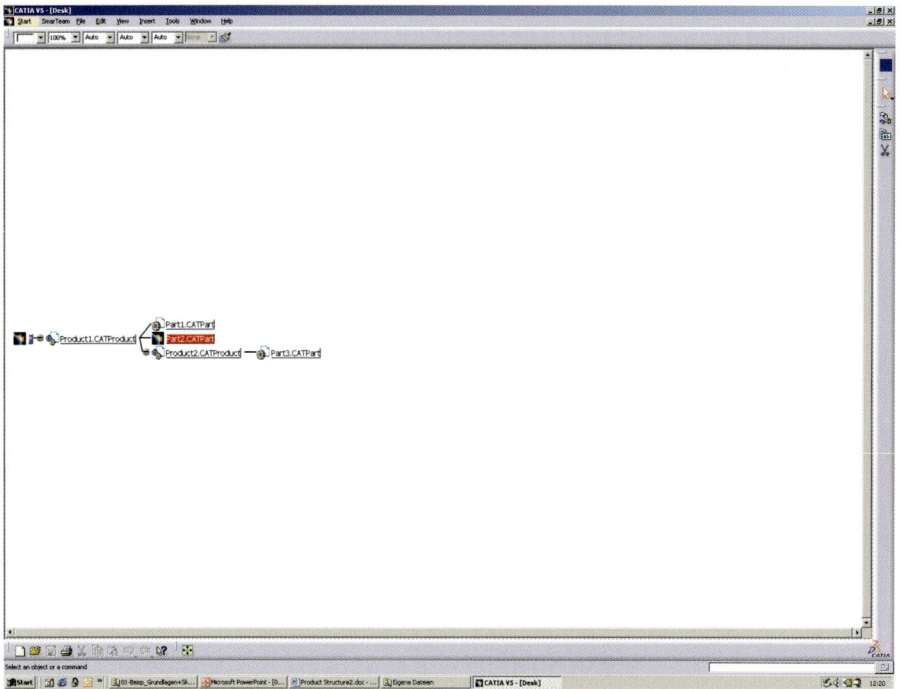

**Bild 7.9** Schreibtisch mit horizontal dargestelltem Verknüpfungsnetz

### 7.5.6 CCP Links in der Anwendung

Die Verwendung von CCP Links wurde bereits in Kapitel 5 beschrieben. Grundsätzlich können Sie für die Kommunikation zwischen Dokumenten ähnliche Ergebnisse erzielen, egal ob Sie CCP Links oder Import Links verwenden. Allerdings gehen die beiden Methoden von unterschiedlichen Zielsetzungen aus.

CCP Links definieren

Bei CCP Links öffnet der Konstrukteur die zwei zu verknüpfenden Dokumente in separaten Fenstern. Der Reference (CCP) Link, kopiert die Ursprungsgeometrie dabei nicht in Bezug auf eine etwaige Lage beider Komponenten im Assembly Design. Vielmehr wird jeweils die interne Lage der Kopiergeometrie in den *Parts (Einzelteilen)* berücksichtigt, also die absolute Position der kopierten Geometrie zum Hauptkoordinatensystem.

www.elearningcamp.
com/hanser

**Übung 55: Clip (Design in Context: CCP Links)**

Quick Access Code: cc5

### 7.5.7 Import Links in der Anwendung

Import Links definieren

Im Gegensatz zur Methode mit den CCP Links, werden bei Import Links die zu verknüpfenden Dateien nicht in separaten Fenstern, sondern zusammen in ihrer übergeordneten *Product Datei*, also im *Assembly Design (Baugruppenkonstruktion)*, gesetzt.

Import Link

Das Kopieren und Einfügen mit Beibehaltung der Verknüpfung zum Ursprung erfolgt nun im Kontext der Baugruppe. Als Zeichen für einen Import Link ändert sich das Bildsymbol des pointed documents (angesteuerten Dokuments) entsprechend (siehe Abschnitt 7.5.3).

www.elearningcamp.
com/hanser

**Übung 56: Ball Bearing (Design in Context: Import Links)**

Quick Access Code: p7i

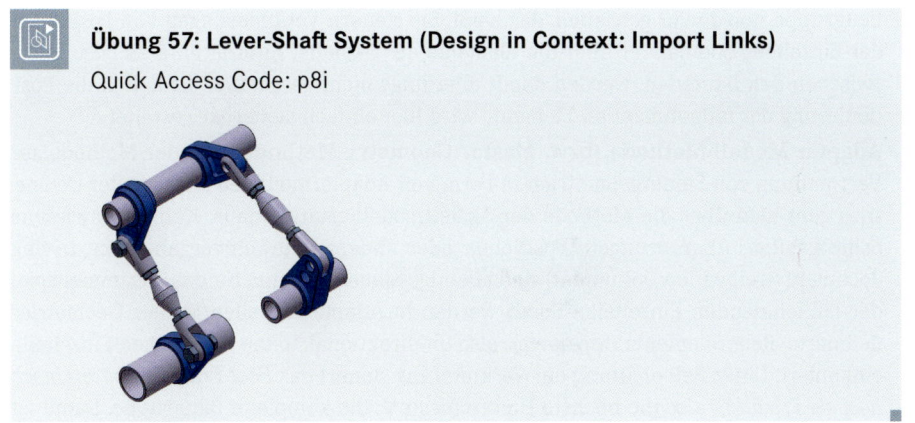

**Übung 57: Lever-Shaft System (Design in Context: Import Links)**
Quick Access Code: p8i

www.elearningcamp.
com/hanser

## 7.5.8 Gängige Methoden für das Link Management

- **Nicht assoziatives Modell:** Die einfachste Möglichkeit, Baugruppen in CATIA V5-6 zu erzeugen, ist es, die teilnehmenden Bauteile über *Constraints (Bedingungen)* miteinander zu verbauen, d. h., in der richtigen Lage zueinander zu definieren (siehe Kapitel 6). Dies bedeutet aber einen hohen Änderungsaufwand und bietet viel Angriffsfläche für Fehler. Schließlich werden Einzelteile immer durch ihre Nachbarn beeinflusst. In der Entwicklung ist diese Methode daher eher ungeeignet, da stetige Schleifen im Konstruktionsprozess einen zu hohen Arbeitsaufwand bedeuten. Vorteil ist jedoch, dass die Handhabung der Baugruppe auf diese Weise sehr einfach ist, und wenig Fachwissen erfordert.

  Nicht assoziatives Modell

- **Design in Context mit Abhängigkeitsnetz:** Mit der restlichen Baugruppe im Hintergrund lassen sich Einzelteile mit der schnellen visuellen Erkennung von angrenzenden Bauteilen und mit direkter Referenz zu Nachbarelementen erzeugen. Bei dieser Methode werden die Bauteile also im Kontext erzeugt und gesteuert. Dadurch entsteht **driving geometriy** (**treibende Geometrie**) und **driven Geometry** (**getriebene Geometrie**). Nachteil diese Methode ist, dass die Abhängigkeitsstrukturen schwer zu überblicken sind. Gerade bei großen Baugruppen entsteht dadurch ein sehr komplexes Abhängigkeitsnetz, das die Editierbarkeit des Modells stark einschränken kann. Wegen der einfachen Anwendung lohnt sich diese Methode insbesondere bei kleinen Baugruppen, die assoziativ zueinander gestaltet werden sollen. Beachten Sie aber, dass Links zwischen Einzelteilen stets nur unidirektional definiert werden können. Das heißt, dass zwei Bauteile sich wegen einer entstehenden Schleife nicht gegenseitig steuern können. Ein Bauteil treibt, das andere Bauteil wird getrieben.

  Design in Context mit Abhängigkeitsnetz

- **Skeleton-Modelling-Methode:** In einem Skelettmodell definieren Sie Rand- und Rahmenbedingungen einer Baugruppe. Das Skelett besteht ausschließlich aus 1D- und 2D-Elementen (also Punkten, Linien, Ebenen und Flächen), die Positionen, Abmaße oder Bauraumvorgaben einer Baugruppe beinhalten. Die Positionierung von Einzelteilen und Unterbaugruppen erfolgt in Referenz auf das Skelettmodell. Auf diese Weise wird die

  Skeleton-Modeling

Baugruppe »top-down« getrieben, das heißt, Sie steuern Veränderungen von Positionen der Einzelteile zueinander über die Elemente des Skeletts. Assoziativitäten, also Links zwischen den Bauteilen, werden damit allerdings nicht geschaffen. Lediglich die Positionierung der teilnehmenden Elemente wird hier einfach steuerbar gestaltet.

Adapter-Modell / Master Geometry

- **Adapter-Modell-Methode (bzw. Master Geometry-Methode):** Bei der Methode zur Verwendung von Steuergeometrien in Form von Adaptermodellen oder Master Geometries geht man über die Methode der Skelettmodellierung hinaus. Klar ausgewiesene Schnittstellen, Abgrenzungen, Positionen oder andere Bauraumvorgaben im driving document (treibenden Dokument) sind alleinige Steuerelemente für das Zusammenspiel der teilnehmenden Einzelteile. Somit werden in Adaptermodellen/Master Geometries definierte Steuerelemente »top-down«, also unidirektional, in die betroffenen Einzelteile einkopiert. Unter Beibehaltung der Verknüpfung steuert das *Root Product (hierarchisch höchste Produkt)*, also die höchste Hierarchiestufe, die komplette Baugruppe. Damit ist ein normierter und zentral gesteuerter Informationsfluss möglich. Die Definition von Abhängigkeitsstrukturen zwischen teilnehmenden *Parts (Einzelteilen)* ist hier strikt untersagt. Dies würde wieder komplexe Verknüpfungsnetze generieren, die ab einer bestimmten Baugruppengröße fast nicht mehr zu kontrollieren sind.

## 7.6 CATDUA

Die in das Programm integrierte Funktionalität CATDUA unterstützt den Anwender bei Versionsänderungen und ermöglicht die Diagnose und die Reparatur von CATIA V5-6-Daten.

Häufige Anwendungsfälle:

- Bereinigen von CATIA-Daten vor dem erstmaligen Bearbeiten in einem neuen Release
- Stabilisierung von Dateiinformationen vor der Wiederherstellung von externen Daten
- Entfernung von sogenannten Ghost Links, also Verknüpfungen die im Hintergrund gespeichert sind und ins Leere laufen. Bei einer zu großen Ansammlung von Ghost Links können CATIA-Modelle instabil werden und auf (unmittelbar unerklärliche) Fehler laufen.
- Bei Aktualisierungsproblemen von Komponenten kann CATDUA das Problem in einigen Fällen beheben.

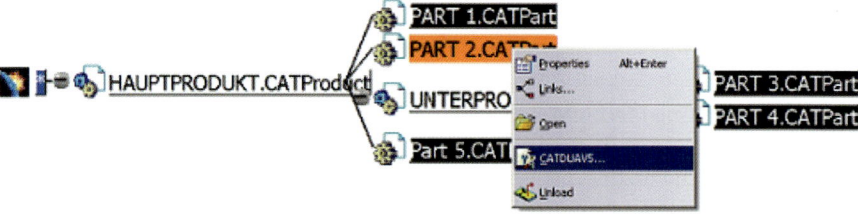

**Bild 7.10** Aufruf der Bereinigungsfunktion CATDUA

**Übung 58: CATDUA**
Quick Access Code: 911

www.elearningcamp.com/hanser

## ■ 7.7 Save Management (Sicherungsverwaltung)

Insbesondere bei der Bearbeitung von Baugruppen sollten Sie darauf achten, vorgenommene Änderungen korrekt abzuspeichern. Dafür steht Ihnen das *Save Management (Sicherungsverwaltung)* mit seinen Speicherfunktionen zur Verfügung. Der Aufruf des Dialogfensters erfolgt über **FILE > SAVE MANAGEMENT (DATEI > SICHERUNGSVERWALTUNG)**. Spätestens wenn Sie sich in komplexen Produkten bewegen, sollten Sie die Funktionen *Save (Speichern)* bzw. *Save As... (Speichern unter)* vermeiden. Sie speichern lediglich das gerade aktive CATIA-Fenster ab und berücksichtigen etwaige Abhängigkeiten von oder nach anderen (offenen) Dokumenten nicht. Das kann zu Datenverlust und Programmabstürzen führen.

Im Dialogfenster des *Save Managements (Sicherungsverwaltung)* wird jedes an der Baugruppenkonstruktion teilnehmende Element aufgelistet. Neben Informationen zur Teilenummer *(Name)* und zum *Path (Speicherpfad)* werden der aktuelle *State (Status)* und die *Action (Aktion)* für jedes Element mitgeteilt. **Die Speicherung eines übergeordneten Knotens führt zum automatischen Speichern seiner untergeordneten Kinder**. Erst bei der Bestätigung des Dialogs mit *OK* wird der Speichervorgang ausgelöst. Auf diese Weise können Sie Speicherorte und zu speichernde Elemente gezielt verwalten.

# 8 Drafting (Zeichnungserstellung)

CATIA V5-6 stellt mit dem Modul *Drafting (Zeichnungserstellung)* eine Arbeitsumgebung zur Erzeugung von technischen Zeichnungen zur Verfügung. Auch wenn die dreidimensionale Konstruktion in der heutigen Zeit immer mehr an Bedeutung gewinnt, bleibt die Erstellung zweidimensionaler Abbildungen von Einzelteilen oder Baugruppen eine der Hauptaufgaben eines Konstrukteurs. Die Technik ist mittlerweile so weit fortgeschritten, dass die Erzeugung derartiger Zeichnungen von 3D-CAD-Programmen stark vereinfacht und unterstützt wird. Viele Konstruktionsschritte übernimmt das Programm automatisch.

CATIA V5-6 hat sich in erster Linie als parametrisch gestütztes 3D-CAD-Programm einen Namen gemacht. Dennoch können technische Zeichnungen weiterhin direkt in einem zweidimensionalen Zeichenbereich »von Hand« erzeugt werden. Wesentlich effizienter ist jedoch der Weg über ein Volumenmodell. Das Programm berechnet die Ableitung eines dreidimensionalen Bauteils und erzeugt daraus dessen zweidimensionale Zeichengeometrie automatisch. Dabei übernimmt das Programm einige Konstruktionsschritte (wie die Berechnung und Abbildung der Zeichnungsgeometrie) automatisch. Eine derartige Projektion von 3D-Geometrie in zweidimensionale Ansichten wird unter dem Begriff *Generative Drafting (Zeichnungsableitung)* zusammengefasst.

Zeichnungsableitung

Im Grunde genommen stehen in der Arbeitsumgebung *Drafting (Zeichnungserstellung)* analoge Hilfsmittel zur Verfügung wie beim Zeichnen mit Papier und Bleistift. Linienzüge können beliebig erzeugt, manipuliert und auch wieder gelöscht werden. Positionen, Längen oder Abstände von Elementen werden über *Constraints (Bemaßungen)* genau definiert. Geometrische Vorgaben wie *Perpendicularity (Rechtwinkligkeit)*, *Parallelism (Parallelität)*, *Coincidence (Kongruenz)* etc. können ebenfalls festgelegt werden. Man spricht hier von *Interactive Drafting (Interaktiver Zeichnungserstellung)*.

Interaktive Zeichnungserstellung (Interactive Drafting)

# ■ 8.1 Zeichnungsableitung (Generative Drafting)

Mit einem dreidimensionalen Bauteil im Hintergrund können Ableitungen des Volumenmodells generiert werden. Dabei wird die Zeichnungsgeometrie vollautomatisch vom Programm berechnet und in der Modulumgebung *Drafting (Zeichnungserstellung)* abgebildet. Sie bleibt zu ihrem Ursprung assoziativ. Das heißt, dass bei Veränderung des 3D-Teils auch dessen Ableitung neu berechnet und entsprechend angepasst wird. Bemaßungen, Form- und Lagetoleranzen, Symbole, Texte oder Tabellen müssen nachträglich von Hand ergänzt werden. Man spricht hier von *Generative Drafting (Zeichnungsableitung)*.

### 8.1.1 Voreinstellungen zur Zeichnungsableitung

Ähnlich wie bei den Arbeitsumgebungen *Part Design (Teilekonstruktion)* oder *Assembly Design (Baugruppenkonstruktion)* gibt es auch hier Voreinstellungen zum *Drafting (Zeichnungserstellung)*. Unter dem Funktionsaufruf TOOLS > OPTIONS > MECHANICAL DESIGN > DRAFTING (TOOLS > OPTIONEN > MECHANISCHE KONSTRUKTION > DRAFTING) werden einige Feineinstellungen zum Programmverhalten und zu der Benutzeroberfläche, sogenannte Standards, definiert. Veränderungen dieser Standards sollten immer gezielt und nur dann getätigt werden, wenn man ihre Auswirkungen genau kennt. Ein *Default Button* im linken unteren Rand des sich öffnenden Dialogfensters setzt alle vom Benutzer definierten Veränderungen in den Standards auf die Grundeinstellung zurück.

Insbesondere die Einstellungen im Reiter *View (Ansicht)* spielen für die normgerechte Zeichnungserstellung eine große Rolle. Unter dem Menüpunkt *Geometry generation/Dress-up (Geometrieerzeugung/-aufbereitung)* sollten die folgenden Optionsfelder aktiv sein. Sie definieren, ob für alle abgeleiteten Zeichengeometrien Achsen, Mittellinien, Gewinde und Lichtkanten automatisch erzeugt werden oder nicht.

Das Optionsfeld *Apply 3D specifications (3D-Spezifikationen anwenden)* sorgt dafür, dass Einstellungen zu Volumenbauteilen oder Baugruppen bei der Ableitung erkannt werden. Insbesondere gilt das für die Darstellung von Normteilen, die nicht geschnitten werden dürfen, oder die Definition eines Schraffurmusters für spezielle Materialien. Eine Bestätigung der Definitionen mit *OK* speichert die Einstellungen über die Arbeitssitzung hinaus ab. Sie müssen nicht bei jedem Programmaufruf von Neuem gesetzt werden (Bild 8.1).

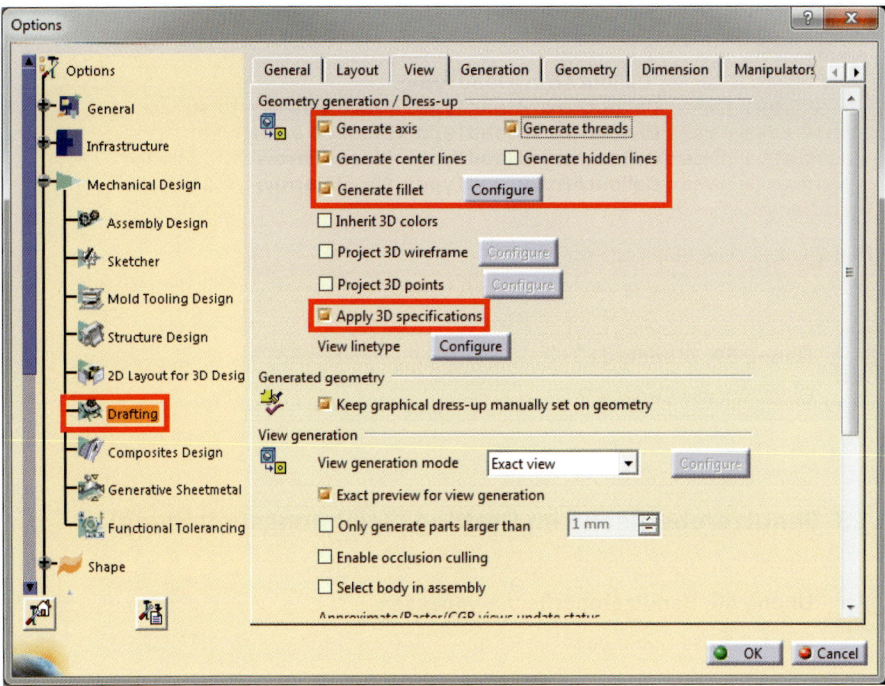

**Bild 8.1** Einstellungen für die Options (Optionen) im Drafting

## 8.1.2 Standards

Vor der Ableitung von zweidimensionalen Zeichnungen gibt der Konstrukteur an, welche Blattgröße und welcher Maßstab die zu erstellende technische Zeichnung aufweisen soll. Darüber hinaus muss er einen sogenannten Standard (z. B. ISO oder ANSI) festlegen. Er definiert die normgerechte Darstellung der technischen Zeichnung mit all seinen Elementen (wie zum Beispiel die Pfeilform von Bemaßungen, Strichstärken oder Anordnung der Ansichten).

Der vom Hersteller vorinstallierte Standard zu den Programmeinstellungen der Zeichnungsableitung entspricht leider nicht der in Europa üblichen ISO-Norm. Verändert werden können diese Einstellungen nur mit Zugriffsrechten eines Administrators. Die für den Standard der Zeichnungserstellung verantwortliche *.xml*-Datei befindet sich in einem festgelegten Programmverzeichnis an der Stelle \...INSTALLATIONSPFAD\INTEL_A\ REFFILES\DRAFTING. An Hochschulen oder im Betrieb sind angepasste Standards meist eingefügt und über ein Drop-down Menü verfügbar.

Um den Quelltext zu betrachten, ist insbesondere der XML-Editor sehr übersichtlich. Die hier abgelegten Einstellungen werden allerdings in der Regel von Systemadministratoren vorgenommen. Aus diesem Grund wird auf eine ausführliche Beschreibung der Änderungsmöglichkeiten in diesem Buch verzichtet (Bild 8.2).

```xml
Empfohlene Programme:
  XML Editor
- <std:enumdef name="CalloutArrowHeadType">
    <std:strval name="CalloutArrowHeadType">Filled arrow</std:strval>
    <std:strval name="CalloutArrowHeadType">Blanked arrow</std:strval>
    <std:strval name="CalloutArrowHeadType">Closed arrow</std:strval>
    <std:strval name="CalloutArrowHeadType">Simple arrow</std:strval>
  </std:enumdef>
```

**Bild 8.2** Inhalt einer Standards-xml-Datei

www.elearningcamp.com/hanser

**Übung 59: Standards**

Quick Access Code: st9

### 8.1.3 Benutzeroberfläche im Drafting (Zeichnungserstellung)

www.elearningcamp.com/hanser

**Übung 60: Benutzeroberfläche anpassen**

Quick Access Code: ba5

Die Benutzeroberfläche der Arbeitsumgebung *Drafting (Zeichnungserstellung)* stellt neben modulspezifischen Funktionen auch die aus dem *Part Design (Teilekonstruktion)* und *Assembly Design (Baugruppenkonstruktion)* bekannten Standardfunktionen bereit. Bei Standardeinstellungen und bei einer Anordnung der Funktionsleisten wie in der vorherigen Übung beschrieben, wird die Oberfläche zur Erzeugung technischer Zeichnungen in etwa wie in Bild 8.3 aussehen.

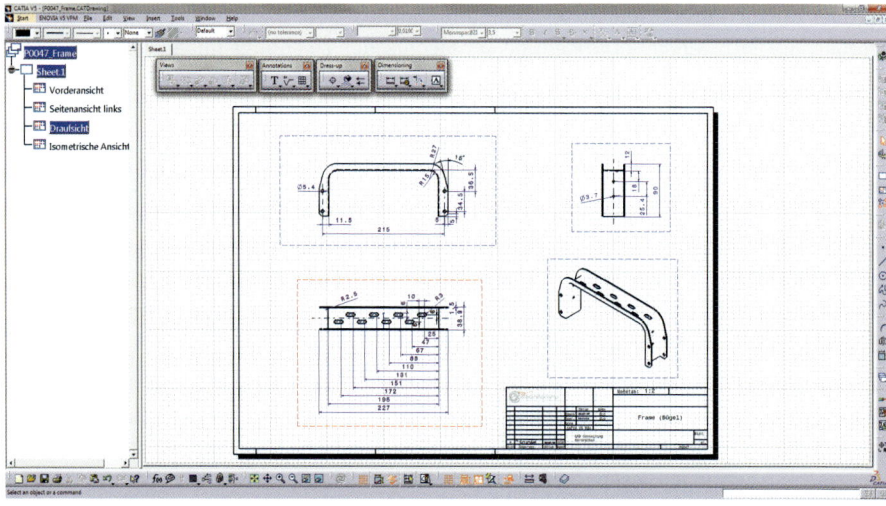

**Bild 8.3** Benutzeroberfläche des Moduls Drafting (Zeichnungserstellung)

Betrachtet man den Strukturbaum im *Part Design (Teilekonstruktion)*, in dem die komplette Entstehungsgeschichte chronologisch mit allen geometrischen Elementen und Bedingungsdefinitionen aufgeführt ist, ist der Strukturbaum des *Drafting (Zeichnungserstellung)* vergleichsweise mager. Der Informationsgehalt ist verhältnismäßig gering, und es werden lediglich die im Zeichenbereich abgebildeten Ansichten aufgeführt. Bemaßungen, Textfelder, Symbole und dergleichen werden hier nicht aufgelistet. Der unterstrichene Strukturbaumeintrag zeigt die in Bearbeitung definierte Ansicht an. Sie ist im Modellbereich mit einer roten Umrahmung versehen (Bild 8.4).

Der Strukturbaum

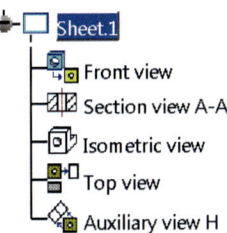

**Bild 8.4** Beispiel für einen Strukturbaum im Drafting (Zeichnungserstellung)

Mit Drücken der Taste *F3* kann der Strukturbaum aus dem Zeichenbereich ein- bzw. ausgeblendet werden.

>  **Expertentipp: Aktive/inaktive Ansichten**
>
> Mit Doppelklick auf eine Ansichtsumrahmung oder den entsprechenden Eintrag im Strukturbaum wird eine Ansicht in Bearbeitung definiert bzw. aktiviert. Aktive Ansichten werden im Zeichenbereich durch eine rot gestrichelte Umrahmung dargestellt. Inaktive Ansichten sind blau umrahmt.

Über das Kontextmenü (zu öffnen mit der rechten Maustaste auf den entsprechenden Strukturbaumeintrag) lassen sich *Properties (Eigenschaften)* zu den Ansichten im Zeichenbereich anpassen. Insbesondere werden an dieser Stelle Änderungen zu den Standardeinstellungen vorgenommen, wie zum Beispiel die *Orientation (Ausrichtung)*, der *Scale (Maßstab)* und das *Dress-up (Aufbereitung)* einzelner Ansichten (Bild 8.5).

Das Kontextmenü

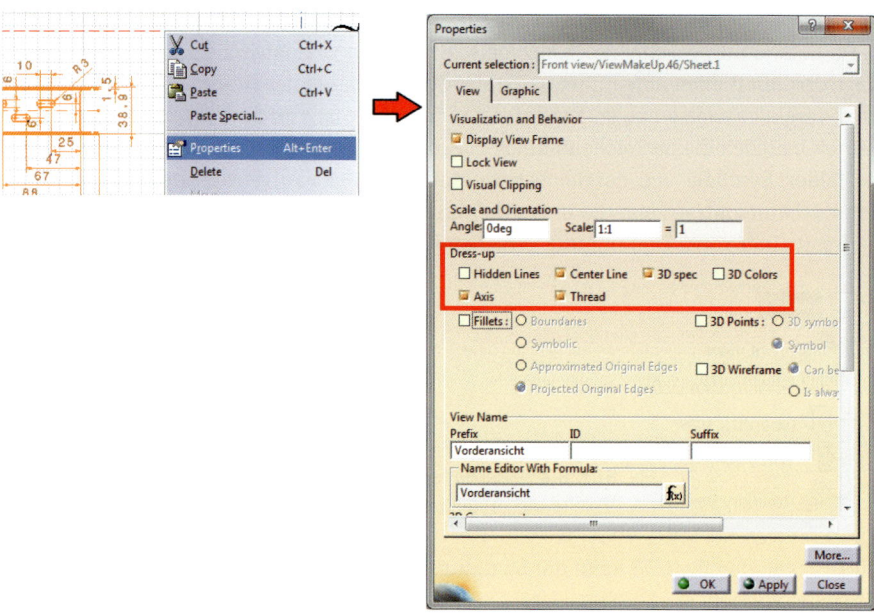

**Bild 8.5** Empfehlung für die Einstellungen im Bereich Dress-Up (Aufbereiten)

Hier kann auch definiert werden, ob eine Ansicht im Zeichenbereich mit einer Umrahmung dargestellt werden soll oder nicht.

> **Expertentipp: Ansicht sperren**
>
> Über das Optionsfeld *Lock View (Ansicht sperren)* unter den *Properties (Eigenschaften)* einer Ansicht lässt sich diese von einer Verknüpfung zum assoziativen Volumenmodell abkoppeln. Damit werden Veränderungen der 3D-Geometrie für das gesperrte Element bei der globalen Aktualisierung über die Funktion *Update Current Sheet (Aktuelles Blatt aktualisieren)* nicht berücksichtigt.

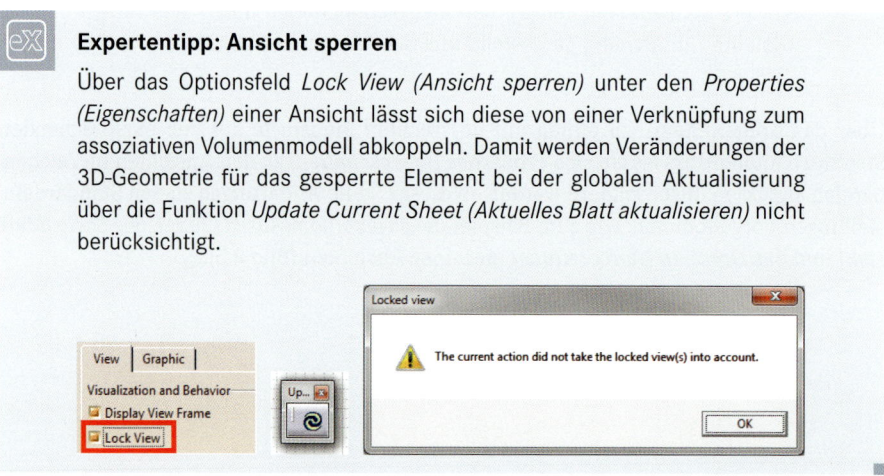

Kommentarzeile

Die Funktionen von CATIA V5-6 können meist intuitiv richtig bedient werden. Eine große Hilfe bei Schwierigkeiten bietet die Kommentarzeile im linken unteren Bildschirmrand. Sie gibt an, welche Eingangsgröße (auch Referenzelement oder Eingangselement genannt) als nächste vom Programm erwartet wird. Es lohnt sich also, gerade wenn man in der Konstruktion stecken bleiben sollte, einen Blick darauf zu werfen. Sollten einzelne Funktionen unklar sein, kann auch die Funktion *What's This? (Kontexthilfe)* in der Funktionsgruppe *Standard (Standard)* – oder über die Tastenkombination **Shift + F1** – nützlich sein (Bild 8.6).

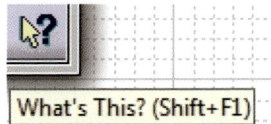

**Bild 8.6** Kontexthilfe in CATIA V5-6

### 8.1.4 Übung Winkel

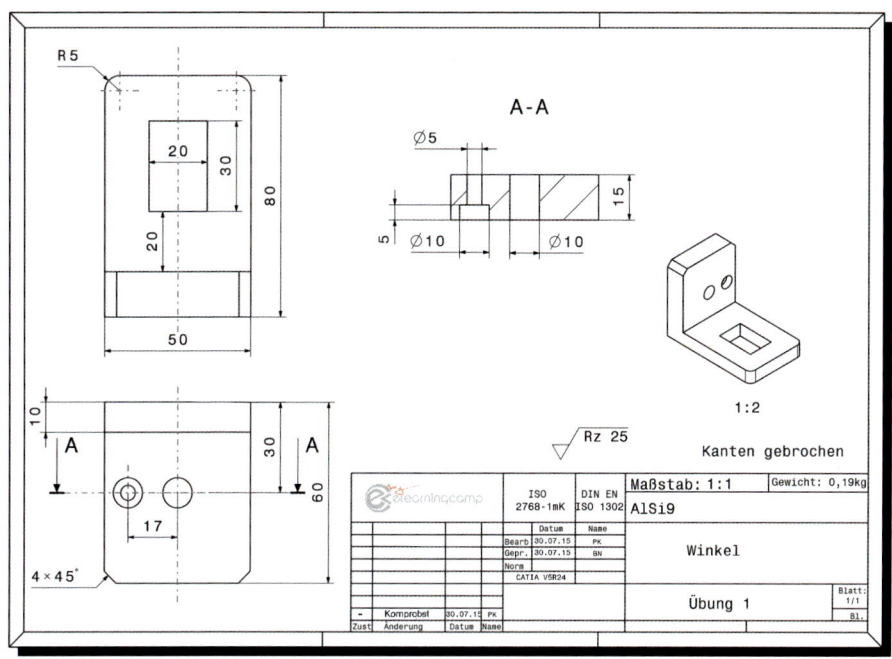

**Bild 8.7** Technische Zeichnung

**Neue Funktionen**

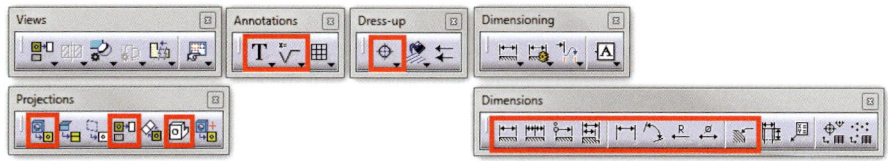

### Bereitgestellte Daten

### Konstruktionsbeschreibung:

Volumenmodell öffnen

**1. Volumenmodell öffnen:** Um von einem bereits moderierten 3D-Modell dessen Zeichnungsableitung zu bekommen, müssen Sie das entsprechende Bauteil zunächst aufrufen. Damit daraus eine zweidimensionale Zeichengeometrie errechnet werden kann, muss es stets (im Hintergrund) geöffnet bleiben.

**2. Favoritenauswahl ergänzen:** In Abschnitt 6.1 haben Sie die Möglichkeit kennengelernt, einen Modulwechsel sehr bequem über eine zurechtgelegte Auswahl an Arbeitsumgebungen zu tätigen. Ergänzen Sie nun Ihre Favoriten um das Modul *Drafting (Zeichnungserstellung)*.

Zur Zeichnungserstellung (Drafting) wechseln

**3. Arbeitsumgebung Zeichnungserstellung (Drafting) öffnen:** Mit geöffnetem Volumenmodell können Sie durch den Aufruf der Arbeitsumgebung *Drafting (Zeichnungserstellung)* eine Ableitung der 3D-Geometrie erzeugen. Rufen Sie also das Modul über die Favoritenauswahl oder über die Menüleiste mit **START > MECHANICAL DESIGN > DRAFTING (START > MECHANISCHE KONSTRUKTION > DRAFTING)** auf. Es öffnet sich zunächst ein Dialogfenster *New Drawing Creation (Neue Zeichnungserstellung)*.

CATIA V5-6 bietet hier die Möglichkeit der automatischen Ansichtserzeugung. Es empfiehlt sich aber, ein leeres Blatt zu erstellen und die gewünschten Ansichten später manuell einzufügen. Über die Schaltfläche *Modify... (Ändern...)* lassen sich Standards für die Zeichnungserstellung, Blattgröße und das Format für die technische Zeichnung definieren. Wählen Sie für den Standard ISO und als Blattgröße **A4** im *Landscape (Querformat,* siehe Bild 8.8).

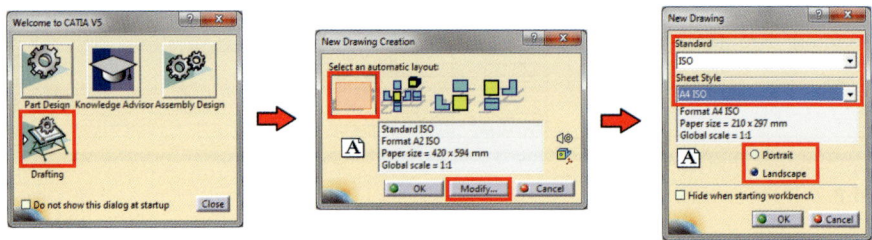

**Bild 8.8** Aufruf des Moduls zur Zeichnungserstellung mit Vorab-Einstellung der Blattgröße und des Zeichnungsstandards

Nach der Bestätigung Ihrer Eingaben wechselt CATIA V5-6 ins *Drafting (Zeichnungserstellung)* und stellt ein Blatt in der vorhin definierten Darstellung zur Verfügung.

**4. Hintergrund einfügen/Seite einrichten:** Zu einer normgerechten technischen Zeichnung gehören Rahmen und Schriftfeld. Damit diese nicht bei jeder Konstruktion neu erzeugt werden müssen, kann eine vorgefertigte Datei als Hintergrund eingefügt werden. Über die Menüleiste öffnet sich mit **FILE > PAGE SETUP... (DATEI > SEITE EINRICH-**

TEN...) ein weiteres Dialogfenster, in dem der *Standard (Standard)* und *Format (Blattdarstellung)* editierbar sind. Über die Schaltfläche *Insert Background View... (Hintergrund einfügen...)* kann mithilfe des Dateibrowsers über die Schaltfläche *Browse... (Durchsuchen...)* eine passende Datei hochgeladen werden. Eine Dateivorlage finden Sie unter *http://downloads.hanser.de* (Bild 8.9).

**Bild 8.9**  Hintergrund einfügen

**5. Schriftfeld bearbeiten:** Der Hintergrund kann in der aktiven Ansicht nicht bearbeitet werden. Um diesen zu editieren, wechseln Sie über die Menüleiste mit EDIT > BACKGROUND (BEARBEITEN > BLATTHINTERGRUND) in den Blatthintergrund. Der Zeichenbereich färbt sich bläulich. Textfelder, Symbole, Tabellen usw. können nun in den Hintergrund eingeschrieben werden.

**6. Schriftfeld ausfüllen:** Um Textfelder zu erzeugen, wählen Sie die Funktion *Text (Text)* aus der Funktionsgruppe *Annotations (Anmerkungen)* an und klicken an die Stelle im Zeichenbereich, an der die Zeichenkette stehen soll. Es öffnet sich ein *Text Editor (Texteditor)*, in dem Sie beliebige Eingaben tätigen können. Die Position des Textfeldes können Sie sehr einfach durch Anfassen der Umrahmung und Gedrückthalten der linken Maustaste verändern.

 Text

**Expertentipp: An Punkt anlegen**

Ähnlich wie beim *Sketcher (Skizzierer)* aus dem *Part Design (Teilekonstruktion)* kann auch beim *Drafting (Zeichnungserstellung)* die Funktion *Snap to Point (An Punkt anlegen)* aus der Funktionsgruppe *Tools (Tools)* ein- bzw. ausgeschaltet werden. Bei aktiver (orange hinterlegter) Funktion können nur die Kreuzpunkte der Gitternetzlinien im Zeichenbereich angewählt werden. Nachdem diese Einschränkung meistens stört, sollten Sie die Funktion deaktivieren.

Textfelder editieren | Über die rechte Maustaste lässt sich für das Textfeld ein Kontextmenü öffnen, und unter den Registerkarten der *Properties (Eigenschaften)* kann man verschiedene Einstellungen (z. B. Schriftart, Schriftgröße, Farbe usw.) definieren. Alternativ können auch die Funktionen der Gruppierung *Text Properties (Texteigenschaften)* verwendet werden. Füllen Sie Ihr Schriftfeld eigenständig aus (Bild 8.10).

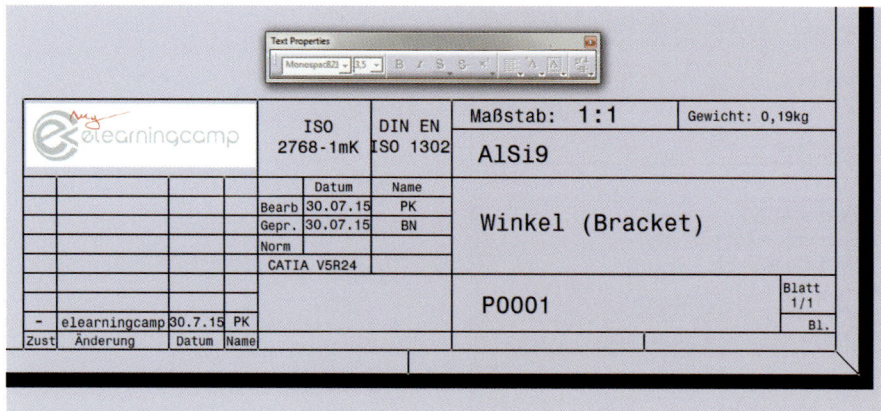

**Bild 8.10** Ausgefüllter Hintergrund: Der Schriftkopf

Wechseln Sie anschließend über **EDIT > WORKING VIEWS (BEARBEITEN > ARBEITSANSICHTEN)** wieder zurück in die Arbeitsansichten, um die Ableitungen Ihrer 3D-Geometrie zu erzeugen.

 Front View

**7. Vorderansicht erstellen:** Üblicherweise wird die erste Ansicht einer technischen Zeichnung über die *Front View (Vorderansicht)* gewonnen. Nach Anwahl der Funktion muss eine Referenzfläche am Volumenmodell selektiert werden. Dieses sollte während der Bearbeitung einer Ableitung stets im Hintergrund geöffnet bleiben. Wechseln Sie also über die Menüleiste in das Fenster des Bauteils im *Part Design (Teilekonstruktion)*. Über ein kleines Vorschaufenster im rechten unteren Bildschirmrand wird eine *Oriented Preview (Ausgerichtete Voranzeige)* abgebildet. Selektieren Sie die Vorderansicht für die technische Zeichnung (Bild 8.11).

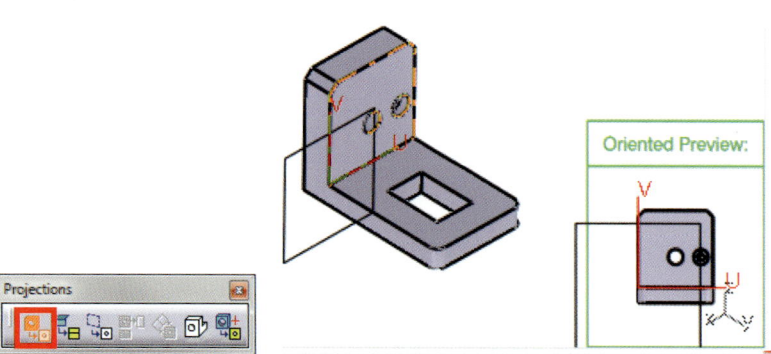

**Bild 8.11** Auswahl der Front View (Vorderansicht am 3D-Modell)

CATIA V5-6 wechselt nach der Anwahl einer Referenzfläche automatisch zurück ins *Drafting (Zeichnungserstellung)*. Über einen blauen Kompass, der im rechten oberen Bildschirmrand erscheint, kann die Vorderansicht noch einmal gedreht werden. Mit Klicken der linken Maustaste in den Zeichenbereich (außerhalb der grünen Ansichtsumrahmung) wird die Vorderansicht als zweidimensionale Bauteilgeometrie abgesetzt (Bild 8.12).

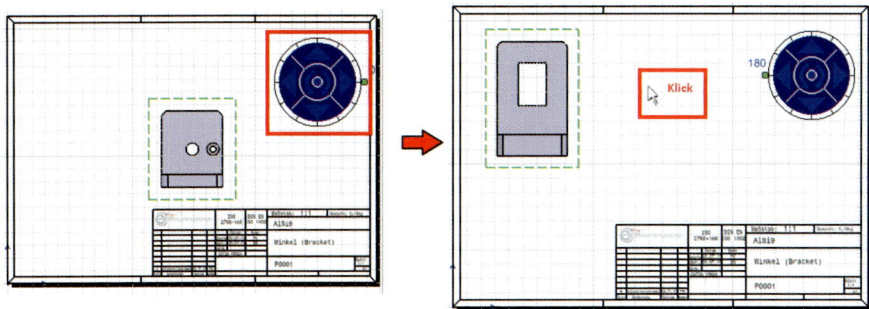

**Bild 8.12** Auswahl der Darstellung für die Vorderansicht (Front View)

Unter der Zeichengeometrie finden Sie den Schriftzug Vorderansicht *Front View Scale: 1:1 (Maßstab 1:1)*. Markieren Sie das Textfeld mit der linken Maustaste und drücken die Entf-Taste. Die Bezeichnung der Ansicht ist hier unnötig.

Ein blaues Fadenkreuz gibt den Ursprung des Bauteils an (analog zum Hauptkoordinatensystem im *Part Design (Teilekonstruktion)*. Es hat hier allerdings für die Grundlagen der Zeichnungserstellung keine größere Bedeutung.

**8. Projizierte Ansicht erstellen:** Die Draufsicht der technischen Zeichnung erhalten Sie über eine *Projection View (Projizierte Ansicht)*. Nach Anwahl der Funktion wird eine Projektion zur aktiven Ansicht berechnet. Dazu müssen Sie nicht wieder zurück in den 3D-Raum wechseln. Bewegen Sie den Mauszeiger von der Vorderansicht weg (nach rechts, links, oben oder unten), bis die richtige Ansicht abgebildet wird. Mit einem Mausklick in den Zeichenbereich wird die Draufsicht als zweidimensionale Bauteilgeometrie abgesetzt und blau gestrichelt umrahmt. Löschen Sie auch hier wieder den unnötigen Schriftzug unterhalb der Zeichengeometrie.

 Projection View

Sowohl die Umrahmung als auch das Fadenkreuz dienen lediglich zur Orientierung auf der Zeichenoberfläche und werden beim Ausdrucken **nicht** abgebildet. Über die Funktion *Hide/Show (Verdecken/Anzeigen)* lassen sich die blauen Fadenkreuze auch in den nicht sichtbaren Raum geben.

Ansichten können durch Anfassen deren Umrahmung und Drücken der Entf-Taste jederzeit gelöscht werden. Sollten Lichtkanten zu Verrundungen abgebildet sein, so können auch diese Linien angefasst und gelöscht werden. Dasselbe gilt auch für die Textfelder, die die jeweilige Ansicht beschreiben (Bild 8.13).

Löschen von Ansichten/Elementen

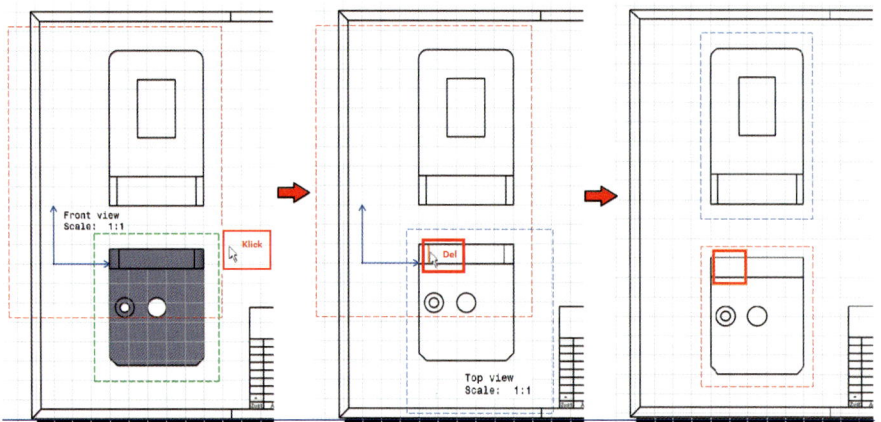

**Bild 8.13** Löschen von Elementen durch Selektion und Anwahl der Entf-Taste

> **Expertentipp: Ansichten verschieben**
>
> Ansichten können durch Anfassen der Umrahmung beliebig im Zeichenbereich verschoben werden. Dazu muss sie nicht aktiv sein. Ist die Position einer Ansicht an eine Referenz gekoppelt, so bewegen sich beide Elemente (laut Ableitungsvorschrift). Diese Verknüpfung kann über das Kontextmenü mit rechter Maustaste auf die Ansichtsumrahmung gelöst (VIEW POSITIONING > POSITION INDEPENDENTLY OF REFERENCE VIEW bzw. ANSICHTSPOSITIONIERUNG > POSITIONIERUNG UNABHÄNGIG VON DER REFERENZANSICHT) und wieder hergestellt (VIEW POSITIONING > POSITION ACCORDINGLY TO REFERENCE VIEW bzw. ANSICHTSPOSITIONIERUNG > POSITIONIERUNG GEMÄSS DER REFERENZANSICHT) werden.

**9. Achsen und Gewinde setzen:** In den Grundeinstellungen werden Mittellinien oder Achsen (für Bohrungen, Verrundungen, Symmetrielinien usw.) bei der Ableitung nicht automatisch vom Programm erzeugt. Diese Einstellung kann global verändert werden oder gezielt über das Kontextmenü zu jeder Ansicht (Bild 8.14).

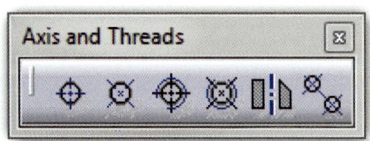

**Bild 8.14** Unterfunktionsgruppe zum Erzeugen von Achsen und Gewinde

Über die Unterfunktionsgruppe *Axis and Threads (Achse und Gewinde)* aus der Gruppierung *Dress-Up (Aufbereiten)* können neben Mittellinien und Achslinien auch 2D-Darstellungen zu Gewinden erzeugt werden. Die Anwendung der Funktionen ist intuitiv. Die Kommentarzeile im linken unteren Bildschirmrand hilft bei der Anwahl der richtigen Referenzen.

Ergänzen Sie die technische Zeichnung mit der Funktion *Center Line (Mittellinie)* um ein Fadenkreuz zur Bohrung in der Draufsicht und mit der Funktion *Axis Line (Achslinie)* um eine Symmetrielinie sowie zwei Fadenkreuze zu den oberen Verrundungen in der Vorderansicht (Bild 8.15).

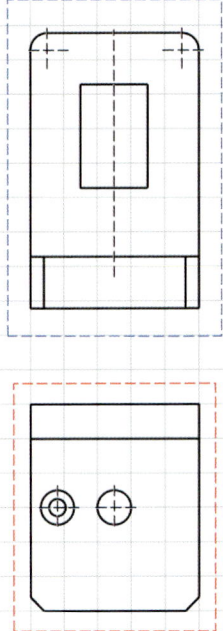

**Bild 8.15**  Fadenkreuze manuell erzeugt

**Hinweis:** Bei Rotationskörpern genügt das Anwählen einer Kante, um eine *Axis Line (Achslinie)* zu erzeugen. Sonst verlangt das Programm zwei Referenzen zur Erzeugung einer Mittellinie oder Symmetrielinie (z. B. zwei parallel liegende Kanten, Punkt und Linie, zwei Punkte usw.).

**10. Hilfslinien trimmen:** Soll eine so erzeugte Hilfslinie verlängert oder verkürzt werden, wird sie zunächst aktiviert. Nun können die weißen Vierecke am Ende der Linien angefasst und verschoben werden. Das Element verändert sich symmetrisch. Um die Enden einer Hilfslinie (Achsen, Symmetrielinien, Fadenkreuze usw.) einzeln zu verlängern, müssen sie selektiert und eines der weißen Vierecke mit gedrückter Strg-Taste bewegt werden. Die Trimmung erfolgt entsprechend der Mauszeigerbewegung (Bild 8.16).

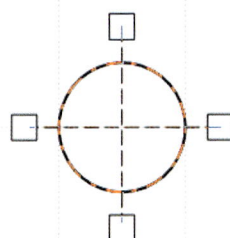

**Bild 8.16**  Das Anfassen der weißen Quadrate ermöglicht das Vergrößern/Verkleinern des Fadenkreuzes.

**11. Bemaßungen setzen:** Um Bemaßungen zu setzen, gibt es bei CATIA V5-6 verschiedene Möglichkeiten, die im Folgenden beschrieben werden. Darüber hinaus können gesetzte Maße nachträglich gezielt verändert werden, bis die gewünschte Position oder Darstellung definiert ist.

 Dimensions

Die Funktion *Dimensions (Bemaßungen)* verhält sich im *Drafting (Zeichnungserstellung)* sehr ähnlich wie das entsprechende Werkzeug *Constraints (Bedingung)* im *Sketcher (Skizzierer)* im *Part Design (Teilekonstruktion)*. Mit aktiver Funktion werden Elemente im Zeichenbereich selektiert, die bemaßt werden sollen. Dabei erkennt das Programm automatisch, welche Art von Bemaßung der Anwender setzen möchte. Man spricht hier auch von »intelligenter Bemaßung«. Wird nur eine Referenz angewählt, so kann ein Maß mit einem Mausklick in den Zeichenbereich abgesetzt werden. Das Programm ermittelt automatisch den dazugehörigen Wert aus der 3D-Geometrie. Mit Anwahl einer zweiten Referenz erkennt CATIA V5-6 eine Bemaßung der zwei Elemente relativ zueinander. Erst ein weiterer Mausklick in den Zeichenbereich definiert dann das Maß. Die erzeugten Maße können beliebig auf der Oberfläche verschoben werden.

 **Expertentipp: Bemaßungen steuern**

Schon bei deren Erzeugung über die Funktion *Dimensions (Bemaßungen)* können Feineinstellungen zur Bemaßungsart definiert werden. Vor dem Absetzen der Bemaßung können Sie über das Kontextmenü ein weiteres Fenster öffnen und zusätzliche Feineinstellungen werden angeboten. Die hier aufgeführten Definitionsmöglichkeiten sind für die Konstruktion sehr nützlich. Die Abbildungen zeigen einige Beispiele:

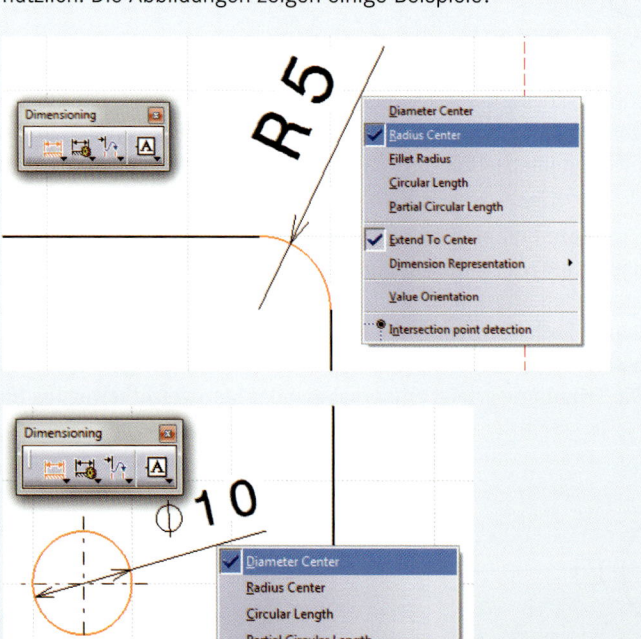

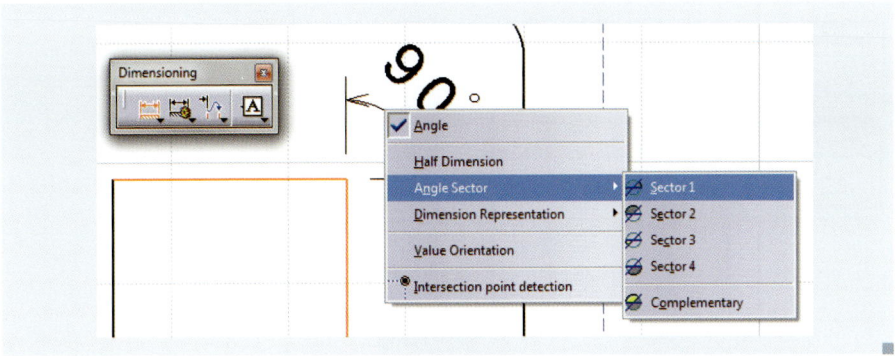

Nach Anwahl der Funktion öffnet sich zusätzlich eine weitere Symbolleiste *Tools Palette (Toolauswahl)*, mit der man die Werteausrichtung beeinflussen kann. Dieselben Anwahlmöglichkeiten haben Sie allerdings auch über das vorangehend beschriebene Kontextmenü (Bild 8.17).

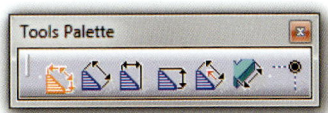

**Bild 8.17** Tools Palette (Toolauswahl) zur Ausrichtung von Maßen auf der 2D Oberfläche

Über die Werkzeuge der Unterfunktionsgruppe *Dimensions (Bemaßungen)* aus der Gruppierung *Dimensioning (Bemaßung)* können Bemaßungsarten schon vorab definiert werden. Auf diese Weise können zum Beispiel Durchmesserbemaßungen oder Fasenbemaßungen, die CATIA V5-6 nicht sofort erkennt, mit den entsprechenden Symbolen schnell erzeugt werden (Bild 8.18).

Unterfunktionsgruppe Bemaßungen

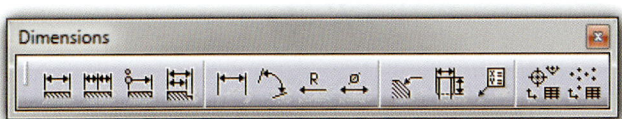

**Bild 8.18** Vorab einstellbare Bemaßungsarten

Auch hier sind wieder Feineinstellungen zu den Bemaßungsarten möglich (Bild 8.19).

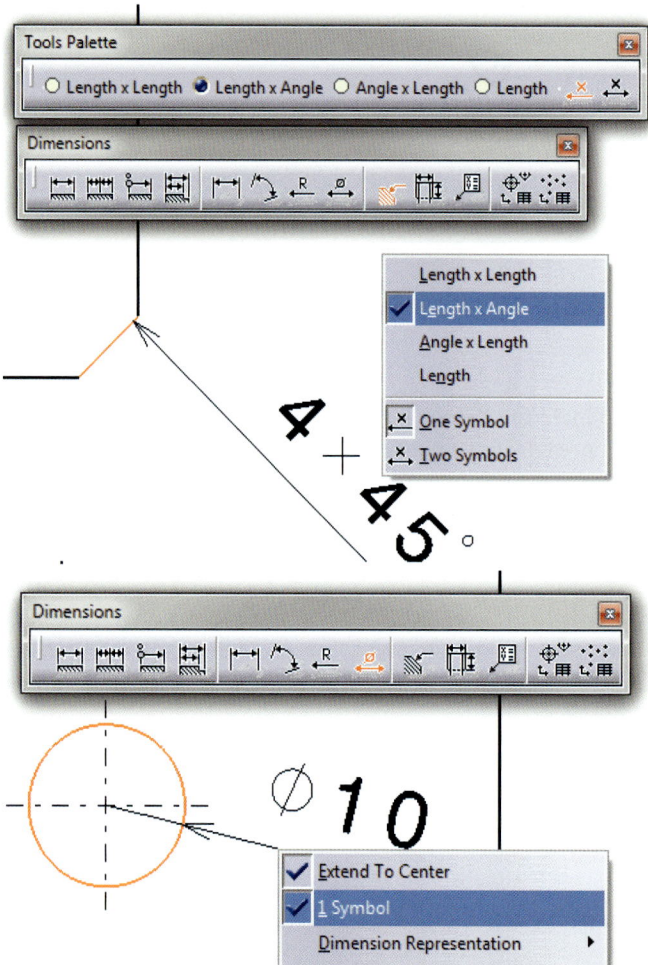

**Bild 8.19** Feineinstellungen über das Kontextmenü (bevor das Maß abgesetzt wird)

Mit Doppelklick auf eine Funktion kann diese mehrfach hintereinander verwendet werden. Abbruch erfolgt durch zweimaliges Drücken der Esc-Taste oder erneute Anwahl einer (anderen) Funktion.

Bezugspunkte definieren

Bei der Bemaßung zweier Referenzelemente zueinander schlägt CATIA V5-6 häufig mehrere Bezugspunkte (Anker) für die Bemaßung vor. Angedeutet wird dies durch gelbe Rautensymbole im Zeichenbereich. Durch Anfassen und Verschieben der Rauten kann zwischen den Bezugselementen gewählt werden. Sollten die Rauten nicht eingefangen werden können, friert die **Strg-Taste** die Bemaßung ein. Alternativ lassen sich diese *Extension Lines Anchor (Anker für Maßhilfslinien)* auch über das Kontextmenü öffnen und positionieren.

Definieren Sie die Ankerpunkte zur Ausrichtung der beiden Bohrungen laut technischer Zeichnung (Bild 8.20 und Bild 8.21).

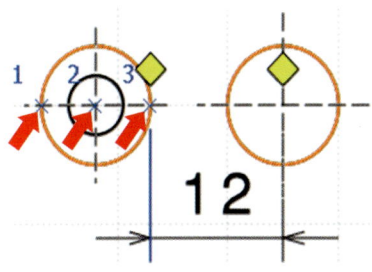

**Bild 8.20** Ankerpunkte zum Setzen von Bemaßungen mit mehreren Optionen für den Bezugspunkt (mit gedrückter Strg-Taste eingefangen)

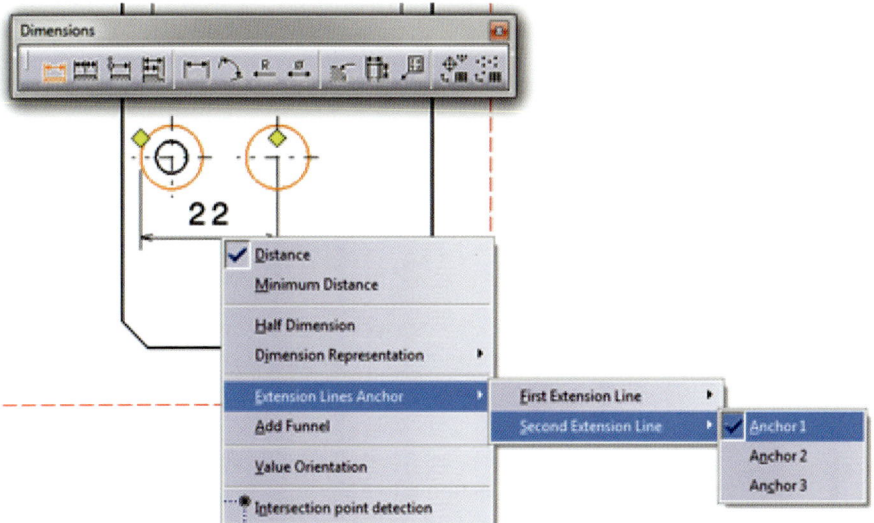

**Bild 8.21** Die Ankerpunkte können auch über das Kontextmenü definiert werden.

Definieren Sie nun auch die restlichen Maße so wie in Bild 8.7 dargestellt. Achten Sie dabei aber nicht auf Feinheiten zur Ausrichtung, exakten Position oder Symbolform der erzeugten Elemente. Möglichkeiten, Maße zu manipulieren, werden im nächsten Abschnitt behandelt.

Elemente im Zeichenbereich können mit Selektion und Drücken der Entf-Taste gelöscht werden. Dies gilt auch für ganze Ansichten. Sie werden über Anwahl der Ansichtsumrahmung markiert und entfernt.

Elemente löschen

**12. Darstellung von Bemaßungen ändern:** Je nach Einstellungen unter den Standards werden Bemaßungen im Zeichenbereich nicht normgerecht erzeugt. So können zum Beispiel die Pfeilspitzen der Maße nicht ausgefüllt sein, oder Maßhilfslinien enden nicht in den Körperkanten.

Bemaßungen manipulieren

Die Manipulation einer markierten Bemaßung erfolgt entweder über die Funktionsgruppe *Dimension Properties (Bemaßungseigenschaften)*, die Funktionsgruppe *Text Properties (Texteigenschaften)* oder über die *Properties (Eigenschaften)* im Kontextmenü über die rechte Maustaste auf das zu verändernde Maß (Bild 8.22 bis Bild 8.24).

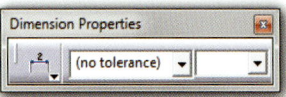

**Bild 8.22** Feineinstellungen zu den Properties (Eigenschaften) der Dimensions (Bemaßungen)

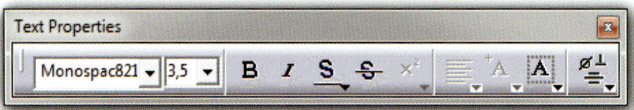

**Bild 8.23** Feineinstellungen zu den Properties (Eigenschaften) der Textfelder

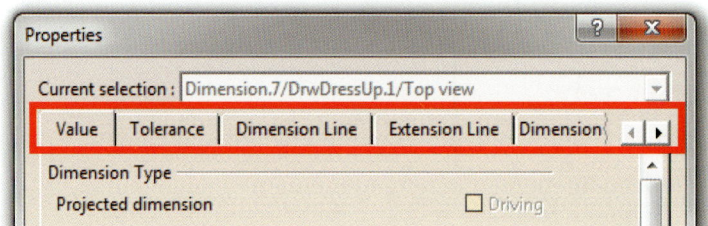

**Bild 8.24** Aufruf des Kontextmenüs über rechten Mausklick auf das Maß und Öffnen der Properties (Eigenschaften): Hier sind die meisten Anpassungsmöglichkeiten zum selektierten Objekt in Registerkarten sortiert.

 **Expertentipp: Bemaßungen gesammelt editieren**

Elemente desselben Bemaßungstyps (Durchmesserbemaßung, Längenbemaßungen, Radien, Winkel usw.) können mit Gedrückthalten der Strg-Taste zur gemeinsamen Manipulation in die Mehrfachselektion genommen werden. Mit einer Übergabe an die *Properties (Eigenschaften)* durch Aufruf des Kontextmenüs mit der rechten Maustaste lassen sich alle selektierten Elemente gesammelt editieren. Dies reduziert den Änderungsaufwand bei nicht normgerechter Darstellung von Bemaßungen erheblich. Als Alternative besteht die Möglichkeit, zunächst ein Referenzmaß in das richtige Objektformat zu bringen. Anschließend werden Bemaßungen desselben Typs wieder in die Mehrfachselektion genommen und der Funktion *Copy Object Format (Objektformat kopieren)* aus der Funktionsgruppe *Graphic Properties (Grafikeigenschaften)* übergeben. Mit Anwahl des Referenzmaßes werden die selektierten Elemente im selben Objektformat abgebildet.

Insbesondere die Registerkarten *Value (Wert)*, *Dimension Line (Maßlinie)*, *Extension Line (Maßhilfslinie)* und *Dimension Texts (Maßeinträge)* sind zur Manipulation von Bemaßungen von großer Bedeutung. Über die Schaltfläche *Apply (Anwenden)* können Sie die Veränderungen der Elemente im Zeichenbereich direkt beobachten. Das Schließen des Dialogs mit *OK* bestätigt Ihre Eingaben. Hier folgen einige wichtige Beispiele:

Wichtige Manipulationsmöglichkeiten unter den Eigenschaften (Properties)

In der Registerkarte *Wert (Value)* können über das Optionsfeld *Fake Dimension (Unmaßstäbliches Maß)* anstelle des eigentlichen Wertes der Bemaßung eigene, alphanumerische Zeichenketten eingefügt werden (Bild 8.25).

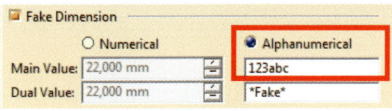

**Bild 8.25** Nicht assoziative, alphanumerische Werteeingaben über Fake Dimension (Unmaßstäbliches Maß)

In der Registerkarte *Dimension Line (Maßlinie)* werden alle Einstellungen vorgenommen, welche die Maßlinie betreffen. Unter der *Representation (Darstellung)* lässt sich die Maßlinie in zwei Teilen abbilden. Die Form der Pfeilspitzen kann über das Pull-down-Menü der *Shape (Form)* verändert werden. Die *Reversal (Umkehrung)* legt fest, ob die Pfeilspitzen von außen oder von innen auf die Maßhilfslinien zeigen (Bild 8.26).

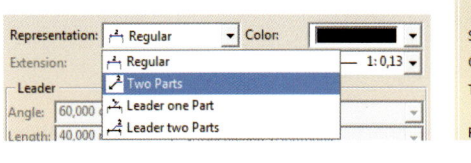
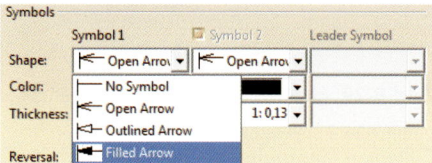

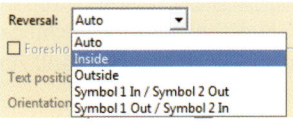

**Bild 8.26** Orientierung der Maßpfeile von innen zur Maßhilfslinie oder von aussen

In der Registerkarte *Extension Line (Maßhilfslinie)* werden alle Einstellungen vorgenommen, welche die Maßhilfslinie betreffen. So können unter dem Eintrag *Extremities (Extremwerte)* Einstellungen zum *Blanking (Abstand)* der Maßhilfslinie zur Körperkante und zum *Overrun (Überstand)* über die Maßlinie hinaus definiert werden (Bild 8.27).

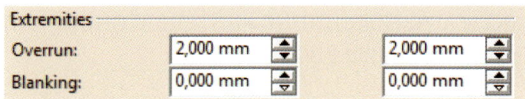

**Bild 8.27** Längendefinition der Maßhilfslinien

In der Registerkarte *Dimension Texts (Maßeinträge)* werden zusätzliche Einträge zum eigentlichen Maß erzeugt.

Unter *Prefix – Suffix (Präfix – Suffix)* können dem Hauptwert verschiedene Symbole voroder nachgeschaltet werden (Bild 8.28).

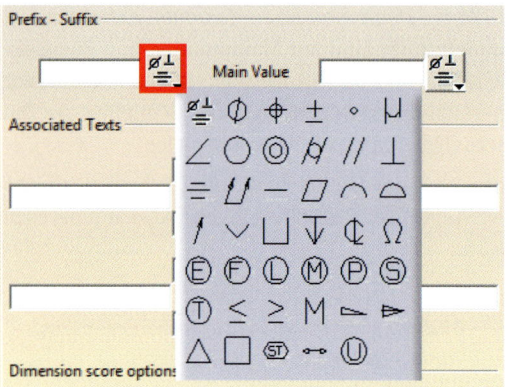

**Bild 8.28** Symbole für Präfix

Unter *Associated Texts (Zugeordnete Texte)* stehen mehrere Eingabefenster zur Verfügung, je nachdem, wo der Eintrag gegenüber dem Hauptwert stehen soll (Bild 8.29).

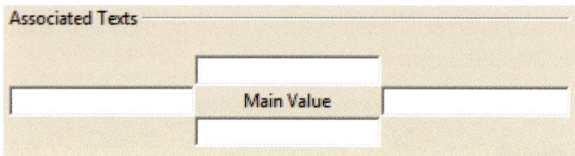

**Bild 8.29** Eintragen von Texten vor, oberhalb, unterhalb und nach dem Hauptwert

Manipulationen im Zeichenbereich

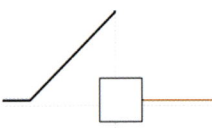

Unterbrechungen erzeugen

Folgende Manipulationsmöglichkeiten im Zeichenbereich spielen eine große Rolle bei der Konstruktion:

Durch Anwahl eines Maßes erscheinen an den Enden der Maßhilfslinien weiße Rechtecksymbole. Diese können angefasst und bewegt werden. Damit ändert sich der Abstand zur Körperkante der Zeichengeometrie.

Hilfslinien können grundsätzlich unterbrochen werden, um Überschneidungen zu vermeiden. Dazu wird die entsprechende Linie mit der rechten Maustaste markiert. Über DIMENSION NAME OBJECT > CREATE INTERRUPTION(S) (OBJEKT MASSBEZEICHNUNG > UNTERBRECHUNG(EN) ERZEUGEN) können zwei (nicht sichtbare) Markierungen an der Maßhilfslinie abgesetzt werden. Der Bereich zwischen den Referenzen wird ausgespart. Diese Aussparung kann an derselben Stelle DIMENSION NAME OBJECT > REMOVE INTERRUPTION(S) bzw. OBJEKT MASSBEZEICHNUNG > UNTERBRECHUNG(EN) ENTFERNEN wieder rückgängig gemacht werden (Bild 8.30).

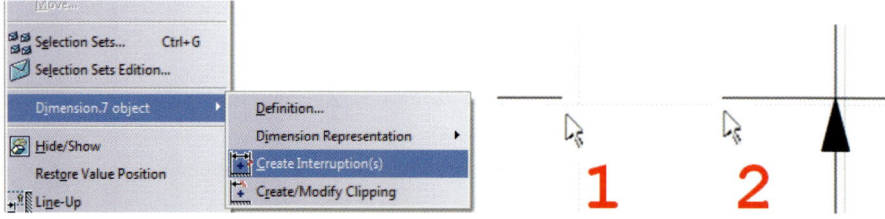

**Bild 8.30** Unterbrechungen von Maßhilfslinien

Die Abstände der Maßlinien zu den Körperkanten der Zeichengeometrie können ebenfalls über das Kontextmenü genau definiert werden. Wählen Sie dazu das betreffende Maß mit der rechten Maustaste an und gehen auf den Eintrag *Line-Up (Ausrichten)*. Als Referenz zur Ausrichtung der Maßlinie ist die entsprechende Körperkante zu wählen. Anschließend öffnet sich ein Dialogfenster, in dem Abstände definiert werden können (Bild 8.31).

Abstände der Maßlinien zueinander / zu Körperkanten

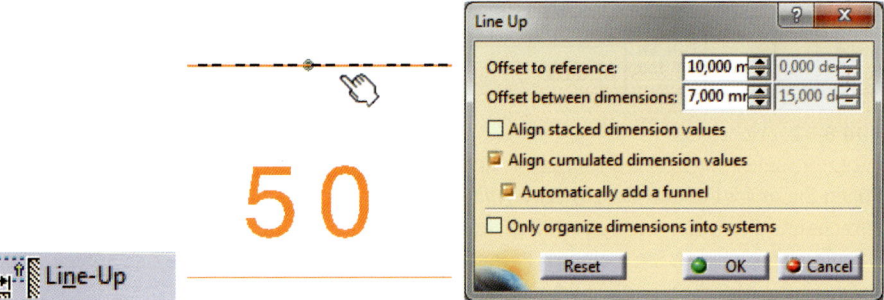

**Bild 8.31** Ausrichtung von Maßlinien

Sollen mehrere Maße gleichzeitig ausgerichtet werden, so müssen alle betroffenen Elemente in die Vorauswahl (über Mehrfachselektion mit gedrückter Strg-Taste) genommen werden.

Spielen Sie ein wenig mit den Einstellungsmöglichkeiten herum, um Sicherheit im Umgang mit den Zeichnungselementen zu bekommen. Versuchen Sie schließlich, die technische Zeichnung, die in Bild 8.7 dargestellt ist, möglichst genau nachzubilden.

 **Expertentipp: Anmerkungen in eigener Ansicht erzeugen**

Objekte aus der Funktionsgruppe *Annotations (Anmerkungen)* werden stets in die gerade aktive Ansicht eingeschrieben. Damit diese Elemente bei einer Umpositionierung der Ansichten aber nicht mitverschoben werden, ist es häufig sinnvoll, Textfelder, Tabellen oder Symbole in autarke Ansichten zu legen. Mit Anwahl der Funktion *New View (Neue Ansicht)* und anschließendem Mausklick in den Modellbereich wird eine zunächst inhaltslose Ansicht erzeugt. Ist diese aktiv (also rot umrandet), so können hier beliebige Symbole eingeschrieben und separat positioniert werden.

 New View

**13. Texte in eigenen Ansichten erstellen:** Erzeugen Sie wie vorangehend beschrieben eine eigenständige Ansicht und positionieren sie oberhalb des Schriftfeldes. Fügen Sie anschließend folgenden *Text (Text)* ein (Bild 8.32).

 Text

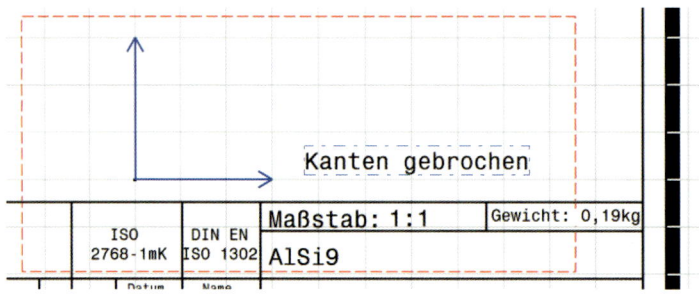

**Bild 8.32** Zeichenkopf

Fügen Sie anschließend *Roughness Symbols (Rauigkeitssymbole)* ein. Wählen Sie die entsprechende Funktion dazu an und klicken anschließend in den Modellbereich. Über ein Dialogfenster können Sie beliebige Parameter einstellen, die mit Doppelklick auf das Symbol auch nachträglich editiert werden können (Bild 8.33).

 Roughness Symbol

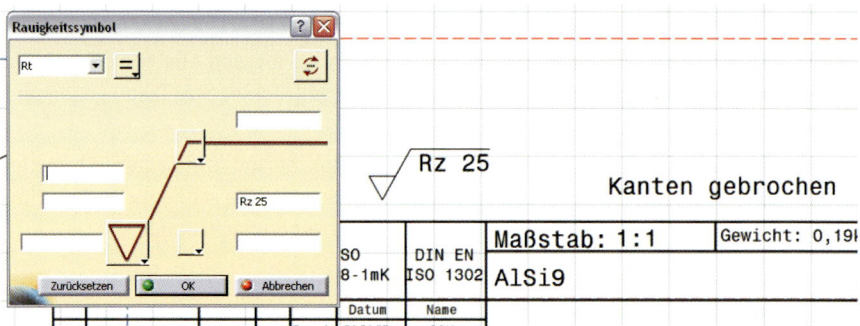

**Bild 8.33** Erstellen von Rauhigkeitsangaben auf der technischen Zeichnung

 Isometrische Ansicht erzeugen

**14. Isometrische Ansicht erzeugen:** Eine *Isometric View (Isometrische Ansicht)* wird auf dieselbe Weise erzeugt wie eine Vorderansicht. Wählen Sie die Funktion an und wechseln in das Fenster des Volumenmodells. Im Modellbereich des *Part Designs (Teilekonstruktion)* sollten Sie das Bauteil vor der Anwahl einer Referenzfläche isometrisch im Raum ausrichten. Die dafür notwendige Funktion finden Sie unter der Gruppierung *Quick View (Schnellansicht)*.

CATIA V5-6 wechselt wieder in den Zeichenbereich. Dort können Sie die Ansicht absetzen.

**15. Ansichten editieren:** Über das Kontextmenü zu der eben erstellten isometrischen Ansicht (mit der rechten Maustaste auf die Ansichtsumrahmung klicken) lässt sich der Maßstab editieren. Setzen Sie den Wert auf **1:2**.

 Schnitt erzeugen

**16. Schnitt erzeugen:** Schnitte können jeweils nur zu den gerade aktiven Ansichten erzeugt werden. Achten Sie also darauf, dass die gewünschte Ansicht rot umrandet ist. Aus der Unterfunktionsgruppe *Sections (Schnitte)* der Gruppierung *Views (Ansichten)* kann mit einem *Offset Section View (Abgesetzten Schnitt)* eine Schnittdarstellung vom Programm berechnet werden. Wählen Sie dazu die Funktion aus und bewegen den Mauszeiger auf Höhe des ersten Bezugspunktes für den Schnitt. CATIA V5-6 bringt hier, ähnlich wie beim *Sketcher (Skizzierer)* im *Part Design (Teilekonstruktion)*, Geometrievorschläge (in blauer Farbe) zur Positionierung der Schnittlinie. Sollten diese Positionierhilfen nicht erscheinen, hilft ein vorsichtiges »Überfahren« der gewünschten Referenzgeometrie mit dem Mauszeiger (Bild 8.34). Damit deutet das Programm die mittige Schnittlinie zum angewählten Linienzug an. Ein erster Klick **(2)** legt den Schnittanfang, ein Doppelklick **(3)** das Schnittende fest.

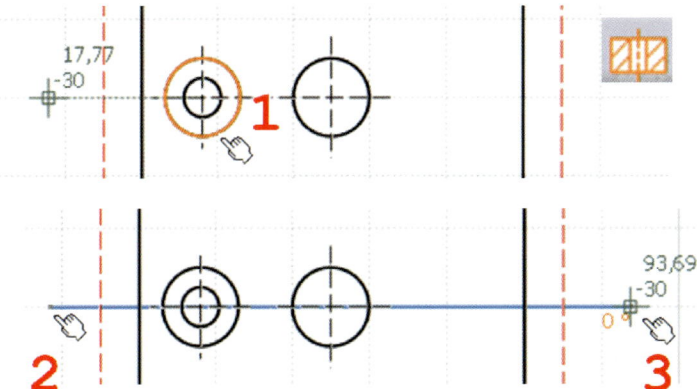

**Bild 8.34** Erzeugung von Schnitten

Der Linienzug wird erst mit einem Doppelklick beendet. Somit sind abgesetzte Schnitte möglich. Für eine gerade Schnittlinie wird der zweite Punkt mit Doppelklick in den freien Zeichenbereich gesetzt. Damit kann die Schnittansicht (außerhalb der roten Ansichtsumrahmung der Referenzansicht) positioniert werden. Ein Manipulieren der Zeichenelemente (Länge der Pfeile, Pfeilspitzen, Schnittlinie, Schraffurmuster usw.) oder das Abkoppeln der Ansichtspositionierung erfolgt wieder über das Kontextmenü. Mit Doppelklick auf die Schnittlinie kann diese verändert oder neu gesetzt werden (Bild 8.35).

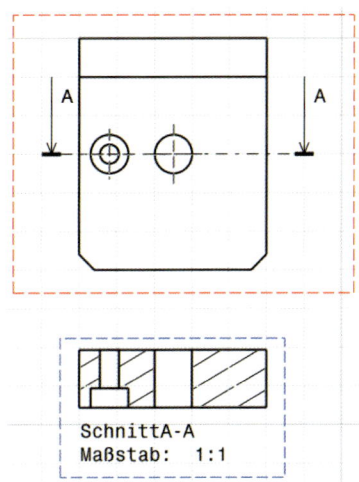

**Bild 8.35** Schnittdarstellung mit automatisch vergebener Schraffur

Pattern (Schraffur)

**17. Schraffurmuster definieren/anpassen:** Das *Pattern (Muster)* der Schnittdarstellung kann alternativ auch mit Doppelklick auf die Schraffur aufgerufen werden. Hier können neben dem *Angle (Winkel)* auch die *Pitch (Steigung)* der Linien eingestellt werden (Bild 8.36).

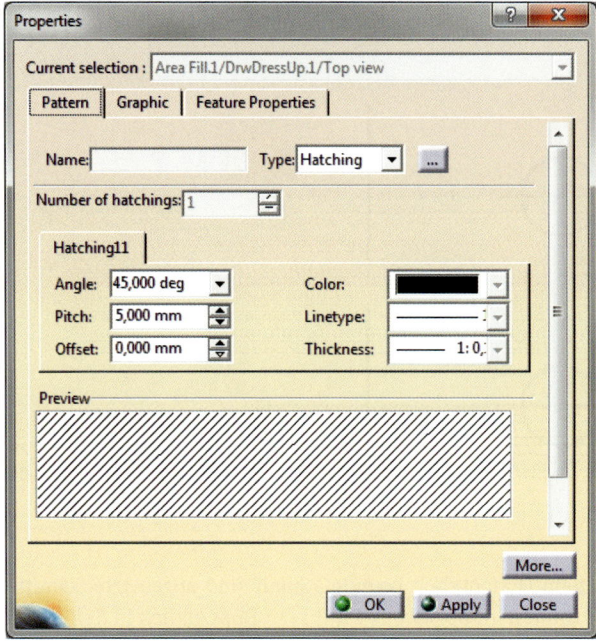

**Bild 8.36**  Einstellungsmöglichkeiten für die Schraffur

 Area Fill

Eine Schraffur kann wieder mit der **Entf-Taste** gelöscht werden. Nachträglich wird ein geschlossener Linienzug über eine *Area Fill (Bereichsfüllung)* mit einem Schraffurmuster belegt. Wählen Sie die Funktion dazu an und definieren über eine sich öffnende Toolbar, ob die Bereichsfüllung automatisch durch Klicken in ein umrandetes Feld oder durch manuelle Anwahl eines geschlossenen Linienzuges erfolgen soll (Bild 8.37).

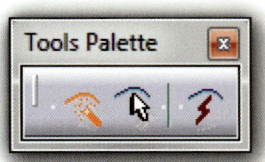

**Bild 8.37**  Die Tools-Palette hilft beim gezielten Erzeugen von Schraffurmustern in der Zeichnung.

**18. Assoziative Modelle:** Wird ein Bauteil in der Arbeitsumgebung *Part Design (Teilekonstruktion)* in seiner Volumengeometrie verändert, so wird dessen Ableitung im *Drafting (Zeichnungserstellung)* nach einem globalen Aktualisierungszyklus über die Funktion *Update Current Sheet (Aktuelles Blatt aktualisieren)* entsprechend angepasst. Leider werden dabei insbesondere selbst erzeugte Geometrieelemente (z. B. eigens gesetzte Schraffuren) oft nicht wunschgemäß mitberechnet und dargestellt. Hier sind in Zukunft Verbesserungen vom Hersteller zu erwarten. Umgekehrt werden Änderungen an der Zeichengeometrie assoziativer Ableitungen im dazugehörigen 3D-Modell nicht übernommen.

 **Expertentipp: Änderungen aktualisieren**

Bei der Bearbeitung einer Zeichnungsableitung sollte das dazugehörige (assoziative) 3D-Modell stets im Hintergrund geöffnet sein. Andernfalls sind Aktualisierungen der Zeichengeometrie über die Funktion *Update Current Sheet (Aktuelles Blatt aktualisieren)* nicht möglich.

Speichern Sie Ihre Konstruktion zu guter Letzt wieder über die Sicherungsverwaltung ab.

### 8.1.5 Signalfarben in der Zeichnungsumgebung

Ähnlich wie bei der Erstellung von Skizzen zur Erzeugung von Volumengeometrie in der Arbeitsumgebung *Part Design (Teilekonstruktion)* spielen auch hier Signalfarben eine wesentliche Rolle. Sie geben Aufschluss über den Zustand von Elementen oder Elementverbänden im Zeichenbereich und sollen den Anwender bei der Konstruktion unterstützen. Man unterscheidet zwischen den in Bild 8.38 und Bild 8.39 dargestellten Signalfarben bzw. Diagnosefarben.

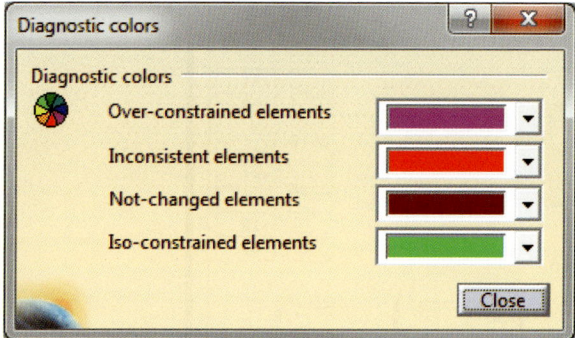

**Bild 8.38** Diagnosefarben für die Zeichenoberfläche

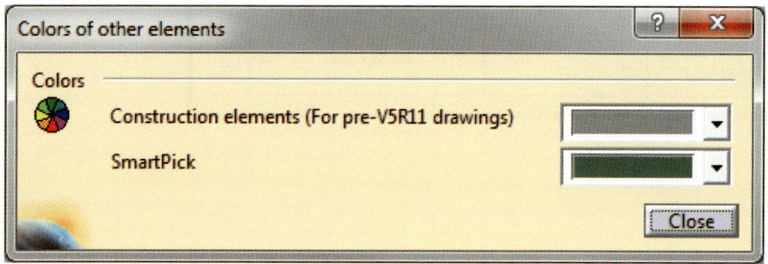

**Bild 8.39** Weitere farbige Kennzeichnungen von Elementen

*www.elearningcamp.com/hanser*

 **Übung 61: Signalfarben beim Drafting**
Quick Access Code: d7f

### 8.1.6 Übung Kurbelzapfen Abtrieb

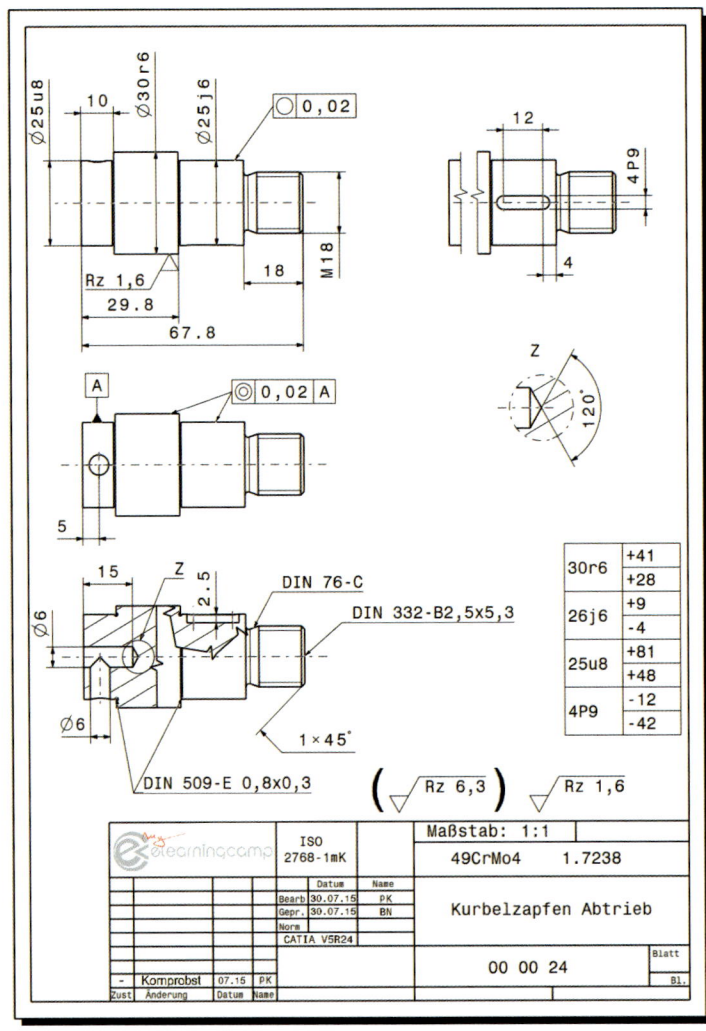

**Bild 8.40** Technische Zeichnung

## Neue Funktionen

## Bereitgestellte Daten

## Konstruktionsbeschreibung

Eigenständig konstruieren: Bilden Sie die technische Zeichnung aus Bild 8.40 so genau wie möglich nach. Funktionen, die dafür notwendig sind und noch nicht besprochen wurden, werden im Folgenden erläutert.

**1. Ansicht aufbrechen:** Das Aufbrechen einer Ansicht kann hin und wieder (vor allem bei langen Wellen) zur Platzersparnis genutzt werden. Dabei wird Material, in dem keine Maß- oder Geometriebedingungen definiert werden, ausgespart. Hierzu muss nach Aktivierung der Funktion *Broken View (Aufbrechen einer Ansicht)* der auszuschneidende Bereich selektiert werden. Zwei Punkte müssen abgesetzt werden, um die Ausrichtung der Bruchlinie (horizontal oder vertikal) vorzubereiten. Der dritte und vierte Punkt legen den Anfang des Aufbruchs und die Ausrichtung fest. Ein Element des nun angezeigten, grünen Linienpaares lässt sich mit dem Mauszeiger bewegen. Das Absetzen der Linie positioniert die zweite Begrenzung. Mit einem Klick in den Zeichnungsbereich wird die neue, verkürzte Darstellung der Ansicht erzeugt.  Broken View

**2. Details erstellen:** Details werden über die Elemente der Gruppierung *Details (Details)* erzeugt. Nach Aktivierung einer der Funktionen muss zunächst der zu vergrößernde Teil definiert werden. Bei der Funktion *Detail View (Detailansicht)* wird der Mittelpunkt eines Kreises mit dem ersten Mausklick gesetzt, ein zweiter Mausklick definiert den Radius. Nun kann die Detailansicht beliebig im Raum positioniert werden. Die Funktion *Detail View Profile (Detailansichtsprofil)* ermöglicht Vergrößerungsbereiche mit beliebigem (nicht kreisförmigem) Profil. Der Maßstab ist standardmäßig auf 2:1 gesetzt, kann aber nachträglich über die *Properties (Eigenschaften)* der Ansicht verändert werden.  Details

**3. Tabelle erzeugen:** Durch Anwahl der Funktion Table *(Tabelle)* öffnet sich ein Dialogfenster *Table Editor (Tabelleneditor)*. Hier kann die gewünschte Anzahl an Spalten und Zeilen definiert werden. Ein Mausklick in den Modellbereich setzt die Tabelle an die gewünschte Position. Ein Doppelklick in ein Tabellenfeld öffnet den *Text Editor (Texteditor)* und ermöglicht beliebige, alphanumerische Eingaben.  Table Editor

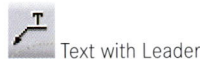 Text with Leader

 Tolerances

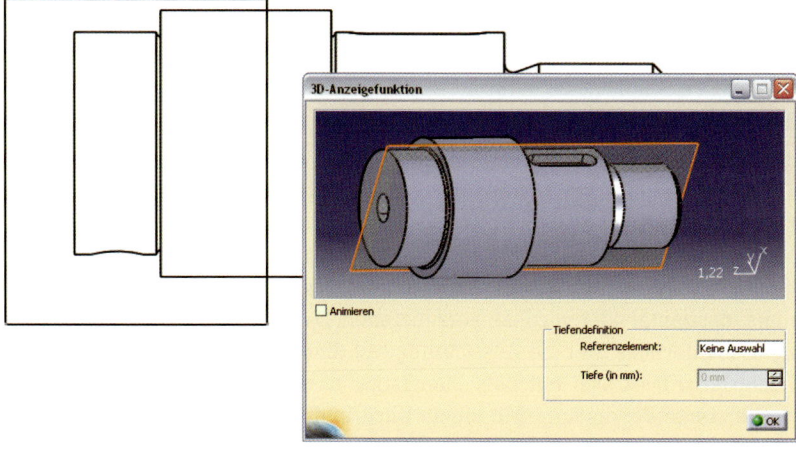

**4. Referenzelemente erzeugen:** Neben einfachen Textpassagen können über die Unterfunktionsgruppe *Text (Text)* auch besondere Formen definiert werden. So sind *Texts with Leader (Texte mit Bezugslinie)* oder *Balloons (Referenzkreise)* möglich. Eine Bezugslinie kann auf Körperkanten in der Zeichengeometrie oder im freien Raum abgesetzt werden.

**5. Form- und Lagetoleranzen definieren:** Über die Unterfunktionsgruppe *Tolerances (Toleranzen)* aus der Gruppierung *Dimensioning (Bemaßungen)* lassen sich *Datum Features (Bezugselemente)* und *Geometrical Tolerances (Geometrische Toleranzen)* definieren. Wird nach Aktivierung einer der Funktionen eine Linie im Zeichenbereich angewählt, so wird das entsprechende Element darauf gesetzt. Über das Kontextmenü lassen sich weitere Bezugslinien definieren.

Breakout View

**6. Ausbruch erzeugen:** Über die Funktion *Breakout View (Ausbruchansicht)* können Ausbrüche dargestellt werden. In der aktiven Ansicht wird ein geschlossenes Profil erzeugt, um die Umrandung des Ausbruchs zu definieren. Die Tiefe des Ausbruchs wird in einer temporären 3D-Darstellung verändert (Bild 8.41).

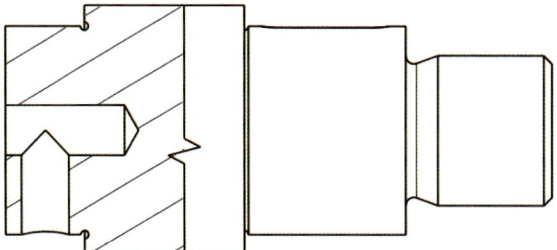

**Bild 8.41**  Ausbruchansicht zum assoziativen 3D-Modell

**7. Fertig:** Speichern Sie Ihre Konstruktion zu guter Letzt wieder über die Sicherungsverwaltung ab.

## 8.2 Interaktive Zeichnungserstellung

**Bei der interaktiven Zeichnungserstellung (Interactive Drafting) dürfen keine Einzelteile oder Baugruppen offen sein.** Andernfalls interpretiert das Programm beim Aufruf des Moduls *Drafting (Zeichnungserstellung)* die Aktion als eine Zeichnungsableitung. Ohne dreidimensionales Referenzbauteil im Hintergrund sind die Schaltflächen zur automatischen Berechnung von Zeichengeometrie inaktiviert. Nachdem kein assoziatives Modell besteht, können diese nicht genutzt werden. Konstruieren Sie auf diese Weise die technische Zeichnung der **uebung_1_winkel** aus Abschnitt 8.1.4 noch einmal (Bild 8.42).

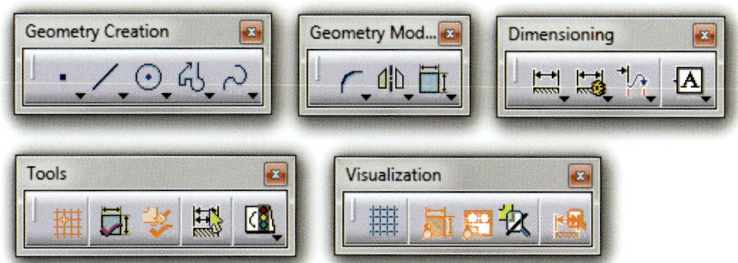

**Bild 8.42** Funktionsleisten zum Zeichnen und Bemaßen von unabhängig von einem 3D-Modell erstellten Geometrien und Elementen

Über die Funktionsgruppen *Geometry Creation (Geometrieerzeugung)* und *Geometry Modification (Geometrieänderung)* stehen dieselben Funktionen zur Verfügung, wie sie schon aus dem *Sketcher (Skizzierer)* bekannt sein sollten. Sie können auch hier zur Erzeugung eigener Zeichengeometrie eingesetzt werden und sind ähnlich wie im *Part Design (Teilekonstruktion)* intuitiv anwendbar.

*Zeichengeometrie einfügen*

Gesetzte *Dimensions (Bemaßungen)* können mit Doppelklick auf das erzeugte Maß und Aktivierung der Schaltfläche *Drive Geometry (Geometriesteuerung)* ähnlich gesteuert werden wie die Zwangsbedingungen im *Sketcher (Skizzierer)* des *Part Designs (Teilekonstruktion)*.

*Zeichengeometrie steuern*

Über die *Graphic Properties (Grafikeigenschaften)* lassen sich auch hier wieder beliebige Elemente farblich neu definieren. Damit das Programm nicht dennoch Signalfarben anzeigt, muss die Funktion *Analysis-Display Mode (Analyse-Anzeigemodus)* aus der Gruppierung *Tools (Tools)* deaktiviert werden. Andernfalls erscheinen die betroffenen Elemente auch auf einem Ausdruck farbig.

*Farben definieren*

## 8.3 Ableitung von Baugruppen

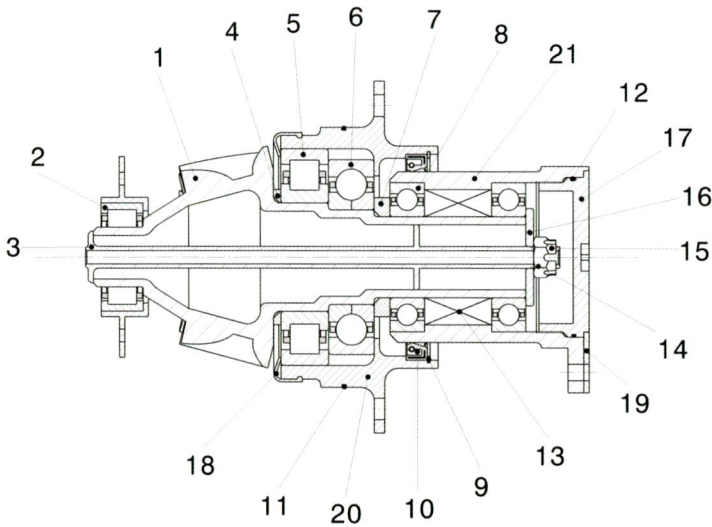

**Bild 8.43** Baugruppenzeichnung

### Neue Funktionen

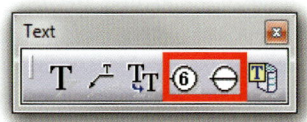

### Konstruktionsbeschreibung

Baugruppe ableiten

Auch für Baugruppen lassen sich Zeichnungsableitungen erstellen. Dazu muss die jeweilige Datei wieder geöffnet sein und der *Drafting (Zeichnungserstellung)* übergeben werden. Die bisher behandelten Funktionen zur Erzeugung technischer Zeichnungen können auch hier verwendet werden.

Pfeile setzen

Um einen Pfeil zu setzen, wählen Sie die Funktion *Arrow (Pfeil)* aus der Gruppierung *Dress-Up (Aufbereitung)* an. Ein erster Referenzpunkt im Zeichenbereich setzt den Pfeilanfang fest, ein zweiter die Pfeilspitze. Ist der Pfeil markiert, erscheint an dessen Enden ein gelbes Rautensymbol. Über einen Klick mit der rechten Maustaste auf dieses Symbol lässt sich die *Symbol Shape (Symbolform)* des Pfeils auf beiden Seiten verändern.

Referenzelemente erzeugen

Neben einfachen Textpassagen können über die Unterfunktionsgruppe *Text (Text)* auch besondere Formen definiert werden. So sind über die Funktionen der Unterfunktionsgruppe *Text (Text)* auch *Balloons (Referenzkreise)* möglich. Eine Bezugslinie kann auf Körperkanten in der Zeichengeometrie oder im freien Raum abgesetzt werden.

Stücklisten zu einer Baugruppe können von CATIA V5-6 automatisch berechnet werden. Erzeugen Sie dazu zunächst eine *New View (Neue Ansicht)* in der Arbeitsumgebung *Drafting (Zeichnungserstellung)*. Wechseln Sie anschließend in das Fenster der Baugruppendatei und markieren die höchste Instanz (den Baugruppennamen) im Strukturbaum. Gehen Sie anschließend wieder zurück ins *Drafting (Zeichnungserstellung)*. Über die Menüleiste wählen Sie den Befehl **INSERT > GENERATION > BILL OF MATERIAL (EINFÜGEN > ERZEUGUNG > STÜCKLISTE)**, um die Stückliste mit einem Mausklick in den Zeichenbereich abzusetzen.

*Stücklisten erstellen*

Auch Explosionsdarstellungen aus der Baugruppenkonstruktion lassen sich als 2D-Ableitung automatisch generiert darstellen. Dazu müssen die Einzelteile schon im 3D in die richtige Position (in eine Explosionsdarstellung) gebracht werden.

*Explosionsdarstellungen*

Ansichten können von einem globalen Aktualisierungszyklus über die Funktion *Update current sheet (Aktuelles Blatt aktualisieren)* herausgenommen werden. Mit der rechten Maustaste auf die Umrahmung und **VIEW NAME OBJECT > ISOLATE (OBJEKT ANSICHTSBEZEICHNUNG > ISOLIEREN)** wird die Verknüpfung zu einem assoziativen 3D-Modell gelöst.

*Ansichten isolieren*

**Expertentipp: Teile ungeschnitten darstellen**

Häufig gibt es Bauteile, die in einer Schnittansicht ungeschnitten dargestellt werden müssen. Dies kann schon in der Baugruppendatei definiert werden. Öffnen Sie dazu das Kontextmenü für das betroffene Bauteil und öffnen die Registerkarte *Drafting (Zeichnungserstellung)*. Das Markieren des Optionsfeldes *Do not cut in section views (Kein Trennvorgang in Schnitten)* verhindert die Erzeugung einer Schraffur bei der Ableitung einer Schnittdarstellung.

**Eigenständig konstruieren:** In Bild 8.43 sehen Sie exemplarisch die Darstellung einer aufgeschnittenen Baugruppe. Erzeugen Sie eigenständig Baugruppenzeichnungen zu den Übungen aus Kapitel 6.

**Übung 62: Baugruppenzeichnung**
Quick Access Code: 4fr

# Index

**Symbole**

.cgr  *363*

**A**

Abbruch  *309*
Abhängigkeitsketten  *174*
Abhängigkeitsnetz  *176, 178*
Abhängigkeitsstruktur  *7, 174*
Abschneiden  *146*
Absolutbewegungen  *306*
Abstand  *88, 395*
Abstandsbemaßung  *88, 99*
Achsen  *162, 388*
Achsensystem  *158*
Adapter-Modell-Methode  *374*
Add  *184*
Add Formula  *233*
Add Set of Parameters  *264*
Add Set of Relations  *264*
Aktualisieren  *328*
Aktuelles Blatt aktualisieren  *401*
Alles aktualisieren  *215, 329*
Alles einpassen  *19*
Als Ergebnis  *190*
Als Ergebnis mit Verknüpfung  *190*
Änderungen aktualisieren  *401*
Änderungsfreundlichkeit  *94, 178*
Angle Constraint  *335, 342*
Anker für Maßhilfslinien  *392*
Anmerkungen  *397*
Annotations  *397*
Anordnung der Funktionsleisten  *39, 84*
An Punkt anlegen  *40, 385*
An Punkt verschieben  *388*
Ansicht  *20, 21, 306*
Ansichten manipulieren  *398*
Ansicht sperren  *382*
Ansichtsperspektive ändern  *169*
Anzeigemodus  *22*
Äquidistanter Punkt  *106*
Arbeitsumgebungen  *8, 9, 300, 319*
Arbeitsumgebung, richtige  *319*
Arrow  *406*
As Result  *190*
As Result With Link  *190*
Assemble  *183*
Assoziative Modelle  *400*
As specified in Part Document  *190*
Asynchrone Dokumente  *207*
Aufbaulogik  *7*
Aufbereitung  *406*
Aufbereitungskomponenten  *93, 97, 136, 170*
Aufbrechen  *57*
Aufbrechen einer Ansicht  *403*
Auf Skizzen basierende Komponenten  *90, 143, 162*
Ausbruchansicht  *404*
Ausgerichtetes Rechteck  *51, 86*
Auskommentieren  *289*
Ausrichten  *397*
Auswahl  *333, 337, 349*
Auswahlliste  *255*
Auswahlreihenfolge  *101*
Auszugsschräge  *170*
Automatische Ansichtserzeugung  *384*
Axis System  *158, 162*

**B**

Background View  *385*
Balloon  *406*
Basisgeometrie  *10*
Bauteilnamen  *304*
Bearbeiten > Verknüpfungen  *206, 370*
Bedingung ändern  *337*
Bedingungen  *47, 51, 237*
Bedingungen editieren  *331*
Begrenzungen  *57*
Bemaßungsbedingungen  *281*
Bemaßungseigenschaften  *393*
Benannte Ansichten  *19*
Benutzerdefinierte Parameter  *229*
Benutzerdefiniertes Muster  *152, 154*
Benutzereingaben  *35*
Benutzeroberfläche  *305*
Bewegen  *306, 325*
Bezeichnungen  *107*
Beziehungsset hinzufügen  *264*
Bezugskoordinatensystem  *323*
Bezugspunkte definieren  *392*
Bitangentiale Linie  *119*
Bi-Tangent Line  *119*
Blanking  *395*
Block  *90, 96*
Body  *181*
Bogen schließen  *58*
Bohrung  *105*
Bohrungsmittelpunkt  *106*
Boolean Operations  *179*
Boole'sche Operationen  *179*
Break  *57*
Breakout View  *404*
Breite  *86*
B-Rep Elements  *276*
Broken Link  *367*
Broken View  *403*

**C**

Cache  *363*
CAD  *1*
CAE  *8*
CATDUA  *374*
CCP Links  *187, 198, 368, 371*
Chamfer  *56, 94, 97*
Change Constraint  *337*
Check  *259*
Checkliste  *178*
Check Timestamps  *363*

Chronologische Entstehungsgeschichte  151, 153, 154
Close  58
Coincidence Constraint  327
Complement  58
Component  365
Constraints  47, 48, 51, 339
Constraints Defined in Dialog Box  50
Construction/Standard Element  103
Contact Constraint  330, 340
Context  368
Contextual Part  369
Copy  189
Copy Object Format  394
Corner  53
Create a Power Copy  220
Create Multi View  19
Cut Part by Sketch Plane  140

## D

Darstellung  67, 140, 281
Darstellungsmodus  364
Datei abspeichern  339
Datei öffnen  161, 168, 230
Dateitypen einer Baugruppe  365
Datenschachtel bereitstellen  131
Datenschachteln aktivieren  182
Datenverzeichnis  238
Deactivating Features  215
Deaktivieren  215, 367
Define In Work Object  132, 137, 182
Delete  42, 81
Design in Context  368
Design in Context mit Abhängigkeitsnetz  373
Design Mode  364
Design Table  249
Desk Command  370
Detaillierung  11
Details  403
Diagnosefarben  66
Dialogfenster  105
Dictionary  238
Dimensional Constraints  281
Dimension Line  395
Dimension Properties  393
Dimensionsvarianten  245
Dimension Texts  395
Distance  88
Document not loaded  213
Draft Angle  170
Drehen  19
Drehung  188, 194
Dress-Up  406

Dress-Up Features  93, 97, 136, 170
Driving Geometry  174
Drop-down-Menü  154

## E

Ebene  133, 138, 144
Ebenendefinition  144
Ebenentyp  133
Ecke  53
Edge Fillet  81, 93
Editieren  81, 90, 394
Edit > Links  206, 370
Eigenformate  317
Eigenschaften  107
Eindeutige Bezeichnungen  83, 314
Eine Power Copy erzeugen  220
Einfügen  181
Einfügen Spezial...  190
Einfügen von Zwischenschritten  135
Eingaben  105
Eingangselement  382
Eingangsgröße  382
Einzelteile hochladen  320
Elemente löschen  393
Else-Anweisungen  257
Eltern-Kind-Abhängigkeit  45
Eltern/Kinder  174
Eltern-Kinder-Modell  80
Enable hybrid design  35
Entfernen  42, 81, 184
Entstehungsgeschichte  79
Equidistant Point  106
Ergänzen  58
Excel-Tabelle  251
Exemplare von Dokument erzeugen  226
Existing Component  320
Existing Component With Positioning  355
Exit Workbench  37
Explode  325, 350
Extension Line  395
Extension Lines Anchor  392
External Links  187, 198

## F

Fadenkreuz  389
Fake Dimension  395
False  259
Farben definieren  405
Fase  56, 94, 97
Fast Multi Instantiation  334
Favoritenauswahl  300

Feature Name  83
Fehlerhafte Verknüpfungen  196
Fenster anordnen  202
Filter Type  240
Fit All In  19
Fix  326
Fix Component  340
Fixieren  326
Fix Together  358
Flexible/Rigid Sub-Assembly  354
Flexible/starre Unterbaugruppe  354
Fly Mode  18
Formel  231
Formeleditor  233
Formel hinzufügen  233, 237
Formschrägen  170
Formstabilität  63
Formteile  219
Formula  231
Formula Editor  233
Form- und Lagetoleranzen  404
Formverrundungen  75
Fremdformate  317
Fremdformate integrieren  359
Front View  386
Führungsprofil  144
Funktionale Radien  75
Funktionsabfolgen  178
Funktionsgruppen  320

## G

Generative Drafting  377
Geometrical Constraints  49, 69, 281
Geometrical Tolerances  404
Geometrieerzeugung/-aufbereitung  378
Geometrieparameter  265, 267
Geometrievorschlag  98
Geometrische Bedingungen  49, 281
Geometrische Repräsentation  367
Geometrisches Set  131
Geometrische Stabilität  62
Geometrische Toleranzen  404
Geometry generation/Dress-up  378
Gestaltvariante  245, 258
Gewinde  156, 388
Ghost Links  374
Grafikeigenschaften  166, 337, 338
Graphic Properties  166, 337, 338
Graphic Tree Reordering  357
Grundgeometrie  10
Gruppierung  358

## H

Height  86
Hide/Show  22, 330, 339
Hilfslinien  389
Hintergrund  385
Hinzufügen  184
Höhe  86
Hole  105
Horizontalität  87
Hybridkonstruktion ermöglichen  35

## I

If-Anweisung  256
Im Dialogfenster definierte Bedingungen  50
Import Links  368, 369, 372
Inaktives Part  367
In Bearbeitung definieren  182
Inkonsistent  68
In neuem Fenster öffnen  366
Insert  181
Instance Links  368
Instance of Definition Instance  369
Instantiate from Document  226
Integer  239
Intelligente Auswahl  47, 69
Interactive Drafting  405
Interaktive Zeichnungserstellung  405
Internal Links  186
Interne Parameter  229, 233
Intersect  184
Intersection  185
Iso-bestimmt  64, 88, 89
Iso-Constrained  64, 89
Isolated Geometry  196, 217
Isolierte Geometrie  196
Isometric View  398
Isometrische Ansicht  398

## K

Kanonische Körper  10
Kantenverrundungen  75, 81, 93
Knowledge  231, 249
Knowledge Advisor  229, 258, 287
Knowledge organisieren  264, 267
Kommentarzeile  105, 133, 382
Komponente  365
Komponente fixieren  340
Komponentenname  83
Kongruenzbedingung  327
Konstruktionsabsicht  6
Konstruktionselement  104, 153
Konstruktionsmethodik  178, 314

Konstruktionsmodus  364
Konstruktionsratgeber  229
Konstruktions-/Standardelement  103
Konstruktionstabelle editieren  252
Konstruktionstabellen  249
Kontaktbedingung  330, 340
Kontext  368
Kontexthilfe  383
Kontextmenü  21
Kopieren  189
Körper  181
Kugelmittelpunkte einfangen  328
KWE Links  368

## L

Laden  215
Längenbemaßung  99
Leitkontur  144
Leitkurve  144
Line  98, 133
Line Type  133
Linie  98, 133
Linientyp  133
Linked Geometry  196
Links identifizieren  370
Link-Symbole  217
Link Synchronized  202
Link Type  370
Load  215
Lokales Achsensystem  158
Löschen  43
Löschen einer Formelzuweisung  235
Lupenfunktion  66

## M

Manipulation  307
Maßeinträge  395
Maßhilfslinie  395
Maßlinie  395
Master Geometry-Methode  374
Math  238
Maustastenbelegung  306
Mehrfachansicht erzeugen  19
Mirror  188
Modellierungsschritte einfügen  137
Modulaufruf  187, 194, 197, 198, 199, 204, 210, 211, 218, 300, 304, 309, 311, 314, 325, 328, 333, 337, 349
Module  299
Modulumgebung  377
Modulwechsel  301

Modus ‚Fliegen'  18
Monolithische Erweiterung  10
Move  306, 325
Multi-Domain Sketches  76

## N

Named View  19
Native Dateien  317
Navigation  304
Navigation im Modellbereich  304
Negativgeometrie  11
Neu  34
Neue Ansicht  397
Neuer Parameter des Typs  240
Neues Teil  35
Neuordnung des Grafikbaums  357
New  34
New Parameter of type  240
New Part  35
New View  397
Nicht assoziatives Modell  373
Nomenklatur  323
Normal to curve  144
Normal View  19
No-Show-Raum  91

## O

Object to Pattern  154
Objektformat kopieren  394
Objekt für Muster  154
Objekt in Bearbeitung definieren  132, 137
Objektorientierung  94, 178
Öffnen  16
Offsetbedingung  335, 341
Offset Constraint  335, 341
Open  16
Open Body  131
Open in new Window  366
Oranger Pfeil  127
Organise Knowledge  264, 267
Oriented Rectangle  51, 86
Origin  158
Orthogonalität  331
Output Profiles  278
Over-Constrained  65
Overrun  395

## P

Pad  90, 96
Pan  19
Parallel durch Punkt  138
Parallelität  331
Parallel through Point  138
Parameter  105, 240

Parameter ein-/ausblenden  *293*
Parameter Explorer  *267*
Parameters  *240*
Parameterset hinzufügen  *264*
Parametersets  *249*
Parametrik  *228*
Parents/Children  *174*
Paste Special...  *190*
Patterns  *126, 154, 400*
Pfeil  *406*
Plane  *133, 138, 144*
Plane Type  *133*
PLM (Produktdatenmanagement)  *2, 8, 299*
Pocket  *102*
Point  *133, 138*
Point by Clicking  *152*
Pointed Document  *198*
Pointed Document not found  *211*
Pointing Document  *198*
Point Type  *133*
Positioned Sketch  *272*
Positionierskizze  *105, 152*
Positionierte Skizze  *272*
Positivgeometrie  *10*
Power Copies  *219*
Power Copy im neuen Bauteil editieren  *227*
Power Copy in ein neues Bauteil einfügen  *225*
Präfix - Suffix  *395*
Predefined Profiles  *43, 50, 86*
Prefix - Suffix  *395*
Preview  *128*
Product  *346, 365*
Product Structure  *319*
Produkt  *346*
Produktionsschritte  *299*
Produktstruktur  *319*
Profile Feature  *279*
Profilkomponente  *279*
Profilvorgabe  *43, 50, 86*
Programmeinstellungen  *24, 25*
Projizierte Ansicht  *387*
Prüfung  *259*
Prüfung erstellen  *258*
Publications  *200, 204, 205*
Punkt  *133, 138*
Punkt durch Anklicken  *152*
Punkttyp  *133*

## Q

Quelltextgesteuerte Geometriezuweisung  *263*
Quick Trim  *58*
Quick View  *19*

## R

Rahmen  *384*
Ratgeber  *231*
Rauigkeitssymbole  *398*
Reactions  *287*
Reactive Features  *259*
Reaktionen  *287*
Reaktionskomponenten  *259*
Rechteck, formstabil  *87*
Rechteck, geometrisch stabil  *87*
Rechteck, in etwa maßstabsgetreu  *86*
Rechteck, Iso-Constrained  *89*
Rechteckmuster  *126*
Rectangular Pattern  *126*
Referenzebene  *144*
Referenzelemente  *105, 382, 404*
Referenzelemente erweitert  *131*
Referenzen  *127, 178*
Referenzkreise  *406*
Regel  *256, 258, 287*
Relations  *237*
Relativbewegungen  *191, 306*
Relimitations  *57*
Remove  *184*
Remove Lump  *185*
Rerouting Links  *212*
Reversal  *395*
Reverse  *127*
Reverse Direction  *96*
Rib  *146*
Richtungsänderungen  *127*
Richtung umkehren  *96*
Rippe  *146*
Rotate  *19, 21*
Rotation  *188, 194*
Rotieren  *21, 162*
Roughness Symbol  *398*
Rule  *256, 258, 268, 287*

## S

Save  *22, 36*
Save as...  *22*
Save Management  *323, 339, 375*
Schalenelement  *136*
Schließen  *339*
Schnellansicht  *19*
Schnelle Erstellung mehrerer Exemplare  *334*
Schnelles Trimmen  *58*
Schnitt erzeugen  *398*
Schraffurmuster  *400*
Schreibtisch  *370*
Schriftfeld  *384*
Schwenken  *19*
Senkrechte Ansicht  *19*
Senkrecht zu Kurve  *144*
Shaft  *162, 168*
Shell  *136*
Sichern  *36*
Sichern unter...  *22*
Sicherungsverwaltung  *323, 339, 375*
Sichtbaren Raum umschalten  *22, 91*
Signalfarben  *66, 67, 77, 316, 401*
Signifikante Bezeichnungen  *83*
Single Body Part  *196*
Single-Domain Sketches  *76*
Skeleton-Modelling-Methode  *373*
Sketch  *36*
Sketch Analysis  *66*
Sketch-Based Features  *90, 143, 162*
Sketchoberfläche anpassen  *40*
Sketch Solving Status  *64, 88, 95*
Sketch Tools  *38, 41, 86*
Skizze  *36*
Skizzenauflösungsstatus  *65, 88, 95*
Skizzierer  *377, 378, 380*
Skizziertools  *38, 41, 86*
Smart Pick  *69*
Snap to point  *40*
Solids  *8*
Speichern  *22, 339*
Sphärisch  *168*
Stabile Sketches  *77*
Standard  *188*
Standardelemente  *153*
Standards  *379*
Steuergeometrien  *173, 178*
Steuernde Geometrie  *174*
Stiffener  *141*
Strg+C  *196*
Strg+V  *196*
Strukturbaum  *314, 381*
Strukturierung  *178*
Stück entfernen  *185*
Stützebene  *37*
Stützelement  *130*
Support  *37*
Swap visible space  *22, 91*
Symbole im Strukturbaum  *315*
Symmetrie  *101, 188*
Symmetry  *101*
Systeme mit Steuergeometrien  *173*

## T

Tabelle  *403*
Table  *403*
Tasche  *102*

Teil durch Skizzier-Ebene schneiden  140
Teilenummer  321
Teilgeometrien  7, 10, 174
Text  386
Texteigenschaften  393
Text Properties  393
Tile vertically  201
Tolerances  404
Toleranzen  404
Topologie einer Baugruppe  315
Transformationen  59, 188, 191
Transformations  188, 191
Translation  188, 191
Trim  57
Trimmen  57, 389
True  259
txt-Dateien  251

## U

Überbestimmt  65
Überstand  395
Umgebungssprache einstellen  14
Umgebung verlassen  37
Umkehren  127
Umkehrung  395
Umpositionierung  151
Umwandlung  59
Under-Constrained  67
Undo  108, 309
Union Trim  185
Unmaßstäbliches Maß  395

Unterbaugruppen  313, 349
Update All  215, 329
Update Current Sheet  401
User Pattern  152, 154

## V

Verdecken/Anzeigen  22, 330, 339
Verdeckte Funktionsleisten  40
Vereinigen und Trimmen  185
Vergrößern  19
Verkleinern  19
Verknüpfte Geometrie  196
Verknüpfungen neu zuweisen  212
Verknüpfungstyp  370
Verknüpfung synchronisiert  202
Veröffentlichungen  200, 204, 205
Verschiebung  188, 191
Verschneiden  184
Versteifung  141
Vertikalität  87
View  20, 21
View Mode  22
Visualisation  140
Visualization  67, 281
Visualization Mode  364
Voranzeige  128
Vorderansicht  386
Voreinstellungen  361
Vorhandene Komponente  320
Vorhandene Komponente mit Positionierung  355

## W

Welcome to CATIA V5  33
Welle  162, 168
Werteeingaben  105
Widerrufen  108, 309
Width  86
Wiederholungselemente  126, 154
Wie im Teiledokument angegeben  190
Willkommen bei CATIA V5  33
Winkelbedingung  335, 342
Winkel der Auszugsschräge  170

## Z

Zeichengeometrie  405
Zeichnungsableitung  377
Zeitmarke prüfen  363
Zentralkurve  144
Zerlegen  325, 350
Zoom In  19, 21
Zoom Out  19, 21
Zusammenbauen  183
Zusammenfügen  185
Zwangsbedingungen  48
Zylinderachsen einfangen  148, 328

# FEM mit CATIA V5

Koehldorfer

**Finite-Elemente-Methoden mit CATIA V5/SIMULIA**
**Berechnung von Bauteilen und Baugruppen in**
**der Konstruktion**

3., überarbeitete und erweiterte Auflage
396 Seiten. Komplett in Farbe
€ 59,90. ISBN 978-3-446-42095-3

Auch einzeln als E-Book erhältlich

Dieses Grundlagen- und Praxisbuch stellt Konstrukteuren, die mit CATIA V5 arbeiten, die Berechnungsmöglichkeiten von Bauteilen und Baugruppen mit dem CATIA-FEM-Modul vor. Die 3. Auflage basiert auf Release 19 und enthält ein Kapitel zur Simulationssoftware SIMULIA.

Das Buch wendet sich an FEM-Einsteiger und -Fortgeschrittene sowie an Studenten technischer Fachrichtungen. Ausführlich beschreibt es alle notwendigen Arbeitsschritte bei der Durchführung einer FEM-Analyse.

Anhand zahlreicher Übungsbeispiele werden einfache und komplexere Aufgaben bis hin zu nichtlinearen FEM-Analysen in praktischen Anwendungsfällen erklärt.

# Computerunterstützte Fertigung mit CATIA V5

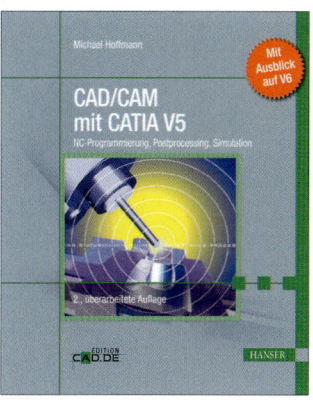

Hoffmann
**CAD/CAM mit CATIA V5**
**NC-Programmierung, Postprocessing, Simulation**
2., überarbeitete Auflage
420 Seiten. Komplett in Farbe
€ 59,90. ISBN 978-3-446-42284-1

Auch einzeln als E-Book erhältlich

Dieses Grundlagen- und Praxisbuch zeigt die Möglichkeiten und Vorgehensweisen im Umgang mit den vielfältigen Fertigungsmodulen des integrierten CAD/CAM-Systems CATIA V5 und vermittelt das notwendige Know-how für die computerunterstützte Fertigung auf Basis bestehender CAD-Daten. Die 2. Auflage basiert auf CATIA V5 Release 20.

Das Buch erläutert die methodische Vorgehensweise zur Offline-Programmierung von Werkzeugmaschinen fürs Fräsen, Drehen, Drahterodieren, Wasserstrahlschneiden und Rapid Prototyping. Weitere Kapitel beschäftigen sich mit anwenderspezifischen Anpassungen wie Postprocessing und NC-Dokumentation sowie mit den Möglichkeiten der Simulation des Fertigungsprozesses bis hin zur dynamischen, NC-Code-basierten Simulation von Werkzeugmaschinen.

Mehr Informationen finden Sie unter www.hanser-fachbuch.de

# Makros für CATIA V5

Ziethen
**CATIA V5**
**Makroprogrammierung mit Visual Basic Script**
3., aktualisierte Auflage
564 Seiten
€ 59,90. ISBN 978-3-446-42494-4

Auch einzeln als E-Book erhältlich

Dieses Buch bietet einen umfassenden Einstieg in die Makroprogrammierung mit CATIA V5 auf Basis von Release 19. Der Autor zeigt, wie sich mit CATScript und CATVBS, den Visual Basic Script-Schnittstellen von CATIA V5, Prozesse automatisieren und Geometrien automatisch erzeugen lassen.

Beschrieben werden allgemeine Basisfunktionen von CATIA V5 sowie die wichtigsten Elemente der CATIA-Komponenten Part Design, Generative Shape Design, Sketcher und Assembly Design. Für jede Methode und jedes Objekt gibt es Beispiel-Programmzeilen in Visual Basic Script. Fortgeschrittene Anwender erhalten zahlreiche Anregungen in Programmbeispielen und ausführlichen Objektbeschreibungen, die über die Online-Dokumentation von CATIA V5 weit hinausgehen.

Mehr Informationen finden Sie unter www.hanser-fachbuch.de